Word/Excel/PPT 2019商务办公

从入门到精通

张倩 别雯 编著

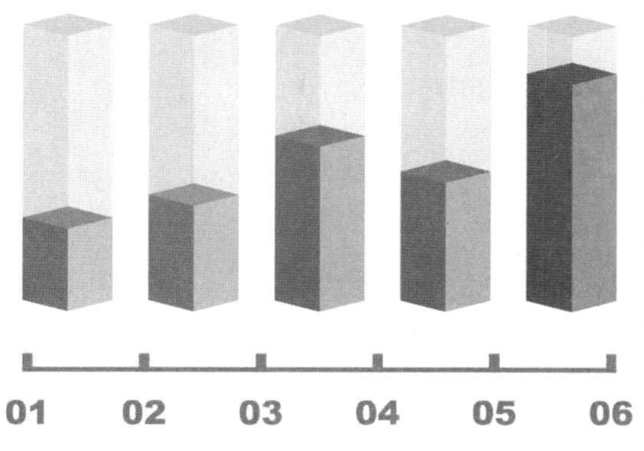

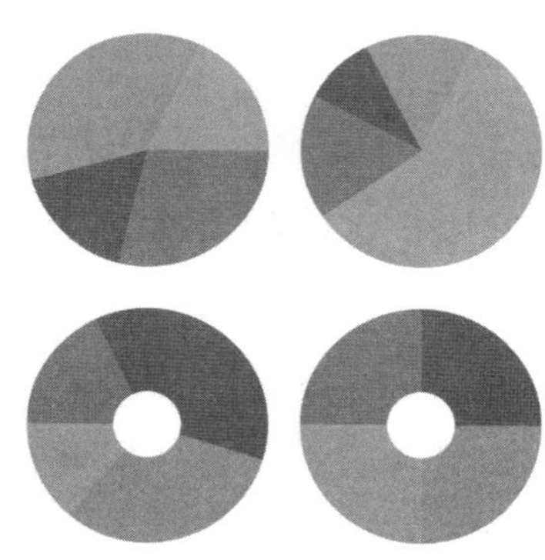

清華大学出版社
北京

内容简介

Office 2019的功能更加强大，操作更为方便，与网络的结合更加紧密。本书从Office 2019的基本操作和实际应用入手，全面介绍在日常工作中最常用的Word、Excel和PowerPoint三大办公软件的使用技巧。

全书分为5篇，共26章。第一篇为Office 2019 入门篇，介绍Office 2019的工作环境和基本操作技巧。第二篇为Word 2019篇，介绍Word 2019文本操作、文本和段落格式的设置、文档的美化、页面格式和版式的设置、表格的使用、图文混排和高效办公的技巧。第三篇为Excel 2019篇，介绍Excel的基本操作、单元格数据和格式的设置、公式和函数、图表的应用、分析和处理数据以及工作表的打印等知识。第四篇为PowerPoint 2019篇，介绍PowerPoint演示文稿的构建、幻灯片中文字的使用、版式的设计、各种媒体对象的应用、动画的制作以及放映管理等知识。第五篇为实例篇，通过3个商业应用实例介绍Office 2019各组件在商业环境中的应用技巧。

本书内容丰富，可操作性强，具有很强的实用性，同时知识点详尽，方便读者查阅。本书适用于需要学习使用Office的初学者、希望提高Office办公应用能力的熟练级读者、大中专院校的师生，也可以作为各类办公人员的培训教材使用。对于广大的Office爱好者，本书也是一本有实用价值的手头参考书。

图书在版编目（CIP）数据

Word/Excel/PPT 2019商务办公从入门到精通：视频教学版/张倩，别雯编著. —北京：清华大学出版社，2021.1

ISBN 978-7-302-56726-4

Ⅰ. ①W… Ⅱ. ①张… ②别… Ⅲ. ①办公自动化—应用软件 Ⅳ. ①TP317.1

中国版本图书馆CIP数据核字（2020）第210738号

责任编辑： 夏毓彦
封面设计： 王　翔
责任校对： 闫秀华
责任印制： 吴佳雯

出版发行： 清华大学出版社
网　　址： http://www.tup.com.cn，http://www.wqbook.com
地　　址： 北京清华大学学研大厦A座　　**邮　　编：** 100084
社 总 机： 010-62770175　　**邮　　购：** 010-62786544
投稿与读者服务： 010-62776969，c-service@tup.tsinghua.edu.cn
质量反馈： 010-62772015，zhiliang@tup.tsinghua.edu.cn
印 装 者： 三河市铭诚印务有限公司
经　　销： 全国新华书店
开　　本： 190mm×260mm　　**印　　张：** 29.5　　**字　　数：** 755千字
版　　次： 2021年1月第1版　　**印　　次：** 2021年1月第1次印刷
定　　价： 109.00元

产品编号：088093-01

前　　言

Microsoft Office 是一套运行于 Microsoft Windows 系统下的办公套装软件，自从其面世以来就以其功能强大、操作便捷、与 Windows 系统结合密切并且方便协同办公等特点受到广大用户的欢迎，在当前办公自动化软件领域占据了主导地位。

2019 年 1 月，备受关注的 Office 2019 正式发布了。相对于上一版本，该版本在操作风格上与其保持统一，在功能上有了进一步的改进和提高，如进一步优化了触摸和手写，Excel 加入新的公式和表格，PowerPoint 支持图像变换和缩放动画等。这些功能上的改进和提高无疑使 Office 2019 操作更加方便，真正成为当前网络环境下的办公利器。

作为一款常用的集成办公软件，Office 2019 无疑具有操作简单和容易上手的特点，然而要想真正地掌握它，并能够熟练运用它来解决实际工作中可能遇到的各种繁杂的问题却并非易事。很多读者在面对实际工作中的问题时，往往有无从下手的感觉，急需一本能够给予直接帮助的参考书。针对这个情况，编者根据多年的实践经验，编写了这本介绍 Office 2019 使用技巧的图书。

本书围绕 Office 2019 三大组件在办公领域的应用，针对办公用户的需要来组织材料并进行讲解，帮助读者快速掌握 Office 2019 在文档编辑、数据处理和内容演示等诸多办公领域的实用操作技巧，对各类操作疑难直接给予具体的技巧方案，以帮助广大办公用户快速实现从遇到困难时的无从下手向手到擒来的转变。

本书特色

1. 内容翔实，全面系统

Office 2019 为用户提供了一个集成办公环境，其应用涉及办公自动化的所有领域。从编辑处理文档的 Word、处理表格的 Excel 到制作演示文稿的 PowerPoint，任何一个组件都是一个功能强大独当一面的软件。它们都具有强大的功能、大量的操作命令和各自的设计制作理念。因此，本书在内容组织上详尽合理，既有基本的操作，也有高端的技巧，涉及软件使用的方方面面，使读者在掌握基本操作的同时更能够实现软件的高端应用。

2. 突出细节，精选技巧

有别于常见的 Office 类图书，本书是一本专注于具体的技术细节的图书。本书对软件操作的介绍并没有停留于方案的创建上，而是专注于问题处理的细节，通过一个个细小问题的解决来帮助读者掌握操作的技巧。

3. 目标明确，强调实践

本书面向广大 Office 办公用户，以让读者快速掌握 Office 2019 的操作并解决实际问题为最终目标。全书内容安排合理，系统而全面，真正考虑广大职场人士的实际需要，做到功能性和技巧性的完美结合。同时，技巧实例的设计以读者易于上手为目标，力图使读者在快速学会软件基本使用方法的同时能够掌握办公文档制作的思路和理念。

4. 描述直观，标注清晰

为了使读者能够快速掌握各种操作，获得实用技巧，全书采用图片配合文字说明的方式来对知识点进行讲解，操作步骤清晰而完备，保证读者能够轻松顺利地掌握。在介绍具体的操作技巧时，选用常见而且符合实际需求的案例，对操作步骤进行直观标注，使读者对操作过程读得透彻，看得明白，以便快速掌握技巧的精髓。

本书内容

全书分 5 篇，共 26 章，体系结构和内容安排如下。

第一篇为“Office 2019 之入门篇”，包括第 1 章～第 2 章，介绍 Office 2019 三大组件的共性：基础操作，其中包括 Office 2019 的工作环境和基本操作技巧。

第二篇为“Office 2019 之 Word 篇”，包括第 3 章～第 9 章，介绍 Word 2019 的实用操作技巧，包括 Word 文档中的文本操作、文本和段落格式的设置、文档的美化、页面格式和版式的设置、文档中表格的使用、在文档进行图文混排以及 Word 高效办公的技巧。

第三篇为“Office 2019 之 Excel 篇”，包括第 10 章～第 15 章，介绍 Excel 2019 表格制作和数据处理的有关知识，包括 Excel 的基本操作、单元格数据和格式的设置、公式和函数、数据图表的应用、分析和处理数据以及工作表的打印和输出的技巧。

第四篇为“Office 2019 之 PowerPoint 篇”，包括第 16 章～第 23 章，介绍 PowerPoint 2019 演示文稿的创建和各类媒体形式的使用技巧，包括构建演示文稿的方法、幻灯片中文字的使用技巧、幻灯片的版式设计、演示文稿中图形和图片的使用方法、演示文稿中的表格和图表的使用方法、演示文稿中声音和视频的使用方法、幻灯片中动画的使用方法以及 PowerPoint 演示文稿的放映管理。

第五篇为“Office 2019 之实例篇”，包括第 24 章～第 26 章，通过 3 个商务应用实例分别展示 Word、Excel 和 PowerPoint 在商业环境中的应用技巧。

示例源文件、课件与教学视频

本书所有示例源文件、课件与教学视频必须扫描右边的二维码获得。如果有疑问，请联系 booksaga@163.com，邮件主题为“Word/Excel/PPT 2019 商务办公从入门到精通”。

读者对象

- Office 2019 初学者。
- 初步掌握 Office，需要进一步提高应用能力的熟练使用者。
- 在工作中需要使用电脑进行办公的各类从业人员。
- 各大中专院校在校学生和相关授课教师。
- 企事业单位 Office 培训班学员。
- 需要 Office 操作技巧参考书的读者。

作者与致谢

本书由张倩、别雯、吴贵文主笔。感谢清华大学出版社的编辑们，他们为本书的顺利出版做了很多工作。

编　者

2020 年 12 月

目　　录

第 1 篇　Office 2019之入门篇

第 2 篇　Office 2019之Word篇

第 3 篇 Office 2019之Excel篇

第 11 章 单元格数据和格式的设置 ····· 229

第 12 章 公式和函数 ······················ 248

第 13 章 数据图表的应用 ················ 264

第 4 篇　Office 2019之PowerPoint篇

第 5 篇　Office 2019之实例篇

第 1 篇

Office 2019之入门篇

第 1 章 设计 Office 2019 的操作界面

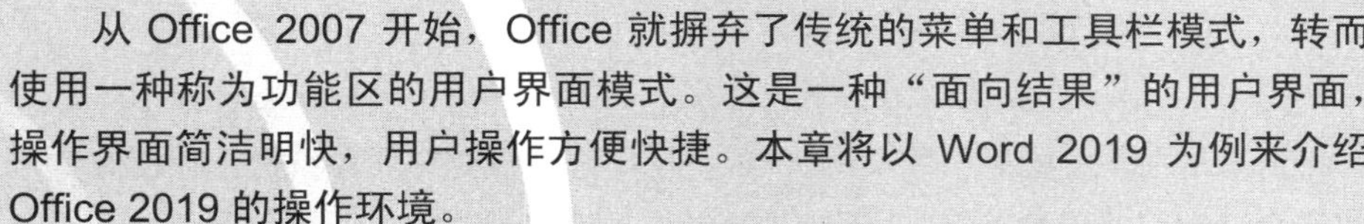

从 Office 2007 开始，Office 就摒弃了传统的菜单和工具栏模式，转而使用一种称为功能区的用户界面模式。这是一种“面向结果”的用户界面，操作界面简洁明快，用户操作方便快捷。本章将以 Word 2019 为例来介绍 Office 2019 的操作环境。

1.1 Office 2019 的操作界面

Office 各个组件的操作界面的组成基本相同，一般包括标题栏、快速访问工具栏、功能区、状态栏和编辑区这几个部分。本节将介绍 Office 2019 的操作界面。

1.1.1 功能区

在 Office 2019 中，功能区是程序窗口上方的一个区域，其相当于一个控制中心，替代了早期版本的菜单和工具栏。功能区实际上是一个命令控制中心，集中了若干围绕特定方案和对象进行组织的选项卡。在选项卡中集成了相关的操作命令控件，这些命令控件被细化为各个组，以便于用户使用。

默认情况下，Office 2019 的功能区中有 8 个选项卡，每个选项卡中放置了代表 Office 执行的一组命令控件。在需要执行某项操作时，可以单击选项卡标签打开选项卡，在组中单击相应的命令按钮进行操作，如图 1.1 所示。

功能区中的命令将按照操作进行分组，在组的右下角会有一个按钮，单击该按钮将打开该组对应的命令窗格或对话框。命令窗格或对话框提供了丰富的设置项，用户可以根据需要进行设置。如打开“剪贴板”窗格，可按照如图 1.2 所示的步骤进行操作。

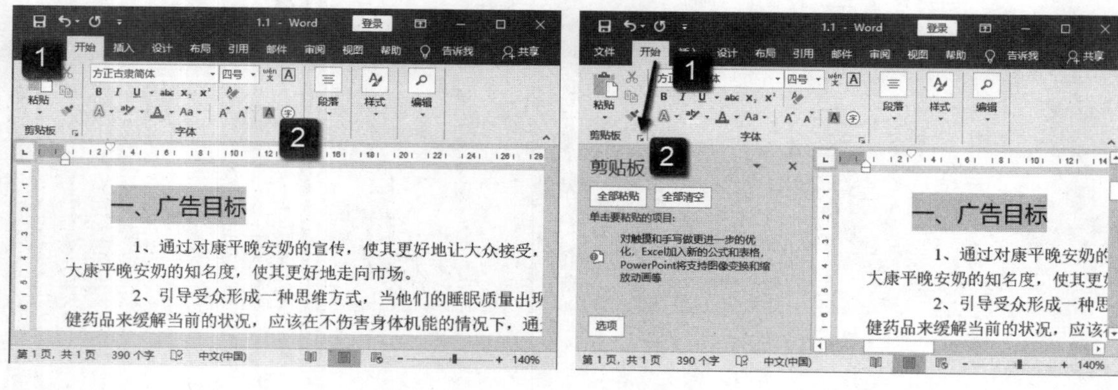

图 1.1　打开选项卡后单击按钮

图 1.2　打开“剪贴板”窗格

Office 2019 的功能区中除了默认的选项卡外，还包括只在执行特定任务时才出现的选项卡。一种情况是在需要的时候才出现，用户可使用选项卡对选项对象执行各种操作。比如，在选择表格、图片或绘制的图形等对象时出现的选项卡，这类选项卡称为上下文选项卡，其中包含了对特定对象执行操作的命令。如图 1.3 所示为选择文档中的图片后用户界面中出现的上下文选项卡。

当用户切换到某些特殊的创作模式或视图时，系统将会打开对应的选项卡。比如，在为 Word 文档插入页眉时，系统将打开“设计”选项卡，选项卡中提供了与“设计”操作有关的命令，如图 1.4 所示。

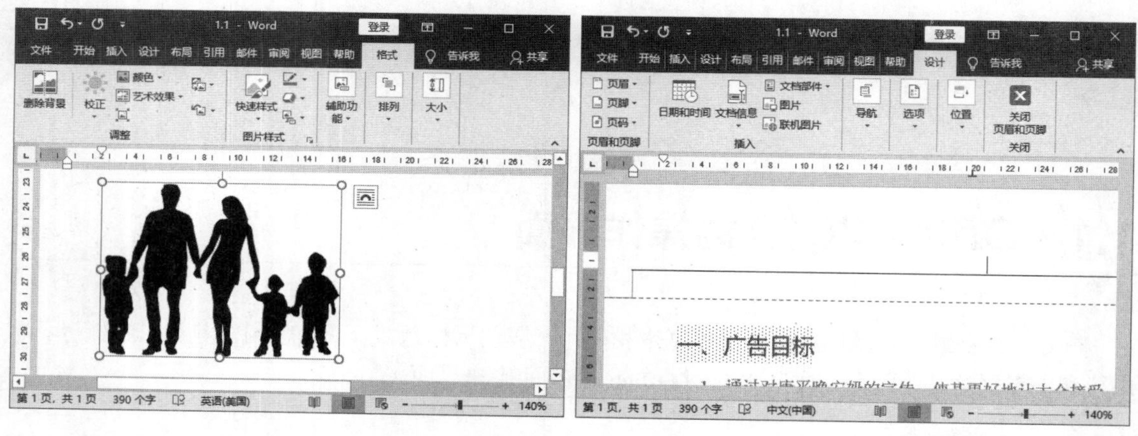

图 1.3　选择图片后出现的上下文选项卡

图 1.4　插入页眉时打开的“设计”选项卡

1.1.2　特殊的“文件”窗口

“文件”窗口是 Office 应用程序的一个特殊的窗口，许多与文档有关的全局设置和操作都需要从这个窗口开始。在 Office 2019 中，单击功能区中的“文件”标签可以打开“文件”窗口，如图 1.5 所示。

“文件”窗口包括 3 个部分，左侧的列表给出了相关的操作选项，不同选项窗口中显示的内容略有不同。一般情况下，在左侧列表中选择某个选项后，窗口的中间区域将会显示出该类选项的下级操作列表。窗口的右侧区域将显示选择某个选项后的相应信息或该选项的下级操作命令列表，如图 1.6 所示。

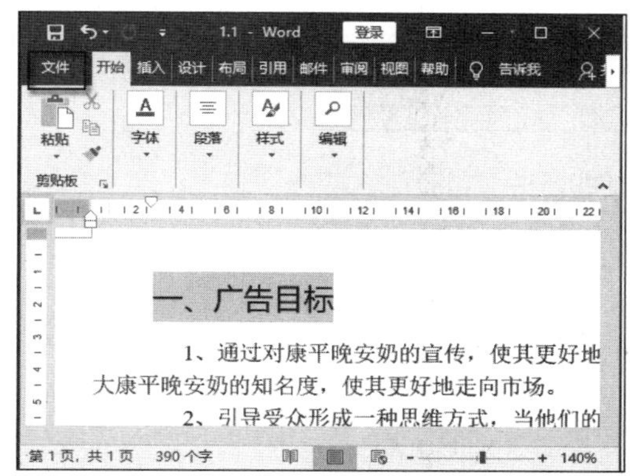

图 1.5　单击“文件”标签

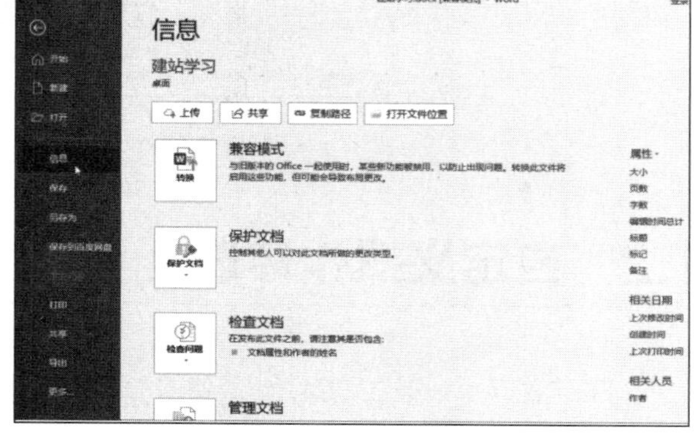

图 1.6　“文件”窗口

如果需要从“文件”窗口返回编辑窗口，可以单击左侧列表上方的“返回”按钮，如图 1.7 所示。

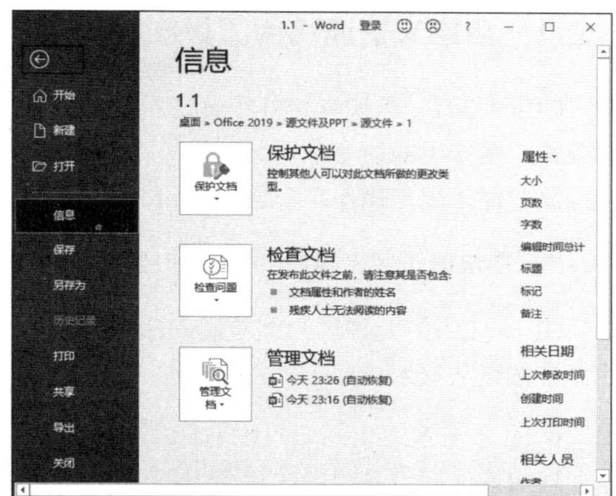

图 1.7　单击“返回”按钮返回编辑窗口

1.1.3　方便的快速访问工具栏

默认情况下，快速访问工具栏位于 Office 2019 程序窗口的左上方，它是命令按钮的载体，用于放置各种应用按钮，如图 1.8 所示。一般情况下，在 Office 2019 中执行某项操作时需要在打开选项卡后找到并单击相应的命令。如果将常用的命令按钮放置到快速访问工具栏中，就可以直接通过单击快速访问工具栏上对应的命令按钮进行操作，从而提高操作效率。

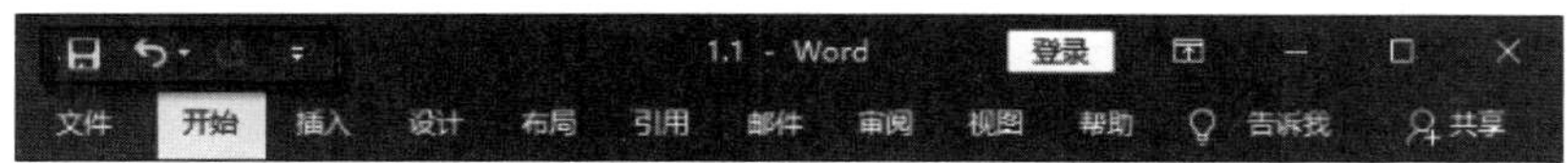

图 1.8　快速访问工具栏

1.1.4　从状态栏中获得信息

状态栏是 Windows 应用程序窗口的标准构件，其位于程序窗口的底部，用于显示相关的信息。Office 的状态栏除了显示相关的信息之外，还放置了某些功能按钮，如图 1.9 所示。

图 1.9 所示为 Word 2019 的状态栏，在这个状态栏的左侧依次显示了当前正在编辑页面对应的页码、文档包含的总页数、文档中包含的文字数和文档的文字类别。在这个状态栏最右侧显示了当前文档页面的缩放比例。

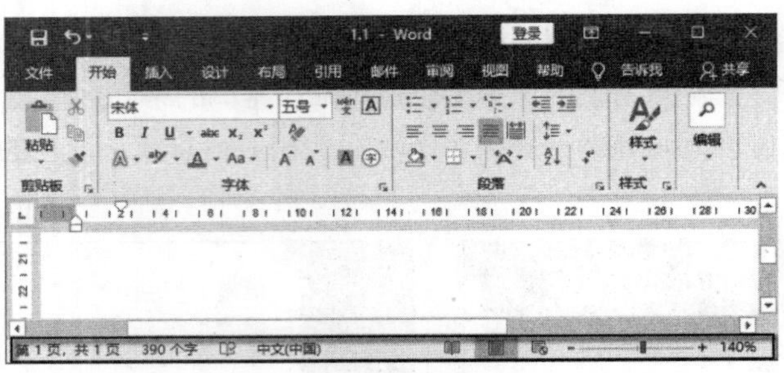

图 1.9　Word 2019 的状态栏

1.2　自定义操作环境

“工欲善其事，必先利其器”，使用 Office 处理文档时，要想充分发挥 Office 的强大功能，提高文档处理的效率，一个方便、熟悉且容易上手的操作界面是必不可少的。本节将从自定义访问工具栏、功能区、程序窗口的外观和程序窗口元素这 4 个方面来介绍自定义操作环境的技巧。

1.2.1　自定义快速访问工具栏

Office 2019 的快速访问工具栏与以前版本一样，也是位于程序主界面标题栏的左侧，其中可以放置一些常用的命令按钮。如前文所述，快速访问工具栏是命令按钮的载体或容器，用于放置命令按钮，便于用户操作。下面以 Word 2019 为例来介绍快速访问工具栏的设置方法。

1. 在快速访问工具栏中添加和删除按钮

Office 2019 允许用户把常用的命令按钮添加到快速访问工具栏中，同时也允许用户将不需要的命令按钮从快速访问工具栏中删除，方法如下：

01 单击快速访问工具栏右侧的“自定义快速访问工具栏”按钮，在出现的菜单中选择需要添加到快速访问工具栏中的命令，即单击将其勾选，如图 1.10 所示。此时，选中的命令就被添加到快速访问工具栏中。

02 在功能区中单击某个标签，打开该选项卡，在需要添加到快速访问工具栏的命令按钮上右击，在弹出的快捷菜单中选择“添加到快速访问工具栏”选项，如图 1.11 所示。此时，功能区中的命令按钮就被添加到快速访问工具栏中。

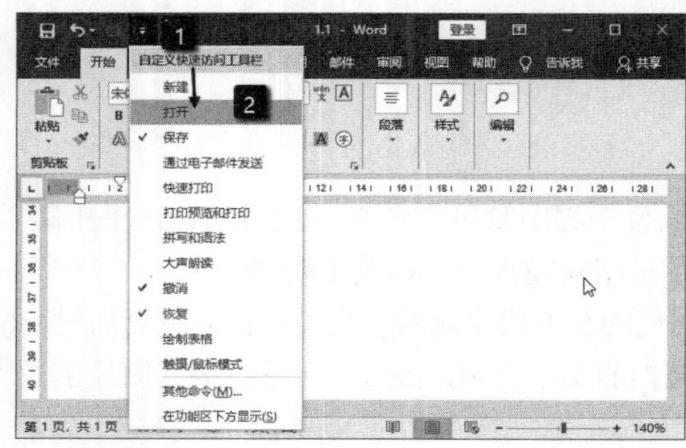

图 1.10　选择需要添加的命令

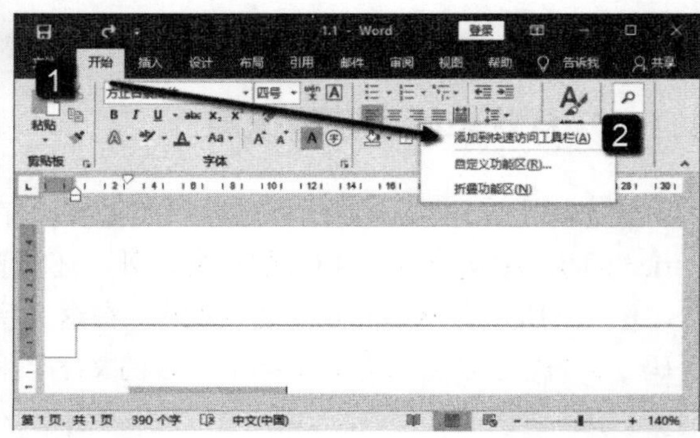

图 1.11　将功能区中按钮添加到快速访问工具栏中

03 在快速访问工具栏的某个按钮上右击，在弹出的快捷菜单中选择“从快速访问工具栏删除”选项，如图 1.12 所示。此时，这个被选中的命令按钮就从工具栏中删除了。

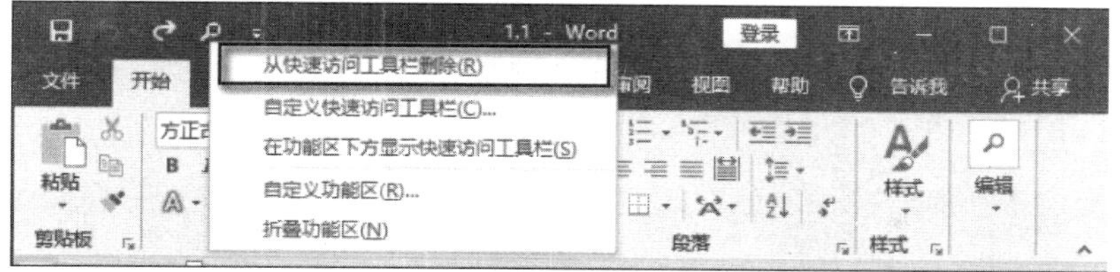

图 1.12　从快速访问工具栏中删除命令按钮

2. 在快速访问工具栏中批量增删命令按钮

在自定义快速访问工具栏时，有时需要将不在功能区中的命令按钮添加到快速访问工具栏中，有时需要同时在快速访问工具栏中添加多个命令按钮，此时可以按照下面的方法来进行操作。

01 启动 Word 2019，单击“快速访问工具栏”右侧的“自定义快速访问工具栏”按钮，在菜单中选择“其他命令”选项，打开“Word 选项”对话框。在对话框中的“从下列位置选择命令”列表中选择一个需要添加的命令，单击“添加”按钮将这个命令添加到“自定义快速访问工具栏”列表中，如图 1.13 所示。该命令将出现在右侧的列表中，依次往右侧列表中添加其他的命令按钮，在完成命令按钮的添加后单击“确定”按钮，这些命令按钮将会同时添加到快速访问工具栏中。

图 1.13　添加命令按钮

02 依次在“自定义快速访问工具栏”列表中选择不需要的命令按钮，单击“删除”按钮将它们从列表中删除，如图 1.14 所示。完成删除操作后单击“确定”按钮关闭对话框，这些从列表中删除的命令按钮也将从快速访问工具栏中消失。

03 在“自定义快速访问工具栏”列表框中单击某个命令按钮，单击列表框右侧的“上移”按钮或“下移”按钮可以改变命令按钮在列表中的位置，如图 1.15 所示。命令按钮在列表中的位置决定了该按钮在“快速访问工具栏”中的位置。

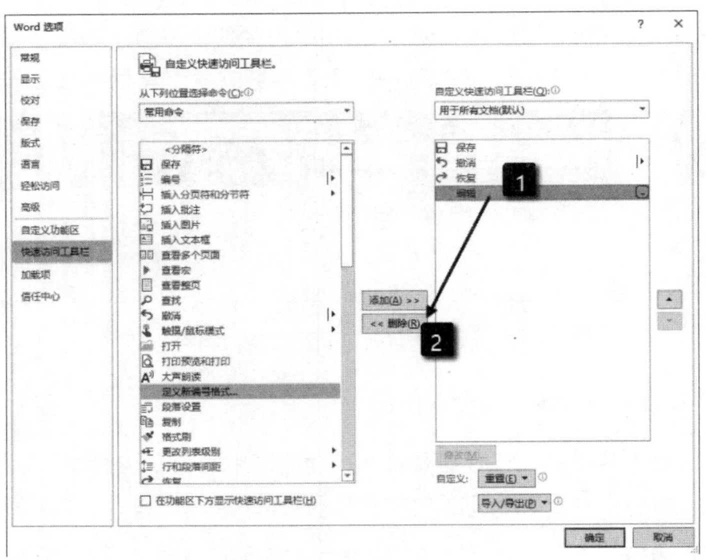

图 1.14　删除命令按钮

提 示

“自定义快速访问工具栏”下拉列表中除了“用于所有文档（默认）”选项外，还将列出当前所有打开的文档。通过选择相应的选项，用户可以选择自定义的快速访问工具栏是应用于所有的文档还是只应用于某个特定的文档。

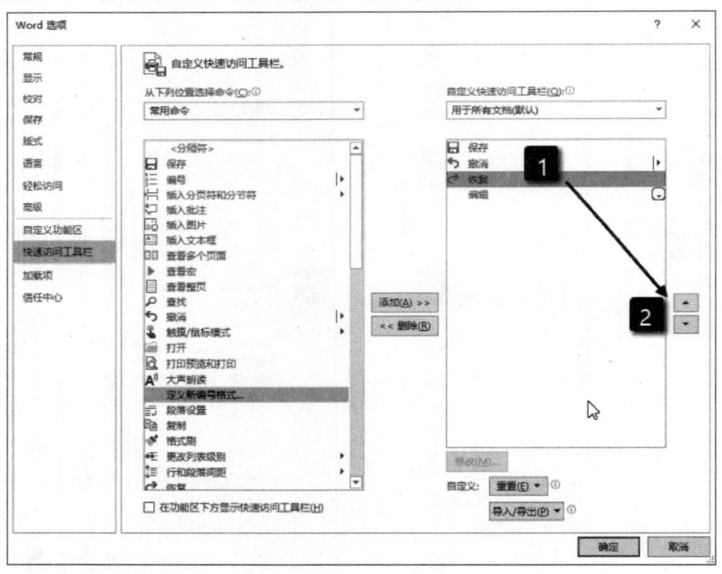

图 1.15　更改命令按钮在列表中的位置中

3. 改变快速访问工具栏的位置

默认情况下，Office 2019 的快速访问工具栏位于程序窗口的左上角，但这个位置是允许用户更改的，操作方法如下。

01 单击快速访问工具栏右侧的“自定义快速工具栏”按钮，在打开的菜单中选择“在功能区下方显示”选项，如图 1.16 所示。“快速访问工具栏”将被放置到功能区的下方。

02 当快速访问工具栏位于功能区下方时，单击快速访问工具栏右侧的“自定义快速工具栏”按钮，在打开的菜单中选择“在功能区上方显示”选项，如图 1.17 所示。“快速访问工具栏”将被重新放置到功能区的上方。

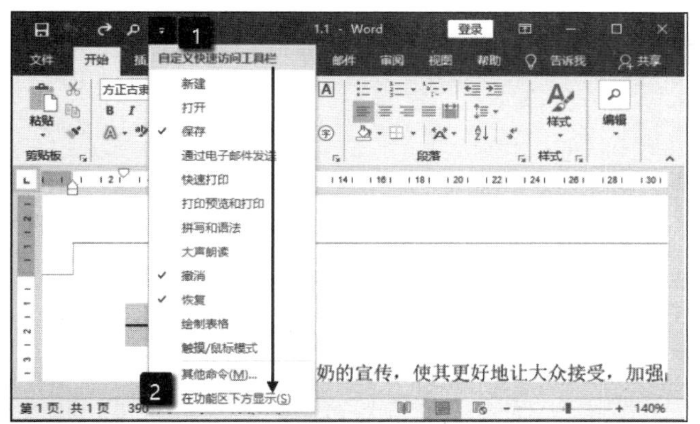

图 1.16　选择“在功能区下方显示”选项

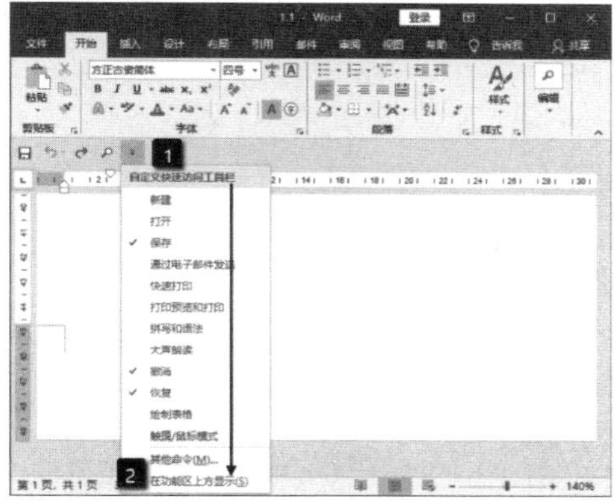

图 1.17　选择“在功能区上方显示”选项

1.2.2　设置功能区

Office 2019 的功能区是进行 Office 操作的集中地，它集中了进行操作的各种命令，用户可以根据自己的习惯对功能区进行自定义。下面介绍对功能区进行设置的相关技巧。

1. 折叠或显示功能区

功能区位于程序界面的顶端，能够自动适应窗口大小的改变。在使用 Office 应用程序时，有时会觉得功能区在程序界面中占用了很大的面积，为了获得更大的可视空间，可以将功能区折叠起来。

01 在功能区的任意一个按钮区域上右击，在弹出的快捷菜单中选择“折叠功能区”选项，如图 1.18 所示。此时，在程序界面中将只显示选项卡标签，如图 1.19 所示。

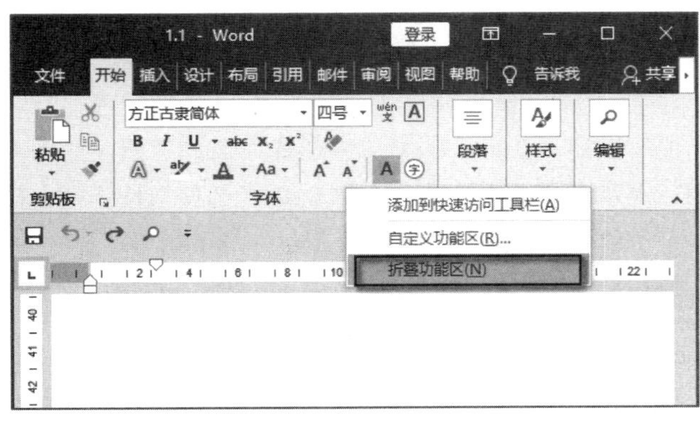

图 1.18　选择“折叠功能区”选项

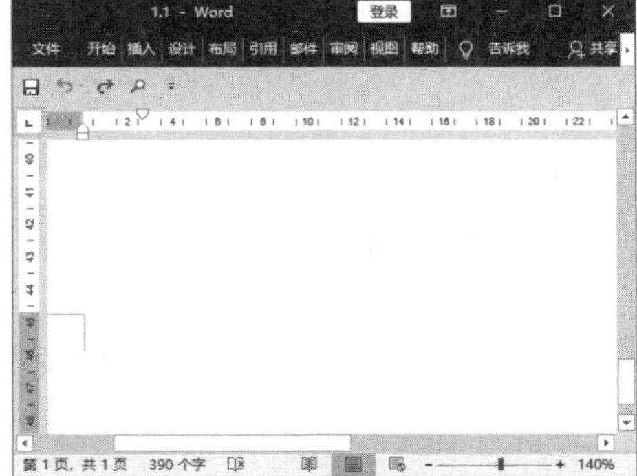

图 1.19　程序界面只显示选项卡标签

在折叠功能区后，单击界面中的选项卡标签，功能区将重新展开，显示该选项卡的内容，如图 1.20 所示。在折叠后的功能区上右击，在弹出的快捷菜单中取消对“折叠功能区”选项的勾选，功能区将能够重新显示，如图 1.21 所示。

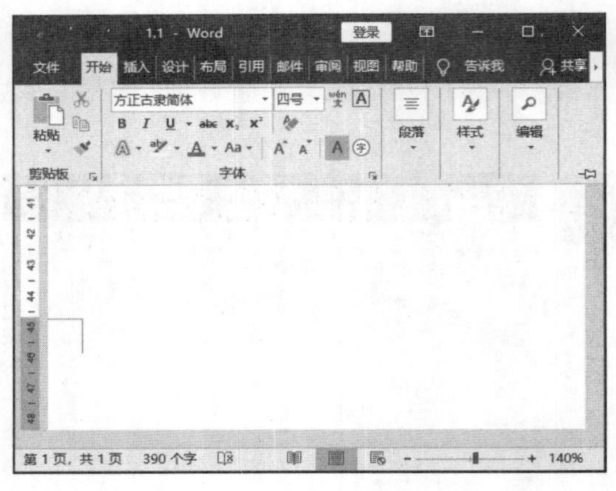

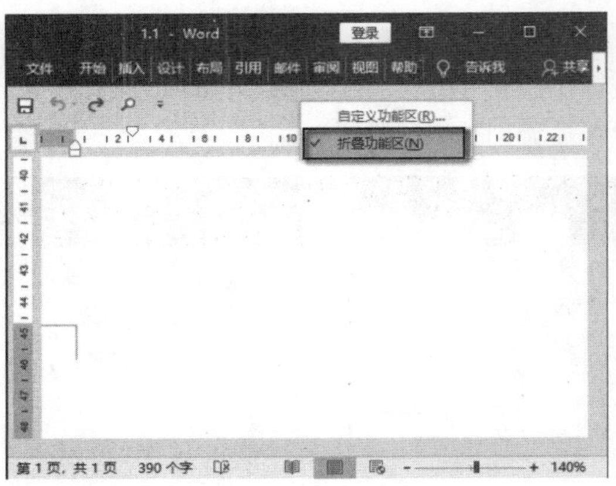

图 1.20　展开功能区　　　　图 1.21　取消对“折叠功能区”的勾选

02 Office 2019 为快速实现功能区最小化提供了一个“折叠功能区”按钮，该按钮位于功能区的右下角，如图 1.22 所示，单击该按钮能够将功能区快速折叠起来。在折叠功能区后，单击某个标签，在打开的功能区中单击右下角的“固定功能区”按钮能够将隐藏的功能区展开，如图 1.23 所示。

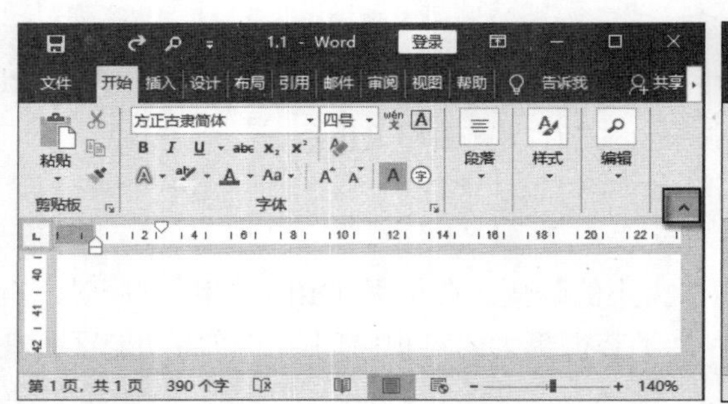

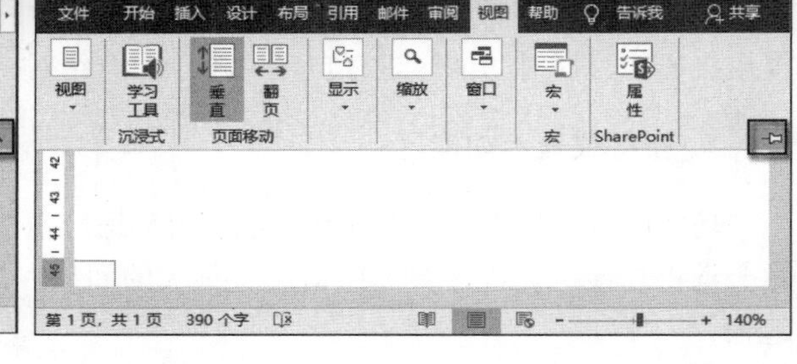

图 1.22　单击“功能区最小化”按钮　　　　图 1.23　单击“固定功能区”按钮

提　示

在功能区上双击当前打开的选项卡标签将折叠功能区。在折叠后的功能区选项卡标签上双击，将重新展开被折叠的功能区。按 Ctrl+F1 键也可以折叠功能区，再次按 Ctrl+F1 键则能重新展开被折叠的功能区。

03 单击标题栏右侧的“功能区显示选项”按钮，在打开的菜单中选择“自动隐藏功能区”选项，如图 1.24 所示。此时功能区将被隐藏，再次单击屏幕右上方的“功能区选项”按钮，在打开的菜单中选择“显示选项卡”选项即可恢复功能区的显示，如图 1.25 所示。

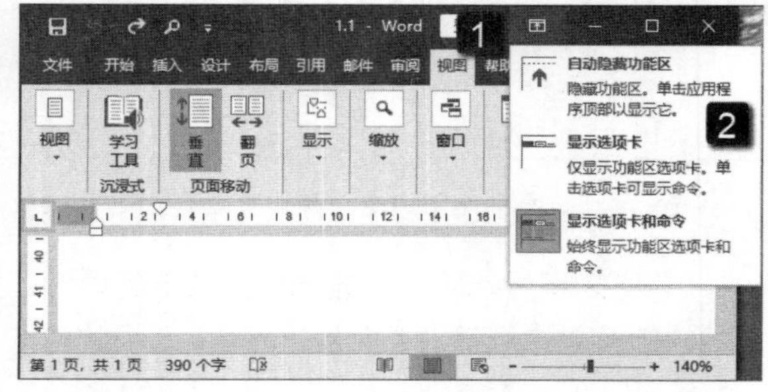

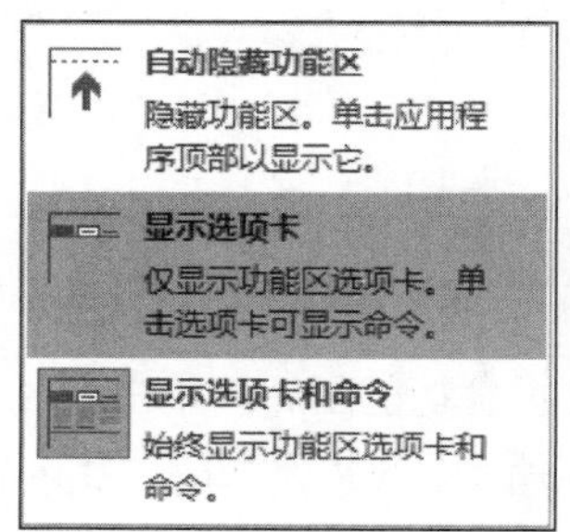

图 1.24　选择“自动隐藏功能区”选项　　　　图 1.25　恢复功能区的显示

单击“功能区选项”按钮，在打开的菜单中选择“显示选项卡”选项，这时功能区将只显示选项卡标签。如果选择“显示选项卡和命令”选项，即可解除功能区的隐藏，将功能区完全显示出来。

2. 设置功能区提示

为了使用户更快地掌握功能区中各个命令按钮的功能，Office 2019 提供了按钮功能提示。当鼠标放置于功能区的某个按钮上时，屏幕上会出现一个提示框，框中显示该按钮的有关操作信息，包括按钮名称、快捷键和功能介绍等内容。这个屏幕提示可以根据需要设置为显示或隐藏。

01 将鼠标光标放置于功能区的某个按钮上，Office 会给出按钮的功能提示，如图 1.26 所示。单击程序窗口中的“文件”按钮，在“文件”窗口左侧列表中选择“选项”选项，如图 1.27 所示。

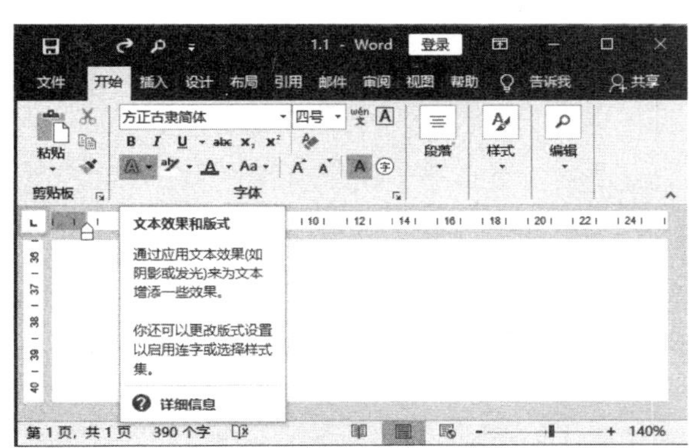

图 1.26　显示功能提示

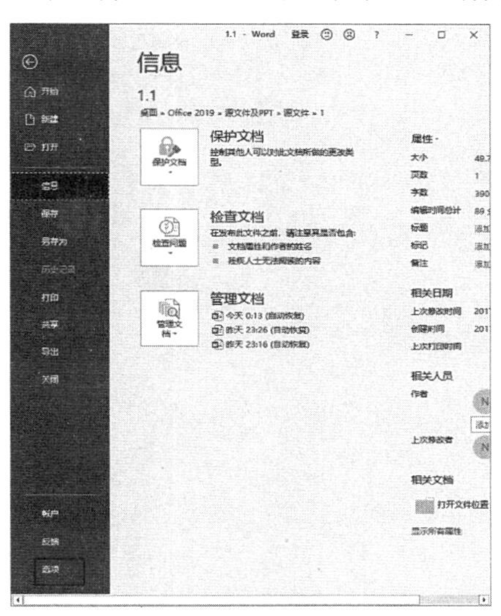

图 1.27　选择“选项”选项

02 此时，将打开“Word 选项”对话框。在对话框中的“屏幕提示样式”下拉列表中选择“不在屏幕提示中显示功能说明”选项，如图 1.28 所示。单击“确定”按钮关闭“Word 选项”对话框，将鼠标放置于功能区按钮上时，提示框将不再显示功能说明，只显示按钮名称和快捷键，如图 1.29 所示。

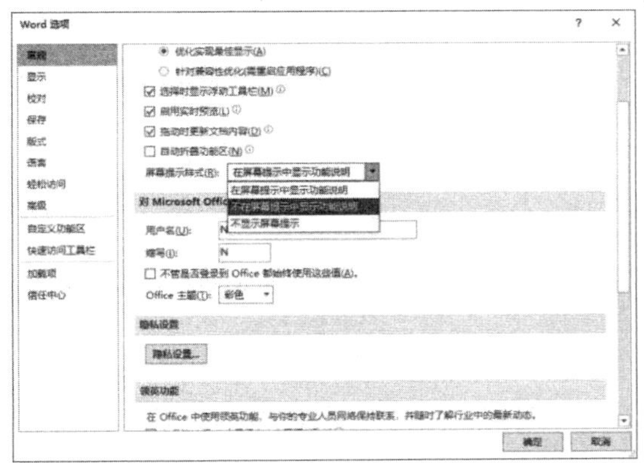

图 1.28　选择“不在屏幕提示中显示功能说明”选项

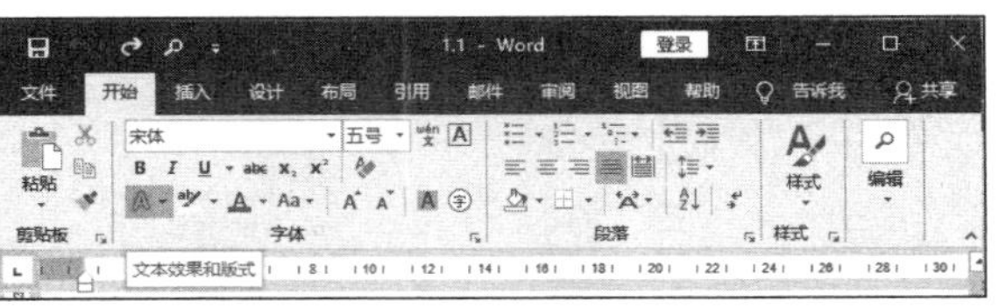

图 1.29　不显示功能说明

03 如果在“Word 选项”对话框的“屏幕提示样式”下拉列表中选择“不显示屏幕提示”选项，功能区按钮的屏幕提示将不再显示，如图 1.30 所示。

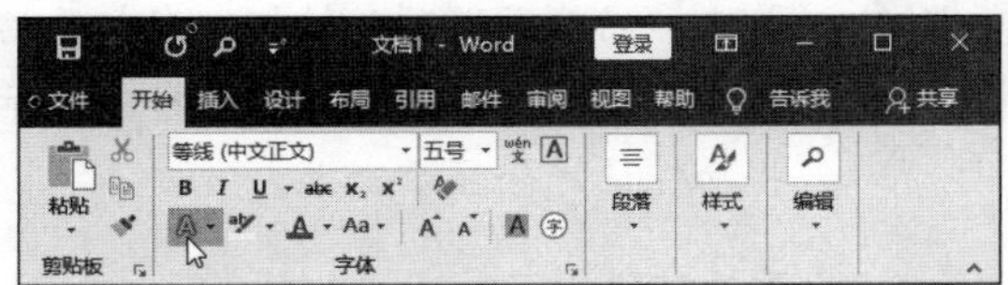

图 1.30　不再显示屏幕提示

3. 向功能区添加命令按钮

默认情况下，功能区的选项卡中只会显示部分命令按钮。如果要使用选项卡中未显示的命令按钮，就需要将它们放置到功能区的选项卡中，下面介绍具体的操作方法。

01 启动 Word 2019，单击“文件”标签打开“文件”窗口。在左侧列表中选择“选项”选项以打开“Word 选项”对话框。在对话框左侧列表中选择“自定义功能区”选项，单击“新建选项卡”按钮创建一个新的自定义选项卡，如图 1.31 所示。

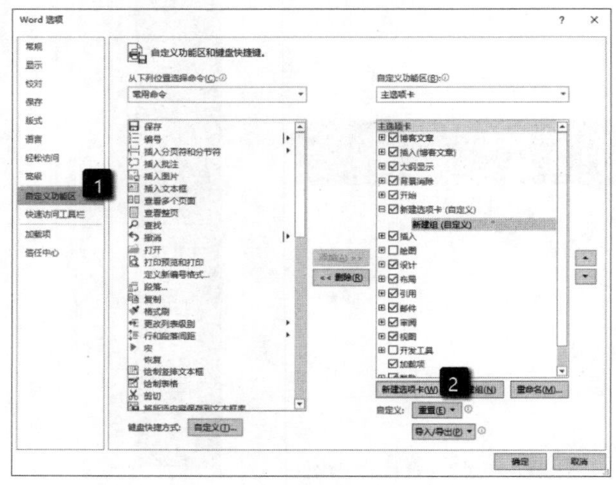

图 1.31　创建自定义选项卡

02 选择“新建选项卡（自定义）”，单击“重命名”按钮打开“重命名”对话框，在“显示名称”文本框中输入文字为选项卡命名，如图 1.32 所示。完成设置后单击“确定”按钮关闭对话框。

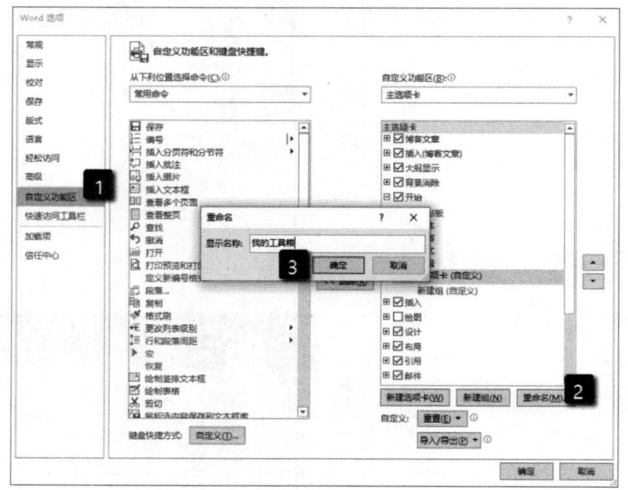

图 1.32　为选项卡重命名

03 选择“新建组（自定义）”选项，再次单击“重命名”按钮。在打开的“重命名”对话框的“显示名称”文本框中输入自定义组的名称，如图 1.33 所示。完成设置后单击“确定”按钮关闭对话框。

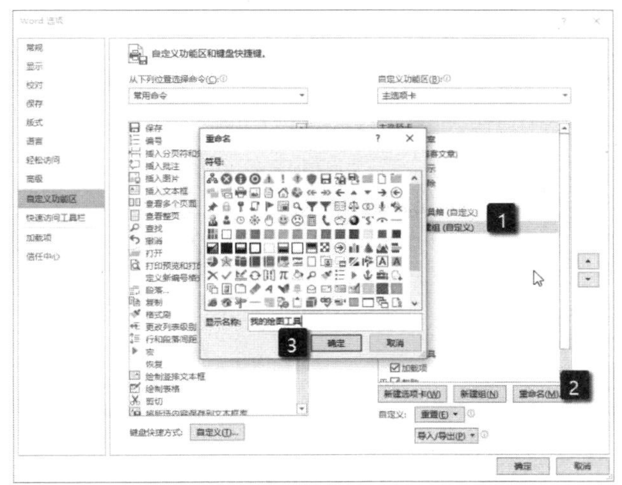

图 1.33 对组命名

04 在“从下列位置选择命令”下拉列表中选择“所有命令”选项，此时其下拉列表显示所有可用的命令，如图 1.34 所示。

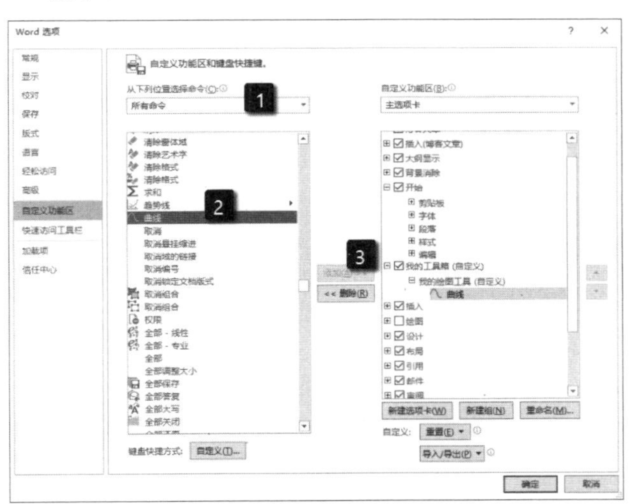

图 1.34 向自定义组中添加命令

05 完成命令添加后单击“确定”按钮关闭对话框。此时功能区中将出现“我的工具箱”选项卡，在该选项卡中有一个名为“我的绘图工具”的组，组中将列出添加的所有命令，如图 1.35 所示。

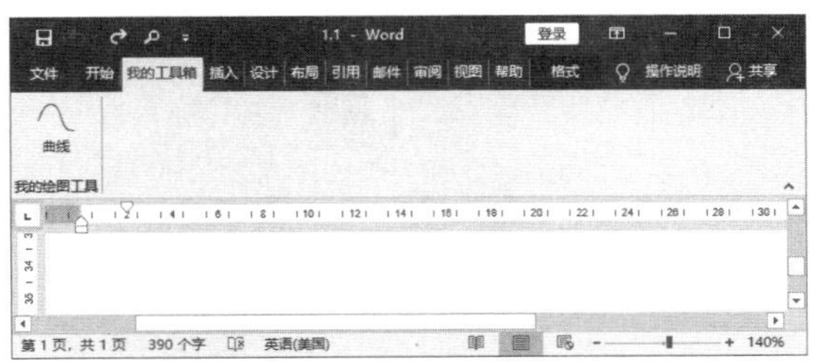

图 1.35 功能区中添加了“我的工具箱”选项卡

提示：自定义功能区时，命令按钮必须添加到自定义组中。因此，不论是向自定义选项卡中添加命令还是向功能区中已有的选项卡中添加命令，都必须先在该选项卡中创建自定义组。用户添加的命令只能放在自定义组中。

06 在“Word 选项”对话框的“自定义功能区”列表中选择一个命令按钮，单击“删除”选项，该命令按钮将从列表中删除，如图 1.36 所示。单击“确定”按钮关闭对话框，命令将从功能区的选项卡中删除。使用相同的方法可以删除功能区中的选项卡和选项卡中的组。

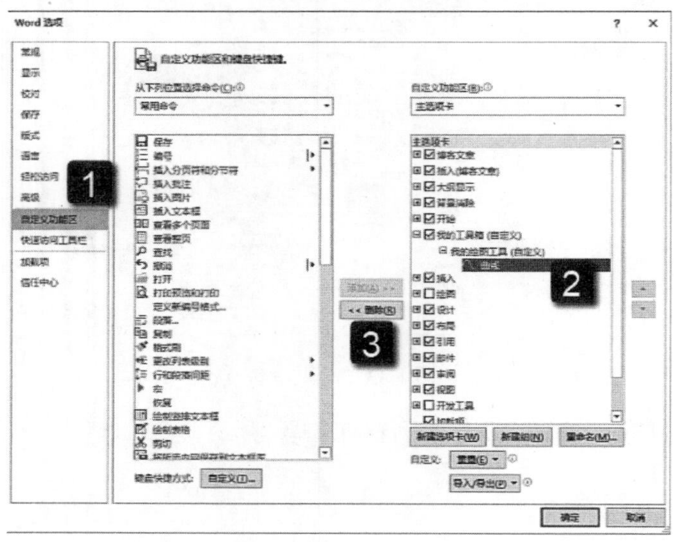

图 1.36　删除按钮选项

4．在其他计算机上使用熟悉的功能区

按照用户个人的操作习惯设置功能区能够有效地提高操作效率。当在其他计算机上使用 Office 2019 时，重新按照个人操作习惯设置功能区难免费时费力。这时可以借助配置文件，将熟悉的功能区直接导入到当前的 Office 中，以便快速获得符合个人操作习惯的操作界面。下面介绍具体的操作方法。

01 打开“Word 选项”对话框，在完成功能区的自定义后，单击“导入/导出”按钮。在获得的下拉列表中选择“导出所有自定义设置”选项，如图 1.37 所示。

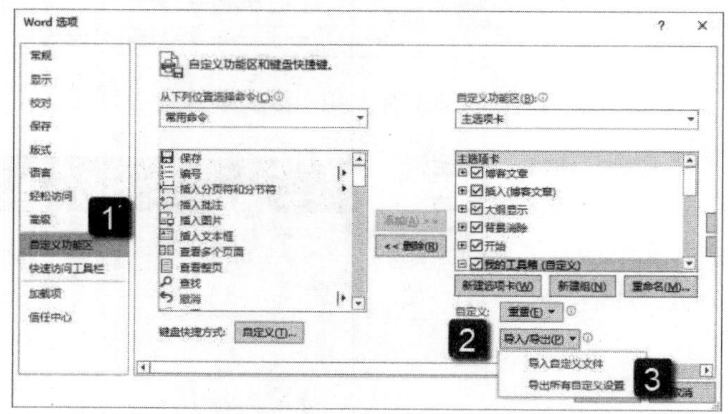

图 1.37　选择“导出所有自定义设置”选项

02 此时将打开“保存文件”对话框，在对话框中选择文件保存的磁盘和文件夹，在“文件名”文本框中输入文件名。完成设置后单击“保存”按钮保存文件，如图 1.38 所示。此时，当前功能区和快速访问工具栏的设置将保存在这个配置文件中。

03 在其他计算机上使用 Word 时，在“Word 选项”对话框的“导入/导出”列表中选择“导入自定义文件”，打开“打开”对话框，选择需要导入的配置文件后单击“打开”按钮，如图 1.39 所示。此时在 Word 中可获得相同的功能区和快速访问工具栏。

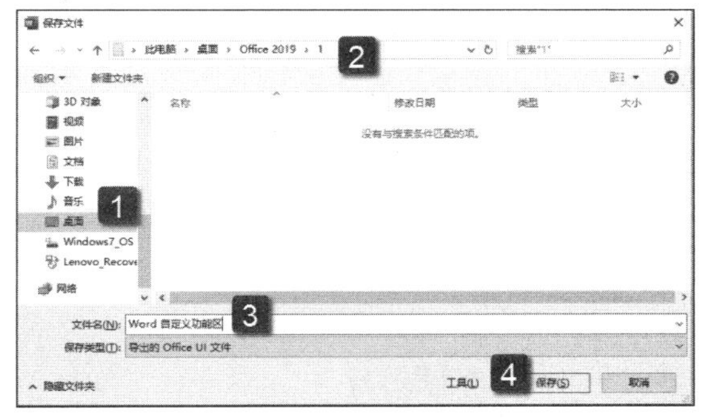

图 1.38　保存配置文件

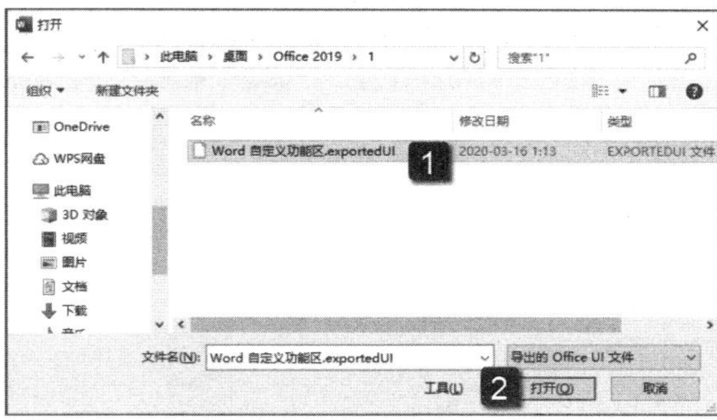

图 1.39　导入配置文件

1.2.3　设置程序窗口的外观

Office 2019 所有的应用程序窗口都有各自默认的外观，例如 Word 2019 程序窗口默认的配色方案是蓝色。用户可以根据需要更改应用程序窗口的颜色和背景图案。下面介绍具体的操作方法。

01 打开“Word 选项”对话框，在对话框左侧列表中选择“常规”选项。在右侧的“对 Microsoft Office 进行个性化设置”设置栏的“Office 主题”列表中选择相应的选项，如图 1.40 所示。

02 完成设置后单击“确定”按钮关闭对话框，颜色方案随即应用于程序窗口，如图 1.41 所示。

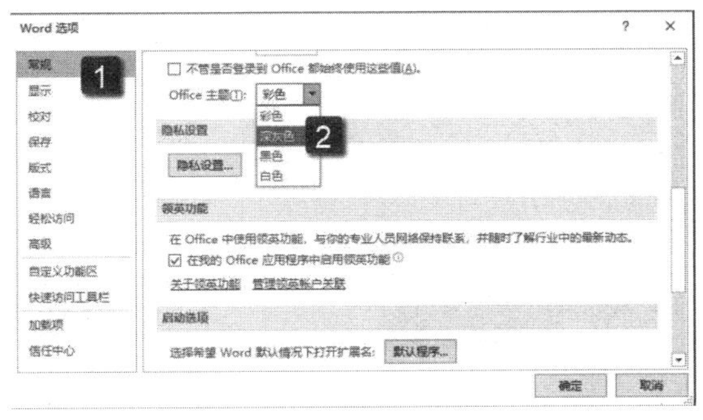

图 1.40　选择颜色方案

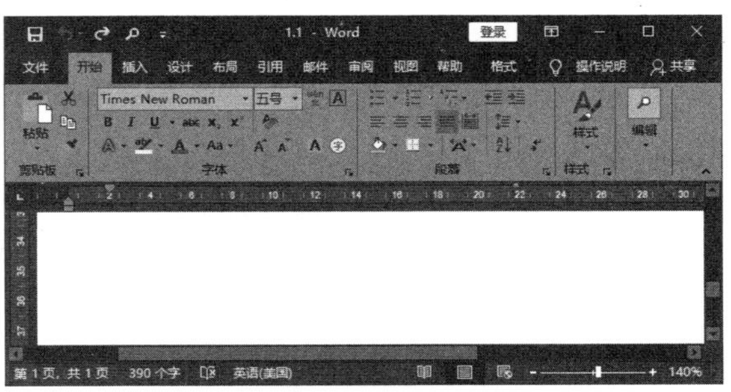

图 1.41　颜色方案应用后的效果

1.2.4　设置程序窗口元素

Office 2019 应用程序窗口中的构成元素可以根据需要进行设置，使操作更符合用户的个性化要求。

1. 调整任务窗格大小

Office 2019 很多具体的设置需要在任务窗口中进行，默认情况下任务窗格一般停靠在程序窗口的左侧或右侧。将鼠标指针放置到任务窗格的边框上，拖动鼠标可以调整任务窗格的大小，如图 1.42 所示。将鼠标指针放置到任务窗格的标题栏上，按鼠标左键并拖动即可将任务窗格移动到屏幕的任意位置，如图 1.43 所示。

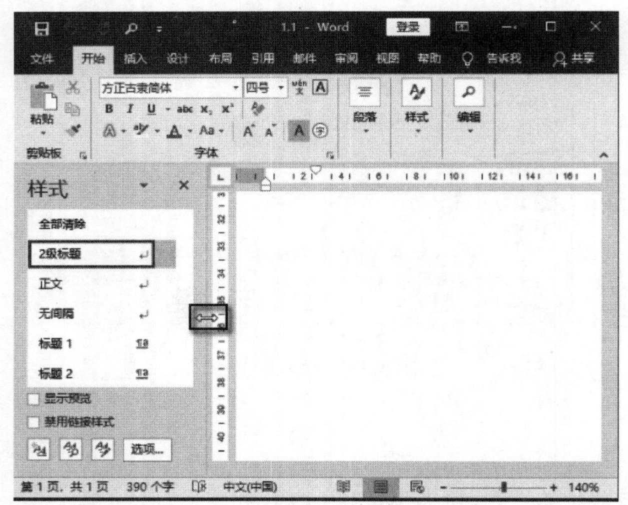

图 1.42　改变任务窗格的大小

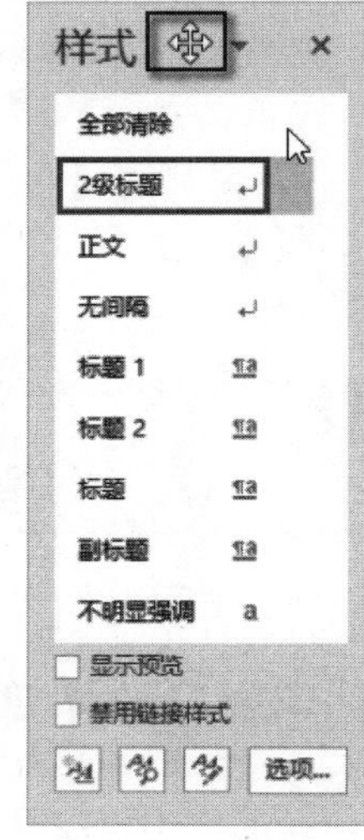

图 1.43　移动任务窗格

单击任务窗格上的“任务窗格选项”按钮，在打开的列表中选择“移动”或“大小”选项，同样可以移动任务窗格或调整其大小，如图 1.44 所示。

2. 自定义状态栏

Office 2019 程序窗口底部的状态栏，用来显示相关信息。用户可以自定义状态栏中显示的信息。右击状态栏，在弹出的快捷菜单中勾选相应的选项，则对应信息将会显示在状态栏中，如图 1.45 所示。

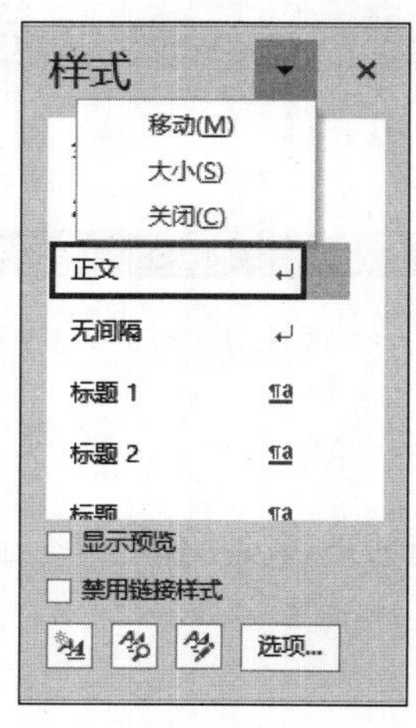

图 1.44　“任务窗格选项”列表

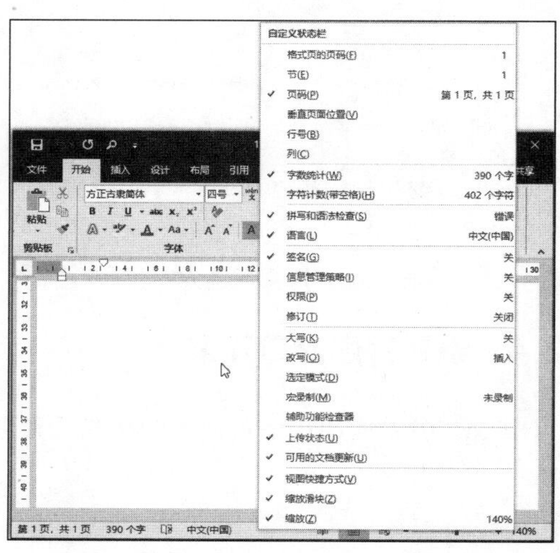

图 1.45　选择在状态栏中需要显示的信息

3. 显示或隐藏浮动工具栏

默认情况下，在选择某个对象后，所选对象旁边会出现一个浮动工具栏。例如，在 Word 2019 中选择文字，此时文字旁会出现浮动工具栏，如图 1.46 所示。使用这个浮动工具栏，能够快速实现对选择对象的操作。但是有时候，浮动工具栏的出现会干扰工作，那么需要隐藏该工具栏。下面介绍如何隐藏和显示工具栏。

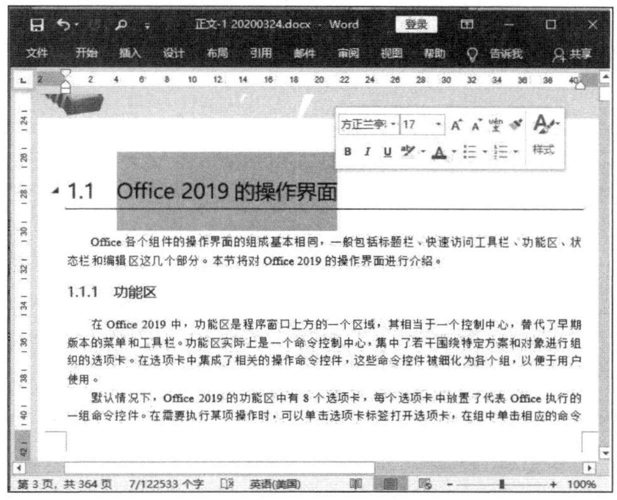

图 1.46　显示浮动工具栏

打开“Word 选项”对话框，在左侧列表中选择“常规”选项。在对话框右侧的“用户界面选项”设置栏中取消对“选择时显示浮动工具栏”复选框的勾选，如图 1.47 所示。单击“确定”按钮关闭对话框，这时选择对象后将不会显示浮动工具栏。之后如果还想显示出浮动工具栏，只要重新勾选上述复选框即可。

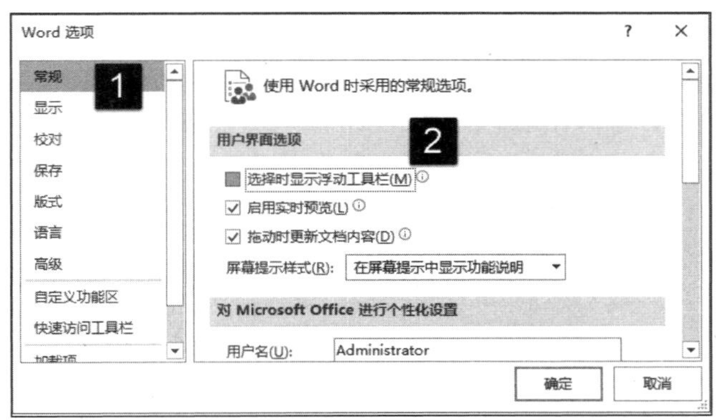

图 1.47　取消对“选择时显示浮动工具栏”复选框的勾选

1.3　本章拓展

本节将简单介绍在使用 Office 2019 时如何使用快捷键来提高操作效率以及获取 Office 帮助的方法。

1.3.1　快捷的操作按键

在使用 Office 进行操作时，最快捷的方式是使用快捷键。Office 应用程序中内置了大量的快捷键，操作起来非常便捷。但是，由于快捷键数量多，要记住它们并非易事。即使是记住了，时间长了也容易忘记。在 Office 2019 中，如果忘记了某个操作对应的快捷键，可以使用下面的方法来查询。

在程序窗口中按 Alt 键，功能区中将显示出打开各个选项卡对应的快捷键，同时也会显示出快速访问工具栏中的命令按钮所对应的快捷键，如图 1.48 所示。比如在“开始”选项卡旁显示出字母 H，表示只需要按 Alt+H 键就可以打开“开始”选项卡。

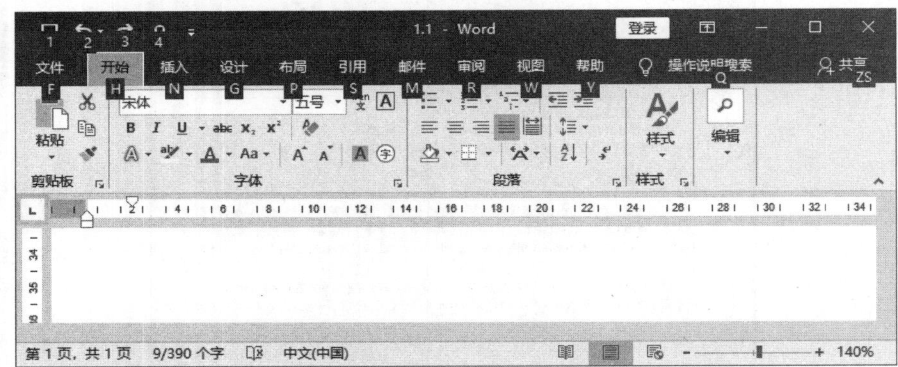

图 1.48　打开选项卡的快捷键

按 Alt 键后再按 H 键，功能区中将显示出“开始”选项卡中各个命令按钮所对应的快捷键，如图 1.49 所示。此时只需要按命令按钮旁对应的按键，即可对选择对象应用该命令。

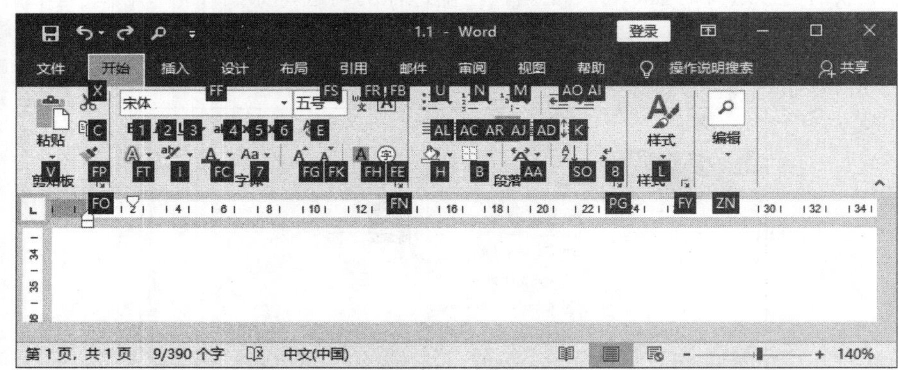

图 1.49　显示出命令按钮所对应的快捷键

1.3.2　获取 Office 帮助

Office 应用程序的“说明书”包含了大量的官方说明和操作指南，可以帮助用户快速查找相关资源，寻求操作帮助。

在程序窗口中按 F1 键，即可打开帮助窗口，比如，Word 2019 的帮助窗口如图 1.50 所示。这里，列出了最常用的帮助主题，单击文字链接即可打开相关的帮助内容，如图 1.51 所示。在对话框中的搜索文本框中输入关键字进行搜索，如图 1.52 所示。单击文本框左侧的搜索按钮，将显示出搜索结果，如图 1.53 所示。

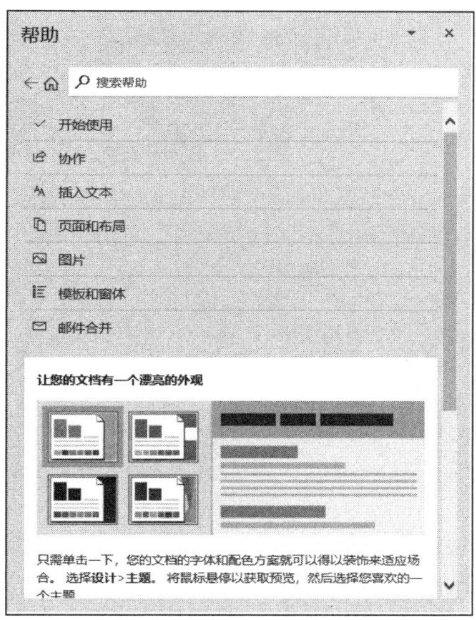

图 1.50 “Word 2019 帮助”窗口

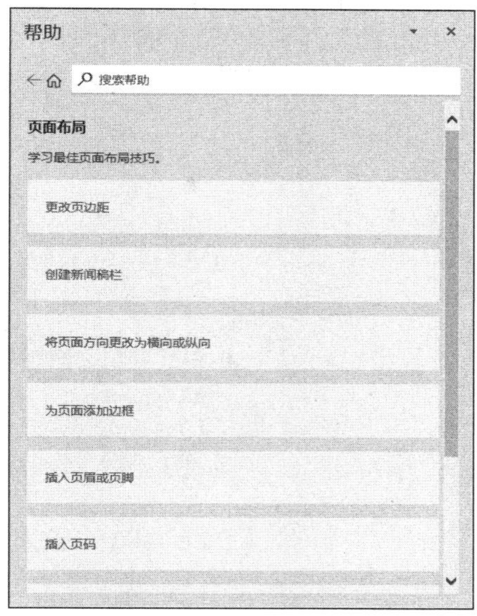

图 1.51 显示帮助内容

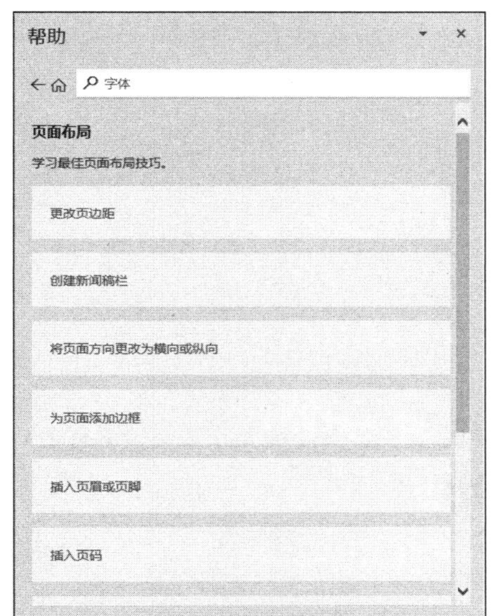

图 1.52 输入搜索关键字

图 1.53 显示搜索结果

第 2 章

Office 2019 的基本操作

Office 2019 应用程序常用的主要包括 Word 2019、Excel 2019 和 PowerPoint 2019 等。这 3 个应用程序的操作界面在结构上基本相同，对文档的基本操作也有共通之处。基本操作是实现复杂操作的第一步，是进行各类文档操作的开始。本章以 Word 2019 为例来介绍 Office 2019 应用程序的共性操作。

2.1　Office 2019 的启动和退出

应用程序的启动是操作的开始，退出是操作的结束。下面以 Windows 10 操作系统为例来介绍 Office 2019 应用程序的启动和退出技巧。

2.1.1　启动 Office 2019 应用程序

基于 Windows 操作系统的 Office 2019，其启动方式与 Windows 应用程序的启动方式完全一样。下面以启动 Word 2019 为例来介绍 Office 2019 启动的常用方法。

1. 从“开始”菜单启动

对于 Windows 10 操作系统来说，在正确安装 Office 2019 后，安装程序会在“开始”菜单中添加用于启动 Office 2019 的各个应用程序快捷方式。单击 Windows 窗口左下角的“开始”按钮，在弹出的菜单中单击 Word 快捷方式即可启动应用程序，如图 2.1 所示。

图 2.1　从“开始”菜单启动

对于经常使用的应用程序，可以将其快捷方式固定到“开始”屏幕中，单击 Word 图标，即可启动 Word 组件，如图 2.2 所示。

图 2.2　单击“开始”屏幕中的应用程序图标

2. 从桌面启动

使用快捷方式也能完成程序的启动和文档的打开，并且无须知道程序在磁盘上的具体位置。下面以创建 Word 2019 桌面快捷方式为例来介绍具体的操作方法。

01 在桌面空白处右击，在弹出的快捷菜单中选择“新建”|“快捷方式”选项。此时将打开“创建快捷方式”对话框，单击“浏览”按钮打开“浏览文件或文件夹”对话框，在对话框中找到应用程序，如图 2.3 所示。选择后单击“确定”按钮关闭“浏览文件或文件夹”对话框。在 Windows 操作系统中，Office 2019 应用程序所在的文件夹为 C:\Program Files\Microsoft Office\root\Office16。

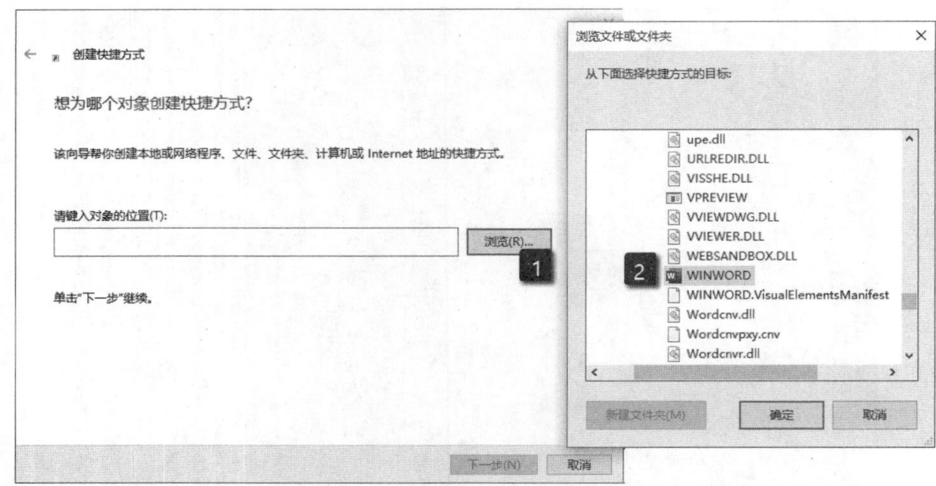

图 2.3　选择应用程序文件

02 在“创建快捷方式”对话框中单击“下一步”按钮进入下一步操作，在“键入该快捷方式的名称”文本框中输入快捷方式名称，单击“完成”按钮完成快捷方式的创建，如图 2.4 所示。

03 此时，在桌面上将会出现一个名为“Word”的快捷方式图标，双击该图标即可启动 Word，如图 2.5 所示。

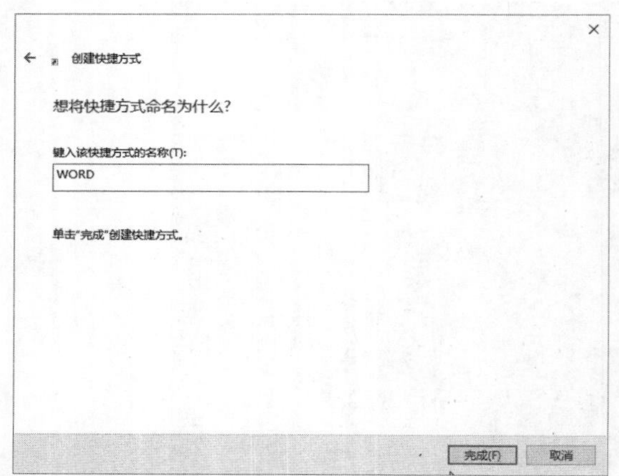

图 2.4　输入快捷方式名称

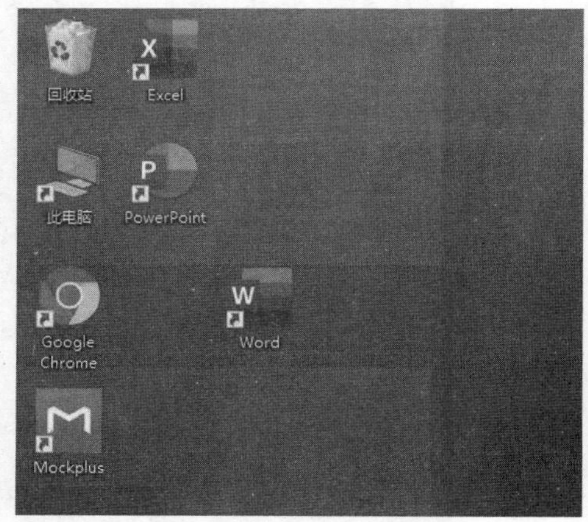

图 2.5　在桌面上创建快捷方式

提　示

在 Windows 操作系统中创建桌面快捷方式的方法很多。例如，可以直接将“开始”|“所有程序”|“Microsoft Office 2019”文件夹中对应的命令拖放到桌面，创建桌面快捷方式；也可以打开 Windows 资源管理器，找到 Office 组件的程序文件后右击，在弹出的快捷菜单中选择“发送到”|“桌面快捷方式”选项，创建桌面快捷方式。

3. 使用快捷键从桌面快速启动 Office 应用程序

Windows 允许用户为桌面上的快捷方式添加快捷键，通过按键代替双击快速启动应用程序。下面介绍创建快捷键快速启动 Office 应用程序的方法。

01 右击创建的 Word 快捷方式，在弹出的快捷菜单中选择“属性”选项，打开“属性”对话框。在“快捷方式”选项卡中单击“快捷键”文本框，放置插入点光标，如图 2.6 所示。

02 按键盘上的键，如这里按“W”键。此时系统会自动将快捷键设置为 Ctrl＋Alt＋W，如图 2.7 所示。单击“确定”按钮关闭对话框，完成快捷键的设置。此时，在 Windows 桌面上，按“Ctrl+Alt+W”键即可启动 Word。

图 2.6　放置插入点光标

图 2.7　设置快捷键

2.1.2　退出 Office 2019 应用程序

在完成操作后，需要退出应用程序。Office 2019 退出应用程序一般可以采用下面的两种方式。

（1）退出 Office 2019 应用程序，只需要关闭其应用程序窗口即可。和所有的 Windows 应用程序一样，用户可以单击程序窗口右上角的“关闭”按钮来关闭应用程序窗口。应用程序窗口的关闭，就意味着程序的退出，如图 2.8 所示。

（2）打开 Office“文件”窗口，在左侧列表中选择“关闭”选项，也可以退出 Office 应用程序，如图 2.9 所示。

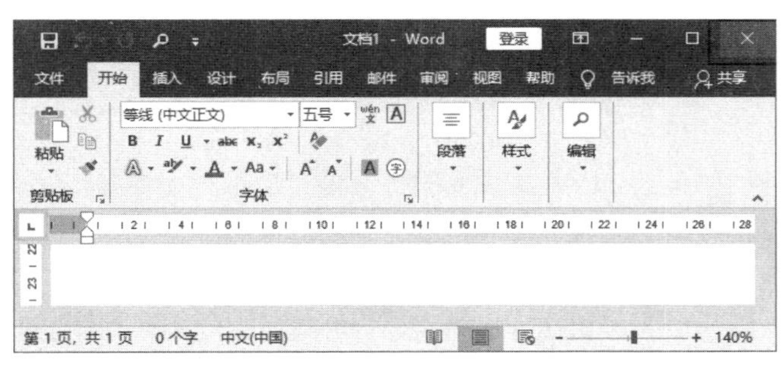

图 2.8　单击“关闭”按钮退出应用程序

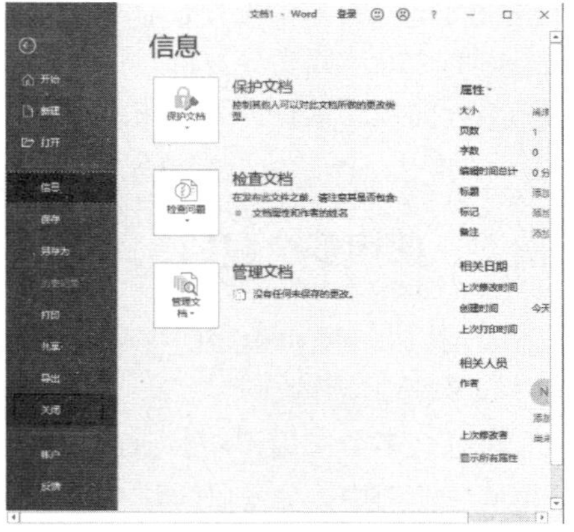

图 2.9　选择“关闭”选项退出应用程序

在 Office 应用程序窗口处于激活状态时，按 Alt+F4 快捷键也可以直接关闭该应用程序窗口，进而退出 Office 应用程序。

2.2 操作 Office 窗口

窗口是 Windows 应用程序的基本元素，程序功能的实现都是在应用程序窗口中进行的。本节将介绍 Office 2019 程序窗口的操作技巧。

2.2.1 操作程序窗口

程序窗口的操作，实际上就是改变程序窗口的状态。在 Office 应用程序窗口右上角有 2 个按钮，可以帮助用户快速调整窗口的状态，如图 2.10 所示。

图 2.10　应用程序窗口右上角有 2 个按钮可用于快速调整窗口的状态

单击“最小化”按钮，应用程序窗口将最小化。单击“最大化”按钮，应用程序窗口将最大化，即占据整个屏幕。此时“最大化”按钮将变为“向下还原”按钮，单击该按钮将取消应用程序窗口的最大化，使窗口恢复到原来的大小。

将鼠标指针放置到 Office 应用程序窗口的标题栏上，按下鼠标左键并拖动，可以将应用程序窗口移动到屏幕的任意位置。在 Windows 10 操作系统中，当窗口处于最大化状态时，拖动窗口将取消其最大化状态并移动到屏幕的任意位置。同时，将非最大化的窗口拖放到屏幕的上方，应用程序窗口将自动最大化。

2.2.2 设置窗口大小比例

当 Office 应用程序窗口处于非最大化状态时，用户可以对窗口的大小进行任意调整。将鼠标指针放置到窗口的边缘或四角处，此时光标变为双箭头形状时，沿箭头方向拖动鼠标即可调整窗口的大小，如图 2.11 所示。

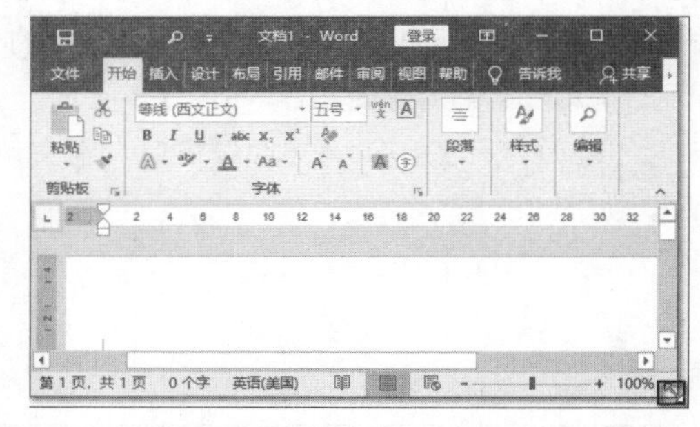

图 2.11　拖动鼠标改变应用程序窗口大小

2.2.3 使用多个窗口

Office 2019应用程序组件之间可以进行协同办公，因此如果同时打开多个应用程序窗口，就需要进行多窗口操作。

在打开多个应用程序窗口后，如果需要在多个窗口之间切换，可以将鼠标指针移动到要切换的应用程序窗口中，在窗口的任意位置单击，该窗口即可切换为当前窗口。如果所有的应用程序窗口都处于最大化状态，可以借助于状态栏进行切换。

如果需要切换的是多个相同的应用程序窗口，可以在状态栏中单击该应用程序图标，此时可以打开应用程序窗口组，单击需要切换的窗口缩览图即可，如图 2.12 所示。

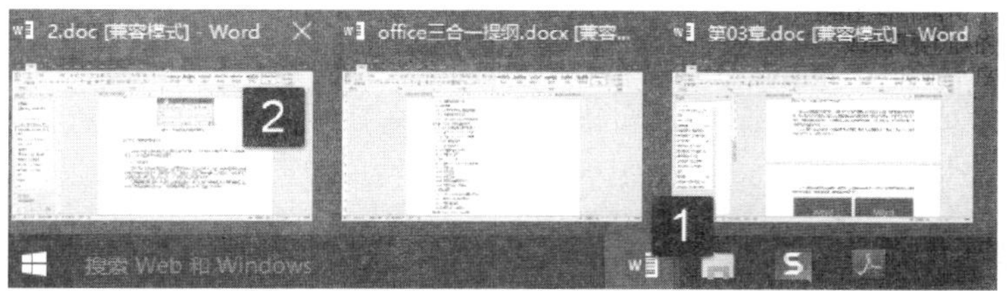

图 2.12　切换应用程序窗口

2.3　操作 Office 文档

Office 的文档是 Office 应用程序生成文件的总称，文档的新建、打开和保存等操作是 Office 应用的基础。

2.3.1　新建文档

Office 2019 应用程序在开始某项工作时，首先需要创建新文档。Office 2019 新文档的创建，一般有下面几种情况。

1．不启动应用程序创建新文档

在不启动 Office 2019 应用程序的情况下，用户可以使用桌面右键快捷菜单命令在桌面直接创建需要的 Office 文档。同时，在进行文件浏览的过程中，用户同样可以随时创建新的 Office 文档。下面以创建 Word 文档为例来介绍具体的操作方法。

01 在桌面上右击，在弹出的快捷菜单中选择“新建”|“Microsoft Word 文档”选项，即可在桌面上创建一个新的 Word 文档。同时，可以为该文档设置文档名，如图 2.13 所示。双击该文档图标即可打开该文档，用户便可对其进行编辑。

02 打开 Windows“资源管理器”窗口，选择需要创建 Office 文档的文件夹后在右侧窗格中右击，在弹出的快捷菜单中选择“新建”选项，在其下级菜单中会出现能够创建的 Office 文档选项，单击需要创建的文档选项，例如选择“Microsoft Office Word 文档”命令。此时，在选择的文件夹中将会创建一个空白的 Word 文档，该文档的文件名将会突出显示，如图 2.14 所示。输入文档名称后按 Enter 键确认文档的更名操作，双击该文档即可启动 Word 2019 并对其进行编辑处理。

图 2.13　输入文档名

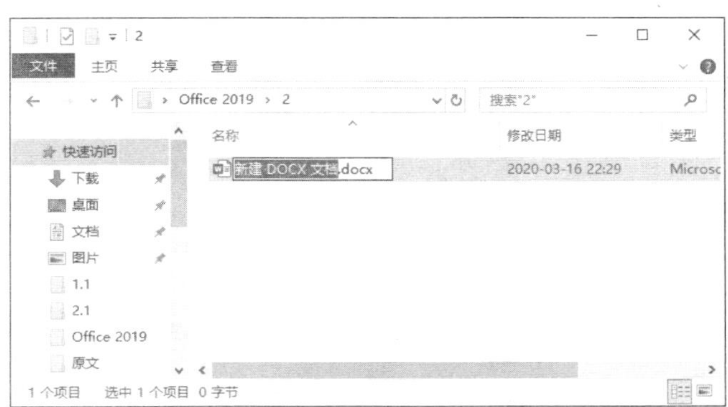

图 2.14　在文件夹中创建 Word 文档

2. 在应用程序中创建新文档

启动 Office 2019 应用程序后，用户可以创建空白的新文档，也可以根据需要选择 Office 内置的设计模板来创建文档。下面以 Word 2019 为例来介绍在应用程序中创建文档的方法。

01 启动 Word 2019，Word 会直接打开“开始”窗口，在窗口中选择“空白文档”选项即可创建一个新的空白文档，如图 2.15 所示。

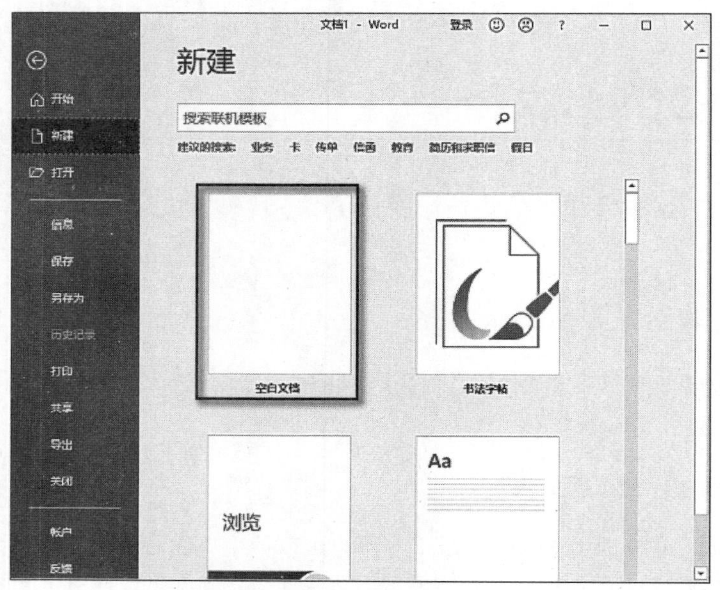

图 2.15　创建空白文档

02 启动 Word 2019，在打开的“开始”窗口中会列出常用的文档设计模板，用户可以选择需要使用的模板，如图 2.16 所示。单击选中的模板即可出现该模板的提示对话框，对话框中列出了模板的使用说明以及缩览图等信息，单击“创建”按钮，如图 2.17 所示。Word 将下载该模板并创建基于该模板的新文档，如图 2.18 所示。

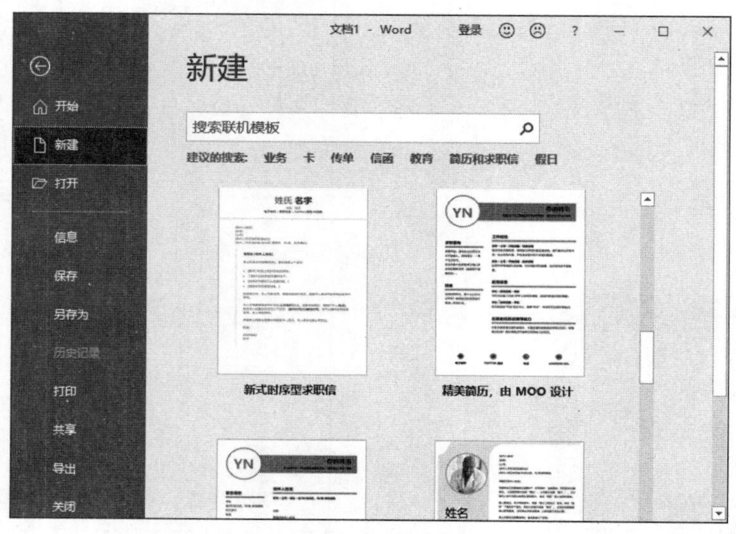

图 2.16　选择需要使用的模板

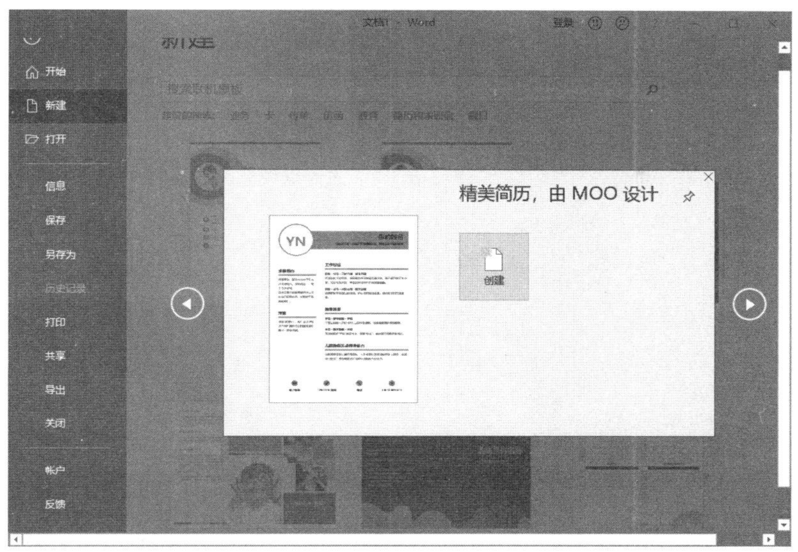

图 2.17　提示信息

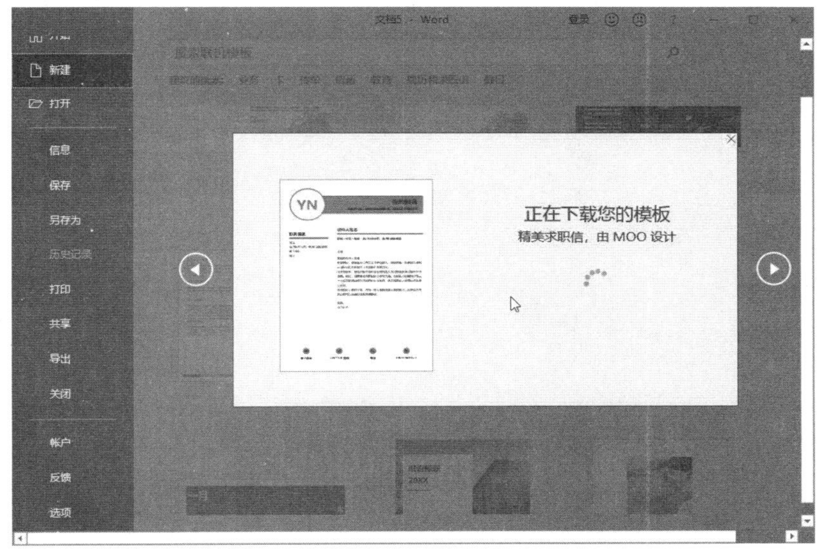

图 2.18　下载模板

3．在文档编辑状态下创建新文档

在对文档进行编辑时，有时需要另外创建新文档，最简单的方法是直接按 Ctrl+N 键来创建新文档。此外，还可以按照下面的方法来进行操作。

01 在进行文档编辑时，打开“文件”窗口。选择窗口左侧列表中的“新建”选项，单击窗口列表中的“空白文档”选项即可创建一个新的空白文档，如图 2.19 所示。

02 在页面中的“建议的搜索”栏中单击相应的选项，如选择“教育”选项，如图 2.20 所示。此时 Word 将搜索可用的模板，在页面右侧的“分类”栏中显示模板的分类列表，在页面中间栏中选择模板列表，如图 2.21 所示。选择模板后将显示模板提示信息，单击“创建”按钮即可创建基于该模板的文档，如图 2.22 所示。

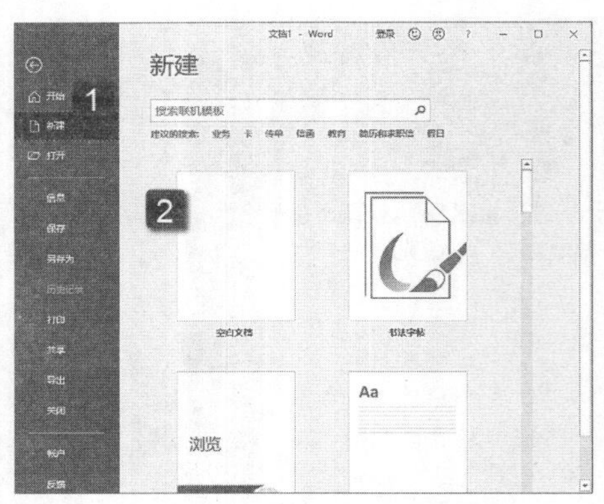

图 2.19　新建文档

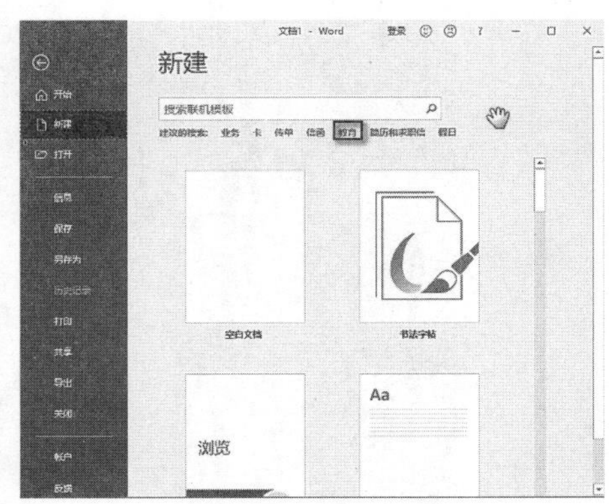

图 2.20　选择“教育”选项

图 2.21　选择模板

图 2.22　显示模板信息

03 如果在“新建”页面中没有找到需要的模板，可以在搜索框中输入需要的模板名称后单击“开始搜索”按钮，如图 2.23 所示。此时，Word 将进行联机搜索模板，可用的模板将一一列出来，如图 2.24 所示。

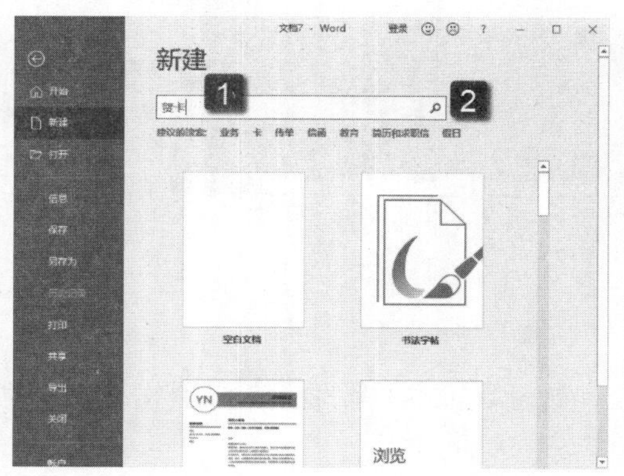

图 2.23　搜索模板

图 2.24　显示搜索结果

2.3.2　打开文档

对已有的文档进行编辑修改是使用 Office 的一项重要的内容。要对已有的文档进行编辑修改，首先需要使用 Office 应用程序将文档打开。Office 文档有不同的打开方式，下面介绍打开 Office 文档的技巧。

1. 在资源管理器和文档编辑状态中打开文档

正如前面介绍的，在 Windows 资源管理器中找到需要进行操作的文档后，双击该文档即可使用 Office 应用程序将其打开。在文档编辑状态，如果需要打开另一个文档，可以按照下面的两种方法来进行操作。

方法一：

01 打开“文件”窗口，在左侧列表中选择“打开”选项，在中间的“打开”列表中选择“浏览”选项，如图 2.25 所示。

02 此时将打开“打开”对话框，在对话框中找到需要打开的文件，单击“打开”按钮即可，如图 2.26 所示。

图 2.25　选择“浏览”选项

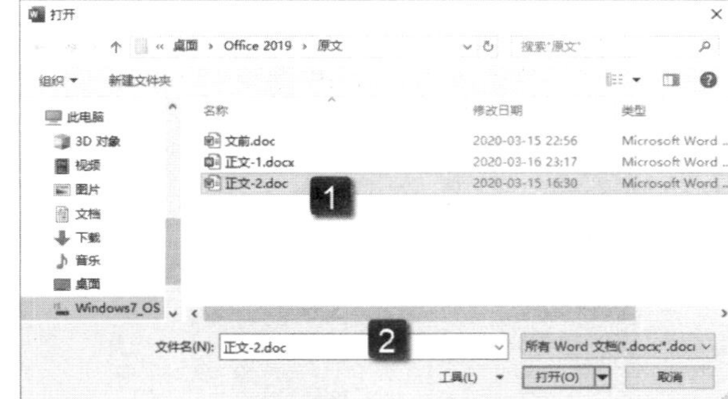

图 2.26　“打开”对话框

方法二：

打开“文件”窗口，在左侧列表中选择“打开”选项，在“打开”列表中选择“这台电脑”选项，在右侧列表中将显示“我的文档”|“文档”文件夹中的文件夹，用户可以直接打开文件夹寻找需要的文档。单击“文档”选项，如图 2.27 所示。此时将打开“打开”对话框，使用该对话框可以选择磁盘上的文件并打开它，如图 2.28 所示。

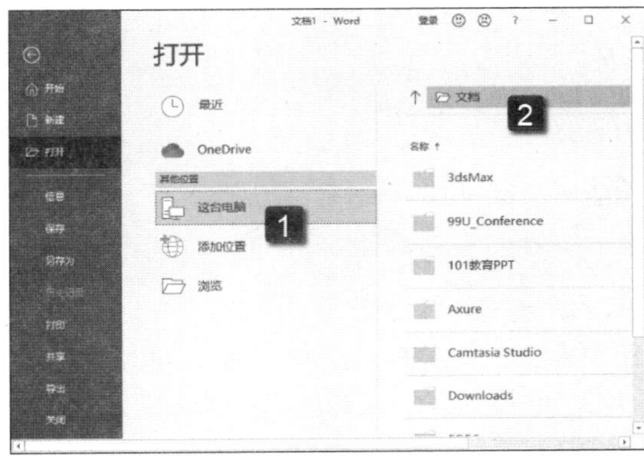

图 2.27　单击“文档”选项

图 2.28　打开“打开”对话框

2．以副本的方式打开文档

当一个已有文档以副本的方式打开时，用户对文档的编辑操作将只在副本文档中进行。这样可以有效使用已有文档，提高创建同类文档的效率，同时也可以避免误操作造成重要文档的破坏。下面介绍以副本方式打开文档的操作方法。

01 在 Word 2019 中，单击主界面左上角的“文件”标签，在打开的“文件”窗口中选择页面左侧列表中的“打开”选项，在窗口中的“打开”列表中选择“浏览”选项，如图 2.29 所示。

02 在“打开”对话框中选择需要打开的文件后，单击“打开”按钮旁边的下三角按钮，在弹出的列表中选择“以副本方式打开”选项，如图 2.30 所示。此时文档将以副本形式打开，并在标题栏上显示的文档名中自动添加“副本”字样，如图 2.31 所示。

图 2.29　选择“浏览”选项

图 2.30　选择“以副本方式打开”选项

图 2.31　标题栏中显示“副本”字样

在创建文档的副本时，Office会自动将这个副本文件保存在与指定文件相同的文件夹中。同时，Office会根据指定文件的文件名自动为其命名。

3．在受保护的视图中打开文档

在使用 Office 2019 时，如果只是阅读文档而不希望对文档进行编辑修改，那么为了避免误操作，可以在受保护的视图中查看文档。

01 按照上面介绍的方法打开“打开”对话框，在对话框中选择需要打开的文件，单击“打开”按钮旁边的下三角按钮，在弹出的列表中选择“在受保护的视图中打开”选项，如图 2.32 所示。

02 文档被打开后将处于受保护视图状态，不能对文档进行编辑，只能浏览，如图 2.33 所示。

03 选择“审阅”菜单中的“批注”选项可以通过“上一条”、“下一条”显示当前页面中的批注，但无法新建批注，如图 2.34 所示。选择“布局”菜单，其中大部分选项都是灰色，此时无法改变页面布局，如图 2.35 所示。选择“插入”菜单，可以发现当下什么都插入不了，如图 2.36 所示。

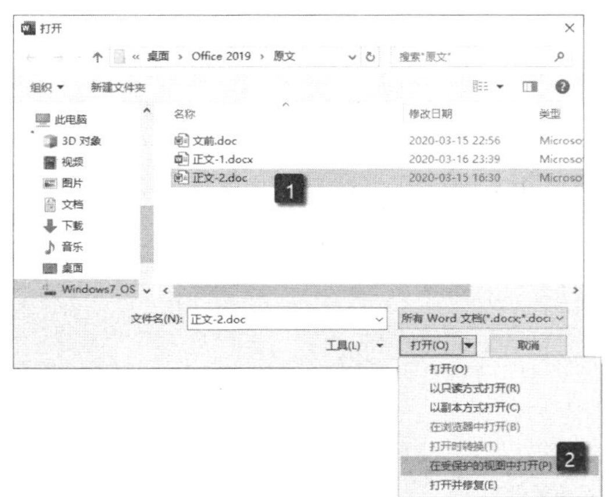

图 2.32　选择“在受保护的视图中打开”命令

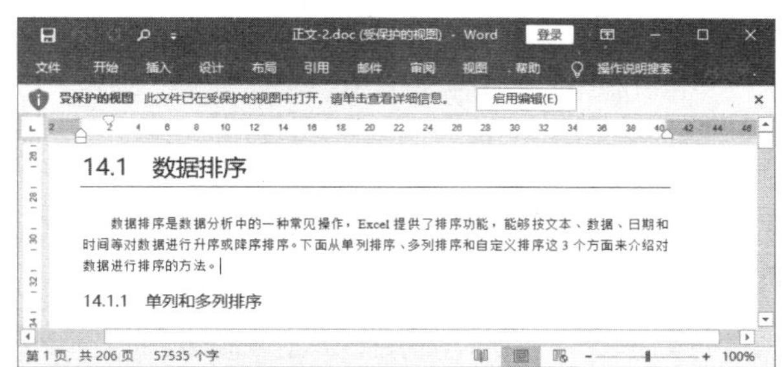

图 2.33　受保护的视图状态

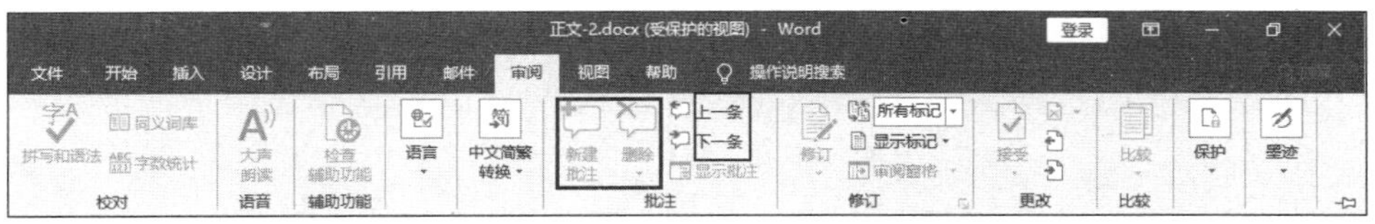

图 2.34　浏览批注

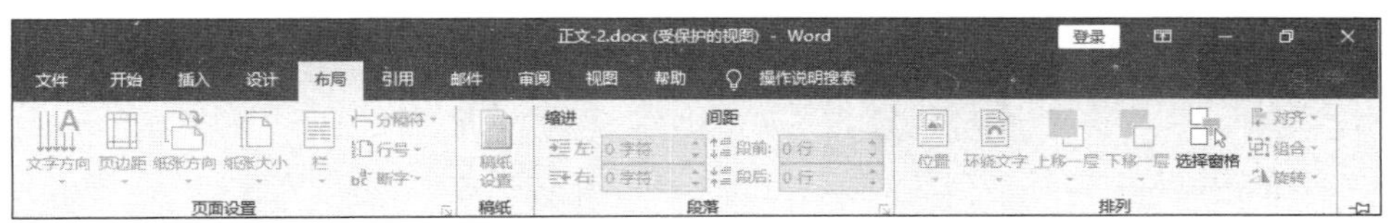

图 2.35　无法布局

图 2.36　无法插入

04 在“开始”菜单中选择“编辑”|“查找”选项将打开“导航”窗格，在其中的搜索框中输入文字可以在阅读文档时查找需要的内容，如图 2.37 所示。

05 单击标题栏右侧的“自动隐藏阅读工具栏”按钮可以隐藏工具栏，如图 2.38 所示。再次单击该按钮即可取消工具栏的隐藏。

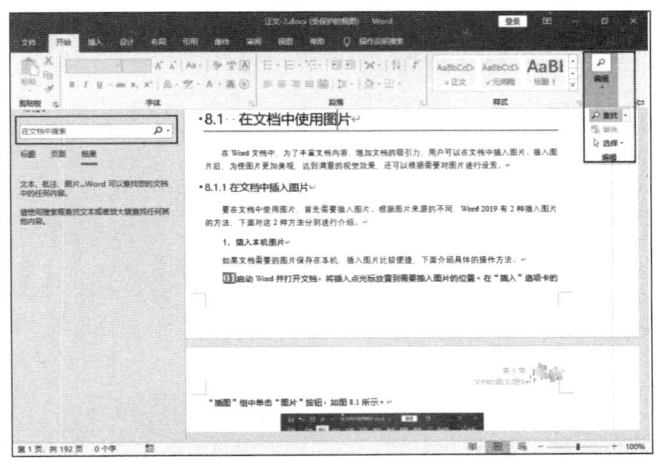

图 2.37　使用“查找”命令打开“导航”窗格

图 2.38　单击“自动隐藏阅读工具栏”按钮隐藏阅读工具栏

06 如果需要对文档进行编辑，可以单击窗口提示栏中的“启用编辑”按钮，如图 2.39 所示，退出受保护的视图状态，进入普通视图状态，用户即可对文档进行编辑。单击工具栏下方的“此文件已在受保护的视图中打开。请单击查看详细信息”超链接将能够在“文件”窗口中查看文档的详细信息，如图 2.40 所示。

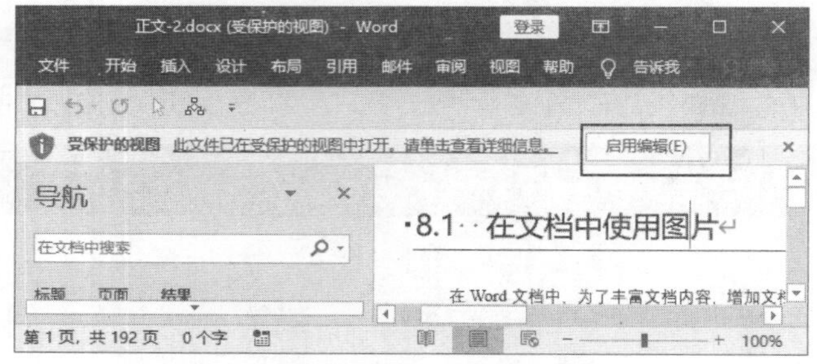

图 2.39　单击“启用编辑”按钮退出受保护的视图

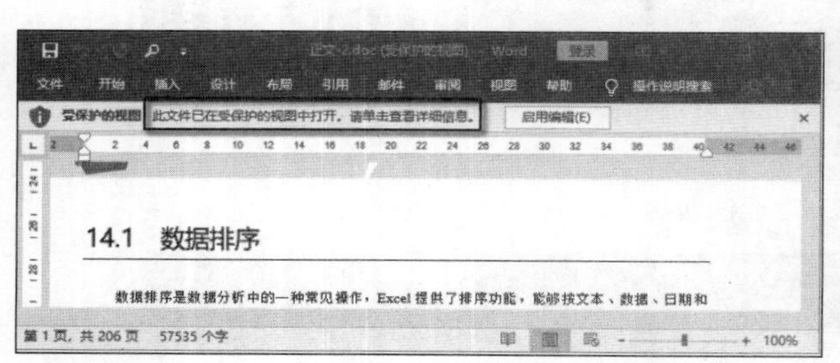

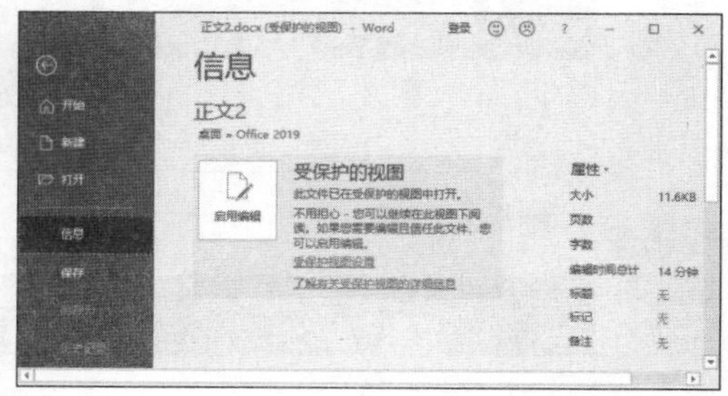

图 2.40　查看文档信息

2.3.3　打开最近编辑的文档

对于最近使用过的文档和文件夹，Office 应用程序都会留下记录，用户可以通过这些记录快速打开对应的文档和文件夹。

1．快速打开文档

Office 2019会将最近编辑过的文档以列表的形式显示出来，用户可以查看这个列表并在列表中选择需要打开的文档。这极大地提高了常用文档的打开速度，有效地提高了工作效率。

01 打开“文件”窗口，选择“打开”选项。在窗口右侧列出的是今天和昨天曾经使用过的文档，如图 2.41 所示。用鼠标单击列表中的文档即可将其打开。

02 在“文件”窗口中选择“选项”，打开“Word 选项”对话框，在对话框左侧列表中选择“高级”选项，在对话框右侧窗格的“显示”栏的“显示此数目的‘最近使用的文档’”微调框中输入数字，单击“确定”按钮关闭对话框，如图 2.42 所示。随后在“文件”窗口中显示的文档数量将改变，如图 2.43 所示。

图 2.41　列出使用过的文档

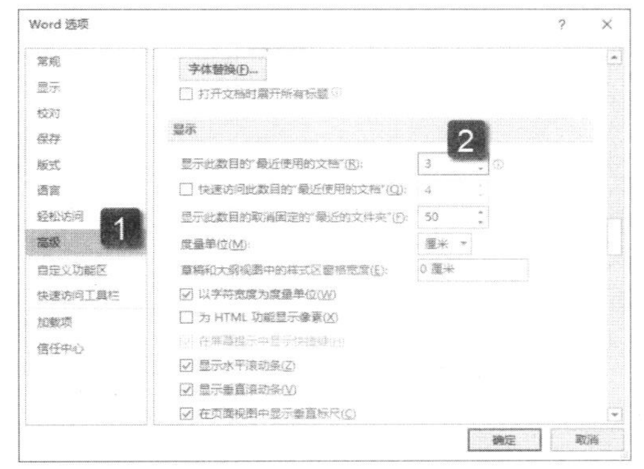

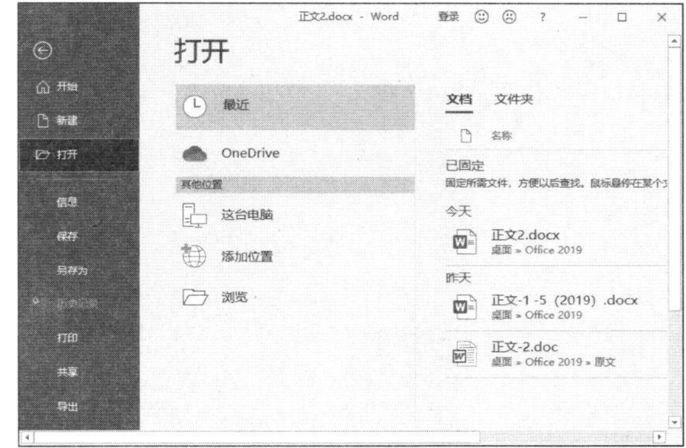

图 2.42　设置显示的文档数　　　　图 2.43　显示的文档数发生改变

03 在文档列表中的某个文档上右击，在弹出的快捷菜单中选择“从列表中删除”选项即可删除该文档选项，如图 2.44 所示。

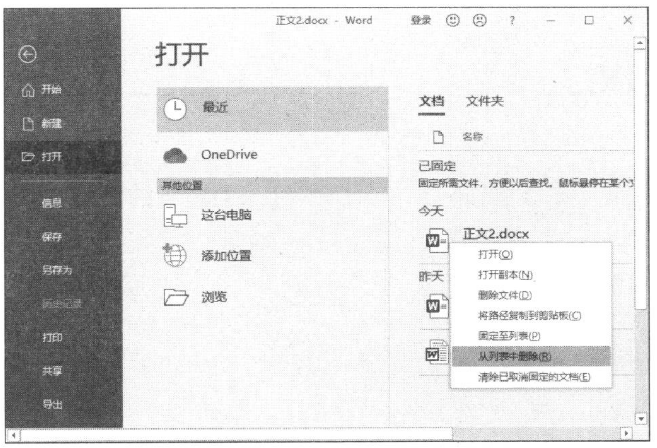

图 2.44　删除列表中的文档项

提　示

当最近使用的文档数目超过了设置的值时，最近使用的文档将替代列表中旧文档的位置。如果在快捷菜单中选择“固定至列表”命令，则该文件项将被固定在列表中，不会被最近使用的文档所挤占。当然，直接单击文档项右侧的“将此项目固定到列表”按钮同样可以达到固定文档项的目的，如图 2.45 所示。

图 2.45　“固定项目至列表”按钮

2. 快速打开文件夹

为了便于文档管理，编辑过的文档一般会放置在专门的文件夹中。Office 应用程序能够记录最近访问过的文件夹，用户可以便捷地打开文件夹中的文档。

01 在“文件”窗口中选择“打开”选项后，在“打开”列表中选择“这台电脑”选项，在窗口右侧将显示出当前文档所在文件夹中的所有 Office 文档，如图 2.46 所示。用户可以直接选择打开其中的文档。

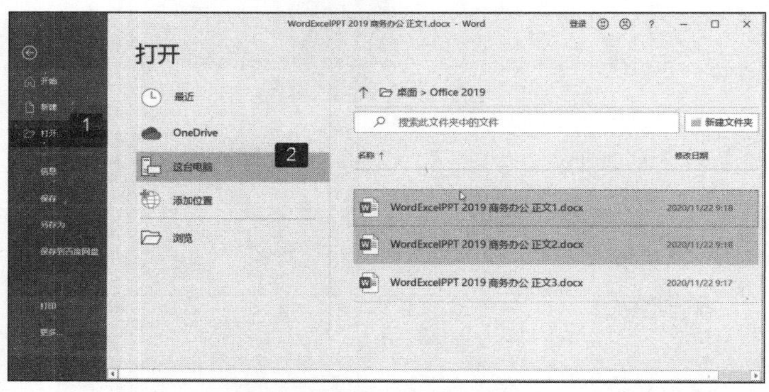

图 2.46　显示出当前文档所在文件夹中的所有 Office 文档

02 单击“选择转至上一级”按钮↑在窗口中打开上一级的文件夹，列表中将显示出该文件夹中的文件夹和文档，如图 2.47 所示。

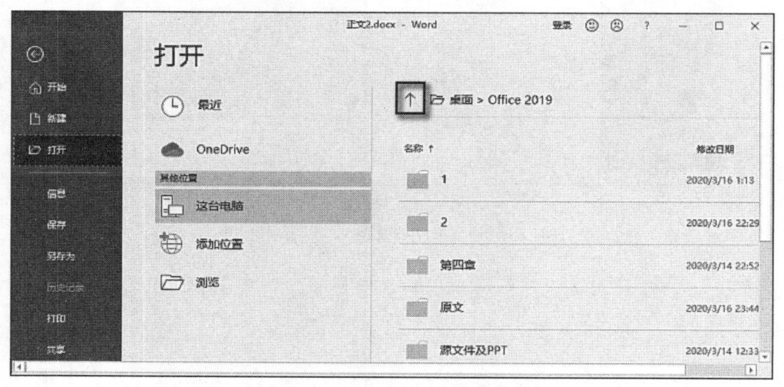

图 2.47　返回上一级文件夹

03 单击“选择转至上一级”按钮旁的文件夹选项，将弹出“打开”对话框，使用该对话框打开目标文件夹并在其中寻找想要打开的文档，如图 2.48 所示。

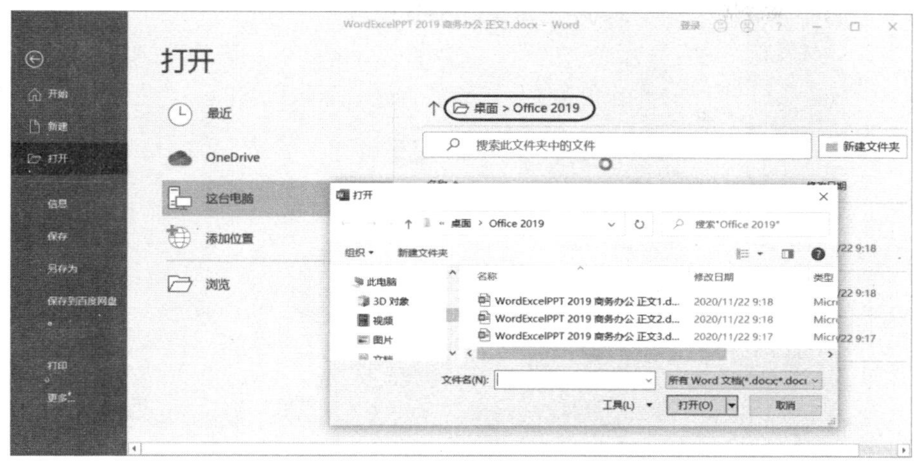

图 2.48　弹出“打开”对话框

提　示

如果当前正在编辑的文档从来没有保存过，那么在“文件”窗口中选择“这台电脑”选项后，列表中将会列出 Windows 系统中的“我的文档”|“文档”文件夹中包含的文件夹和 Office 文档，如图 2.49 所示。此时，列出文件夹的数目由“Word 选项”对话框中“显示此数目的取消固定的‘最近的文件夹’”后的微调框中输入的数字决定。

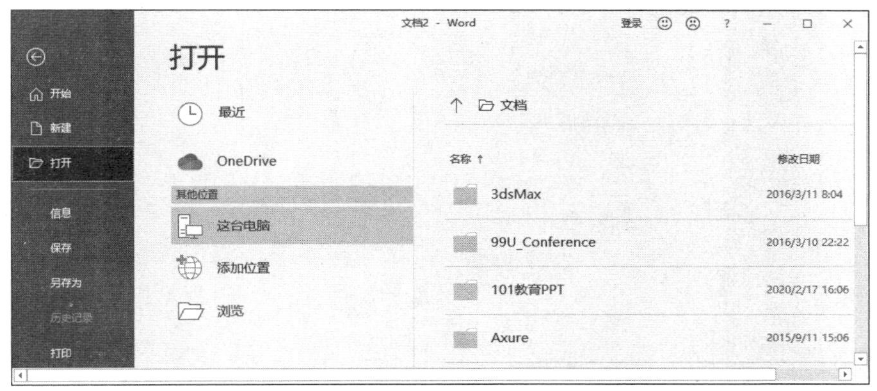

图 2.49　列出“文档”文件夹中的文件夹和文档

2.3.4　保存文档

在完成文档的编辑处理后，必须保存文档，否则编辑的结果不会保留下来，一切编辑工作将“徒劳无功”。下面介绍文档保存的基本操作方法。

1. 保存新文档

可以使用下面的方法来保存新 Office 文档。

（1）在“文件”窗口左侧列表中选择“另存为”选项，用户可以选择文档保存的具体位置。Office 可以将文档保存在云端，也可以把文档保存在本地计算机中。在“另存为”窗格中选择“这台电脑”选项，再选择保存的目标文件夹，在弹出的“另存为”窗口中输入文件名并选择要保存的文件类型后，最后单击“保存”按钮即可完成文档的保存，如图 2.50 所示。

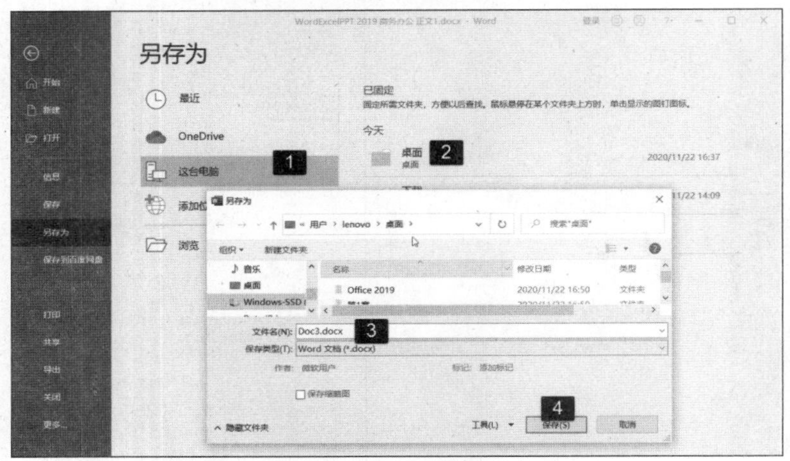

图 2.50 输入文件名并选择文档类型后保存

（2）在“另存为”列表中选择“浏览”选项将打开“另存为”对话框，使用对话框选择文档要保存的目标文件夹，输入文档的文件名并选择要保存的文件类型，最后单击“保存”按钮即可完成文档的保存，如图 2.51 所示。文档将保存在默认的“我的文档”|“文档”文件夹中。

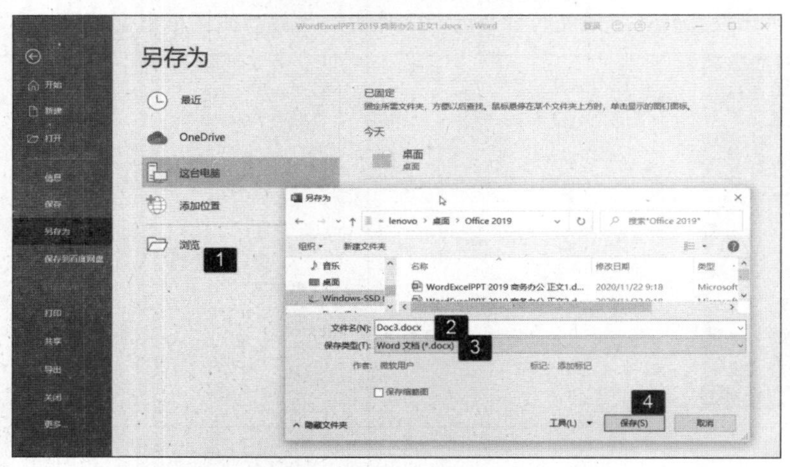

图 2.51 “另存为”对话框

提 示

如果文档是首次保存，在“文件”窗口左侧列表中选择“保存”选项，将执行的操作与上面介绍的一系列操作相同。如果文档保存过，若再次编辑之后需要保存编辑结果，单击“保存”命令按钮或选择“保存”选项再次存盘，Office 将按照该文档上次保存的方式来保存文档。

2. 已有文档的保存

已有文档，是指已经保存过的文档。对已有文档进行编辑时，如果需要保存修改的内容，按 Ctrl+S 快捷键即可。对于首次保存的文档，Office 将会打开“文件”窗口，用户可以按照上面介绍的方法来保存。

在“文件”窗口中左侧的列表中选择“保存”选项，已有文档将被保存。如果选择“另存为”选项，则可以通过更改文件名再保存来实现文档的更名保存，也可以通过更改文件夹将文档保存到其他文件夹中。

默认情况下，Office 应用程序的快速访问工具栏中会放置“保存”按钮，直接单击该按钮即可执行保存操作，如图 2.52 所示。

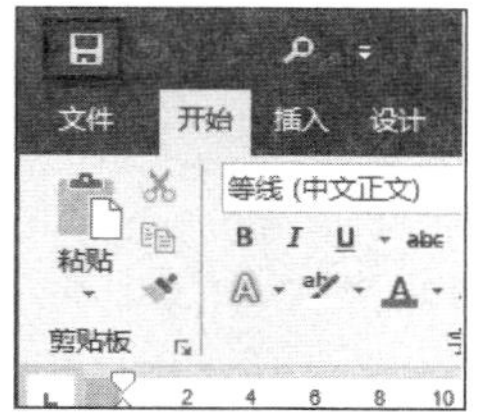

图 2.52　快速访问工具栏中的“保存”按钮

2.3.5　设置文档的保存路径

在默认情况下，Office 2019 均使用默认的文档格式和路径来保存文档。例如，Word 2019 的默认保存格式是扩展名为*.docx 的文档格式，默认保存路径为“D:\我的文档\Documents\”。实际上用户可以更改默认的文档保存格式，也可以将文档默认的保存路径切换为其他的文件夹。下面将以 Word 为例来介绍更改文档的默认保存格式和保存路径的方法。

01 打开“Word 选项”对话框，在对话框左侧列表中选择“保存”选项。在“将文件保存为此格式”下拉列表中选择文档保存格式，如图 2.53 所示。

02 单击“默认本地文件位置”文本框右侧的“浏览”按钮打开“修改位置”对话框。在对话框中选择保存文档的文件夹，如图 2.54 所示。单击“确定”按钮关闭对话框，文档的默认保存位置即被更改。

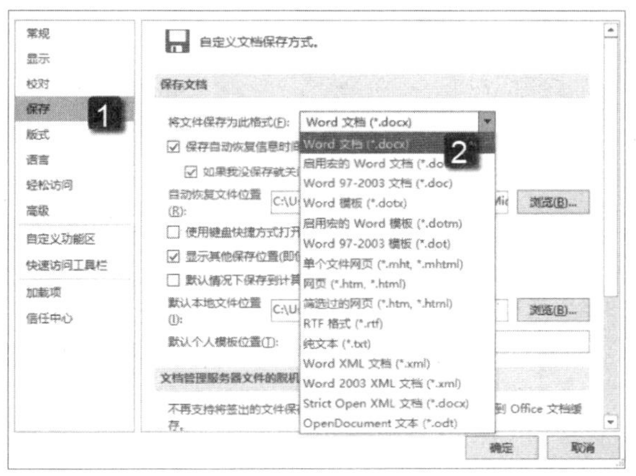

图 2.53　选择文档默认的保存格式　　　　图 2.54　设置文档的默认保存位置

提　示

在 PowerPoint 2019 中的“PowerPoint 选项”对话框中没有提供“浏览”按钮来打开“修改位置”对话框以更改默认的文档保存位置，但我们可以直接在文本框中输入完整路径来设置默认的文档保存位置。

2.4　本章拓展

下面介绍 Office 2019 文档操作的实用拓展技巧。

2.4.1 了解文档信息

如果想查看 Office 文档的属性信息，可以在 Office 应用程序的“文件”页面中查看，也可以在 Windows 资源管理器中查看。下面介绍具体的操作方法。

01 启动 Word 2019，打开文档，再打开“文件”窗口。在页面左侧的列表中选择“信息”选项就可以查看文档的属性信息，如图 2.55 所示。

图 2.55　查看文档的属性信息

02 在 Windows 资源管理器中右击需要查看属性信息的文档，在弹出的快捷菜单中选择“属性”选项打开“属性”对话框。在对话框的“常规”选项卡中可以查看文档的一般信息，如图 2.56 所示。在“详细信息”选项卡中可以查看文档详细的属性信息，如图 2.57 所示。

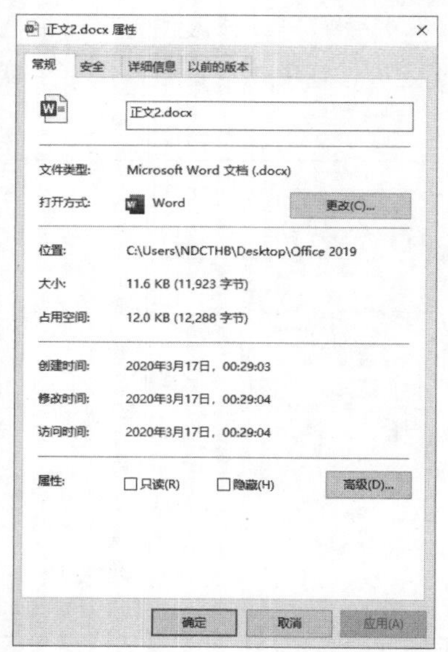

图 2.56　查看文档的一般信息

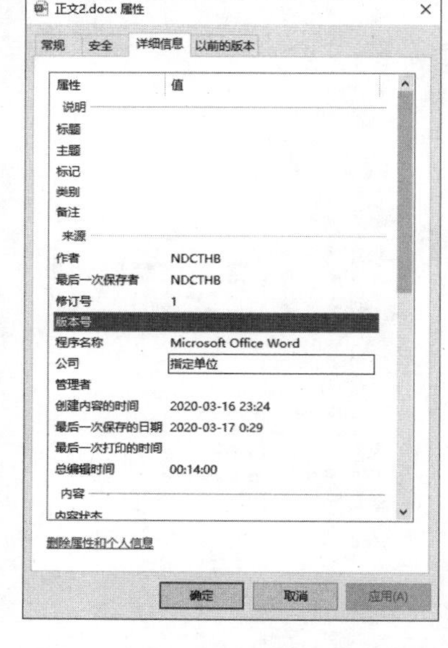

图 2.57　查看文档的详细属性信息

2.4.2 设置文档的自动恢复功能

Word、Excel 和 PowerPoint 都具有文档自动恢复功能，即程序能自动定时保存当前打开的文档。当遇到突然断电或程序崩溃等意外时，程序能够使用自动保存的文档来恢复未及时保存的文档，从而有效地避免文档丢失。在 Office 2019 中，用户可以根据需要对自动恢复功能进行设置，设置包括自动保存文档的时间间隔、是否开启文档自动恢复功能和自动恢复文档的保存位置。下面以 Word 2019 为例来介绍文档自动恢复功能的设置方法。

01 打开“Word 选项”对话框，在对话框左侧的列表中选择“保存”选项，在右侧“保存文档”栏中勾选“保存自动恢复信息时间间隔”，即可开启自动保存文档功能。可在“保存自动恢复信息时间间隔”右侧的微调框中输入时间值，时间值以分钟为单位，如图 2.58 所示，那么 Word 2019 将以这个设定的时间间隔来自动保存当前打开的文档。

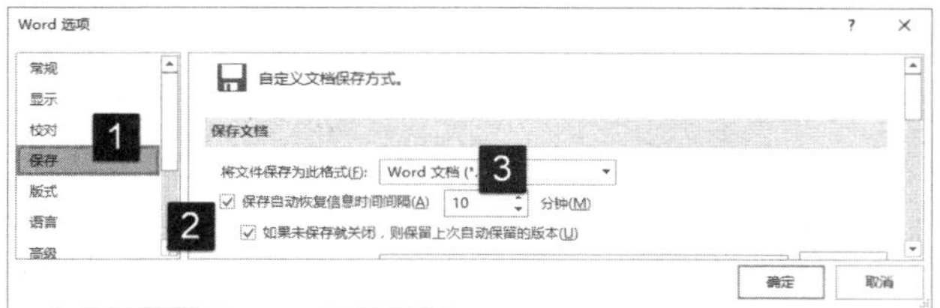

图 2.58　设置文档自动保存的时间间隔

02 单击“自动恢复文件位置”文本框右侧的“浏览”按钮，打开“修改位置”对话框，在对话框中选择自动恢复文件保存的文件夹，如图 2.59 所示。之后自动恢复文件保存的位置将更改为修改位置后的文件夹。

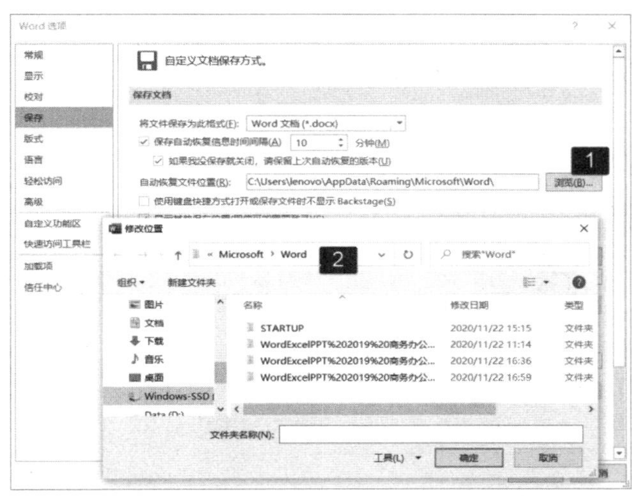

图 2.59　设置自动恢复文件的保存位置

2.4.3　将文档转换为 PDF 文档

PDF 和 XPS 是具有固定版式的文档格式，这两种格式可以保留文档的版式并支持文件共享。在进行联机查看或打印文档时，可以完全保持固定的版式，并且文档中的内容不会被轻易更改。此外，PDF 格式文档在专业印刷中广泛使用。Office 2019 支持这两种文档格式，下面介绍 Office 文档转换为 PDF 文档的操作方法。

01 启动 Word 2019，打开需要转换为 PDF 格式的 Word 文档。在“文件”窗口中选择“导出”选项，在“导出”栏中选择“创建 PDF/XPS 文档”选项，单击右侧窗格中出现的“创建 PDF/XPS”按钮，如图 2.60 所示。

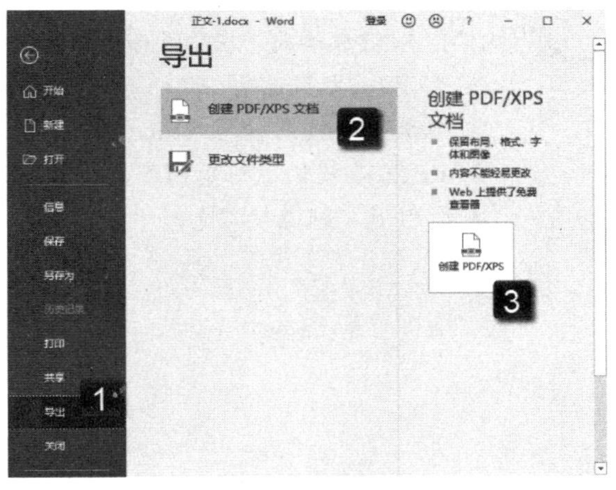

图 2.60　单击“创建 PDF/XPS”按钮

02 打开“发布为 PDF 或 XPS”对话框，在对话框中选择保存文档的文件夹，在“文件名”文本框中输入文件名，在“保存类型”下拉列表中选择文档保存的类型。这里默认的文档格式为 PDF 文档格式，如图 2.61 所示。

“发布为 PDF 或 XPS”对话框的“优化”栏可以根据需要进行设置。如果需要在保存文档后立即打开该文档，可以勾选“发布后打开文件”复选框。如果文档需要高质量打印，则单击“标准（联机发布和打印）”单选按钮。如果对文档打印质量要求不高，而且需要文档尽量小，可单击“最小文件大小（联机发布）”单选按钮。

03 单击“选项”按钮打开“选项”对话框，在对话框中可以对打印的页面范围进行设置，也可以勾选是否打印标记以及勾选输出选项，如图 2.62 所示。

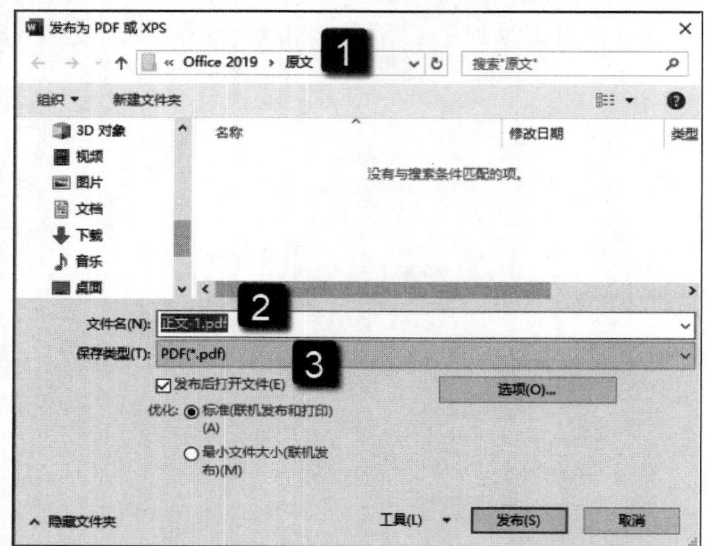

图 2.61　“发布为 PDF 或 XPS”对话框

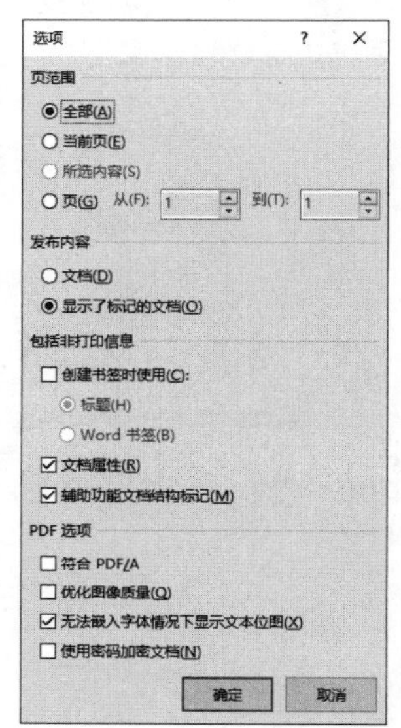

图 2.62　打开“选项”对话框

04 完成设置后，单击“确定”按钮关闭“选项”对话框。单击“发布”按钮即可将文档保存为 PDF 格式的文档。

在“文件”菜单中选择“另存为”选项，使用“另存为”对话框也可以将文档保存为 PDF 或 XPS 格式。在“另存为”对话框的“保存类型”下拉列表中选择“PDF 文档”或“XPS 文档”选项，即可将文档按选择的格式进行保存。文档被转存为 PDF 或 XPS 文档后，将无法再使用 Office 2019 应用程序对这些 PDF 和 XPS 文档进行编辑。不过，Office 2019 提供了浏览 PDF 文档的功能，所以用户可以使用“打开”命令在 Word 中打开 PDF 文档进行浏览。

第 2 篇

Office 2019之Word篇

第 3 章

Word 文档中的文本操作

文本是 Word 文档的基本元素，Word 文档中处理最多的对象就是文本。所以从某种意义上说，文档的创建和编辑实际上就是对文档中的文本进行输入和编辑的过程。在创建 Word 文档的过程中，需要输入文本，然后对文本进行各种编辑，从而使文档的内容更完善、样式更美观。本章将介绍 Word 2019 中对文本进行操作的有关知识。

3.1 选择文本

在 Word 中，操作的对象以文本为主。要对文本进行操作，首先需要选择文本，也就是指定选择要操作的对象。下面介绍在 Word 2019 中如何选择文本。

3.1.1 快速选择文本

使用 Word 编辑文档时，如果要对部分文本进行编排，就需要选择这部分文本。我们可以采用下面的方法来选择文本。

1. 使用鼠标选择文本

通过鼠标拖动来选择文本是 Word 中文本选定的一种最常用的方法。首先在文档中单击鼠标，将插入点光标放置到需要选定的文本的开始位置，按住鼠标左键移动鼠标，即进行鼠标拖动操作。之后在需要选定的文本的结尾处松开鼠标左键，鼠标覆盖过的文字即被选择，如图 3.1 所示。

将插入点光标放置到文本中需要选择的词组位置后双击鼠标左键，Word 将自动选择该词组，如图 3.2 所示。

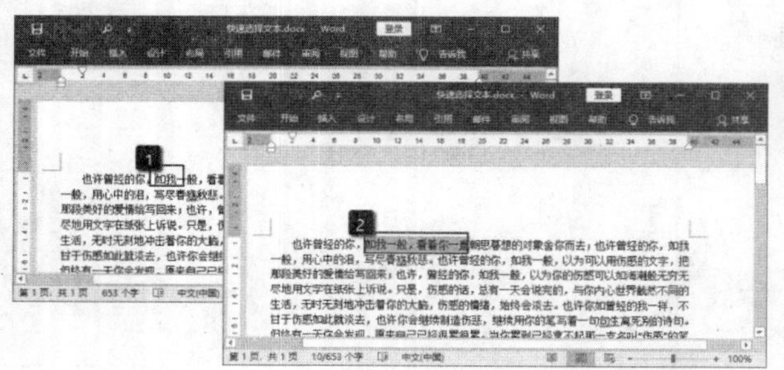

图 3.1　拖动鼠标选择文本

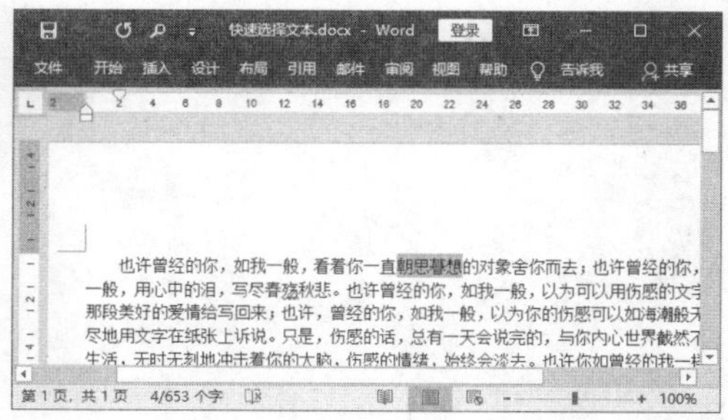

图 3.2　双击选择词组

提 示　当插入点光标放置在词组的中间时，双击鼠标将选择整个词组。如果在词组的前面或后面双击鼠标，该词组也会被选中。如果当插入点光标位于两个词组之间时，双击鼠标选中哪个词组则取决于插入点光标距离哪个词组近。

2. 使用键盘选择文本

除了可以使用鼠标选择文本，我们还可以使用键盘来进行这项操作。在 Word 中，按下键盘上的四个方向键可以改变插入点光标在文档中的位置，灵活地组合使用方向键和功能键可以实现文本的快速选择。

在文档中放置插入点光标后，按键盘上的 Shift+→键，可以选择插入点光标所在位置右侧的一个字符。按键盘上的 Shift+←键可以选择插入点光标左侧的一个字符。按键盘上的 Shift+↑键可以选择插入点光标到上一行光标相同位置之间的文本，如图 3.3 所示。以此类推，按键盘上的 Shift+↓键即可选择插入点光标到下一行光标相同位置之间的文本。

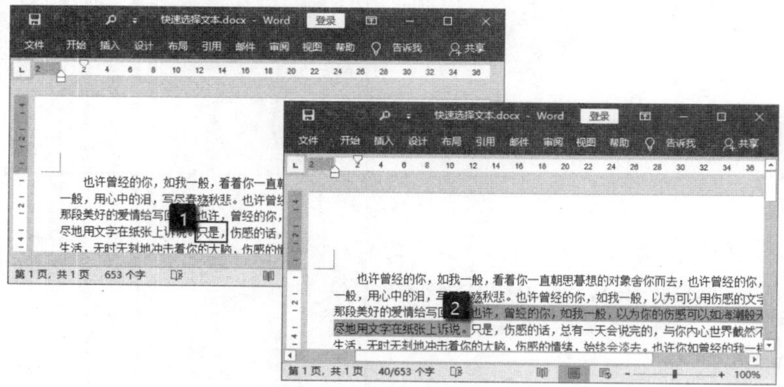

图 3.3　选择插入点光标到上一行相同位置间的字符

在文档中放置插入点光标，按 Ctrl+Shift+→键可以选中光标所在位置右侧的一个词。同理，按 Ctrl+Shift+←键可以选中光标所在位置左侧的一个词。

3. 结合键盘和鼠标来选择文本

在编辑文档时，同时使用鼠标和键盘控制键能够快速选取文档中的特定内容。与鼠标配合使用的键盘控制键主要有“Shift”“Ctrl”和“Alt”键。

选中第一处需要选择的文本后，按住Ctrl键不放，同时使用鼠标拖动的方法依次选择文本，完成后松开Ctrl键，就完成了对不连续文本的选择，如图3.4所示。

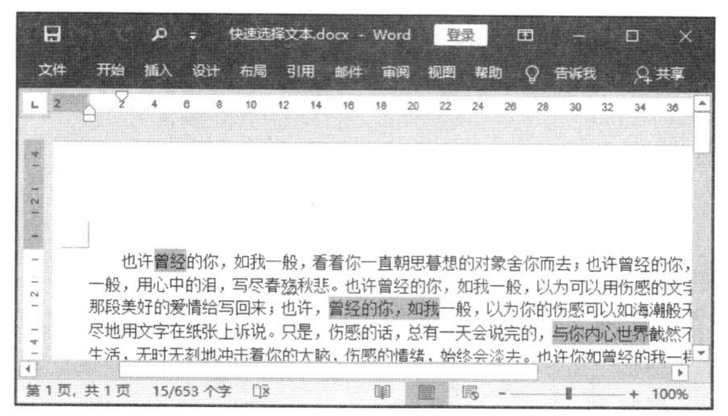

图3.4 选择不连续的文本

单击鼠标将插入点光标放置到选择文本的前面，使用鼠标上的滚轮或拖动Word窗口右侧的垂直滚动条，直到窗口中出现需要选择文本的结尾位置。按住Shift键的同时在选择文本区域结尾处单击，此时2个单击点之间的文本就被选择好了，如图3.5所示。

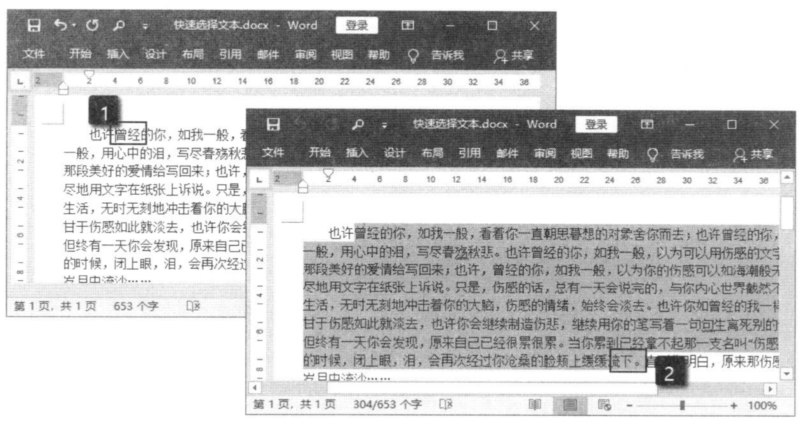

图3.5 2个单击点之间的文本被选择好了

将鼠标指针放置到需要选定文本区域的开始字符前，按住键盘的Alt键后向下拖动鼠标。当鼠标指针移动到选定文本区域右下角的字符时释放鼠标左键，就能够选中一个矩形的文本区域，如图3.6所示。按Alt+Shift键并拖动鼠标，可以纵向选择文本区域，如图3.7所示。

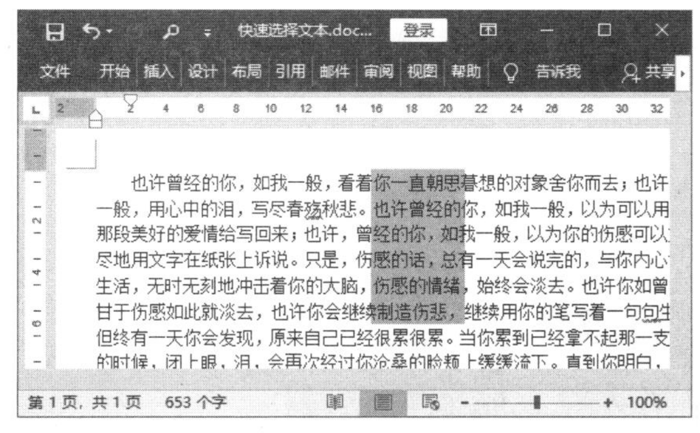

图3.6 选择矩形文本区域

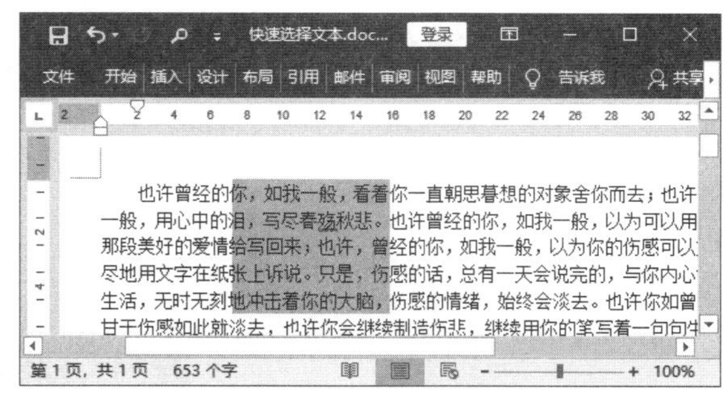

图3.7 纵向选择文本区域

3.1.2 选择文档中的行

在对文档进行编辑时，有时还需要选择特定的行。选择行可以拖动鼠标来进行，也可以先将插入点光标放置到行的起点，而后在行末尾按住Shift键再单击鼠标。如果要快速地选择行，可以使用下面的操作方法。

1. 用鼠标选择文本行

将鼠标光标放置到文档左侧的空白区域，当鼠标指针变为右向箭头时，单击鼠标即可选择光标所在的这一行，如图 3.8 所示。

如果需要选择连续的行，可以将鼠标光标放置到文档左侧的空白区域，当鼠标指针变为右向箭头时，按住鼠标左键拖动鼠标，鼠标指针经过之处的行都将被选择，如图 3.9 所示。

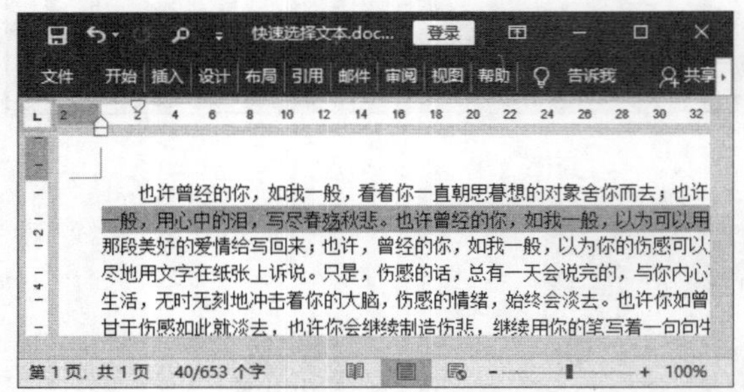

图 3.8　通过鼠标单击选择行

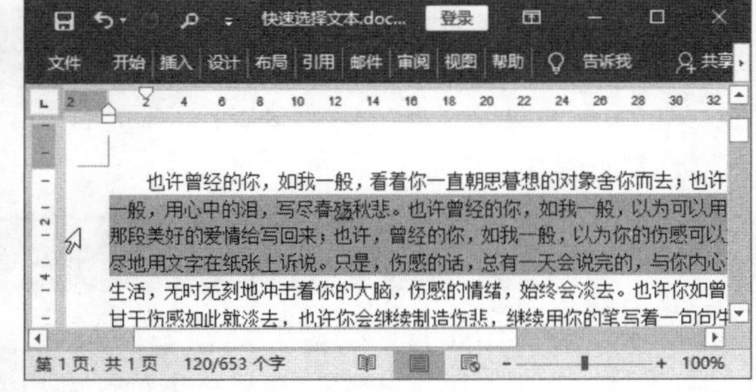

图 3.9　选择连续的多行

将鼠标指针放置到文档左侧的空白区域，当指针变为右向箭头时，按住Ctrl键在文档左侧空白区域依次单击，可以同时选择多个不连续的行，如图3.10所示。

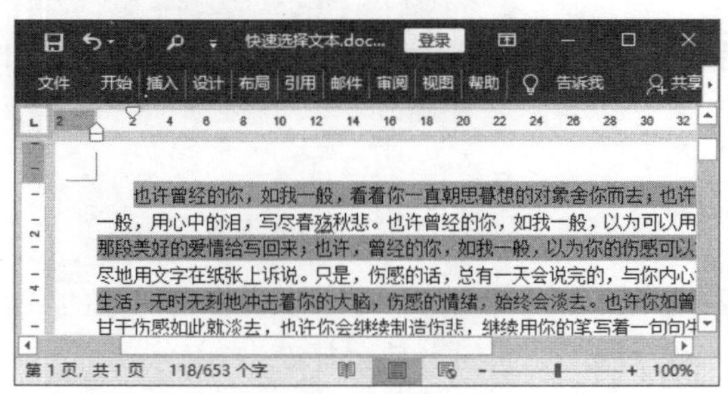

图 3.10　选择多个不连续的行

2. 用键盘选择文本行

使用键盘，同样可以实现行的快速选择。将插入点光标放置到需要选择行的第一个字符前面，按 Shift+End 键，插入点光标所在的整行即被选择，如图 3.11 所示。同样，将插入点光标放置到一行的末尾处，按 Shift+Home 键同样可以选择光标所在的整行。

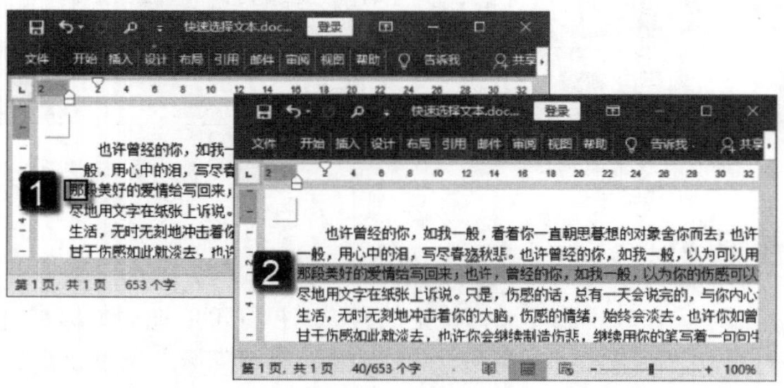

图 3.11　选择整行

3.1.3 选择文档中的段落

段落是文档中多行文字的集合，如果要对段落格式进行编辑，首先需要选择段落。段落的选择同样可以使用鼠标或键盘来完成。

1. 用鼠标选择段落

如同前文中选择文本一样，使用鼠标拖动也可以快速选择需要的段落。将插入点光标放置到段落的任意位置后单击 3 次，整个段落即会被选中，如图 3.12 所示。

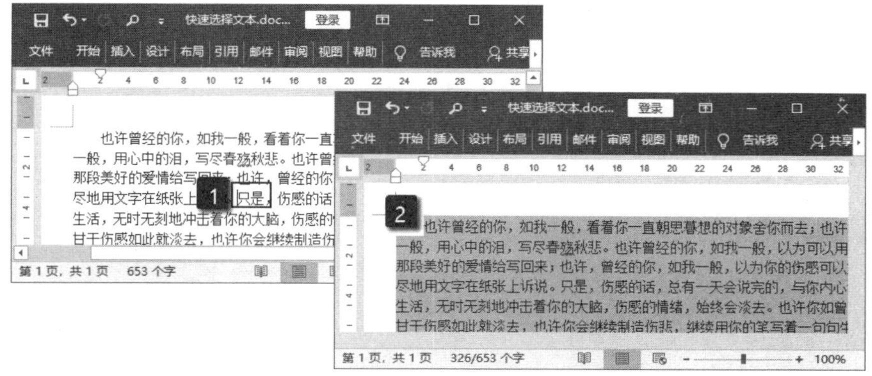

图 3.12　单击 3 次选中整个段落

将鼠标指针放置到文档左侧区域，然后双击，指针所对应的段落将被选中，如图 3.13 所示。此时，如果单击 3 次则会选择整个文档；如果按住 Ctrl 键同时单击鼠标，也可以选择整个文档。

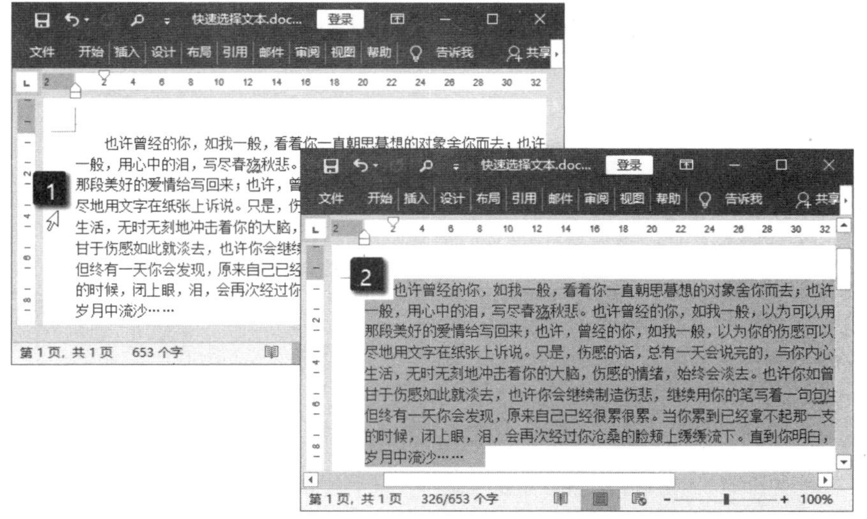

图 3.13　双击选择整个段落

2. 用键盘选择段落

先用鼠标单击段落，放置插入点光标，再按 Ctrl+Shift+↓键，即可选中从当前插入点光标开始到段落结尾处的文本，如图 3.14 所示。如果按 Ctrl+Shift+↑键，则会选中从当前插入点光标处到段落开头的所有文本。

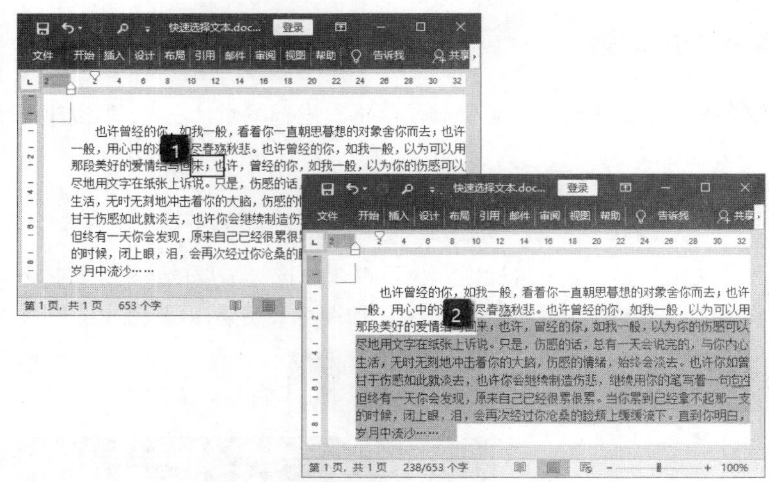

图 3.14　用键盘选择段落中的文本

3．不选择段落标记

在对段落进行选择时，默认情况下，Word 会自动选中段落结尾的段落标记。选定的段落如果包含段落标记，就能够自动复制段落的属性。但是，有时选择的段落标记会影响文档的编辑。要解决这个问题，常用的有如下 2 种方法。

（1）启动 Word 2019，打开“Word 选项”对话框，在对话框中选择“高级”选项，在右侧的“编辑选项”栏中取消对“使用智能段落选择”复选框的勾选，如图 3.15 所示。完成设置后单击“确定”按钮关闭该对话框，此时对段落进行选择时将不再自动选择段落标记。

（2）如果不希望在选择段落时选择段落标记，也可以在选择后按 Shift+←键取消对段落标记的选择，如图 3.16 所示。

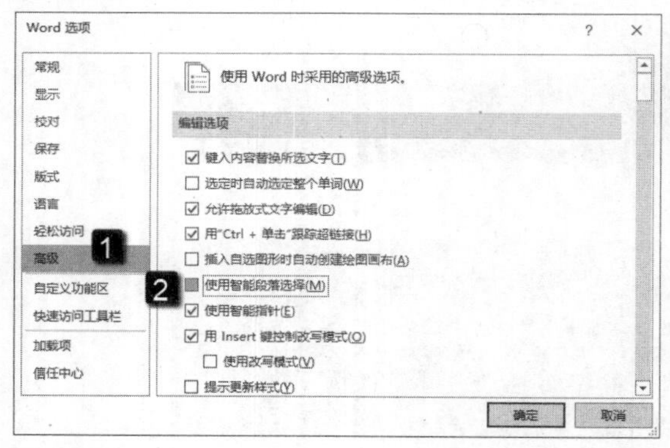

图 3.15　取消对“使用智能段落选择”复选框的勾选

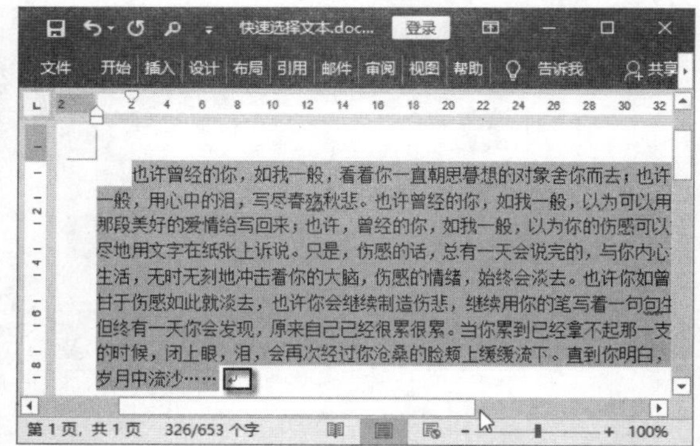

图 3.16　取消对段落标记的选择

3.1.4　使用“扩展式选定”方式快速选择文本

当 Word 文档处于“扩展式选定”状态下时，可以便捷地选择文档中的文本、行和段落。通过按 F8 键就可以进行“扩展式选定”状态的设置，具体的操作方法如下。

01 在文档中单击鼠标以放置插入点光标，这时文档进入编辑状态，按 F8 键，文档即进入“扩展式选定”状态。Word 状态栏会出现提示文字，如图 3.17 所示。

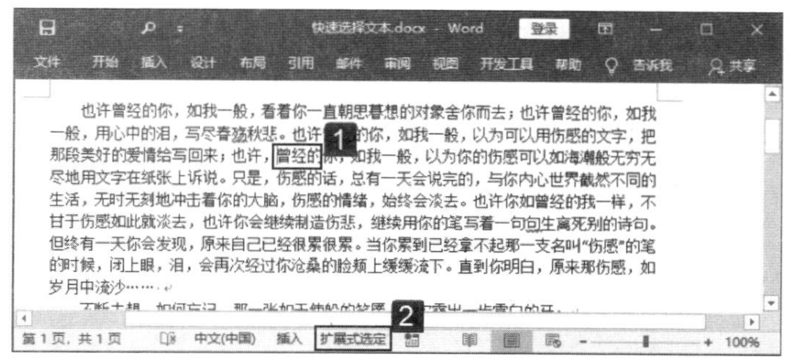

图 3.17　进入“扩展式选定”状态

02 在“扩展式选定”状态下，第二次按 F8 键，插入点光标所在位置的字、词和英文单词即被选中，如图 3.18 所示。接着第三次按 F8 键，则将选定插入点光标所在的整个句子，如图 3.19 所示。

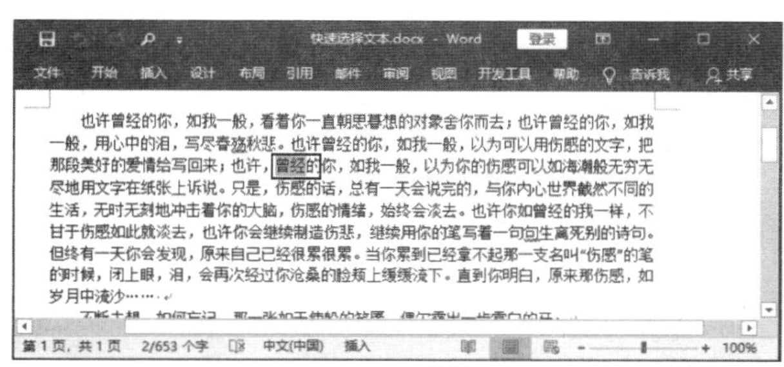

图 3.18　插入点光标所在位置的词被选中

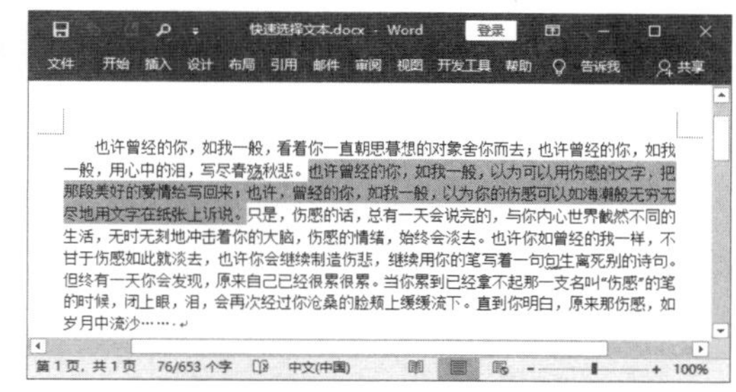

图 3.19　选定整个句子

提　示

上述一系列操作中，第一次按 F8 键是将当前插入点光标的位置设置为选定文本时的起点，同时 Word 进入了扩展式选定状态。在按第二次和第三次 F8 键时不需要紧随第一次按键。如果要退出扩展式选定状态，可以按 Esc 键。退出扩展式选定状态，不会取消对文本的选择。

03 如果按 F8 键 4 次，则可以选择插入点光标所在的整个段落，如图 3.20 所示。如果按 F8 键 5 次，则可以选择当前的节。如果按 F8 键 6 次，就能选择整个文档。

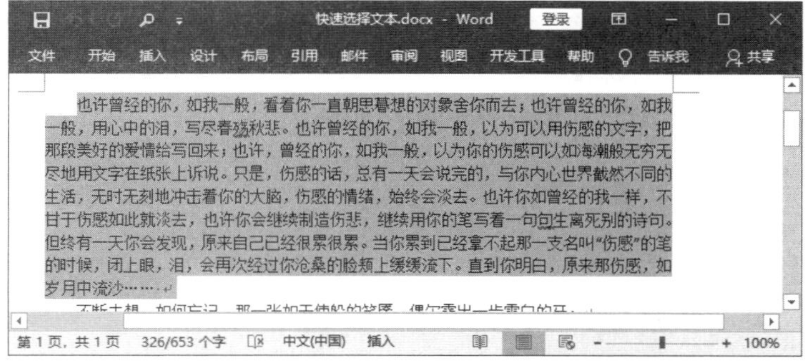

图 3.20　选择当前段落

提　示

在选定段落时，如果段落只有一句话，则会自动改为选中当前节。在选定节时，如果文档没有分节，则会自动选择整个文档。从上面描述可以看出，按 F8 键选择文本时，是按照词→整句→整段→整节→整个文档这个顺序来进行的。但如果按 Shift+F8 键，则会逆着上述顺序进行选择操作。

默认情况下，Word 2019 的状态栏不会显示“扩展式选定”状态提示。如果需要经常使用这个功能，可以右击 Word 程序窗口的状态栏，在弹出的快捷菜单中勾选“选定模式”选项，如图 3.21 所示。之后使用“扩展式选定”功能时，状态栏即会出现提示，这样用户就能方便地了解是否已经处于该选择状态了。

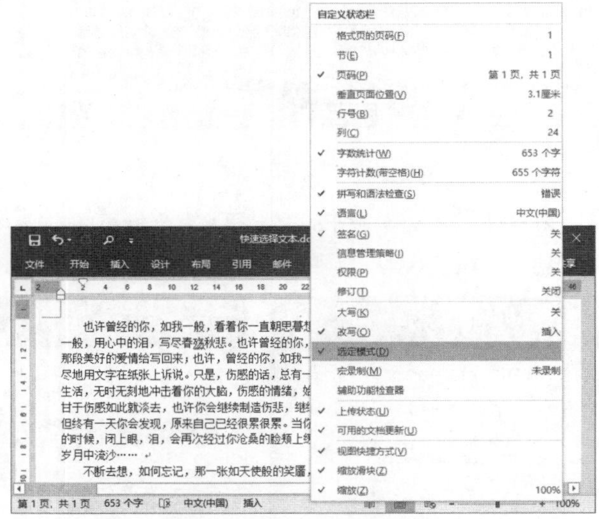

图 3.21　勾选“选定模式”选项

3.2　复制和移动文本

在对文档进行编辑时，经常需要将文档中的某部分对象复制或移动到文档的其他位置。复制和移动操作是文档编辑的基本操作，灵活应用该操作可以大大提高处理文档的效率。

3.2.1　复制文本

复制操作是文档编辑的常见操作，其目的是将选择的对象从当前位置原封不动地放置到文档的另一个位置，原位置的对象仍然保留。通俗地说，复制操作就是创建源对象的副本，而源对象不删除。对选择的内容进行复制操作，一般使用下面 3 种方法。

（1）在文档中选择需要复制的内容，在“开始”选项卡的“剪贴板”组中单击“复制”按钮（或按 Ctrl+C 键）复制选择内容，如图 3.22 所示。在文档中单击鼠标以置入插入点光标，在“剪贴板”组中单击“粘贴”按钮（或按 Ctrl+V 键），选择的文本内容即被复制到插入点光标处，如图 3.23 所示。

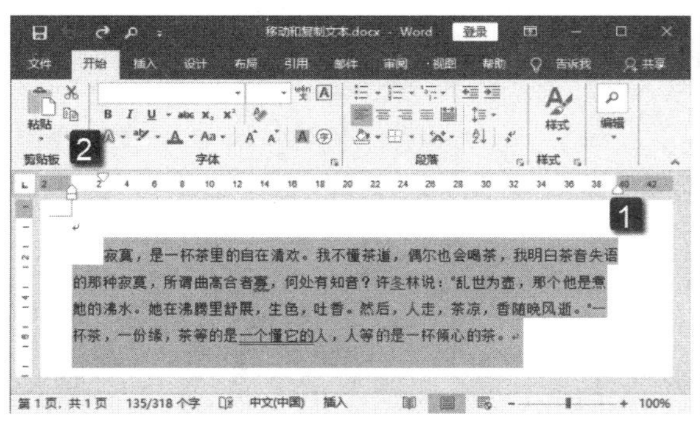

图 3.22　复制选择的内容

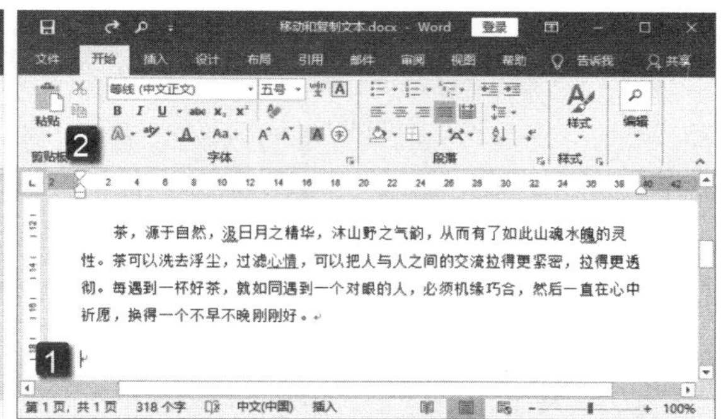

图 3.23　粘贴选择的内容

（2）选择需要复制的文本，将鼠标指针放置到选择的文本上。按住鼠标右键并移动鼠标指针，此时可以看到一条竖线会随着鼠标指针移动。将这条竖线放置到文本需要复制的位置，如图 3.24 所示，放开鼠标右键，在弹出的快捷菜单中选择“复制到此位置”选项，如图 3.25 所示，所选择的文本即可复制到竖线停留的位置。

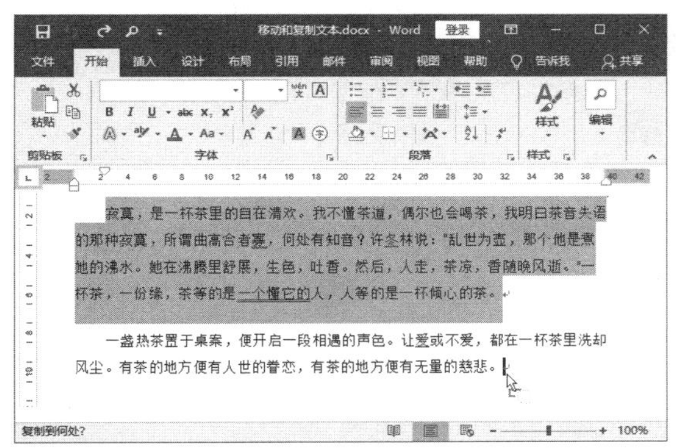

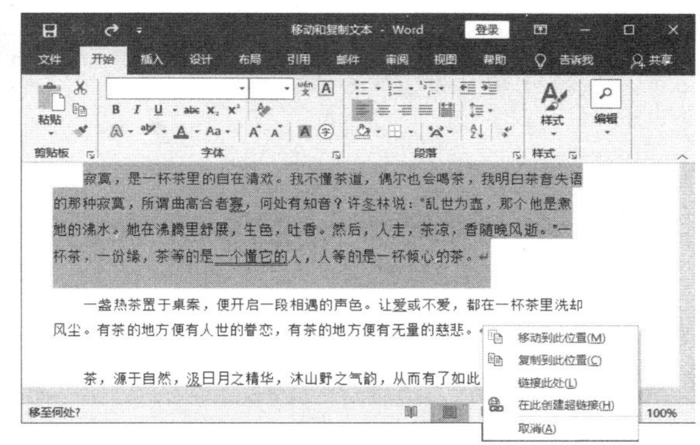

图 3.24　按住鼠标右键并移动鼠标指针　　图 3.25　选择“复制到此位置”完成复制操作

（3）选择需要复制的文本，将鼠标指针放置到选择的文本上后按住 Ctrl 键，再按住鼠标左键并移动鼠标指针，此时可以看到一条竖线随鼠标指针移动。将竖线移动到需要复制文本的位置后放开鼠标左键，选择的文本即被复制到竖线停留的位置，如图 3.26 所示。

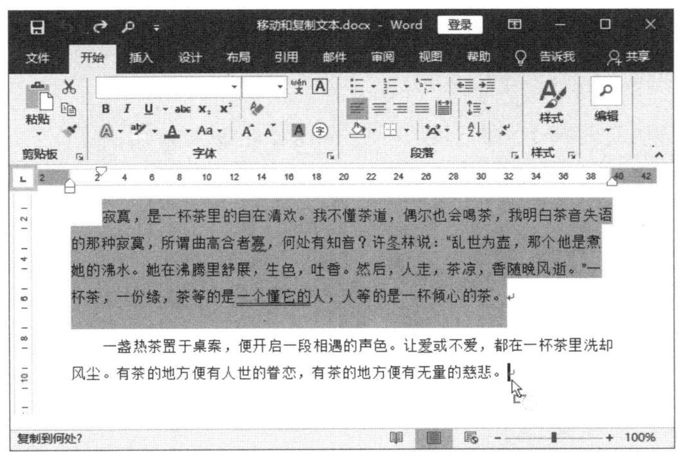

图 3.26　复制文本

3.2.2　移动文本

移动文本是将文本从文档的一个位置复制到另一个位置，同时源文本被删除。要完成移动文本，当然可以分两步来完成，先将文本复制到指定位置后，再删除源文本，但这样操作效率不高。在 Word 2019 中，一般可以采用下面的 2 种方法来移动文本。

（1）在文档中选择文本，在“开始”选项卡的“剪贴板”组中单击“剪切”按钮（或按 Ctrl+X 键），如图 3.27 所示。此时选择文本被剪切，即复制到系统剪贴板内同时源文本被删除。在文档中单击鼠标放置插入点光标，再单击工具栏中的“粘贴”按钮（或按 Ctrl+V 键），如图 3.28 所示，剪切的内容即被粘贴到插入点光标所在位置，从而实现了文本的移动。

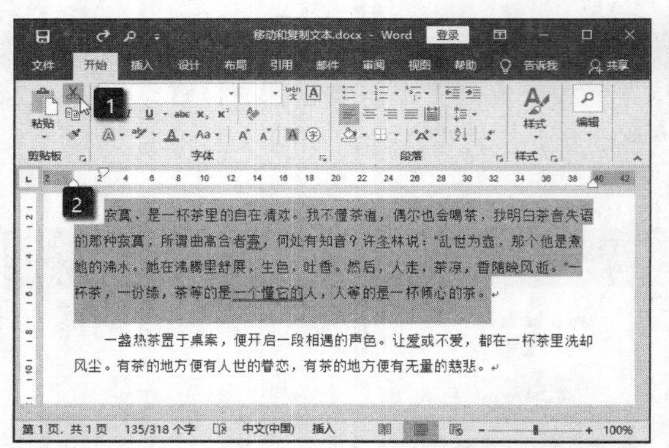

图 3.27　选择文本后单击“剪切”按钮

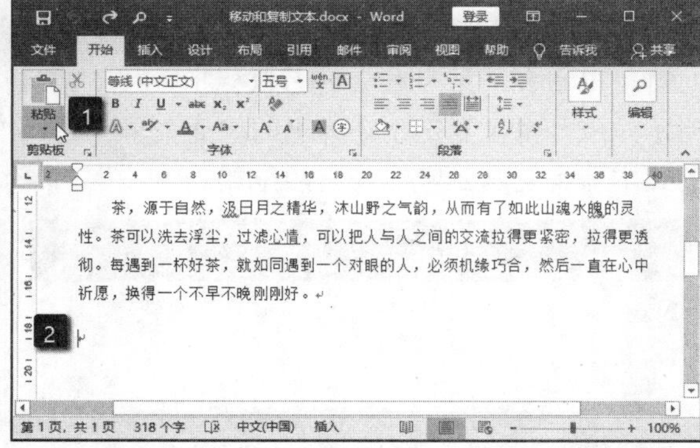

图 3.28　粘贴剪切的内容

（2）在文档中选择需要移动的文本，按住鼠标左键并移动鼠标。当鼠标指针移动时，文档中将会有一条竖线跟随移动，如图 3.29 所示。将竖线移动到目标的位置后放开鼠标左键，选择文本即被移动到竖线停留的位置。

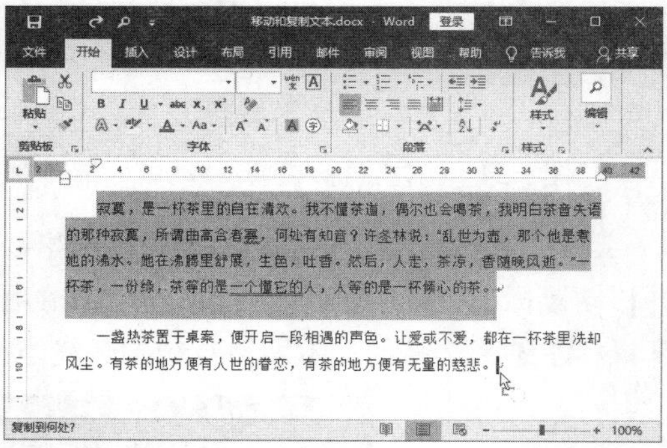

图 3.29　用鼠标移动文本

3.2.3　剪贴板的妙用

剪贴板是计算机中暂时存放内容的区域，Office 2019 为方便使用系统剪贴板，提供了剪贴板工具，具体在 Word 2019 中就是“剪贴板”窗格。使用“剪贴板”窗格，用户能够同时对多个对象进行复制粘贴操作，也可以对同一个对象进行多次复制粘贴操作。下面介绍“剪贴板”窗格的使用方法。

1．剪贴板的基本操作

01 在“开始”选项卡的“剪贴板”组中单击“剪贴板”按钮，打开“剪贴板”窗格，如图 3.30 所示。

02 在文档中选择需要剪切的文本后按 Ctrl+C 键执行复制操作，复制的对象将按照复制操作的先后顺序放置于“剪切板”窗格的列表中。后复制的对象位于先复制对象的上层，如图 3.31 所示。

图 3.30　打开“剪贴板”窗格

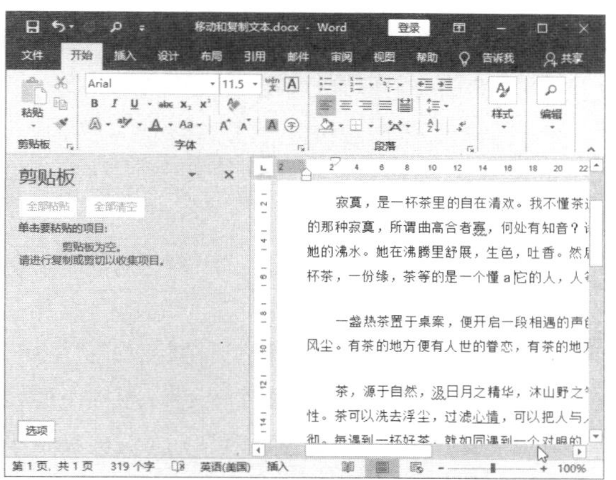

图 3.31　复制对象放置于剪贴板中

03 将插入点光标放置到文档中需要粘贴的位置，在“剪贴板”窗格中单击需要粘贴的对象即可将其粘贴到指定位置，如图 3.32 所示。

04 如果“剪贴板”窗格中的对象不再需要使用，可单击对象右侧的下三角按钮，选择菜单中的“删除”选项即可将其从剪贴板中删除，如图 3.33 所示。

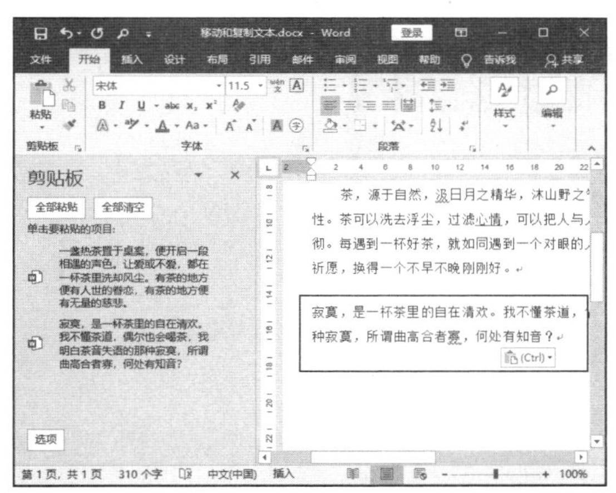

图 3.32　单击需要粘贴的对象并将其粘贴到指定位置

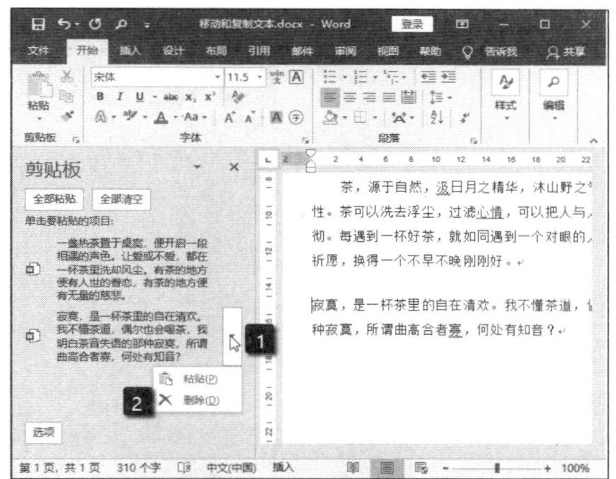

图 3.33　删除剪贴板中的对象

提　示

在“剪贴板”窗格中单击“全部清空”按钮，将会删除剪贴板中所有的对象。单击“全部粘贴”按钮，可将剪贴板中所有对象同时粘贴到文档中插入点光标所在的位置。使用鼠标拖动“剪贴板”窗格的标题栏，可以移动窗格的位置，将其放置到屏幕的任意位置，单击窗格右上角的“关闭”按钮 × 可以关闭“剪贴板”窗格。

2. 让剪贴板窗格自动打开

使用“剪贴板”窗格是对大量对象进行快速复制操作的一种快捷方法，但每次在粘贴前打开“剪贴板”窗格又略显麻烦，如果一直在界面中保留“剪贴板”窗格又会使程序界面显得不够简洁。我们可以通过设置，让“剪贴板”窗格在进行复制和剪切操作时自动打开。

在“剪贴板”窗格中单击“剪贴板”窗格中的“选项”按钮，在弹出的菜单中选择“自动显示 Office 剪贴板”选项，如图 3.34 所示。设置完成后，当有文本复制或剪切操作时，“剪贴板”窗格将自动打开。

提 示 设置中，如果选择“按 Ctrl+C 两次后显示 Office 剪贴板”选项，则当按 Ctrl+C 键 2 次后将自动打开“剪贴板”窗格。

3. 在 Windows 任务栏中显示“剪贴板”图标

利用 Office 剪贴板功能，能够快速复制多处不相邻的内容。默认情况下，打开“剪贴板”窗格后，在 Windows 任务栏上将显示剪贴板图标，如图 3.35 所示。这里可以看到，将鼠标指针放置到该图标上时，系统将显示剪贴板中当前对象数和可以放入剪贴板的最大对象数。Office 剪贴板最多能够添加 24 个项目，当添加第 25 个项目时，Office 会自动删除第 1 个项目以保持剪贴板中始终有 24 个项目。

在“剪贴板”窗格中单击“选项”按钮上的下三角按钮，在弹出的菜单中取消对“在任务栏上显示 Office 剪贴板图标”选项的勾选，则 Windows 任务栏上将不再显示剪贴板图标，如图 3.36 所示。

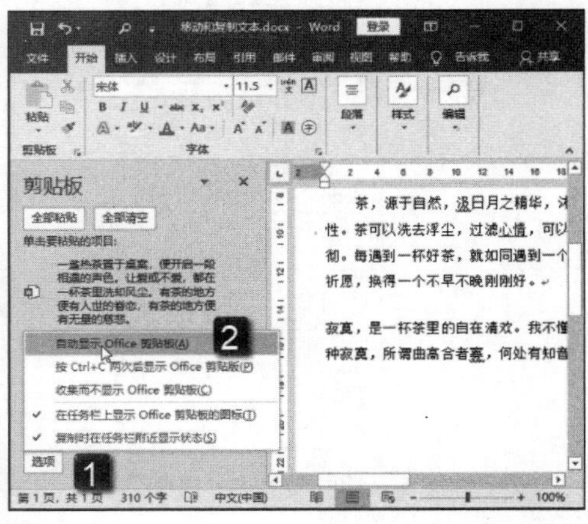

图 3.34　选择“自动显示 Office 剪贴板”选项

图 3.35　任务栏上显示剪贴板图标

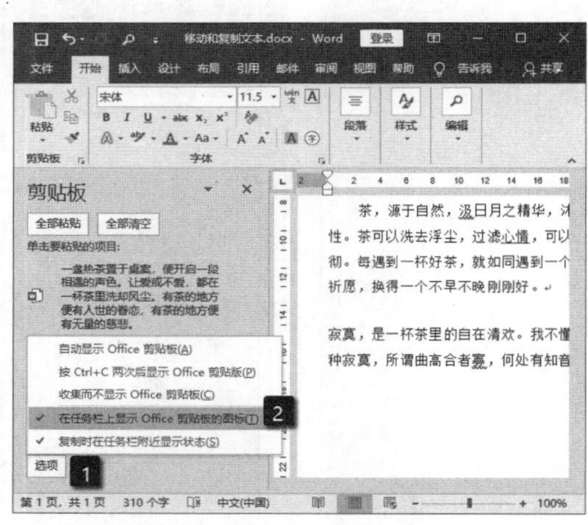

图 3.36　取消对“在任务栏上显示 Office 剪贴板图标”选项的勾选

3.3　在文档中输入特殊内容

文字是 Word 文档的基本元素，但 Word 文档中的元素不仅仅局限于文字，还包括各种符号、时间和公式等。本节将介绍在 Word 文档中输入特殊内容的方法和技巧。

3.3.1　输入符号和特殊字符

在一些特殊的场合，创建的文档中往往需要输入特殊的字符和符号。在 Word 中，特殊符号和字符的输入并不是一件很难的事情，下面将通过一些具体的实例来介绍 Word 2019 中特殊字符和符号的输入技巧。

1. 在文档中输入生僻字

当需要在文档中输入生僻字时，可以使用 Word 的输入符号功能来实现生僻字的输入。下面介绍具体的操作方法。

01 在功能区中打开“插入”选项卡，单击“符号”组中的“符号”按钮。列表中列出了常用的符号，选择符号选项即可将其插入到文档中。如果在列表中没有找到所需的符号，则可选择“其他符号”选项，如图 3.37 所示。

02 此时将打开“符号”对话框的“符号”选项卡，在“字体”下拉列表中选择“(普通文本)”选项，在“子集”下拉列表中选择需要使用的子集，如这里的“CJK 统一汉字扩充 A”，在对话框的列表中选择需要使用的生僻字，单击“插入”按钮，如图 3.38 所示。选择的生僻字即可插入到文档中。

图 3.37　选择“其他符号”选项

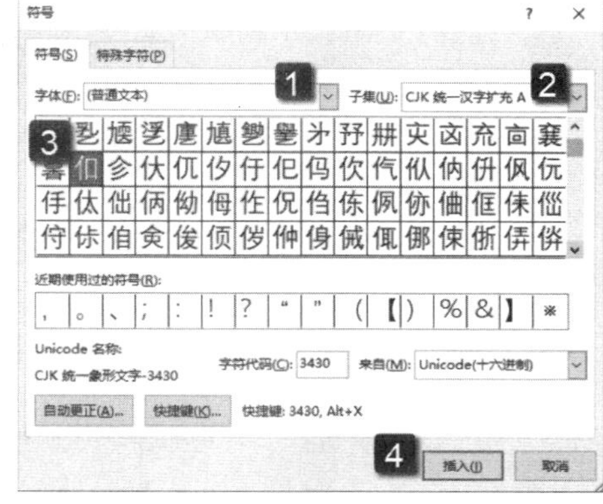

图 3.38　选择需要插入的生僻字

提　示

使用上面的方法输入生僻字最大的困难在于查找所需的生僻字，下面介绍一个更实用的操作技巧。在文档中输入一个与所需输入的生僻字部首相同、笔画相同或相近的字，在文档中选择该字，再打开“符号”对话框，Word 会自动定位到该字，如图 3.39 所示。在该字的周围查找到所需的生僻字，最后选择该字并将其插入到文档即可。

图 3.39　自动定位到选择的文字

2. 输入西方姓名之间的分隔符

在文档中，有时需要输入国外人士的姓氏，这些姓氏的中间会使用一个黑点“•”来分隔。这个黑点位于文字的中间，不同于英文状态下的句号。下面介绍在 Word 中输入这个黑点的操作方法。

01 在文档中输入姓氏，将插入点光标放置到需要添加分隔符的位置。在功能区中的“插入”选项卡中单击“符号”按钮，在打开的下拉列表中选择“其他符号”选项，如图 3.40 所示。

02 此时将打开“符号”对话框，在“符号”选项卡的“字体”下拉列表中选择“Wingdings”字体，在对话框的列表中选择符号“•”，单击“插入”按钮，则该符号被插入到文档中，如图 3.41 所示。

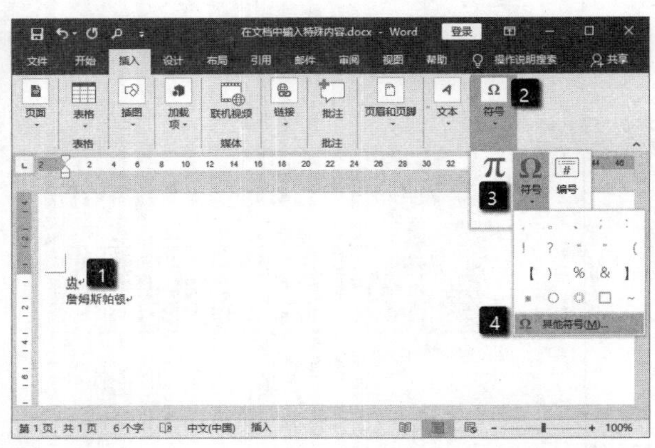

图 3.40　放置插入点光标并选择“其他符号”选项

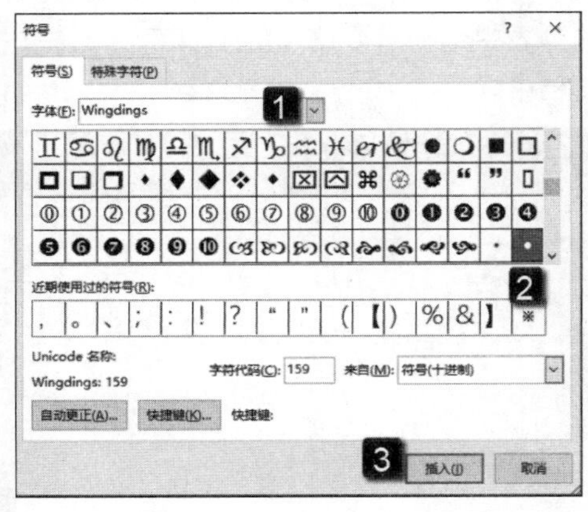

图 3.41　插入分隔符

3. 使用快捷键输入特殊符号

在进行文档输入和编辑时，往往需要输入各种特殊的符号，使用键盘无法直接输入这些符号。如果使用“符号”对话框来进行插入，操作又略显复杂。实际上，Office 已经为这些常用的特殊符号提供了输入快捷键，直接使用快捷键即可实现这些符号的快速输入。下面介绍一些常见符号的输入快捷键。

01 在一些企业文档中，经常需要输入注册标注符“®”、版权标注符“©”和商标标注符“™”等。按照上面介绍的方法打开“符号”对话框，在对话框中打开“特殊符号”选项卡。在“字符”列表中可以找到上述 3 个符号，选择符号后单击“插入”按钮即可将选择的符号插入到指定的位置，如图 3.42 所示。也可以从列表中查到这些特殊符号的输入快捷键，在文档编辑时可以直接按这些输入快捷键插入这些特殊符号。例如，按 Ctrl+Alt+C 键即可在插入点光标处插入版权标注符。

图 3.42　插入版权符号

02 在 Word 文档中，经常需要使用省略号和破折号，但这 2 种符号都无法用键盘直接输入。启动 Word，在中文输入状态下按 Shift+6 键即可输入省略号，按 Shift+_即可输入破折号，按 Ctrl+Alt+.即可输入英文省略号，如图 3.43 所示。

03 按 Ctrl+Alt+Shift+？键，可以输入反转的问号。按 Ctrl+Alt+Shift+！键即可输入反转的感叹号，如图 3.44 所示。

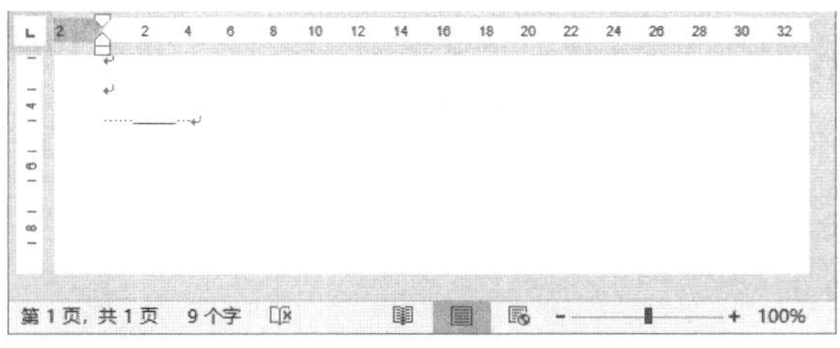

图 3.43　输入省略号和破折号

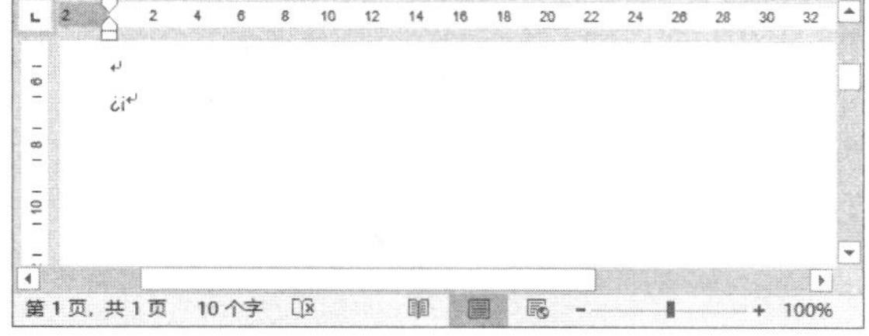

图 3.44　输入反转的问号和感叹号

4. 快速输入重叠词

在文档中，有时需要用到重叠词。重叠词一般分为2类，一类是ABAB型，例如商量商量、研究研究和考虑考虑等；一类是AABB类型，例如平平安安、斯斯文文和高高兴兴等。单个的输入文字或者采用复制和粘贴相同文字的方法都不太方便。下面介绍使用快捷键来快速输入重叠词的方法。

01 在文档中输入重叠词的一个词语，如这里输入“商量”这 2 个字，再把插入点光标放置到这个词的后面，按 Ctrl+Y 键即可得到“商量商量”这个词，如图 3.45 所示。

02 输入“平安”这个词，再将插入点光标放置到“平安”这个词的中间，按 Ctrl+Y 键即可得到“平平安安”这个词，如图 3.46 所示。

图 3.45　得到“商量商量”这个词

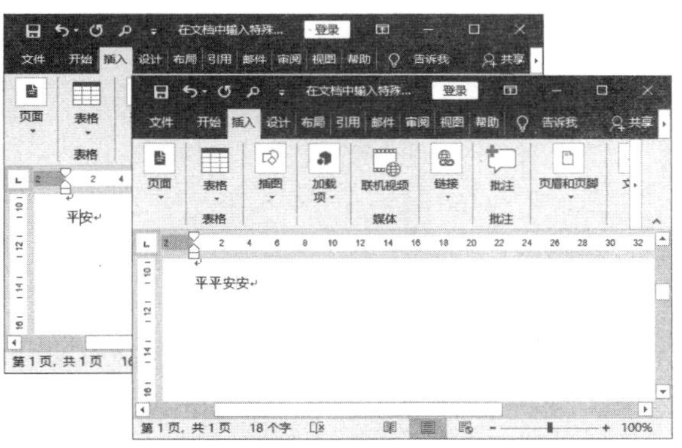

图 3.46　得到“平平安安”这个词

提　示

在 Office 中，快捷键 Ctrl+Y 代表的是重复上一次的操作。因此在输入文字后，把插入点光标放置到不同的位置，按 Ctrl+Y 即可重复输入文字，获得不同的重叠词。

5. 输入带圈的数字

在编辑文档时，有时需要插入带圆圈的数字。在 Word 2019 中，使用“符号”对话框可以方便地插入 20 以内的带圆圈的数字，具体的操作方法如下所示。

01 打开“符号”对话框，在“子集”下拉列表中选择“带括号的字母数字”选项，在对话框的列表中选中需要插入的数字后单击“插入”按钮。此时，选中的带圈数字即被插入到文档中，如图 3.47 所示。

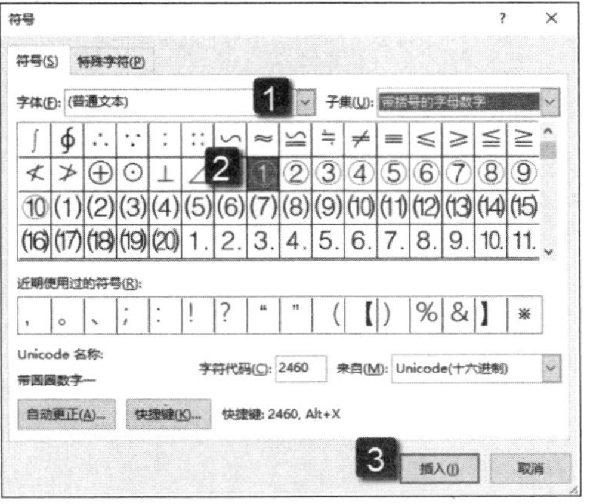

图 3.47　插入带圈数字

02 在“符号”对话框中，只能插入 1～10 这 10 个带圈数字，如果需要插入 11～20 这 10 个带圈数字，则需要输入字符代码来实现。在“符号”对话框中的“字符代码”文本框中输入数字代码，如 246a，按 Alt+X 键后在该对话框中即会出现带圈数字①，如图 3.48 所示。在“字符代码”文本框中选择该带圈数字后，按 Ctrl+C 键复制该字符，再在文档中按 Ctrl+V 键将字符粘贴到目标位置即可。

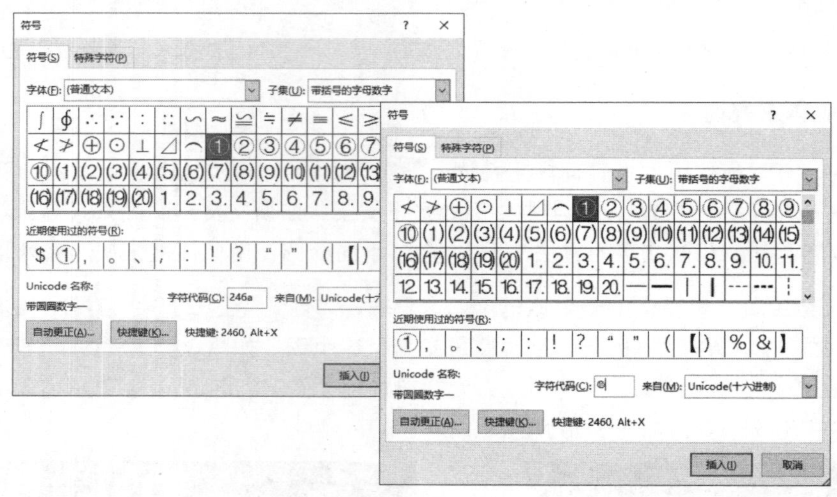

图 3.48　在“字符代码”文本框中出现带圈数字①

提　示

11～20 这 10 个带圈数字的数字代码分别是：11——246a、12——246b、13——246c、14——246d、15——246e、16——246f、17——2470、18——2471、19——2472、20——2473。

6．输入上下标

在编辑科学类文档时，经常需要输入上标或下标，有时甚至需要同时为某个字符添加上标和下标。下面将介绍在文档中输入上标和下标的操作方法。

01 在文档中输入字符“H2”，选中作为下标的数字 2 后，在“开始”选项卡中单击“下标”按钮，则数字“2”即变为字母“H”的下标，如图 3.49 所示。

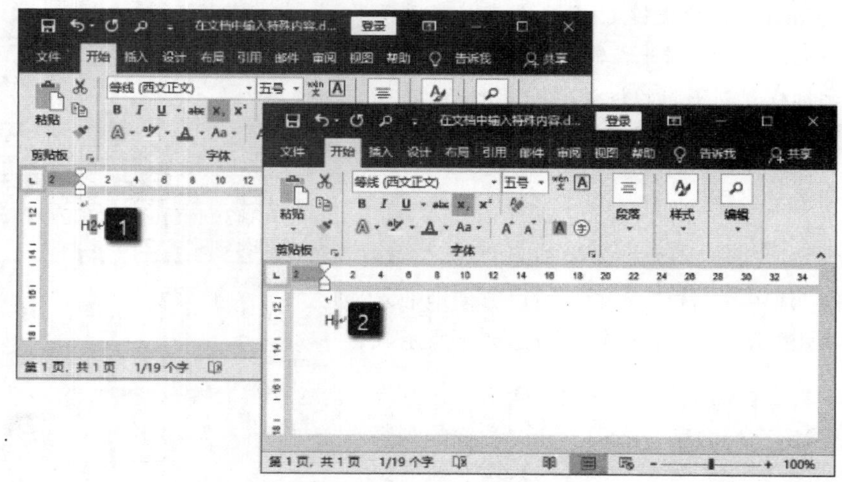

图 3.49　选中的数字变为下标

02 在文档中输入字符“X4”，选择数字“4”后单击“上标”按钮，数字即变为字母的上标，如图 3.50 所示。

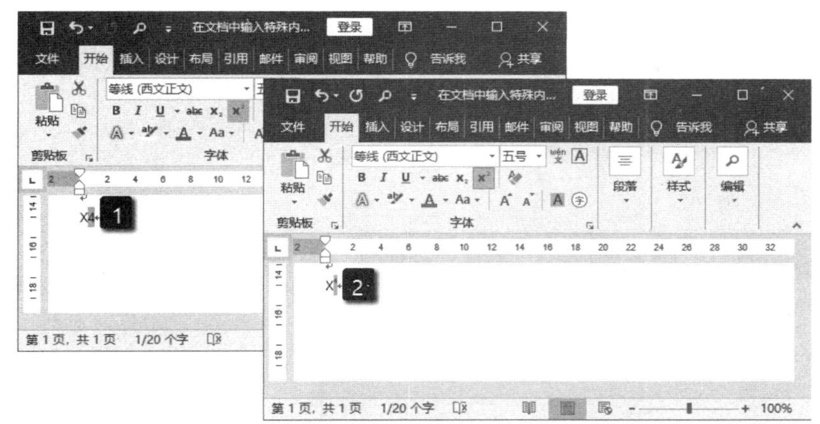

图 3.50　选中的数字变为上标

提 示

在选中数字后，按 Ctrl+ = 键能将数字变为下标，按 Ctrl+Shift+ = 键能将数字变为上标。

03 如果需要同时创建上标和下标，可以按照下面的方法来操作。输入字符“R2 4”，选择数字“2 4”，在“开始”选项卡的“段落”组中单击“字符缩放”下拉按钮，在弹出的下拉框中选择“双行合一”选项，如图 3.51 所示。此时将打开“双行合一”对话框，此时不需要进行任何设置，直接单击“确定”按钮关闭对话框即可获得上下标效果，如图 3.52 所示。

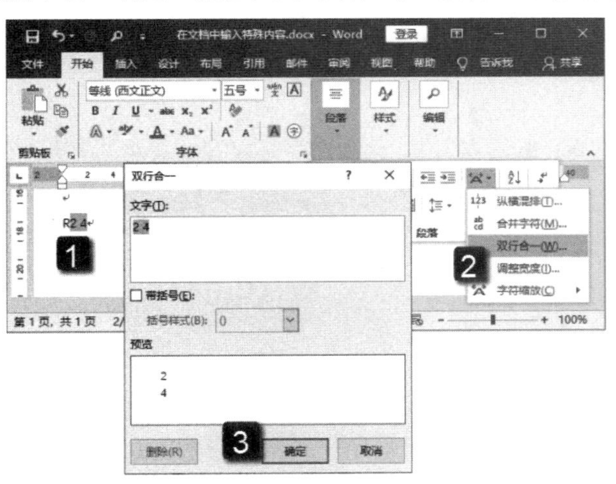

图 3.51　选择“双行合一”选项

图 3.52　获得同时含有上标和下标的文字效果

注 意

上述操作中，作为上标和下标的字符间必须添加一个空格，否则进行“双行合一”操作后 2 个字符都将成为下标。

7．输入标注拼音的文字

对于某些特殊文档，有时需要输入标注拼音的文字。在 Word 中输入标注拼音的文字一般有 2 种方法，下面介绍这 2 种方法。

第 1 种方法是直接使用拼音字体，具体的操作方法是：在文档中首先输入文字，再选择这些文字，之后将这些文字的字体更改为拼音字体即可，如图 3.53 所示。

采用上面这种方法来输入标注拼音的文字是十分方便的，但是标注的拼音的字体是固定的，用户无法根据需要进行自定义。如果用户需要对标注的拼音的字体进行自定义，可以使用 Word 提供的拼音标注功能来为文字标注拼音。

01 在文档中选择需要标注拼音的文字，在“开始”选项卡中单击“字体”组中的“拼音指南”按钮，如图 3.54 所示。

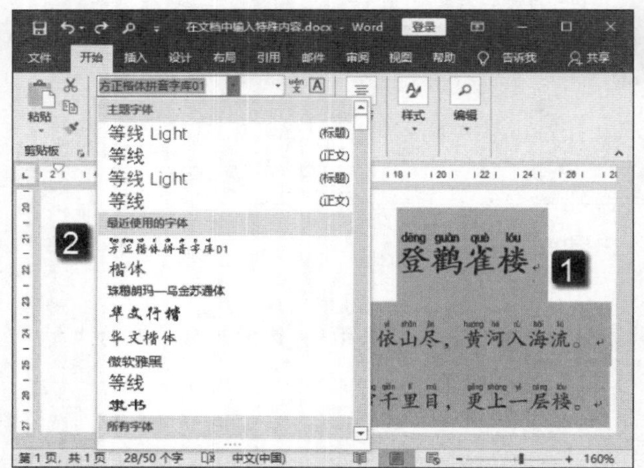

图 3.53　直接使用拼音字体

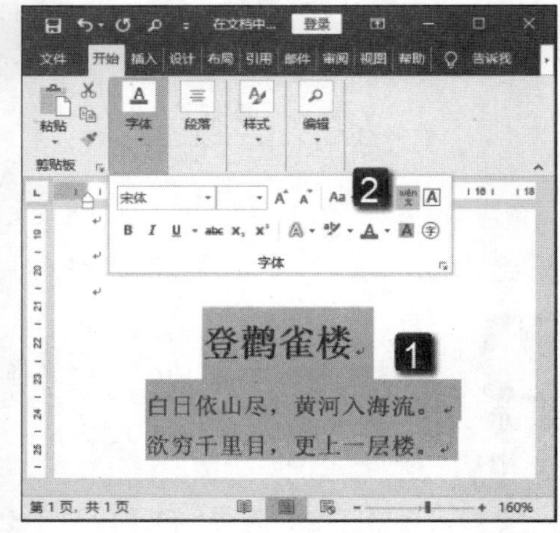

图 3.54　单击“拼音指南”按钮

02 此时将打开“拼音指南”对话框，在对话框中可以对加注的拼音的对齐方式、字体、字号和偏移量进行设置。这里只对拼音的字体进行修改，完成设置后单击“确定”按钮关闭对话框。之后选择的文本就都加注了拼音，如图 3.55 所示。

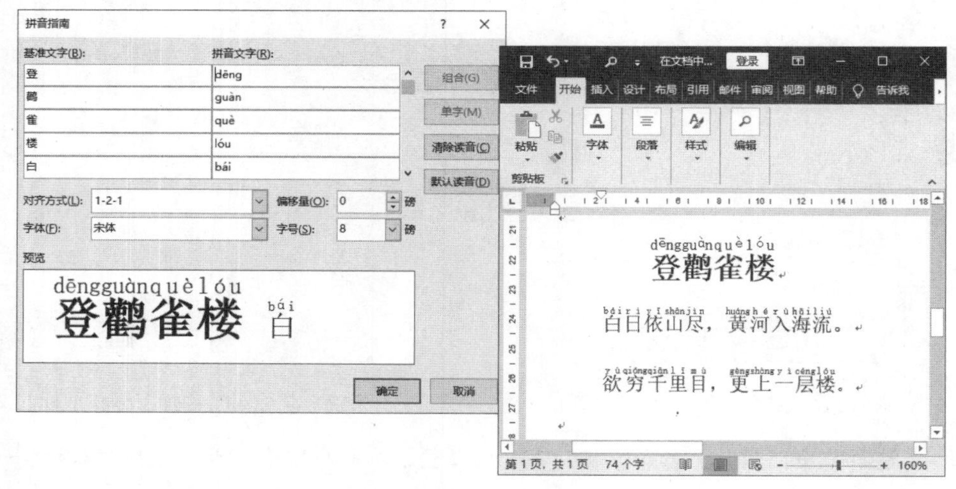

图 3.55　文字加注拼音

提示

如果不选择文字而直接单击工具栏上的“拼音指南”按钮，Word 则会为插入点光标所在处的词或字加注拼音。另外，Word 的“拼音指南”功能不能自动识别多音字。因此，如果拼音有误，可以在“拼音指南”对话框的文本框中对相应文字进行修改。

3.3.2　输入日期和时间

对于一些特殊文档，如通告、员工档案和员工信息表等，文档中需要插入日期或时间。Word 2019 为日期和时间的输入提供了一些贴心的功能，如在文档中输入年份（如“2017 年”）后按 Enter 键，Word 会自动在插入点光标处插入当前的日期，其格式如“2017 年 4 月 17 日星期一”。此外，用户还可以用 Word 中的“日期和时间”对话框来自定义日期和时间格式。下面介绍具体的操作方法。

01 将插入点光标放置到需要插入时间的位置，在“插入”选项卡的“文本”组中单击“日期和时间”按钮，如图 3.56 所示。

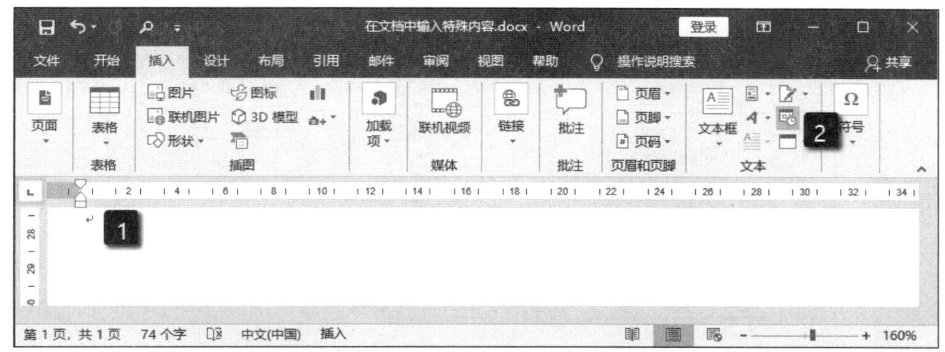

图 3.56　单击“日期和时间”按钮

02 此时将打开“日期和时间”对话框，在对话框的“可用格式”列表中选择插入的日期或时间的格式，单击“确定”按钮关闭对话框。日期或时间将按照选中的格式插入到文档中，如图 3.57 所示。

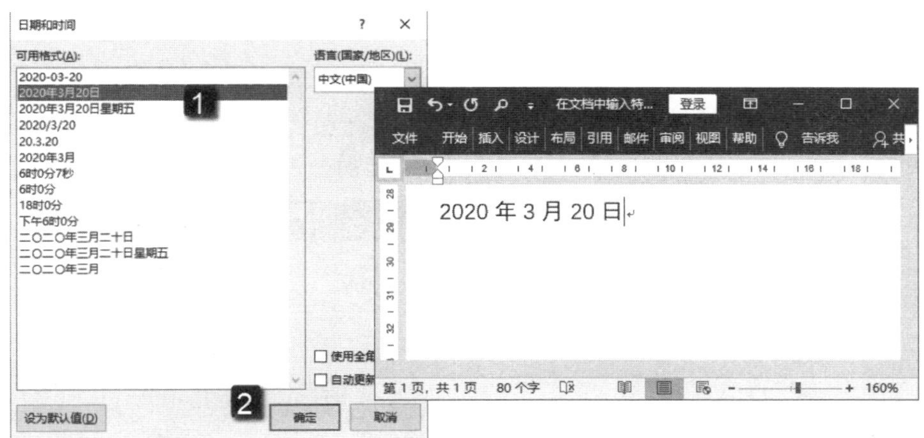

图 3.57　插入日期或时间

提　示

在“日期和时间”对话框中的“语言（国家/地区）”下拉列表中有“英语（美国）”和“中文（中国）”2 个选项，选择不同的选项将决定不同的时间日期格式。如果勾选“自动更新”复选框，则在文档中插入日期和时间后，文档每次打开都将自动更新日期和时间的显示值。对文档进行编辑时，直接按 Alt+Shift+D 键即可插入系统当前日期，如果按 Alt+Shift+T 键则将插入系统当前时间。在“日期和时间”对话框的“可用格式”列表中选择某个格式后，单击“设为默认值”按钮即可将其设置为默认值，使用快捷键时即可插入默认的时间和日期格式。

3.3.3 在文档中输入公式

在一些专业性的文档中，用户有时需要输入公式。在早期的Office中输入公式并不方便，但在Word 2019中，用户可以根据需要快速地输入各种复杂的公式。下面介绍在文档中输入公式的常用方法。

1. 输入常用公式

点击鼠标将插入点光标放置到文档中需要插入公式的位置，打开“插入”选项卡，在“符号”组中单击“公式”按钮上的下三角按钮▾，打开的列表中将列出内置的常用公式，选择相应的公式，即可插入到文档中，如图 3.58 所示。

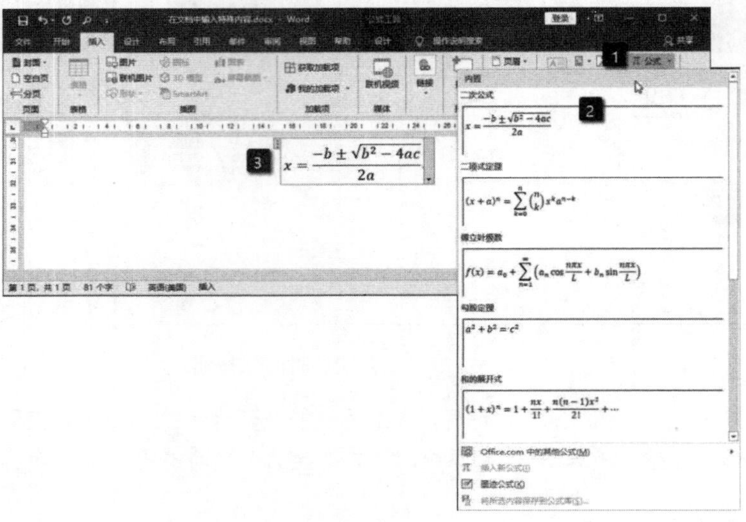

图 3.58 插入公式

如果在“内置”列表中无法找到所需的公式，可以在“公式”列表中单击“Office.com中的其他公式”选项，打开一个下级列表，在这个列表中寻找需要的公式并插入到文档中，如图3.59所示。

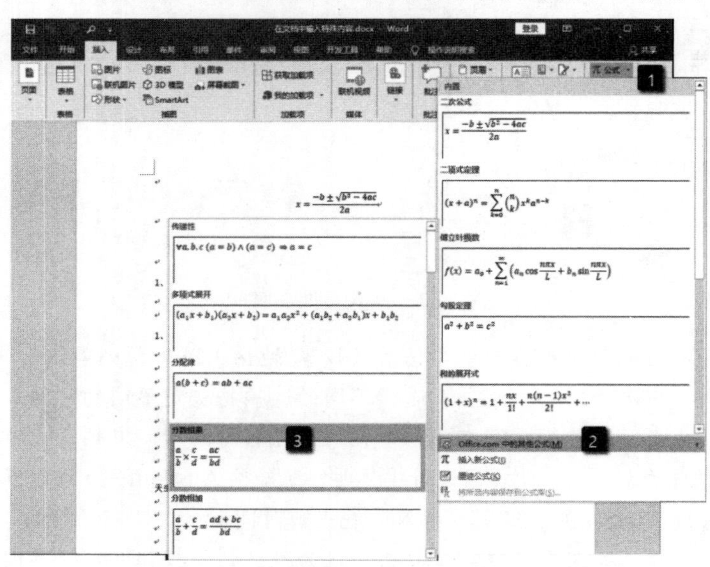

图 3.59 选择“Office.com 中的其他公式”选项

2. 手写输入公式

Word 2019 提供了一个“墨迹公式”功能，用户能够使用鼠标或其他的输入方式实现手写输入公式。在“公式”列表中选择“墨迹公式”选项，如图 3.60 所示，打开“数学输入控件”对话框，在对话框中按下“写入”按钮。这时就可以在对话框中间的输入区域中拖动鼠标书写公式了，Word 会自动对书写的内容进行识别并转化为公式。书写完成后单击“插入”按钮，书写的公式即可插入到文档中，如图 3.61 所示。

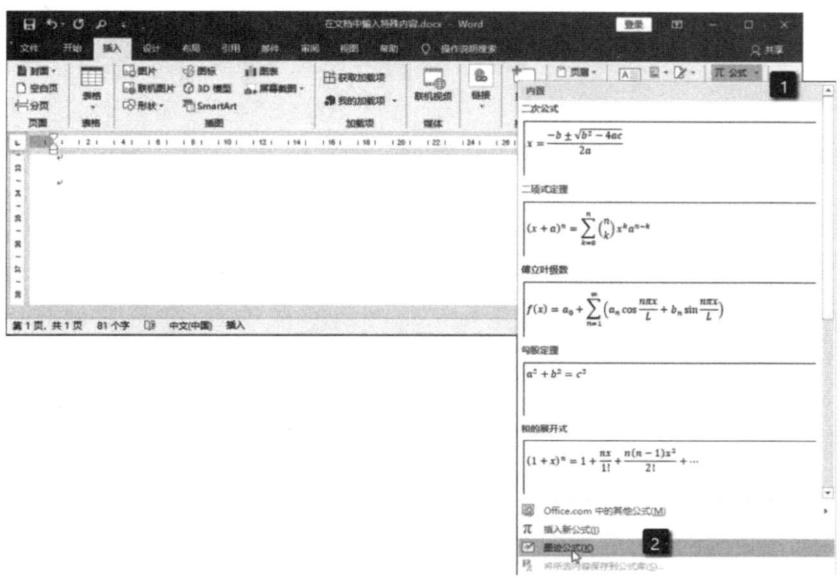

图 3.60　选择“墨迹公式”选项

在手写输入公式时，如果 Word 对手写输入的字符识别错误，可以按下“擦除”按钮。鼠标指针将变为橡皮擦，拖动橡皮擦可以擦除掉错误的字符，如图 3.62 所示。

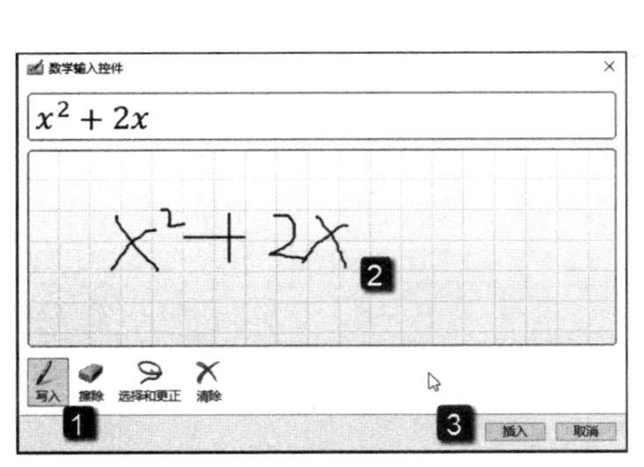

图 3.61　书写公式

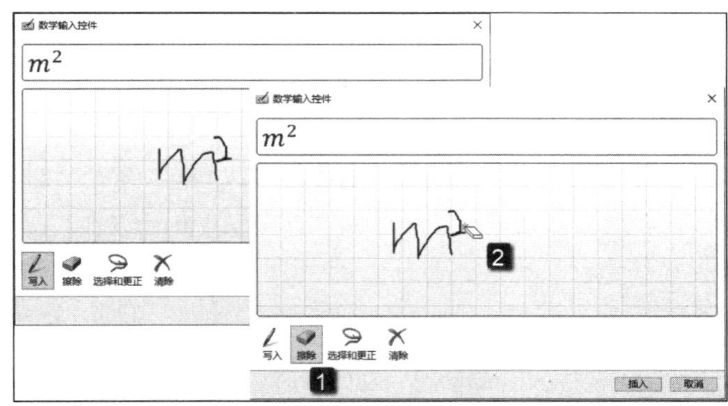

图 3.62　擦除掉错误的字符

在“数字输入控件”对话框中单击“选择和更正”按钮，拖动鼠标绘制一个选择框框选出错误的内容。Word 会对框选内容进行识别并列出选项列表，选项列表中正确的选项即可更正出错的内容，如图 3.63 所示。

如果在“数字输入控件”对话框中单击“清除”按钮，则输入的所有内容都将被删除，如图3.64 所示。

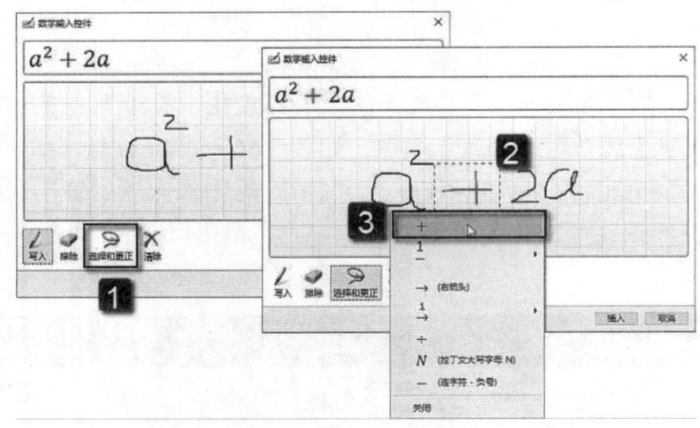

图 3.63　更正输入的内容

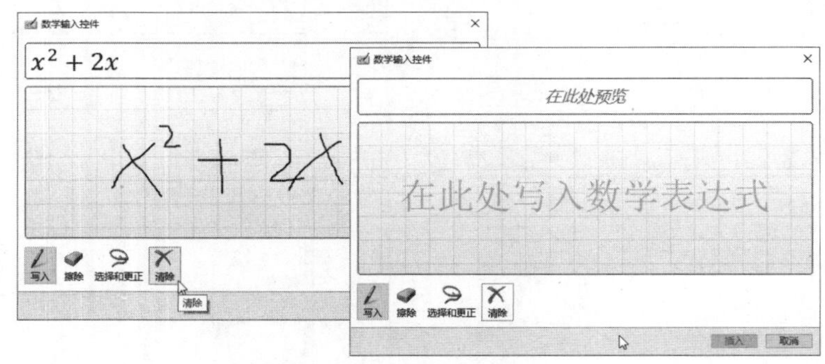

图 3.64　删除输入的所有内容

3. 自定义公式

在 Word 文档中，如果要输入自定义公式，除了使用上面介绍的“墨迹公式”功能之外，还可以使用 Office 自带的“公式工具”来设计公式。下面以输入一个数学公式为例来介绍具体的操作方法。

01 在文档中将插入点光标放置到准备插入公式的位置，在“公式”列表中选择“插入新公式”选项，如图 3.65 所示。

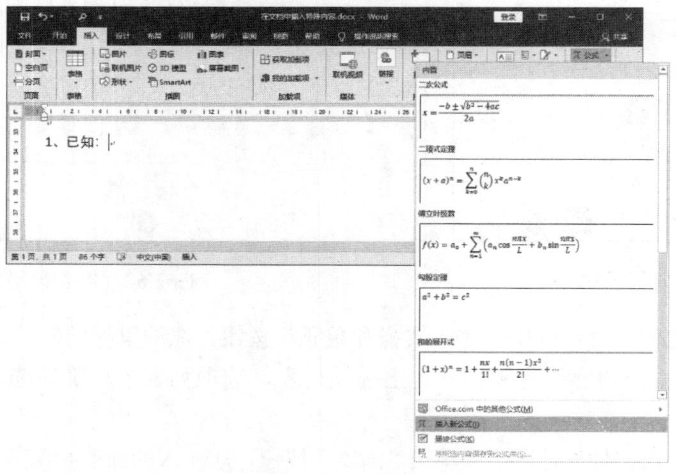

图 3.65　选择“插入新公式”选项

02 这时会出现插入公式输入框，同时功能区中将打开“公式工具设计”选项卡。在公式输入框中可以直接输入字符，如图 3.66 所示。

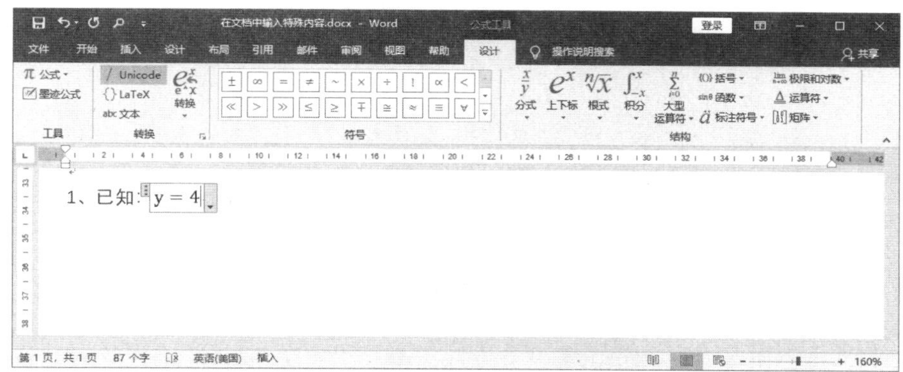

图 3.66　在公式输入框中输入字符

03 在“公式工具设计”选项卡中单击“上下标”按钮，在打开的列表中选择上下标样式，如图3.67所示，将该样式框插入到光标所在位置。再将插入点光标放置到位于下方的输入框中输入字符e，之后按→键选中指数输入框输入需要的代数式，这样就完成了指数式的输入，如图3.68所示。

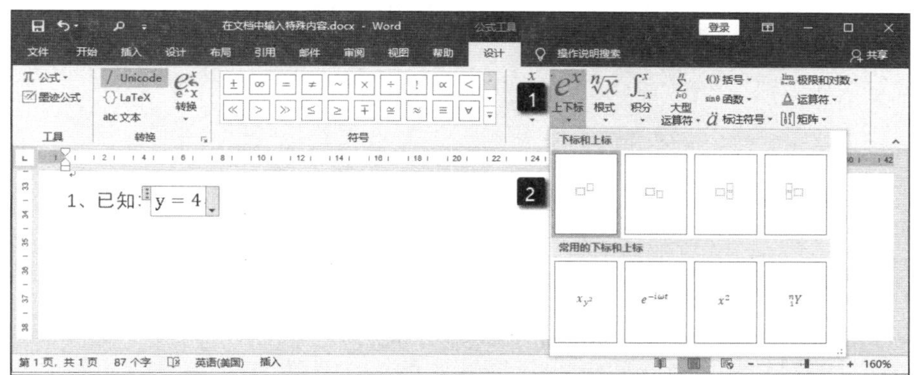

图 3.67　选择上下标样式

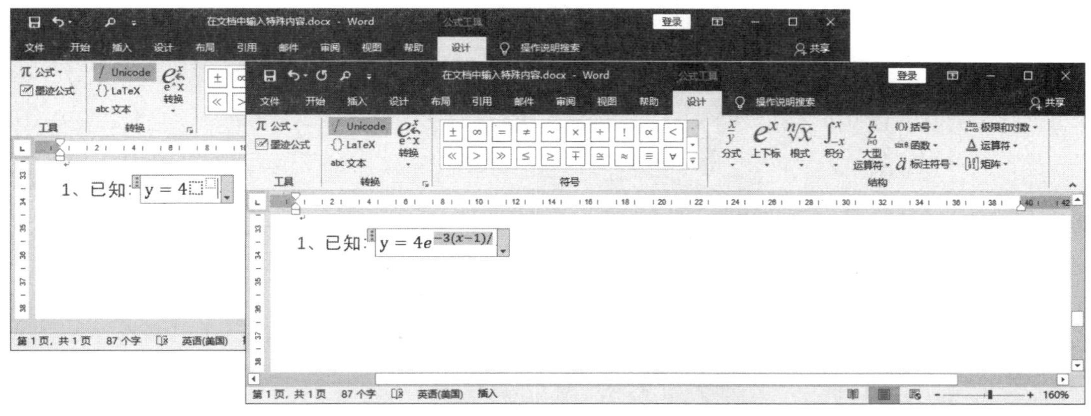

图 3.68　输入指数式

04 再按→键将插入点光标移到整个指数式的后面，然后在“符号”列表中选择“加重号运算符”将其插入到公式中，如图 3.69 所示。

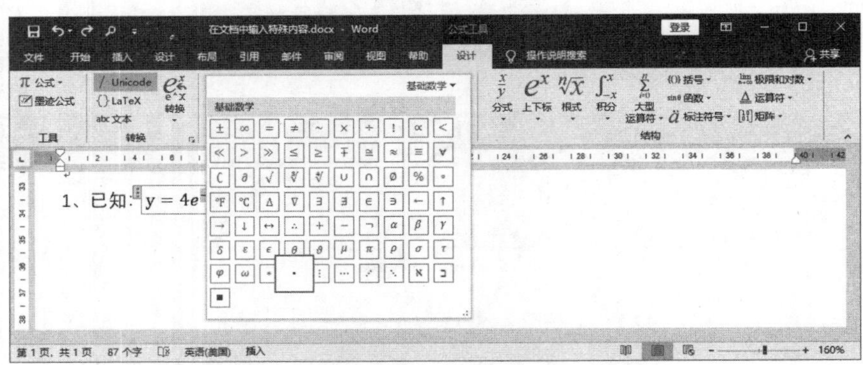

图 3.69　选择“加重号运算符”

05 在公式框中插入括号，如图 3.70 所示，并在括号中输入字符。然后选择插入一个分数，如图 3.71 所示。

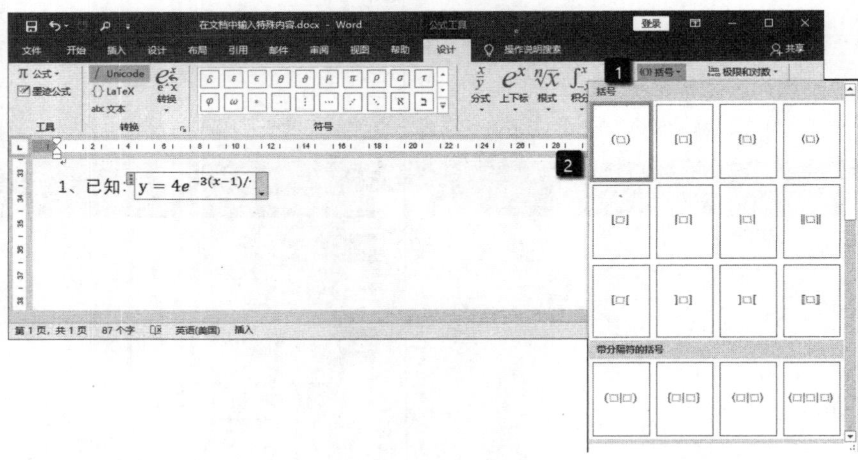

图 3.70　在公式中插入括号

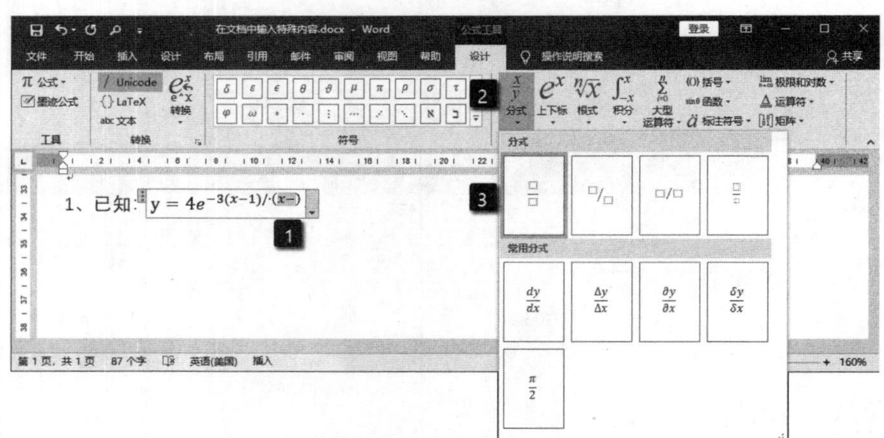

图 3.71　选择插入分数

06 将插入点光标放置到分数的分母输入框中，输入数字 2。接着按↑键选择分子输入框后选择“带有次数的根式”选项，如图 3.72 所示。依次输入格式的根指数和被开方数，如图 3.73 所示。至此，这个公式输入完成。

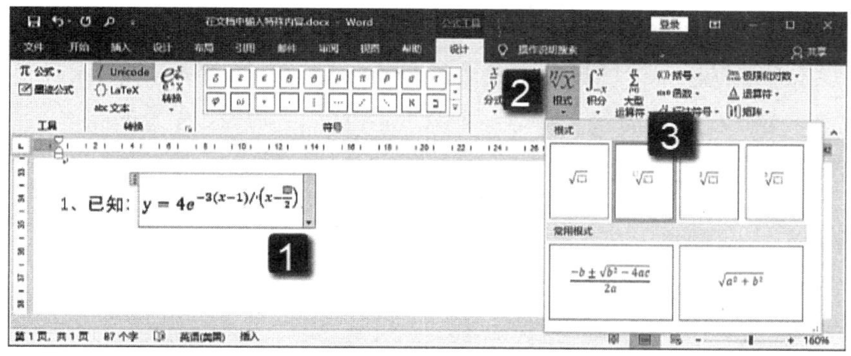

图 3.72　选择“带有次数的根式”选项

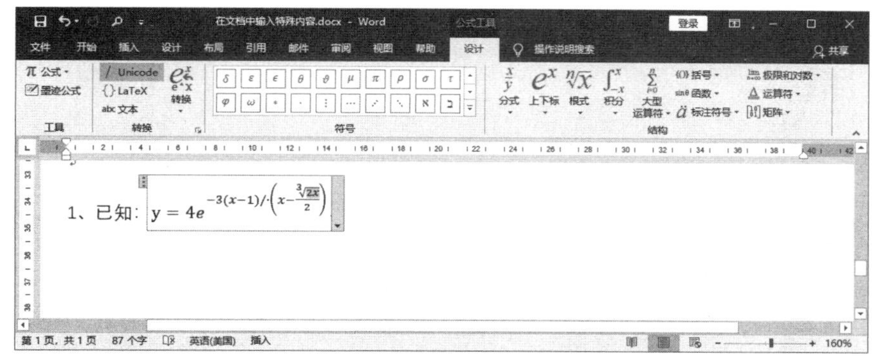

图 3.73　输入根指数和被开方数

4．保存自定义公式

有时候一个公式需要在不同的文档中多次被使用。如果每次使用该公式时都需要重新输入一次，那么工作效率就很低。我们在创建了自定义公式后，可以将其保存起来，在下一次需要使用该公式时直接将其插入文档。

01 在文档中选择插入的公式，单击公式输入框右侧的下三角箭头按钮，在打开的列表中选择“另存为新公式”选项，如图 3.74 所示。

02 在打开“新建构建基块”对话框后，在对话框的“名称”文本框中输入公式的名称，同时在“说明”文本框中输入对公式的注释。完成设置后单击“确定”按钮关闭对话框公式即被保存，如图 3.75 所示。

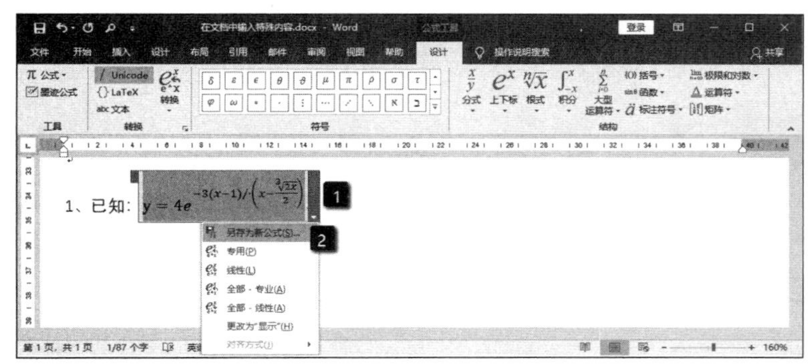

图 3.74　选择“另存为新公式”选项

图 3.75　设置“新建构建基块”对话框

03 公式被保存后，我们可以打开“公式”列表，保存的自定义公式会出现在列表中，将鼠标指针放置于该公式选项上时即可获得说明信息。单击该公式选项，自定义公式即被插入到文档中，如图 3.76 所示。

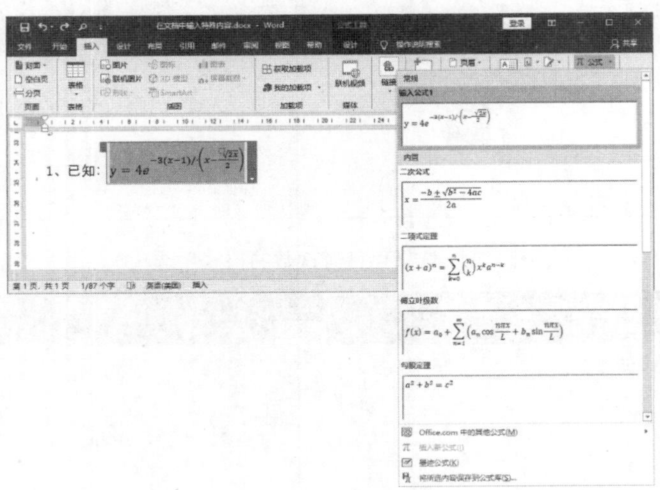

图 3.76　使用自定义公式

04 在“公式”列表中右击自定义公式，在弹出的快捷菜单中选择“整理和删除”选项，打开“构建基块管理器”对话框。对话框的“构建基块”列表中会列出了“公式”列表中所有的公式，当前的自定义公式处于选中状态。单击“编辑属性”按钮，打开“修改构建基块”对话框，在该对话框中可以对自定义公式的相关属性进行修改，如图 3.77 所示。单击“删除”按钮即可从“公式”列表中把自定义公式删除。

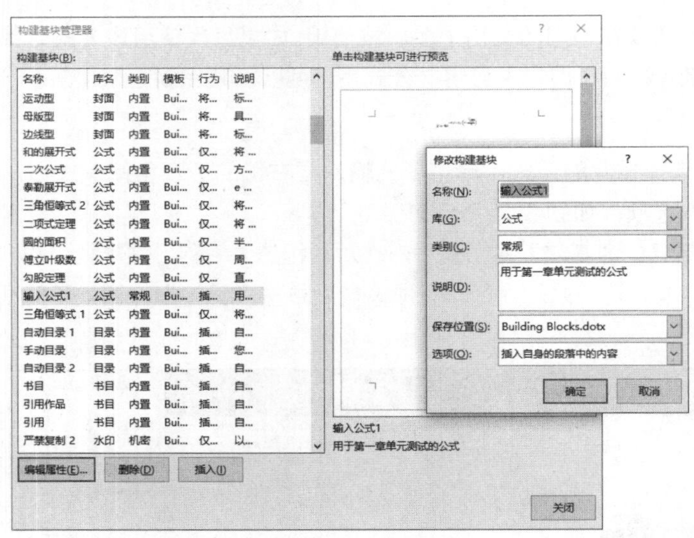

图 3.77　修改自定义公式的属性

3.3.4　“自动更正”和“自动图文集”功能的使用

巧妙的使用“自动更正”和“自动图文集”这 2 个重要功能能够提高文档的输入效率。下面介绍自动更正和自动图文集的使用技巧。

1. 使用“自动更正”功能快速输入常用字符

Word 为输入某些特殊符号设置了快捷键，但快捷键的设置并不全面。在创建文档时，用户经常会遇到需要反复输入某些字符的情况，如单位名称、客户名称或某个电话号码等。此时，用户可以将这些字符添加到自动更正条目中，从而快速的输入这些字符。下面介绍具体的操作方法。

01 启动 Word ，打开“Word 选项”对话框，选择“校对”选项，单击对话框右侧的“自动更正选项”栏中的“自动更正选项”按钮，如图 3.78 所示。

02 在打开的对话框中选择“自动更正”选项卡，在“替换”文本框中输入实际输入的字符，在“替换为”文本框中输入需进行自动更换的内容。输入完成后单击“添加”按钮，如图 3.79 所示，设置项就被添加到自动更正列表中。完成设置后单击“确定”按钮关闭“自动更正”对话框。

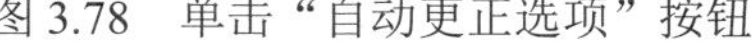
图 3.78　单击“自动更正选项”按钮

图 3.79　添加自动更正内容

为了在文档中输入字符后能够被自动更换，这里必须勾选“键入时自动替换”复选框。如果需要，用户还可以对“替换”和“替换为”文本框中的内容进行修改。

03 单击“确定”按钮关闭“Word 选项”对话框。之后只要在文档中输入 bd，Word 就会自动将该字符替换为文字“别的世界”，从而实现了这段文字的快速输入。

一旦在自动更改中被设置为被替换字符，那么只要输入该字符即会被自动替换。如果需要输入被替换字符本身，只需在字符被替换后按 Ctrl+Z 键取消替换即可。

2. 使用“自动图文集”功能快速输入常用字符

对于需要反复输入的内容，可以使用 Word 的自动图文集功能来实现快速输入。在 Word 2019 中，“自动图文集”按钮未被添加到功能区中，使用前需要首先在功能区添加该按钮。下面介绍使用自动图文集来输入常用字符的操作方法。

01 启动 Word 2019，在“文件”窗口中选择“选项”命令打开“Word 选项”对话框。在对话框中选择“快速访问工具栏”选项，在“从下列位置选择命令”下拉列表中选择“不在功能区中的命令”选项。此时下方的列表中将列出所有不在功能区中的命令，选择“自动图文集”选项，单击“添加”按钮将其添加到右侧的列表中。完成设置后单击“确定”按钮关闭“Word 选项”对话框，如图 3.80 所示。

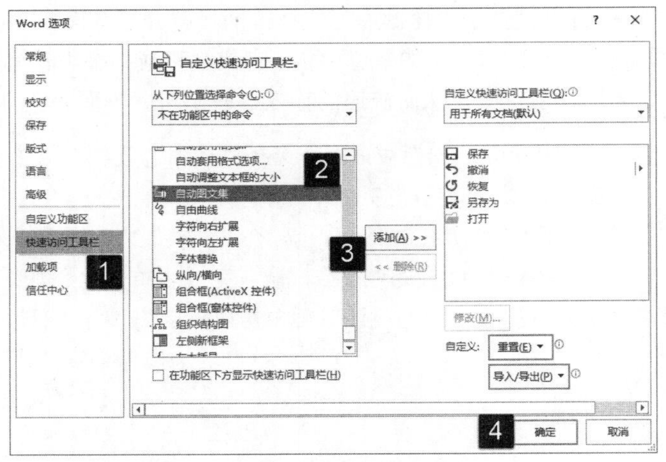

图 3.80　将“自动图文集”按钮添加到快速访问工具栏

02 在文档中选定需要添加到自动图文集中的内容，在快速访问工具栏中单击“自动图文集”按钮。在打开的列表中选择“将所选内容保存到自动图文集库”选项，如图 3.81 所示。

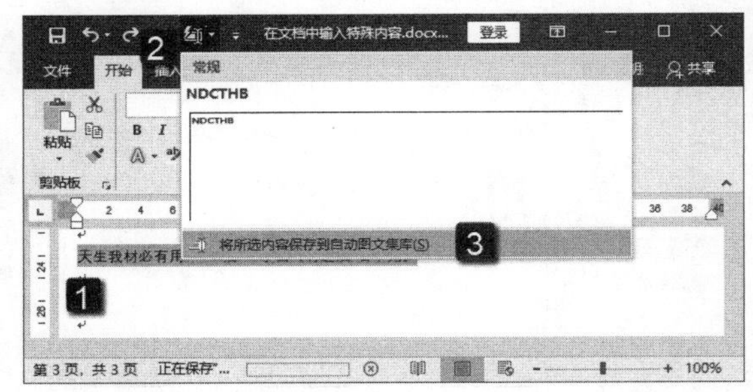

图 3.81　选择“将所选内容保存到自动图文集库”选项

03 在打开“新建构建基块”对话框中的“名称”文本框中输入名称，再在“类别”下拉列表中选择“创建新类别”选项，如图 3.82 所示。打开“新建类别”对话框后，在“名称”文本框中输入新类别的名称，完成输入后单击“确定”按钮关闭该对话框，如图 3.83 所示。

04 在“新建构建基块”对话框的“说明”文本框中设置当前项目的注释内容，在“保存位置”下拉列表中选择存放的位置。完成设置后单击“确定”按钮关闭对话框，如图 3.84 所示。

图 3.82　“新建构建基块”对话框

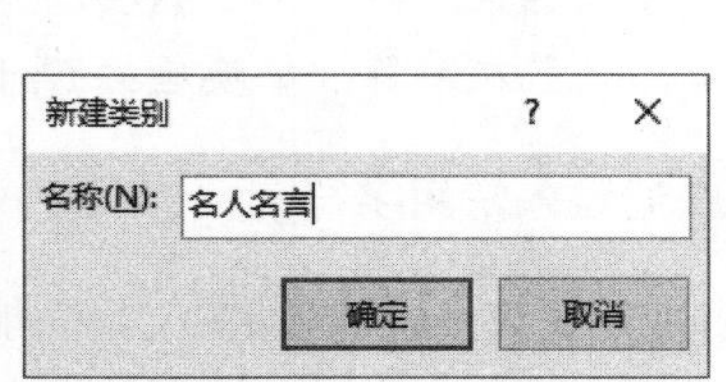

图 3.83　“新建类别”对话框

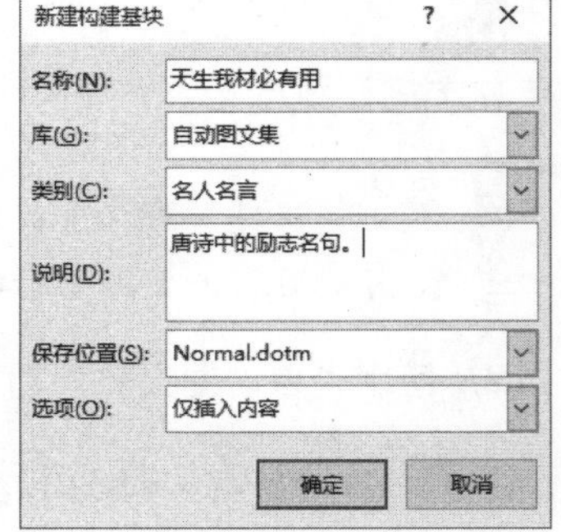

图 3.84　设置说明文字和保存位置

05 在快速访问工具栏中单击“自动图文集”按钮，刚才创建的新类别会在列表中出现，在该类别中也会出现刚才添加的词条。将鼠标指针放置在该选项上，即会出现有关的说明。单击该选项，词条将会被插入到文档中，如图 3.85 所示。

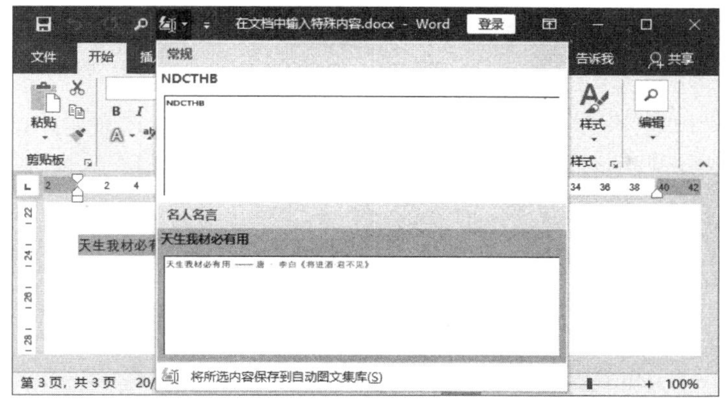

图 3.85　插入词条

3.3.5　文本的插入和改写

在默认情况下，Word 2019 文档中文字是以插入状态输入的。在插入状态下如果在放置插入点光标后直接输入插入文本，插入文字右侧的文字将随着插入文字的输入自动后移。

在对文档进行编辑时，如果要将已有的文字替换为另外的文字，一般的方法是，先删除已有的文字，然后再输入另外的文字。实际操作中，我们可以利用 Word 的改写功能，操作一步就能完成上述文字的替换，下面介绍具体的方法。

01 将插入点光标放置到需要修改的文字前面，在键盘上按 Insert 键将输入状态更改为改写状态，此时在状态栏上可以看到当前为改写状态的提示，如图 3.86 所示。

02 直接输入文字，则插入点光标后的文字被改写为输入的文字，如图 3.87 所示。

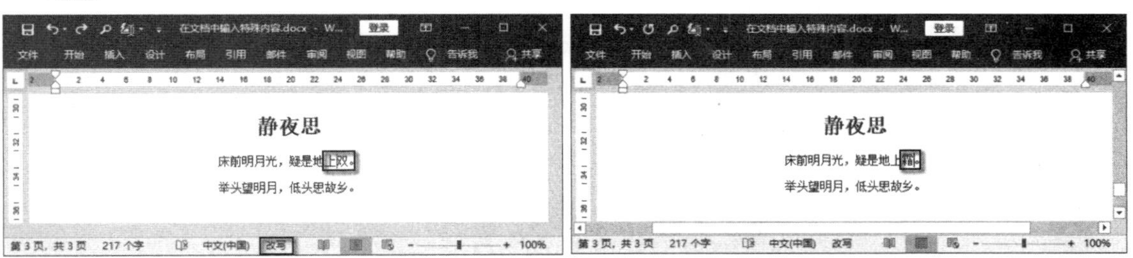

图 3.86　放置插入点光标后更改输入状态

图 3.87　文字被改写

3.4　查找和替换

在对文档进行编辑时，有时需要在文档中查找有关内容。如果文档篇幅不长，可以使用人工的方式一行一行地寻找。如果文档篇幅很长，这种方法不仅工作效率低，还容易出现遗漏。为避免这种情况，Office 提供了查找和替换功能，不仅能够帮助用户快速找到需要的内容，还能对相关内容进行替换。

3.4.1 方便的“导航”窗格

在对篇幅长的文档进行编辑时，有时需要在文档中查找部分文本。使用 Word 2019 提供的“导航”窗格能够方便快速地找到需要的文本，并定位文本的位置。下面介绍具体的操作方法。

01 启动 Word 2019，打开文档，在“开始”选项卡的“编辑”组中单击“查找”按钮，如图 3.88 所示。

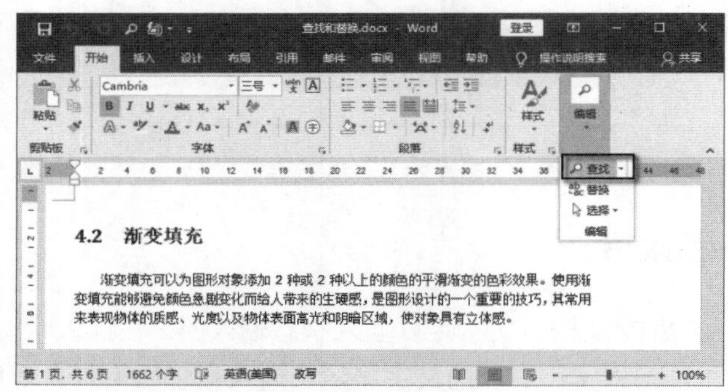

图 3.88 单击“查找”按钮

02 此时将打开“导航”窗格，在窗格的“搜索文档”输入框中输入需要查找的文本，Word 2019 将在“导航”窗口中列出文档中包含查找文本的段落，同时在文档中突出显示查找的文本。在“导航”窗口中单击段落选项，文档就会定位到该段落，如图 3.89 所示。

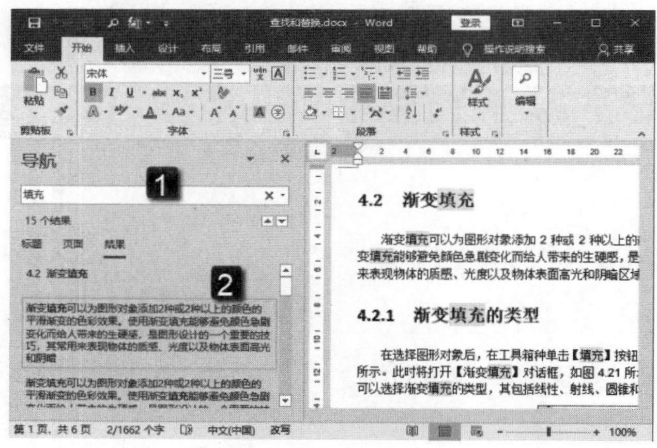

图 3.89 显示查找到的文本

提 示

在“导航”窗格中，单击查找结果列表框上的“上一处”按钮▲，将定位到当前查找结果的上一个结果。单击“下一处”按钮▼，将定位到当前查找结果的下一个结果。在“导航”窗格的“搜索文档”输入框下将显示当前选择的是第几个搜索结果和搜索结果的总数。

03 使用“导航”窗格不仅能够对文本进行查找，还能对文档中的图形、表格和公式等对象进行查找。在“导航”窗格中单击文本框右侧的下三角按钮▾，打开下拉菜单，在菜单的“查找”栏中列出了可以查找的对象。例如，选择“图形”选项，Word 将查找文档中插入的图片，并且自动选择文档中的第一张图片，如图 3.90 所示。

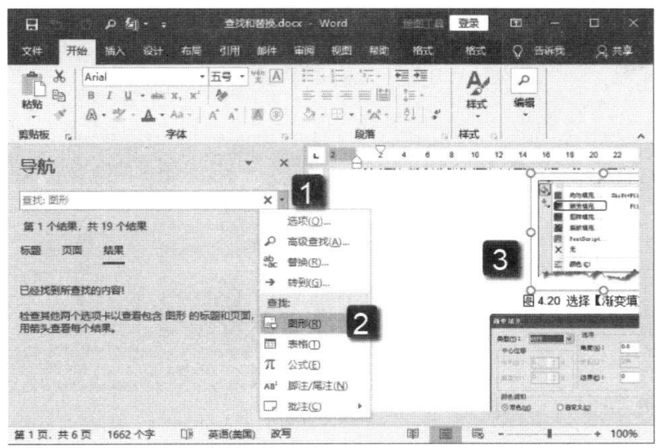

图 3.90　查找文档中的图片

04 在“导航”窗格中单击文本框右侧的下三角按钮，在打开的下拉菜单中选择“选项”选项。打开“‘查找’选项”对话框，在该对话框中勾选相应的选项，可以对查找方式进行设置，如图 3.91 所示。

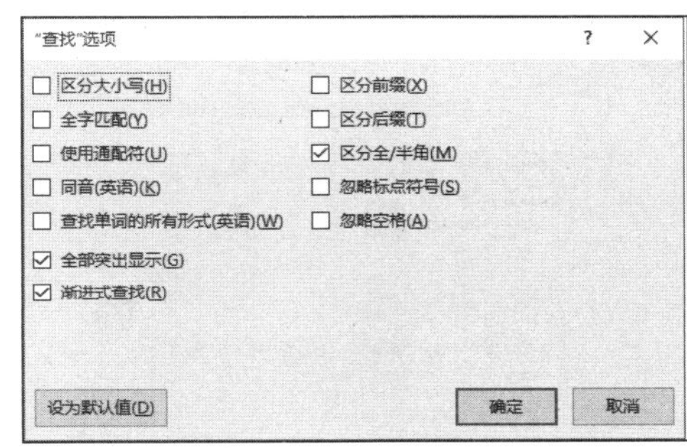

图 3.91　“‘查找’选项”对话框

3.4.2　在 Word 中进行模糊查找

在一篇长文档中，如果用户需要查找某个词，但是只记得部分文字，此时要找到这个词语，就需要使用通配符来进行模糊查找。

01 在“开始”选项卡的“编辑”组中单击“查找”按钮上的下三角按钮，在打开的下拉菜单中选择“高级查找”选项，如图 3.92 所示。

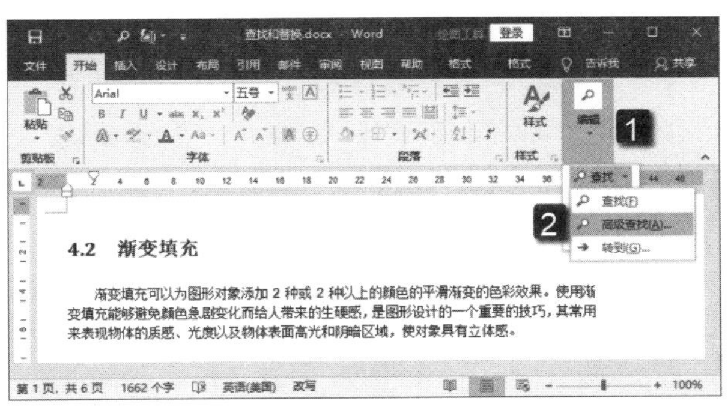

图 3.92　选择“高级查找”选项

02 此时将打开“查找和替换”对话框，在对话框的“查找”选项卡中勾选“使用通配符”复选框。在“查找内容”文本框中输入“*色”，单击“查找下一处”按钮，如图 3.93 所示。在这里，“*”表示的是任意多个字符，因此 Word 查找到的结果将包含文字“色”及其前面的所有文字。文档中查找到的符合条件的内容都将被选中，如图 3.94 所示。

03 在“查找内容”文本框中输入“?色”，单击“查找下一处”按钮，如图 3.95 所示。这里，“?”代表任意的单个字符，有几个“?”就代表有几个字符。因此，这里查找到的结果可能是文档中的“彩色”“调色”和“颜色”等内容，如图 3.96 所示。

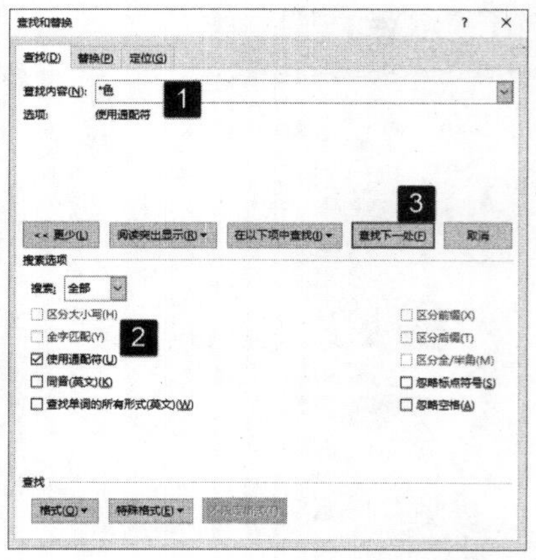

图 3.93 “查找与替换”对话框

图 3.94 文档中查找到的内容被选择

勾选“使用通配符”复选框后，进行查找时就会允许使用通配符。同时，“区分大小写”和“全字匹配”复选框就会处于灰色不可用状态。

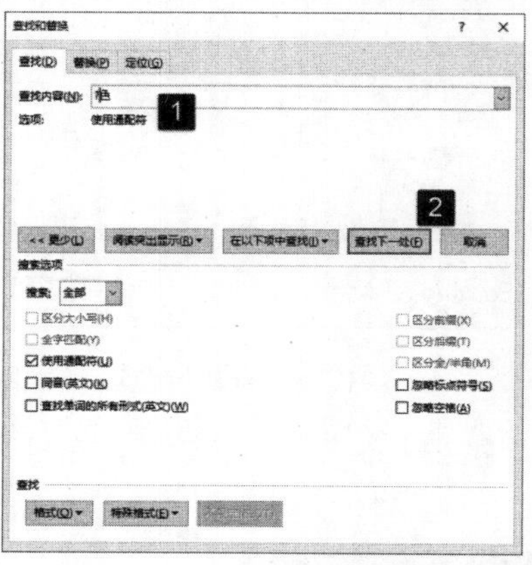

图 3.95 使用“?”来查找

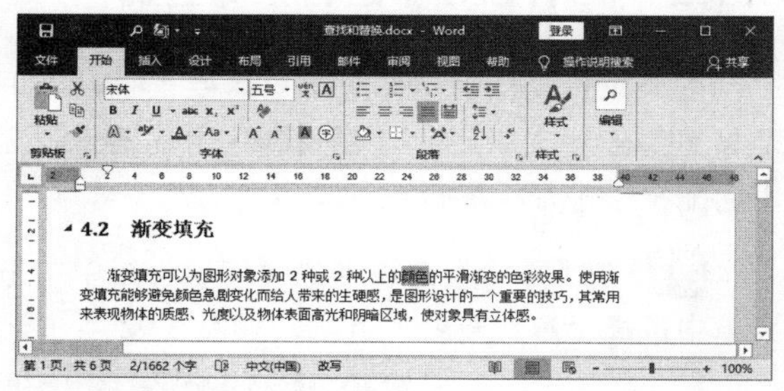

图 3.96 选中查找到的内容

04 在“查找内容”文本框中输入“[颜调]色”，单击“查找下一处”按钮，如图 3.97 所示。“[]”代表想要查找的字符的集合。因此，文档中“颜色”和“调色”都是符合查找条件的词组，如图 3.98 所示。

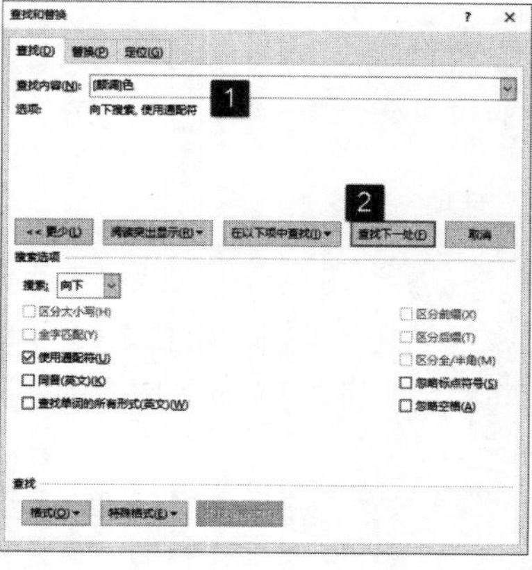

图 3.97 使用“[]”进行查找

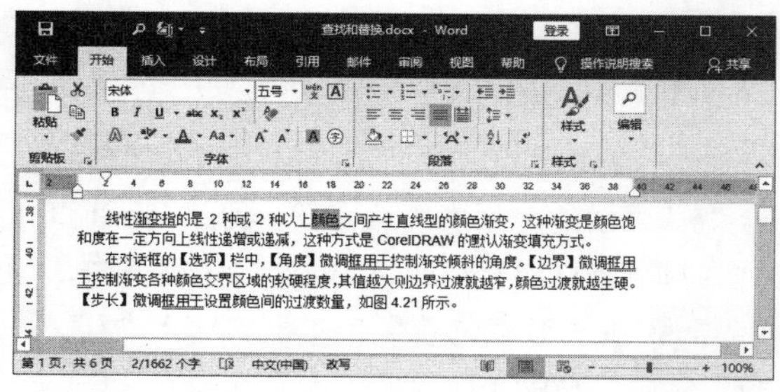

图 3.98 选择查找到的文字

提 示

“查找内容”文本框中最多可以输入 255 个字符。当文档处于查找状态时，可以按 Ctrl+Page Down 键查看下一个查找结果。在关闭了“查找和替换”对话框后，如果需要查找最近查找过的字符，可以直接按 Shift+F4 键查找下一处的相同字符，连续按这个组合键可以在文档中依次向下查找相同的字符。

3.4.3 替换文本

替换文本就是将文档中查找到的某个字或词，修改为另一个字或词。当文档内容较少时，可以使用人工查找再修改的方式来进行操作。但如果文档篇幅较长，人工查找就太耗费时间了，此时就需要使用 Word 中的替换功能来快速进行查找并替换，下面通过一个实例来介绍具体的操作方法。

01 打开文档，将文档中的“现象简便”，更改为“线性渐变”，如图 3.99 所示。

02 将插入点光标放置到文档中开始进行查找的位置，在“开始”选项卡的“编辑”组中单击“替换”按钮，如图 3.100 所示。

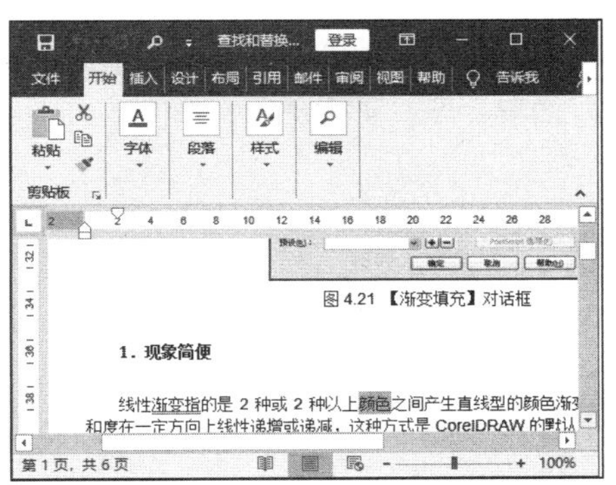

图 3.99　需要替换的文字

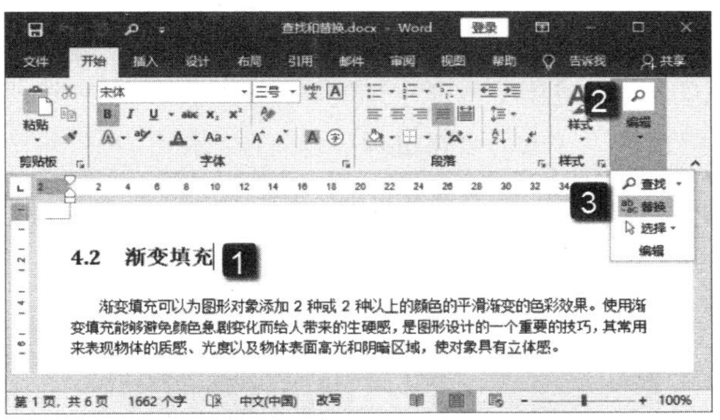

图 3.100　单击“替换”按钮

03 此时将打开“查找和替换”对话框的“替换”选项卡，在“查找内容”文本框中输入需要被替换的内容，在“替换为”文本框中输入需要替换的文字。单击“全部替换”按钮，如图 3.101 所示。文档中与“查找内容”文本框中输入的文本相同的文字将自动全部替换为“替换为”文本框中的文字，如图 3.102 所示。

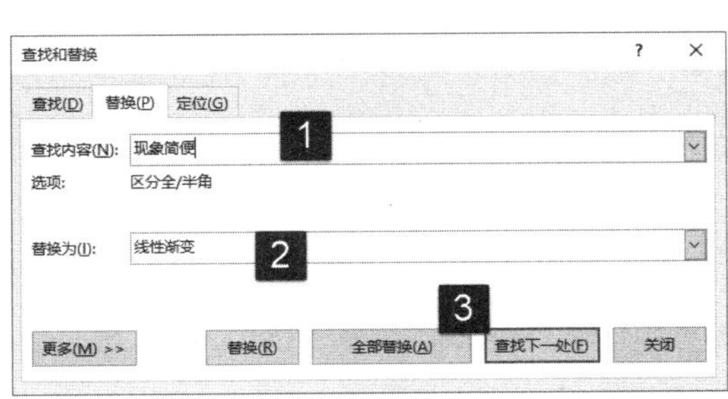

图 3.101　“查找和替换”对话框

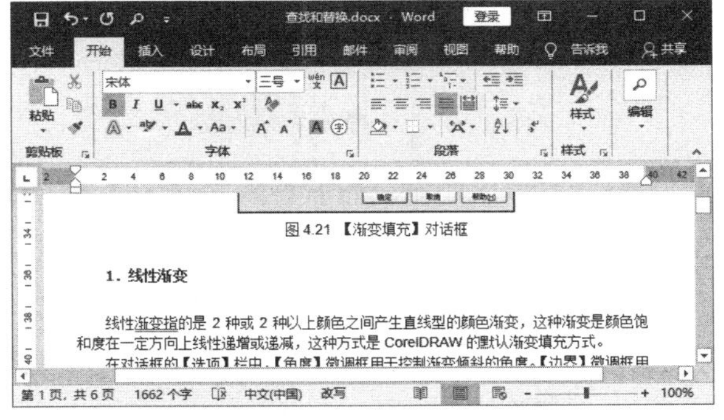

图 3.102　文字自动替换

提 示

如果单击“查找下一处”按钮，文档中第一个与查找内容相符的文字将被选择，文字不会被自动替换。再次单击“查找下一处”按钮，Word 将从当前位置继续向下查找相符的文字。单击对话框中的关闭按钮将关闭“查找和替换”对话框。

3.4.4 文档中的特殊替换操作

Word 的替换功能不仅能够帮助我们快速实现大量文本的自动替换，还能够对一些特殊对象进行查找和替换，以提高文档编辑处理的效率。下面介绍 2 个灵活应用替换功能的实例。

1．快速替换文档中所有图片

在对文档进行编辑处理时，有时需要将文档中的图片替换为指定图片。如果一张一张图片进行替换，过于浪费时间。使用 Word 的查找和替换功能，能够快速实现图片的替换。下面介绍具体的操作方法。

01 在文档中选中图片，按 Ctrl+C 键将图片复制到剪贴板中，如图 3.103 所示。

02 打开“查找和替换”对话框的“替换”选项卡，在“查找内容”文本框中输入搜索代码“^g”，指定搜索的对象为图片。在“替换为”文本框中输入代码“^c”，指定替换对象为剪贴板中的对象。在“搜索”下拉列表中选择“向下”选项指定搜索方向。单击“全部替换”按钮，如图 3.104 所示。由于当前位置并非文档的开头，Word 在进行向下查找替换操作后会提示是否从头进行查找，以避免文档中还有漏掉的图片，如图 3.105 所示。如果需要，单击“是”按钮将从开头到当前位置再次进行查找替换操作。

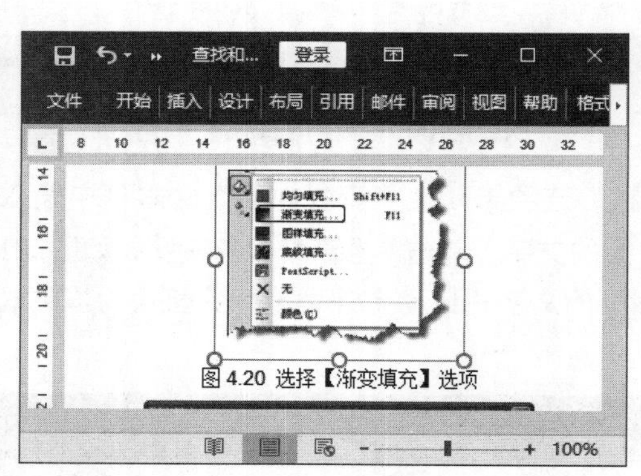

图 3.103 选择图片并复制

图 3.104 “查找和替换”对话框

提示

“搜索”下拉列表中的 3 个选项用于选择查找或替换的方向，这 3 个选项分别是“向下”“向上”和“全部”。当选择“向上”选项时，Word 将从当前插入点光标所在位置向上进行搜索。如果选择“全部”，则 Word 会对整个文档进行搜索。

03 在完成替换操作后，Word 将提示整个替换过程中进行替换的次数，如图 3.106 所示。单击“确定”按钮，文档中所有的图片将替换为剪贴板中的图片。

2．快速替换文本格式

Word 的查找和替换功能不仅能够对文本和图片等对象进行替换，还可以进行文字格式的替换，以快速实现大批量文字格式的设置。

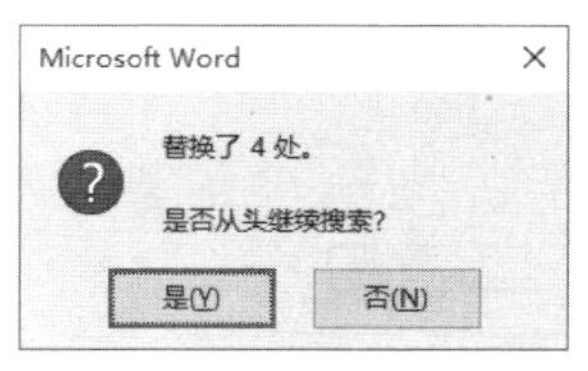

图 3.105　提示是否从头开始

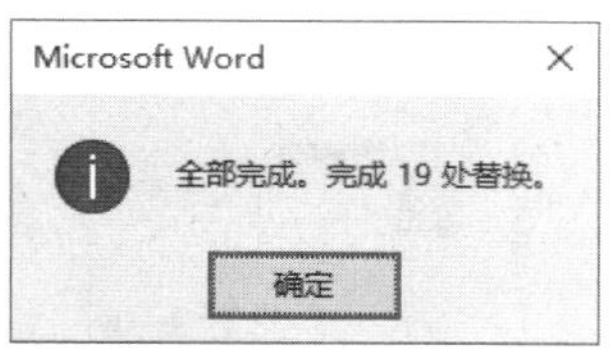

图 3.106　完成操作

01 打开“查找和替换”对话框的“替换”选项卡，在“查找内容”文本框中单击放置插入点光标。单击“更多”按钮在对话框中获得更多的设置项。单击“格式”按钮，在打开的列表中选择“字体”选项，如图 3.107 所示。

02 此时将打开“查找字体”对话框，在对话框的“字体”选项卡中对需要查找的文字样式进行设置。在“中文字体”下拉列表中选择需要查找的字体，在“字形”列表框中选择“加粗”选项，在“字号”列表框中选择“三号”选项。完成设置后单击“确定”按钮关闭对话框，如图 3.108 所示。

图 3.107　在“格式”列表中选择“字体”选项

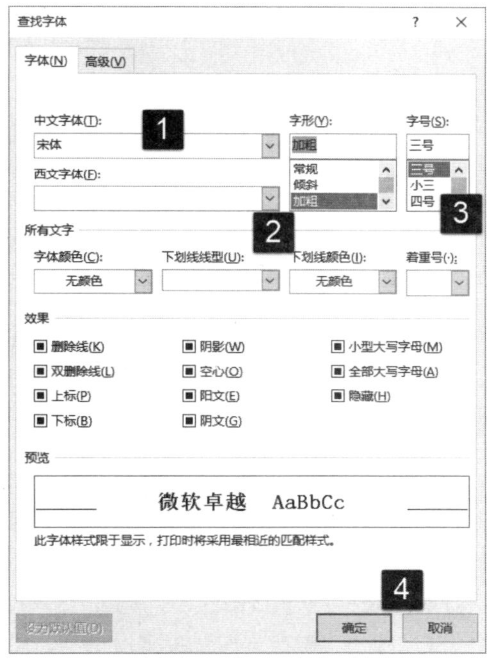

图 3.108　“查找字体”对话框

03 在“查找和替换”对话框的“替换为”文本框中单击放置插入点光标，再次单击“格式”按钮并选择打开列表中的“字体”选项。打开“替换字体”对话框，在对话框中设置“字体”“字形”和“字号”，并为文字添加下划线。完成设置后，单击“确定”按钮关闭对话框，如图 3.109 所示。

04 此时，在“查找和替换”对话框中的“查找内容”和“替换为”文本框下将显示出查找和替换的文本格式信息，如图 3.110 所示。单击“全部替换”按钮，Word 将根据设置的文本格式进行查找，并将查找到的文本替换为“替换为”文本框中设置的格式。完成替换后，Word 会给出提示对话框，提示完成替换的个数。单击“确定”按钮关闭该对话框即可完成当前的替换操作。

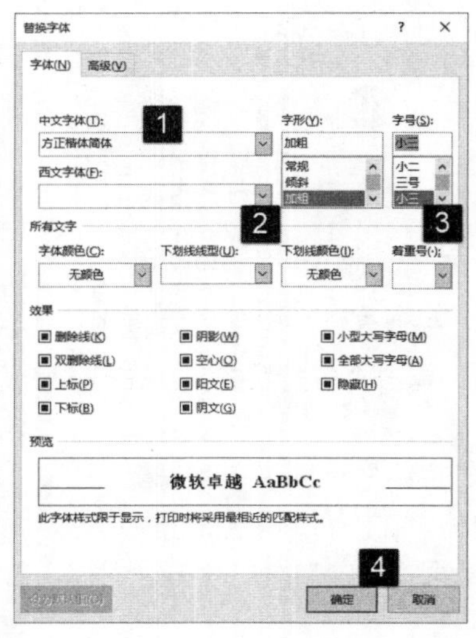

图 3.109 “替换字体”对话框

图 3.110 显示查找格式和替换格式

3.5 本章拓展

本节将介绍与文本操作有关的一些技巧。

3.5.1 使用智能剪切和粘贴

Word 具有智能剪切和粘贴功能，在粘贴文本时可以设置自动调整间距、自动调整表格格式和对齐方式等参数。使用智能剪切和粘贴功能，能够提高文档编辑处理的效率。下面介绍在 Word 中设置智能剪切和粘贴功能的方法。

01 启动 Word 2019，打开“文件”窗口，在窗口左侧列表中选择“选项”选项，打开“Word 选项”对话框。在对话框中选择“高级”选项，在右侧的“剪切、复制和粘贴”栏中勾选“使用智能剪切和粘贴”复选框，开启智能剪切和粘贴功能，然后单击“设置”按钮，如图 3.111 所示。

02 此时将打开“设置”对话框，在对话框的“个人选项”栏中根据需要选择相应的复选框。设置完成后单击“确定”按钮关闭对话框，如图 3.112 所示。最后单击“确定”按钮关闭“Word 选项”对话框，完成设置。

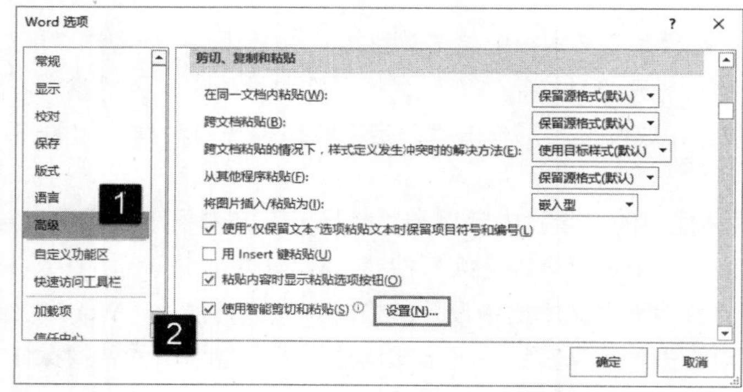

图 3.111 单击“设置”按钮

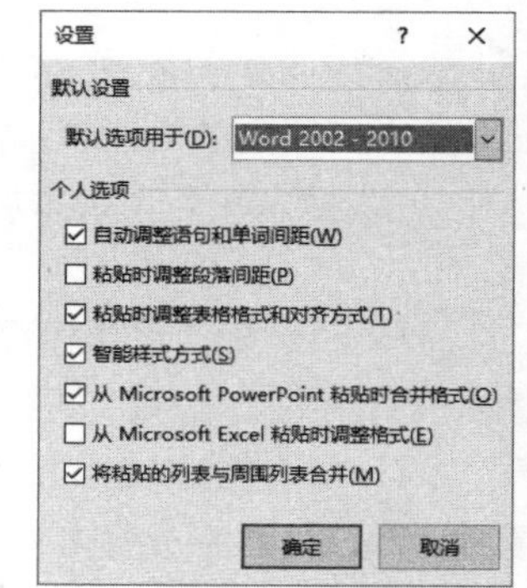

图 3.112 “设置”对话框

3.5.2 快速获得繁体字文档

在实际工作中，大多数用户习惯使用简体字进行文档输入，但是有时文档中需要使用繁体字进行输入。遇到这种情况，我们可以先创建简体字文档，然后使用 Word 中的简繁体字转换功能来获得需要的繁体字文档。下面介绍具体的操作方法。

01 在文档中选中需要转换为繁体字的文本，在“审阅”选项卡中单击“中文简繁转换”菜单中的“简转繁”选项，如图 3.113 所示。选择的文本即被转换为繁体字，如图 3.114 所示。

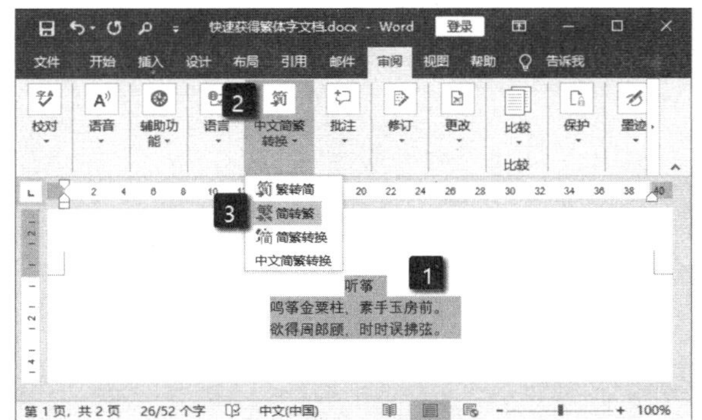

图 3.113　选择“简转繁”选项

图 3.114　选择文字转换为繁体字

提　示

如果在文档中不选择任何的文本，直接单击“审阅”选项卡中的“简转繁”按钮，则全文将由简体转换为繁体。

02 单击“审阅”选项卡中的“中文简繁转换”按钮，在打开菜单中选择“简繁转换”选项，打开“中文简繁转换”对话框。在对话框中的“转换方向”栏中选择相应的单选选项，确定文本的转换方向，勾选“转换常用词汇”复选框，则可以在简繁词汇间进行转换，如图 3.115 所示。单击“确定”按钮关闭对话框即可按照设置进行简繁转换。

03 在“中文简繁转换”对话框中单击“自定义词典”按钮，打开“简体繁体自定义词典”对话框，使用对话框“编辑”栏中设置项可以对简繁转换的词典进行编辑修改。例如，在“转换方向”下拉列表中选择简体繁体转换的方向，在“添加或修改”文本框中输入需要转换的简体词汇，之后在“转换为”文本框中将自动给出对应的繁体词汇。在“词性”下拉列表中选择该词汇的词性，如这里选择“人名”选项。完成编辑后单击“添加”按钮，如图 3.116 所示。此时 Word 将提示词汇添加到词典中，如图 3.117 所示。最后单击“确定”按钮关闭对话框即可。

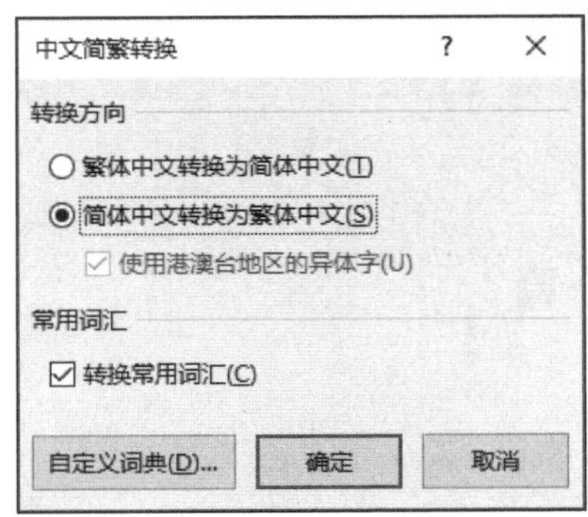

图 3.115　“中文简繁转换”对话框

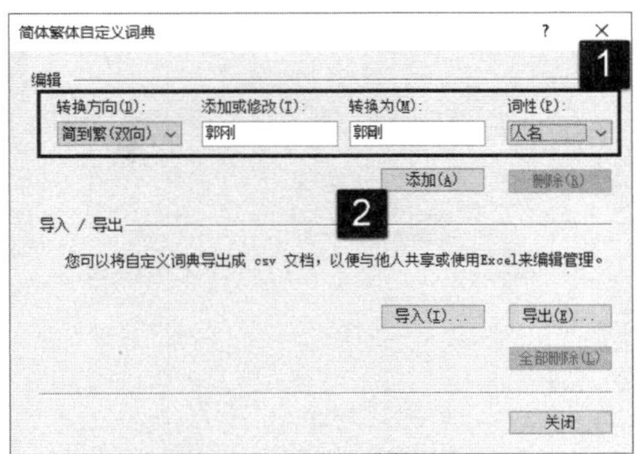

图 3.116　编辑简繁转自定义词典

04 如果需要在其他 Word 文档中使用当前文档的自定义词典，可以在“简体繁体自定义词典”对话框中单击“导出”按钮，打开“另存为”对话框。使用该对话框选择词典保存的路径和词典文件的文件名，如图 3.118 所示。然后单击“确定”按钮即可将当前词典导出保存。如果需要使用该自定义词典，只需要在“简体繁体自定义词典”对话框中单击“导入”按钮，选择保存的词典文件即可。

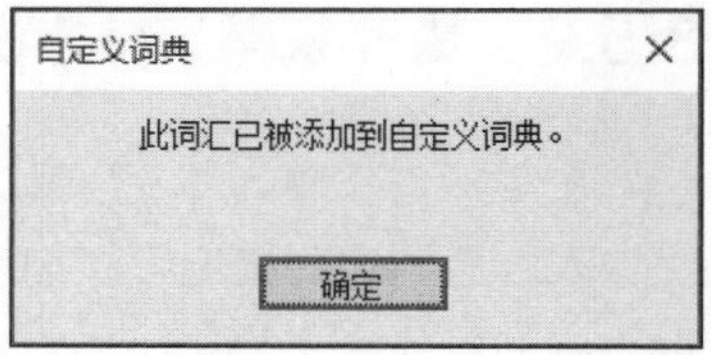

图 3.117　Word 提示对话框

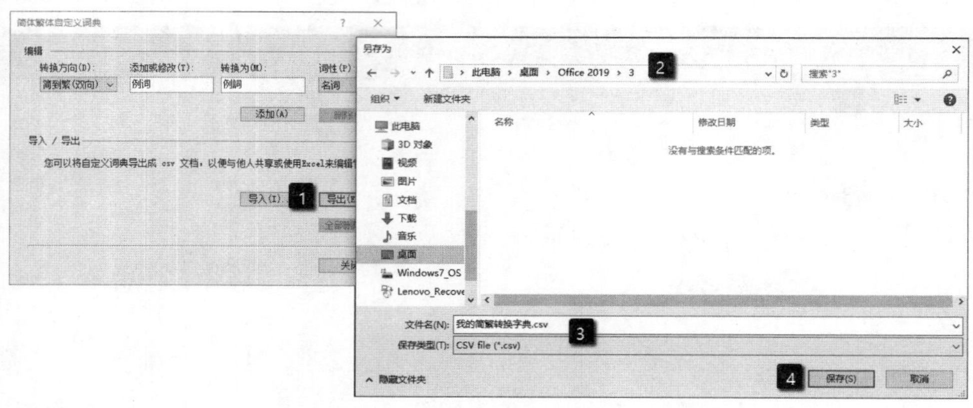

图 3.118　导出自定义词典

3.5.3　使用搜索代码进行查找

Word 2019 的查找和替换功能非常强大，不仅可以查找文本和特殊格式，还可以使用搜索代码查找文档中的特殊对象。使用搜索代码，能够使查找和替换操作更加方便快捷。下面介绍具体的操作方法。

01 打开文档，打开“查找和替换”对话框的“查找”选项卡。在选项卡的“搜索选项”栏中取消“使用通配符”复选框的勾选，在“搜索”下拉列表中选择搜索方向。在“查找内容”文本框中输入搜索代码“^g”，该代码表示搜索图片。单击“查找下一处”按钮，查找到的图片将被选择，如图 3.119 所示。

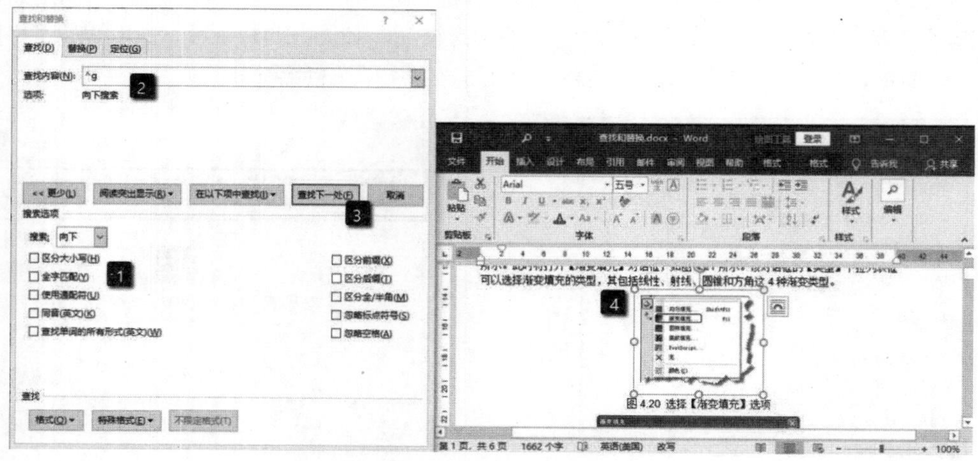

图 3.119　使用搜索代码查找图片

02 在“查找内容”文本框中输入“^#.^#.^#”，单击“查找下一处”按钮，即能够在文档中查到与其格式一致的数字，如图 3.120 所示。

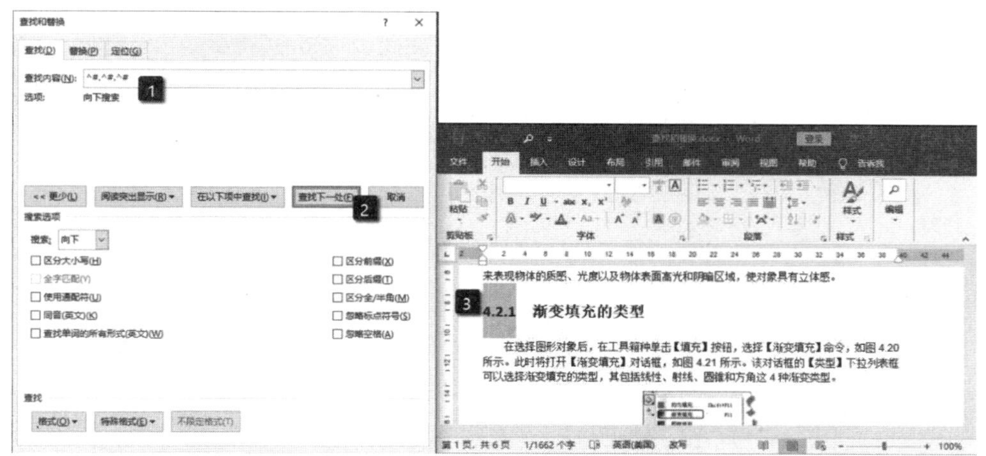

图 3.120 查找指定格式的数字

提 示

在 Word 中，代码“^#”表示 0 ~ 9 之间的任意数字，代码“^$”表示任意的字母，代码“^?”表示任意字符。

03 在“查找内容”文本框中输入“^d”，单击“查找下一处”按钮，即能够查找到文档中的域，如图 3.121 所示。

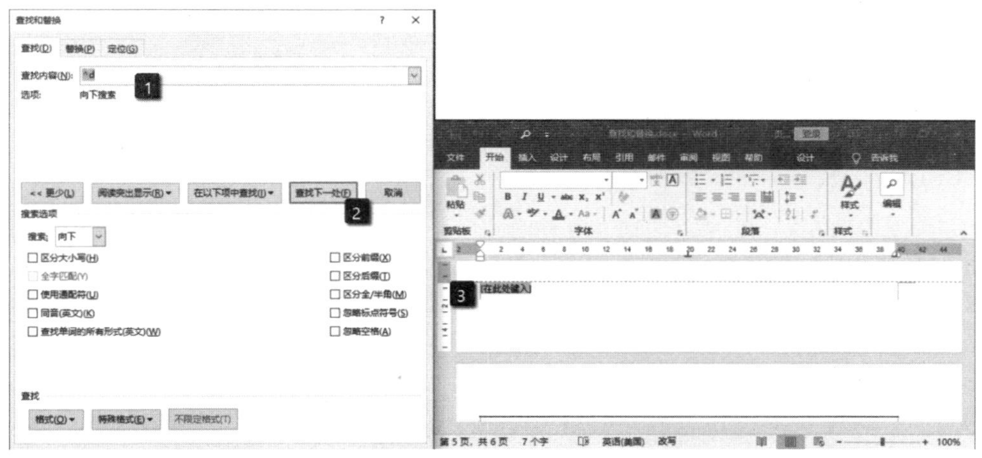

图 3.121 查找文档中的域

提 示

如果记不住这些常用的搜索代码也没有关系，我们可以将插入点光标放置到“查找内容”文本框中，单击“特殊格式”按钮，在打开的列表中选择相应的选项，最后“查找内容”文本框中就会插入对应的搜索代码。

第4章 文本和段落格式

Word 文档的基本构成要素是文字，多个文字组合在一起构成了段落。在一篇文档中，往往包含了一个或多个段落。文档中的段落和字符需要设置固定的外观样式，这就是文字和段落的格式。文字格式包括文字的字体、字号和颜色等。段落格式包括段落的缩进方式、段落或行间距以及段落的对齐方式等。本章将介绍 Word 文档中的文字和段落格式的设置技巧，这些技巧可以帮助读者创建更美观、可读性更强的文档。

4.1 设置文本格式

在默认情况下输入文字，文字会显示默认的格式，但默认的格式不能满足用户的需求。例如，在默认情况下，输入的标题和内容的格式是相同的，这显然无法突出文档的重点内容，也容易造成阅读困难。因此，设置文本格式是文档编辑处理的基本操作。

4.1.1 基本的文字格式设置

文档中的文字，都具有默认的格式，但是为了美化文档，突出文档重点等编辑要求，需要对文字的格式进行设置。文字格式的设置包括设置文字的字体、字号和颜色等。下面对文字格式的设置技巧进行介绍。

1. 设置字体和字号

在默认情况下，Word 2019使用的文字格式是字体为等线字体、字号为五号。对用户来说，不同的文档，对文字的字体和字号有不同的要求。下面介绍在文档中对字体和字号进行设置的常规方法。

01 启动 Word 2019 并打开文档，在文档中选择需要进行设置的文字，在“开始”选项卡的“字体”组的“字体”中，选择要设置的字体。在“字号”下拉列表中选择要设置的文字大小，如图 4.1 所示。

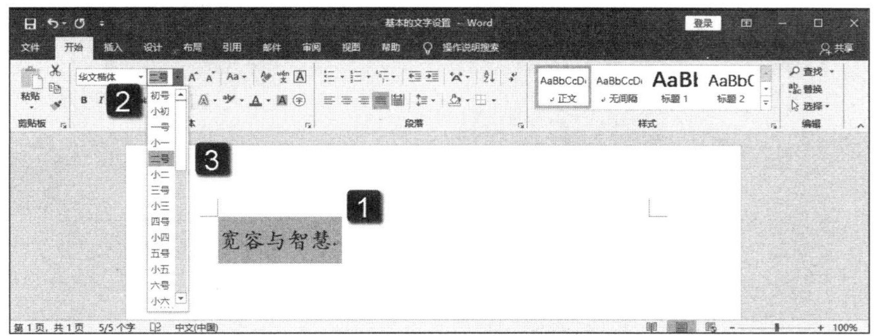

图 4.1 设置文字的字体和字号

02 在文档中选择文字，文字旁会出现一个浮动工具栏，使用该工具栏同样可以设置文字的字体和字号，如图 4.2 所示。

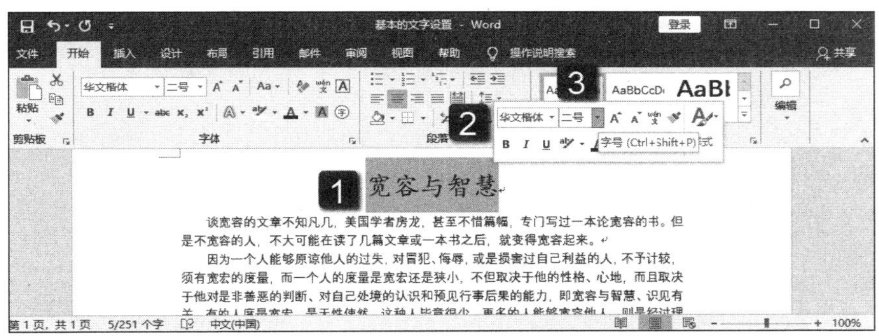

图 4.2 使用浮动工具栏设置文字的字体和字号

2. 设置文字的颜色

默认情况下，文档中文字的颜色都是黑色。更改文字颜色可以使文字醒目，获得较好的视觉效果。

01 在文档中选择需要设置的文字，在“开始”选项卡的“字体”组中，单击“字体颜色”按钮上的下三角按钮。在打开的列表中选择相应的颜色即可应用于选择的文字，如图 4.3 所示。

02 在“字体颜色”列表中如果没有需要使用的颜色，可以选择其中的“其他颜色”选项打开“颜色”对话框。在对话框的“自定义”选项卡中对颜色进行自定义。完成设置以后单击“确定”按钮关闭对话框，如图 4.4 所示。之后自定义的颜色即可应用于选择的文字。

3. 加粗、倾斜和下划线

在 Word 文档中，为了让某些特殊的文字突出和醒目，可以让文字加粗显示、倾斜显示和为文字添加下划线。

01 在文档中选择文字后，在“字体”选项卡的“字体”组中单击“加粗”按钮、“倾斜”按钮和“下划线”按钮，可以使文字加粗和倾斜显示，同时为文字添加下划线，如图 4.5 所示。

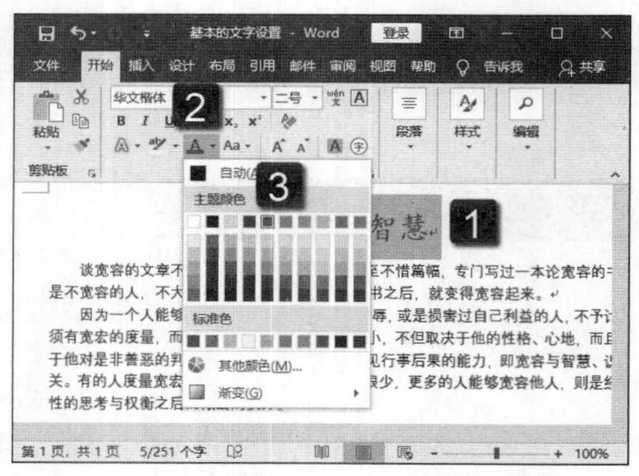

图 4.3　设置文字颜色

图 4.4　自定义颜色

02 默认情况下，文字添加的下划线是一条直线。单击“下划线”按钮上的下三角按钮，在打开的列表中选择相应的选项可以更改下划线的线型，如图 4.6 所示。

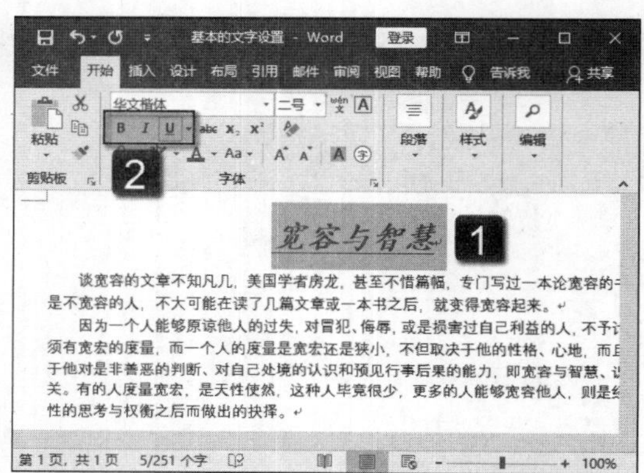

图 4.5　使文字加粗、倾斜并添加下划线

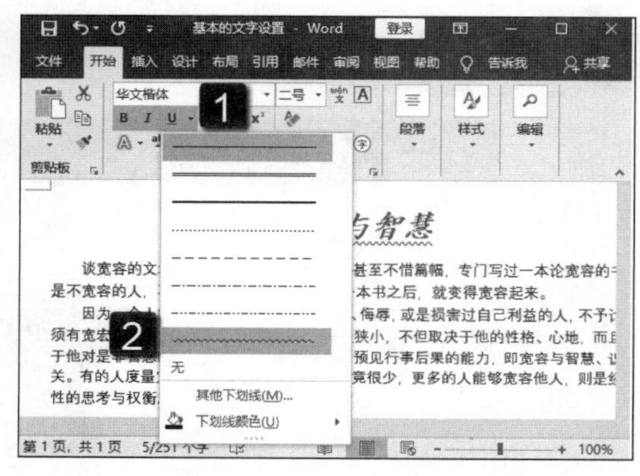

图 4.6　更改下划线的线型

03 在“下划线”列表中选择“其他下划线”选项，打开“字体”对话框的“字体”选项卡，在对话框中可以设置下划线的线型和颜色，如图 4.7 所示。

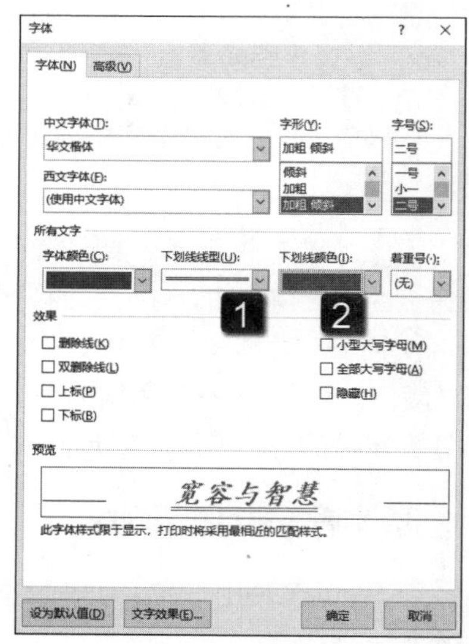

图 4.7　设置下划线的线型和颜色

4．为文字添加边框和底纹

为文字添加边框和底纹，不仅可以美化文档，还可以使相应的文字更加引人注目。下面介绍为文字添加边框和底纹的方法。

01 选择文字后，在“开始”选项卡的“字体”组中单击“字符边框”按钮，文字即被添加边框，如图 4.8 所示。

02 选择文字后，在“字体”组中按下“字符底纹”按钮，文字即被添加底纹，如图 4.9 所示。

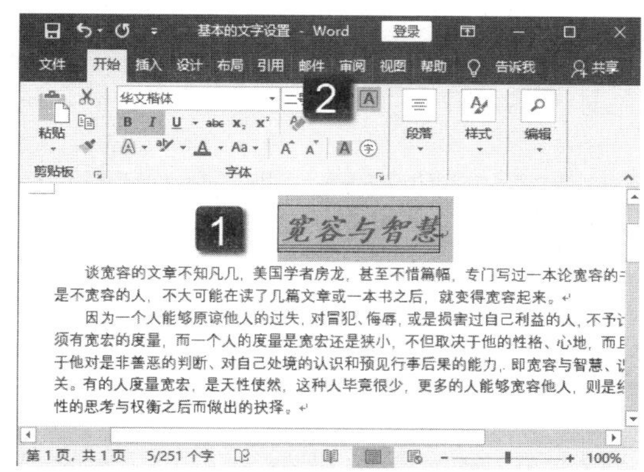

图 4.8　为字符添加边框

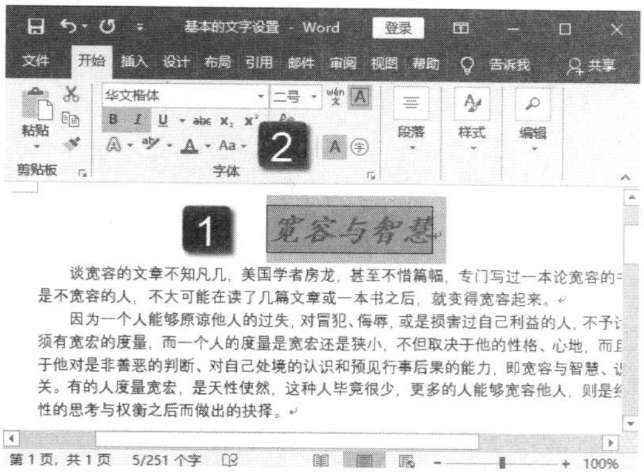

图 4.9　为字符添加底纹

4.1.2　设置字符间距

在对文档进行编辑时，有时需要调整文字之间的间隔。我们可以采取添加空格的方法调整文字之间的间隔，但这种操作方式效率较低且字符间距无法任意调整。在 Word 实际操作中，可以通过直接设置字符间距来调整字符间的距离，这样字符的间距能够任意加宽或紧缩。

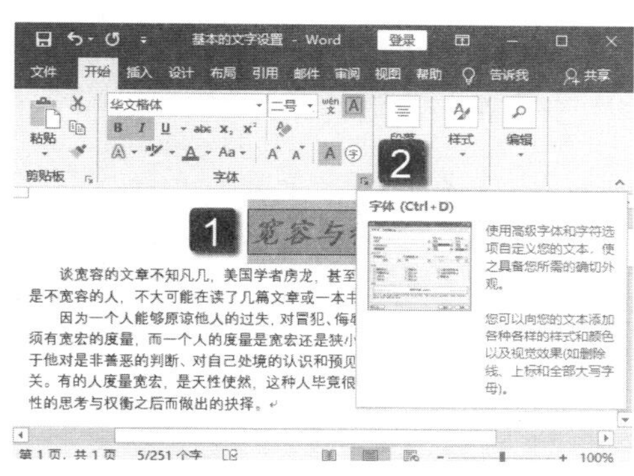

图 4.10　选择文字后单击“字体”按钮

01 选择需要调整字符间距的文字，在“开始”选项卡的“字体”组中单击“字体”按钮，如图 4.10 所示。

02 在打开的“字体”对话框中，打开“高级”选项卡，在“间距”下拉列表中选择“加宽”选项，在其后的“磅值”微调框中输入字符间距加宽的数值。完成设置后单击“确定”按钮关闭对话框，如图 4.11 所示。选择文字的间距即被加宽，如图 4.12 所示。

图 4.11　选择“加宽”选项后设置“磅值”

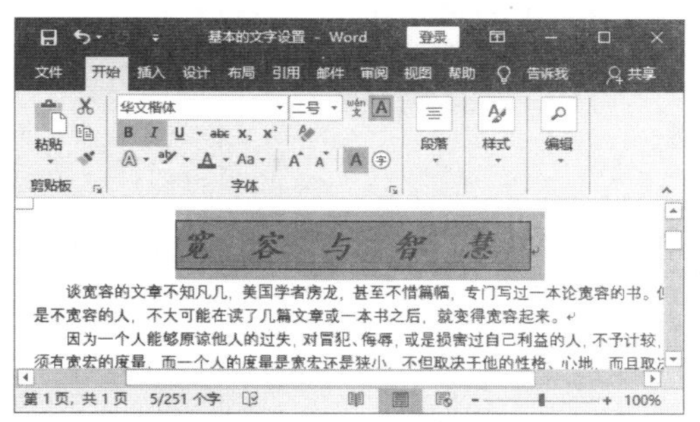

图 4.12　选择文字被加宽

03 如果在“间距”列表中选择“紧缩”选项，在其后的“磅值”微调框中输入数值，如图 4.13 所示。单击“确定”按钮关闭对话框后，选择文字的间距即被缩小，如图 4.14 所示。

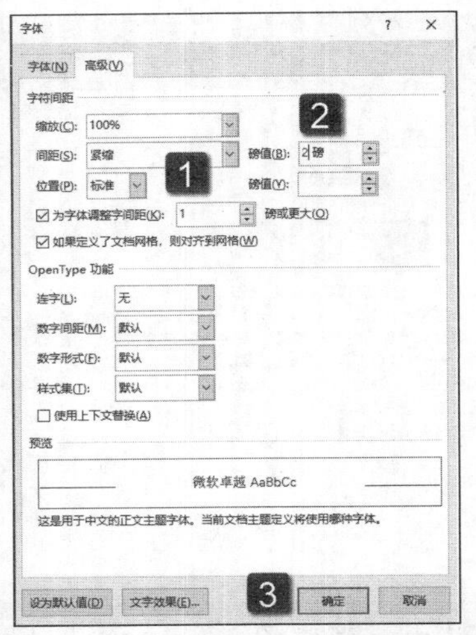

图 4.13　选择“紧缩”选项后输入“磅值”

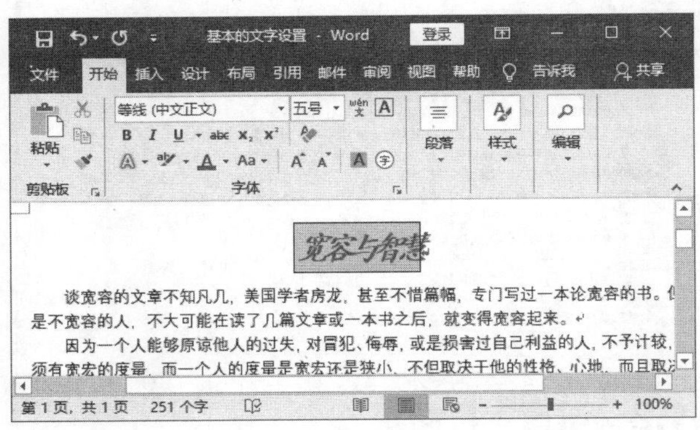

图 4.14　文字的间距缩小

4.2　设置段落格式

一篇文章往往包含了多个段落，为了使段落层次清晰明了，我们通常要设置段落格式。例如，让标题居中显示，段首文字前空出 2 个字符。段落格式的设置包括设置段落的对齐方式、段落的缩进方式和段落间距等方面的内容，本节将对这些知识进行介绍。

4.2.1　设置段落对齐方式

设置段落对齐方式实际上是设置段落文本在页面中以一种什么样的方式排列，对齐方式包括左对齐、居中对齐、右对齐、两端对齐和分散对齐。设置对齐方式一般有 2 种方法，一种是使用功能区的功能按钮进行设置；另一种是使用“段落”对话框来进行设置。

01 选择文字，在“开始”选项卡的“段落”组中单击“居中”按钮，如图 4.15 所示。选择的文字将在页面中居中对齐放置，如图 4.16 所示。

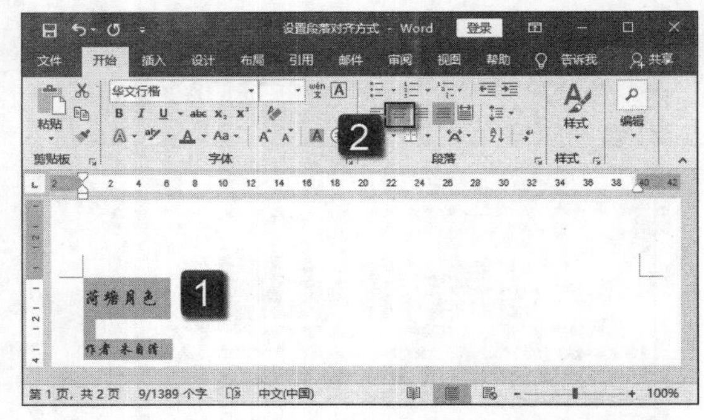

图 4.15　选择文字后单击“居中”按钮

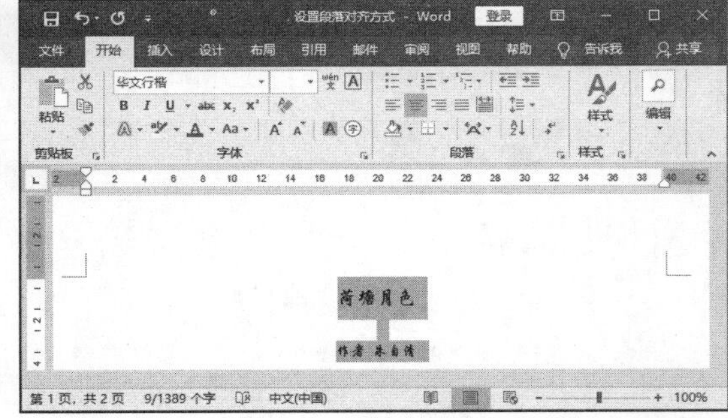

图 4.16　选择的文字居中放置

提　示

Word 中段落的对齐方式除了居中对齐之外，还包括左对齐、右对齐、两端对齐和分散对齐这几种方式。将鼠标指针放置到按钮上时，会出现操作提示，根据提示就可以了解这些对齐方式设置后的效果，同时提示还给出了操作所需要使用的快捷键，如图 4.17 所示。

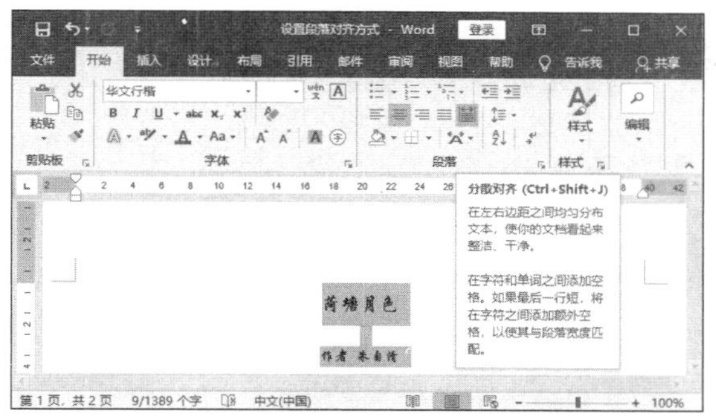

图 4.17　获得对齐方式提示

02 选择文字后，在“段落”组中单击“段落”按钮，如图 4.18 所示。此时将打开“段落”对话框的“缩进和间距”选项卡，在“对齐方式”下拉列表中选择相应的选项即可对对齐方式进行设置，如图 4.19 所示。

图 4.18　单击“段落”按钮

图 4.19　设置对齐方式

4.2.2　设置段落缩进

为了使文档中段落层次分明，可以为段落设置缩进方式，段落的缩进方式有 4 种，分别为首行缩进、悬挂缩进、左缩进和右缩进。首行缩进是指段落第一行文字的缩进方式，悬挂缩进则正好相反，指的是除了第一行之外的文本的缩进方式。左缩进和右缩进用于确定段落距离页面左右两侧的距离。下面介绍段落缩进的设置方法。

1. 使用“段落”对话框设置段落缩进

对文档中段落缩进进行设置，可以使用“段落”对话框来进行。使用这种方法进行设置的最大优势是可以通过输入数值来改变缩进量，缩进量的设置比较精确。

01 在文档中选择需要设置缩进的段落文本，单击“开始”选项卡“段落”组中的“段落”按钮，如图 4.20 所示。

02 此时将打开“段落”对话框的“缩进和间距”选项卡，在“特殊格式”下拉列表中选择“首行缩进”选项，在右侧的“缩进值”微调框中输入缩进值。完成设置后单击“确定”按钮关闭对话框，如图 4.21 所示。选择的段落即可按照设置缩进，如图 4.22 所示。

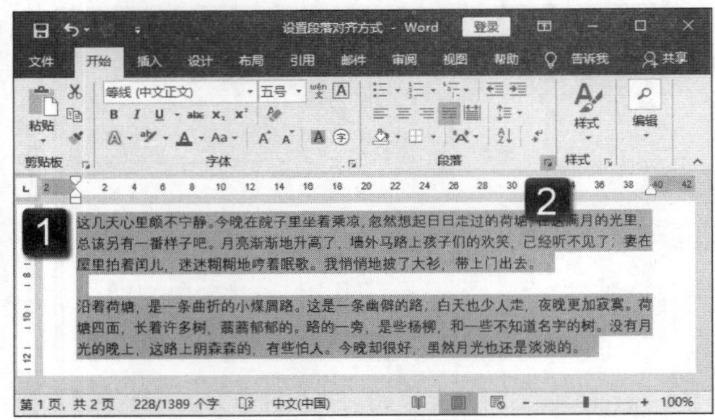

图 4.20　选择段落文本后单击“段落”按钮

图 4.21　设置首行缩进

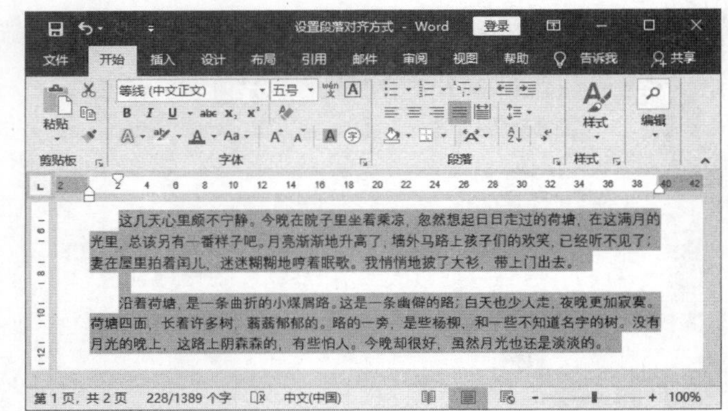

图 4.22　设置首行缩进后的效果

03 如果在“特殊格式”下拉列表中选择“悬挂缩进”选项并设置“缩进值”，如图 4.23 所示。完成设置后的段落效果如图 4.24 所示。

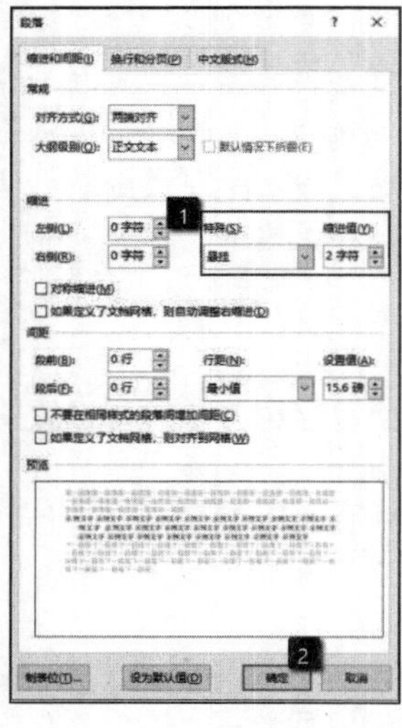

图 4.23　设置悬挂缩进

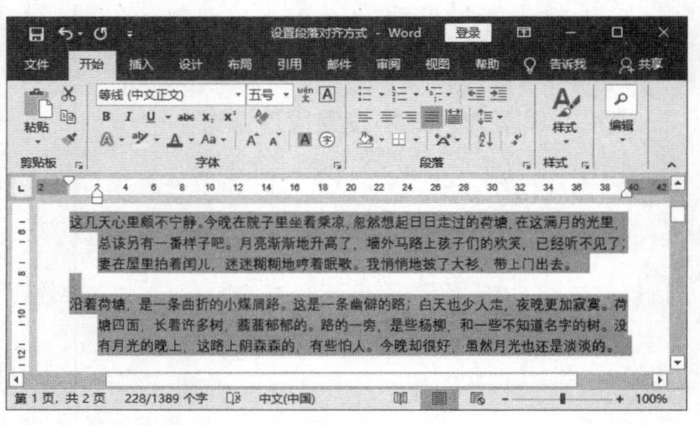

图 4.24　段落的悬挂缩进效果

04 在“段落”对话框的“左侧”和“右侧”微调框中输入数值，设置段落左侧和右侧缩进量，单击“确定”按钮关闭对话框，如图 4.25 所示。缩进量设置完成后的段落效果，如图 4.26 所示。

图 4.25　设置左右缩进量

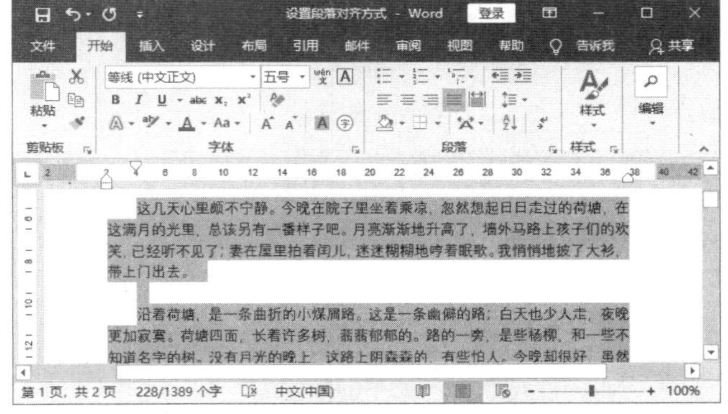

图 4.26　左右缩进量设置完成后的效果

提　示

在“开始”选项卡的“段落”组中，单击“减少缩进量”按钮和“增加缩进量”按钮，也可以对段落的缩进量进行调整，如图 4.27 所示。按 Ctrl+M 键或 Ctrl+Shift+M 键可以增加或减小段落的缩进量。另外，当按住 Alt 键拖动标尺上的段落标记时，将能够显示缩进的准确数值。

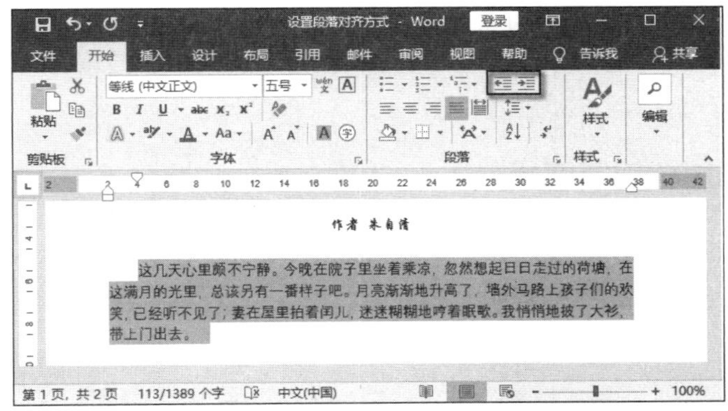

图 4.27　“减小缩进量”和“增加缩进量”按钮

2. 使用标尺来设置段落缩进

因为操作比较简单直观，我们通常使用界面上的标尺来设置段落的缩进量。下面介绍具体的操作方法。

01 在文档中选择段落文本，拖动标尺上的“首行缩进”标记设置段落首行缩进量，如图 4.28 所示。拖动“左缩进”标记即可设置段落的左缩进量，如图 4.29 所示。

02 拖动标尺上的“悬挂缩进”标记设置段落的悬挂缩进量，如图 4.30 所示。拖动标尺右侧的“右缩进”标记即可使整个段落的所有行从右侧向左缩进，如图 4.31 所示。

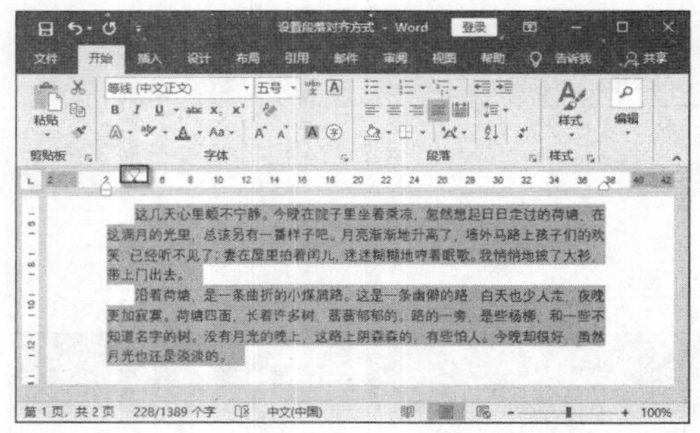

图 4.28　设置首行缩进

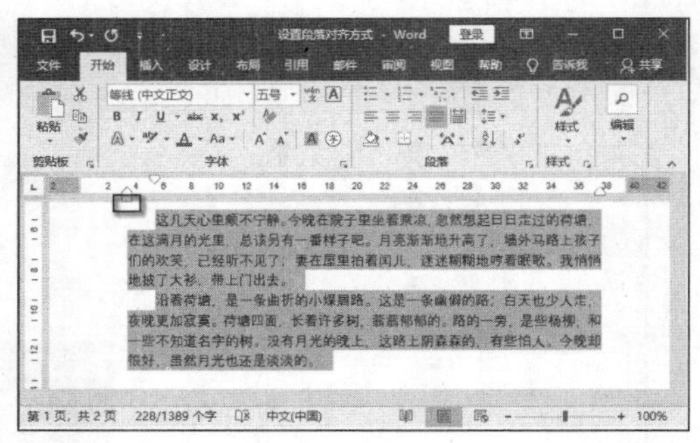

图 4.29　设置左缩进

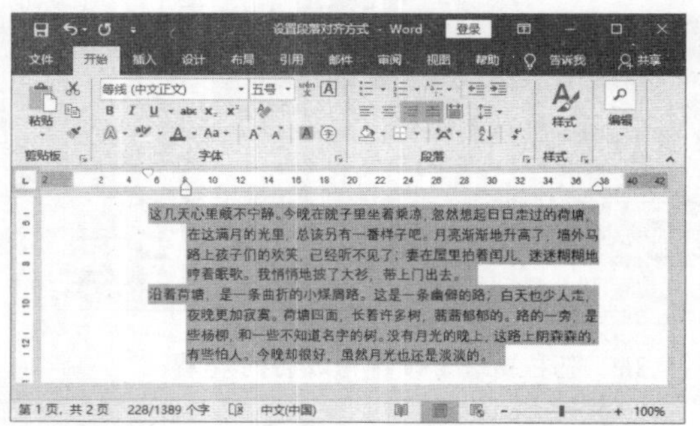

图 4.30　设置段落的悬挂缩进

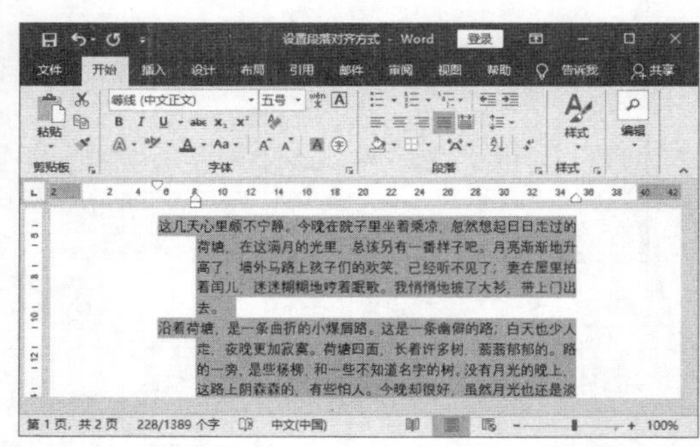

图 4.31　设置段落的右缩进

提　示

悬挂缩进指的是除段落第 1 行外其余各行统一缩进。这里要注意在标尺下方的缩进标志与上方的不同。其上方是一个三角形，这就是悬挂缩进标记，拖动它可以改变段落的悬挂缩进量，但同时首行缩进标记不会改变位置。标尺下方是一个方块标记，这就是左缩进标记，拖动它时，标尺上方的首行缩进标记也会随之改变，即改变的是整个段落的左缩进量。

4.2.3　设置行间距和段落间距

行间距指的是段落中各行之间的距离，段落间距指的是段落与段落之间的距离。在对段落外观进行编辑时，常常要对行间距和段落间距进行设置。

1．设置行间距

在 Word 2019 中设置行间距的方法有 2 种，第一种方法是使用“开始”选项卡的“段落”组中的“行和段落间距”按钮来设置行间距。这种方法可以将 Word 内置的设置值直接应用到段落的各行。第二种方法是使用“段落”对话框来进行设置，可以将行间距设置为任意值。下面介绍具体的操作方法。

01 在段落中单击将插入点光标放置于段落中，打开“开始”选项卡，单击“段落”组中的“行和段落间距”按钮。在下拉列表中选择行距值设置段落中的行距，如图 4.32 所示。

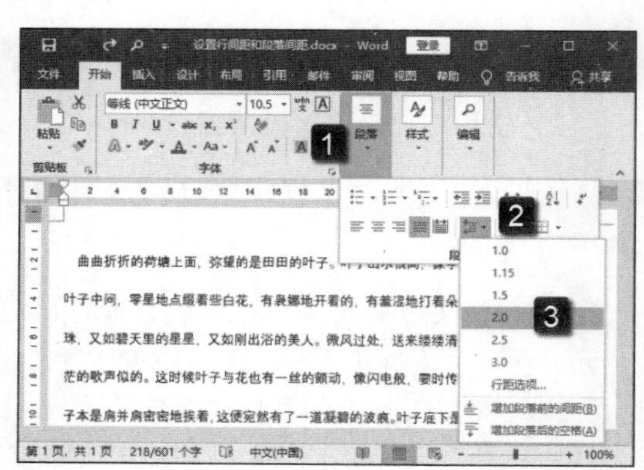

图 4.32　设置行距

02 在段落中放置插入点光标，在“开始”选项卡的“段落”组中单击“段落”按钮，如图 4.33 所示。打开“段落”对话框的“缩进和间距”选项卡，在“间距”栏的“行距”下拉列表中选择“固定值”选项，在其右边的“设置值”微调框中输入行距值。完成设置后单击“确定”按钮关闭对话框，如图 4.34 所示。则插入点光标所在段落的行间距即被调整为设置值，如图 4.35 所示。

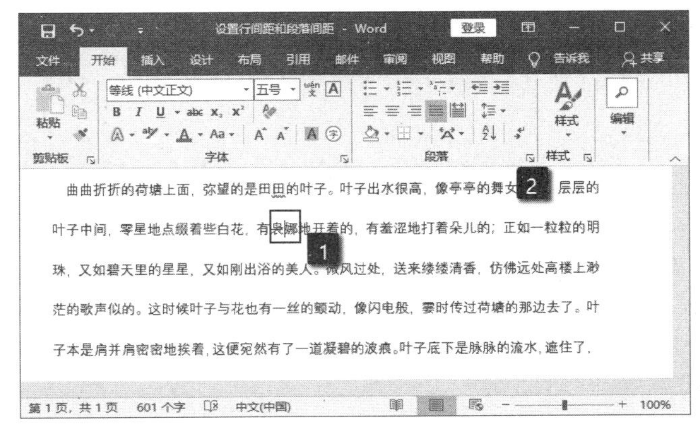

图 4.33　放置插入点光标后单击“段落”按钮

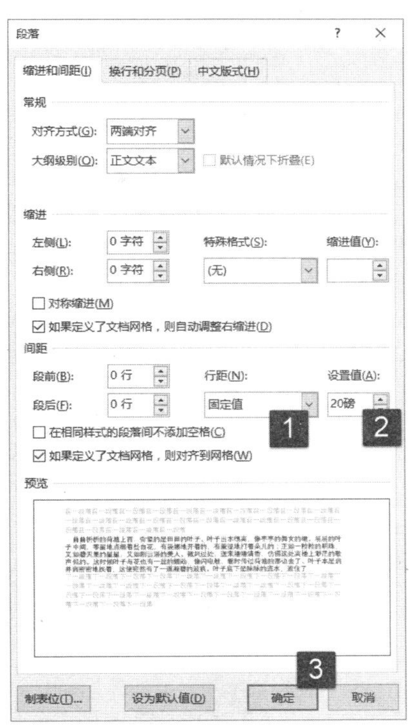

图 4.34　设置任意值的行间距

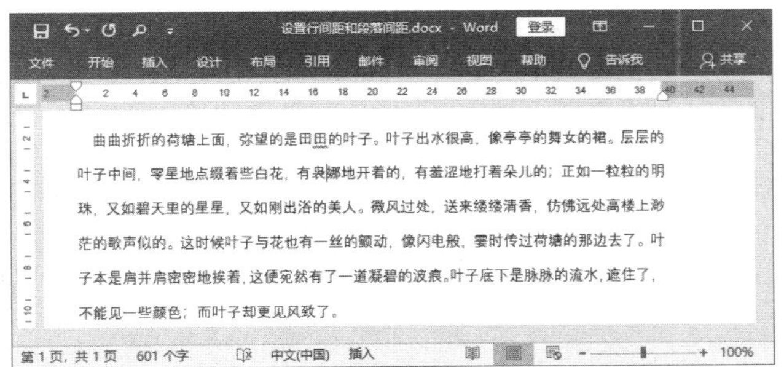

图 4.35　行间距调整为设置值

提 示

选择需要设置行间距的文本，或将插入点光标放置到需要设置行间距的段落中，按 Ctrl+1 键，即可将其设置为单倍行距。按 Ctrl+2 键即可将其设置为 2 倍行距。按 Ctrl+5 键即可将其设置为 1.5 倍行距。

2. 设置段落间距

在文档中，段落间距夹在 2 个段落中间，因此调整段落间距时，不仅需要调整该段落与前一个段落间的距离，还要调整该段落与后一个段落间的距离。使用“段落”对话框能够方便地实现段前和段后间距的调整。

01 将插入点光标放置到段落的任意位置后，打开“段落”对话框。在对话框的“缩进和间距”选项卡中设置“段前”和“段后”值，如图 4.36 所示。

02 完成设置后单击“确定”按钮关闭对话框，文档中段落间距就会按照设置进行调整。段落间距调整前和调整后的效果如图 4.37 所示。

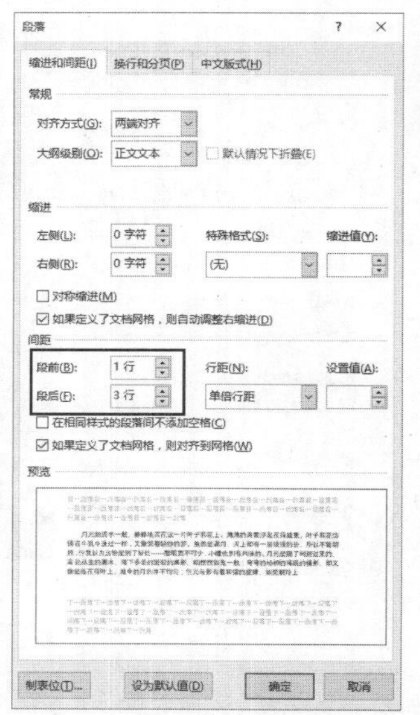

图 4.36　设置“段前”和“段后”值

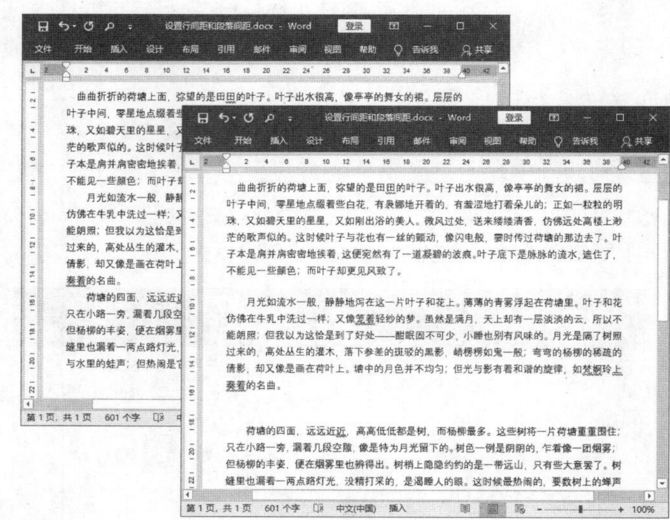

图 4.37　段落间距调整前后对比

4.3　本章拓展

下面介绍与文本和段落编辑相关的一些拓展知识。

4.3.1　使用制表符

用户使用制表符既能够方便地实现向左、向右或居中对齐文本行，也可以实现文本、小数数字和竖线字符的对齐。随着 Word 表格功能的增强，制表符看上去似乎没有使用价值了，但如果灵活地使用，制表符依然能够起到事半功倍的效果。下面以在试卷中创建姓名、班级和学号填充区域为例来介绍制表符的使用方法。

01 启动 Word 2019，打开需要进行编辑的文档。单击水平标尺左侧的制表符按钮，直到出现“右对齐式制表符”按钮。在水平标尺上单击插入制表符，如图 4.38 所示。

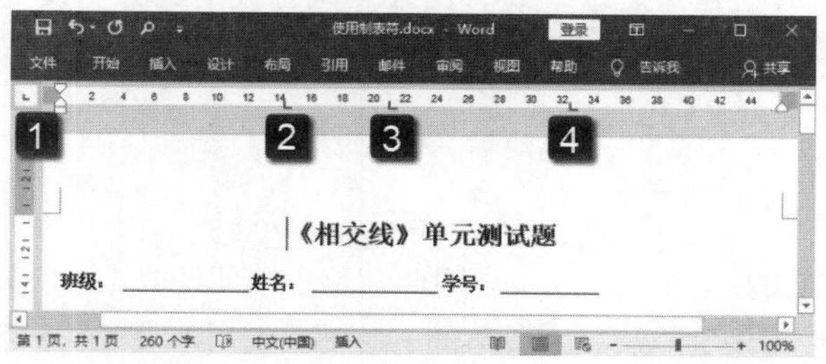

图 4.38　插入制表符

02 在水平标尺上任选一个制表符双击打开“制表符”对话框，在“制表位位置”列表中选择一个制表位选项，单击“前导符”栏中的“4____（4）”单选选项为该制表符添加前导符。然后单击“设置”按钮完成该制表符的设置，如图 4.39 所示。使用相同的方法为其他 2 个制表符添加前导符，完成设置后单击“确定”按钮关闭“制表符”对话框。

03 在插入点光标处输入“班级：”，然后按 Tab 键，之后即会自动添加需要的下划线。在文档中依次输入需要的其他文字和下划线，如图 4.40 所示。

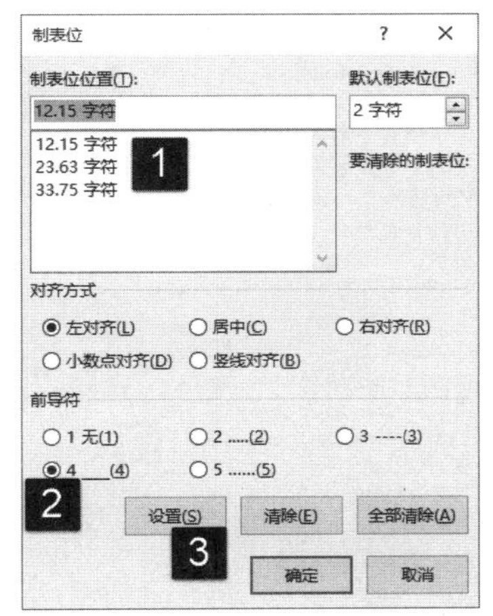

图 4.39　添加前导符

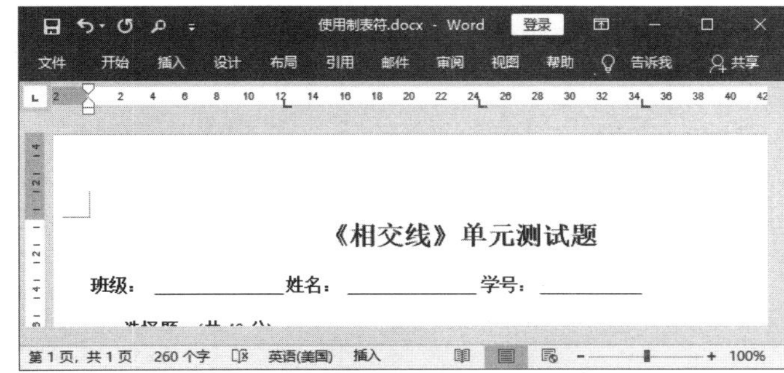

图 4.40　输入文字

04 在标尺上拖动创建的制表符，就可以对制表位进行修改，如图 4.41 所示。

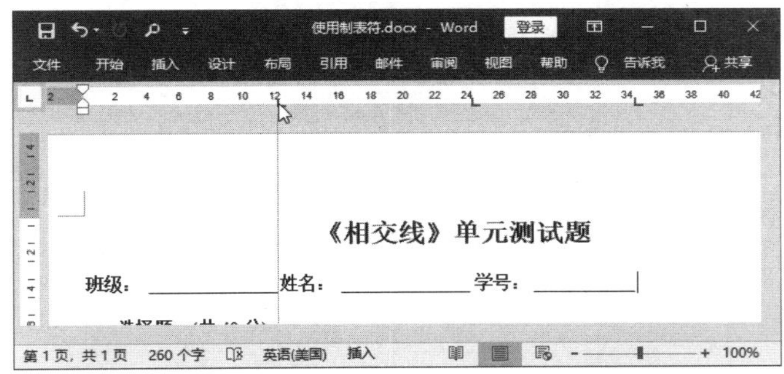

图 4.41　拖动制表符修改制表位的位置

提示

如果需要删除添加的制表符，只需要从水平标尺上将其拖离标尺即可。按住 Alt 键拖动制表符能够精确地移动制表符。

4.3.2　使用 Tab 键调整段落缩进

在进行文档编辑时，用户可以使用 Tab 键或空格键来快速调整段落的缩进量。要使用这 2 个键来调整段落缩进，必须提前进行设置，下面介绍具体的操作方法。

01 打开 Word 文档，打开“Word 选项”对话框。在对话框的左侧列表中选择“校对”选项，单击“自动更正选项”栏中的“自动更正选项”按钮，如图 4.42 所示。

02 此时将打开“自动更正”对话框，在该对话框中打开“键入时自动套用格式”选项卡，勾选“用 Tab 或 Backspace 设置左缩进和首行缩进”复选框。完成设置后单击“确定”按钮关闭对话框，如图 4.43 所示。然后单击“确定”按钮关闭“Word 选项”对话框完成设置。

03 在文档首行的第一个字符前单击放置插入点光标，按 Tab 即可增加段落的首行缩进量，如图 4.44 所示。如果将插入点光标放置到段落中某行的行首，按 Tab 键将会增加整个段落的左缩进量，如图 4.45 所示。

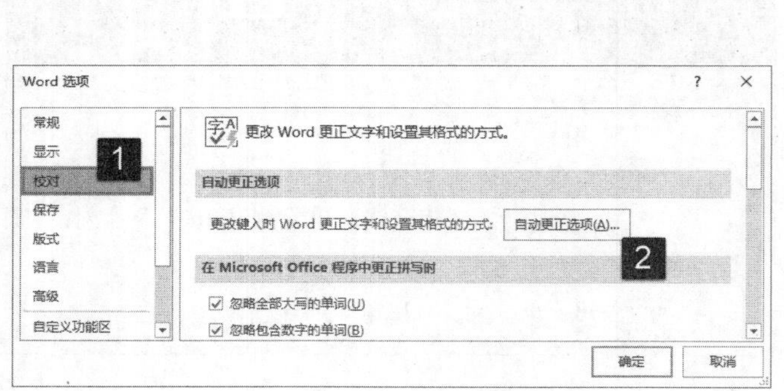

图 4.42　单击“自动更正选项”按钮

图 4.43　“自动更正”对话框

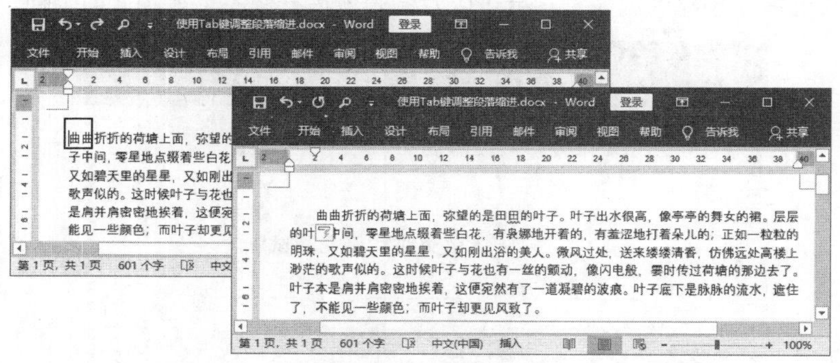

图 4.44　增加首行缩进量

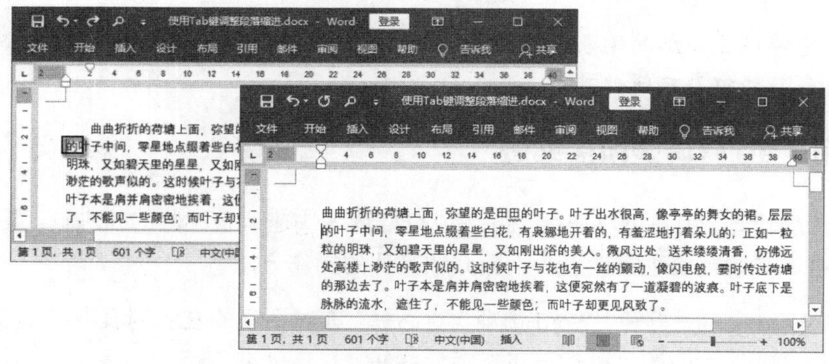

图 4.45　设置左缩进量

提　示

这时，如果使用 Backspace 键则会减小段落的首行缩进量和左缩进量。

04 在使用 Tab 键设置缩进后，文档中会出现“自动更正选项”按钮。单击该按钮将会打开一个快捷菜单，选择其中的“改回至制表符”选项就能撤销左缩进，如图 4.46 所示。

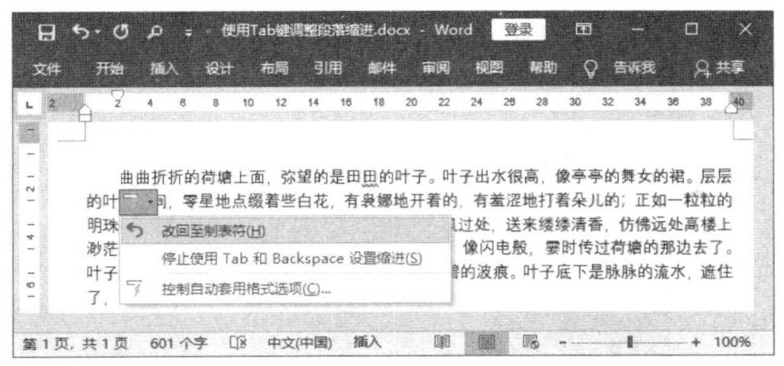

图 4.46　撤销左缩进

提　示　选择“停止使用 Tab 键和 Backspace 设置缩进”选项，将会停止使用 Tab 键和 Backspace 键来设置缩进。选择“控制自动套用格式选项”选项，即可打开“自动更正”对话框，在该对话框中可以对自动套用格式进行设置。

4.3.3　段落的首字下沉效果

首字下沉指的是在一个段落中放大段首字符。首字下沉常用于文档或章节的开头，在新闻稿或请帖等特殊文档中经常使用，可以起到增强视觉效果的作用。Word 2019 的首字下沉包括下沉和悬挂 2 种方式，下面介绍设置首字下沉效果的方法。

01 在文档中单击将插入点光标放置到需要设置首字下沉的段落中。在“插入”选项卡的“文本”组中单击“添加首字下沉”按钮，在打开的下拉列表中选择“下沉”选项。这时光标所在段落将获得首字下沉效果，如图 4.47 所示。若选择“悬挂”命令，则出现悬挂的首字下沉效果，如图 4.48 所示。

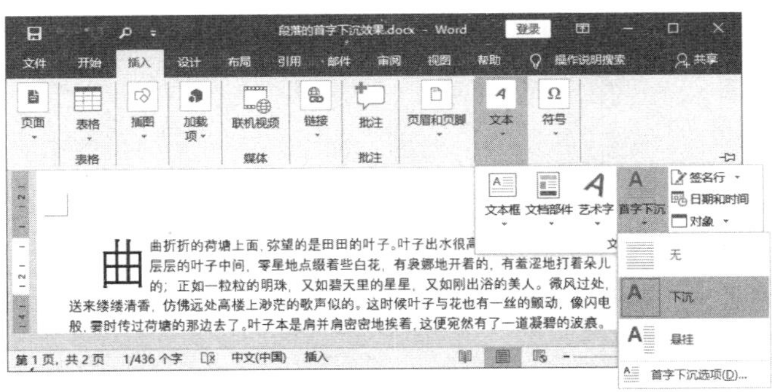

图 4.47　选择“下沉”选项

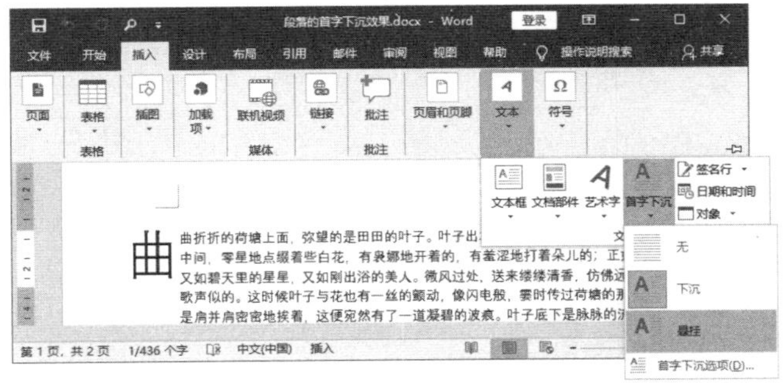

图 4.48　选择“悬挂”选项

02 在“首字下沉”列表中选择“首字下沉选项”选项，打开“首字下沉”对话框。在对话框中首先单击“位置”栏中的选项设置下沉的方式，这里选择“下沉”选项。在“字体”下拉列表中选择段落首字的字体，在“下沉行数”增量框中输入数值设置文字下沉的行数，在“距正文”增量框中输入数值设置文字距正文的距离。完成设置后单击“确定”按钮关闭对话框，如图 4.49 所示。设置完成后段落首字下沉效果，如图 4.50 所示。

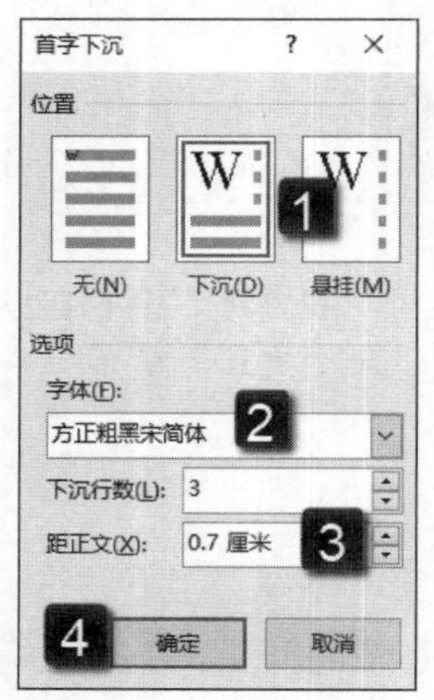

图 4.49 “首字下沉”对话框

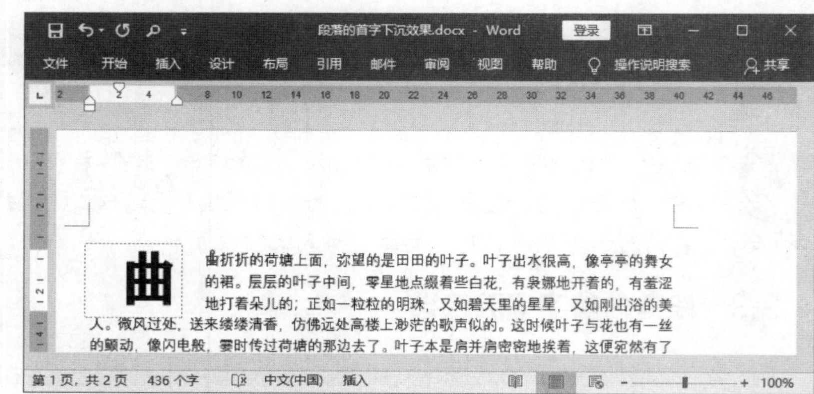

图 4.50 设置完成后的段落效果

提 示

如果不需要对首字下沉效果进行自定义，可以直接在“插入”选项卡的“首字下沉”列表中选择“下沉”或“悬挂”选项来设置首字下沉效果。如果要取消首字下沉效果，只需要单击“无”选项即可。

第 5 章

文档的美化

一份完整的 Word 文档的基本要素是文字、行和段落，用户对文档进行编辑处理时，需要对这些基本要素进行处理，即使文档具有美感，又符合各种专业应用场合的格式规范要求。本章将介绍文档的格式设置。

5.1 使用样式格式美化文档

样式是字符格式和段落格式特效的设置组合，在应用某个样式时，该样式中所有的格式设置将同时被应用到文档中。在对文档进行编辑时，使用样式不仅能够提高效率，而且能够方便地在文档中实现格式的统一规范。

5.1.1 套用内置样式格式

Word 2019 提供了多种类型的样式集，这些样式集放置在 Word 的样式库中，用户可以快速选择内置样式将其应用到文档中。在对文档进行编辑时，直接套用内置的样式的操作很简单，采用下面的方法来进行操作可以实现“一步到位”。

打开文档，在需要设置格式的段落中单击放置插入点光标。在“开始”选项卡的“样式”组中单击“其他”按钮。在打开的列表中选择内置的样式格式选项，对应的格式即可应用于段落中，如图 5.1 所示。

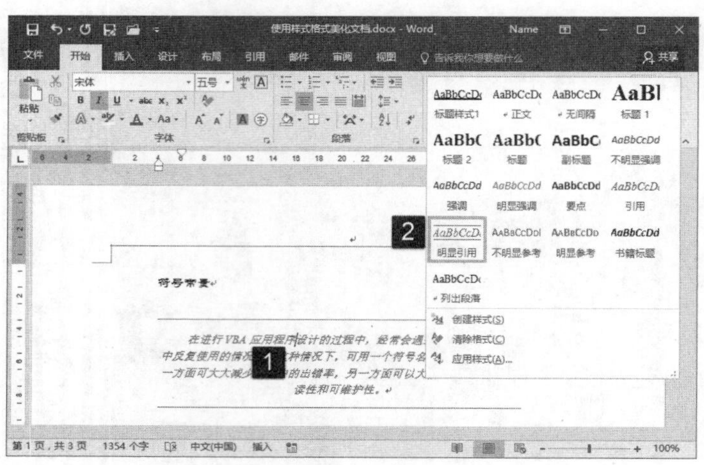

图 5.1　放置插入点光标后应用内置样式

5.1.2　修改和自定义样式格式

如果内置的样式并不能满足当前文档编辑的需要，我们可以对内置样式进行修改或自定义格式。下面介绍具体的操作方法。

1．自定义样式格式

Word 用户可以根据需要创建新的格式样式，创建完成后的样式可以像内置样式一样快速地应用到当前的段落中。

01 在功能区中打开“开始”选项卡，单击“样式”组中的“样式”按钮，打开“样式”窗格。在窗格中单击“新建样式”按钮，如图 5.2 所示。

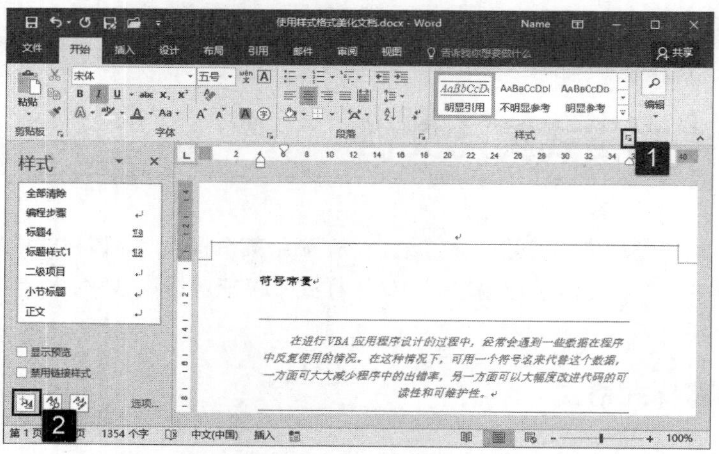

图 5.2　打开“样式”窗格

提示　将鼠标放置到“样式”窗格中列表的某个选项上时，Word 会显示该项所对应的字体、段落和样式的具体设置情况。

02 在“样式”窗格中单击“新建样式”按钮后，打开“根据格式设置创建新样式”对话框，在对话框中对新样式进行设置。完成设置后单击“确定”按钮关闭对话框，如图 5.3 所示。

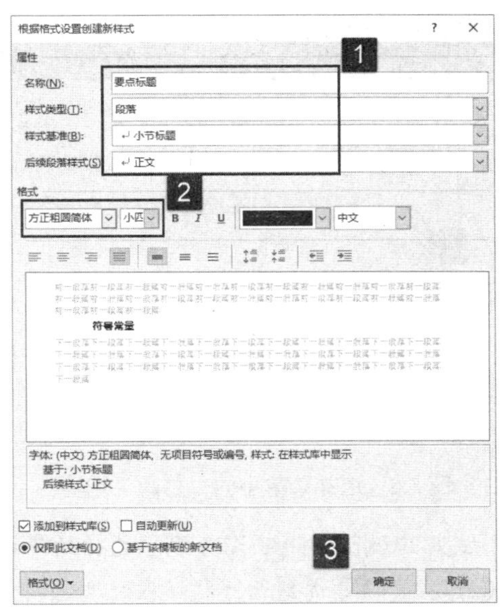

图 5.3 “根据格式设置创建新样式”对话框

提 示

在“根据格式设置创建新样式”对话框中，“样式类型”下拉列表用于设置样式使用的类型；“样式基准”下拉列表用于指定一个内置样式作为设置的基准；“后续段落样式”下拉列表用于设置应用该样式的文字的后续段落的样式。如果需要将该样式应用于其他的文档，可以选择“基于该模板的新文档”单选选项。如果只需要应用于当前文档，可以选择“仅限此文档”单选选项。

03 设置完成后，创建的新样式将添加到“样式”窗格的列表中和功能区“样式”组的样式库列表中，如图 5.4 所示。

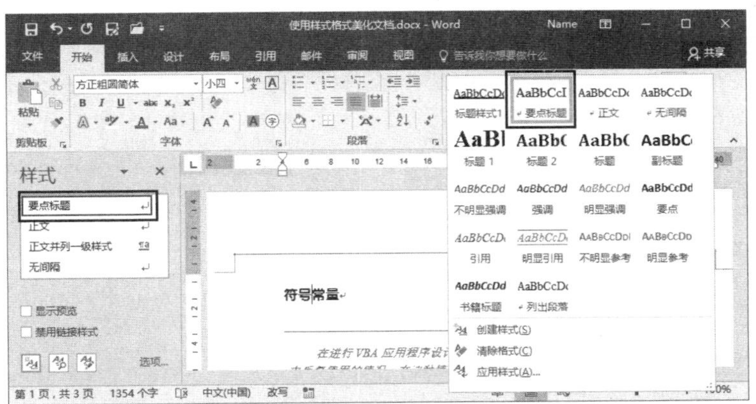

图 5.4 新样式添加到“样式”窗格和样式库中

2. 修改样式格式

用户可以随时对自定义的样式格式进行修改。下面以对“样式”窗格中列出的样式进行修改为例，介绍对样式进行修改的具体方法。

01 在“样式”窗格中选择需要修改样式的选项，单击其右侧出现的下三角按钮，在打开的菜单中选择“修改”选项，如图 5.5 所示。

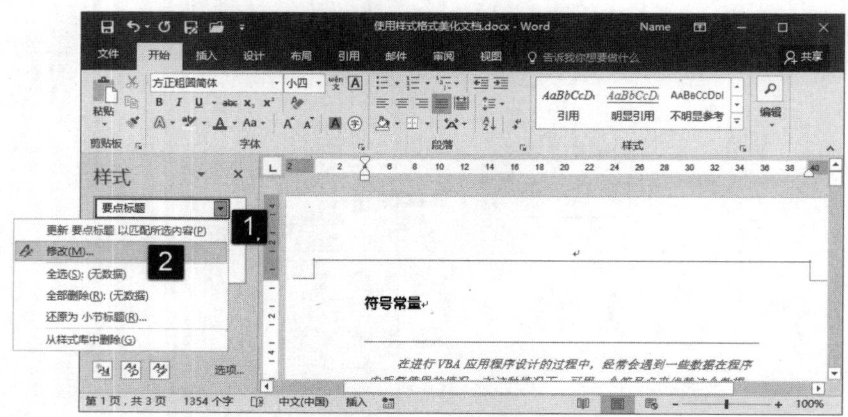

图 5.5　选择菜单中的"修改"选项

提 示

如果单击"从快速样式库中删除"选项即可删除选择的样式，但 Word 的内置样式是无法被删除的。如果选择了"更新要点标题以匹配所选内容"选项，则带有该样式的所有文本都将会自动更改以匹配新样式。

02 此时将打开"修改样式"对话框，使用该对话框可以对选择的样式进行修改。如果需要对字体、段落或边框等进行更为详细的修改，可以单击对话框中的"格式"按钮。在打开的列表中选择相应的选项，如选择"字体"选项，如图 5.6 所示。在打开的"字体"对话框中可以对文字的样式进行更加详细的设置。完成修改后单击"确定"按钮关闭对话框，如图 5.7 所示。完成设置后，单击"确定"按钮关闭"修改样式"对话框，文档中所有使用该样式的段落格式随之被修改。

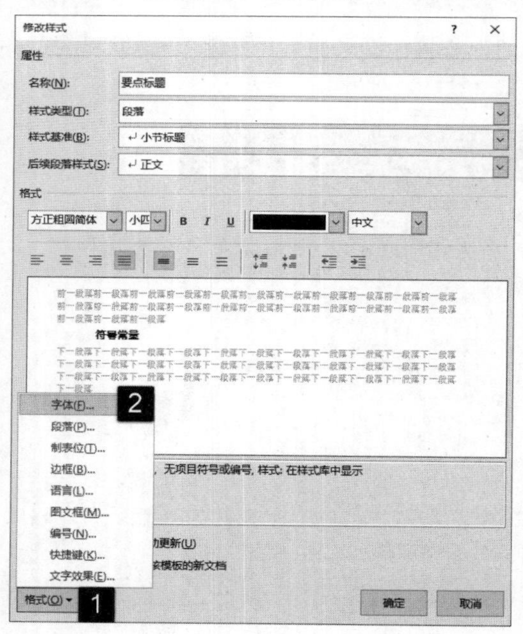

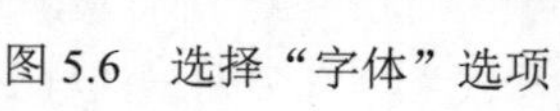

图 5.6　选择"字体"选项

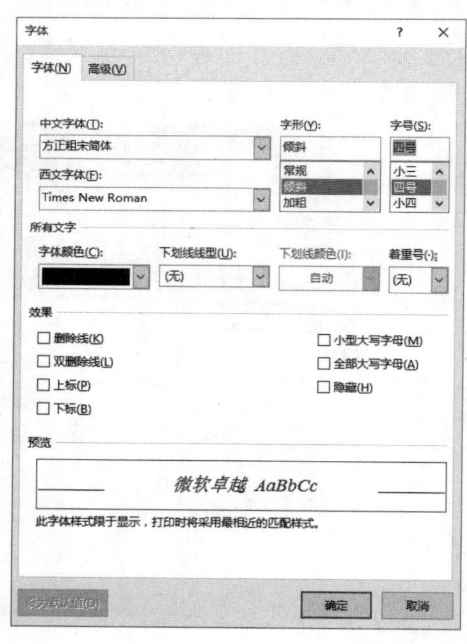

图 5.7　在"字体"对话框中进行设置

提 示

在文档中输入文本时，在一个段落完成后按 Enter 键生成新的段落，此时后续段落将继承当前段落的样式。在"修改样式"对话框的"后续段落样式"下拉列表中可以选择后续段落的样式。

5.1.3 管理样式

Word 2019 的“样式”窗格不仅可以预览、创建和应用样式，还可以对样式进行管理。

1. 管理样式

样式的管理包括对窗格中的样式进行排序、显示或隐藏以及对样式进行设置等操作。下面介绍管理样式的方法。

01 在“样式”窗格中单击“管理样式”按钮，打开“管理样式”对话框。在对话框的“排序顺序”列表中选择相应的选项即可设置列表中样式的排序方式，如图 5.8 所示。

图 5.8　设置排序方式

02 打开“推荐”选项卡，在列表中选择样式选项，单击“隐藏”按钮，该样式即被隐藏，如图 5.9 所示。如果单击“使用前隐藏”按钮，那么当选择样式没有被使用时，就不会显示，只有其被使用时才会显示出来。同时，在该对话框中，通过单击“设置按推荐的顺序排序时所采用的优先级”下的 4 个按钮，可以改变选择的样式选项在列表中的位置。

03 打开“限制”选项卡，在列表中选择样式选项后，单击“限制”按钮，可以限制对选择样式进行修改等操作，如图 5.10 所示。

04 如果需要对 Word 2019 默认的格式进行修改，可以打开“管理格式”对话框中的“设置默认值”选项卡，根据需要对 Word 的默认格式进行修改，如图 5.11 所示。

2. 使用样式检查前

Word 2019 提供了一个样式检查器，通过它可以查看选择样式的格式设置情况，并对样式进行一些操作。

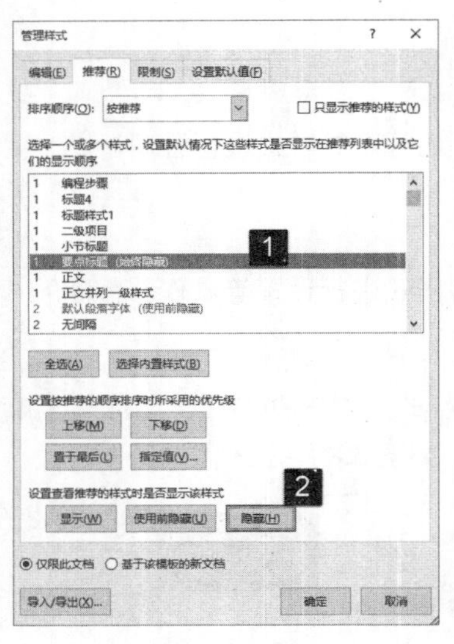

图 5.9　隐藏样式

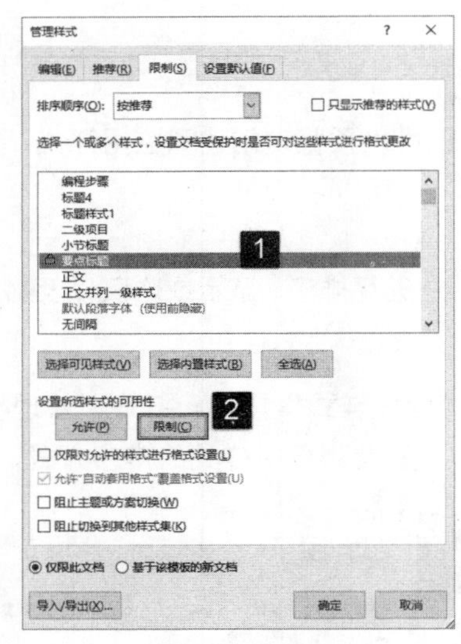

图 5.10　对选择样式进行限制

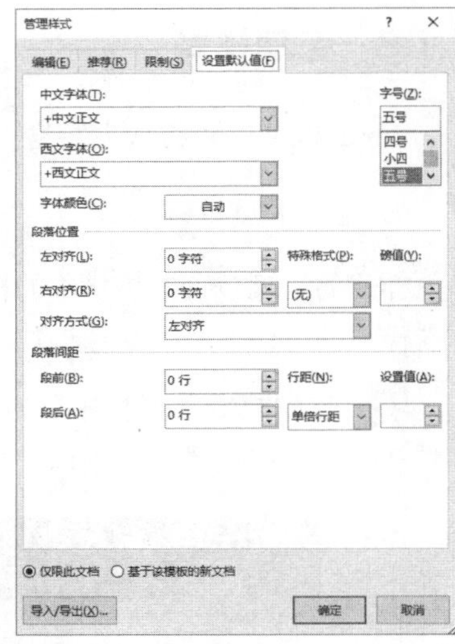

图 5.11　设置默认格式

01 在“样式”窗格中单击“样式检查器”按钮以打开“样式检查器”窗格，窗格中列出了选择样式的相关信息。单击窗格中的“全部清除”按钮，将清除文档中对选择样式的应用，文字重设为正文样式，如图 5.12 所示。

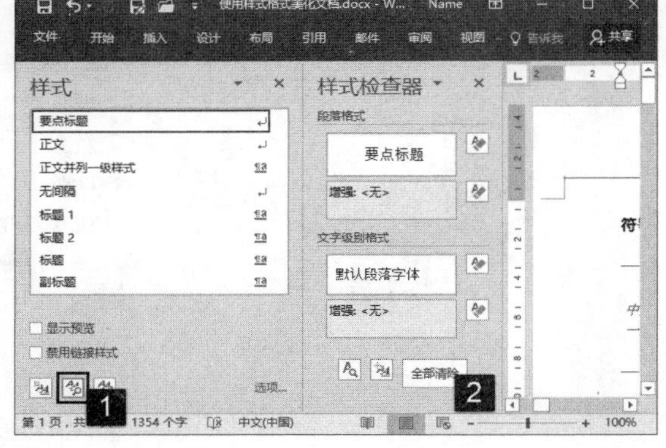

图 5.12　打开“样式检查器”窗格

提　示

在“样式检查器”窗格的每个项目右侧都有一个对应按钮，单击该按钮可以清除当前的设置，将该项设置恢复为默认值，如图 5.13 所示。

02 在“样式检查器”窗格中单击“显示格式”按钮，打开“显示格式”窗格。在窗格中会显示当前样式的格式设置情况，如图 5.14 所示。

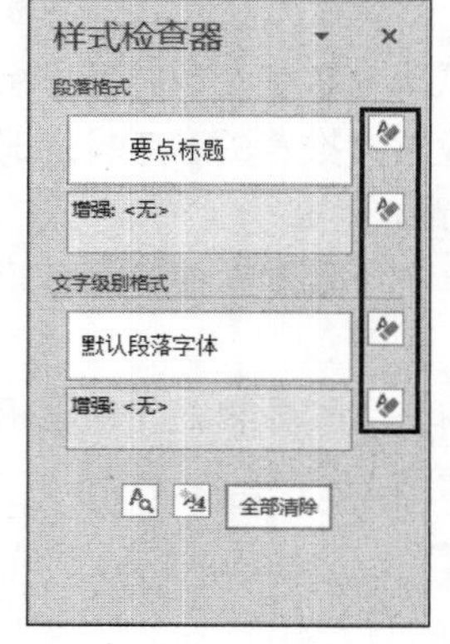

图 5.13　各项目右侧的按钮

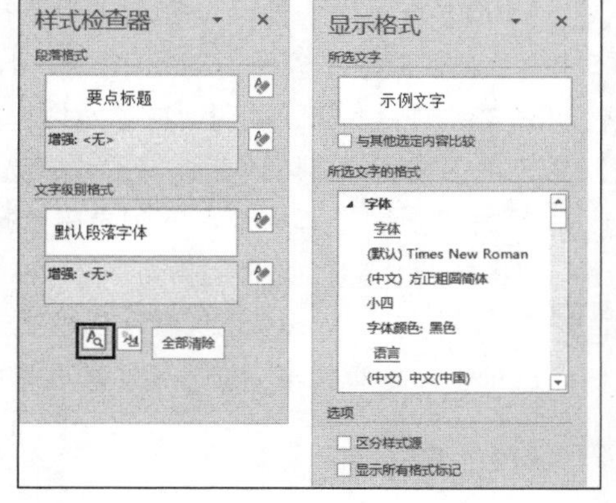

图 5.14　打开“显示格式”窗格

03 在“样式检查器”窗格中单击“新建样式”按钮，打开“根据格式设置创建新样式”对话框，使用该对话框可以新建样式，如图 5.15 所示。

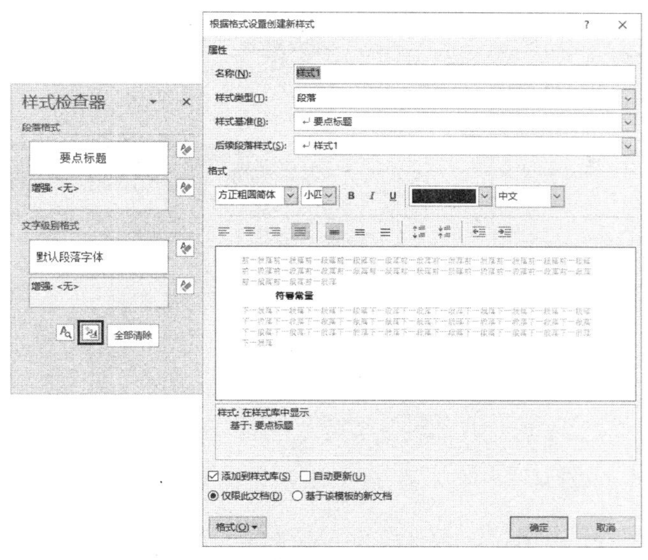

图 5.15　打开“根据格式设置创建新样式”对话框

5.2　美化文档中的列表项目

列表项目是文档中经常出现的项目，Word 为这些项目提供了可以直接使用的设置选项。当然，用户也可以根据需要来进行个性化设置。下面介绍项目符号和项目编号的设置方法和技巧。

5.2.1　在段落中添加项目符号

项目符号是以段落为单位，添加在段落开始的符号标记。使用项目符号可以使内容显得条理清晰，层次分明。用户在使用项目符号时，既可以使用默认的项目符号，也可以自定义项目符号。

01 鼠标在需要插入项目符号的段落中单击，将插入点光标放置到段落中。在“开始”选项卡的“段落”组中单击“项目符号”按钮上的下三角按钮，在打开的“项目符号库”列表中单击需要使用的项目符号，选择段落即被添加上项目符号，如图 5.16 所示。

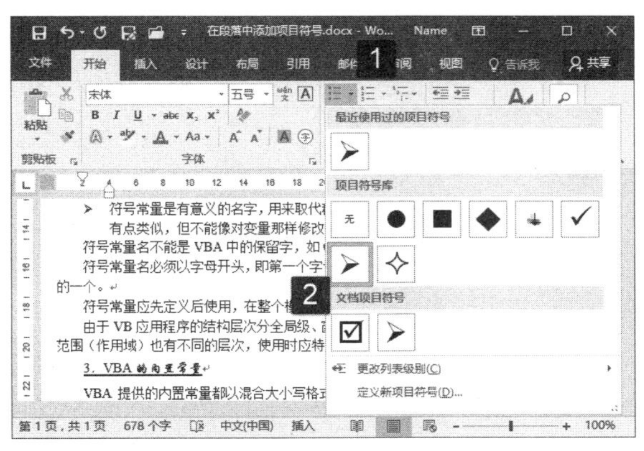

图 5.16　使用项目符号

提　示

这时，如果直接单击“项目符号”按钮，将添加最近使用的项目符号。

02 如果打开的“项目符号库”列表中没有需要的项目符号，可以单击“定义新项目符号”选项，打开“定义新项目符号”对话框。在对话框中单击“符号”按钮，此时可以打开“符号”对话框，在对话框中选择作为项目符号的符号。完成设置后单击“确定”按钮关闭“符号”对话框，如图 5.17 所示。单击“确定”按钮关闭“定义新项目符号”对话框后，选择的符号即可应用到段落中，如图 5.18 所示。

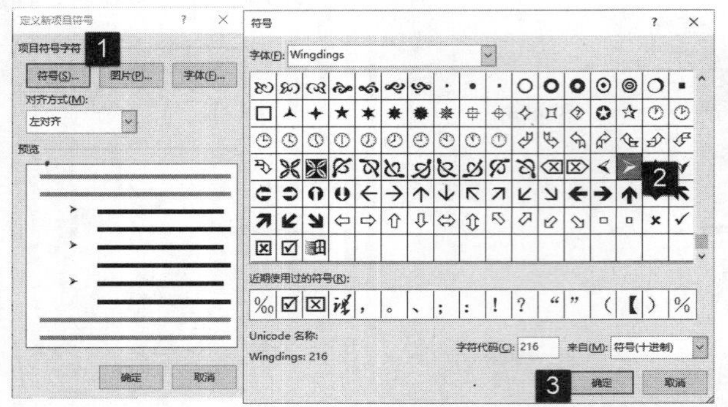

图 5.17　自定义项目符号

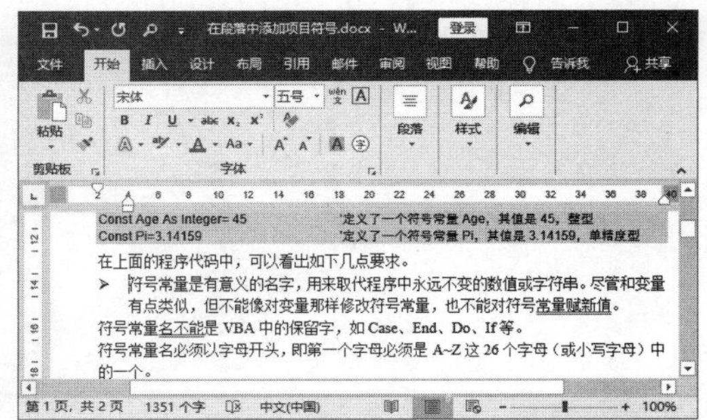

图 5.18　选择的符号应用到段落中

提　示

在“项目符号库”列表中，如果选择“更改列表级别”选项，将打开下级列表，通过选择相应的选项可以更改当前段落的项目级别。在打开的列表中选择编号样式，将其应用到段落中。在“项目符号库”的某个选项上右击，在弹出的快捷菜单中选择“删除”选项，可以将选中的项删除。

5.2.2　创建多级列表

多级列表是指在文档中为使用列表或设置多级层次结构而创建的一种段落列表。Word 2019 不仅有默认的多级列表结构，用户可以直接选择使用，也允许用户根据需要自定义多级列表。

1．添加多级列表

在 Word 中为指定的段落添加多级列表非常方便，下面介绍具体的操作方法。

01 在文档中选择需要创建多级列表的段落，在“开始”选项卡的“段落”组中单击“多级列表”按钮。在打开的“列表库”中选择需要使用的列表样式选项，即可将其应用于选择的段落，如图 5.19 所示。

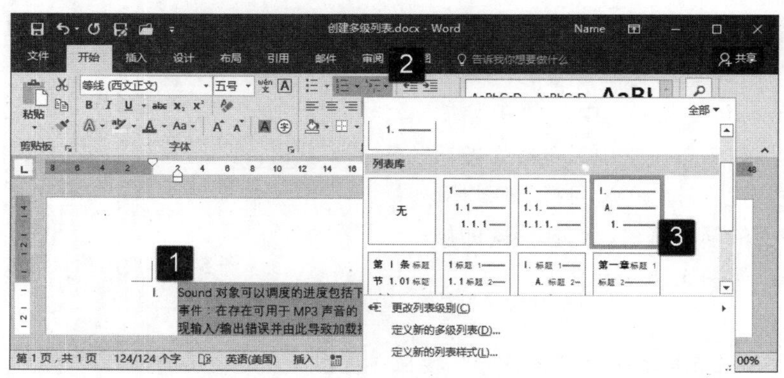

图 5.19　将列表样式应用于选择的段落

02 将插入点光标放置到下级段落文字的首字符的前面后按 Enter 键，从该字符起文本另起一段，这时该段落与上一个段落级别相同。Word 会在该段落前面自动添加项目编号，如图 5.20 所示。

03 将插入点光标放置到当前段落的第一个字符的前面后按 Tab 键，该段落将变为上一段落的下级段落。Word 会按照选择的列表样式自动添加项目编号，如图 5.21 所示。

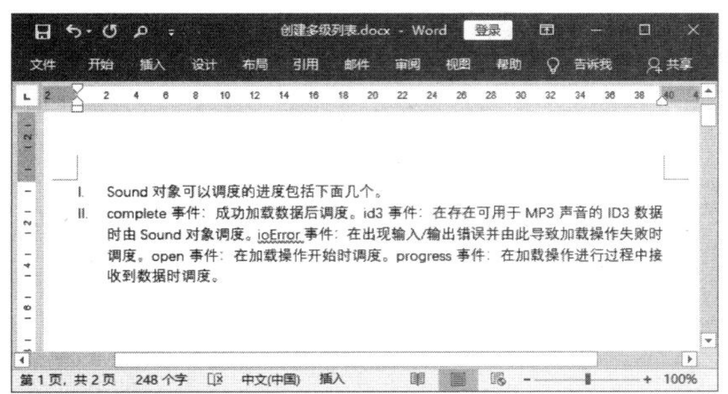

图 5.20　添加一个新的项目编号

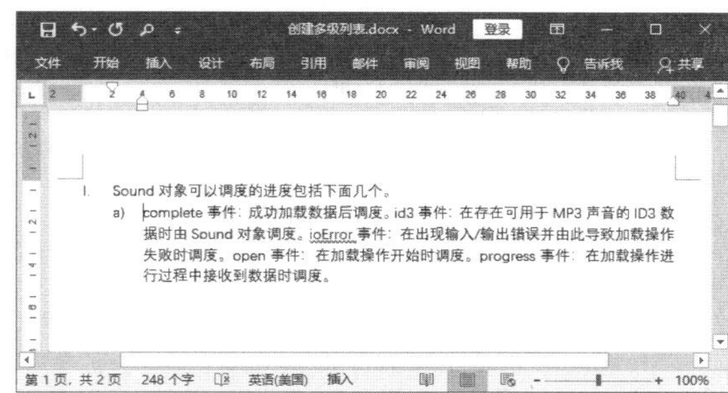

图 5.21　设置下级段落

提　示

每按一次 Tab 键，段落级别将下降一级，一共可以创建九级列表段落。另外，如果按 Shift+Tab 键，当前段落将升高一个级别。连续按 Shift+Tab 键，段落级别将会不断升级，直到第一级为止。

04 将插入点光标放置到需要与当前段落同级的段落首字符前，按 Enter 键，可以创建同级的段落文本。依次使用相同的操作即可完成分级段落的设置，如图 5.22 所示。

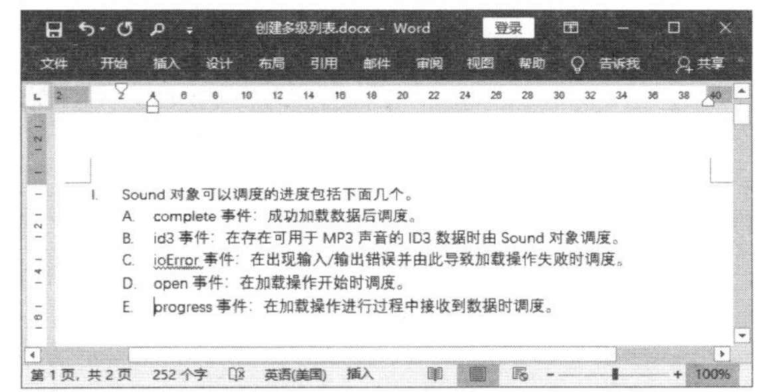

图 5.22　完成分级段落的设置

2. 自定义多级列表

多级列表除了可以使用 Word 提供的默认样式之外，用户还可以根据需要进行自定义。下面介绍自定义多级列表的方法。

01 将插入点光标放置到需要创建多级列表的段落中，在打开的“多级列表”列表中选择“定义新的多级列表”选项，如图 5.23 所示。

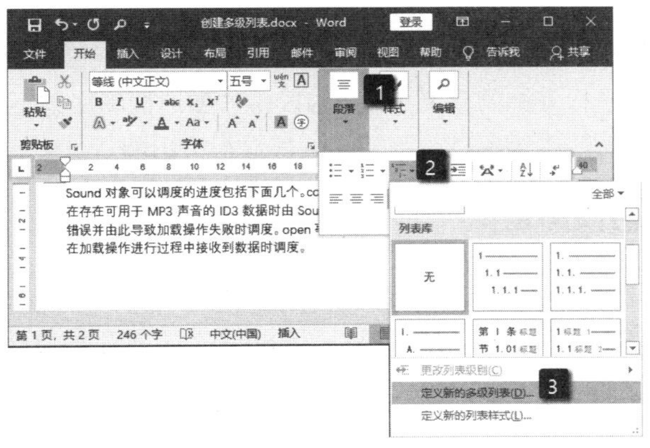

图 5.23　选择“定义新的多级列表”选项

02 此时将打开“定义新多级列表”对话框，在对话框左侧列表中首先选择需要自定义的级别，在“此级别的编号样式”列表中选择编号样式。单击“字体”按钮打开“字体”对话框，在对话框中对编号的字体等进行设置。完成设置后分别单击“确定”按钮关闭这 2 个对话框，如图 5.24 所示。

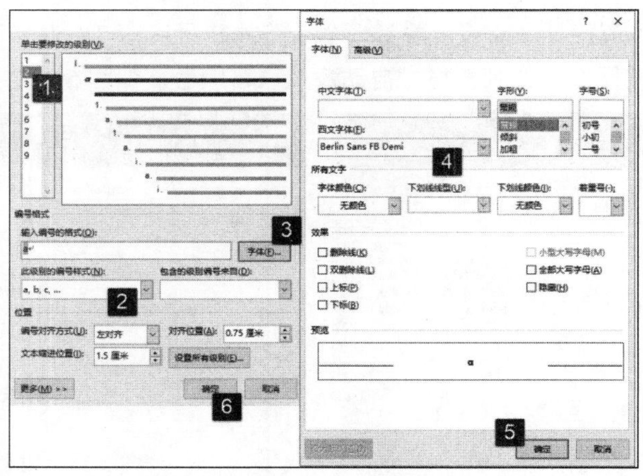

图 5.24　对列表级别进行自定义

03 在创建完自定义段落列表后，自定义的段落列表样式即会应用到这个多级段落列表中，如图 5.25 所示。

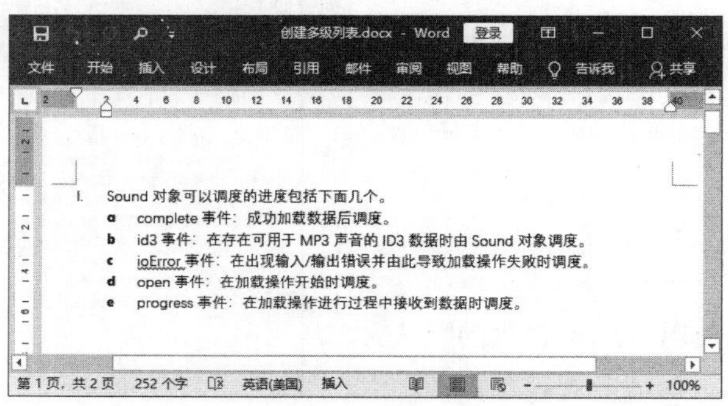

图 5.25　应用自定义多级列表样式

5.3 使用边框和底纹

边框和底纹是对文档进行修饰的重要手段，为段落添加边框和底纹不仅能够美化文档，使文档具有鲜明的特色，还可以对特殊段落进行强调，使其显得突出醒目。

5.3.1 在文档中使用段落边框

在 Word 文档中，单个的文字和段落都可以添加边框的。文字边框的添加和设置可以使用“边框和底纹”对话框中的“边框”选项卡来实现，下面介绍为文本添加边框的具体操作方法。

01 打开文档，选择需要添加边框的段落，在“开始”选项卡的“段落”组中单击“边框”按钮上的下三角按钮，在打开的列表中选择“边框和底纹”选项，如图 5.26 所示。

02 打开“边框和底纹”对话框后，切换到对话框的“边框”选项卡，在“设置”栏中选择边框类型，在“样式”列表框中选择线型。然后单击“颜色”下拉列表，在下拉列表中选择边框颜色。最后单击“宽度”下拉列表，在下拉列表中选择边框的宽度。完成设置后单击“确定”按钮关闭对话框，如图 5.27 所示。此时，选择段落即被添加边框，如图 5.28 所示。

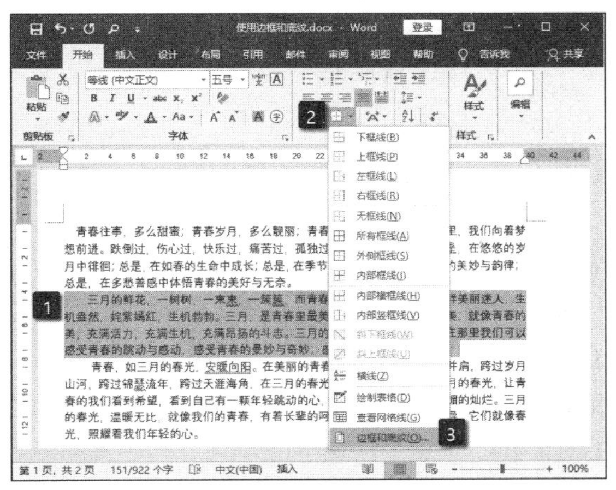

图 5.26　选择“边框和底纹”选项

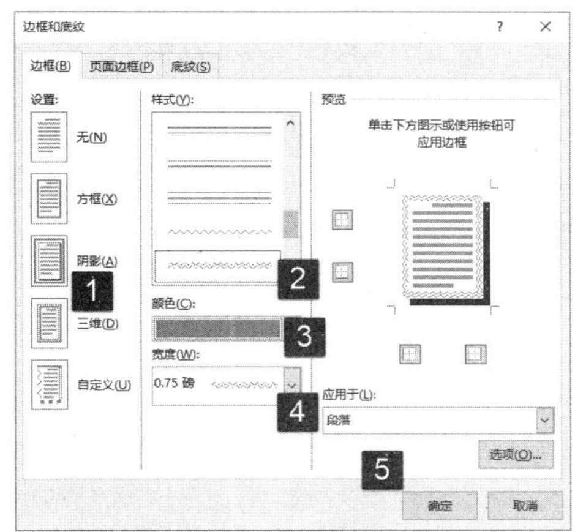

图 5.27　“边框”选项卡中的设置

03 在“边框”选项卡的“预览”栏中改变“上”“下”“左”和“右”按钮的状态可以决定边框的 4 边是否出现。设置了 4 边之后，边框的阴影效果和 3D 效果就会失效。例如，这里取消“上”和“下”按钮的按下状态，单击“确定”按钮关闭对话框，如图 5.29 所示。段落上下边框即被取消，如图 5.30 所示。

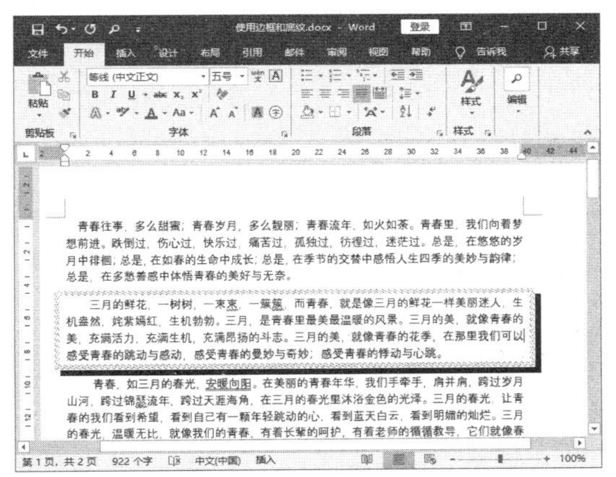

图 5.28　选择段落被添加边框

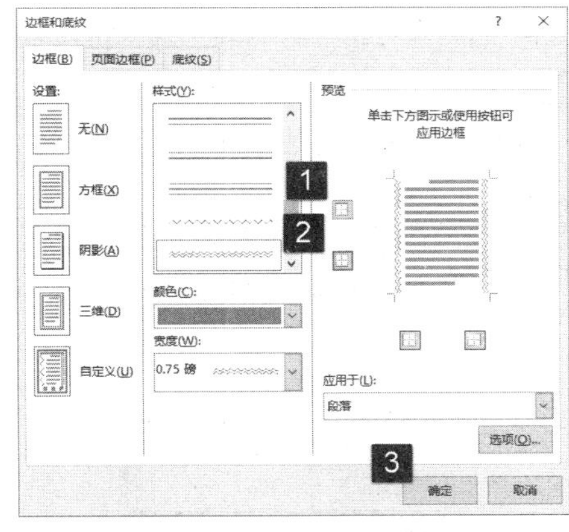

图 5.29　取消“上”和“下”键的按下状态

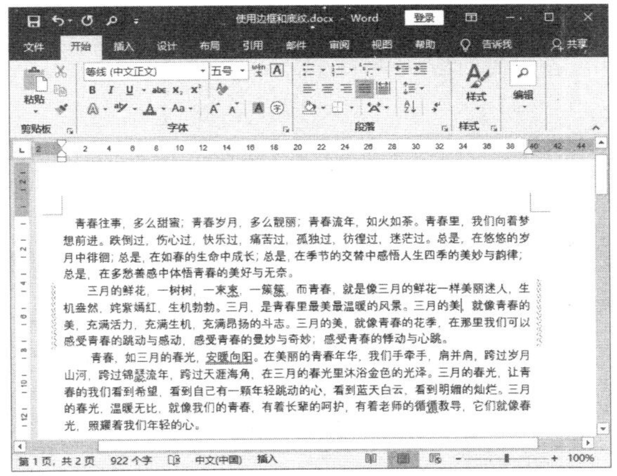

图 5.30　取消段落的上下边框

5.3.2 为整个文档添加边框

为文档添加边框能够修饰文档内容，使文档更加美观。下面以为文档添加艺术边框为例，介绍为文档页面添加边框的操作方法。

01 打开需要添加边框的文档，在“开始”选项卡的“段落”组中单击“边框”按钮上的下三角按钮，在打开的列表中选择“边框和底纹”选项，打开“边框和底纹”对话框。在“页面边框”选项卡的“样式”列表中选择边框样式，在“应用于”下拉列表中选择“整篇文档”选项，设置边框的应用范围，如图 5.31 所示。

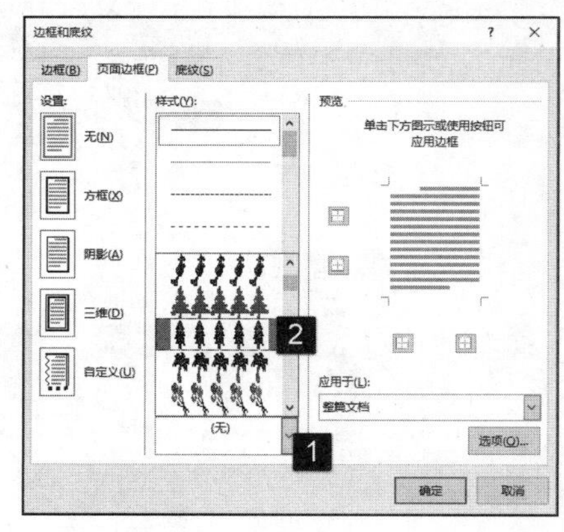

图 5.31　设置文档边框

“应用于”下拉列表中的选项是用来设置边框在页面中应用的范围的，其下拉列表中包括“整篇文档”“本节”“本节 - 仅首页”和“本节 - 除首页外所有页”几个选项。对话框中的“样式”列表框用于选择边框线的线型，“颜色”下拉列表用于设置边框线的颜色，“宽度”下拉列表用于设置边框线的宽度。

02 在“边框和底纹”对话框中单击“选项”按钮，打开“边框和底纹选项”对话框，在对话框中对边框的边距进行设置，如图 5.32 所示。

03 单击“确定”按钮关闭“边框和底纹选项”对话框，单击“确定”按钮关闭“边框和底纹”对话框，文档即被添加了选择的艺术边框，如图 5.33 所示。

在添加艺术边框时，边框的宽度和颜色不能更改。另外，如果是在普通视图模式下进行添加边框的操作，Word 会自动切换到页面视图模式。

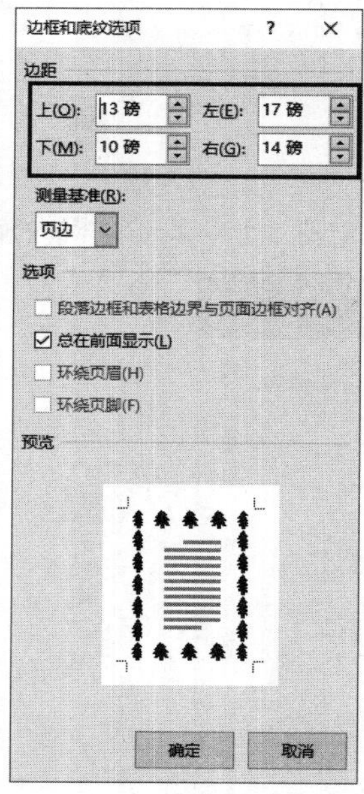

图 5.32　设置边框的边距

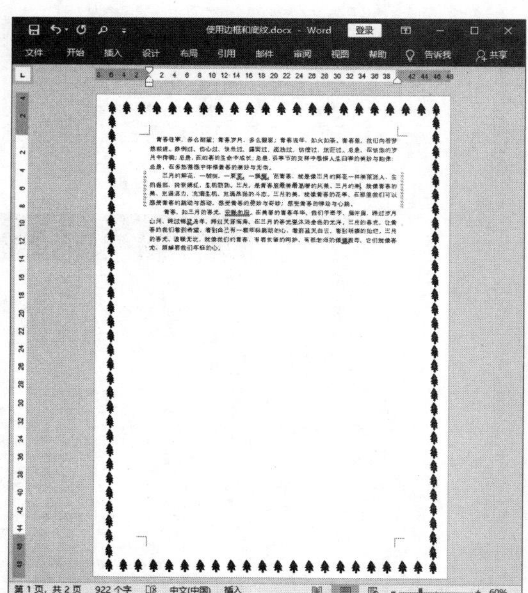

图 5.33　文档添加艺术边框

5.3.3 为段落添加底纹

可以通过添加底纹来对文档中的段落进行美化。段落底纹的添加方式与段落边框的添加方式类似，下面介绍具体的操作方法。

01 在文档中选择需要添加底纹的段落，打开“边框和底纹”对话框。在对话框中单击“底纹”标签打开该选项卡。在“填充”列表中选择颜色选项，设置底纹的填充颜色，如图 5.34 所示。

02 在“图案”组的“样式”列表中选择图案样式，在“颜色”列表中对颜色进行设置。完成设置后单击“确定”按钮关闭对话框，如图 5.35 所示。选中段落即被添加了底纹，如图 5.36 所示。

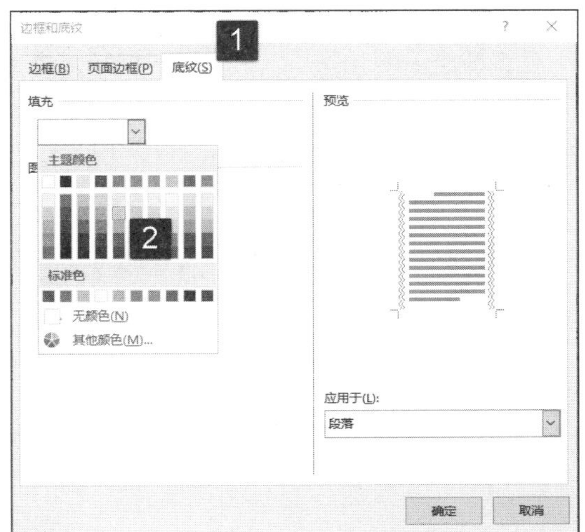

图 5.34 设置底纹的填充颜色

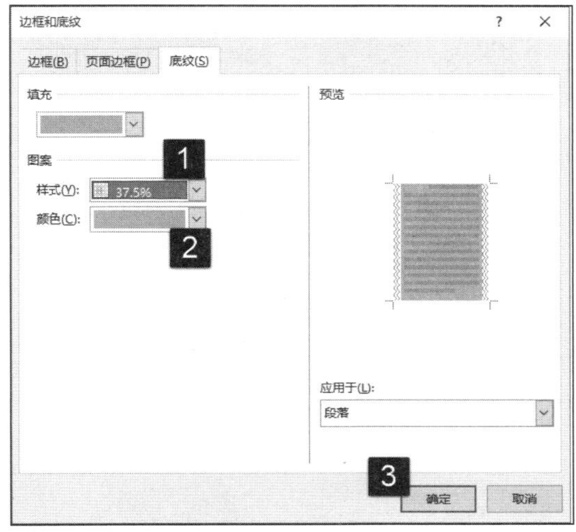

图 5.35 设置图案

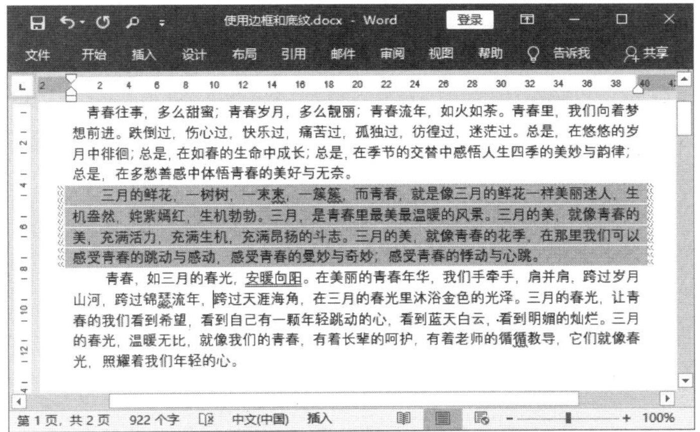

图 5.36 选中段落被添加底纹

5.4 使用特殊的中文版式

用于特殊场合的文档往往具有特殊的版式要求，灵活使用 Word 的功能能够方便快捷地完成这些特殊版式的设置。本节将介绍几个特殊文档版式的操作方法。

5.4.1 将文字竖排

默认情况下，Word 2019 中的文字是以水平方式输入排版的。在中文排版时，有时需要以竖直方式进行排版，例如输入古诗词。在 Word 2019 中我们可以非常便捷的将水平排列的段落文字设置为竖直排列的文字。下面介绍如何将一首古诗的排版由横排转换为竖排。

01 启动 Word，在文档中输入一首古诗并全选。打开“布局”选项卡，在“页面设置”组中单击“文字方向”按钮。在打开的列表中选择“垂直”选项，如图 5.37 所示。选中的古诗即变为竖排样式，如图 5.38 所示。

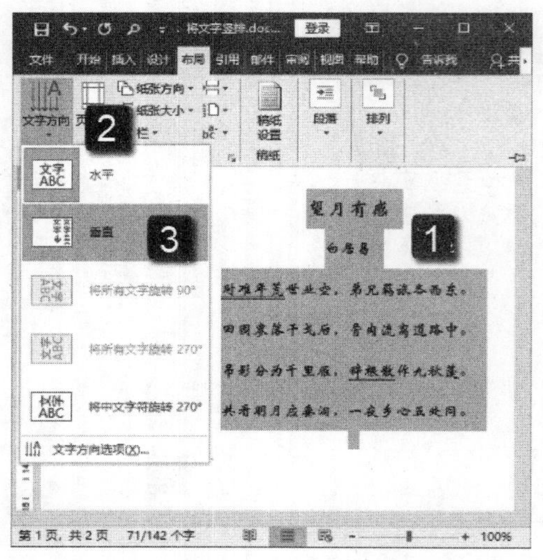

图 5.37 选择“垂直”选项

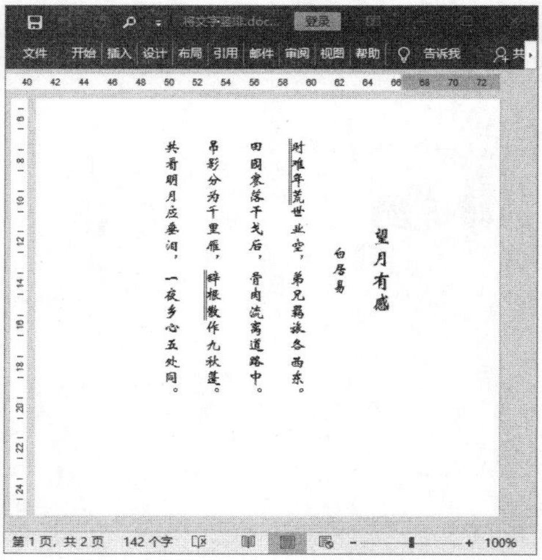

图 5.38 古诗变成竖排

02 在“页面设置”组中单击“文字方向”按钮，在打开的菜单中选择“文本方向选项”命令，打开“文字方向”对话框，使用该对话框可以设置多种文字排列方式。在对话框中的“方向”栏中单击相应的按钮设置文字的排版方向，在“应用于”下拉列表中选择文字排版方向应用的范围，例如这里选择“整篇文档”选项。完成设置后单击“确定”按钮关闭对话框，如图 5.39 所示。操作完成后，文字将恢复为水平排列。

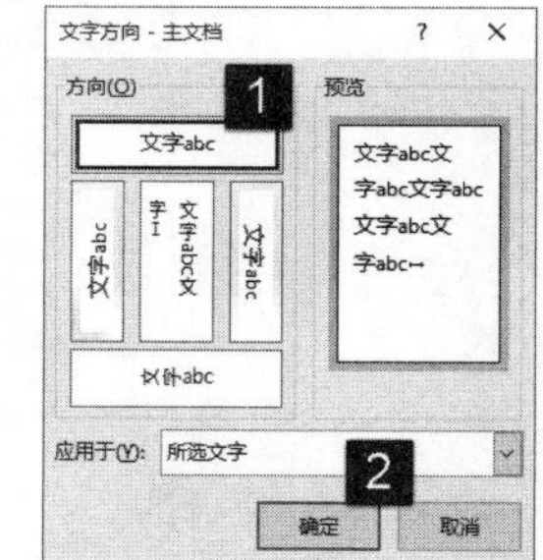

图 5.39 “文字方向”对话框

提 示

由于这里的示例文档只有一首诗，因此在“文字方向”对话框的“应用于”下拉列表中选择“整篇文档”选项时，文字方向的改变即针对整首诗。如果选择其中的“插入点之后”选项，那么只有插入点光标之后的文字会改变方向。另外，该对话框中文字方向的设置与功能区中“文字方向”下拉列表中设置项的作用相同。

5.4.2 文字的纵横混排

使用纵横混排功能可以在横排的段落中插入竖排的文本，从而制作出特殊的段落效果。下面介绍在段落中制作纵横混排效果的方法。

01 选择需要纵向放置的文字，在“开始”选项卡的“段落”组中，单击“字符缩放”下拉按钮。在打开的下拉列表中选择“纵横混排”选项，如图 5.40 所示。

02 此时将打开“纵横混排”对话框，在对话框中勾选“适应行宽”复选框后单击“确定”按钮关闭对话框，如图 5.41 所示。此时就会出现文字的纵横混排效果，如图 5.42 所示。

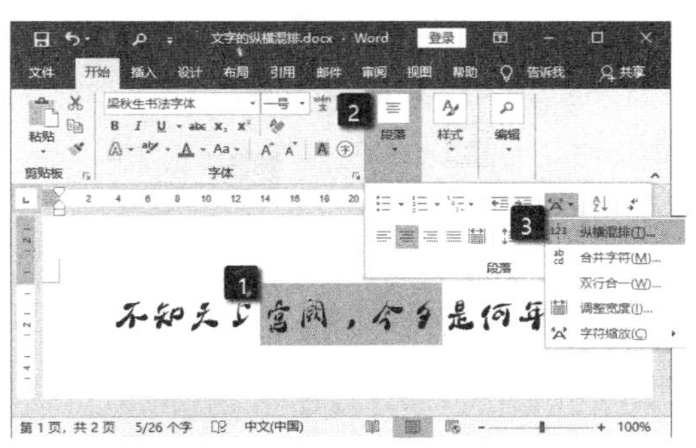

图 5.40　选择“纵横混排”选项

提　示

在“纵横混排”对话框中勾选“适应行宽”复选框后，纵向排列的所有文字的总高度不会超过该行的行高。若取消该复选框的勾选，则纵向排列的每个文字将在垂直方向上占据一行的行高空间。

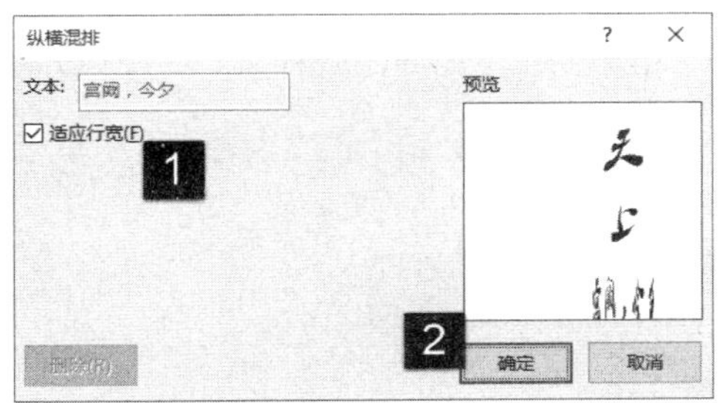

图 5.41　“纵横混排”对话框

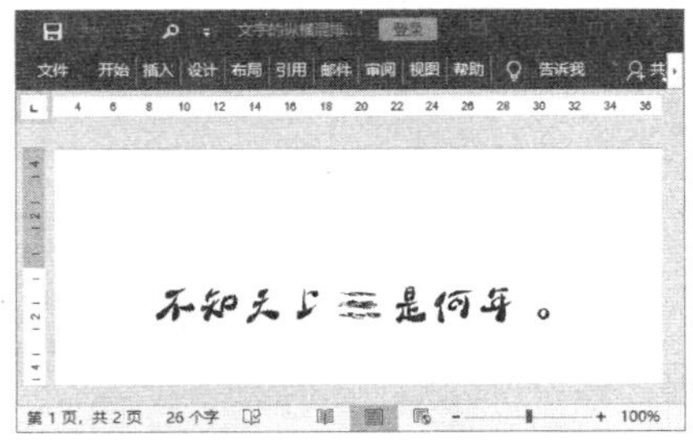

图 5.42　文字的纵横混排效果

5.4.3　合并字符

Word 的合并字符功能能够使多个字符只占用一个字符的宽度，在名片制作、图书出版和封面设计等工作中常常需要使用这个功能。下面介绍合并字符的具体操作方法。

01 选择需要合并的文字，在“开始”选项卡的“段落”组中单击“字符缩放”按钮，在打开的下拉列表中选择“合并字符”选项，如图 5.43 所示。

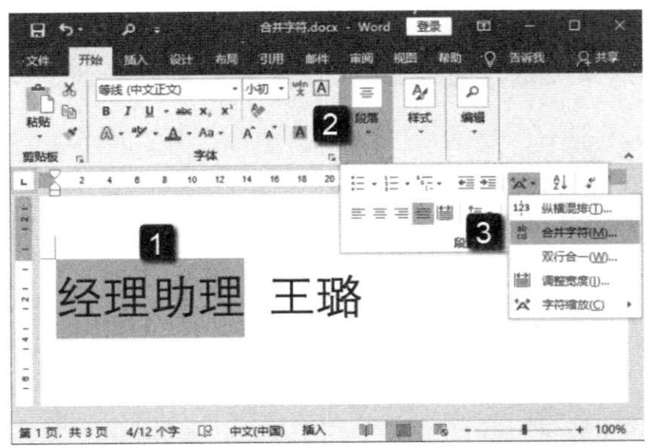

图 5.43　选择“合并字符”选项

02 此时将打开“合并字符”对话框，在对话框的“字体”下拉列表中选择字体，在“字号”下拉列表中输入文字的字号。完成设置后单击“确定”按钮关闭对话框，如图 5.44 所示，获得了字符合并的效果，如图 5.45 所示。

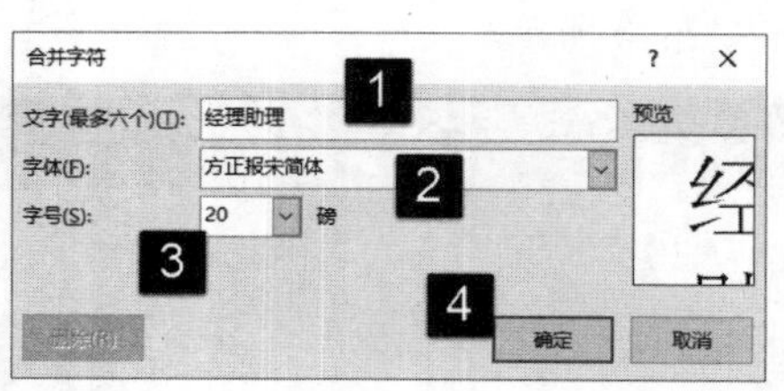

图 5.44　“合并字符”对话框

图 5.45　字符合并效果

5.4.4　双行合一

在编辑公文时，经常需要将 2 个单位名称合并在一起作为公文标题，即联名文件头。在 Word 2019 中，使用双行合一的功能可以便捷地创建这种文件头。这个功能可以将两行文字显示在一行文字的空间中，在制作特殊格式的标题或进行注释时常常用到。下面介绍双行合一的操作方法。

01 在段落中选择需要进行双行合一操作的文字，在“开始”选项卡的“段落”组中单击“字符缩放”按钮。在打开的下拉列表中选择“双行合一”选项，如图 5.46 所示。

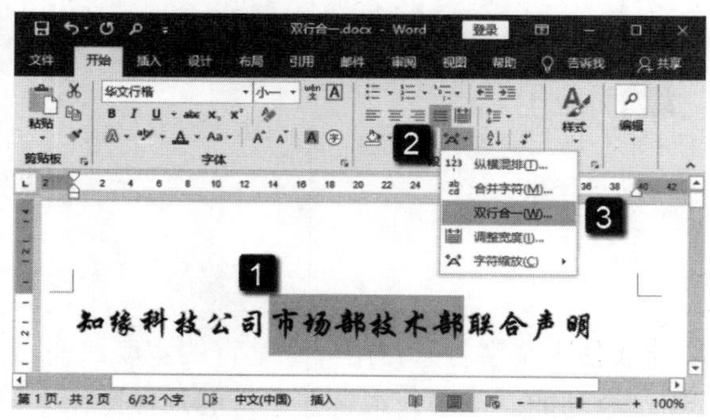

图 5.46　选择“双行合一”选项

注意

如果这里需要分行的部门名称字符数不同，则字符数少的部门名称后面应该使用空格将字符数补齐，这样才能保证它们分别位于 2 行中。另外，该功能只能用来创建只有 2 个部门的联名公文标题，超过 2 个就只能使用表格来创建了。

02 此时将打开“双行合一”对话框。如果需要在合并的文字两侧添加括号，可以勾选“带括号”复选框，同时在“括号样式”下拉列表中选择括号的样式。完成设置后单击“确定”按钮关闭对话框，如图 5.47 所示。这样就完成了双行合一的设置，如图 5.48 所示。

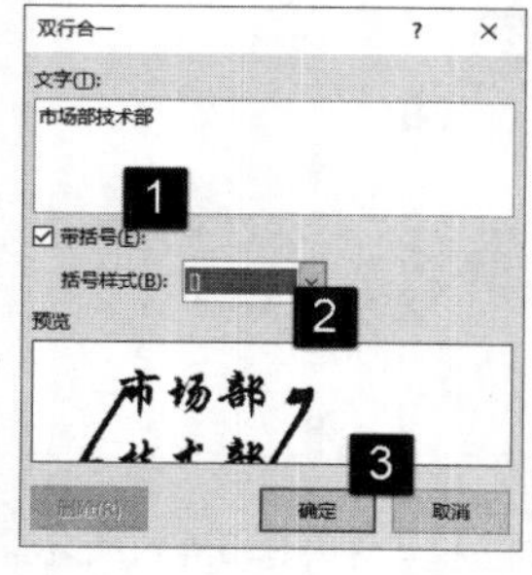

图 5.47　“双行合一”对话框

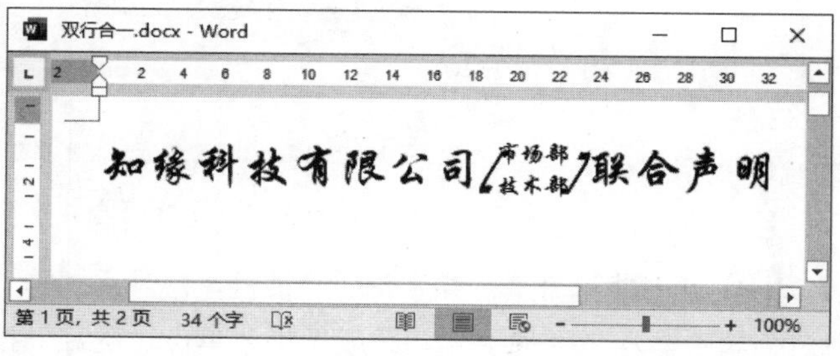

图 5.48　文字的双行合一

我们在设置了纵横混排、合并字符和双行合一效果后，如果需要取消这些效果，可以在打开相应的设置对话框后，单击对话框中的“删除”按钮即可取消这些效果。

5.5 本章拓展

本节将介绍与文档格式设置有关的实用操作技巧。

5.5.1 快速删除段落前后的空白

将网页中的资料复制到Word文档中后，段落之间常常会出现很多的空白。通过设置段落间距，可以快速删除这种段落前后的空白。下面介绍具体的操作方法。

01 将网页文本复制到文档中，此时段落的前后都有较大的空白，如图5.49所示。

02 按Ctrl+A键选择文档中所有内容后右击，在弹出的快捷菜单中选择“段落”选项，打开“段落”对话框。在对话框的“缩进和间距”选项卡的“间距”栏中，将段落的段前和段后间距设置为0，如图5.50所示。

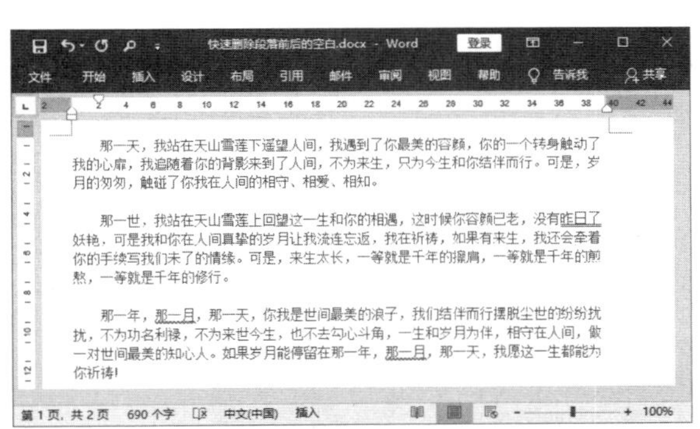

图5.49 复制网页文本到文档中

图5.50 将段前和段后间距设置为0

03 单击“确定”按钮关闭“段落”对话框，段落前后多余的空白即全部被删除，如图5.51所示。

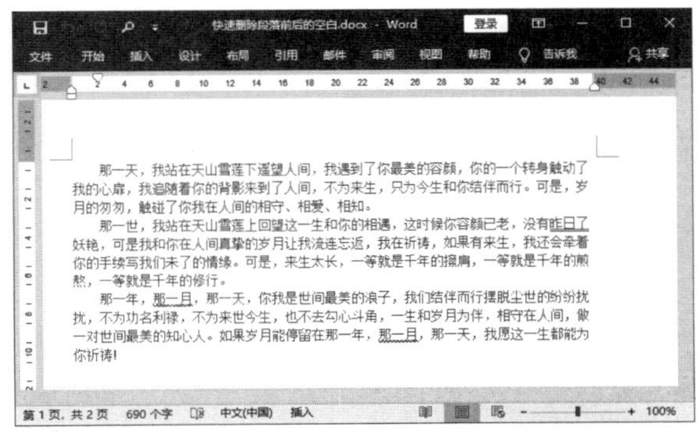

图5.51 段落前后的空白被删除

5.5.2 使图片和文本对齐

在进行文档编辑时，用户有时需要在段落的某一行中插入一张小图片，但插入的图片往往不能与所在行的文本水平对齐。此时，可以通过对段落格式进行设置来获得图片与文本对齐的效果。下面介绍具体的操作方法。

01 在段落中插入小图片，例如这里插入几张按钮图片，如图 5.52 所示。将插入点光标放置到段落中后右击，在弹出的快捷菜单中选择“段落”选项。

02 此时将打开“段落”对话框，在对话框中打开“中文版式”选项卡。在“文本对齐方式”下拉列表中选择“居中”选项，如图 5.53 所示。

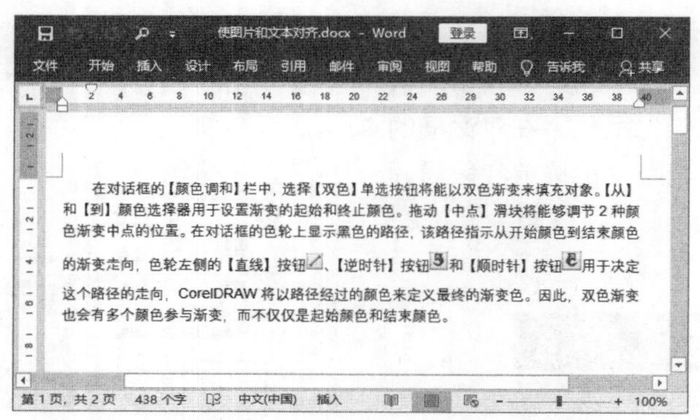

图 5.52 在段落中插入小图片

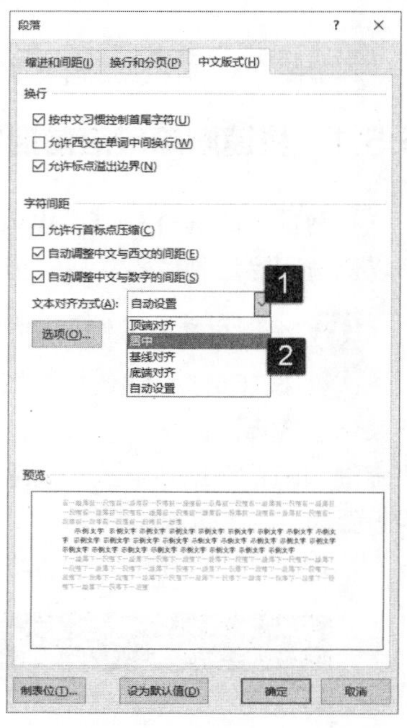

图 5.53 选择“居中”选项

03 完成设置后单击“确定”按钮关闭“段落”对话框，之后插入段落中的图片将和文字对齐，效果如图 5.54 所示。

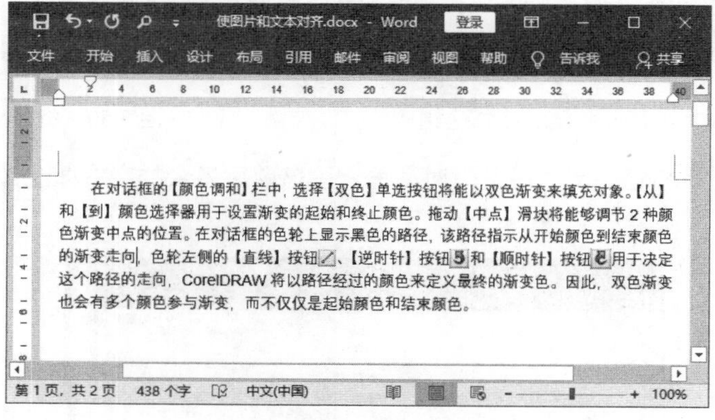

图 5.54 文本和图片对齐

5.5.3 使用格式刷

在对 Word 文档进行编辑时，经常需要将已经设置完成的格式应用于其他的对象，使不同的文字或段落具有相同的格式。要快速完成这种设置，最快的方式就是对格式进行复制。在 Word 中，快速复制格式的工具就是格式刷。格式刷一般有下面 2 种使用方法。

01 将插入点光标放置到需要复制格式的段落中，在“开始”选项卡的“剪贴板”组中单击“格式刷”按钮使其处于按下状态，如图 5.55 所示。

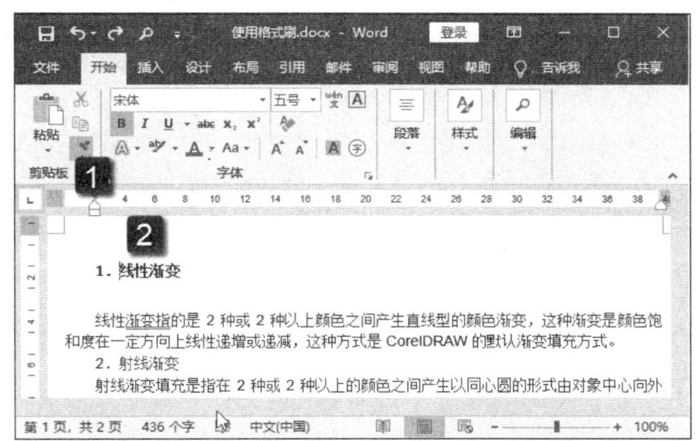

图 5.55　放置插入点光标后单击“格式刷”按钮

02 拖动鼠标使用格式刷工具选择需要设置格式的文本，选择的文字即被应用上一步中段落文本的格式，如图 5.56 所示。

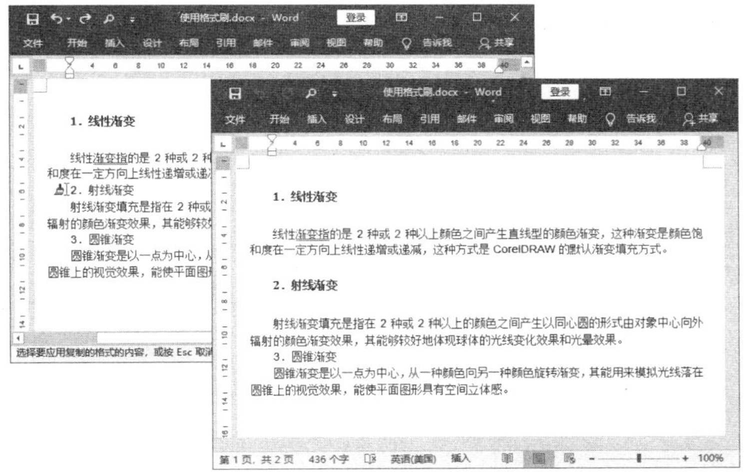

图 5.56　应用段落文本的格式

提　示

在文档中如果需要多次复制相同格式的文本时，使用上面介绍的方法就不行了。因为在上面介绍的方法中，每单击格式刷一次只能完成一次格式复制，复制一次后格式刷即自动失效。如果需要进行多次的格式复制，可以双击“格式刷”按钮，这样“格式刷”按钮将一直处于按下状态。在完成所有格式复制后，按 Esc 键退出格式刷状态就可以了。

第 6 章

页面格式和版式设置

文档的编辑，离不开对文档页面和版式的设置。在 Word 中，有丰富的页面版式的设置功能，包括设置页面版式布局、为文档添加页眉页脚、设置文档分栏等功能。同时，Word 2019 还提供了稿纸、书法字帖以及文档封面等具有特殊版式的文档创建方案，用户可以方便快捷地创建这些版式文档。本章将重点介绍 Word 2019 页面和版式设置的常用操作技巧。

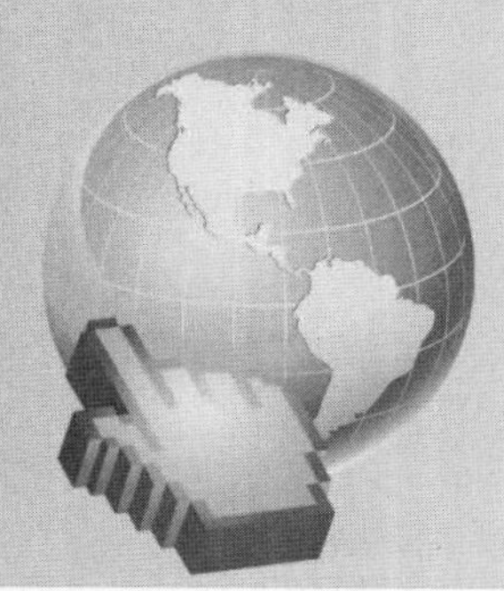

6.1 文档的页面设置

文档的页面设置决定了文档的整体外观。通过页面设置可以改变文本的排列方式，使其符合不同类型纸张的要求。

6.1.1 设置页面的大小和方向

在 Word 2019 中，用户可以根据使用的纸型可以对页面大小进行设置。用户既可以选择使用 Word 内置的文档页面纸型，也可以自定义纸张的大小。

01 在功能区中打开“布局”选项卡，在“页面设置”组中单击“纸张大小”按钮，在下拉列表中选择页面大小选项，如图 6.1 所示。选择后页面大小会按照设置进行调整，标尺数据会显示出文档页面的改变，如图 6.2 所示。

02 在默认情况下，Word 文档页面方向是纵向的，鼠标单击“纸张方向”按钮，在下拉列表中根据需要选择“横向”选项，如图 6.3 所示。页面方向即被设置为横向，如图 6.4 所示。

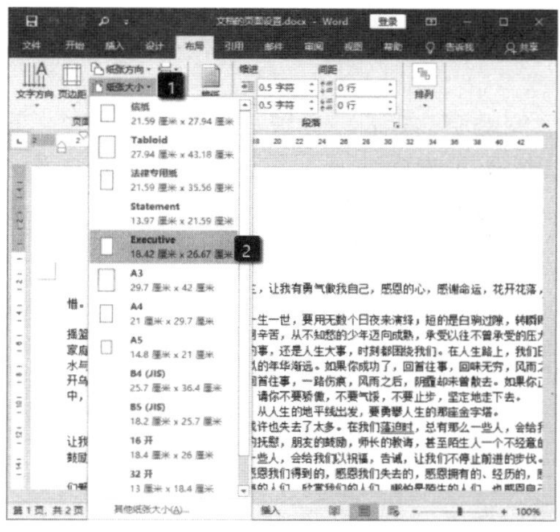

图 6.1　设置纸张大小

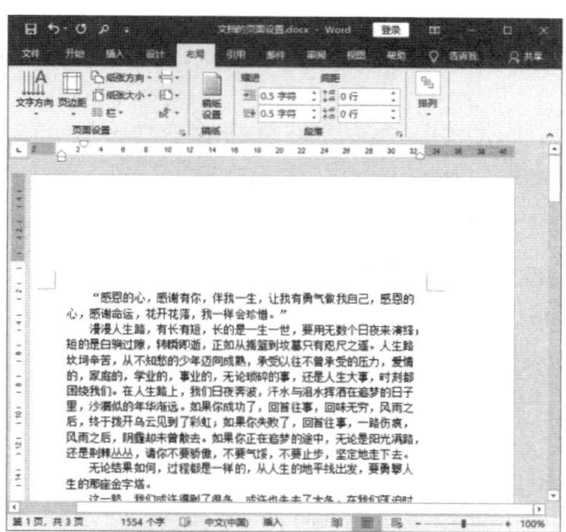

图 6.2　设置完成后的页面效果

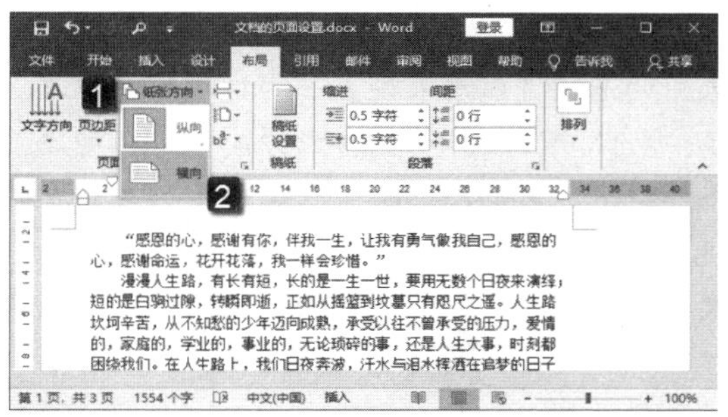

图 6.3　选择“横向”选项

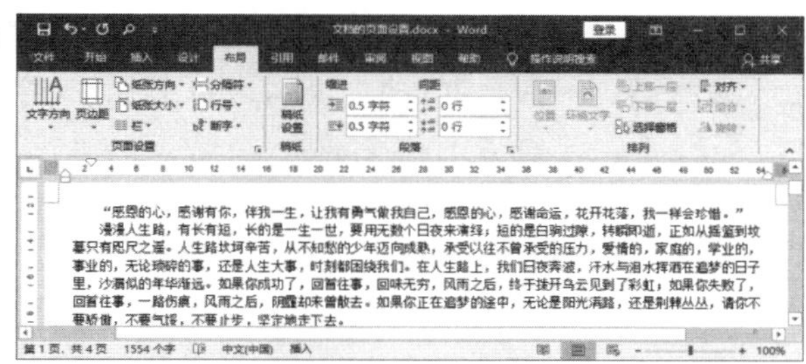

图 6.4　页面方向被设置为横向

03 在打开的“纸张大小”下拉列表中选择“其他页面大小”选项，打开“页面设置”对话框。在对话框的“宽度”和“高度”微调框中输入数值可以自定义纸张大小。完成设置后单击“确定”按钮关闭对话框，如图 6.5 所示。随后页面大小即按照自定义值改变，如图 6.6 所示。

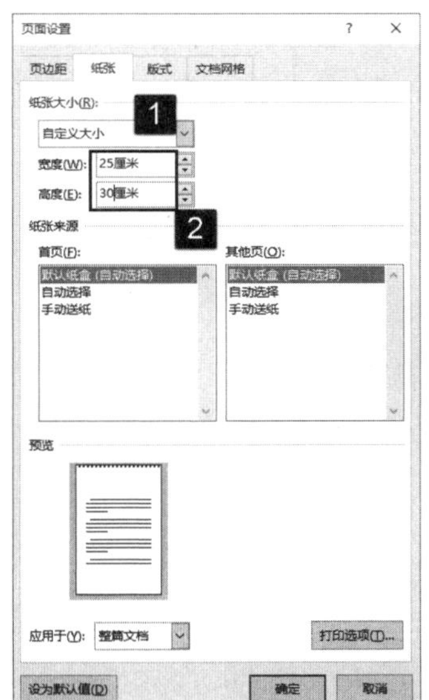

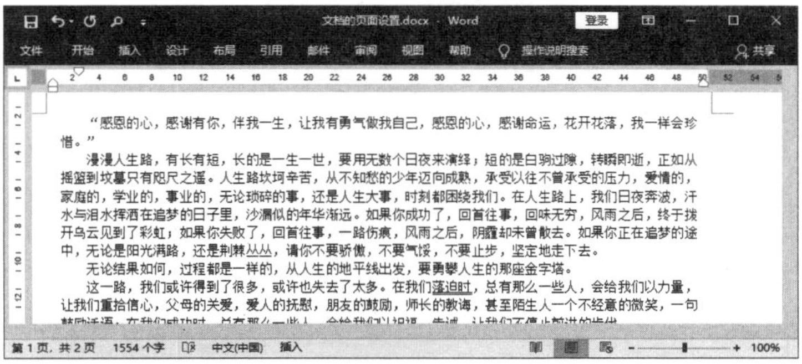

图 6.5　设置“宽度”和“高度”值

图 6.6　自定义页面大小后的页面效果

6.1.2　设置页边距

在文档中，页边距是页面的正文区域和纸张边缘之间的空白距离。设置页边距就是根据打印排版的要求，增大或减小正文区域的大小。页边距的设置在文档排版时是十分重要的，页边距太窄会影响文档的修订，太宽又影响文档的美观且浪费纸张。在进行文档排版时，一般应当事先设置好页边距再进行文档的排版操作。因为修改页边距会造成已经编辑好的内容版式发生错乱。下面介绍对 Word 页面进行设置的方法。

01 在功能区的“布局”选项卡中单击“页面设置”组中的“页边距”按钮，在下拉列表中选择需要使用的页边距设置项，如图 6.7 所示。

02 在“页边距”列表中选择“自定义边距”选项，打开“页面设置”对话框的“页边距”选项卡，对该选项卡中的参数进行设置。这样操作能够更为自由设置页边距的大小。例如，当文档需要装订时，为了装订时不遮盖文字，需要在文档的两侧或顶部添加额外的边距空间，这时需要设置装订线边距，如图 6.8 所示。

在“页边距”选项卡中，“多页”下拉列表中的选项可以用来设置一些特殊的打印效果。如果打印要装订为从右向左书写文字的小册子，可以选择其中的“方向书籍折页”选项。如果打印要拼成一个整页的上下两个小半页，可选择“拼页”选项。如果需要创建小册子，例如创建诸如菜单、请帖或其他类型的使用等单独居中折页样式的文档，可选择“书籍折页”选项。如果需要创建类似书籍或杂志那样的双面文档的对开页，即左侧页的页边距和右侧页的页边距等宽，可以选择“对称页边距”选项。如果需要装订对称页边距的文档，可以对装订线边距进行设置。

03 在“页面设置”对话框的“页边距”选项卡的“页边距”栏中的“上”“下”“左”和“右”微调框中输入数值，如图 6.9 所示。单击“确定”按钮关闭对话框，文档的页边距即随之改变。

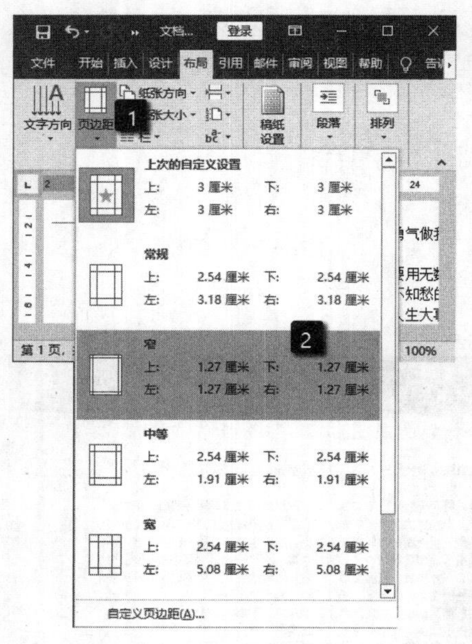

图 6.7　使用预设页边距

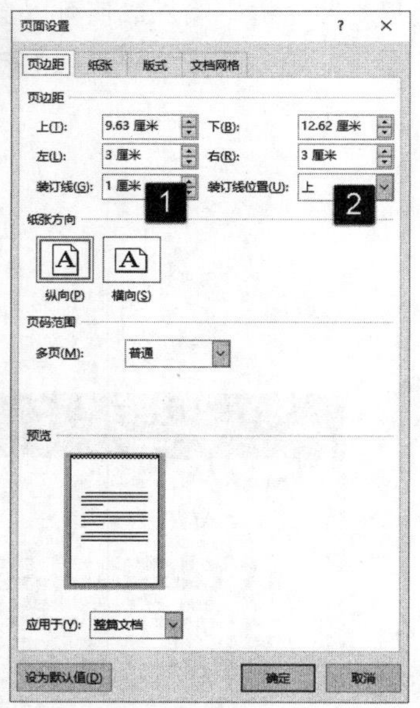

图 6.8　设置装订线边距

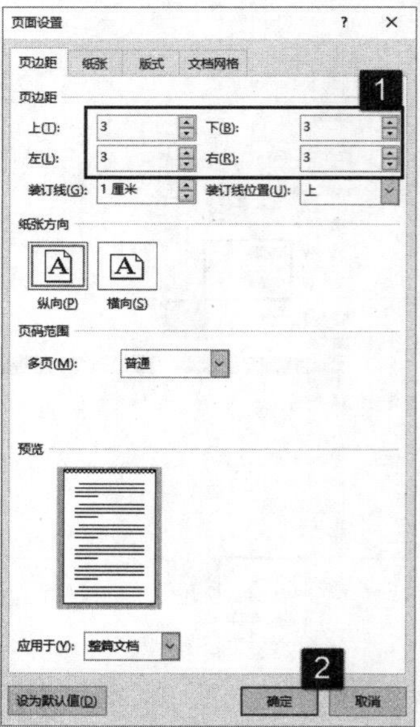

图 6.9　设置页边距

6.1.3 自定义默认页面

在进行文档编辑操作时，设置页面能够使文档美化并适合于打印。在创建文档时，经常会遇到需要进行相同页面设置的文档，如果每次都重新设置，则比较麻烦。此时，可以将常用的页面设置保存下来，在每次创建文档时使用它。

01 在“布局”选项卡的“页面设置”组中单击“页面设置按钮”，打开“页面设置”对话框，打开“纸张”选项卡。在“纸张大小”栏的“宽度”和“高度”微调框中输入数值自定义纸张大小。完成设置后单击“设为默认值”按钮，如图 6.10 所示。

02 Word 将给出提示对话框，在对话框中单击“是”按钮即可将当前页面设置作为默认值保存，如图 6.11 所示。当再次创建新文档时，新文档的页面就会自动使用当前的设置值。

图 6.10 设置纸张大小

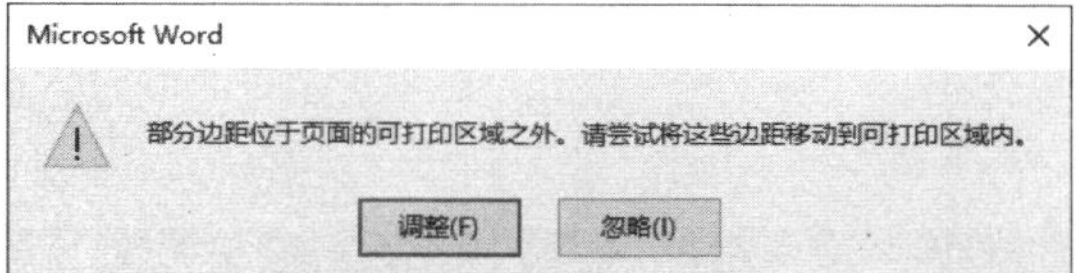

图 6.11 Word 提示对话框

6.2 文档的分页和分节

在编排 Word 文档时，当文本占满一页时，Word 会自动插入一个分页符，文档进入新的一页。实际使用中，用户可以根据文档的需要来设置文档在什么时候进入下一页。在结构复杂的文档中，为了使文档内容条理清晰，我们还可以进行分节操作。本节将介绍文档分页和分节的有关知识。

6.2.1 为文档分页

用户可以在特定的位置通过插入分页符的方式对文档进行强制分页，从而改变 Word 默认的分页方式。下面介绍使用分页符的方法。

01 打开需要处理的文档，将插入点光标放置到需要分页的位置。在功能区的“布局”选项卡中单击“页面设置”组中的“分隔符”按钮，在打开的下拉列表中选择“分页符”选项，如图 6.12 所示。之后插入点光标处即被插入分页符，文档实现了分页，如图 6.13 所示。

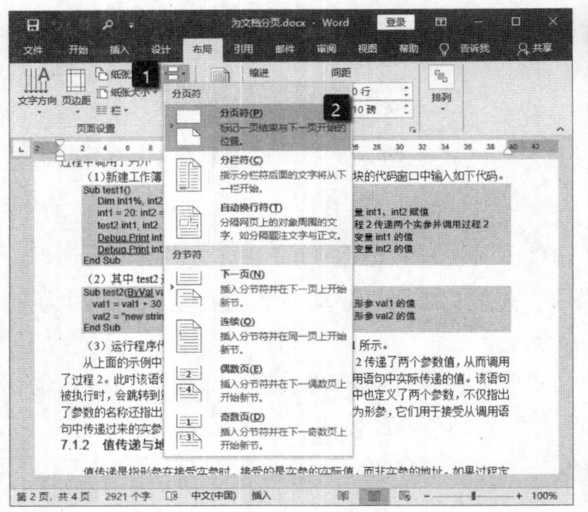

图 6.12　选择“分页符”选项

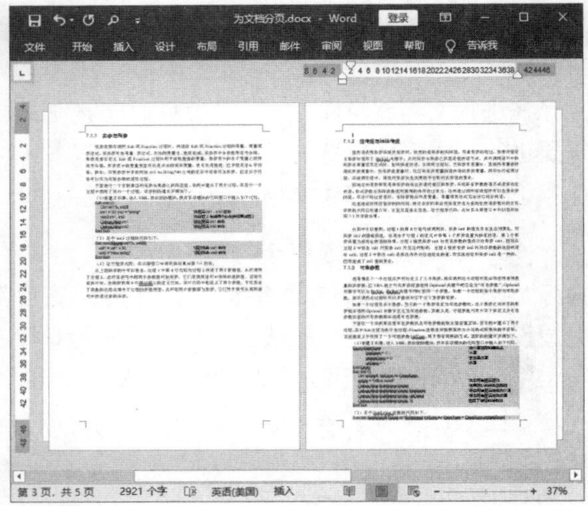

图 6.13　实现分页

02 在段落中放置插入点光标，打开“开始”选项卡，在“段落”组中单击“段落”按钮，如图 6.14 所示。在打开的“段落”对话框的“换行和分页”选项卡的“分页”栏中，勾选相应的复选框，设置分页时段落的处理方式，如图 6.15 所示。

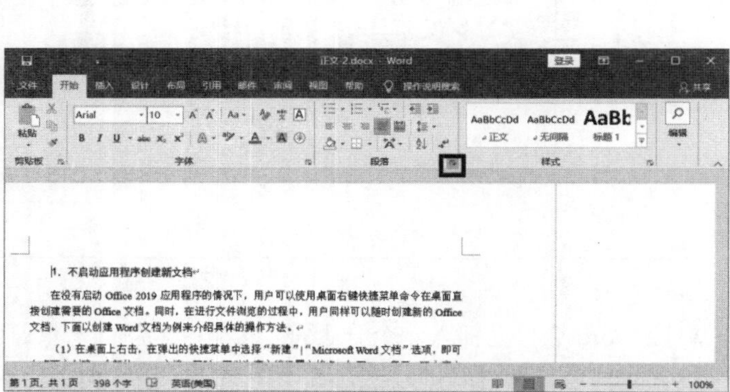

图 6.14　单击“段落”按钮

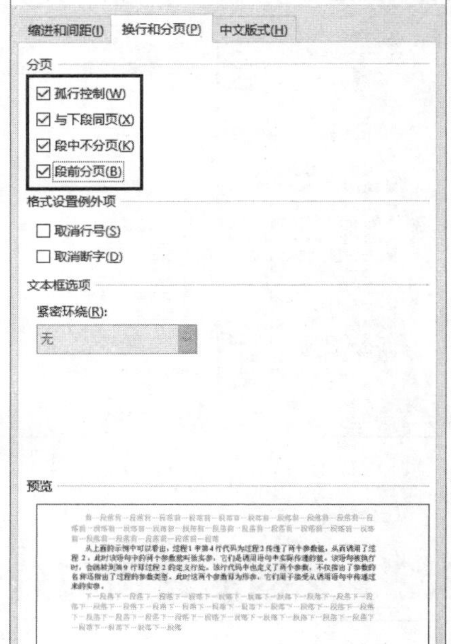

图 6.15　“段落”对话框中的设置项

提示

在“换页和分页”选项卡中勾选“段前分页”复选框，可以在段落前指定分页。如果勾选“段中不分页”复选框，文档中的分页将会按照段落的起止来分页，以避免同一段落被分在 2 个页面上。如果勾选“与下段同页”复选框，则可以使前后两个关联密切的段落保留在同一页中。如果勾选“孤行控制”复选框，则不会在页面的顶端单独放置段落末行或在页面底端单独放置段落首行。

6.2.2 为文档分节

为了便于对同一文档中不同部分的文本进行不同格式的设置，可以将文档分隔为多个节。节是文档格式化的最大单位，分节实际上就是在文档中添加分节符。在 Word 中，分节符是节与节之间的一个双虚线分界线，其可以使文档的排版更加灵活，版面更加美观。

01 将插入点光标放置到文档中需要分节的文字处，在“布局”选项卡的“页面设置”组中单击“插入分页符和分节符”按钮。在打开的列表中的“分节符”栏中根据需要选择相应的选项以确定不同的分节方式。例如，选择“下一页”选项，如图 6.16 所示。

02 此时，插入点光标位置将插入分节符。分节符后面的内容即被放置到下一页中，如图 6.17 所示。

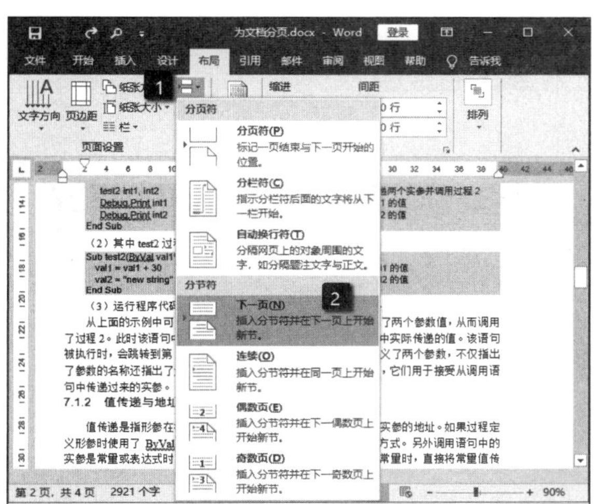

图 6.16 选择分节方式

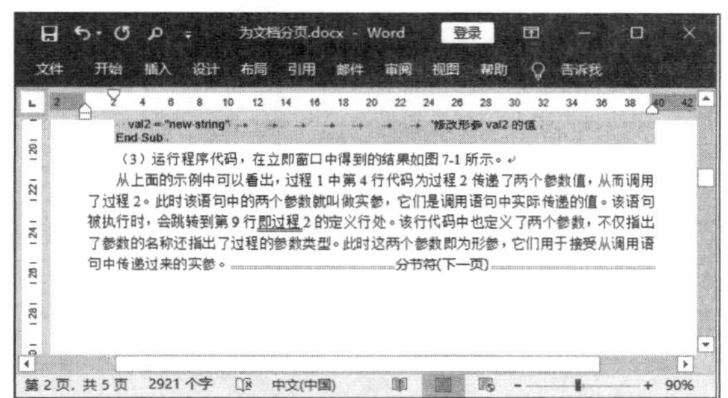

图 6.17 插入分节符

提 示

将插入点光标放置到分节符之前，按 Delete 键可以将分节符删除，删除分节符后文档的分节也将自动取消。

6.3 文档的页面背景

为文档添加背景是美化文档的一种重要手段，下面介绍将文档变为稿纸格式、为文档添加水印和设置页面背景的操作技巧。

6.3.1 使用稿纸格式

使用 Word 2019 能够创建稿纸格式的文档，使用“页面布局”选项卡中的“稿纸设置”按钮能够制作方格稿纸以及行线稿纸样式的文档。下面介绍具体的操作方法。

01 打开需要创建稿纸格式的 Word 文档，在“布局”选项卡的“稿纸”组中单击“稿纸设置”按钮，如图 6.18 所示。

02 此时将打开“稿纸设置”对话框。在对话框中的“格式”下拉列表中选择“方格式稿纸”选项，在“网格颜色”下拉列表中选择稿纸网格颜色。勾选“允许标点溢出边界”复选框后，单击

“确认”按钮关闭“稿纸设置”对话框，如图 6.19 所示。之后文档即被转换为稿纸格式的文档，如图 6.20 所示。

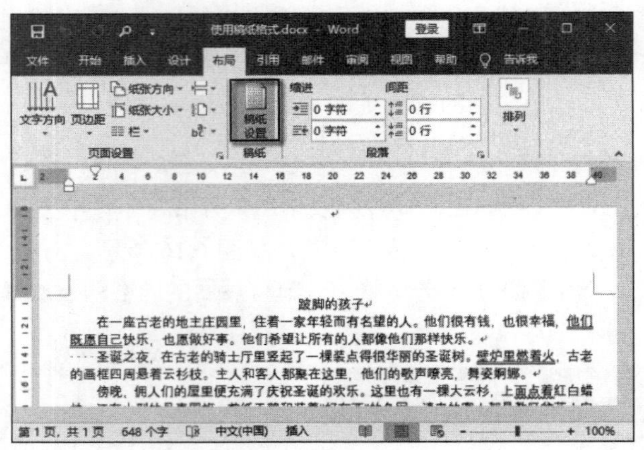

图 6.18　单击“稿纸设置”按钮

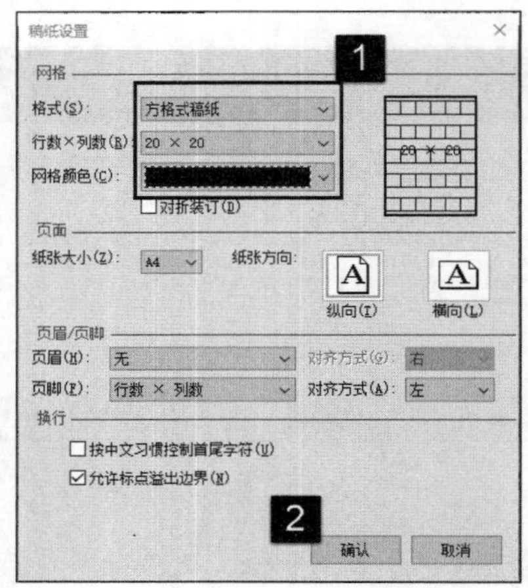

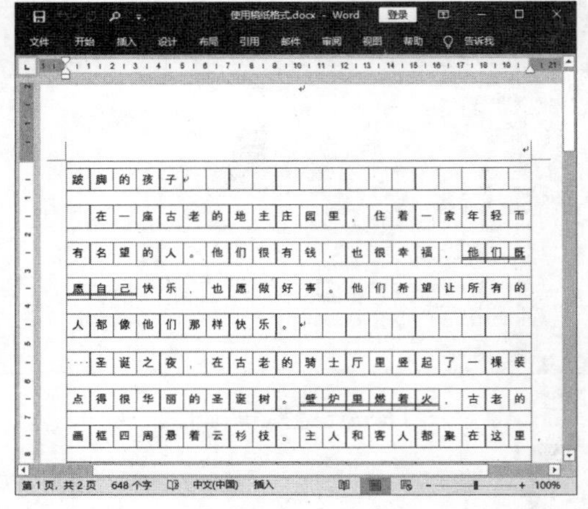

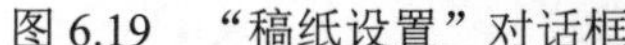

图 6.19　“稿纸设置”对话框　　　　图 6.20　文档被转换为稿纸格式文档

提　示

在为文档添加稿纸后，就无法通过“开始”选项卡中的“居中”命令来对其进行居中操作了。此时，用户可以通过拖动标尺上的“首行缩进”按钮和“悬挂缩进”按钮来将标题移到居中的位置。另外，也可以在选中标题文字后，在浮动工具栏中连续单击“右缩进”按钮直到其位于居中位置为止。

6.3.2　为文档添加水印

在 Word 2019 中，可以为文档添加水印。所谓的水印是出现在文档背景上的文本或图片，添加水印可以增强文档的趣味性，更重要的是可以标识文档的状态，如使用水印标识公司信息或将文稿标记为草稿等。文档中添加水印后，用户可以在页面视图或阅读版式视图中查看水印，也可以在打印文档时将其打印出来。下面介绍在文档中添加文字水印的操作方法。

01 启动 Word 并打开需要添加水印的文档。在“设计”选项卡的“页面背景”组中单击“水印”按钮，在打开的下拉列表中选择需要预设的水印样式选项即可将其应用到文档中，如图 6.21 所示。

图 6.21　应用预设水印

02 在“水印”列表中选择“自定义水印”选项，打开“水印”对话框，在对话框中单击“文字水印”按钮。在“文字”下拉列表中直接输入水印文字，在“字体”下拉列表中选择水印文字的字体，在字号下拉列表中输入数值设置水印文字的大小，在“颜色”下拉列表中选择水印文字的颜色，其他设置项使用默认值即可，如图 6.22 所示。完成设置后单击“确定”按钮关闭对话框，文档中添加自定义文字水印效果，如图 6.23 所示。

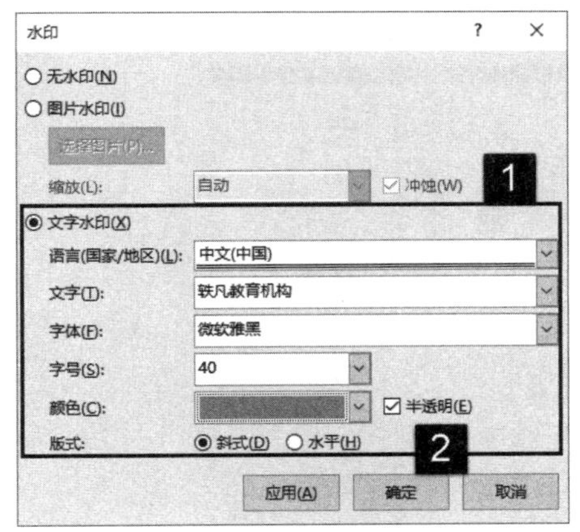

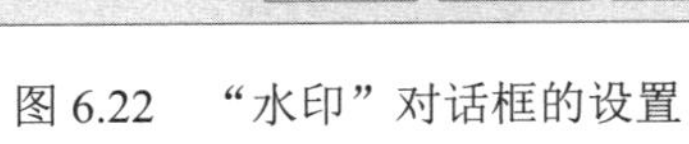

图 6.22　“水印”对话框的设置

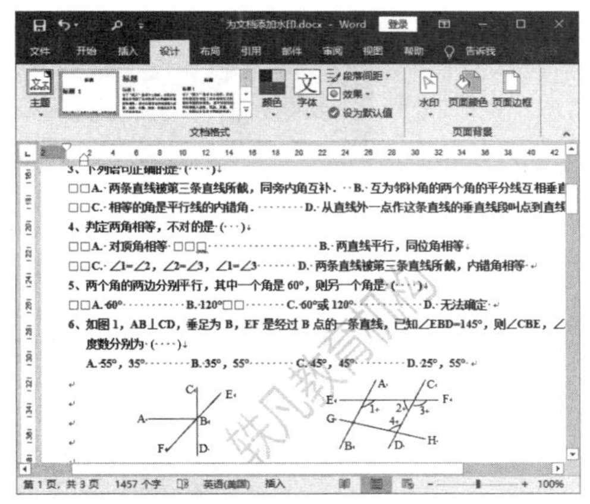

图 6.23　在文档中添加水印

提　示

在“水印”对话框中，如果单击“图片水印”单选按钮，则“选择图片”按钮会变为可用。单击该按钮，打开“插入图片”对话框，在对话框中选择图片后，可以将插入的图片作为图片水印插入到文档中。单击“应用”按钮，在将设置的水印添加到文档的同时“水印”对话框不会关闭。这样既可以预览水印的效果，又便于随时修改。

6.3.3　设置页面背景

在文档中添加水印是一种页面背景效果，但水印并不是页面背景。Word 2019 提供了页面背景设置功能，背景显示于页面的底层。通过为页面设置背景可以美化文档，为读者阅读提供视觉上的享受。下面将介绍设置页面背景颜色的操作方法。

01 启动 Word 并打开文档，打开“设计”选项卡，在“页面背景”中单击“页面颜色”按钮，在打开的列表中选择颜色选项即能设置页面背景颜色，如图 6.24 所示。在“页面颜色”列表中选择“其他颜色”选项打开“颜色”对话框，在对话框的“自定义”选项卡中可以自定义背景的颜色，如图 6.25 所示。

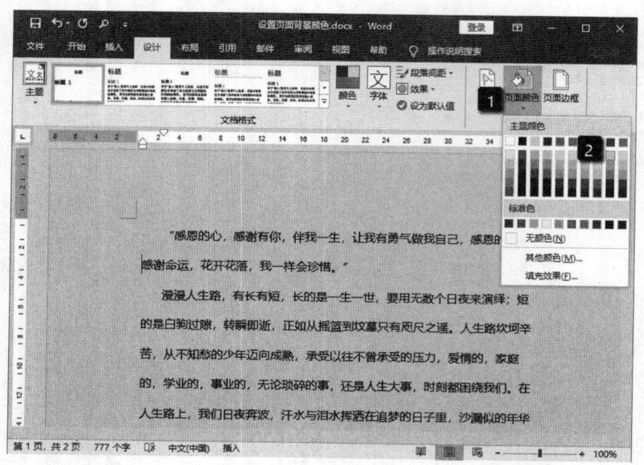

图 6.24　设置页面背景颜色

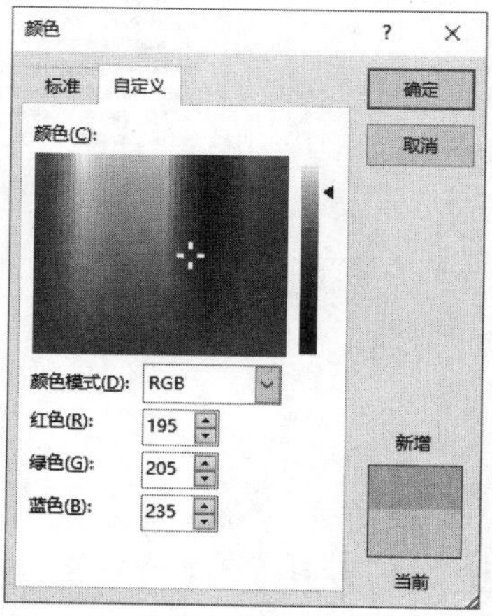

图 6.25　自定义颜色

02 在“页面背景”列表中选择“填充效果”选项，打开“填充效果”对话框。在“渐变”选项卡中可以设置以渐变填充的方式来填充页面背景。例如选择“双色”选项，使用双色渐变来进行填充，分别设置渐变的 2 种颜色。完成设置后单击“确定”按钮即应用渐变填充，如图 6.26 所示。

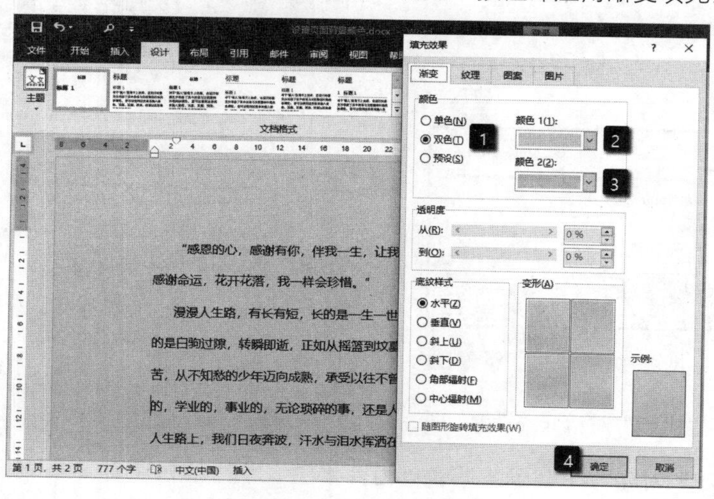

图 6.26　应用渐变填充

03 在“填充效果”对话框中打开“纹理”选项卡，“纹理”列表中列出了 Word 内置的纹理图案，选择相应的选项就可以将纹理填充于文档背景。例如在“纹理”列表中选择“信纸”选项，单击“确定”按钮即应用纹理填充，如图 6.27 所示。

04 打开“图案”选项卡，在“图案”列表中选择需要使用的图案，设置图案的前景色和背景色。完成设置后单击“确定”按钮即应用图案填充，如图 6.28 所示。

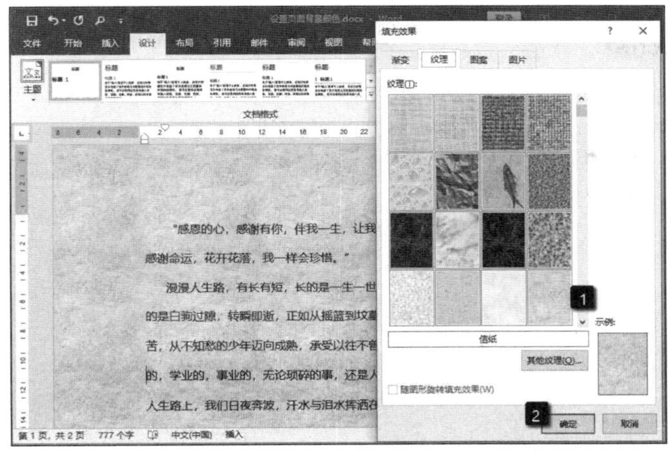

图 6.27　应用纹理填充

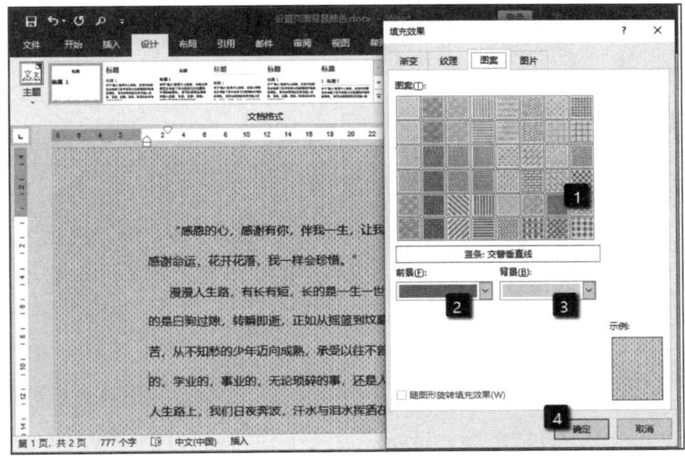

图 6.28　应用图案填充

05 打开“图片”选项卡，单击“选择图片”按钮打开“插入图片”对话框，在对话框中选择“来自文件”选项，如图 6.29 所示。在打开的“插入图片”对话框中选择需要使用的图片文件，然后单击“插入”按钮插入图片，如图 6.30 所示。最后单击“确定”按钮关闭“页面背景”对话框，选择的图片即可填充于文档背景中，如图 6.31 所示。

图 6.29　打开“插入图片”对话框

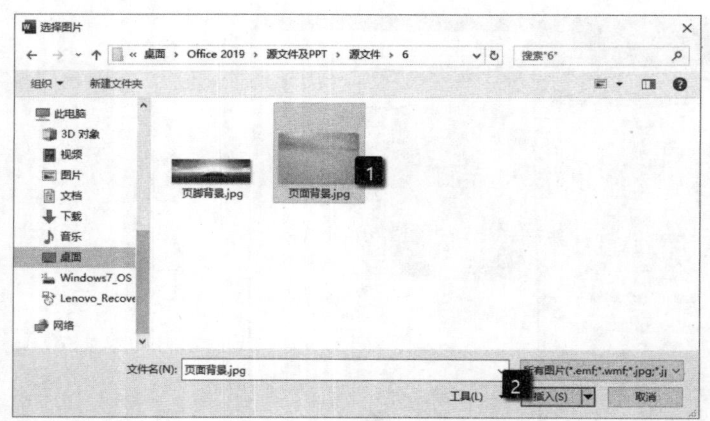

图 6.30　选择需要插入的图片

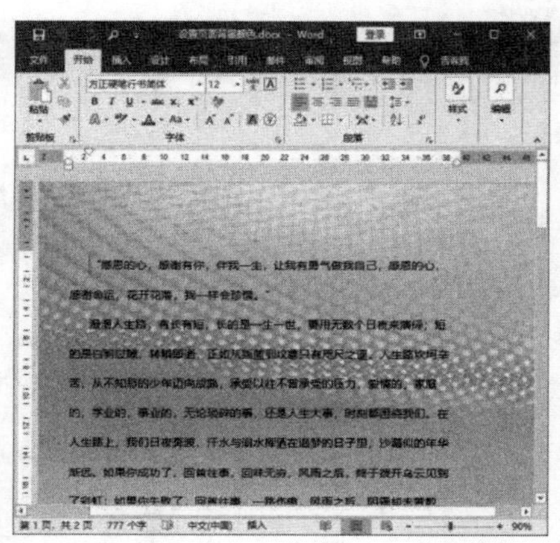

图 6.31　图片作为背景应用于文档中

无论是使用上述哪种方式填充的背景，都可以在打开“页面颜色”列表后选择列表中的“无颜色”选项，即可取消背景填充。

6.4　文档的页眉和页脚

对于长文档，页面的顶部和底部都会有一些特定的信息，如页码、文档名、文章名或出版信息等，这些放置在页面顶部或底部的信息被称为文档的页眉和页脚。下面介绍在文档中使用页眉和页脚的方法。

6.4.1　创建页眉和页脚

页眉和页脚分别显示于文档的顶部和底部，为文档添加页眉和页脚不仅能够让文档更加美观，更重要的是方便用户查看文档信息。Word 能够在页眉和页脚区域中插入文本、数字和图片等多种对象，本节将介绍创建页眉和页脚的操作方法。

01 使用 Word 打开需要处理的文档，打开“插入”选项卡，在“页眉和页脚”组中单击“页眉”按钮。打开的列表中列出了 Word 的预设页眉样式，根据需要选择相应的选项即可在文档中添加页眉。例如，这里选择“空白”选项，如图 6.32 所示。

02 将插入点光标放置到页眉区中，删除默认的提示文字，在其中输入需要的文字。选择文字后，可以对文字字体、字号和对齐方式等进行设置，如图 6.33 所示。

03 在完成页眉的设置后，在“设计”选项卡的“导航”组中单击“转至页脚”按钮。插入点光标放置到页脚区域中，此时即可在页脚中输入需要的内容，如图 6.34 所示。

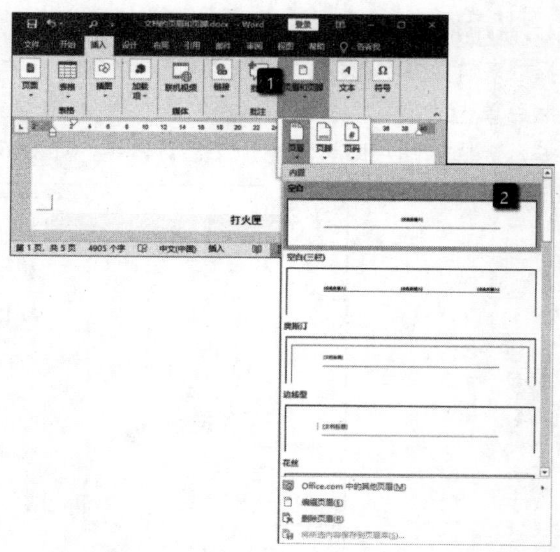

图 6.32　在“页眉”列表中选择需要使用的页眉

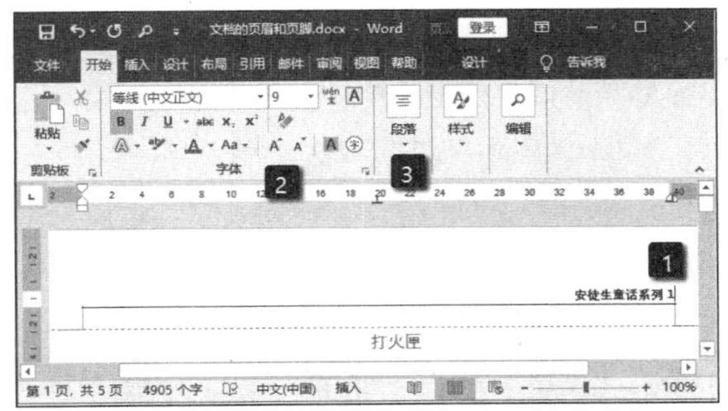

图 6.33　输入文字后对文字进行设置

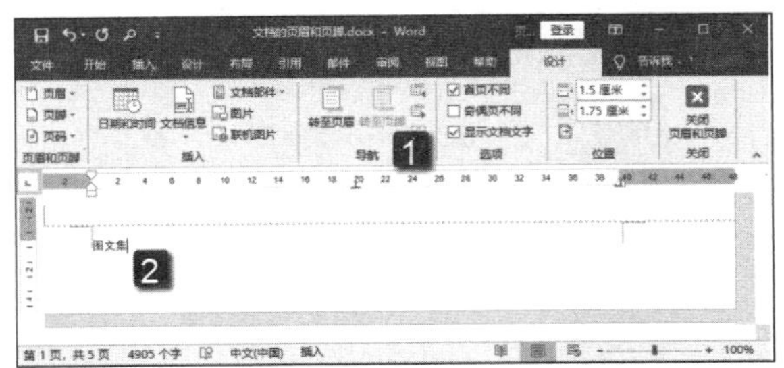

图 6.34　跳转到页脚区并输入

04 在对页眉和页脚进行编辑时，文档正文是无法同时进行编辑的。完成页眉和页脚的处理后，单击“设计”选项卡的“关闭页眉和页脚”按钮即可退出页眉和页脚编辑状态，如图 6.35 所示。

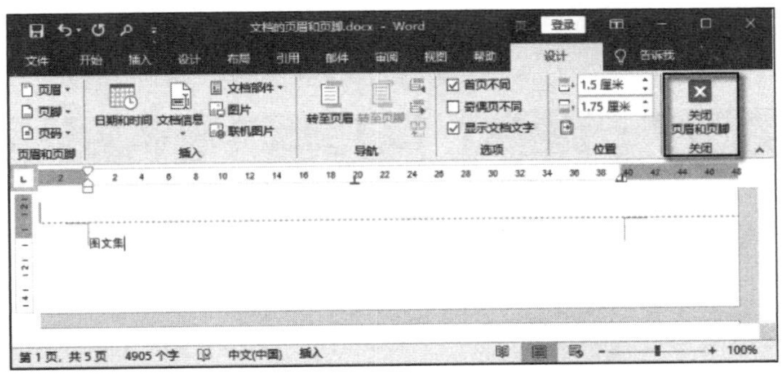

图 6.35　单击“关闭页眉和页脚”

6.4.2　在页眉和页脚中添加特定的元素

在页眉和页脚区域中除了可以添加文字外，还可以添加日期和时间信息、文档信息以及图片等元素。下面介绍这些元素的添加方法。

1. 添加日期和时间

在文档的页眉或页脚区域中可以添加当前的日期和时间信息，以标示文档创建和修改的时间。在页眉或页脚中添加日期和时间，可以使用下面的方法来进行操作。

01 在文档编辑状态下双击页脚区域，进入页脚编辑状态，打开“设计”选项卡。单击“插入”组中的“日期和时间”按钮，打开“日期和时间”对话框。在对话框的“可用格式”列表中选择需要使用的日期和时间格式，勾选“自动更新”复选框，如图 6.36 所示。

02 完成设置后单击“确定”按钮关闭“日期和时间”对话框，即可插入当前的日期或时间，如图 6.37 所示。由于在“日期和时间”对话框中勾选了“自动更新”复选框，因此每次打开文档时，插入的日期或时间会自动更新为当前的时间。

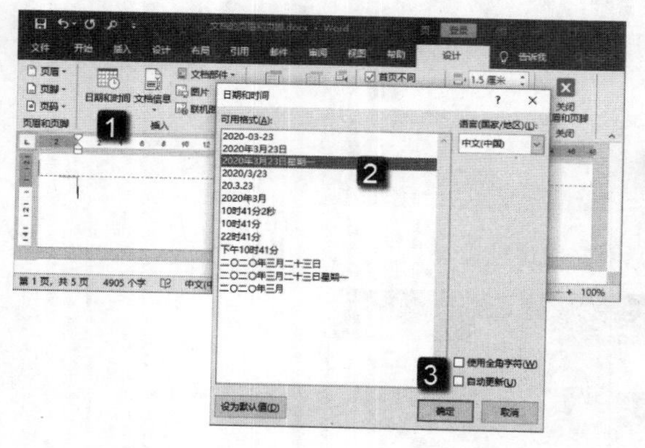

图 6.36　选择插入时间或日期

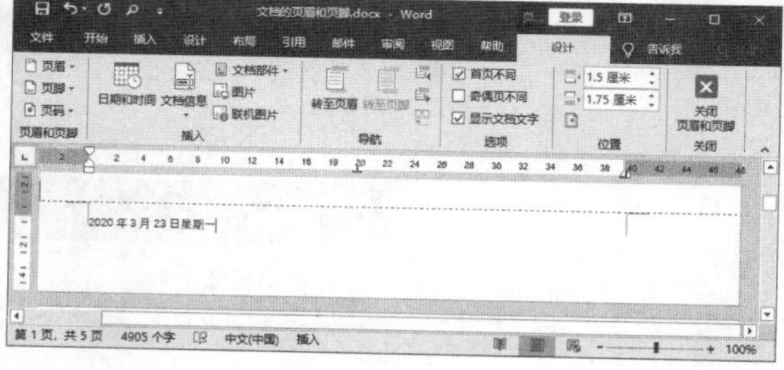

图 6.37　插入日期或时间

2. 插入文档信息

文档的信息包括文档作者、文件名和文档保存路径等信息。用户可以根据需要将这些信息插入页眉和页脚中。下面介绍具体的操作方法。

01 进入页脚编辑状态，在“设计”选项卡的“插入”组中单击“文档信息”按钮，在打开的列表中选择需要插入的内容，例如，选中发布日期选项，如图 6.38 所示。

02 Word 会在页脚当前插入点光标的位置放置发布信息输入框，用户可以直接在输入框中输入日期。或者也可以单击输入框右侧的下三角按钮，在打开的列表中选择时间，如图 6.39 所示。

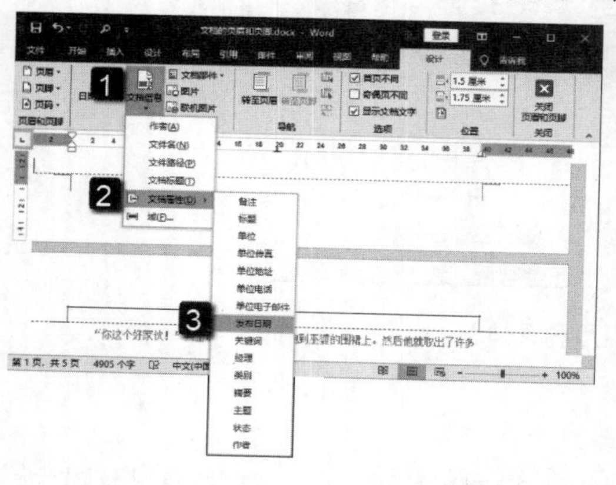

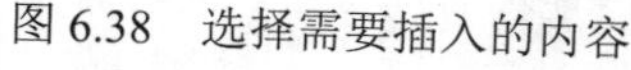

图 6.38　选择需要插入的内容

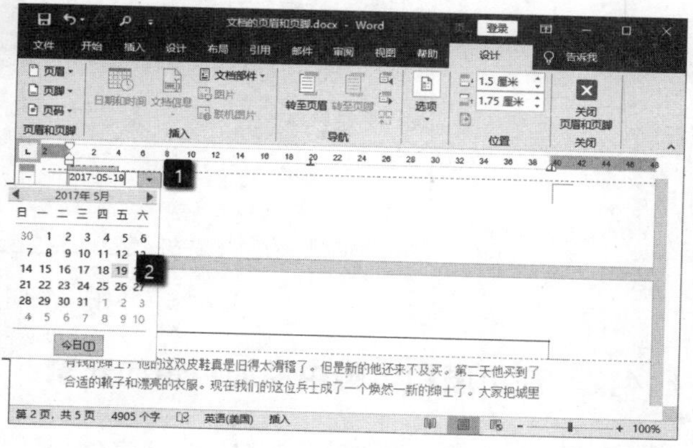

图 6.39　插入日期

3. 插入图片

为了美化文档，文档的页眉和页脚区有时需要插入图片来进行装饰，用户可以使用下面的方法插入来自本地计算机中的图片。

01 将插入点光标放置到页脚区，在“设计”选项卡的“插入”组中单击“图片”按钮，如图 6.40 所示。

02 此时将打开“插入图片”对话框，使用该对话框找到需要插入的图片文件，单击“插入”按钮，如图 6.41 所示。

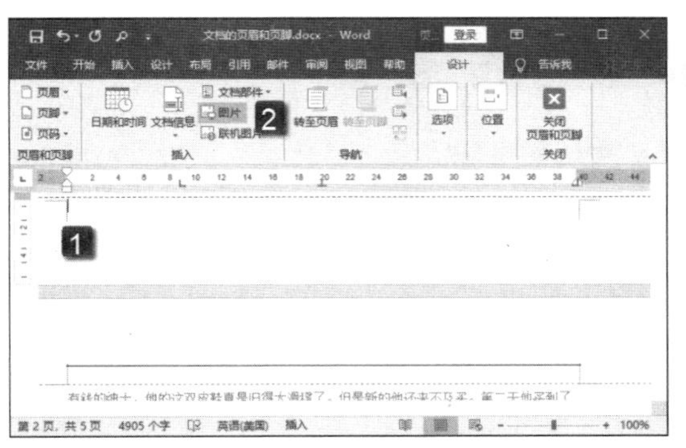

图 6.40　单击“图片”按钮

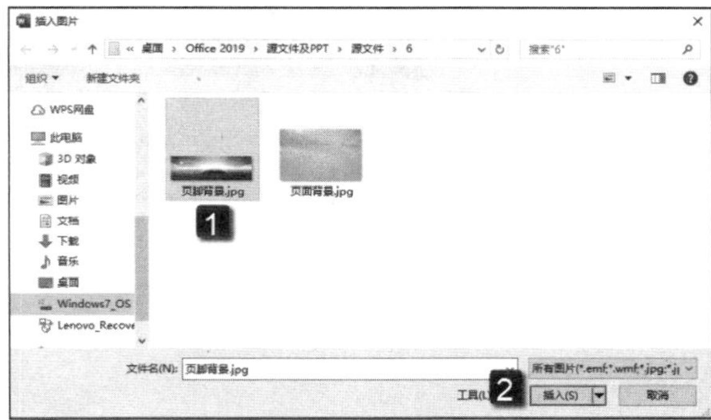

图 6.41　“插入图片”对话框

03 选中的图片插入到页脚区中之后，拖动图片边框上的控制柄可以对图片的大小进行调整，如图 6.42 所示。

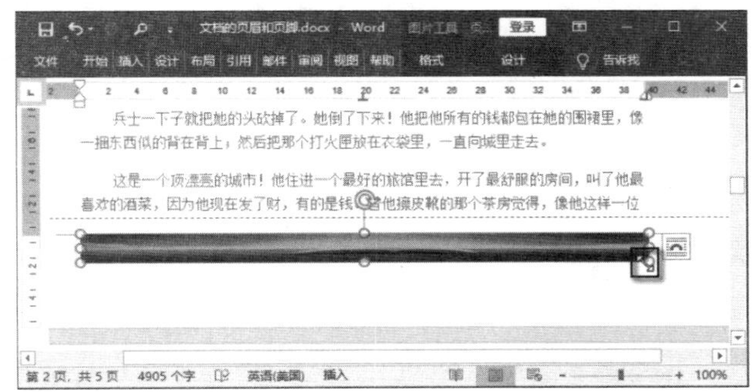

图 6.42　拖动控制柄调整图片的大小

6.4.3　添加页码

页眉和页脚中的内容一般分为静态和动态 2 种类型。前面介绍的文字和图片等内容属于静态的内容。而页码则是动态的内容，其能够根据文档页数的增加或减少自动更改页码数字。下面介绍在文档中添加和设置页码的操作方法。

1．在文档中添加页码和设置

对于多页文档来说，通常需要为文档添加页码。如果只是单纯地进行页码的编排，可以直接使用“页码”对话框来添加以提高工作效率。Word 2019 提供了专门用于添加页码的命令按钮，同时还能对页码的样式进行设置。下面介绍向文档中添加页码并对页码样式进行设置的方法。

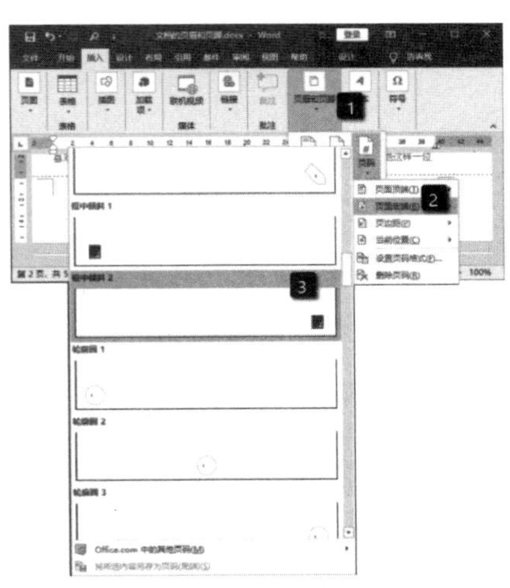

图 6.43　选择页码样式

01 在功能区中打开“插入”选项卡，在“页眉和页脚”组中单击“页码”按钮，在打开的下拉列表中选择“页面底端”选项，在打开的下级列表中选择页码的样式。例如，这里选择将页码放置于文档页面的底部，可选择列表中“页面底端”选项，在获得的下级列表中选择需要的页码样式，如图 6.43 所示。完成后，文档中即会添加指定样式的页码，如图 6.44 所示。

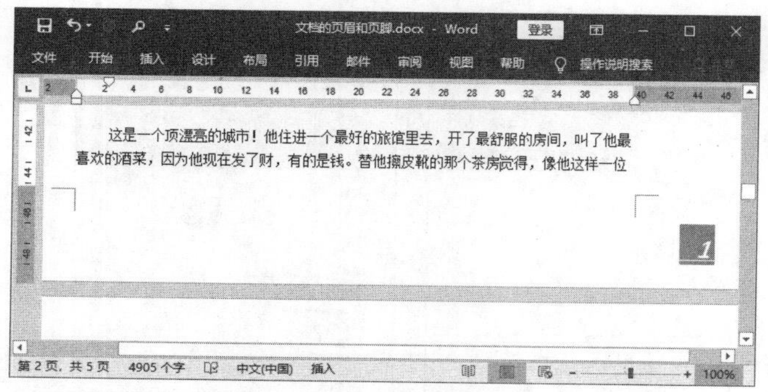

图 6.44　文档中添加了页码

02 在文档中双击页码进入页眉和页脚编辑状态，打开“设计”选项卡，单击“页眉和页脚”组中的“页码”按钮，在下拉列表中选择“设置页码格式”选项，如图 6.45 所示。

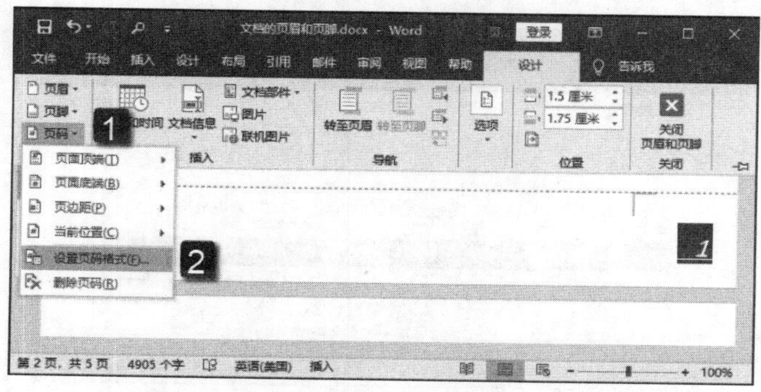

图 6.45　选择“设置页码格式”选项

03 此时可以打开“页码格式”对话框，在对话框的“编号格式”下拉列表中选择编号的样式。单击“起始页码”单选按钮，根据需要在其后的增量框中输入数值设置起始页码，如图 6.46 所示。完成设置后单击“确定”按钮关闭对话框后页码数字格式即被改变，如图 6.47 所示。

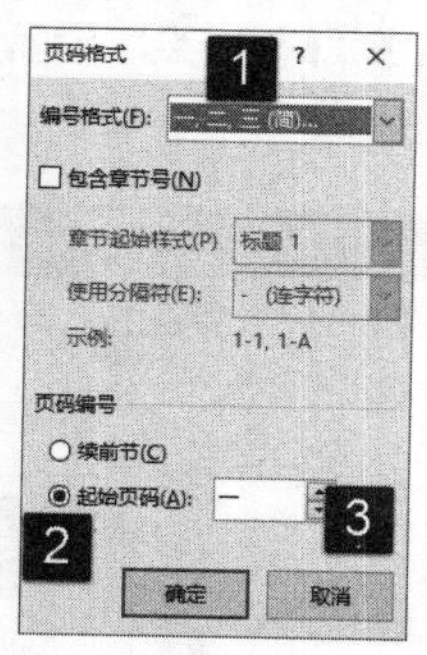

图 6.46　“页面格式”对话框

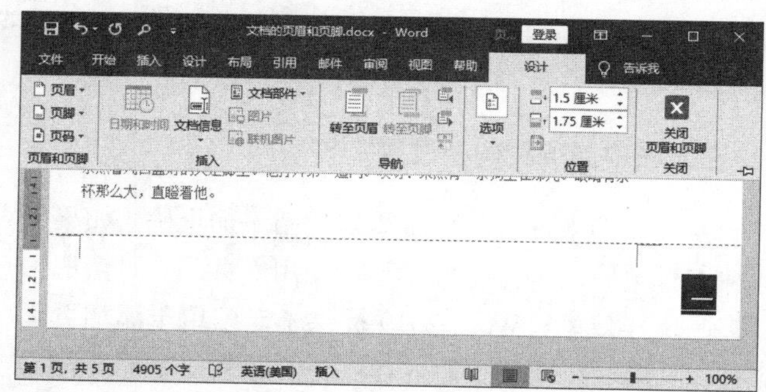

图 6.47　页码格式发生改变

2．让页码从第 2 页开始

在默认的情况下，页码从第 1 页开始，即第一页的页码为 1，第二页的页码为 2，其他页以此类推。如果需要从第 2 页开始插入页码，即第 2 页的页码被设置为 1，则可以采用下面的方法进行操作。

01 打开一个添加了页码的文档，双击文档中的页码，打开“设计”选项卡。单击“页眉和页脚”组中的“页码”按钮，在打开的下拉列表中选择“设置页码格式”选项，如图 6.48 所示。

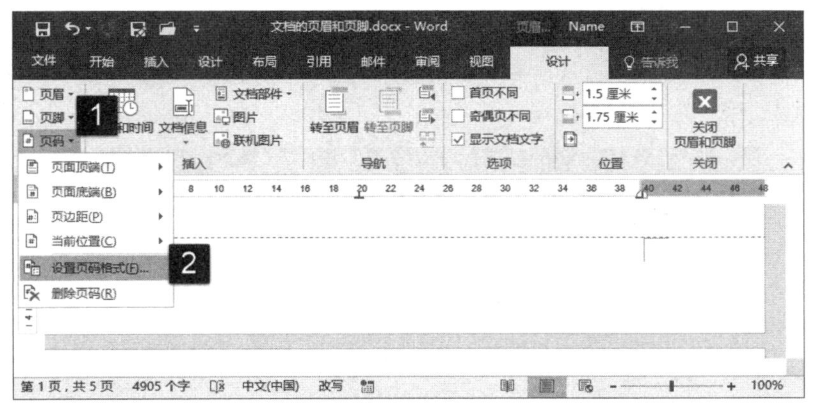

图 6.48　选择“设置页码格式”选项

02 在打开的“页码格式”对话框中选择“起始页码”单选选项，在其后的微调框中输入数字 0。完成设置后单击“确定”按钮关闭该对话框，如图 6.49 所示。

03 在文档中插入页码，在“设计”选项卡的“选项”组中勾选“首页不同”复选框，则首页的页码 0 消失，第二页页码为 1，第三页页码为 2，其他页的页码以此类推，如图 6.50 所示。

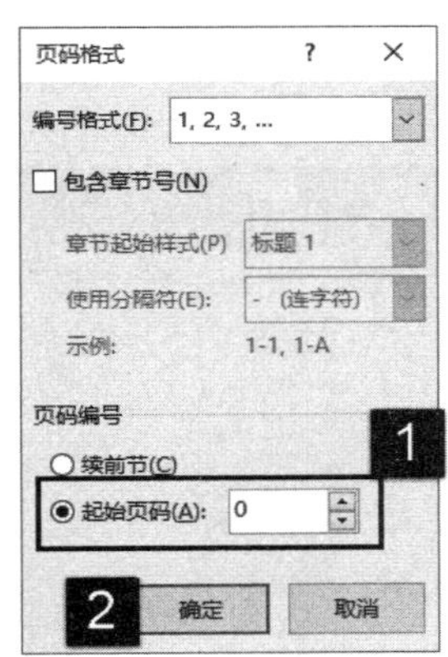

图 6.49　“页码格式”对话框

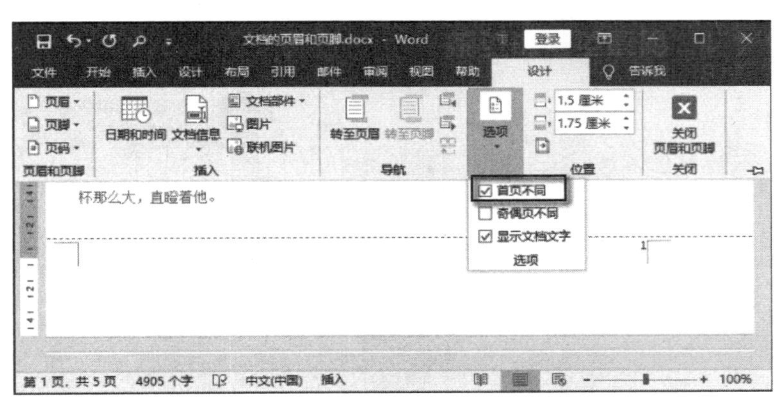

图 6.50　勾选“首页不同”复选框

提　示

在文档中如果要删除插入的页码，可以双击文档中任意页的页码。在进入页码编辑状态后，选中插入的页码，按 Delete 键或 Backspace 键即可。同时，也可以在“页码”列表中选择“删除页码”选项删除文档中的页码。

6.5　分栏排版

当文档中一行文字比较长不便于阅读时，可以使用分栏排版的方式将版面分成多栏。在杂志、报纸和宣传手册等出版物中，常常需要将同一页面上的内容分成多栏，使整个页面更具特色、更美观。

6.5.1　创建分栏

Word 2019 的“布局”选项卡中提供了用于创建分栏版式的命令按钮，使用该按钮能够将选择的段落进行分栏操作。下面介绍具体的操作方法。

01 在文档中选择需要分栏的段落，在“布局”选项卡的“页面设置”组中单击“分栏”按钮，在打开的下拉列表中选择内置的分栏样式设置分栏。如果内置的分栏样式无法满足要求，可以选择“更多栏”选项，如图 6.51 所示。

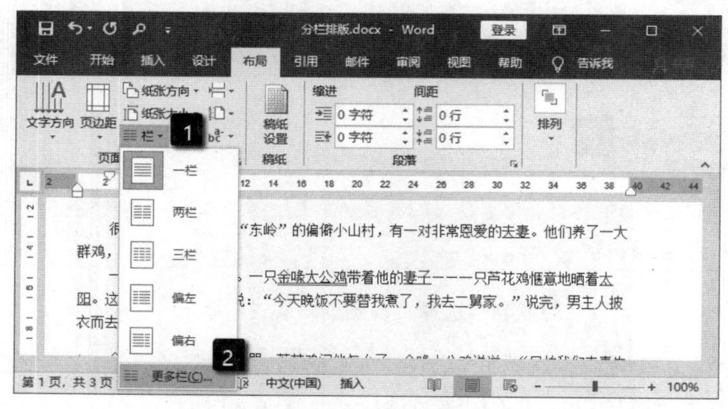

图 6.51　选择“更多栏”选项

02 此时将打开“分栏”对话框，在对话框中用户可以对分栏样式进行自定义。例如：这里将栏数设置为 4，如图 6.52 所示。单击“确定”按钮关闭对话框，段落即按照设置进行分栏，如图 6.53 所示。

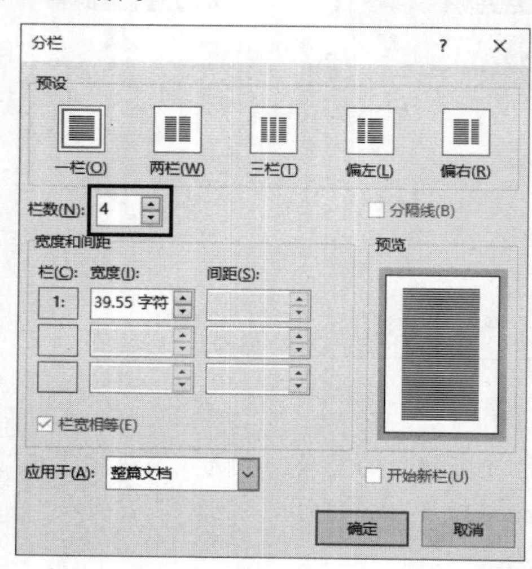

图 6.52　“分栏”对话框

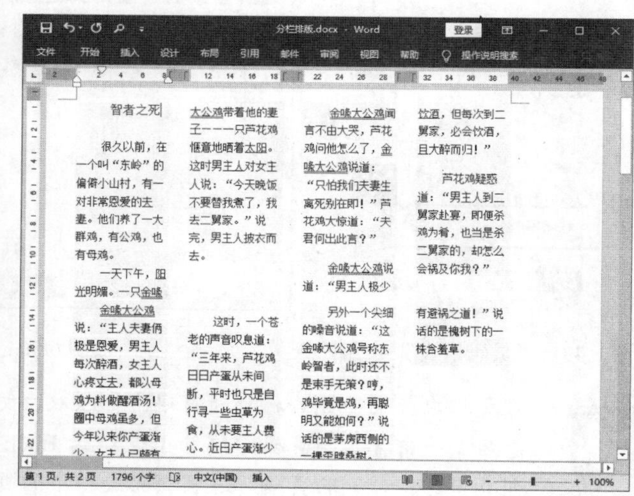

图 6.53　按设置分栏

6.5.2　对分栏进行设置

分栏完成后，如果分栏的效果不令人满意，则需要对分栏设置进行修改。下面介绍对分栏设置进行修改的有关知识。

01 完成分栏后，将插入点光标放置到文档中，拖动水平标尺上的分栏标记，可以调整栏宽，如图 6.54 所示。

02 打开“分栏”对话框，在对话框的“宽度”和“间距”微调框中输入数值也可以设置栏宽。勾选“分隔线”复选框，则可为分栏添加分隔线。完成设置后单击“确定”按钮关闭对话框，如图 6.55 所示。栏间距调整为设置值，同时栏间添加了分隔线，如图 6.56 所示。

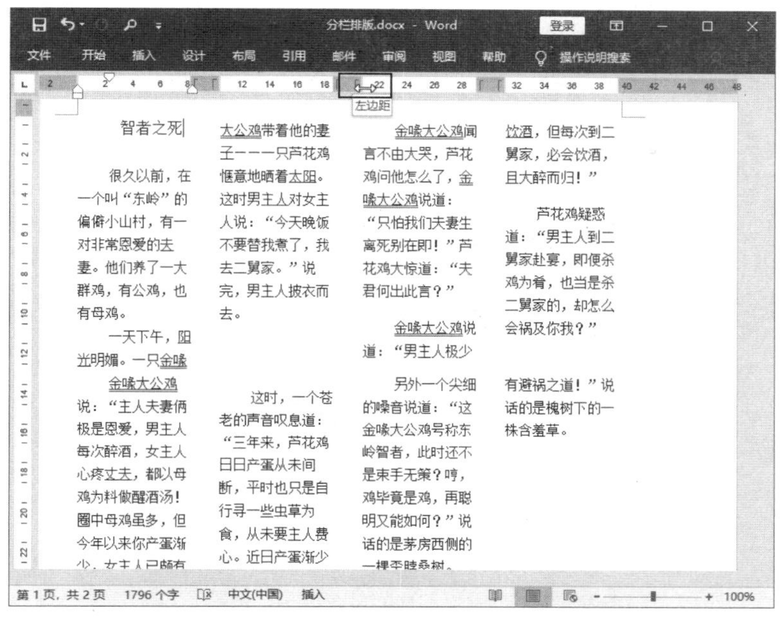

图 6.54　调整栏宽

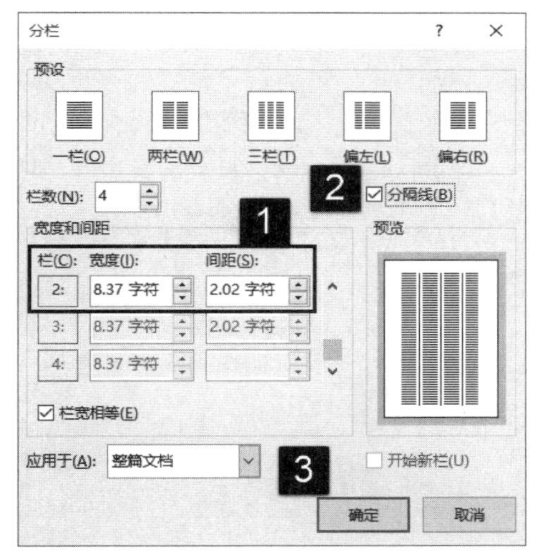

图 6.55　打开“分栏”对话框

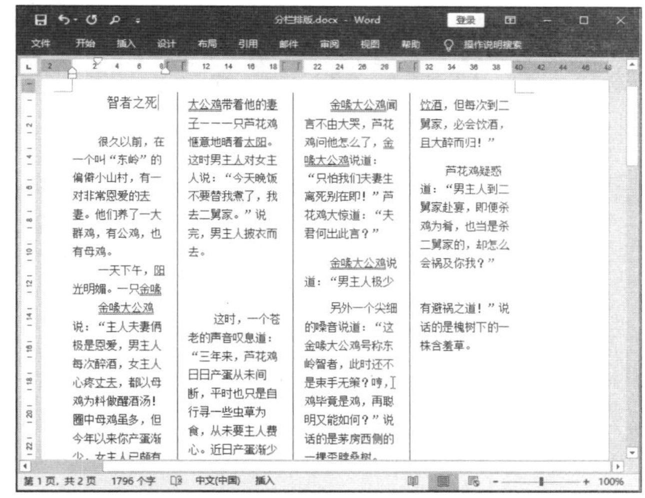

图 6.56　分栏后添加分隔线

6.5.3　使用分栏符调整分栏

完成分栏后，Word 会从第一栏开始依次往后排列文档内容。如果希望某一段文字出现在下一栏的顶部，则可以通过插入分栏符来实现。下面介绍具体的操作方法。

01 启动 Word，打开文档。该文档中选择段落文字后将它们分为 2 栏。此时我们可以看到，第一栏最后一个段落的部分文字在第二栏中，如图 6.57 所示。

02 将插入点光标放置到分栏段落的开始，在“布局”选项卡中单击“页面设置”组中的“插入分页符和分节符”按钮，在打开的分页符下拉列表中选择“分栏符”选项，如图 6.58 所示。此时，插入点光标前后位于不同段落的 2 段文字被分别放置在 2 个分栏中，如图 6.59 所示。

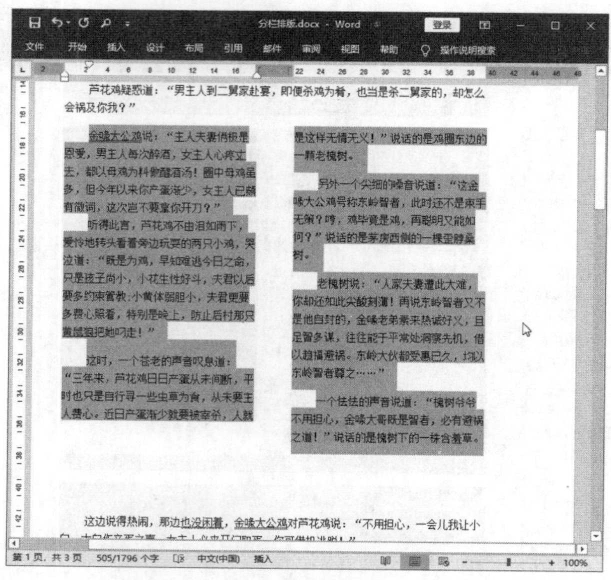

图 6.57　将选择的段落分为 2 栏

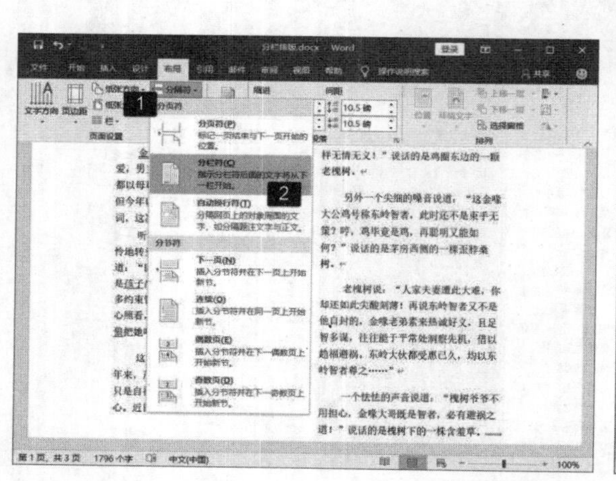

图 6.58　选择“分栏符”选项

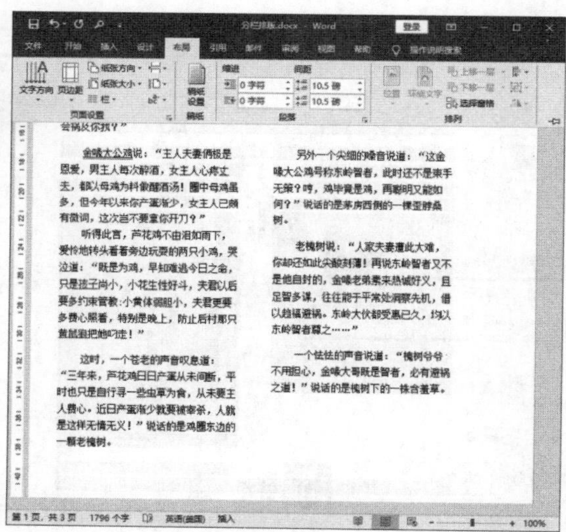

图 6.59　不同段落文字分别放置在 2 个分栏中

6.6　长文档的页面要素

对于文字篇幅很长的文档，读者想要快速了解文档的内容和结构往往一些辅助措施来帮助，这些辅助措施包括脚注和尾注、目录和索引以及交叉引用等。下面将介绍长文档中的这些页面元素的使用方法。

6.6.1　使用脚注和尾注

脚注和尾注都不是文档的正文，都只是文档的组成部分。它们在文档中的作用是相同的，都是用来对文档中的文本进行补充说明。下面介绍在文档中使用脚注和尾注的方法。

1．添加脚注和尾注

用户在 Word 文档中添加脚注，可以起到说明、提醒和注释等作用。尾注一般位于文档的结尾处，用来集中解释文档中需要注释的内容。一般情况下，文档中所有的尾注都是依次排序放置在文档结尾部分的。下面介绍它们的使用方法。

01 在文档中将插入点光标放置到需要添加脚注的位置，在“引用”选项卡的“脚注”组中单击“插入脚注”按钮，插入点光标会自动跳转至页面底部，直接输入脚注内容即可，如图 6.60 所示。

02 添加脚注后，注释的文本前会放置脚注序号。将鼠标指针放置到文字上时将会显示脚注内容，如图 6.61 所示。

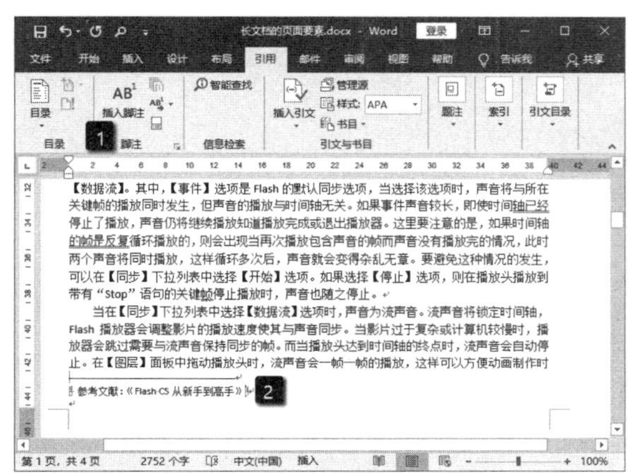

图 6.60　添加脚注

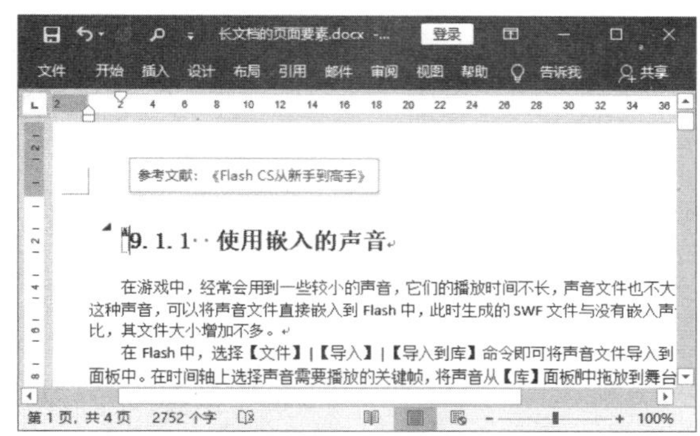

图 6.61　显示脚注

提　示

如果需要查看脚注对应的文字内容，双击脚注标记就可以跳转到脚注文字所在的位置。

03 在文档中选择需要添加尾注的文字，在“引用”选项卡的“脚注”组中单击“插入尾注”按钮。此时在文档的末尾处将添加直线和编号，插入点光标也会跳转到尾注。在光标处直接输入尾注内容即可，如图 6.62 所示。

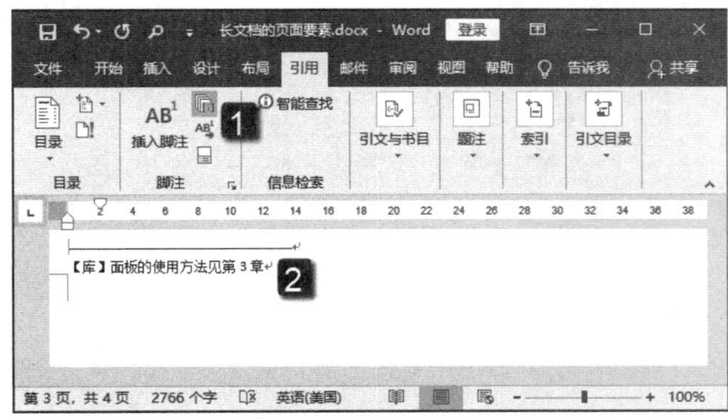

图 6.62　添加尾注

2．对脚注和尾注进行设置

在 Word 中，脚注和尾注的样式是可以自定义的，下面介绍对脚注和尾注进行设置的操作方法。

01 在“引用”选项卡的“脚注”组中单击“脚注和尾注”按钮打开“脚注和尾注”对话框。在对话框的“位置”栏中单击相应的单选选项，选择进行设置的项目，如这里选择对尾注进行设置。在“格式”栏的“编号格式”列表中选择编号的格式，使用“起始编号”微调框设置起始编号。完成设置后单击“应用”按钮即可将设置应用于文档的尾注中，如图 6.63 所示。

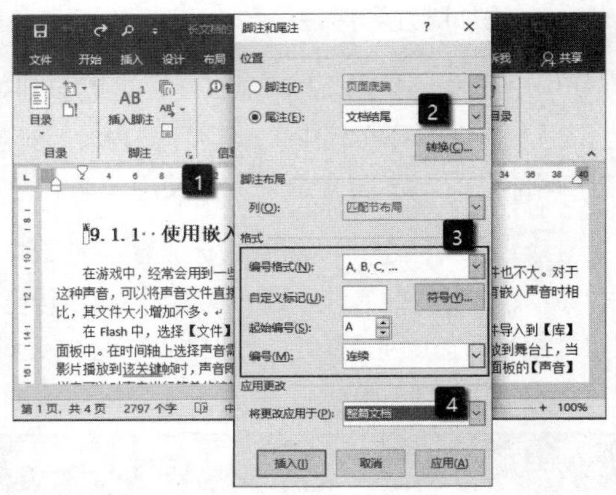

图 6.63　设置尾注格式

02 将插入点光标放置到某个尾注中，打开“脚注和尾注”对话框，单击“符号”按钮打开“符号”对话框。在“符号”对话框的“字体”列表中选择字体，然后在对话框的符号列表中选择符号后单击“确定”按钮，关闭“符号”对话框。最后在“脚注和尾注”对话框中单击“插入”按钮，如图 6.64 所示。选择的符号即被插入到尾注的前面，如图 6.65 所示。

图 6.64　选择要插入的符号

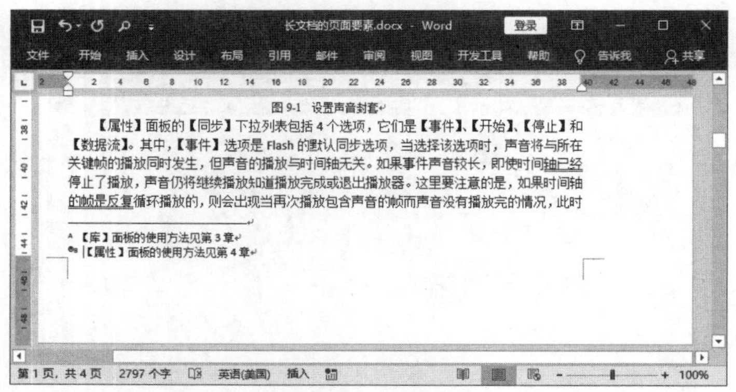

图 6.65　选择的符号插入到当前尾注的前面

03 在“脚注和尾注”对话框中单击“转换”按钮，打开“转换注释”对话框。在对话框中选择“脚注全部转换成尾注”选项后单击“确定”按钮，如图 6.66 所示。此时脚注即被转换为尾注，如图 6.67 所示。

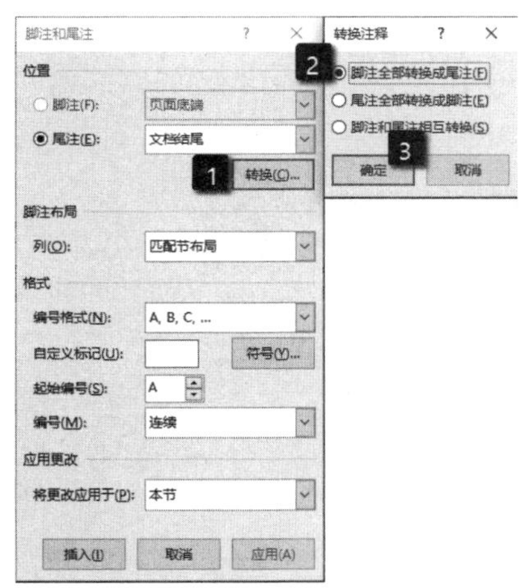

图 6.66　打开“转换注释”对话框

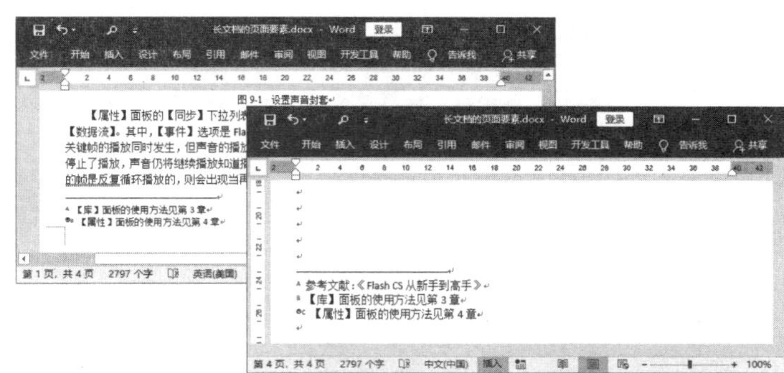

图 6.67　脚注被转换为尾注

6.6.2　使用目录和索引

在长文档中，目录和索引是帮助读者了解文档内容并快速定位到相关内容的重要手段，使用 Word 能够十分便捷地为文档添加目录和索引，下面介绍具体的操作方法。

1. 使用目录

对于一篇较长的文档来说，文档中的目录是文档不可或缺的一部分。使用目录便于读者了解文档结构，把握文档内容，显示要点的分布情况。对于一篇长文档来说，按章节手动输入目录是效率很低的方法，Word 2019 提供了抽取文档目录的功能，可以自动将文档中的标题抽取出来。下面介绍使用内置样式创建目录和创建自定义目录的操作方法。

01 打开需要创建目录的文档，在文档中单击将插入点光标放置在需要添加目录的位置。打开“引用”选项卡，单击“目录”组中的“目录”按钮，在下拉列表中选择一款内置的目录样式。此时在插入点光标处将会出现选择样式的目录，如图 6.68 所示。

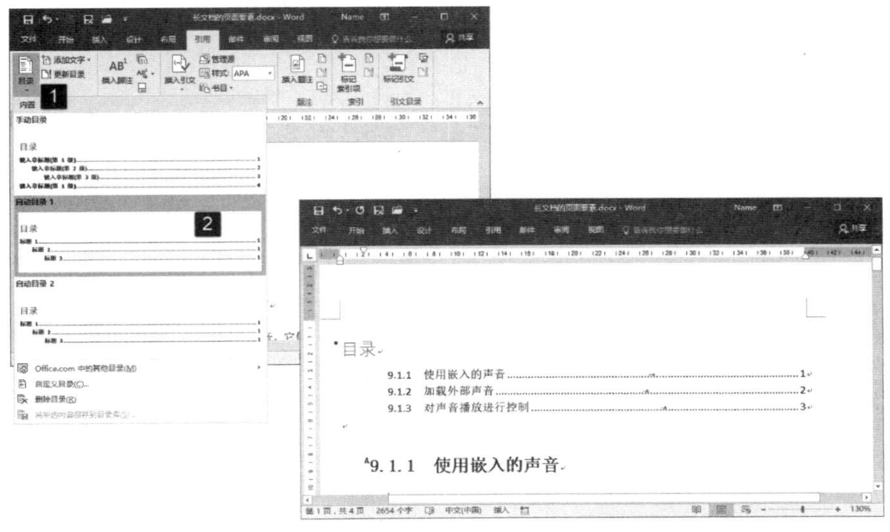

图 6.68　在文档中添加目录

02 在对文档进行了新的编辑后，往往需要将新更改的内容添加到目录中。将插入点光标放置到目录中，单击目录框上的“更新目录”按钮。此时将打开“更新目录”对话框，在该对话框中可以选择是只更新页码还是更新整个目录，如图 6.69 所示。

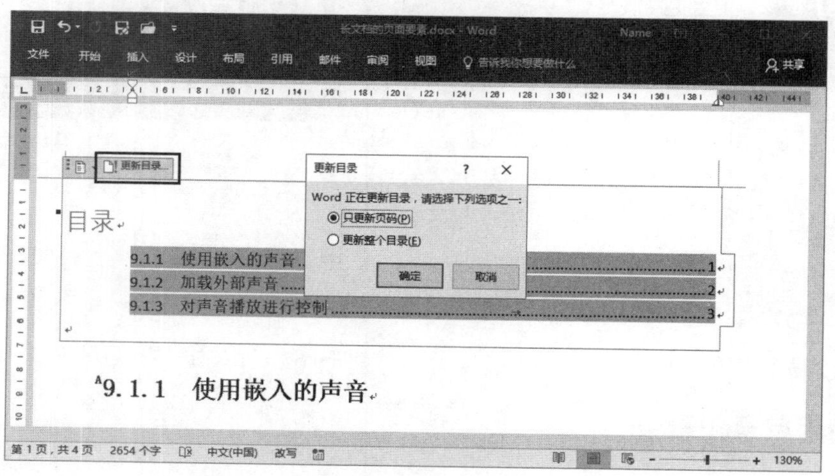

图 6.69　打开“更新目录”对话框

03 单击目录框上的“目录”按钮，打开内置目录样式列表，选择列表中的选项可以更改当前目录的样式，如图 6.70 所示。

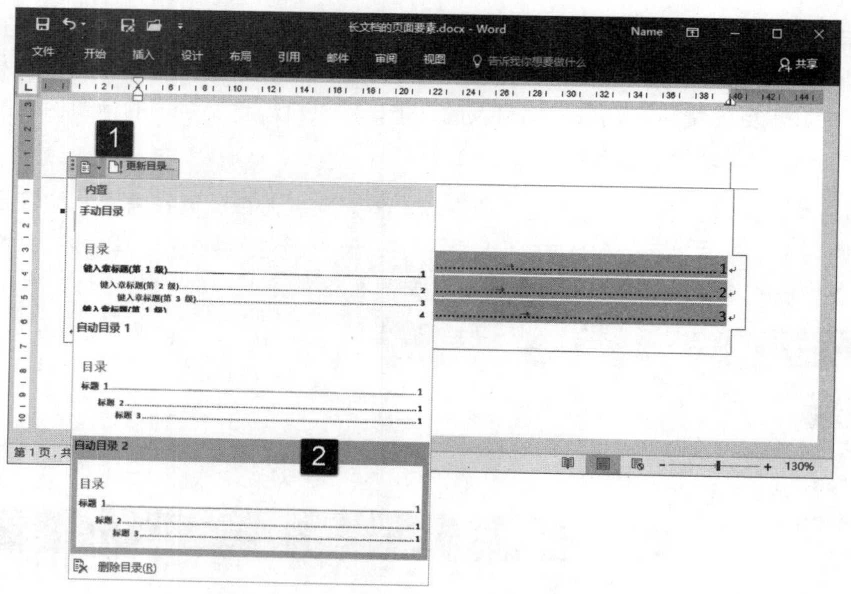

图 6.70　更改当前目录的样式

04 单击“引用”选项卡“目录”组中的“目录”按钮，在打开的下拉列表中选择“自定义目录”选项，打开“目录”对话框。使用该对话框可以对目录样式进行设置，例如，这里使用“制表符前导符”下拉列表来设置制表符前导符的样式。在“目录”对话框中单击“选项”按钮，打开“目录选项”对话框，使用该对话框可以设置目录的样式内容，如图 6.71 所示。完成设置后，单击“确定”按钮关闭 2 个对话框，Word 会提示是否替换所选的目录，如图 6.72 所示。单击“确定”按钮即可用设置的目录样式替换掉当前的目录。

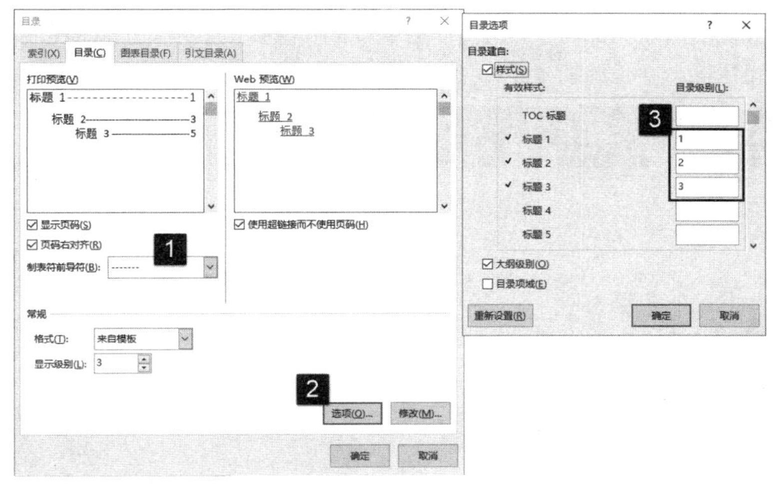

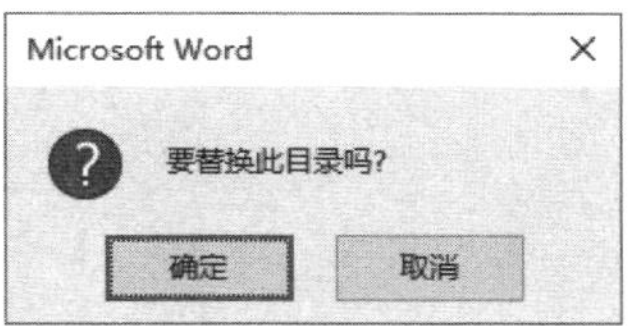

图 6.71　设置前导符并打开“目录选项”对话框

图 6.72　Word 提示对话框

05 在“目录”对话框中单击“修改”按钮，打开“样式”对话框，使用该对话框能够对目录的样式进行修改。在对话框的“样式”列表中选择需要修改的目录，单击对话框中的“修改”按钮，打开“修改格式”对话框，在对话框中对选择目录的样式进行修改，如图 6.73 所示。

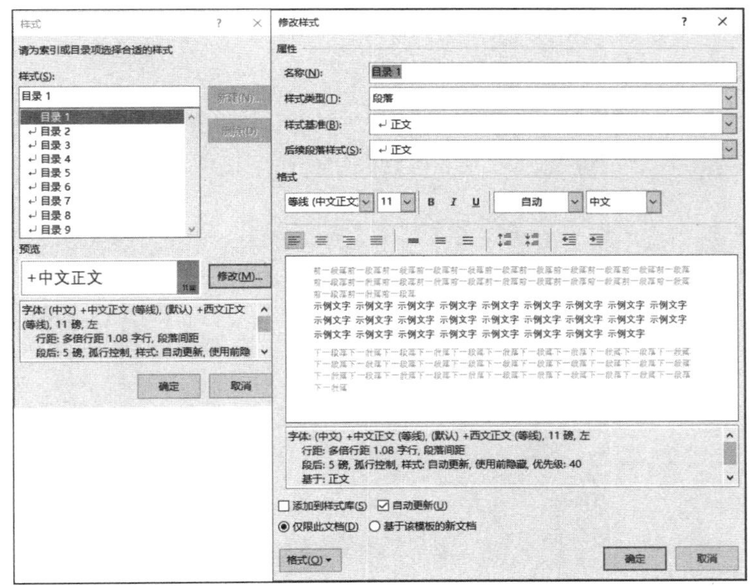

图 6.73　“样式”对话框以及“修改样式”对话框

06 依次单击“确定”按钮关闭“修改样式”对话框、“样式”对话框和“目录”对话框，最后 Word 会提示是否替换现有目录，如图 6.74 所示。单击“确定”按钮关闭该对话框，目录的样式即会被修改。

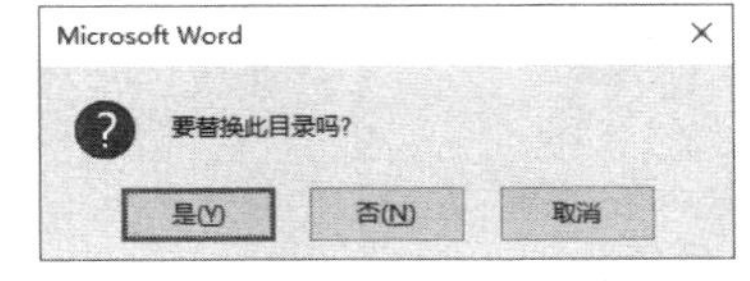

图 6.74　提示是否替换当前目录

2. 使用索引

索引列出了文档中的词条和主题，同时会显示词条和主题所对应的页码。下面介绍在 Word 文档中编制索引的方法。

01 在 Word 中打开文档并放置插入点光标，在“引用”选项卡的“索引”组中单击“插入索引”按钮。此时将打开“索引”对话框。在对话框中单击“标记索引项”按钮，如图 6.75 所示。

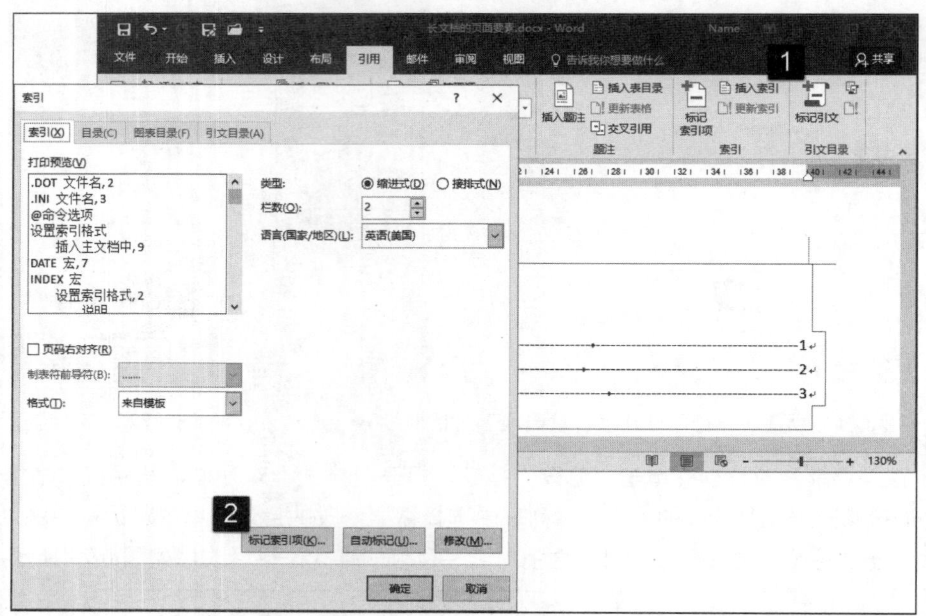

图 6.75　在“索引”对话框中单击“标记索引项”

02 此时将打开“标记索引项”对话框，在“主索引项”文本框中输入索引文字。如果需要标记索引项，可以单击“标记”按钮。如果要标记文中所有的该词语，可以单击“标记全部”按钮，如图 6.76 所示。

03 在“标记索引项”对话框中选择“主索引项”文本框中的文本后右击，在弹出的快捷菜单中选择“字体”选项，打开“字体”对话框。使用该对话框可以为索引文本设置文字格式。例如，选择对字体进行设置，如图 6.77 所示。在“标记索引项”对话框中单击“标记”按钮，文档中对应的文字即被标记，如图 6.78 所示。

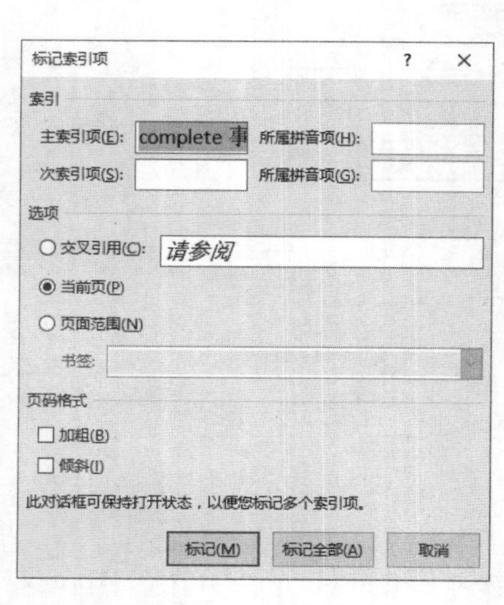

图 6.76　“标记索引项”对话框

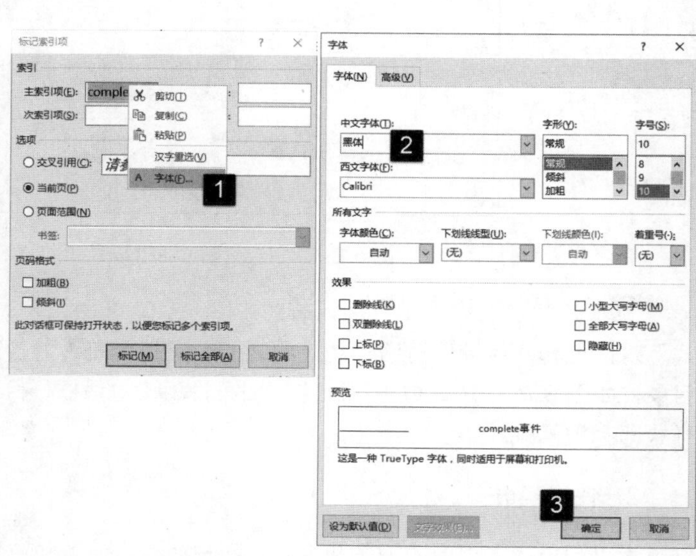

图 6.77　设置字体

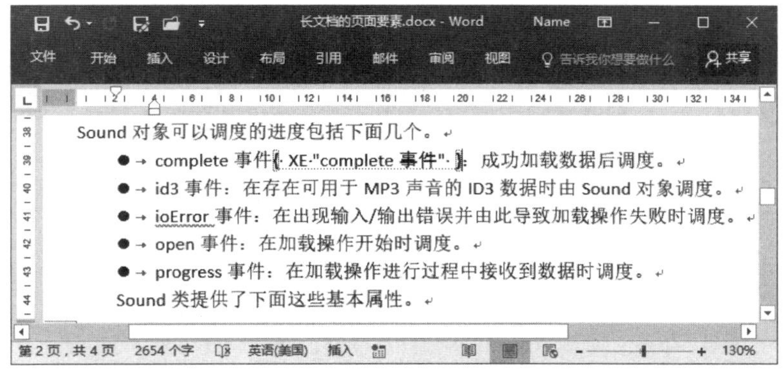

图 6.78　插入索引

在文档中，很多时候需要索引标记不可见的。如果要让索引标记不可见，可以打开 Word 的“Word 选项”对话框，在对话框左侧列表中选择“显示”选项，取消对“显示所有格式标记”复选框的勾选，如图 6.79 所示。单击“确定”按钮关闭对话框后，所有标记将在文档中被隐藏。

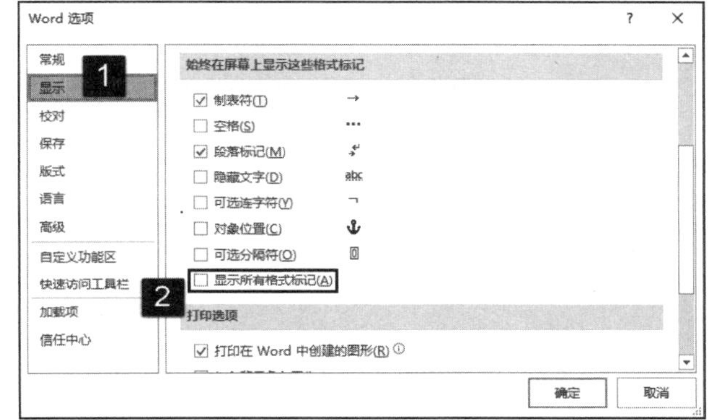

图 6.79　“Word 选项”对话框中的设置

04 在文档的最后放置插入点光标，在“引用”选项卡的“索引”组中单击“插入索引”按钮，打开“插入索引”对话框，在对话框中直接单击“确定”按钮关闭对话框。插入点光标处即显示索引内容，如图 6.80 所示。

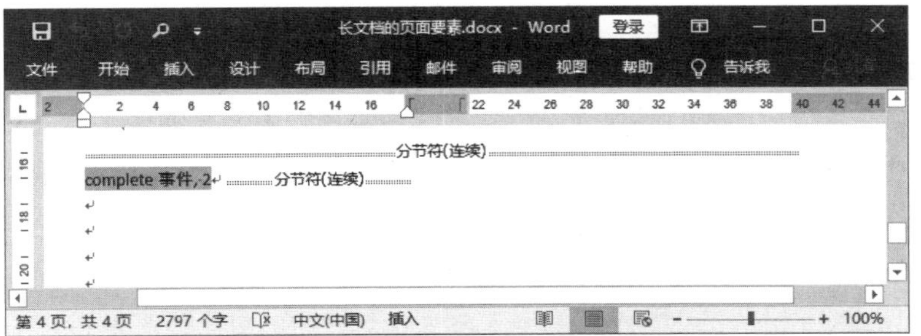

图 6.80　显示索引内容

6.6.3　使用交叉引用

交叉引用就是在文档的一个位置引用文档另一个位置的内容。交叉引用常应用于需要互相引用内容的地方，既可以使用户尽快找到想要的内容，又能够保证文档的结构条理清晰。下面将介绍在 Word 中使用交叉引用的方法。

01 启动 Word 并打开文档，将插入点光标放置到需要添加交叉引用的文字的后面，如图 6.81 所示。

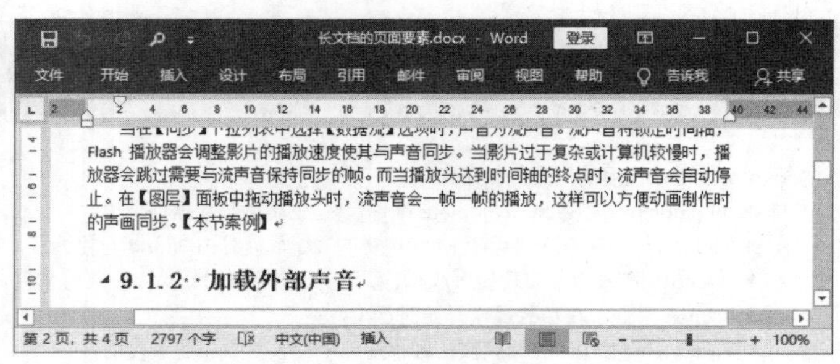

图 6.81　放置插入点光标

02 在“引用”选项卡中单击“题注”组中的“插入交叉引用”按钮，打开“交叉引用”对话框。在对话框的“引用类型”下拉列表中选择需要的项目类型，在“引用内容”下拉列表中选择需要插入的信息，在“引用哪一个标题”列表框中选择引用的具体内容，如图 6.82 所示。完成设置后单击“插入”按钮即可在插入点光标处插入一个交叉引用。

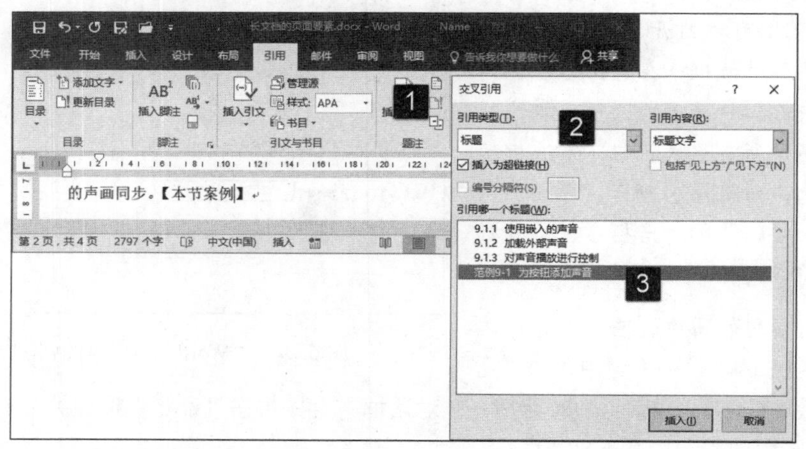

图 6.82　插入交叉引用

提 示

如果取消对“插入为超链接”复选框的勾选，那么插入的交叉引用将不具有链接功能。如果“包括‘见上方’/‘见下方’”复选框可用，勾选此复选框后，交叉引用即会包含引用项目的相对位置信息。另外，在单击“插入”按钮后，如果还需要创建其他的交叉引用，可不关闭对话框，直接在文档中选择新的插入点后继续插入。

03 单击“插入”按钮关闭“交叉引用”对话框。此时，标题文字被插入到当前插入点光标之后，按 Ctrl 键并单击文档中的交叉引用，文档即会跳转至文档中引用指定的位置，如图 6.83 所示。

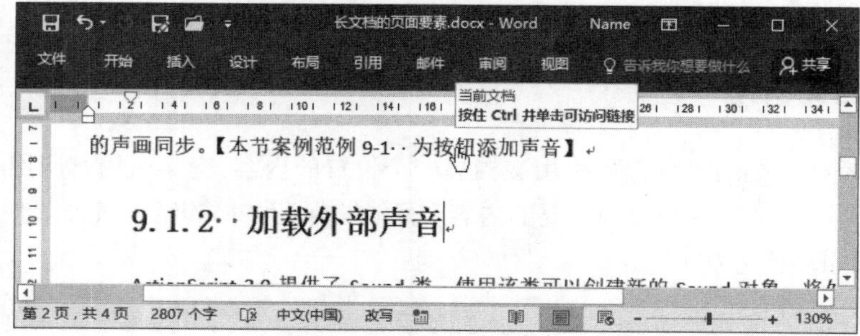

图 6.83　使用交叉引用

如果需要对创建的交叉引用进行修改，可以在文档中选中插入的交叉引用后再次打开“交叉引用”对话框，选择新的引用项目后单击“插入”按钮即可。

6.7 本章拓展

下面介绍与本章知识相关的拓展技巧。

6.7.1 在文档中添加行号

在文档中，有时需要为行添加行号，例如我们可以为一些英文文章或文档中出现的计算机程序代码添加行号。在默认情况下，行号是按照每行间隔 1 的顺序添加的。在实际应用中，用户可以根据需要按指定的间隔添加行号。下面介绍具体的操作方法。

01 启动 Word，打开需要添加行号的文档。在“布局”选项卡中单击“页面设置”右边的方形按钮，打开“页面设置”对话框。在对话框的“版式”选项卡中单击“行号”按钮，如图 6.84 所示。

如果在功能区的“页面设置”组中直接单击“行号”按钮，在打开的列表中选择“无”选项则会取消添加行号。选择“连续”选项即可创建连续的行号。如果选择“每节重新编行号”选项，则可在当前节中进行编号操作。如果选择“行编号”选项，即可打开“页面设置”对话框的“版式”选项卡。

02 此时将打开“行号”对话框，在对话框中勾选“添加行号”复选框，在“行号间距”微调框中输入数值“3”。完成设置后单击“确定”按钮关闭对话框，如图 6.85 所示。

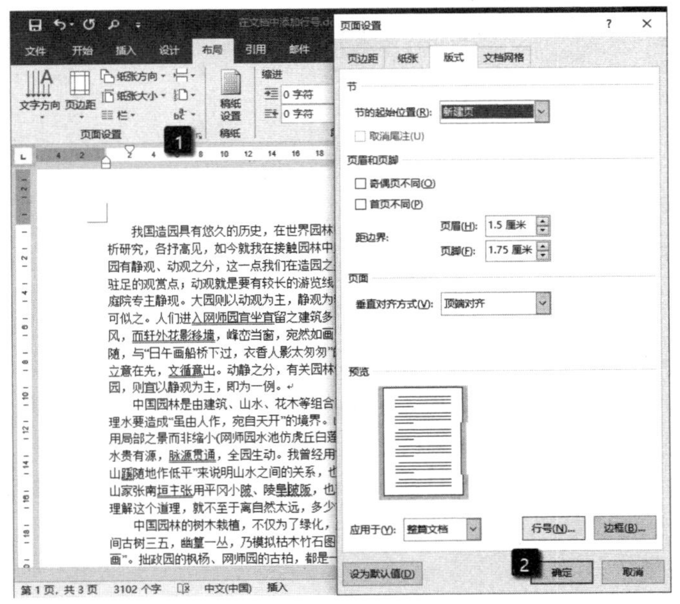

图 6.84 打开“页面设置”对话框

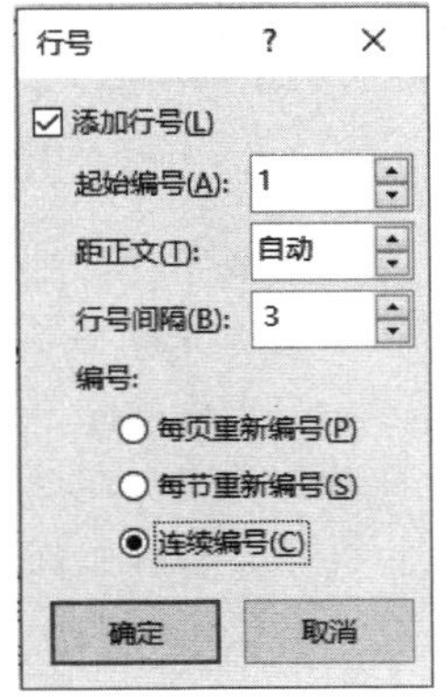

图 6.85 “行号”对话框

03 单击“确定”按钮关闭“页面设置”对话框，之后文档中即会以 3 行为间隔添加行号，如图 6.86 所示。

提 示

在添加行号时，一个表格计为一行，一幅图也计为一行。如果文本框嵌入在页面的文字中，则一个文本框计为一行。如果页面上的文字是环绕在文本框周围的，则该页面上的文本行会被计算在内，文本框内的文字则不计算在内。

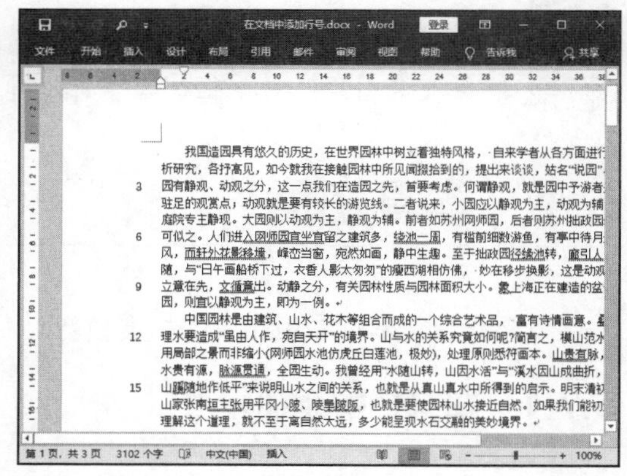

图 6.86　以 3 行为间隔添加行号

6.7.2　创建书法字帖

使用 Word 2019 可以创建字帖文档，而且字帖文档的字体、文字颜色、网格样式以及文字方向等都可以进行设置。下面介绍创建书法字帖的方法。

01 在 Word 2019 中打开“文件”窗口，在左侧列表中选择“新建”选项，在“新建”列表中选择“书法字帖”选项，如图 6.87 所示。

02 此时 Word 会创建一个新文档并打开“增减字符”对话框。在对话框的“书法字体”下拉列表中选择需要使用的书法字体，在“可用字符”列表中选择需要使用的字符，单击“添加”按钮将其添加到右边的“已用字符”列表中。依次选择并添加字符，完成字符选择后，单击“关闭”按钮，如图 6.88 所示。文档中就会显示刚才选择的字符，如图 6.89 所示。

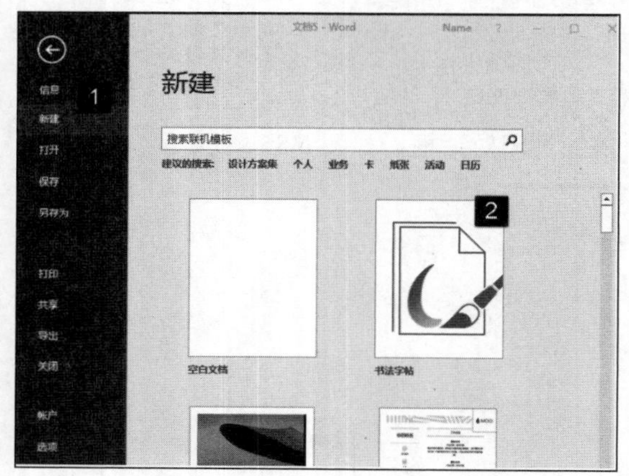

图 6.87　选择“书法字帖”选项

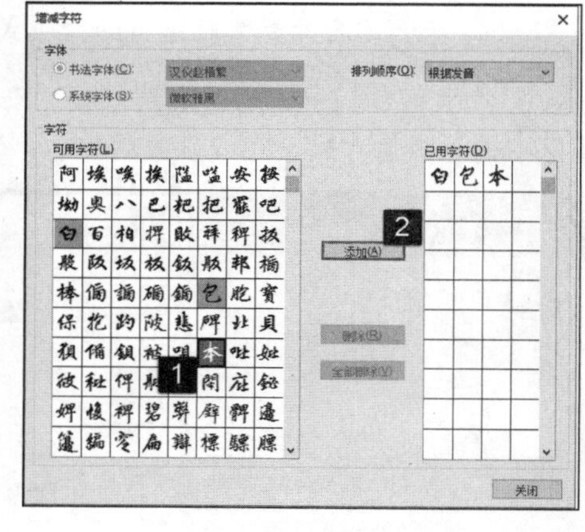

图 6.88　“增减字符”对话框

提 示

在“增减字符”对话框中选择字符时，可以按住 Ctrl 键同时依次单击需要的字符，实现一次选择多个字符。在“已用字符”列表中选择某个字符，单击“删除”按钮可将其从列表中删除，如果单击“全部删除”按钮，则将删除“已用字符”列表中的所有字符。在“排列顺序”下拉列表中，如果选择“根据发音”选项，“可用字符”列表中的汉字将按照汉语拼音顺序来排序；如果选择“根据形状”选项，“可用字符”列表中的汉字将按照偏旁部首来排序。

03 在功能区中打开“书法”选项卡，单击“网格样式”按钮，在打开的下拉列表中可以选择字帖网格的样式。这里选择“九宫格”选项，此时的字帖效果如图 6.90 所示。

04 在“书法”选项卡中单击“文字排列”按钮，在打开的下拉列表中选择文字的排列方式。例如，选择“竖排，最左一列”选项，文字即会在字帖最左一列排列，如图 6.91 所示。

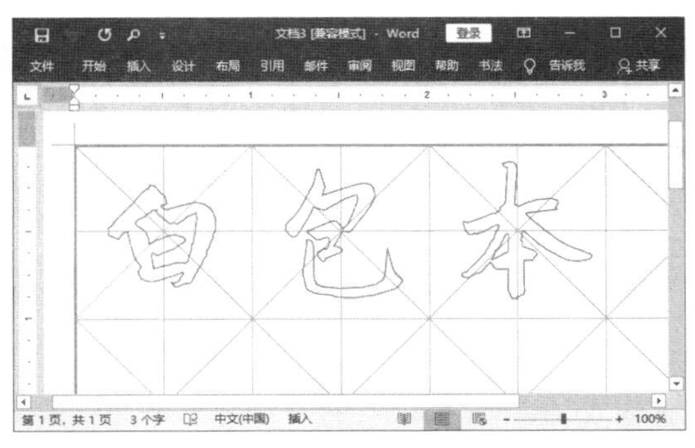

图 6.89　插入书法字符

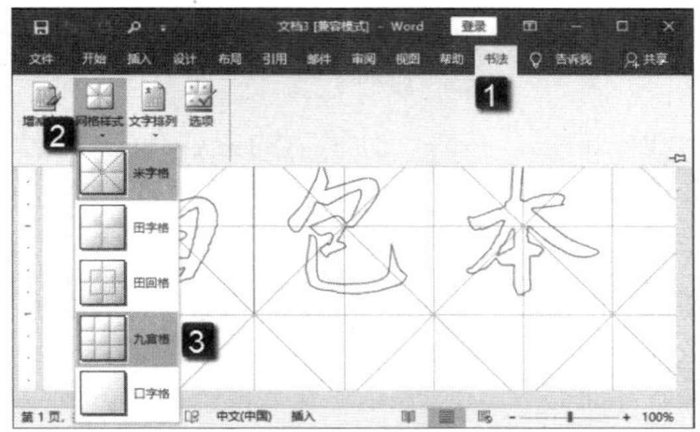

图 6.90　设置网格样式

05 在“书法”选项卡中单击“选项”按钮，打开“选项”对话框，使用该对话框可以对字帖文字和网格进行设置。例如，在“字体”选项卡的“颜色”下拉列表中选择字体文字的颜色；取消对“空心字”复选框的勾选，文字即变为实心字。单击“确定”按钮关闭对话框完成对字体的设置，如图 6.92 所示。

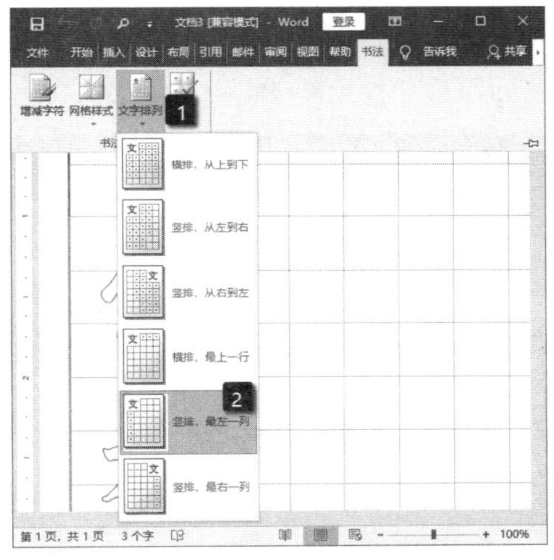

图 6.91　设置文字排列方式

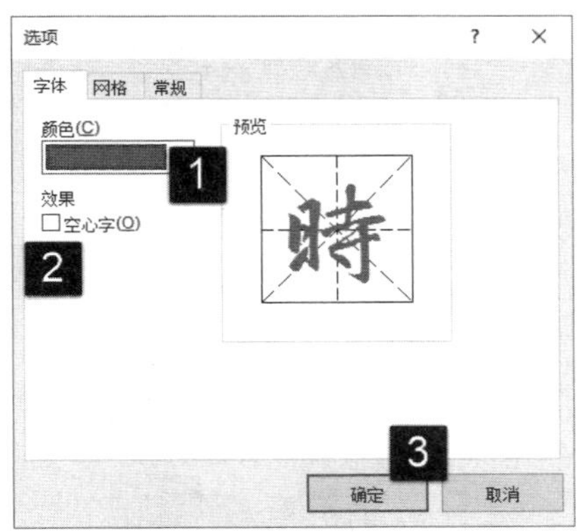

图 6.92　设置字体样式

06 打开“选项”对话框的“网格”选项卡，可以对网格的线条样式和颜色进行设置，如图6.93所示。打开“常规”选项卡，可以对字帖页面中的行列数和字符个数等进行设置，如图6.94所示。

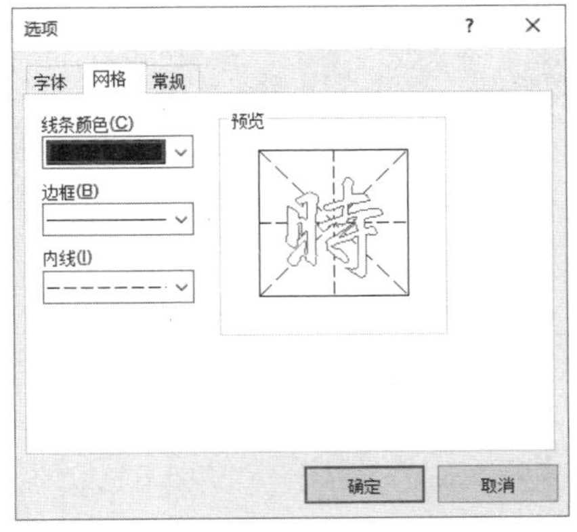

图 6.93　“选项”对话框中的“网格”选项卡

图 6.94　“选项”对话框中的“常规”选项卡

6.7.3 使分栏均等

Word 在分栏时，分栏后的内容会先将第一栏排满后再从第二栏开始，这样一直排到最后一页。但是这种方式可能会导致最后一页左右2栏行数不均等的现象，即栏间不平衡。这种情况会影响页面的美观，需要进行修正。下面介绍消除这种栏间不平衡现象的方法。

01 启动 Word，打开一个有 2 栏的文档。这里可以看到，分栏后最后一页 2 栏的栏数不均等，如图 6.95 所示。

02 在页面中单击将插入点光标放置到文档的末尾。在功能区的“布局”选项卡中单击“页面设置”组中的“插入分页符和分节符”按钮，在打开的下拉列表中选择“连续”选项，如图 6.96 所示。此时，最后一页将实现分栏均等，如图 6.97 所示。

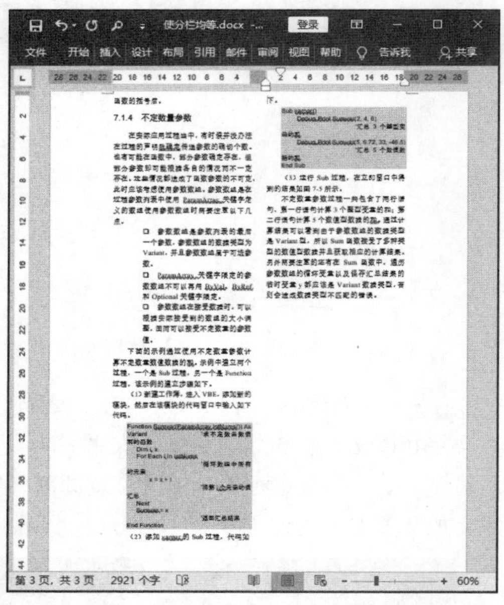

图 6.95 行数不均等的 2 栏

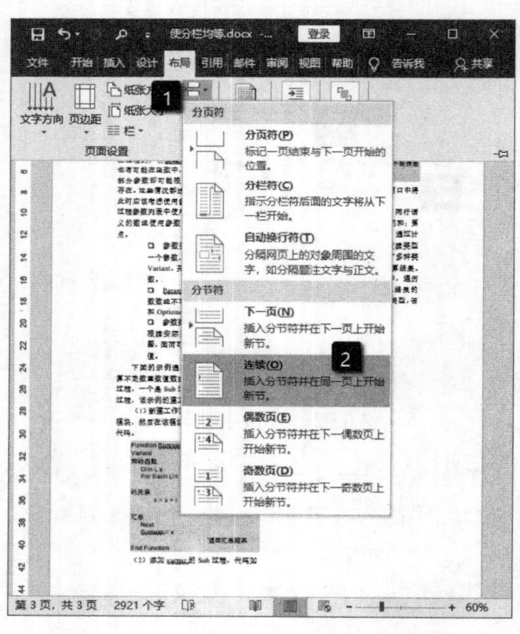

图 6.96 选择“连续”选项

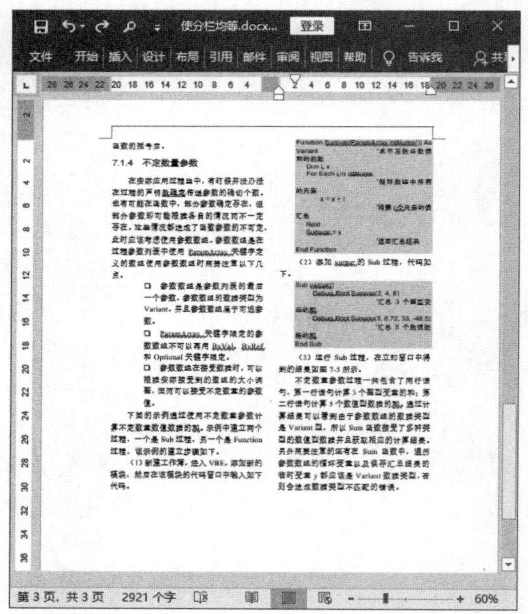

图 6.97 分栏均等

第 7 章

文档中的表格

在日常工作中会经常需要使用表格，如个人简历和各种数据报表等。在预算报告和财务分析报告等一些专业文档中，呈现数据的表格比文字更直观、更具有说服力。本章将介绍在 Word 2019 文档中使用表格的相关知识。

7.1 在文档中创建表格

在 Word 文档中使用表格，首先需要创建表格。表格是由水平的行和垂直的列构成的，行列交叉形成的方框称为单元格。在 Word 文档中有多种创建表格的方式，本节将介绍这些表格创建方式。

7.1.1 插入表格

一般情况下，在 Word 2019 文档中插入表格的方式有 2 种：一种是使用“插入表格”按钮来快速插入表格；另一种方式是使用“插入表格”对话框来实现定制表格的插入。下面对这 2 种插入表格的方法进行介绍。

01 在文档中需要插入表格的位置单击放置插入点光标。在“插入”选项卡的“表格”组中单击“表格”按钮，在打开的下拉列表的“插入表格”栏中会出现一个 8 行 10 列的按钮区。在这个按钮区中移动鼠标，文档中将会随之出现与按钮区中的鼠标划过区域具有相同行列数的表格。当行列数达到需要后，单击即可在文档中创建相应的表格，如图 7.1 所示。

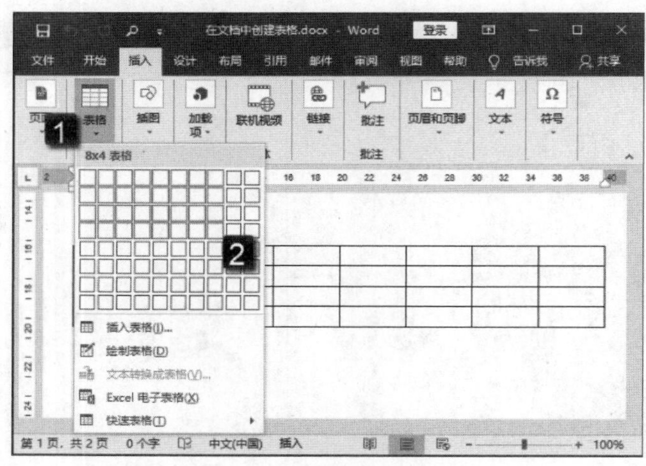

图 7.1　移动鼠标创建表格

02 在“插入”选项卡的“表格”组中单击“表格”按钮，在打开的下拉列表中选择“插入表格”命令，打开“插入表格”对话框。在对话框的“行数”和“列数”增量框中输入数值设置表格的行数和列数，在“‘自动调整’操作”栏中选择插入表格大小的调整方式。例如，选择“固定列宽”单选按钮，并在其后的增量框中输入数值设置表格的列宽，如图 7.2 所示。单击“确定”按钮关闭“插入表格”对话框，文档中即会按照设置插入一个表格，如图 7.3 所示。

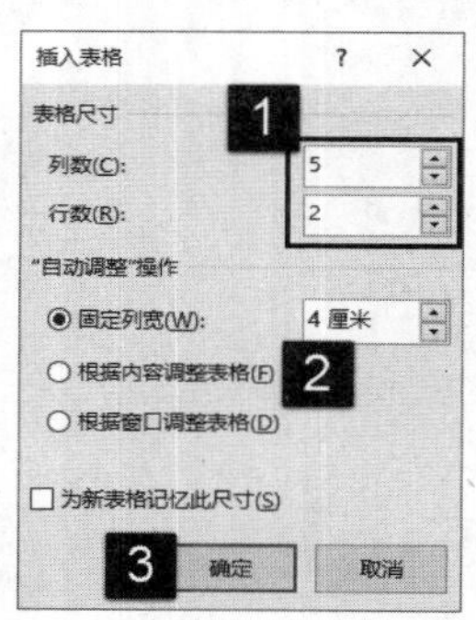

图 7.2　“插入表格”对话框

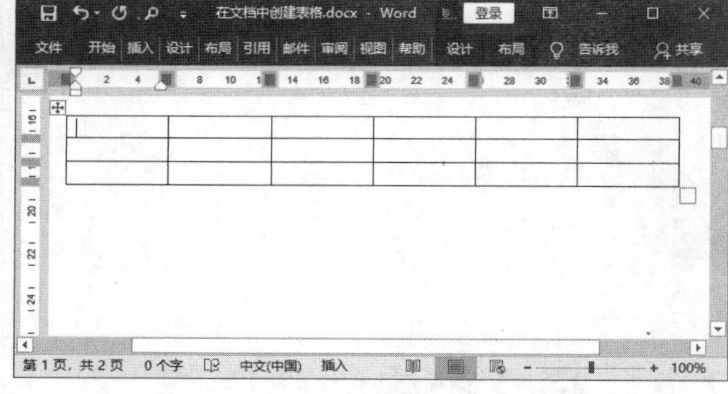

图 7.3　文档中插入的表格

提　示

利用“表格”按钮的方式创建表格虽然十分方便，但表格的行列数会有限制，其最多只能够创建 8 行 10 列的表格。而使用“插入表格”对话框最多可以设置 63 列 32767 行的表格。所以当“表格”按钮无法完成多行列表格创建时，就应该使用“插入表格”对话框来创建表格了。

7.1.2　绘制不规则表格

在文档中，有时需要使用不规则表格，这些表格往往有包含不同高度的单元格或每行包含不同列数的表格等特殊要求。在 Word 2019 中，可以通过手动绘制表格的方式来创建不规则表格。手动绘制表格的最大优势在于，用户可以像生活中使用笔那样来随心所欲地绘制各种类型的表格。下面介绍手动绘制表格的具体操作方法。

01 将插入点光标放置到文档中需要插入表格的位置。在“插入”选项卡的“表格”组中单击“表格”按钮，在下拉列表中选择“绘制表格”选项，如图 7.4 所示。

02 此时，鼠标指针变为铅笔形状，在文档中拖动鼠标绘制表格的边框，如图 7.5 所示。在表格中水平拖动鼠标可以绘制一条水平的行线，如图 7.6 所示。

图 7.4 选择“绘制表格”选项

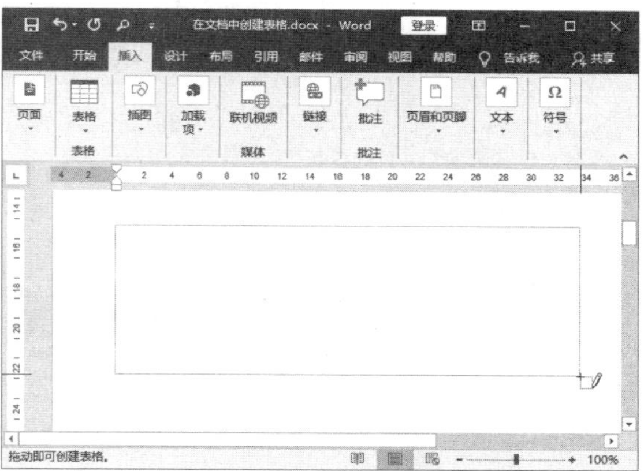

图 7.5 绘制表格边框

03 在表格中垂直拖动鼠标可以绘制一条垂直的列线，如图 7.7 所示。

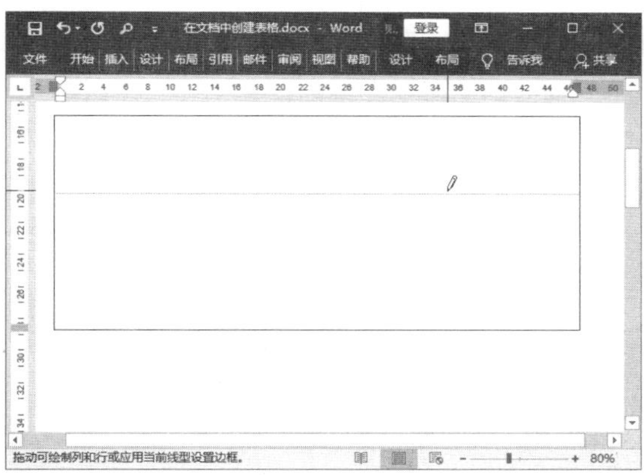

图 7.6 绘制水平行线

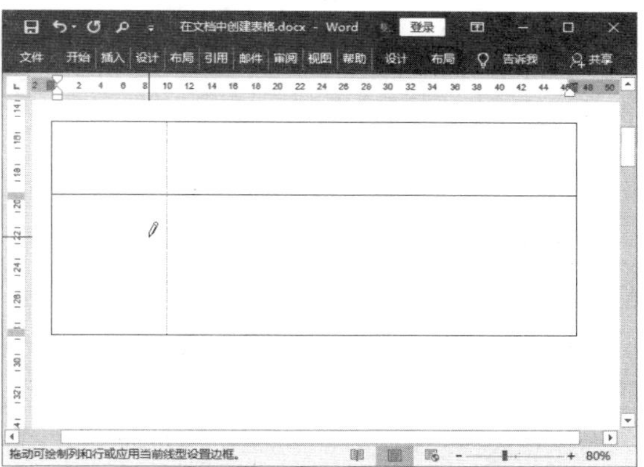

图 7.7 绘制垂直列线

04 在表格的单元格中拖动鼠标，可以添加水平或垂直边框线，如图 7.8 所示。在某个单元格中沿对角线斜向拖动鼠标能够在单元格中绘制一条斜向框线，如图 7.9 所示。

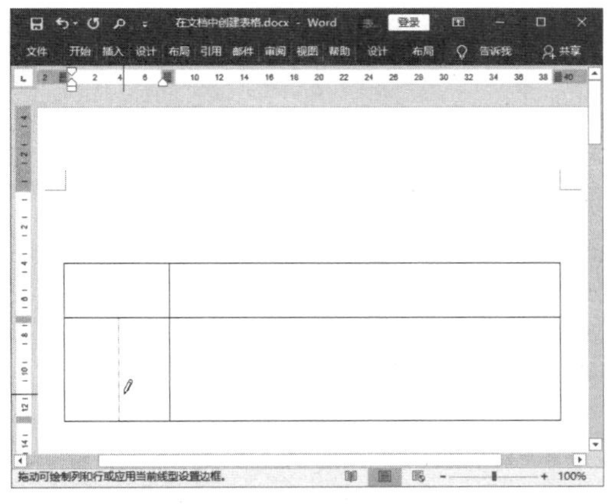

图 7.8 添加水平边框线

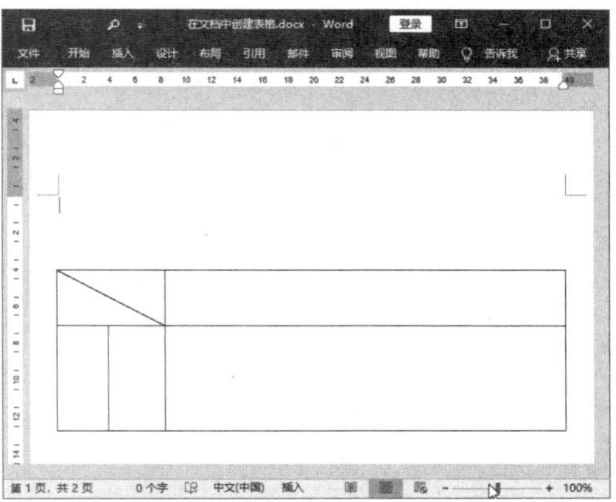

图 7.9 绘制斜向框线

7.1.3 使用 Excel 表格

在 Word 文档中可以直接插入 Excel 表格，而且这个表格能够像在 Excel 中那样进行复杂的数据运算和处理。插入 Excel 表格可以按照下面的步骤来进行操作。

01 在“插入”选项卡的“表格”组中单击“表格”按钮，在下拉列表中选择“Excel 电子表格”选项，如图 7.10 所示。

02 此时将进入 Excel 电子表格编辑状态，双击表格中的单元格，在该单元格中输入数据，如图 7.11 所示。

图 7.10 选择“Excel 电子表格”选项

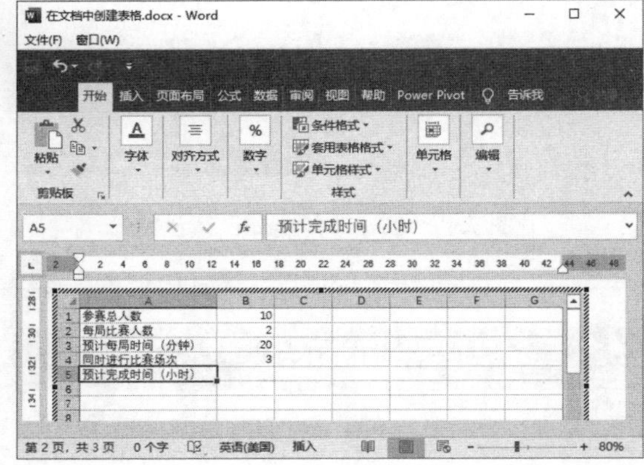

图 7.11 进入表格编辑状态

03 在电子表格以外的区域中单击，可以返回到 Word 文档编辑状态。插入的 Excel 表格在 Word 编辑状态下是无法进行编辑的，如图 7.12 所示。

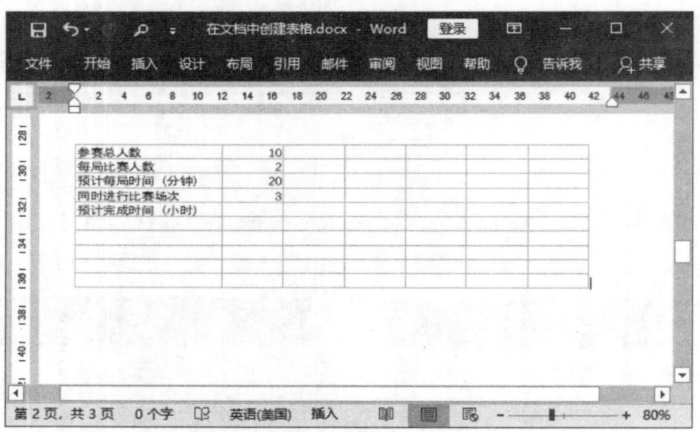

图 7.12 表格插入到文档中

7.2 编辑表格中文本

要真正完成一个表格的创建，除了绘制表格之外，还需要向表格中输入文本内容。与普通文档一样，在表格中输入内容后，可以对输入的文本进行设置使其符合表格的需要。

7.2.1 在表格中输入文本

文档中初创的表格是由没有任何内容的空白单元格构成的，创建表格后的第二步操作就是向单元格中输入内容。表格中输入文本的方式与在文档中输入方式相似，首先将插入点光标放置到需要输入文字的单元格中，然后直接输入文本。放置插入点光标，可以使用鼠标，也可以直接使用键盘进行操作。

01 完成表格的创建后，在需要输入文本的单元格中单击放置插入点光标，随后即可向该单元格中输入文字，如图 7.13 所示。接下来按 Tab 键，插入点光标会移到当前单元格右侧的单元格中，即可继续在其中输入文字，如图 7.14 所示。

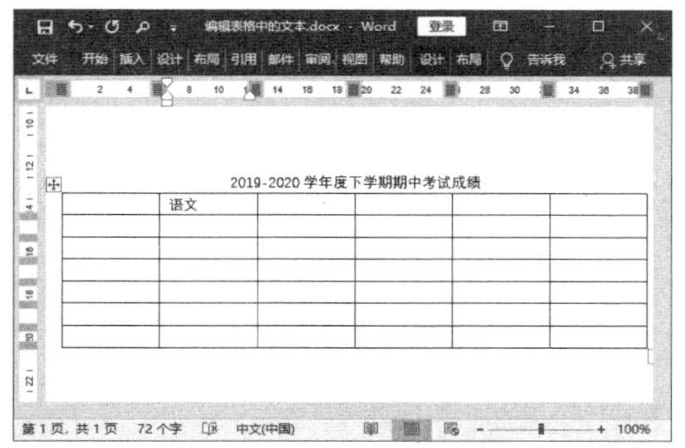

图 7.13　放置插入点光标后输入文字

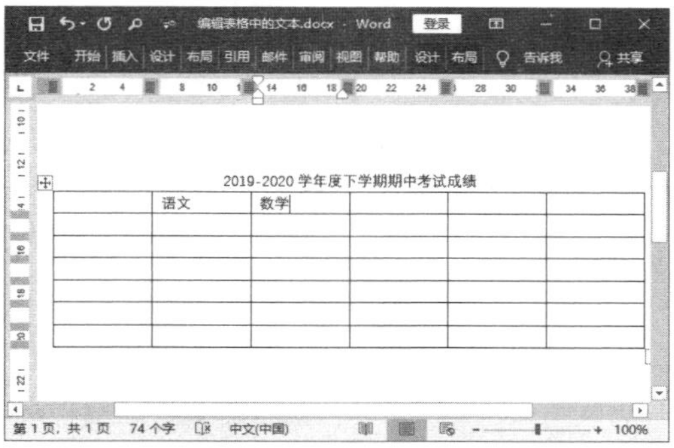

图 7.14　按 Tab 键插入点光标右移后输入文字

02 在完成一行文字的输入后，将插入点光标放置到最左侧一列中继续输入文字。在完成一个单元格文字输入后，按↓键可以将插入点光标移到当前单元格下面的单元格中，如图 7.15 所示。同样的，按↑键可以将插入点光标移到当前单元格上面的单元格中。

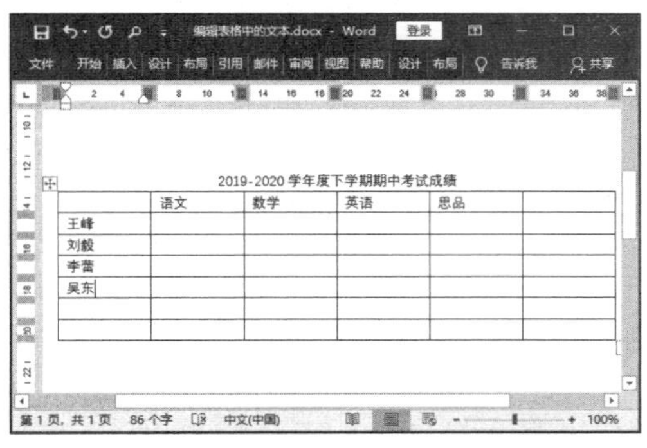

图 7.15　按↓键插入点光标下移后输入文字

7.2.2 设置对齐方式

为使表格更加美观，在表格中输入文字后，需要设置文字在单元格中的对齐方式。同样，插入文档的表格也需要设置在文档中的对齐方式。下面分别介绍这 2 种对齐方式的设置方法。

01 选择表格中的单元格后，打开“布局”选项卡，在“对齐方式”组中单击相应的按钮可以设置文字在单元格中的对齐方式。例如，单击“水平居中”按钮，文字将在单元格中的水平方向和垂直方向均居中对齐，如图 7.16 所示。

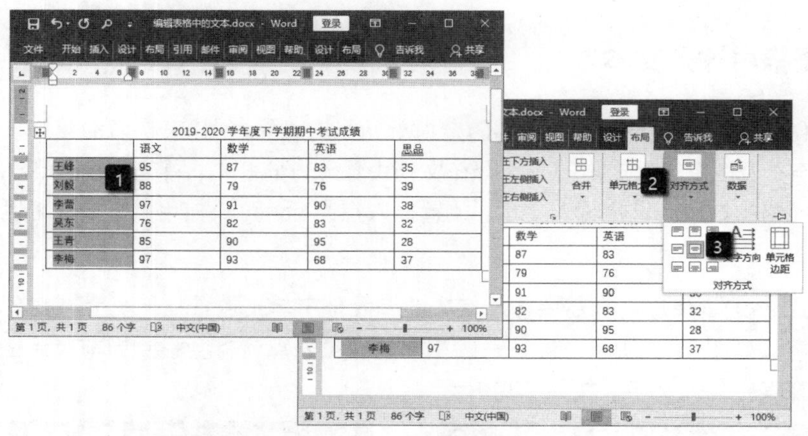

图 7.16　设置文字对齐方式

02 要设置表格在文档中的对齐方式，可以在“布局”选项卡的“单元格大小”组中单击“表格属性”按钮，打开“表格属性”对话框。在对话框的“对齐方式”组中选择相应的对齐方式后单击“确定”按钮关闭对话框，即可设置表格的对齐方式，如图 7.17 所示。

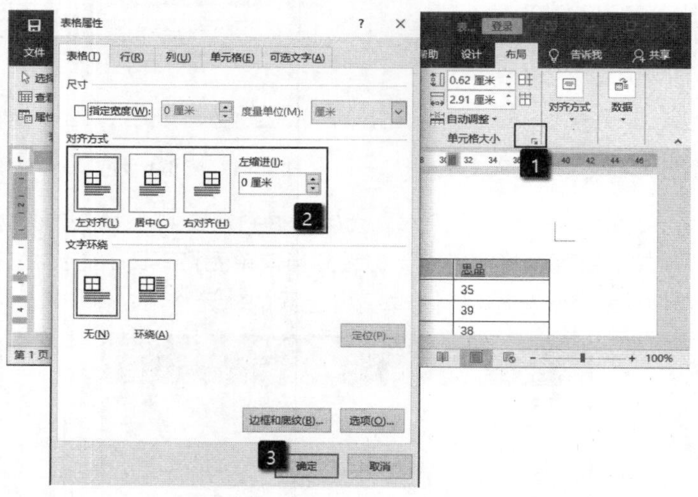

图 7.17　设置表格的对齐方式

7.2.3　文字方向和单元格边距

在单元格中，文字的排列方向可以横向也可以竖向。同时，文字与单元格边距的距离也是可以根据需要由用户自主调整的。下面介绍设置单元格中文字方向和单元格边距的方法。

01 在单元格中选择需要调整方向的文字，在“布局”选项卡的“对齐方式”组中单击“文字方向”按钮。选择的文字将由原来的横排变为竖排，单元格的宽度会自动增大以适应文字排列方向的变化，如图 7.18 所示。

02 在“布局”选项卡的“对齐方式”组中单击“单元格边距”按钮，打开“表格选项”对话框，在“默认单元格边距”栏的微调框中输入数值，设置文字与单元格的上、下、左和右边距的距离。完成设置后单击“确定”按钮关闭对话框，如图 7.19 所示。文字与单元格边距即可调整为设置值，如图 7.20 所示。

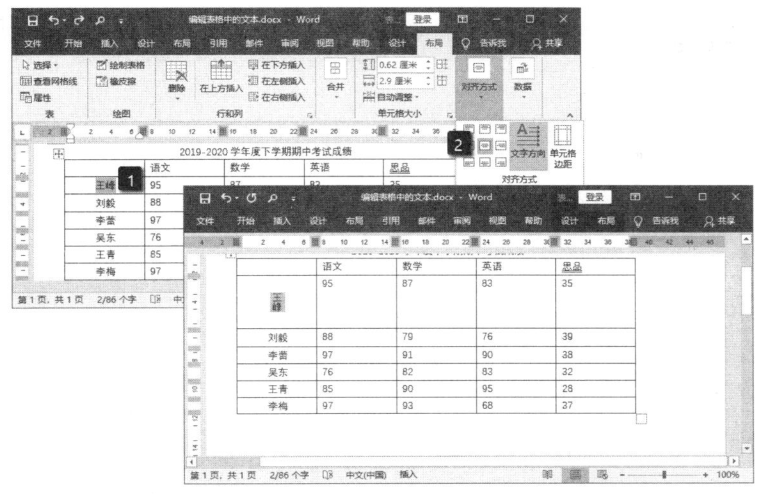

图 7.18　选择的文字变为竖排

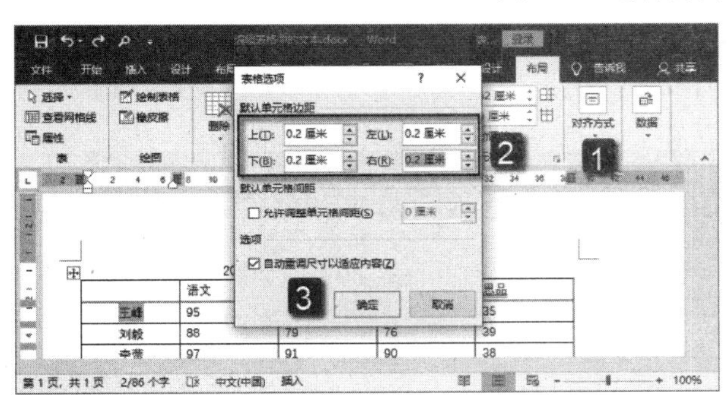

图 7.19　设置单元格边距

图 7.20　文字与单元格边距调整为设置值

7.3　编辑表格

在实际工作中，不仅需要随时对表格进行修改调整，如插入行列或单元格等，有时已完成的表格也需要根据文档的应用环境改变其外观，如对表格边框、对行高和列宽进行重新设置等。下面介绍对表格进行编辑的常用技巧。

7.3.1　操作单元格

在向表格中输入数据时，如果遇到表格中单元格不够的情况，就需要向表格中插入行、列或单元格。同样的，在表格中如果出现了多余的行、列或单元格，也需要将它们删除。下面介绍行、列和单元格增删的操作方法。

1. 插入行列

如果需要向工作表中插入空白行和空白列，可以使用下面的方法来进行操作。

01 使用 Word 打开文档，将插入点光标放置到某一行的任意一个单元格中。在“布局”选项卡的“行和列”组中单击“在上方插入”按钮。插入点光标所在单元格上方即会添加一个空白行，如图 7.21 所示。

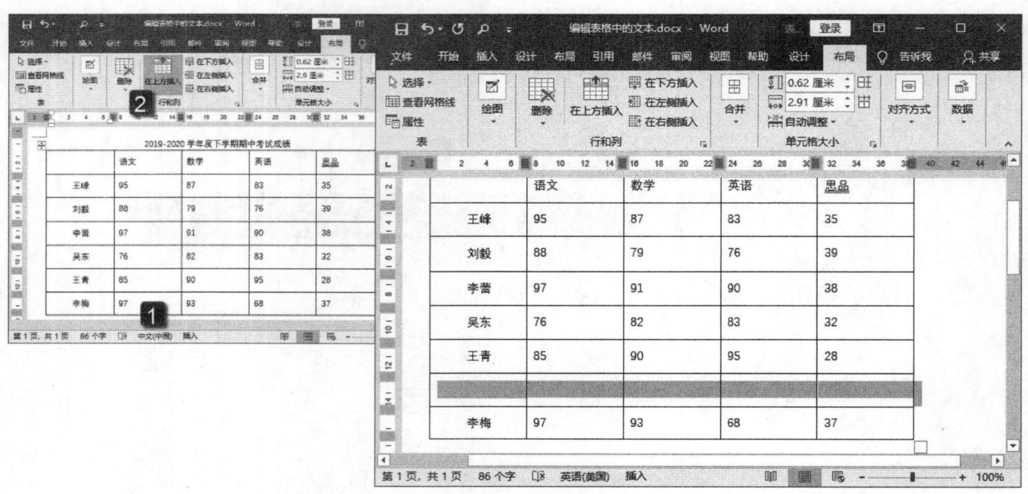

图 7.21　添加一个空白行

02 在单元格中放置插入点光标，在“布局”选项卡的“行和列”组中单击“在右侧插入”按钮。插入点光标所在列右侧即会添加一个空白列，如图 7.22 所示。

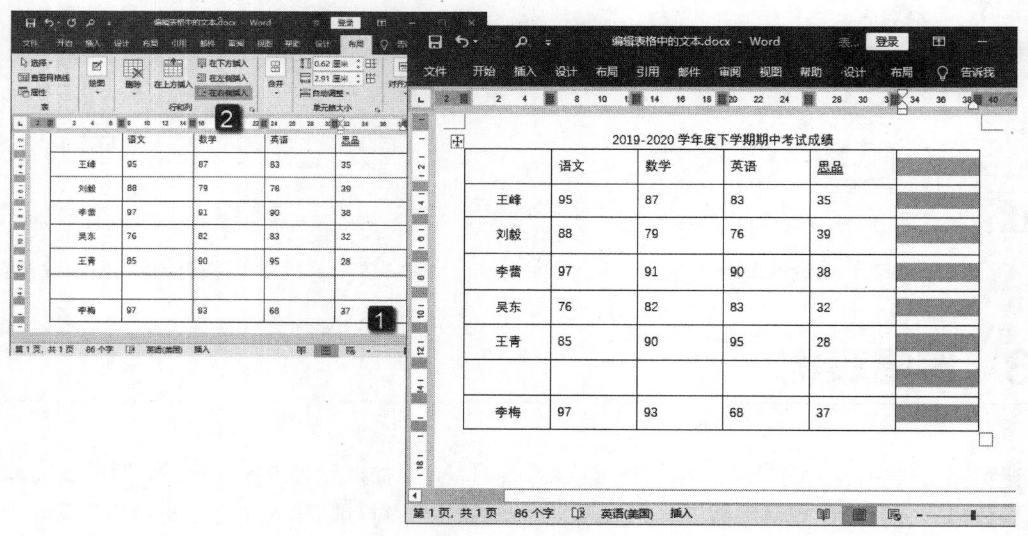

图 7.22　添加一个空白列

2．删除行列和单元格

如果要删除表格中多余的行列或单元格，可以使用下面的方法来进行操作。

01 拖动鼠标选择需要删除的行，在“布局”选项卡的“行和列”组中单击“删除”按钮。在打开的列表中选择“删除行”选项，选择的行即被删除，如图 7.23 所示。使用相同的方法可以删除选择的列。

02 将插入点光标放置到单元格中，单击“删除”按钮，在打开的列表中选择“删除单元格”选项，如图 7.24 所示。此时将打开“删除单元格”对话框，在对话框中单击相应的单选选项，选择删除方式。最后单击“确定”按钮关闭对话框，如图 7.25 所示。例如，选择“右侧单元格左移”选项时，删除当前单元格后，该单元格右侧的单元格会左移填补删除后留下的空白，如图 7.26 所示。

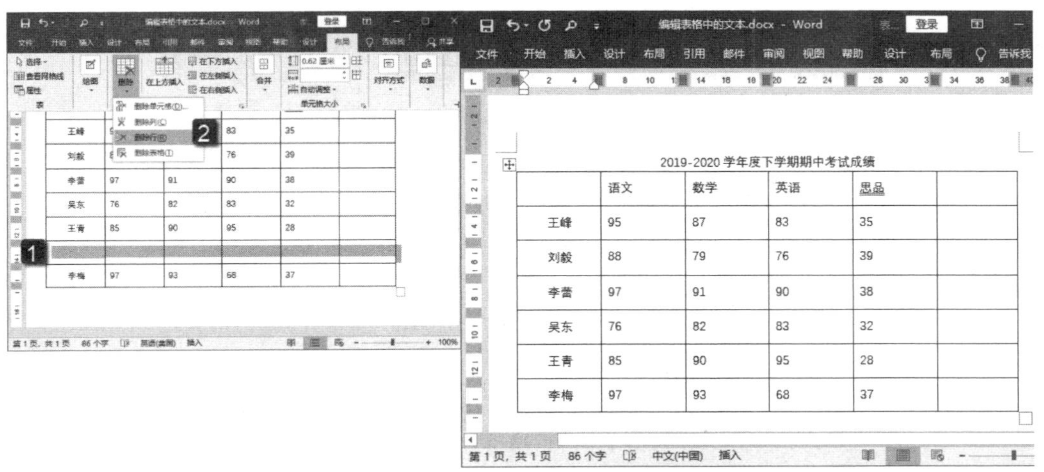

图 7.23　删除行

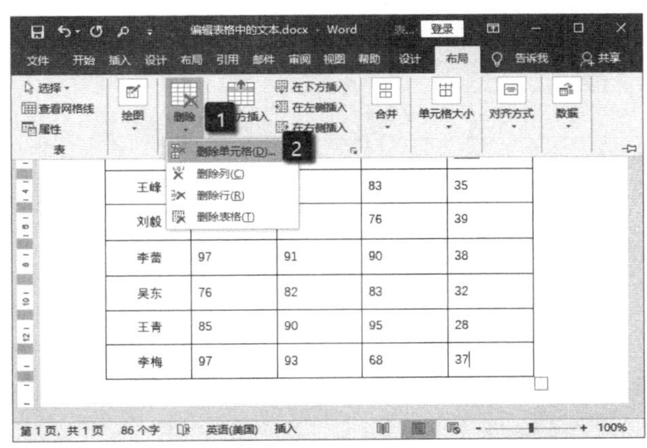

图 7.24　选择“删除单元格”选项

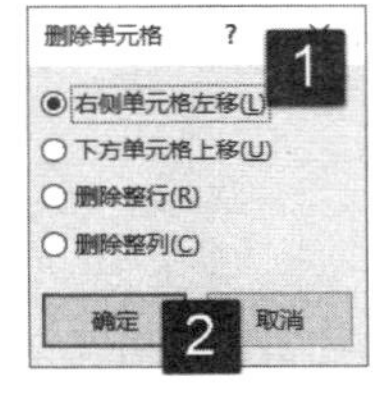

图 7.25　“删除单元格”对话框

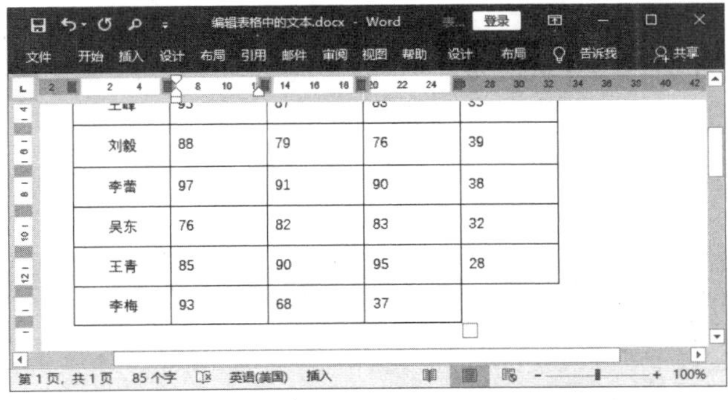

图 7.26　删除单元格后的效果

3. 合并和拆分单元格

合并单元格就是将选择的几个单元格合并成为一个单元格，拆分单元格就是将一个单元格分为若干个大小相同的单元格。下面介绍具体的操作方法。

- 在表格中选择需要合并的单元格，在“布局”选项卡的“合并”组中单击“合并单元格”按钮，如图 7.27 所示。选择的单元格即被合并为 1 个单元格，如图 7.28 所示。

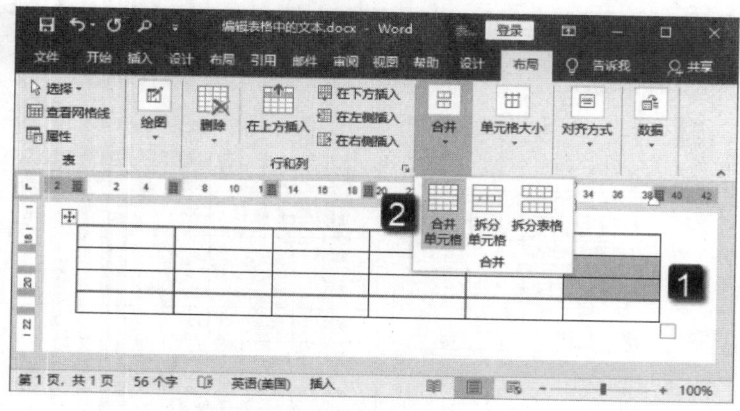

图 7.27　单击“合并单元格”按钮

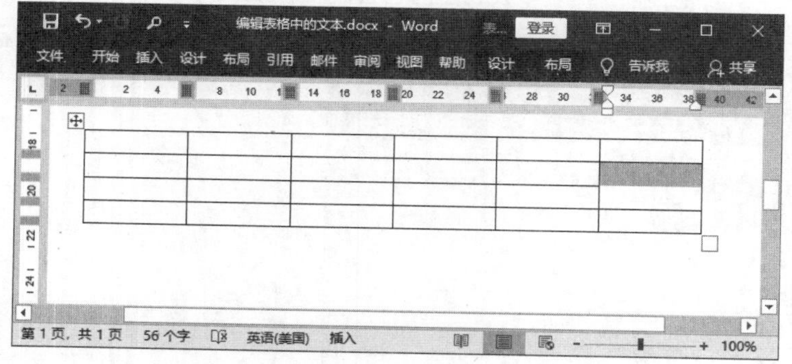

图 7.28　选择的单元格被合并

当需要选择表中多个连续单元格时，可以将插入点光标放置到这些单元格左上角的单元格中，按住 Shift 键，再在连续单元格的右下角单击即可。按 Ctrl+Shift+F8 键进入扩展状态，用方向键或用鼠标单击需要选择的连续单元格区域的最后一个单元格也可以选择连续的单元格。在完成选择后，按 Esc 键退出扩展状态。

- 将插入点光标放置到需要拆分的单元格中，在“布局”选项卡的“合并”组中单击“拆分单元格”按钮，打开“拆分单元格”对话框。在对话框中设置单元格拆分成的行、列数值，单击“确定”按钮关闭对话框，如图 7.29 所示。选定的单元格即被拆分，如图 7.30 所示。

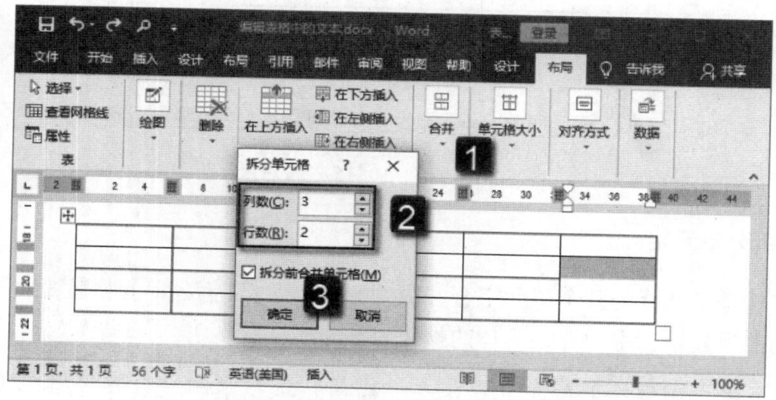

图 7.29　“拆分单元格”对话框

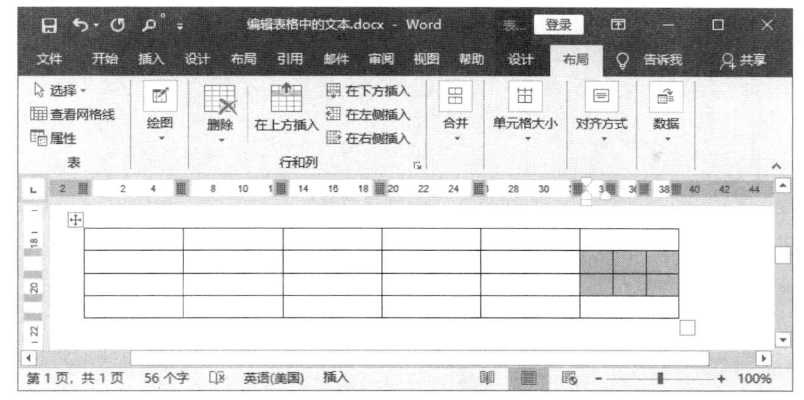

图 7.30　单元格被拆分

提　示

在合并单元格时，如果单元格中没有内容，则合并后的单元格中只有一个段落标记。如果合并前的每个单元格中都有文本内容，那么合并后这些单元格中原来的文本将各自成为一个段落。在拆分单元格时，如果拆分前单元格中只有一个段落，则拆分后文本将出现在第一个单元格中。如果有多个段落，则依次放置在其他单元格中；若段落超过拆分单元格的数量，则优先从第一个单元格开始放置多余的段落。

7.3.2　设置表格列宽和行高

在表格的一行中，各个单元格的行高都是相同的。一般情况下，Word 2019 会自动调整行高和列宽以适应输入的内容，同时用户也可以根据需要来调整表格的行高和列宽，下面介绍具体的操作方法。

01 选择需要调整列宽的列，在“布局”选项卡的“单元格大小”组的“表格列宽”微调框中输入数字，按 Enter 键确认输入后，该列单元格的宽度即被调整为输入值，如图 7.31 所示。

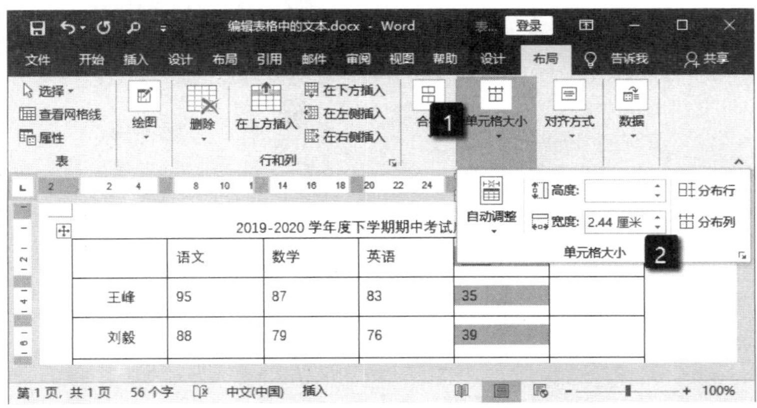

图 7.31　调整整列单元格的列宽

02 将鼠标移动到需要单独调整列宽的单元格的左边框上，当鼠标光标变为➚时单击。将鼠标光标移动到该单元格右边框上，当光标变为+|+时拖动边框，即可只单独调整该单元格的宽度，如图 7.32 所示。

03 除了可以通过在“单元格大小”组的“行高”微调框中输入数值来调整行高之外，还可以使用鼠标拖动边框来调整行高，如图 7.33 所示。

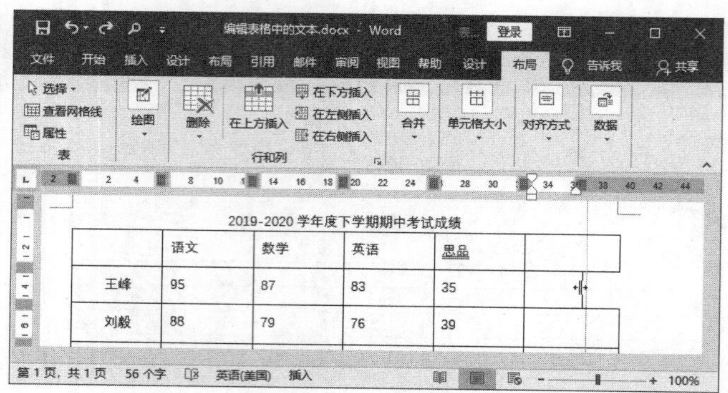

图 7.32　只单独调整当前单元格宽度

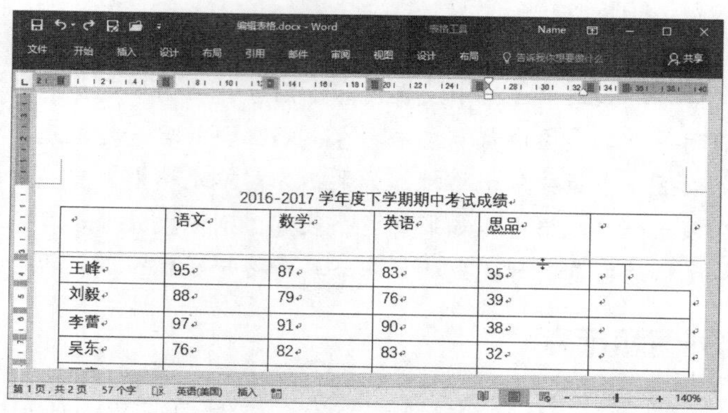

图 7.33　调整行高

04 在“单元格大小”组中单击“表格属性”按钮，打开“表格属性”对话框，打开“列”选项卡，在“指定宽度”微调框中输入数值可以指定列宽，如图 7.34 所示。同样的，在“单元格大小”对话框的“行”选项卡中可以指定行高。

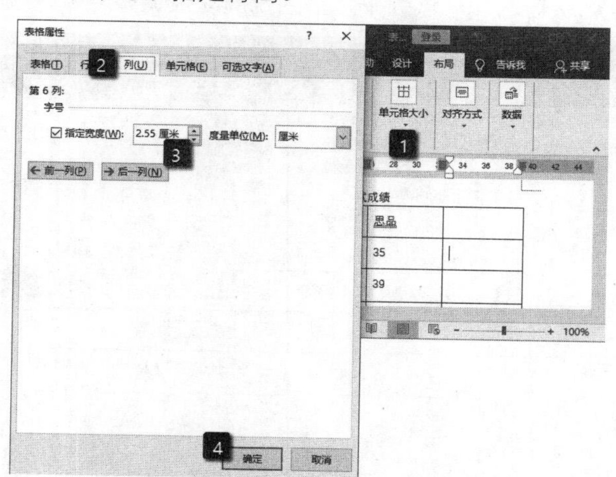

图 7.34　指定列宽

7.3.3　设置表格的边框和底纹

在创建表格时，Word 默认以 0.5 磅粗细的线条作为表格边框的线条，用户可以对表格边框的粗细和线型等进行设置。同时，也可以为表格添加底纹，使表格更加美观。

1．设置表格边框

在创建表格后，用户可以对表格的边框进行设置。使用“边框和底纹”对话框，用户可以对整个表格的边框进行设置，也可以根据需要只对某个单元格进行设置。下面介绍对表格单元格进行设置的操作方法。

01 选择需要设置边框的单元格，在“设计”选项卡的“边框”组中单击“边框”按钮上的下三角按钮。打开的列表中有一系列和边框有关的选项，选择其中的选项意味着表格中的边框会随着不同的选项而改变。例如，这里取消“外侧框线”选项的选择，图表中的外侧边框将取消，如图7.35所示。

02 在“边框”列表中选择“边框和底纹”选项，打开“边框和底纹”对话框。该对话框可以对边框的样式、颜色和宽度等进行设置。在预览栏中单击相应的按钮可以添加或取消边框线，如图 7.36 所示。

图 7.35　选择取消“外侧框线”选项

图 7.36　“边框和底纹”对话框

03 在“设计”选项卡的“边框”组中，单击“边框样式”按钮，在打开的列表中选择相应的选项，可以对表格或单元格应用预置的主题边框，如图 7.37 所示。

图 7.37　应用预置的主题边框

2．设置底纹

底纹既可以添加于整个表格，也可以添加到某些特定的单元格。对表格添加底纹有颜色填充和图案填充这两种方式，下面介绍具体的操作方法。

01 在表格中选择需要添加底纹的单元格，在“设计”选项卡中单击“底纹”按钮，在打开的列表中选择颜色选项即可对单元格填充颜色，如图 7.38 所示。

02 在“设计”选项卡的“边框”组中单击“边框和底纹”按钮，打开“边框和底纹”对话框，然后打开对话框中的“底纹”选项卡。在“图案”组的“样式”列表中选择用于填充的图案，在“颜色”列表中选择需要填充的颜色，如图 7.39 所示。单击“确定”按钮关闭对话框后，即可使用图案来填充选择的单元格。

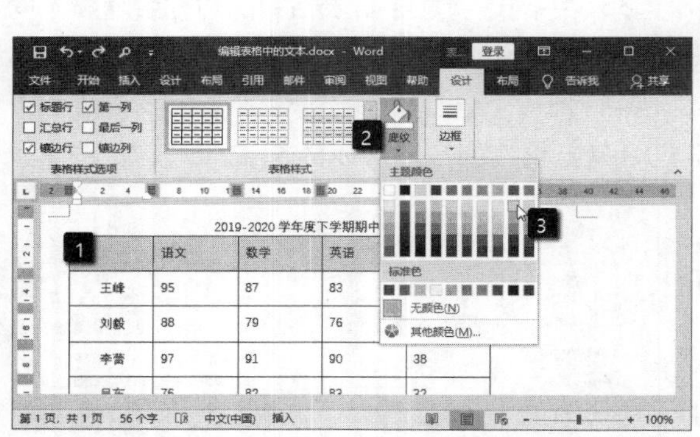

图 7.38 为单元格填充颜色

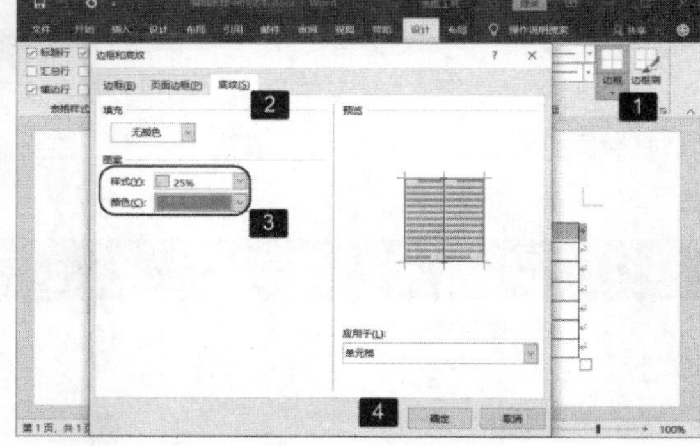

图 7.39 设置图案

7.3.4 快速设置表格样式

如果需要快速对表格样式进行设置，可以直接套用 Word 2019 提供的预置表格样式。使用预置的表格样式，可以快速完成的表格的整体效果设置，而不需要一项一项逐个进行设置。

01 将插入点光标放置到表格中的任意一个单元格中，在“设计”选项卡的“表格样式”列表中选择相应的样式选项，表格样式即可应用于整个图表，如图 7.40 所示。

02 在“表格样式”列表中选择“新建表格样式”选项，打开“根据格式设置创建新样式”对话框，使用该对话框可以自定义表格样式，如图 7.41 所示。单击“确定”按钮关闭对话框后，自定义样式即会被放置在“表格样式”列表中，用户可以直接将其应用到以后创建的表格中。

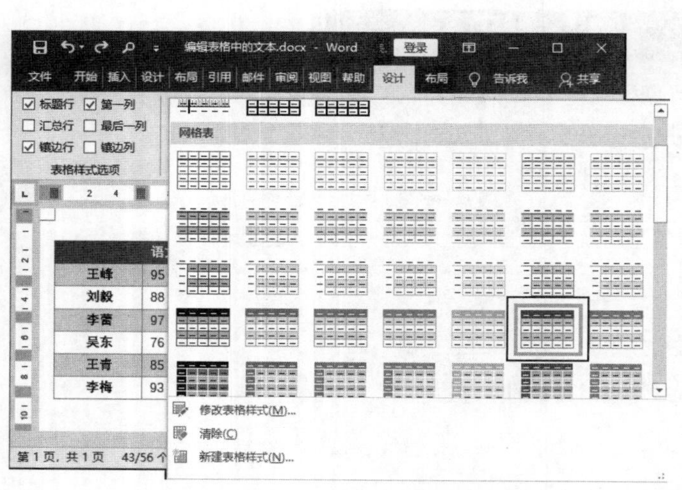

图 7.40 应用预置的图表样式

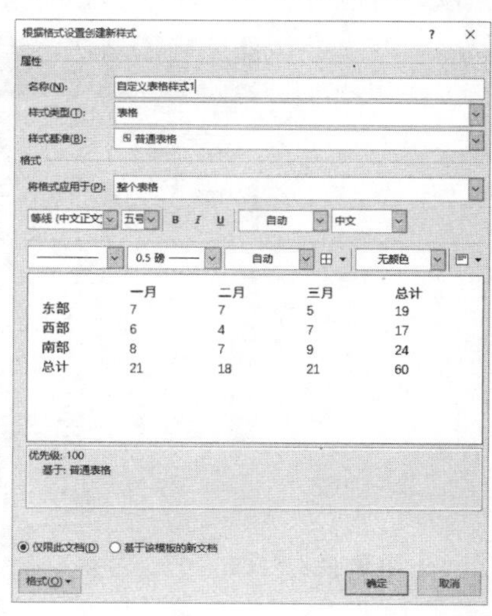

图 7.41 “根据格式设置创建新样式”对话框

7.4 表格的计算和排序

在 Word 2019 文档中，输入表格的内容可以依据某列数据来进行排序。同时，还可以利用表格的计算功能，在表格中对数据进行求和、求平均值和求最大值等简单的计算。

7.4.1 表格中的数据计算

Word 中表格的数据计算能力肯定没有 Excel 强大，但是也能够满足一些简单的计算要求。下面介绍在 Word 表格中进行简单数据计算的方法。

01 将插入点光标放置到需要进行计算的单元格中，打开“布局”选项卡。在“数据”组中单击“公式”按钮，如图 7.42 所示。

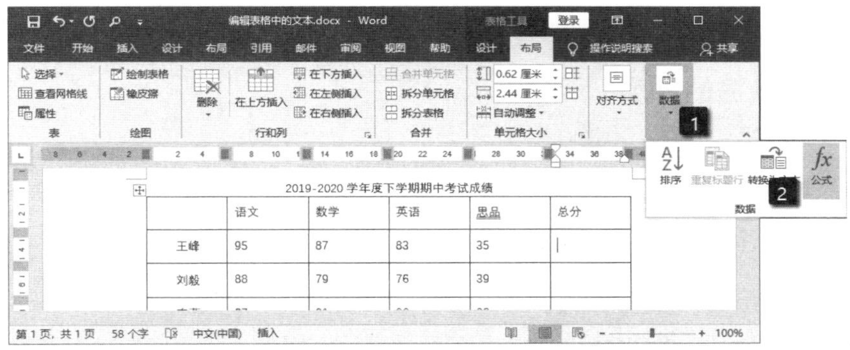

图 7.42　单击“公式”按钮

02 此时将打开“公式”对话框，在对话框的“公式”文本框中会自动给出求和的计算公式。如果这个公式正好是现在需要的公式，单击“确定”按钮关闭对话框，如图 7.43 所示。选择单元格中就会显示计算结果，如图 7.44 所示。

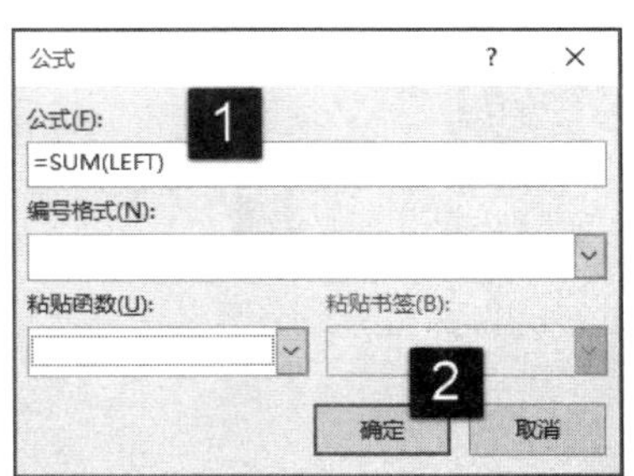

图 7.43　“公式”对话框

03 将插入点光标放置到下一个单元格中，再次打开“公式”对话框。由于该单元格的上方单元格中已经出现数据，那么在“公式”文本框中自动给出的公式可能不再是需要的计算公式，如图 7.45 所示。此时，只需要将公式更改为需要的公式即可，如图 7.46 所示。

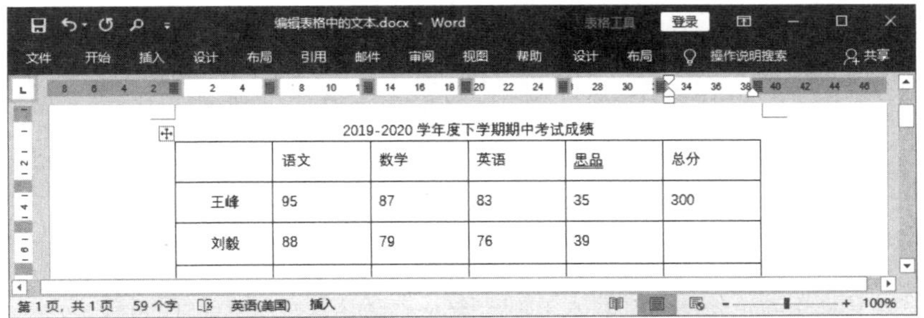

图 7.44　显示计算结果

在“公式”对话框中，“编号格式”下拉列表中的选项用于设置公式结果的显示格式。在“粘贴函数”下拉列表中选择需要使用的公式，选择的公式将会粘贴到“公式”文本框中，如图 7.47 所示。

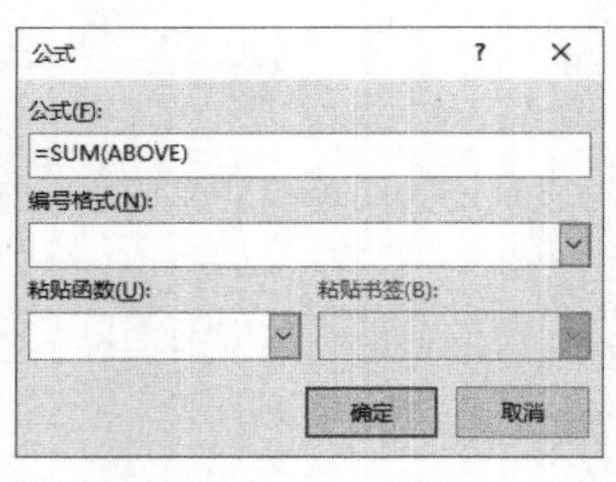

图 7.45 并非需要的公式

图 7.46 更改公式

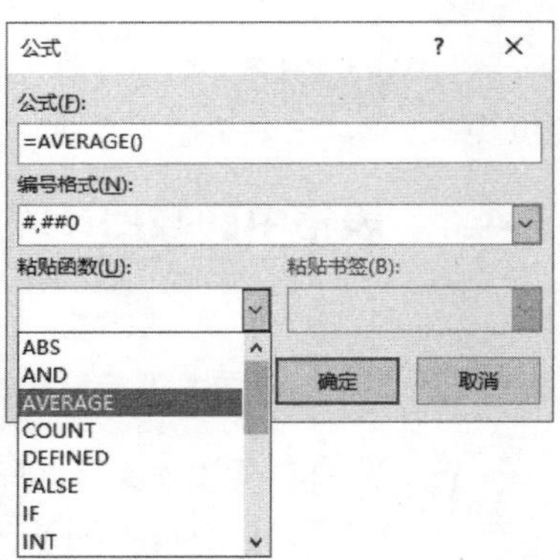

图 7.47 粘贴公式

7.4.2 表格中数据的排序

Word 中的表格并没有 Excel 工作表那么强大的数据处理能力，但 Word 表格仍然具有一些基本的数据处理能力。在 Word 表格中，可以以某列为依据对表格数据进行排序操作。下面介绍具体的操作方法。

01 在表格中单击将插入点光标放置到任意单元格中。在“布局”选项卡中单击“数据”组中的“排序”按钮，打开“排序”对话框。在对话框的“主要关键字”下拉列表中选择排序的主关键字，在“类型”下拉列表框中选择排序类型，单击其后的“降序”单选按钮，选择以降序排列数据。完成设置后单击“确定”按钮关闭对话框，如图 7.48 所示。

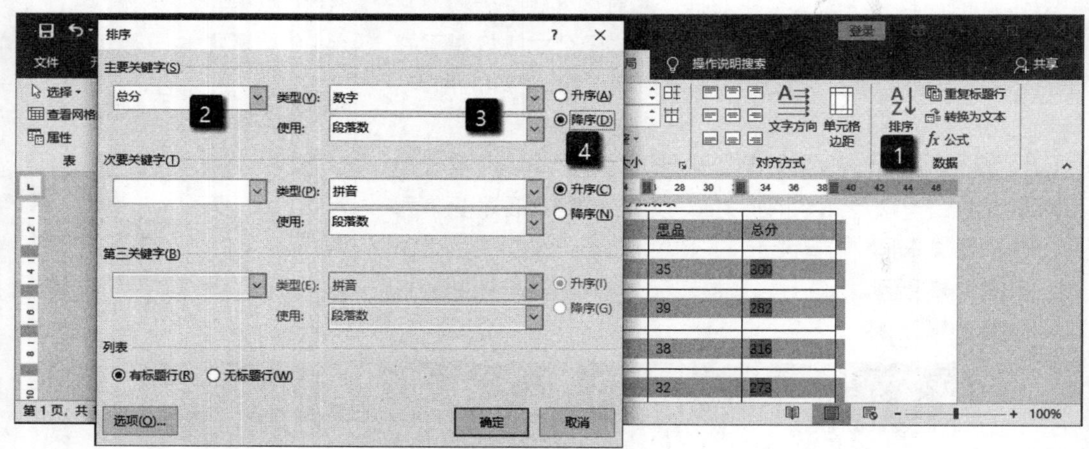

图 7.48 设置排序

02 表格内容即可根据设置的主要关键字数据大小按降序排列，如图 7.49 所示。

在排序时，如果主要关键字出现并列项目时，可以指定次要关键字和第三关键字。例如，在按姓名排序学生成绩时，如果出现 2 名学生的姓名相同，则可以通过设置次要关键字来完成排序。

图 7.49　按降序排列的数据

7.5　本章拓展

下面介绍本章的拓展应用技巧。

7.5.1　将文本转换为表格

在文档编辑过程中，可以将编辑好的文本直接转换为表格。可转换的文本包括带有段落标记的文本段落、以制表符或空格分隔的文本等。下面介绍具体的操作方法。

01 在文档中创建需要转换为表格的文本内容，按 Tab 键用制表符分隔文字。拖动鼠标选择所有文字，如图 7.50 所示。

02 打开“插入”选项卡，在“表格”组中单击“表格”按钮，在打开的下拉列表中选择“文本转换成表格”选项，如图 7.51 所示。

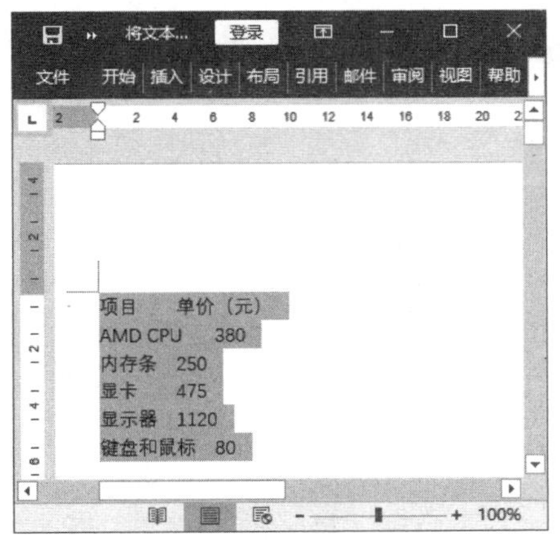

图 7.50　选择文字

图 7.51　选择“文本转换成表格”选项

03 此时将打开“将文字转换为表格”对话框。在对话框中单击“制表符”单选按钮，那么在转换成表格时表格会把制表符作为单元格的分隔。在“列数”微调框输入数字设置列数，完成设置后单击“确定”按钮关闭对话框，如图 7.52 所示。文本即转换成为表格，文字会按照设置的表格尺寸进行排列，如图 7.53 所示。

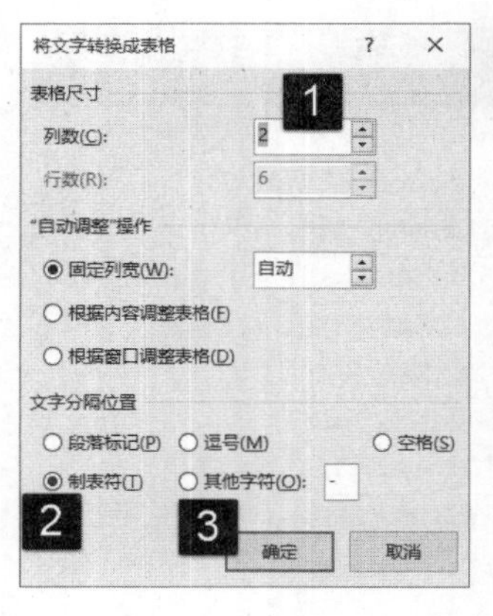

图 7.52　“将文字转换为表格”对话框

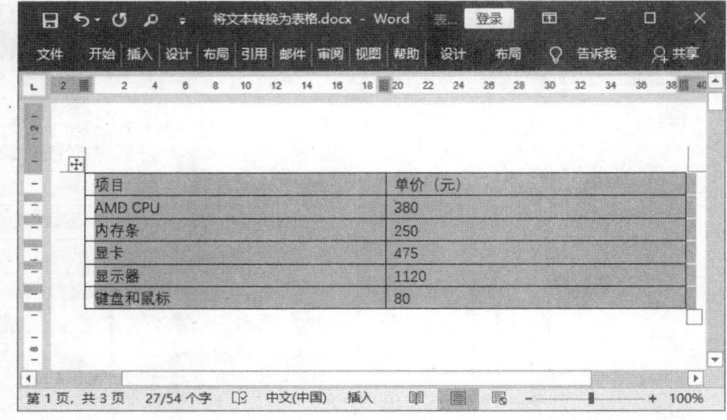

图 7.53　文本转换成表格

7.5.2　表格的自动调整

在创建表格后，根据表格输入的内容，用户往往需要调整表格的行高和列宽，有时也需要对整个表格的大小进行调整。Word 会可以表格中输入的内容来对表格进行自动调整，使单元格大小与输入文字相匹配。同时，Word 也可以根据页面的大小来自动调整表格的大小。

01 启动 Word，打开文档。鼠标单击工作表左上角的按钮⊞，整个表格即被选择，如图 7.54 所示。

按 Alt 键在表格的任意一个单元格中双击后，整个表格被选中，同时会打开“信息检索”窗格。

02 右击选择的表格，在弹出的快捷菜单中选择“自动调整”|“根据内容自动调整表格”选项，Word 将根据表格中单元格的内容来调整表格的大小，如图 7.55 所示。

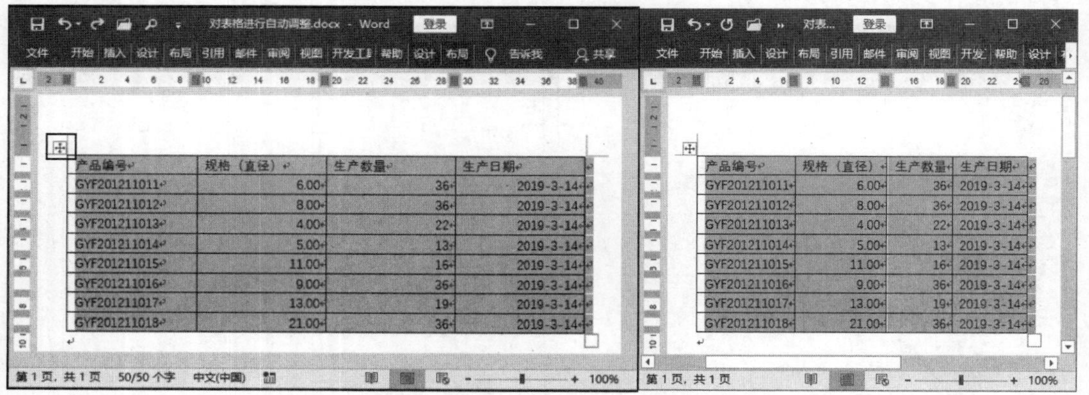

图 7.54　选择整个表格　　　　图 7.55　根据内容自动调整表格

在选择多列单元格后，将鼠标光标放置到最左侧的列框线上，当鼠标指针变为 ⇹ 时双击，列宽即会自动根据单元格的内容来调整大小。

03 右击选择的表格，在弹出的快捷菜单中选择“自动调整”|“根据窗口自动调整表格”选项，Word 将根据当前文档页面的大小调整表格的大小，使表格与页面等宽，如图 7.56 所示。

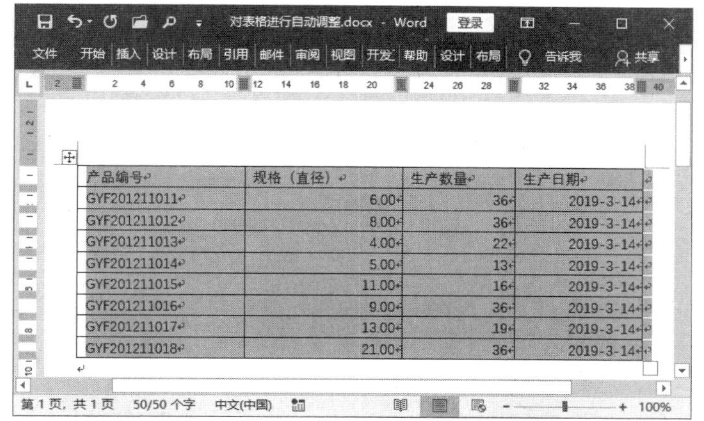

图 7.56　根据窗口自动调整表格

提　示

默认情况下，在表格中输入文字时，表格的列宽会自动调整尺寸以适应文本的变化。例如，当输入文字长度超过列宽时，Word 表格会增加列宽以适应文字的长度。如果不需要列宽自动调整，可以在选择表格后右击，在弹出的快捷菜单中选择“自动调整”|“固定列宽”选项。

7.5.3　使数据按小数点对齐

在进行数据统计时，有时需要表格中的数据以小数点为基准来对齐。在 Excel 工作表中很容易实现的这个操作，但在 Word 表格中，只能通过使用制表符来完成。下面介绍具体的操作方法。

01 启动 Word，打开包含表格的文档。在表格中拖动鼠标选择所有需要对齐的数据，同时设置数据在单元格中左对齐，如图 7.57 所示。

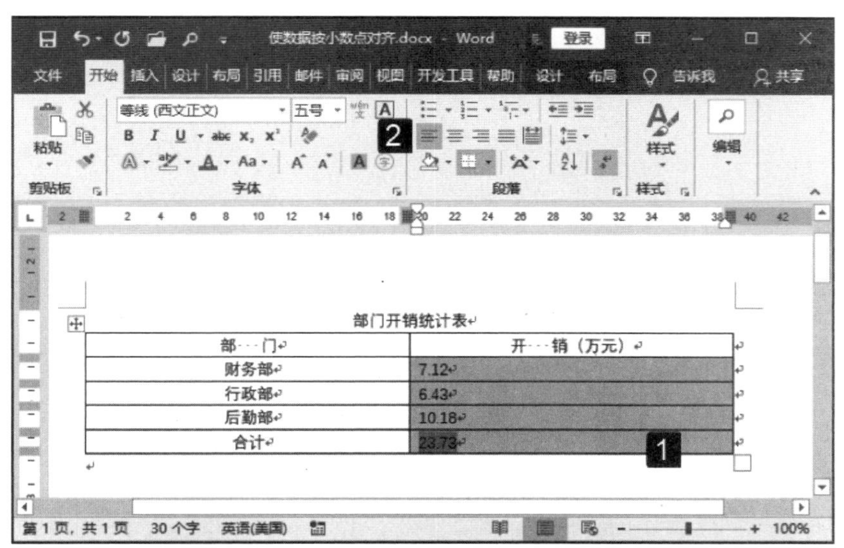

图 7.57　选择数据并使它们左对齐

02 单击水平标尺左侧的制表符选择按钮，直到出现“小数点对齐式制表符”。在水平标尺的合适地方单击添加该制表符，则表格中选择的数据将按照小数点来对齐，如图 7.58 所示。

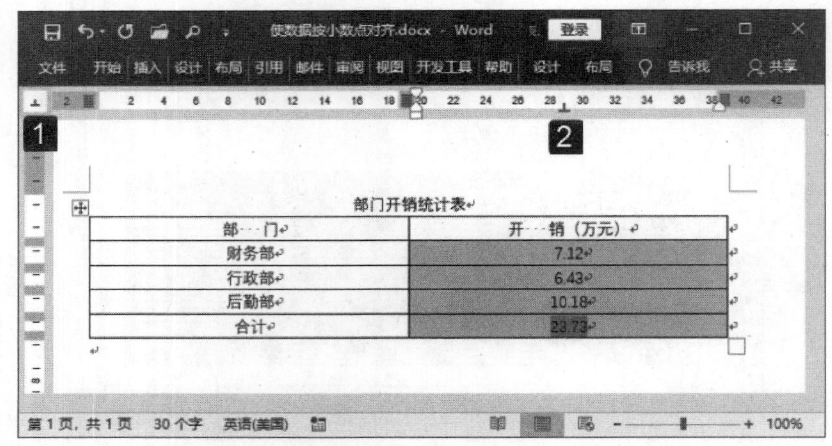

图 7.58　选择的数据按照小数点对齐

提示

“小数点对齐式制表符”不仅能够对齐小数点，还能够对齐半角句号“.”。甚至可以在各种类型的数字格式中以半角符号或全角符号为基准来对齐数字。这里要注意，半角符号并不包括半角逗号“,”。

第 8 章

文档的图文混排

在一篇文档中，如果只有文字没有图片阅读起来会显得枯燥乏味，而且有些内容仅凭文字无法形象直观地表达出来。在文档中使用图形和图片能够更好地传递信息，利于读者理解和接受文档主题思想。本章将介绍在 Word 文档中混合使用图片、图形和文本框的方法和技巧。

8.1 在文档中使用图片

在 Word 文档中，为了丰富文档内容，增加文档的吸引力，用户可以在文档中插入图片。插入图片后，为使图片更加美观，达到满意的视觉效果，还可以根据需要对图片进行设置。

8.1.1 在文档中插入图片

要在文档中使用图片，首先需要插入图片。根据图片来源的不同，Word 2019 有 2 种插入图片的方法，下面对这 2 种方法分别进行介绍。

1. 插入本机图片

如果文档需要的图片保存在本机，插入图片比较便捷，下面介绍具体的操作方法。

01 启动 Word 并打开文档，将插入点光标放置到需要插入图片的位置。在“插入”选项卡的“插图”组中单击“图片”按钮，如图 8.1 所示。

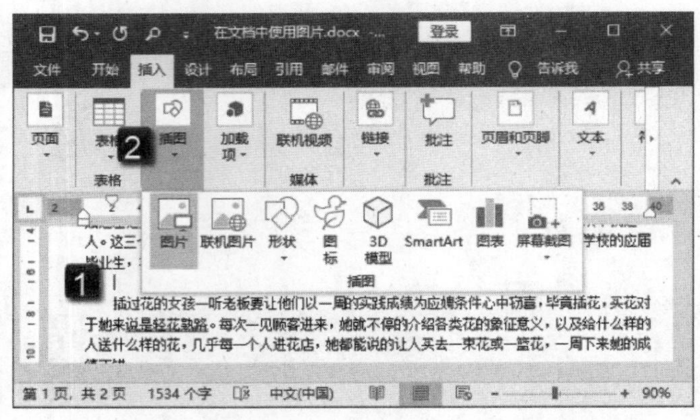

图 8.1　单击“图片”按钮

02 此时将打开“插入图片”对话框，在对话框中选择需要使用的图片。单击“插入”按钮，如图 8.2 所示。图片即被插入到文档的插入点光标所在的位置，如图 8.3 所示。

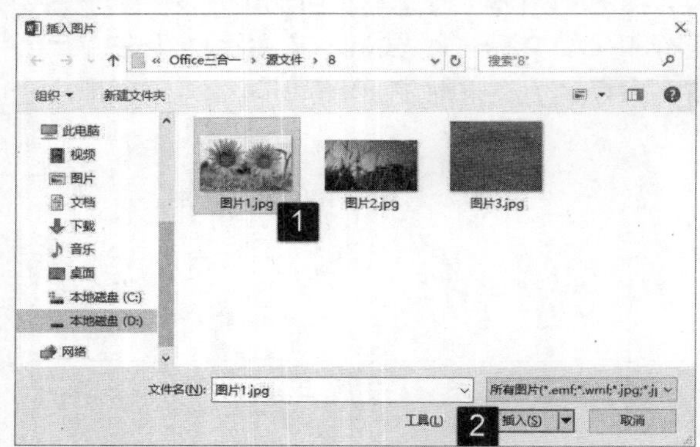

图 8.2　选择需要使用的图片

图 8.3　图片插入到文档中

2. 从网络获取图片

如果本机没有适合于当前文档的图片，可以去网络上搜索。在 Word 2019 中，用户可以不使用浏览器，直接在文档编辑状态下，利用微软的 bing 搜索引擎直接上网查找需要的图片，并将图片插入到文档中。下面介绍具体的操作方法。

01 将插入点光标放置到文档中需要插入图片的位置，在“插入”选项卡的“插图”组中单击“联机图片”按钮，如图 8.4 所示。

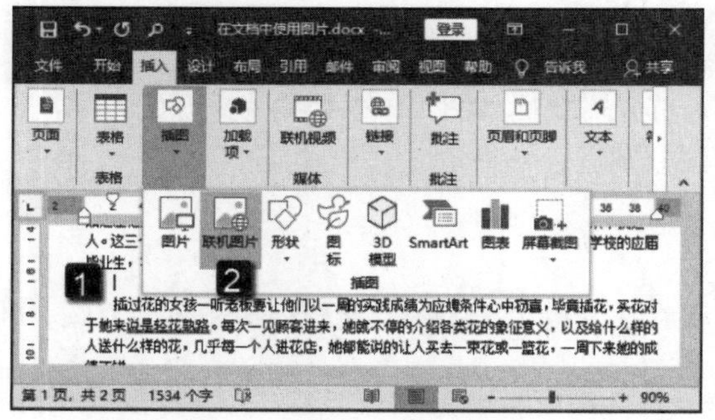

图 8.4　单击“联机图片”按钮

02 此时将打开“插入图片”对话框，单击该对话框中的“必应图像搜索”选项，如图 8.5 所示。在打开对话框的文本框中输入搜索关键词，单击“搜索”按钮，如图 8.6 所示。

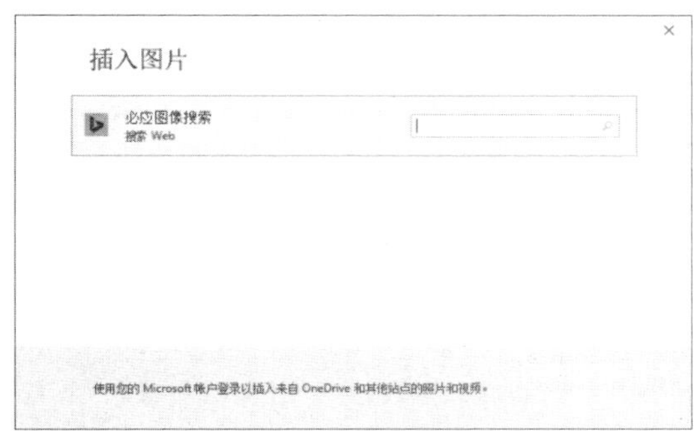

图 8.5 “插入图片”对话框

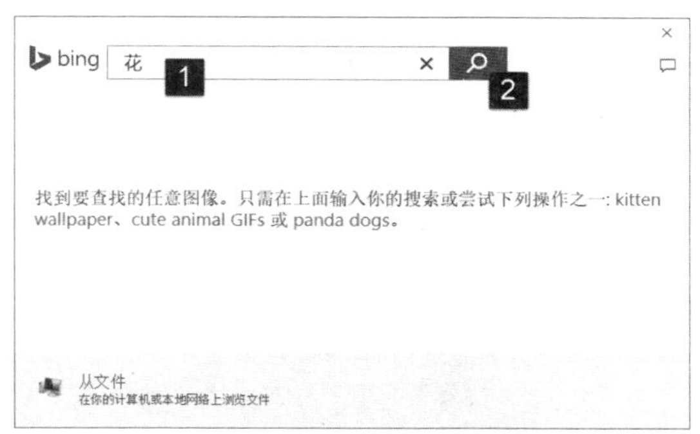

图 8.6 输入关键词后搜索

03 当对话框中显示搜索到的图片后，选择需要使用的图片，单击“插入”按钮，如图 8.7 所示。该图片即被插入到文档中。

图 8.7 选择图片后插入

8.1.2 对图片大小进行调整

插入文档中的图片，如果存在大小不合适的问题，就需要对图片的大小进行调整。在 Word 中调整图片的大小有 2 种操作方法：一种是将图片进行缩放以改变其大小；另一种是对图片进行裁剪，去掉图片中不需要的部分，从而改变图片的大小。

1. 对图片进行缩放操作

如果插入文档中的图片太大，占据了过大的篇幅，用户可以将它缩小。图片的缩放可以使用下面的方法来操作。

01 单击文档中的图片，处于选择状态的图片会被一个带有 8 个控制柄的边框包围。将鼠标指针放置到控制柄上，光标会变为方向箭头，此时沿着箭头的方向拖动鼠标即可调整图片的大小，如图 8.8 所示。

02 右击图片，在弹出的快捷菜单中单击“大小和位置”选项，打开“布局”对话框。在对话框的“大小”选项卡中可以设置图片的大小。在“大小”选项卡中，既可以在“高度”和“宽度”栏的 2 个微调框中输入数值来设置图片的大小，也可以在“缩放”栏的“高度”和“宽度”微调框中输入百分比值来对图片进行缩放，如图 8.9 所示。

2. 裁剪图片

Word 文档中插入的图片，有时需要进行裁剪，只保留图片中需要的部分。较之前版本，Word 2019 的图片裁剪功能更为强大，既能够实现常规的图像裁剪，即按照矩形对图像进行裁剪，也能将图像裁剪为不同的形状。下面将介绍 3 种裁剪图像的方法。

图 8.8 拖动控制柄调整图片大小

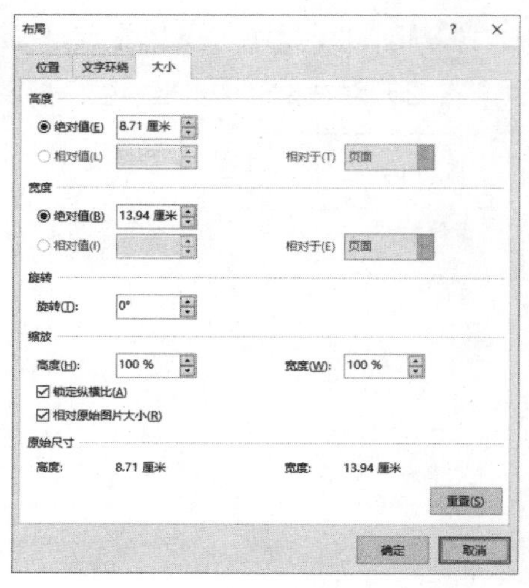

图 8.9 “大小”选项卡

01 使用鼠标拖动控制柄裁剪图像。在文档中选择插入的图片，在“格式”选项卡中单击“裁剪”按钮，图片四周即会出现裁剪框。拖动裁剪框上的控制柄调整裁剪框包围图像的范围，如图 8.10 所示。操作完成后，按 Enter 键，裁剪框外的图像即被删除。

图 8.10 拖动控制柄调整图像范围

02 设置纵横比调整图像。单击“裁剪”按钮上的下三角按钮，在打开的菜单中单击“纵横比”选项，在下拉列表中选择裁剪图像使用的纵横比，如图 8.11 所示。Word 将按照选择的纵横比创建裁剪框，如图 8.12 所示。之后按 Enter 键，Word 将按照选定的纵横比裁剪图像。

图 8.11 选择裁剪纵横比

图 8.12 按照选定的纵横比裁剪图像

03 按照形状调整图像。单击“裁剪”按钮上的下三角按钮，在打开的菜单中选择“裁剪为形状”选项，在下级列表中选择形状，如图 8.13 所示。此时，图像被裁剪为指定的形状，如图 8.14 所示。

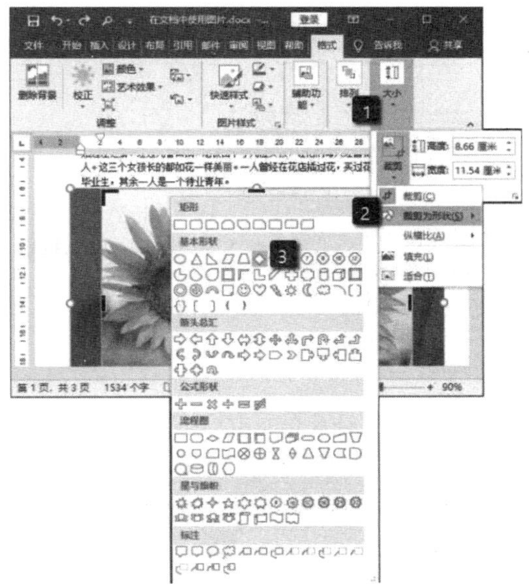

图 8.13 选择裁剪形状

图 8.14 按指定的形状裁剪

提 示

完成图像裁剪后，单击“裁剪”按钮上的下三角按钮，选择菜单中的“调整”选项，图像周围会重新被裁剪框包围。此时拖动裁剪框上的控制柄可以继续对图像进行裁剪操作。

8.1.3 设置图片版式

所谓的图片版式指的是插入文档中的图片与文档中文字间的相对位置。使用“格式”选项卡中“排列”组中的工具，能够对插入文档中的图片进行页面排版。一篇图文并茂的文档中常常需要插入各种图片。用户可以通过设置图片的版式使文档的版面更加合理和美观。下面介绍在 Word 文档中设置图片版式的方法。

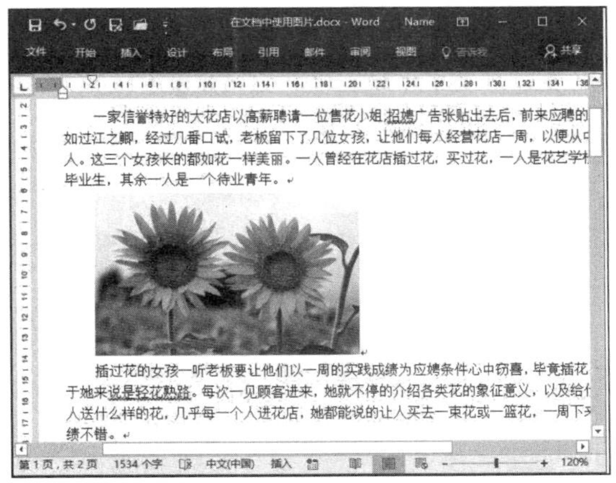

图 8.15 以嵌入方式插入图片

01 打开文档，在文档中插入图片。默认情况下，图片会以嵌入图片的方式插入到插入点光标所在的位置，如图 8.15 所示。

02 选择图片后打开“格式”选项卡，在“排列”组中单击“环绕文字”按钮。在打开的下拉列表中选择“衬于文字下方”选项后，图片将位于文字下方，被文字遮挡，如图 8.16 所示。若在“环绕文字”下拉列表中选择“浮于文字上方”选项，则图片将上浮遮盖住文字，如图 8.17 所示。

03 单击“环绕文字”按钮，在打开的下拉列表中选择“上下型环绕”选项后，文字即被分置于图片的上下两侧，如图 8.18 所示。若选择“四周型”选项，则文字会环绕在图像的四周，如图 8.19 所示。

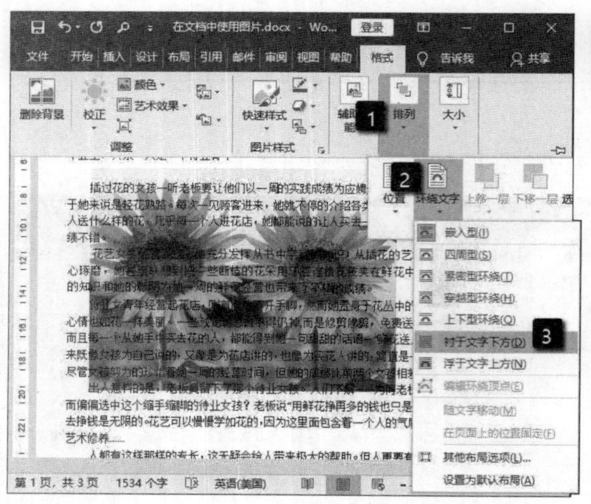

图 8.16　图片位于文字下方

图 8.17　图片浮于文字上方

图 8.18　选择“上下型环绕”选项

图 8.19　选择“四周型”选项

提 示

在文档排版中，图片和文字的相对位置有 2 种方式。一种是嵌入型的排版方式，此时图形和正文不能混排。也就是说正文只能显示在图片的上方和下方。排版设置时，可以使用“开始”选项卡“段落”组中的“左对齐”“居中”或“右对齐”等命令来改变图片的位置。另一种方式是非嵌入式方式，也就是在“环绕文字”列表中除了“嵌入式”选项之外的其他方式。在这种类型的排版中，图片和文字可以混排，文字可以环绕在图片周围或浮在图片的上方或沉在图片的下方。非嵌入式排版时，拖动图片可以将图片放置到文档中的任意位置。

04 在创建环绕效果后，选择“环绕文字”列表中的“编辑环绕顶点”选项。拖动选择框上的控制柄调整环绕顶点的位置，可以改变文字环绕的效果，如图 8.20 所示。完成环绕顶点的编辑后，在文档中单击鼠标即可退出对环绕顶点的编辑状态。

05 单击“环绕文字”按钮，在打开的下拉列表中选择“其他布局选项”选项，打开“布局”对话框中的“文字环绕”选项卡。该选项卡能够对文字的环绕方式进行精确设置。例如，设置距正文的位置。设置完成后单击“确定”按钮关闭对话框，如图 8.21 所示。图片与正文的位置关系会立即发生改变，如图 8.22 所示。

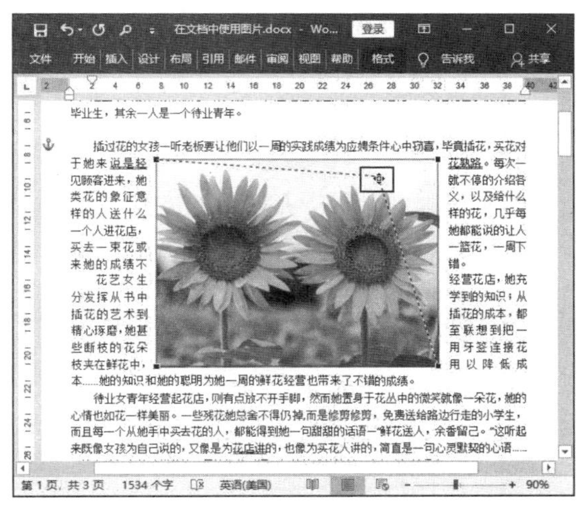

图 8.20　修改文字环绕图片效果

图 8.21　“布局”对话框

提 示

在嵌入型图片所在行的段落标记后双击鼠标左键，即可将其转换为四周型版式的图片。要实现这种方式的转换有一定的条件，即该段文本中只能仅有一张嵌入型图片，同时图片和段落符号之间不能有空格或其他文本。

06 选择图片，图片边框右侧会出现“布局选项”按钮。单击该按钮，在打开的“布局选项”列表中选择相应的选项同样可以设置文字的环绕方式，如图 8.23 所示。

图 8.22　图片位置发生改变

图 8.23　打开“布局选项”列表

8.2　在文档中使用图形

在文档中插入图形不仅可以使文档美观，还可以直观表达文档的内容。文档中的图形除了传统意义上的各种形状之外，还包括流程图、连接符和标注图形等。本节将介绍 Word 文档中图形使用的基本知识。

8.2.1　绘制自选图形

为了方便用户在文档中使用图形，Word 提供了大量常见的自选图形，用户可以直接将其插入到文档中。下面介绍使用自选图形的方法。

01 启动 Word，打开“插入”选项卡，在“插图”组中单击“形状”按钮。在打开的列表中分类列出了可以绘制的自选图形，选择需要绘制的图形，如图 8.24 所示。

02 选择完成后，鼠标指针在文档中会变为十字形，拖动鼠标即可绘制出选择的图形，如图 8.25 所示。

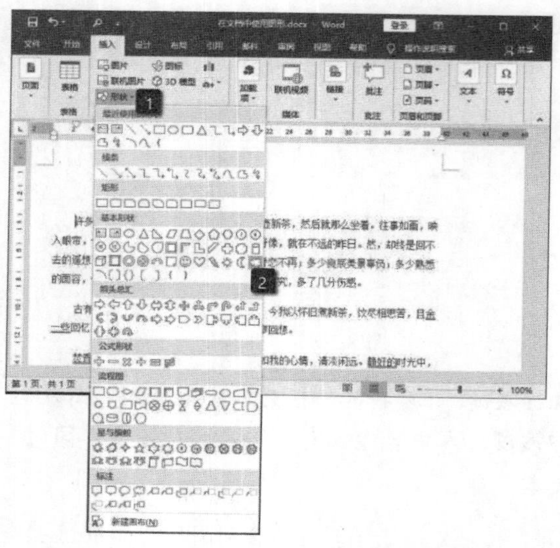

图 8.24　选择需要绘制的图形

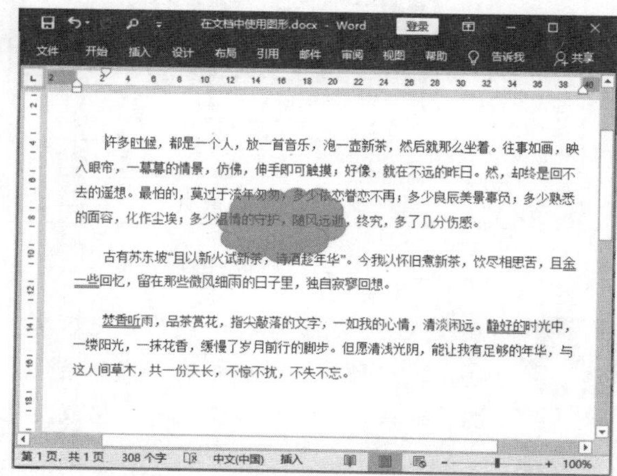

图 8.25　拖动鼠标绘制选择的图形

03 打开“形状”列表，在列表中选择“新建画布”选项，如图 8.26 所示。文档中会插入一个画图框，画图框就像传统的画布一样，用户可以在画图框内绘制图形，如图 8.27 所示。

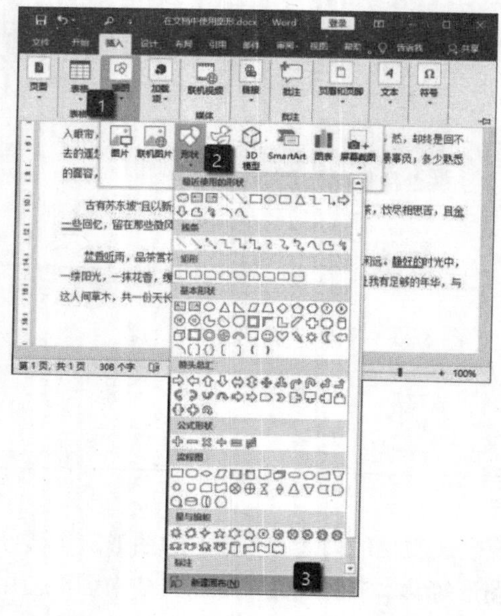

图 8.26　选择“新建绘图画布”选项

图 8.27　在绘图框中绘制图形

8.2.2　选择图形并更改图形形状

如果对文档中绘制的图形不满意，用户可以对绘制的图形进行编辑修改。下面将从图形的选择和形状的修改这两个方面来介绍编辑图形对象的方法。

1. 快速选择图形

在 Word 中，如果只需要选择一个图形，单击该对象即可。在编辑文档时，往往有需要同时选择多个图形的时候，如果需要选择的多个对象是相邻的图形，则可以使用 Word 的“选择”工具直接选择。当多个图形叠放在一起，而需要选择的图形又恰好被别的图形盖住了，这时如果使用鼠标进行选择会非常困难。此时，应该使用“选择”窗格来进行选择。

01 启动 Word 并打开文档。在“开始”选项卡的“编辑”组中单击“选择”按钮。在打开的菜单中选择“选择对象”选项，如图 8.28 所示。

然后，拖动鼠标绘制一个矩形虚线框，使该框框住需要选择的图形对象，则这些图形被选择，如图 8.29 所示。

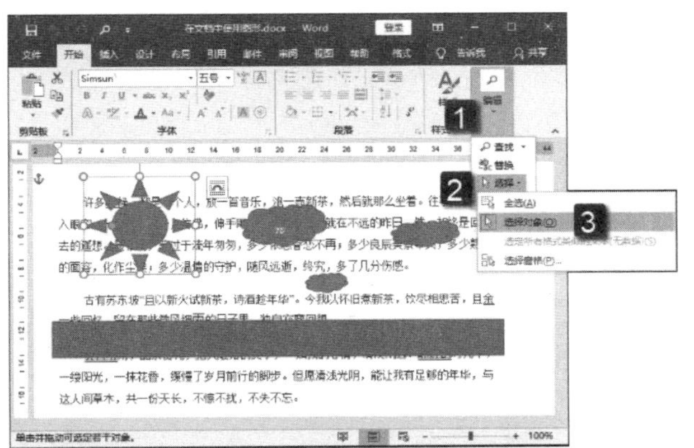

图 8.28 选择“选项对象”选项

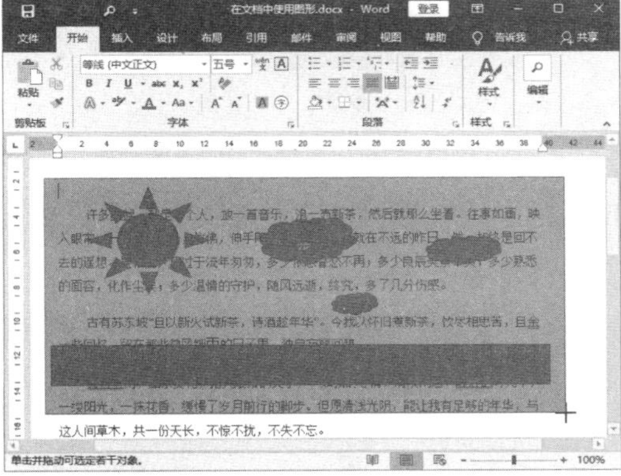

图 8.29 框选图形

在文档中，按住 Shift 键同时逐个单击文档中的对象，可以将这些对象全部选择。

02 在“开始”选项卡的“编辑”组中单击“选择”按钮，在打开的下拉列表中选择“选择窗格”选项，打开“选择”窗格。窗格中会列出文档中的图形对象，单击某个选项即能够选择对应的图形，如图 8.30 所示。在窗格中按住 Ctrl 键同时依次单击列表中的选项，可以同时选择多个图形，如图 8.31 所示。

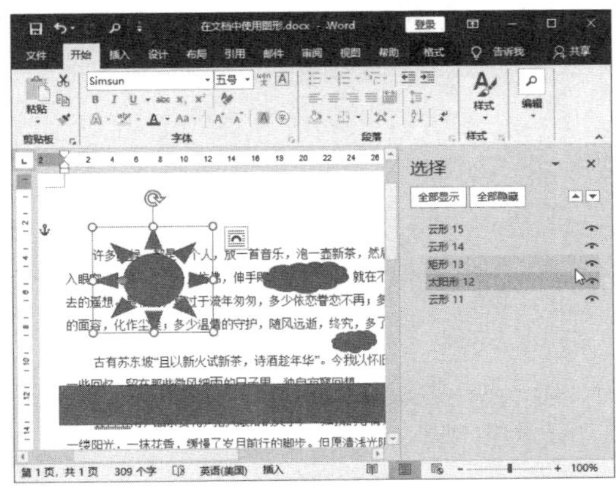

图 8.30 选择图形

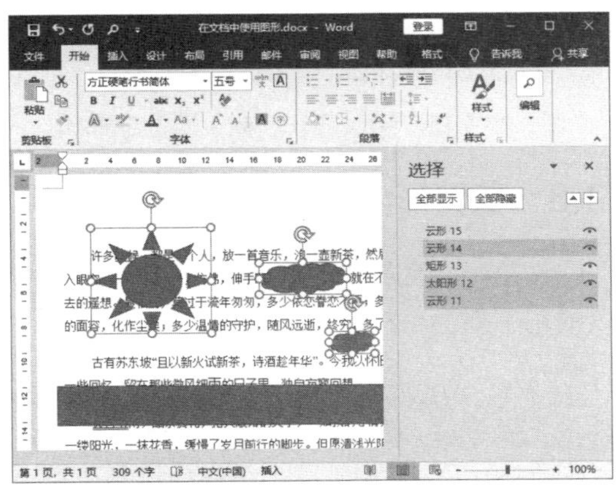

图 8.31 同时选择多个图形

提示 在“选择”窗格中选择图形后，若在文档中的非图形区域单击，即可取消对图形的选择。在“选择”窗格列表中单击图形选项右侧的眼睛图标，该图标将变为一，对应的图形就会在文档中被隐藏，如图 8.32 所示。图形被隐藏后，如果再次单击该选项右侧的按钮，眼睛图标将重新出现，图形对象也随之在文档中显示出来。如果单击窗格中的“全部隐藏”按钮，则所有的图形对象都会被隐藏。反之，如果单击“全部显示”按钮，则文档中所有图形对象都将显示出来。

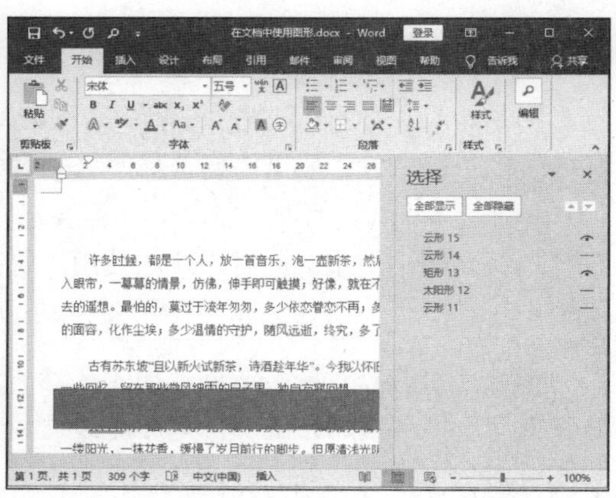

图 8.32 隐藏选择的图形

2. 更改图形形状

在完成图形绘制后，如果对图形的形状不满意，可以先将该图形删除，然后再重新绘制新形状。但这种方法操作起来效率较低，更改图形形状最快捷的方式就是选择图形后直接进行替换。

01 在文档中选择需要更改形状的图形，打开“格式”选项卡，在“插入形状”组中单击“编辑形状”按钮。在打开的列表中选择“更改形状”选项，在下级列表中选择形状，如图 8.33 所示。

02 此时原图形即被更改为选择的图形，新图形完全具有原图形的属性，不再需要重新进行设置，如图 8.34 所示。

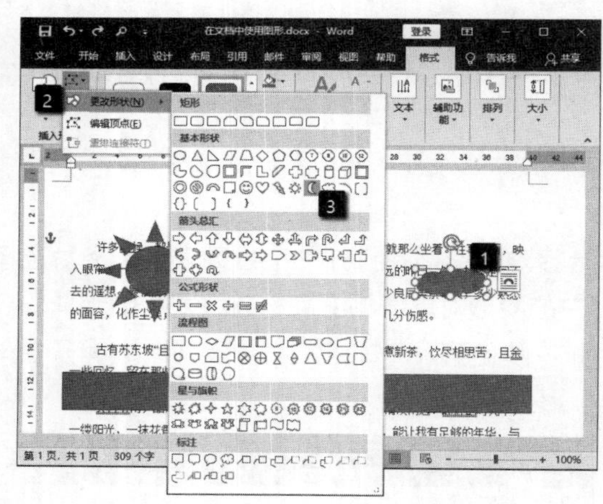

图 8.33 在“更改形状”列表中选择形状

图 8.34 图形形状被更改

8.2.3 在图形中添加文字

在文档中插入图形后，用户可以在图形中输入文字，以便更好地传递信息。在图形中输入文字可以使用下面的方法来进行操作。

01 在 Word 文档中右击插入的形状，在弹出的快捷菜单中选择“添加文字”选项。图形中会出现插入点光标，此时直接在图形中输入文字即可，如图 8.35 所示。

02 如果由于图形大小的原因导致文字无法完全显示，可以在选择图形后，拖动图形边框上的控制柄将图形拉大，使文字完全显示出来，如图 8.36 所示。

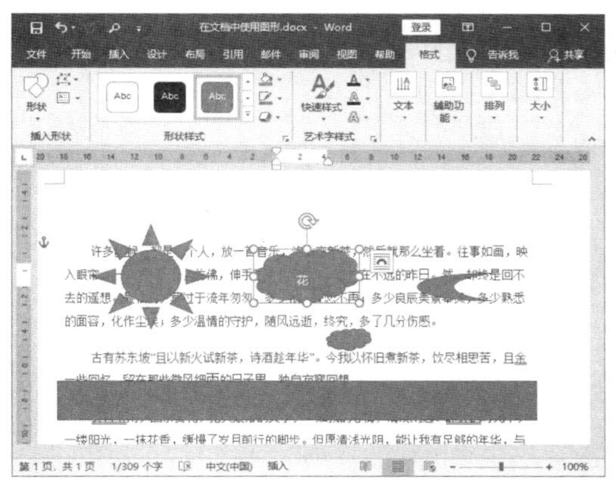

图 8.35　在图形中输入文字

图 8.36　拖动控制柄调整图形大小

8.3　在文档中使用文本框

文本框与自选图形一样，也是一种形状，不过是其内部可以输入文本。使用文本框可以帮助在文档中创建一些有特殊要求的文本。这些文本可以跟随文本框移动，因此可以被放置在文档的任意位置。

8.3.1　插入文本框

Word 为用户提供了多种样式的文本框，用户可以自行选择并将其插入到文档中。根据文本框中文字排列方向的不同，文本框可以分为横排文本框和竖排文本框。

01 启动 Word，打开“插入”选项卡，在“文本”组中单击“文本框”按钮。在打开列表的“内容”栏中会列出预置文本框的类型，用户可以根据文档的需要选择需要使用的文本框。这里选择“简单文本框”，如图 8.37 所示。

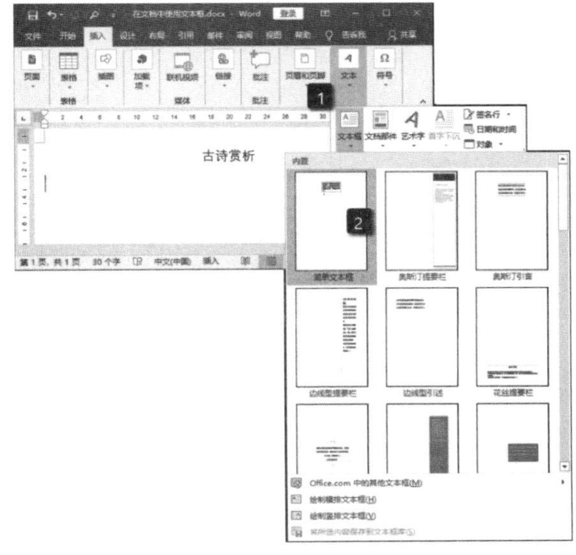

图 8.37　选择需要使用的文本框

02 文本框即会被放置到文档中，而且文本框中的提示文字被选中，此时可以直接向文本框中输入文字，如图 8.38 所示。

图 8.38　在文本框中输入文字

如果在“文本框”列表中选择“绘制文本框”选项，在文档中拖动鼠标就可以绘制一个横排文本框。如果选择“绘制竖排文本框”选项，则可以在文档中绘制一个竖排文字文本框，操作与绘制图形的一样。

8.3.2 文本框与文字

借助文本框内的文本可以随意移动、变形的特点，用户可以非常方便地对复杂文档进行排版。为了不同文本框中的文本更好的排版，常常需要使用文本框链接功能。例如，当一个文本框中容纳不下所有的文字时，剩余的文字自动放置到另一个文本框中。下面介绍创建文本框链接的操作方法。

01 启动 Word，打开需要的文档。在“插入”选项卡中单击“文本框”按钮，在打开的下拉列表中选择“绘制文本框”选项，如图 8.39 所示。

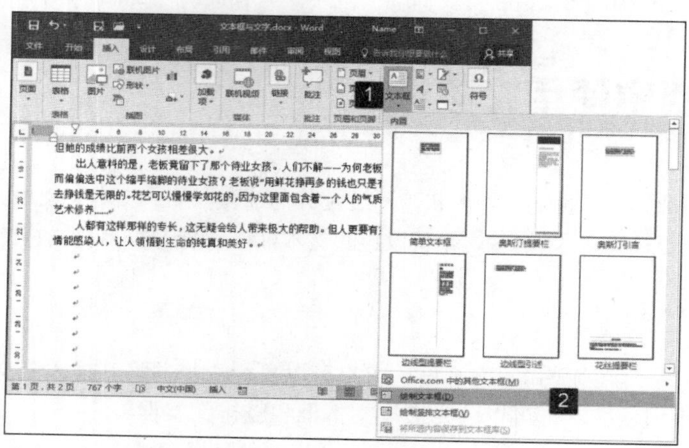

图 8.39 选择“绘制文本框”选项

02 在文档中拖动鼠标绘制一个文本框后，再次选择“绘制文本框”选项后在文档中绘制第 2 个文本框，如图 8.40 所示。

03 选择第一个文本框，在打开的“格式”选项卡的“文本”组中单击“创建链接”按钮，如图 8.41 所示。此时，鼠标指针变为，将鼠标光标放置到第 2 个文本框上，鼠标指针变为，在该文本框上单击建立链接，如图 8.42 所示。此时“格式”选项卡中的“创建链接”按钮会变为“断开链接”按钮。

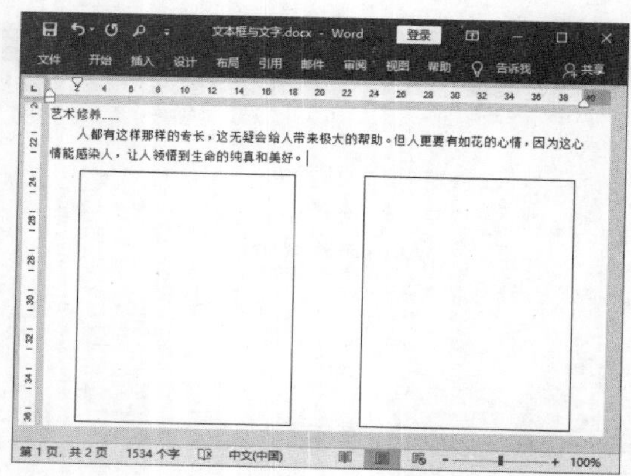

图 8.40 在文档中绘制 2 个文本框

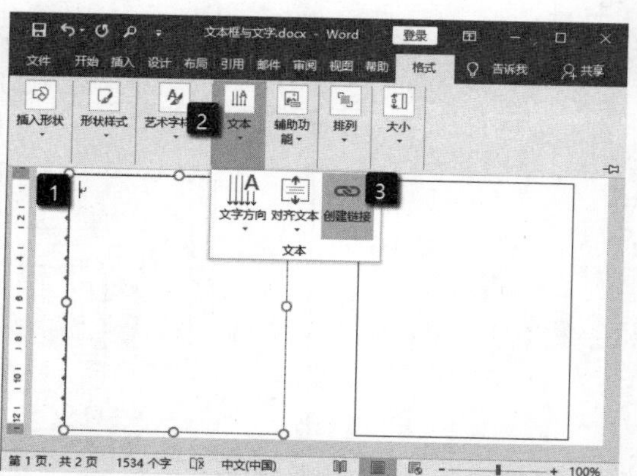

图 8.41 单击“创建链接”按钮

04 在第一个文本框中单击并输入文字。在第一个文本框中输入文字后，多余的文字会自动进入第二个文本框中，如图 8.43 所示。

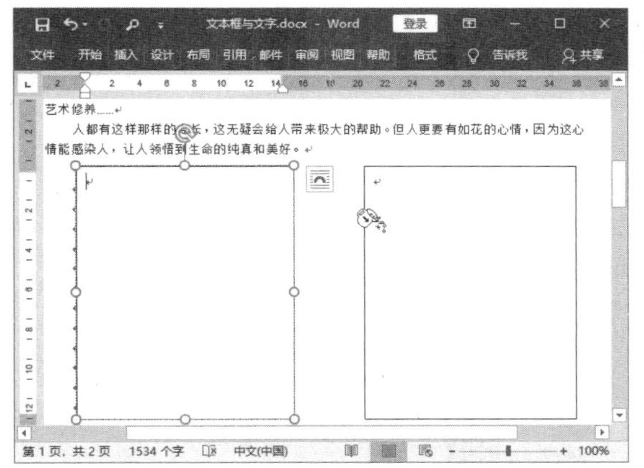

图 8.42　在文本框上单击创建链接

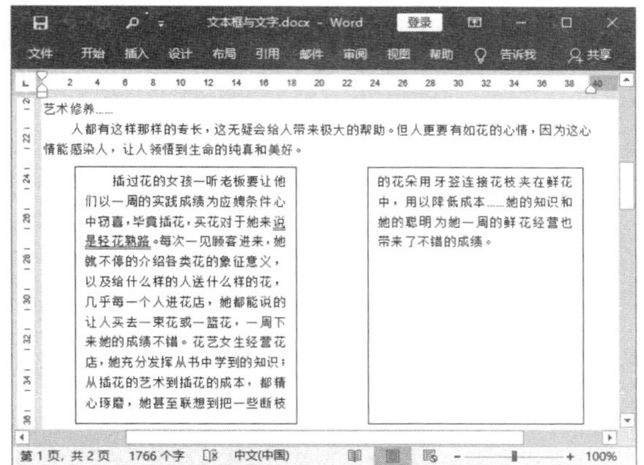

图 8.43　多余的文字会自动填充到第 2 个文本框中

注意　只有同类的文本框可以创建链接，横排文本框和纵排文本框之间则不能直接链接。

8.4　本章拓展

下面介绍与 Word 文档中图文混排有关的扩展知识。

8.4.1　设置图片的默认插入方式

在默认的情况下，在文档中插入或粘贴的图片，都是以嵌入式版式插入的。当然也可以根据需要设置图片插入的版式。下面介绍具体的设置方法。

01 启动 Word，单击“文件”标签，选中“选项”选项，打开“Word 选项”对话框，如图 8.44 所示。

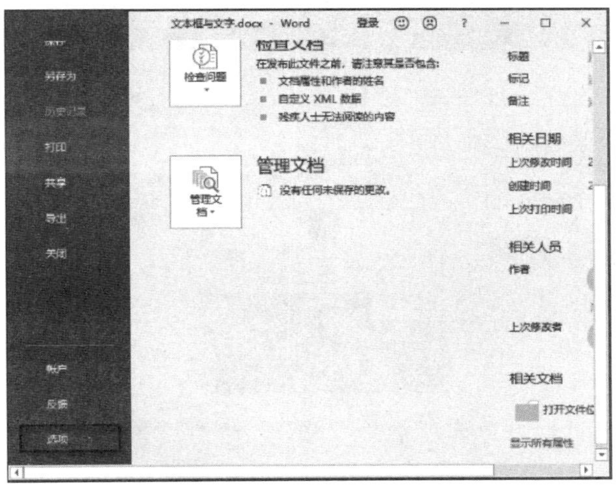

图 8.44　选中“选项”选项

02 在打开的“Word 选项”对话框的左侧列表中选择“高级”选项。在“剪切、复制和粘贴”栏中单击“将图片插入/粘贴为”下拉列表框上的下三角按钮，在打开的列表中选择图片插入时的版式。完成设置后单击“确定”按钮关闭对话框，如图 8.45 所示。完成设置后在文档中插入或粘贴图片时，图片将按照设置的版式插入到文档中。

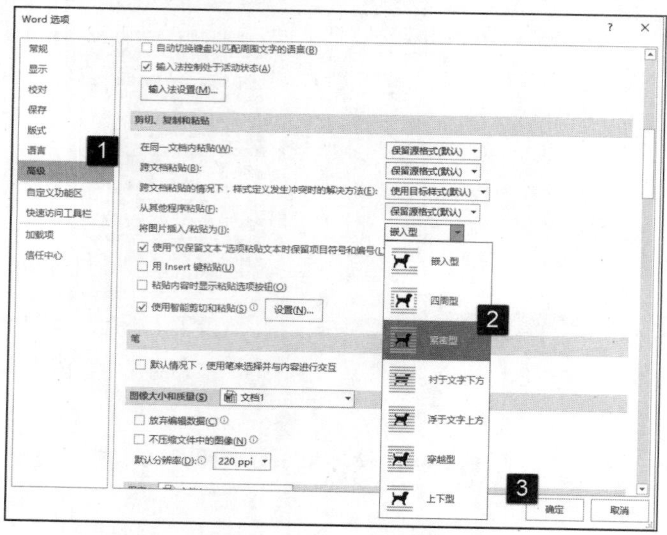

图 8.45　选择图片插入时的版式

8.4.2　自动为图片添加编号

当文档中插入大量图片时，为这些图片手动编号是非常耗时费力的。特别是当编号后的图形需要进行增删时，手动编号将面临重新编号的麻烦。下面介绍对文档中的图片进行自动编号的方法。

01 启动 Word 并打开文档，将插入点光标放置到第一张图片的下方。在“引用”选项卡的“题注”组中单击“插入题注”按钮，打开“题注”对话框。然后在对话框中单击“新建标签”按钮，打开“新建标签”对话框。接着在对话框的“标签”文本框中输入题注标签，单击“确定”按钮关闭对话框，如图 8.46 所示。

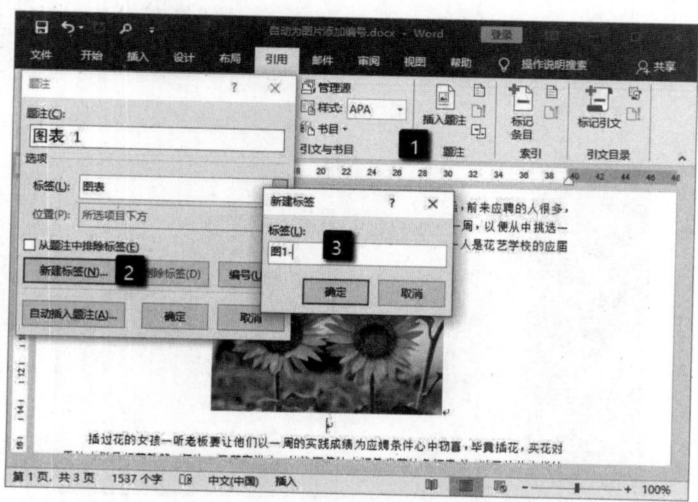

图 8.46　新建题注标签

02 单击“确定”按钮关闭“题注”对话框后，图片的下方即会被添加图片编号，如图 8.47 所示。由于这里图片是居中放置，可以设置图片编号使其与图片居中对齐。

图 8.47　在图片下方添加了编号

03 当在文档中再次插入图片时，在“引用”选项卡中单击“插入题注”按钮，打开“题注”对话框。此时可以看到“题注”文本框中的题注编号已经自动增加了，单击“确定”按钮关闭对话框，如图 8.48 所示。题注编号即被添加到新图的下方，再进行居中设置，使其与图片居中对齐，如图 8.49 所示。

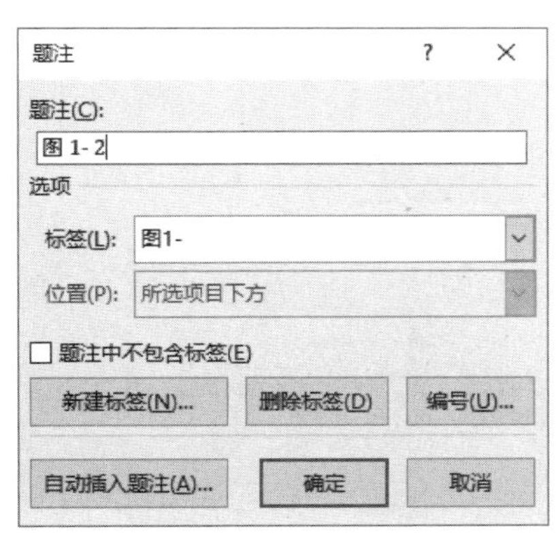

图 8.48　“题注”对话框

图 8.49　添加编号

在删除了图片和编号后，如果文档中剩下的图编号没有随之更新，用户可以任意选择一个图编号后右击，在弹出的快捷菜单中选择“更新域”选项即可。

8.4.3　保存文档中的图片

插入到 Word 文档中的图片，如果觉得需要，可以将其保存下来。当其他文档需要使用相同的图片时，就可以直接插入使用了。保存文档中的图片，可以使用下面的步骤来进行操作。

01 在文档中右击图片，在弹出的快捷菜单中选择“另存为图片”选项，如图 8.50 所示。

图 8.50 选择快捷菜单中的“另存为图片”选项

02 此时将打开“保存文件”对话框，在对话框中选择文件保存的文件夹，设置文件保存时使用的文件名。完成设置后单击“保存”按钮关闭对话框，如图 8.51 所示，图片即被保存到指定的文件夹中。

图 8.51 “保存文件”对话框

第 9 章

Word 的高效办公

作为一款文字处理软件，Word的功能早已十分强大，不仅仅只有输入文字和对文字编辑等简单功能。Word在各行各业之所以得到广泛应用，是因为其提供了许多实用的功能，能够满足不同领域高效办公的需求。本章将主要介绍如何使用Word有效地提高实际办公效率。

9.1 文档的校对和多语言处理

Word 提供了文档校对和多语言处理功能，能够帮助用户快速解决文档校对和语言翻译等方面的需求，本节将对相关知识进行介绍。

9.1.1 Word 的自动拼写和语法检查

Word 提供了拼写检查和语法检查功能，对于经常需要输入英文的用户，该功能可以帮助用户检查文档中的拼写和语法错误。下面介绍这个功能。

1. 语法和拼写检查

默认情况下，Word 一直开启英文语法和拼写检查功能，使用该功能能够快速发现可能的输入错误并快速进行修改。

01 启动 Word 并在文档中输入英文字符。当文档中输入的英文单词或词组可能存在错误时，Word 就会在其下方添加红色波浪线进行提示。如果是语法错误，则会出现蓝色的提示波浪线，如图 9.1 所示（红色波浪线和蓝色波浪线效果如图中所示）。

02 右击标示的单词，在弹出的快捷菜单中会列出正确的备选单词，如图9.2所示。选择正确的单词，标示的单词即被替换。

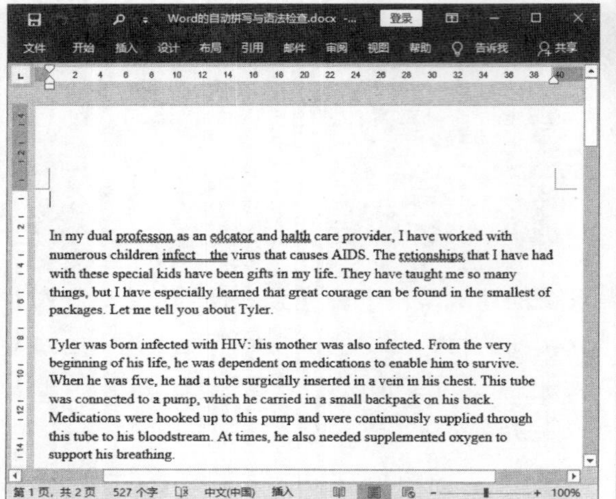

图 9.1　提示错误

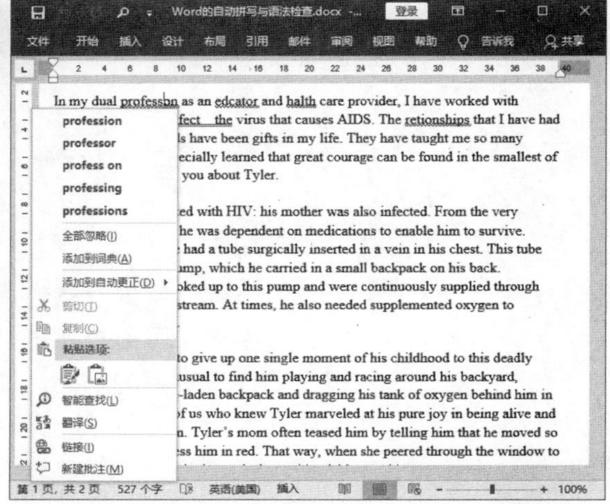

图 9.2　在快捷菜单中选择正确的单词

2. 语言校对功能的设置

有时，Word 的检查和校对功能可能会过于“自作聪明”，文档中杂乱的出错标识会让人厌烦。此时可以将该检查功能停用，让文档恢复整洁。默认情况下，Word 只对英文和中文拼写和语法进行检查校对，用户也可以根据实际情况添加对其他语言的校对，以满足不同语言文本输入的需要。

01 打开“文件”窗口，在左侧列表中选择“选项”选项，打开“Word 选项”对话框。在左侧列表中选择“校对”选项，在右侧的“在 Word 中更正拼写和语法时”栏中取消所有复选框的勾选。完成设置后单击“确定”按钮关闭对话框，如图 9.3 所示。之后 Word 将不再进行语法和拼写检查，也不再标示错误，如图 9.4 所示。

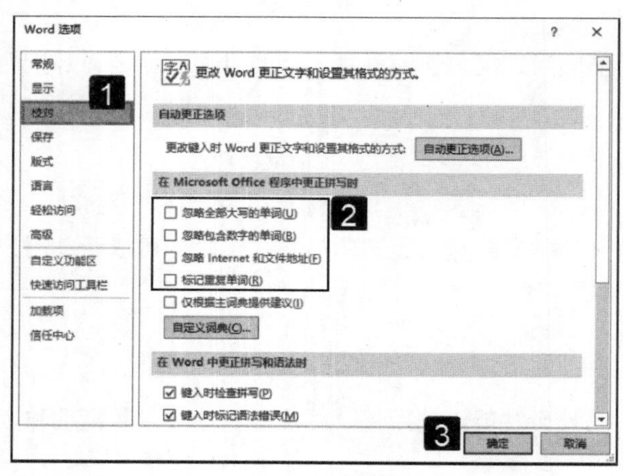

图 9.3　“Word 选项”对话框

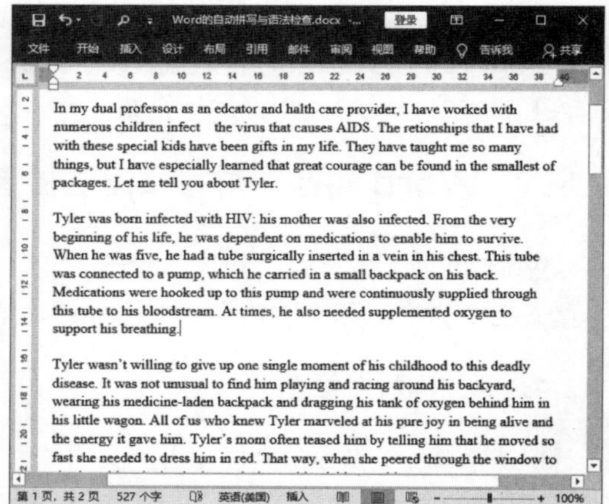

图 9.4　不再标示错误

02 在“Word 选项”对话框左侧列表中选择“语言”选项，再单击“添加语言…”按钮，出现“选择编辑语言”列表，在其中选择语言选项后，单击下方的“添加”按钮，完成设置后单击“确定”按钮关闭对话框，如图 9.5 所示。此时，Word 即会添加对该语言的校对功能。

图 9.5　添加校对语言

9.1.2　实现中英文互译

Word 不仅仅是文字处理软件，还可以当作字典使用，帮助我们在没有安装翻译软件的情况下读懂英文文档。

1. 使用 Word 查字典

用户在阅读英文文档时，如果遇到生疏的单词，可以使用 Word 2019 提供的字典功能。通过字典功能，用户可以在 Word 中直接对生疏的单词进行查询，而不需要使用专门的翻译软件。下面介绍使用 Word 字典的方法。

01 启动 Word，打开一篇英文文档，在文档中选择需要查询的单词。在“审阅”选项卡中单击“翻译”按钮，在打开的下拉列表中选择“翻译所选内容”选项，打开“翻译工具”窗格，在窗格中即会显示出翻译结果，如图 9.6 所示。

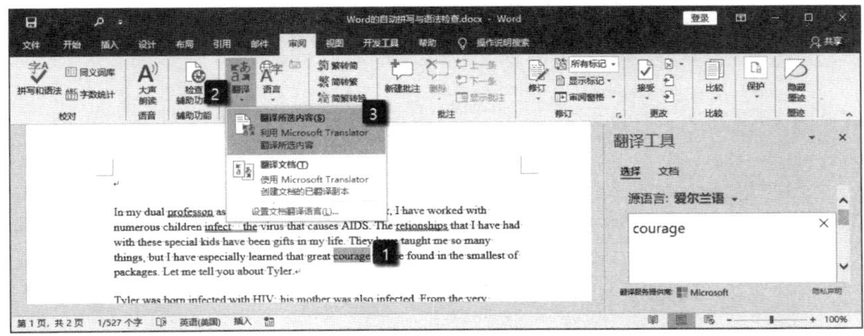

图 9.6　翻译选择的单词

提 示

选择单词右击，在快捷菜单中选择“翻译”选项，将会打开“翻译工具”窗格并对选择单词进行翻译。

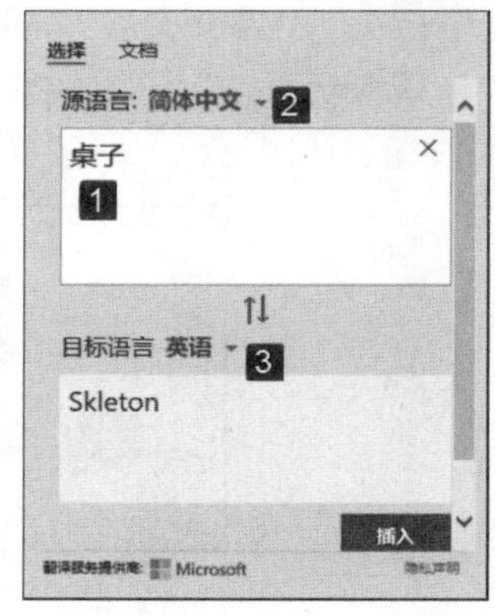

图 9.7　进行翻译

02 在“翻译工具”窗格文本框中输入文字，如输入“桌子”这个词语。在源语言下拉列表中选择“简体中文”选项，在目标语言下拉列表中选择“英语”选项。设置完成后，窗格中即会显示出翻译结果，如图 9.7 所示。

2. 全文翻译

当我们需要对整篇文档进行翻译时，Word 会直接新建一个 Word 文件显示翻译内容。下面介绍具体的操作方法。

01 启动 Word 并打开文档。在“审阅”选项卡的“语言”组中单击“翻译”按钮，在打开的下拉列表中选择“翻译文档”选项，如图 9.8 所示。

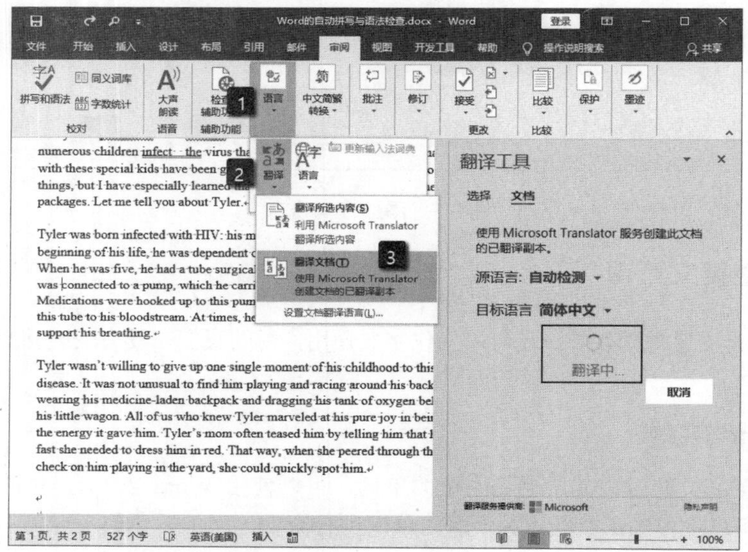

图 9.8　选择“翻译文档”选项

02 选择“翻译文档”选项之后，Word 会在单独的窗口中打开一个新文档，该文档的内容就是翻译后的结果，如图 9.9 所示。

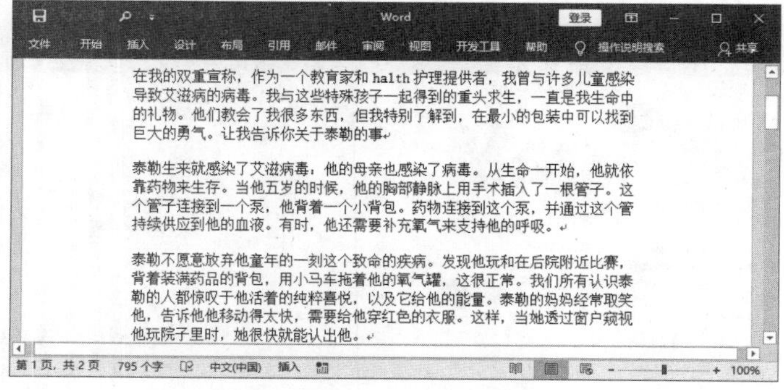

图 9.9　翻译后的结果

3. 设置文档翻译语言

Word 2019 的翻译功能十分强大，不仅可以翻译英文，还可以选择翻译其他语言。下面介绍具体的操作方式。

01 启动 Word 并打开文档，在文档中选择需要翻译的内容。在“审阅”选项卡的“语言”组中单击“翻译”按钮，在打开的下拉列表中选择“设置文档翻译语言”选项，如图 9.10 所示。

02 此时将打开“翻译工具”窗格，在文档选项中“源语言”默认为自动检测，“目标语言”下拉列表中选择“简体中文”选项。单击“翻译”按钮完成翻译，如图 9.11 所示。

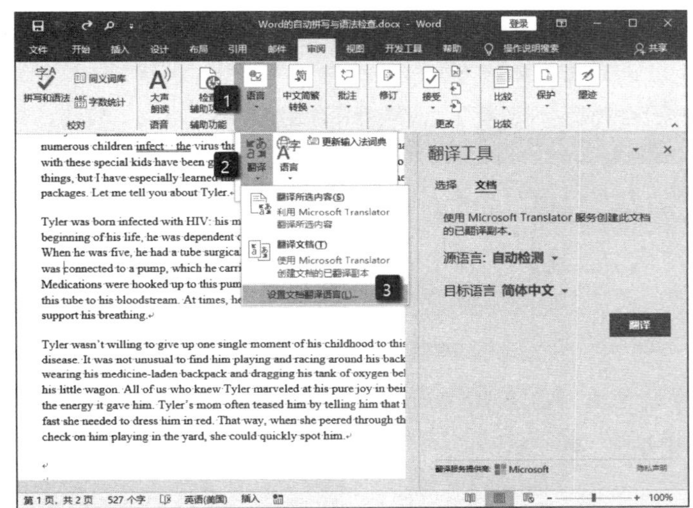

图 9.10 “翻译语言选项”对话框

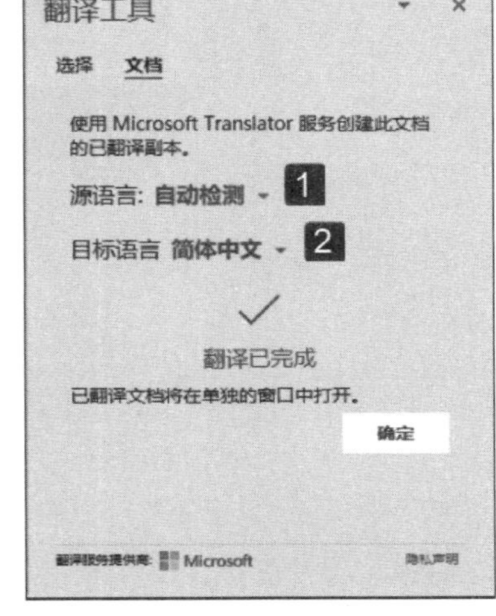

图 9.11 设置翻译语言

9.2 文档的修订和批注

一篇工作文档，往往有多人审阅。如果发现文档中存在问题，就需要在文档中进行批注或对错误进行修订。Word 的修订和批注功能，使协作办公变得更加方便快捷。

9.2.1 修订文档

修订是审阅者根据自己的理解对文档做出的各种修改。Word 具有文档修订功能，可以记录文档修改前后的信息。当审阅者可以通过修订功能表达对文档内容的看法或修改意见。Word 2019 会自动跟踪审阅者对文档文本和格式的修改，并做出标记。下面介绍在文档中添加修订并对修订样式进行设置的方法。

01 在文档中单击，将插入点光标放置到需要添加修订的位置。打开“审阅”选项卡，在“修订”组中单击“修订”按钮上的下三角按钮，在下拉列表中选择“修订”选项，如图 9.12 所示。之后如果对文档进行编辑，文档中被修改的内容即会以修订的方式显示出来，如图 9.13 所示。

提 示

直接单击“修订”按钮使其处于按下状态也可以直接进入文档修订状态。单击该按钮取消其按下状态即可退出文档的修订状态。

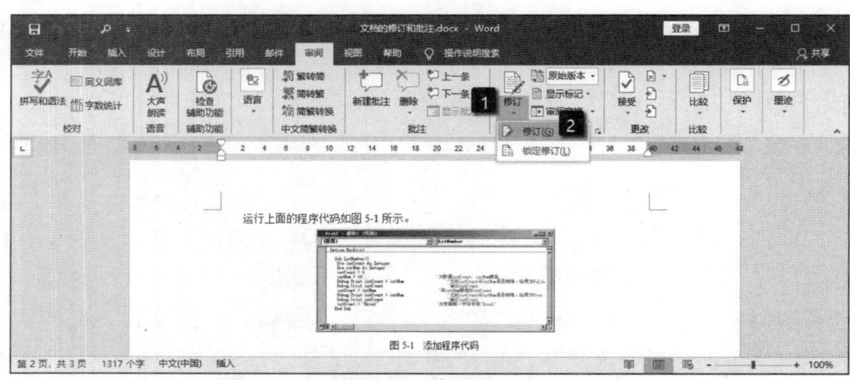

图 9.12　选择“修订”选项

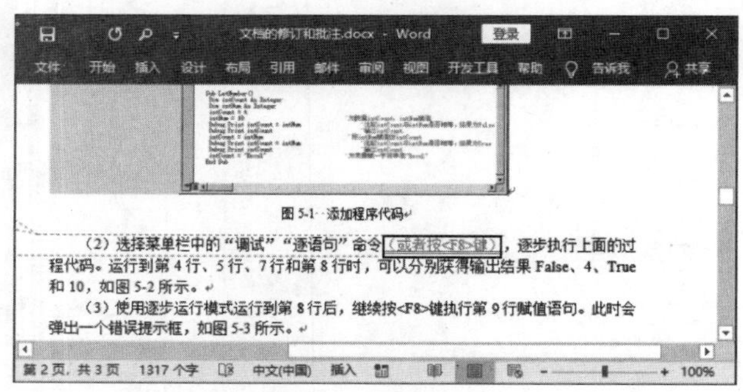

图 9.13　显示修订内容

02 在“修订”组中单击“修订选项”按钮，打开“修订选项”对话框。在对话框中单击“高级选项”按钮，打开“高级修订选项”对话框。在该对话框中，如果在“插入内容”下拉列表中选择“双下划线”选项，那么文档中修改后的内容标记就被设置为双下划线。如果在“删除内容”下拉列表中选择“双删除线”选项，那么修订时删除的内容标记就被设置为双删除线。如果在“修订行”下拉列表中选择“右侧框线”选项，那么修改行标记就会显示在行的右侧，如图 9.14 所示。完成设置后单击“确定”按钮，分别关闭这 2 个对话框，在文档中即可以看到修订标记发生改变，如图 9.15 所示。

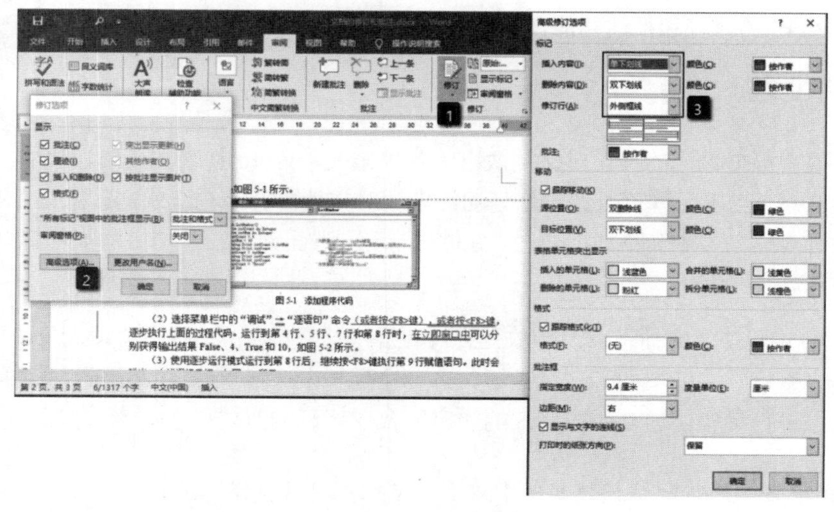

图 9.14　“修订选项”对话框

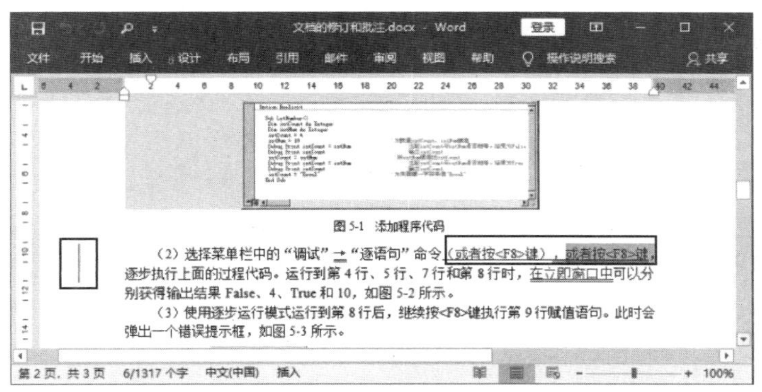

图 9.15 更改修订标记

在“高级修订选项”对话框的“移动”栏中的设置项用于设置在文档中移动文本时修订标记的格式和显示的颜色。如果取消对“跟踪格式”复选框的勾选，则 Word 不会跟踪文本的移动操作。“表单元格突出显示”栏中的设置项用于设置表格编辑的修订显示，包括表删除、插入、合并或拆分单元格的操作。

03 在“修订”组中单击“显示标记”按钮，在下拉列表中选择“批注框”选项。在“批注框”选项列表中勾选“在批注框中显示修订”选项后，批注即可在批注框中显示，如图 9.16 所示。

04 在“审阅”选项卡的“更改”组中单击“接受”按钮上的下三角按钮，在打开的下拉列表中选择“接受并移到下一条”选项，则此处的修订将变成正文文本并定位到下一条修订，如图 9.17 所示。

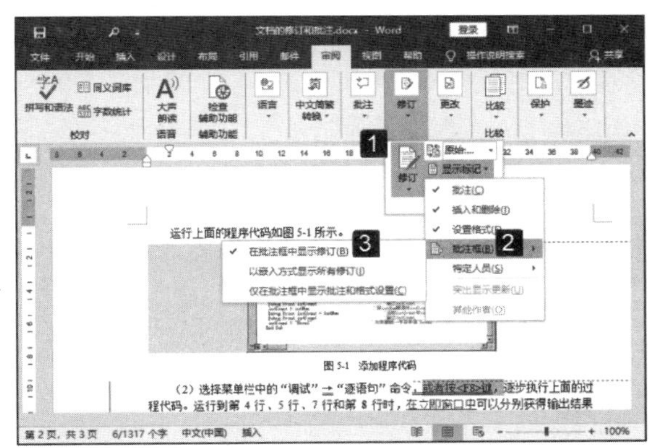

图 9.16 在批注框中显示修订

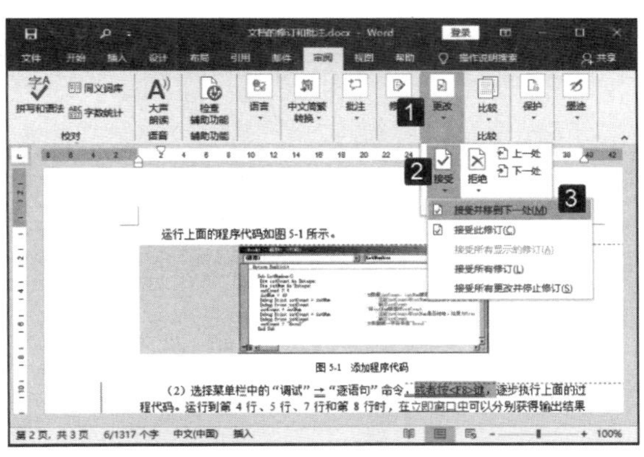

图 9.17 接受并定位到下一条修订

当文档中存在着多个修订时，在“更改”组中单击“上一条”或“下一条”按钮可以将插入点光标定位到上一条或下一条修订处。在“更改”组中单击“拒绝”按钮上的下三角按钮，在打开的下拉列表中选择“拒绝并移到下一条”选项将拒绝当前的修订并定位到下一条修订。如果用户不想接受其他审阅者的全部修订，则可以选择“拒绝对文档的所有修订”选项。

9.2.2 批注文档

批注是审阅者根据自己对文档的理解，为文档添加的注解和说明文字。批注可以用来存储其他文本、审阅者的批评建议、研究注释以及其他对文档有用的帮助信息等内容，是交流意见、更正错误、提问或向共同审阅文档的人提供信息的重要工具。下面介绍在文档中插入批注的方法。

01 将插入点光标放置到需要添加批注内容的后面，或选择需要添加批注的对象，例如选择文档中的图像。在“审阅”选项卡中的“批注”组中单击“新建批注”按钮，此时在文档中将会出现批注框。在批注框中输入批注内容即可创建批注，如图 9.18 所示。

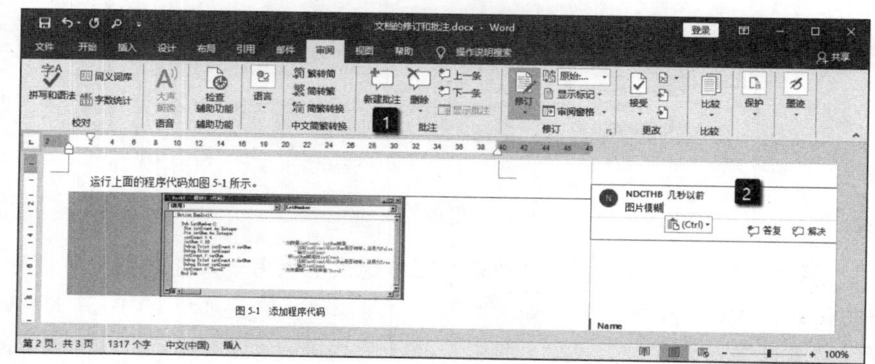

图 9.18　创建批注

02 按照上一节介绍的方法打开“修订选项”对话框，在对话框中单击“高级选项”按钮，打开“高级修订选项”对话框。在对话框的“批注”下拉列表中设置批注框的颜色，在“边距”下拉列表中选择“左”选项将批注框放置到文档的左侧，如图 9.19 所示。完成设置后单击“确定”按钮关闭对话框，此时批注框的样式和位置即会发生改变，如图 9.20 所示。

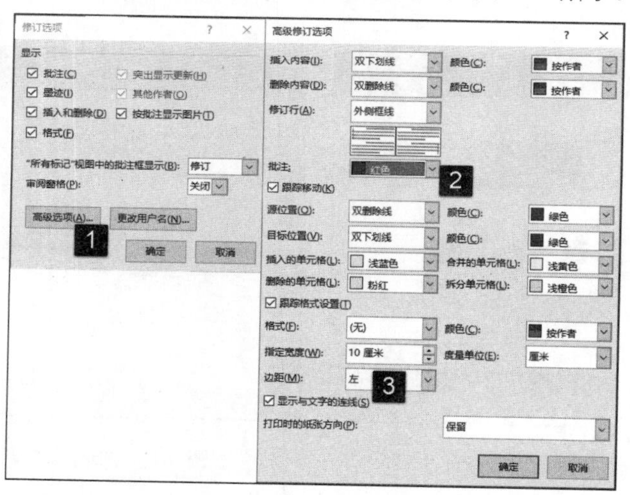

图 9.19　设置批注框的颜色和位置

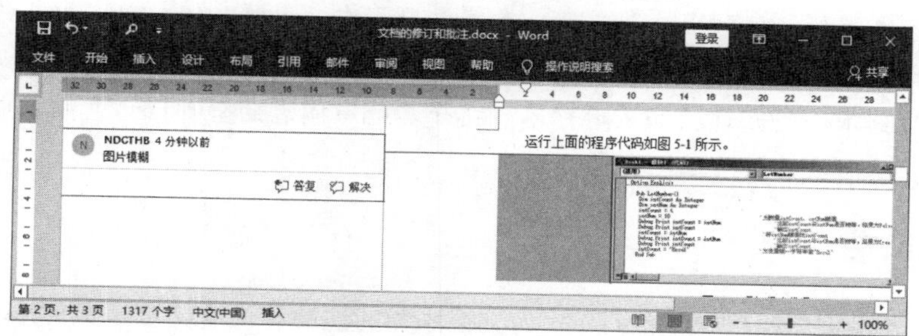

图 9.20　改变批注框的颜色和位置

03 Word 2019 能够将在文档中添加批注的所有审阅者都记录下来。在“修订”组中单击“显示标记”按钮，在打开的下拉列表中选择“特定人员”选项，将能够得到审阅者的名单列表。勾选相应的审阅者，可以仅查看该审阅者添加的批注，如图 9.21 所示。

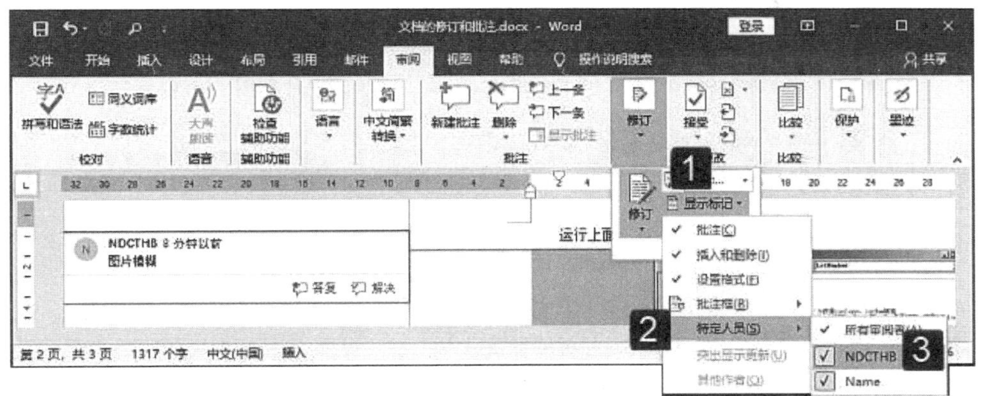

图 9.21　查看指定审阅者的批注

04 在“修订”组中单击“审阅窗格”按钮上的下三角按钮，单击“垂直审阅窗格”选项，打开“垂直审阅窗格”，如图 9.22 所示。在审阅窗格中用户可以查看文档中的修订和批注，并且随时更新修订的数量。

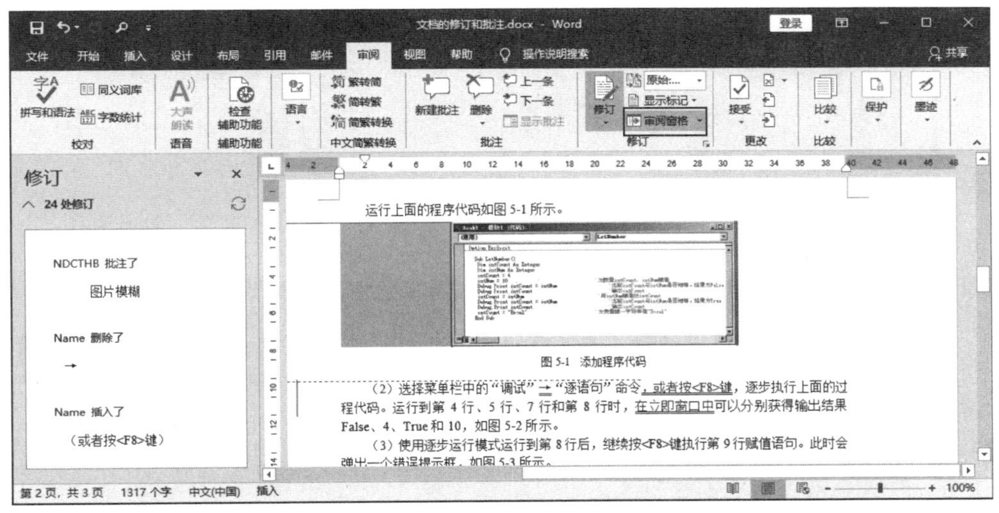

图 9.22　打开“垂直审阅窗格”

提　示

如果需要更新文档中的修订数量，可以单击“审阅窗格”右上角的“更新修订数量”按钮 。如果需要在“审阅窗格”中显示修订或批注的详细情况汇总，可以单击“显示详细汇总”按钮 。如果需要将显示的详细汇总隐藏，可以单击“隐藏详细汇总”按钮 。

05 将插入点光标放置到批注框中，单击批注框内的“答复”按钮，可以在批注框中插入一条答复批注，如图 9.23 所示。将插入点光标放置到批注框内的批注中，在“批注”组中单击“删除批注”组上的下三角按钮，在打开的列表中选择“删除”选项，则当前批注将被删除，如图 9.24 所示。

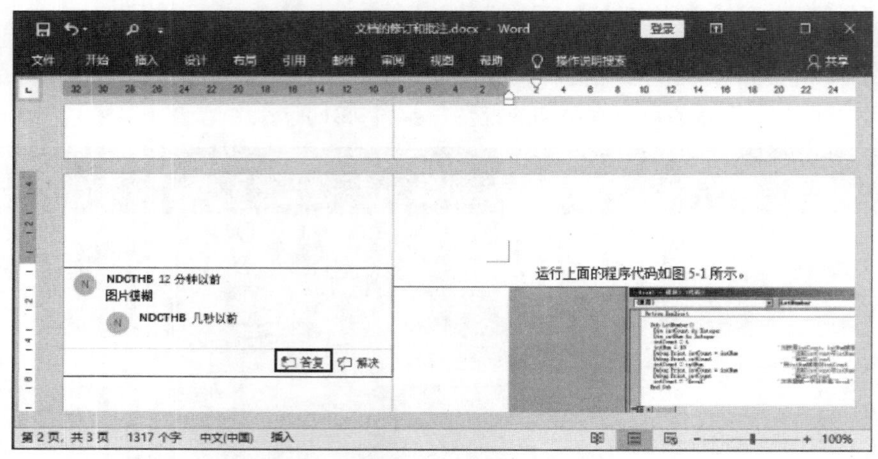

图 9.23　在批注框内插入一条答复批注

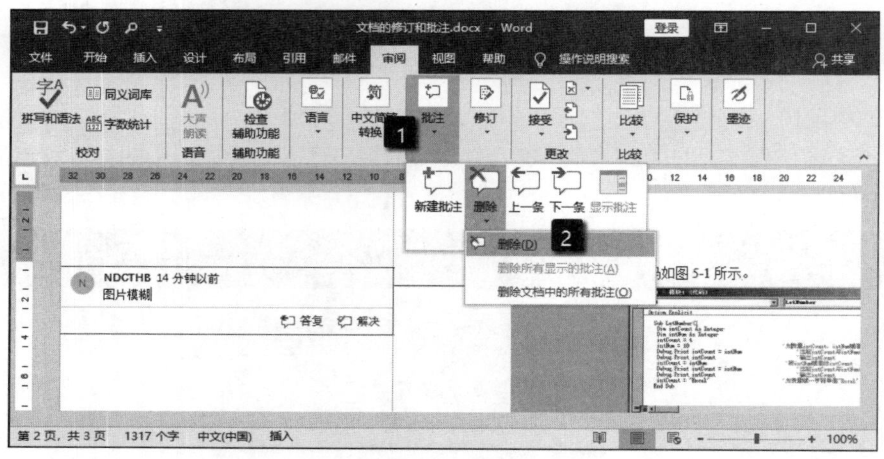

图 9.24　选择“删除”选项

在批注中右击，在弹出的快捷菜单中选择“删除批注”选项，可以将该批注删除。选择“删除”列表中的“删除文档中的所有批注”选项即能够删除文档中的所有批注。

9.2.3　查看并合并文档

当一个文档具有 2 个版本，可以使用 Word 来对这 2 个版本的文档进行比较并合并。此时，Word 会用修订标记来标记合并后的文档文本，或者标识出 2 个文档的差别。下面介绍在 Word 2019 中对文档进行比较并合并的操作方法。

01 在“审阅”选项卡中的“比较”组中单击“比较”按钮，在打开的下拉列表中选择“比较”选项，如图 9.25 所示。

02 此时将打开“比较文档”对话框，在“原文档”下拉列表中选择来自多个来源的修订组合到其中的文档，在“修订的文档”下拉列表中选择含有审阅者修订内容的文档。单击对话框中的“更多”按钮，在打开的“比较设置”栏和“显示修订”栏中进行进一步的设置。例如，单击“新文档”单选按钮，使 Word 显示一个新建文档，该文档接受原始文档的修订，并将修订后的文档中的更改显示为修订。完成设置后单击“确定”按钮关闭“比较文档”对话框，如图 9.26 所示。

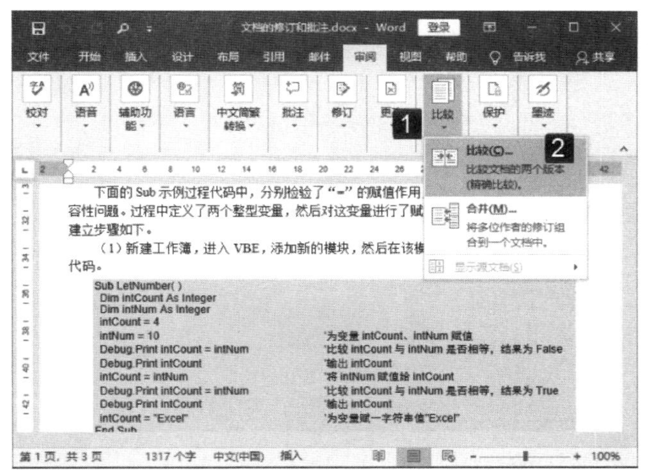

图 9.25 选择“比较”选项

图 9.26 “比较文档”对话框

03 此时，Word 将给出提示对话框，如图 9.27 所示。单击“是”按钮进行文档比较，新文档中显示文档比较结果，如图 9.28 所示。在“比较的文档”窗格中浏览文档时，右侧“原文档”和“修订文档”窗格中的文档会随着滚动，显示对应的内容。

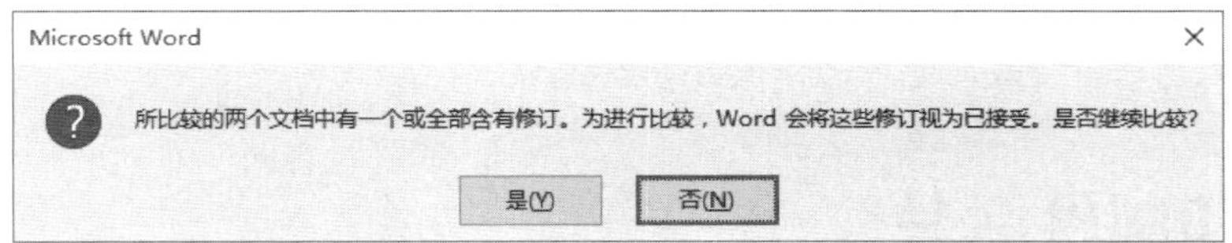

图 9.27 Word 提示对话框

04 在文档审阅完毕后，在“审阅”选项卡中的“比较”组中单击“比较”按钮，在下拉列表中选择“合并”选项，打开“合并文档”对话框。在对话框中选择需要合并的文档，并对其他参数进行设置。完成设置后单击“确定”按钮关闭对话框，如图 9.29 所示。

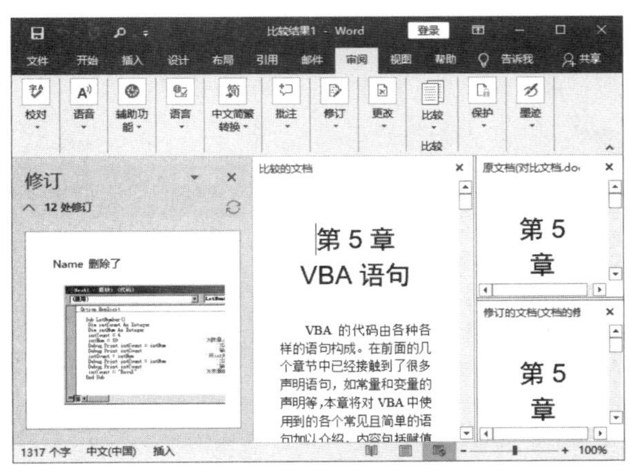

图 9.28 显示比较结果

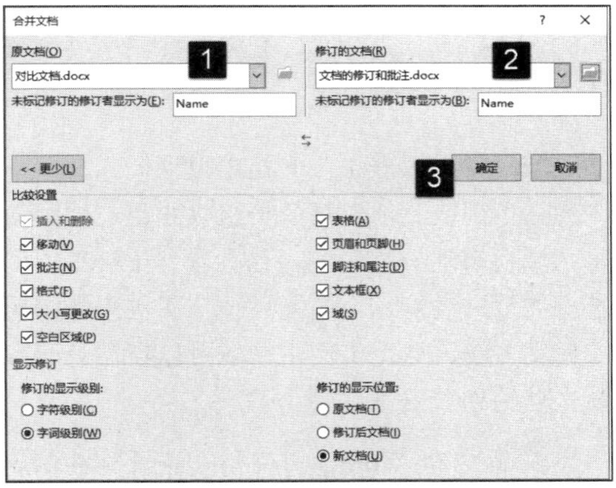

图 9.29 “合并文档”对话框

05 此时，Word 将创建一个新文档放置合并的文档。在“审阅”选项卡中的“更改”组中单击“接受”按钮上的下三角按钮，在获得的列表中选择“接受所有修订”选项，如图 9.30 所示。此时即可获得一个包含有 2 个文档所有内容的文档，保存该文档，完成文档的合并操作。

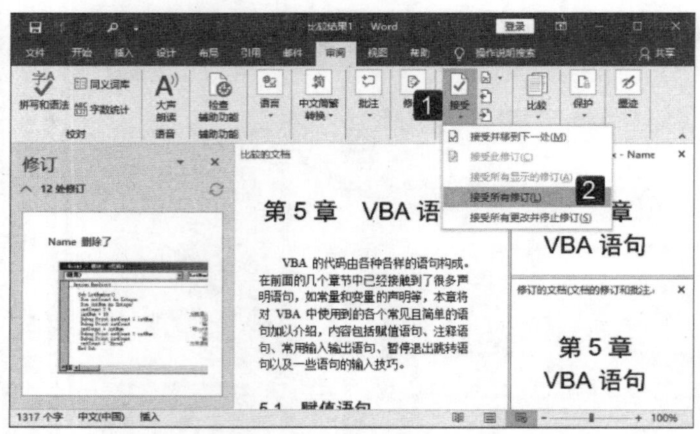

图 9.30　选择“接受所有修订”命令

当 2 个用户分别对同一个文档进行编辑修改后，使用 Word 的合并文档功能能够生成一个包含这 2 个用户编辑内容的单一文档。此时，合并后的文档将包含这 2 个文档的所有内容，任何一个文档中存在而另一个文档不存在的内容 Word 都将作为插入文本并用修订标记标识出来。可以通过接受或拒绝这些修订内容来编辑合并文档的内容。同样的，如果 2 个文档存在格式差别，合并后的文档同样会以修订方式标识出来，用户可以通过接受或拒绝来选择使用哪个格式。

9.3　域和邮件合并

在 Word 中，域是一种占位符，是一种插入到文档中的代码，其可以帮助用户在文档中添加各种数据、启动某个程序或完成某项功能等。邮件合并功能能够批量生成需要的邮件文档，其常用来批量生成信函、信封、标签和工资条等特殊文档。使用邮件合并功能能够批量生成功能类似的文档，从而大大提高工作效率。

9.3.1　使用域

域是引导 Word 在文档中自动插入文字、图片、页码或其他信息的一组代码。文档中的每个域都有唯一的名字，且具有与 Excel 中函数相类似的功能。下面通过一个实例来介绍域的使用方法，这个实例中的域可以自动获取当前文档的相关信息。

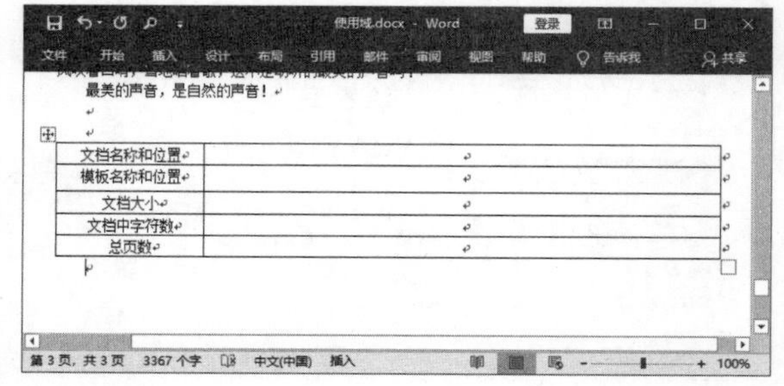

图 9.31　添加文档信息统计表

01 启动 Word，打开需要统计文档信息的文档。在文档的最后添加文档信息统计表，如图 9.31 所示。

02 将插入点光标放置到表格的“文档名称和位置”对应的空白栏中，在“插入”选项卡中单击“文档部件”按钮，在打开的下拉列表中选择“域”选项，如图 9.32 所示。此时将打开“域”对话框，在对话框的“类别”下拉列表中选择“文档信息”选项，在“域名”列表中选择“FileName”选项。同时勾选“添加路径到文件名”复选框。完成设置后，单击“确定”按钮关闭“域”对话框，如图 9.33 所示。

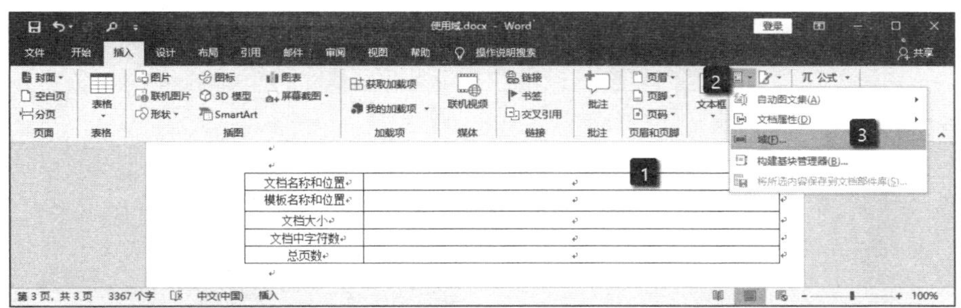

图 9.32　选择“域”选项

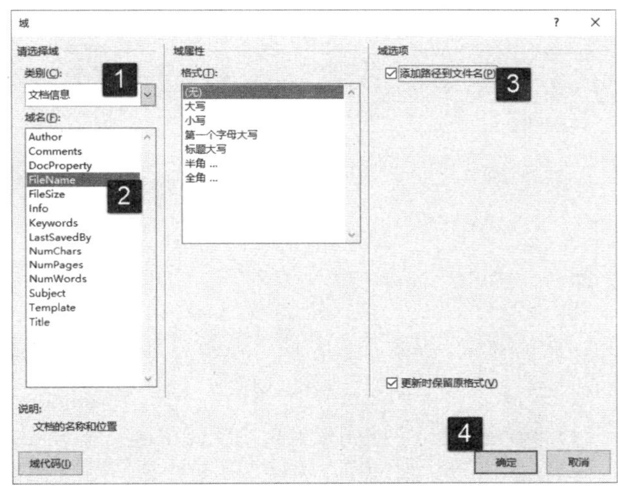

图 9.33　“域”对话框的设置

03 在“模板名称和位置”对应空白栏中放置插入点光标，按 Ctrl+F9 键在当前位置插入域特征符。在域特征字符“{}”中间输入域代码“TEMPLATE \p”，如图 9.34 所示。

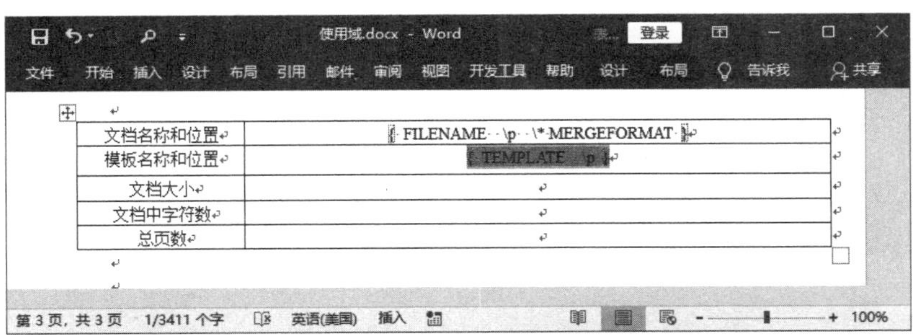

图 9.34　输入域代码“TEMPLATE \p”

04 在“文档大小”对应空白栏中放置插入点光标，按 Ctrl+F9 键插入域特征符，输入域代码“FILESIZE”，如图 9.35 所示。

05 在“文档中字符数”对应空白栏中放置插入点光标，按 Ctrl+F9 键插入域特征符，输入域代码“NUMWORDS”，如图 9.36 所示。

06 在“总页数”对应空白栏中放置插入点光标，输入域代码“NUMPAGES”，如图 9.37 所示。

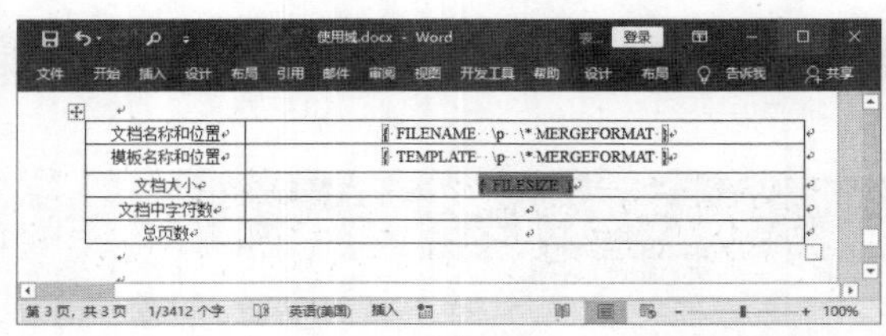

图 9.35　输入域代码“FILESIZE”

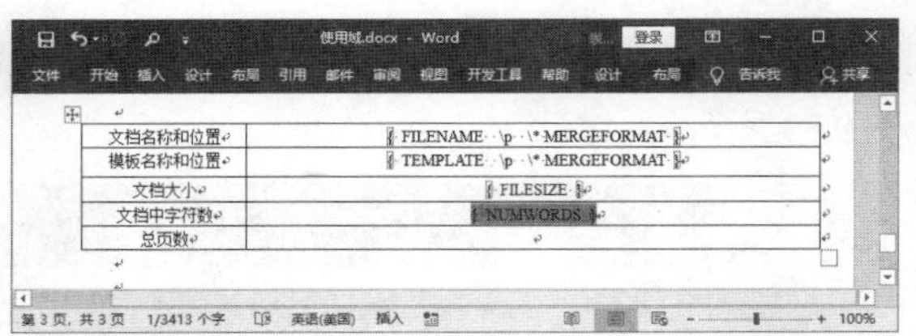

图 9.36　输入域代码“NUMWORDS”

07 在表格的各个栏中依次选择域代码，按 Alt+F9 键，则表格中各栏将显示出相应的文档信息，如图 9.38 所示。

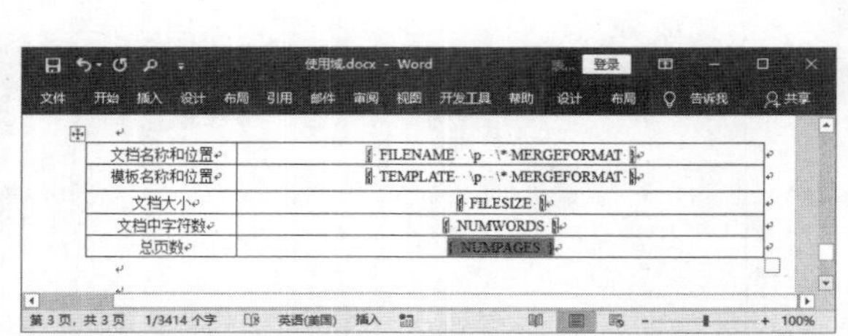

图 9.37　输入域代码“NUMPAGES”

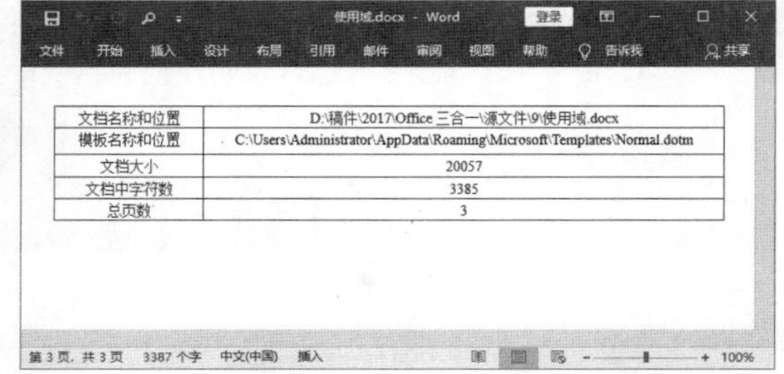

文档名称和位置	D:\稿件\2017\Office 三合一\源文件\9\使用域.docx
模板名称和位置	C:\Users\Administrator\AppData\Roaming\Microsoft\Templates\Normal.dotm
文档大小	20057
文档中字符数	3385
总页数	3

图 9.38　显示文档信息

9.3.2　使用邮件合并

在公函或获奖证书等这类文档中，主体内容是固定不变的，只有接收人姓名和单位等小部分内容是需要改变的。在大量创建这类文档时，如果一个一个地输入，效率就很低。此时如果使用邮件合并功能，将需要更改的信息自动输入到文档中的固定位置，就能快速完成动态内容的输入，批量创建文档。下面通过一个实例来介绍邮件合并功能的使用方法，该实例是制作一个学生考试成绩分数条。

01 启动 Excel 2019，在 Excel 中准备好数据表，如图 9.39 所示。

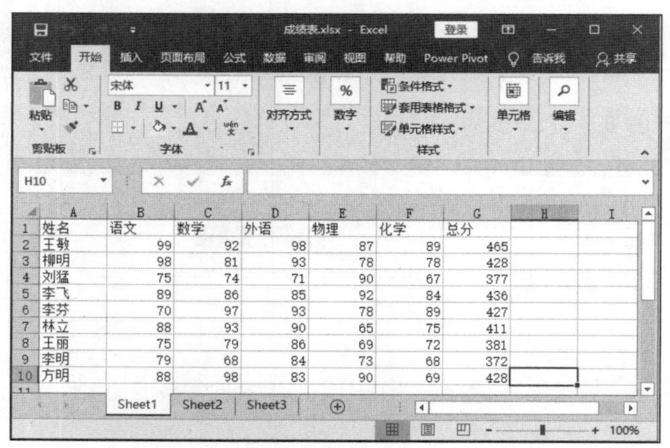

姓名	语文	数学	外语	物理	化学	总分
王敏	99	92	98	87	89	465
柳明	98	81	93	78	78	428
刘猛	75	74	71	90	67	377
李飞	89	86	85	92	84	436
李芬	70	97	93	78	89	427
林立	88	93	90	65	75	411
王丽	75	79	86	69	72	381
李明	79	68	84	73	68	372
方明	88	98	83	90	69	428

图 9.39　创建数据表

02 在 Word 中创建一个空白文档。接着在“布局”选项卡的“页面设置”组中单击“纸张大小”按钮，在打开的列表中选择“其他纸张大小”选项，如图 9.40 所示。此时将打开“页面设置”对话框，在对话框中设置页面的“宽度”和“高度”值。完成设置后单击“确定”按钮关闭对话框，如图 9.41 所示。

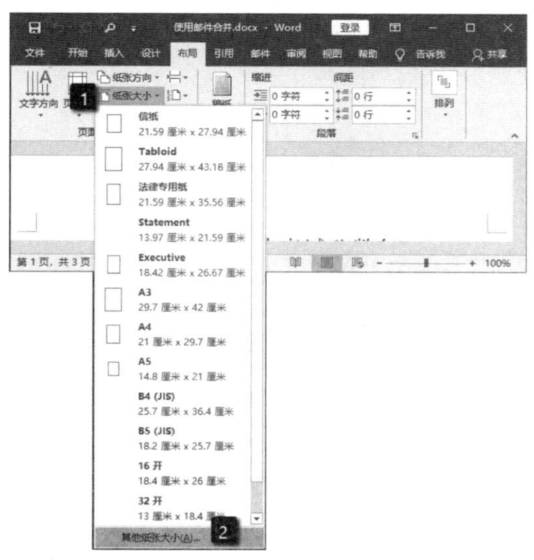

图 9.40　选择“其他纸张大小”选项

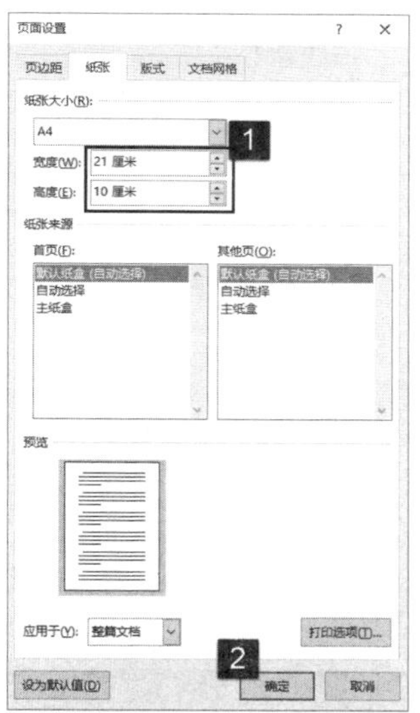

图 9.41　“页面设置”对话框

03 完成页面设置后，在文档中创建标题和分数表格，如图 9.42 所示。

04 在功能区中打开“邮件”选项卡，单击“开始合并邮件”组中的“开始邮件合并”按钮，在打开的下拉列表中选择“信函”选项，如图 9.43 所示。

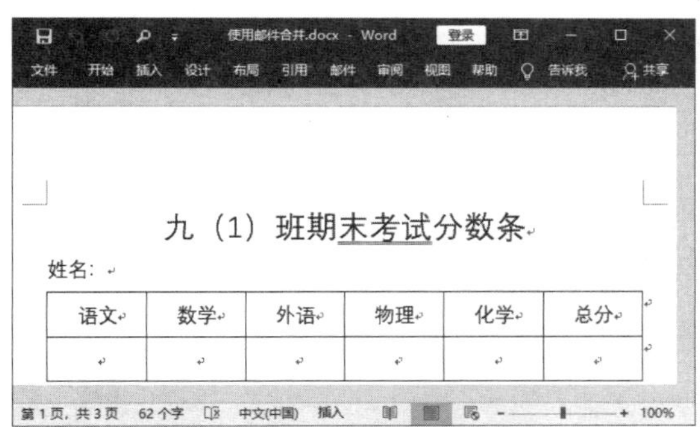

图 9.42　创建标题和表格

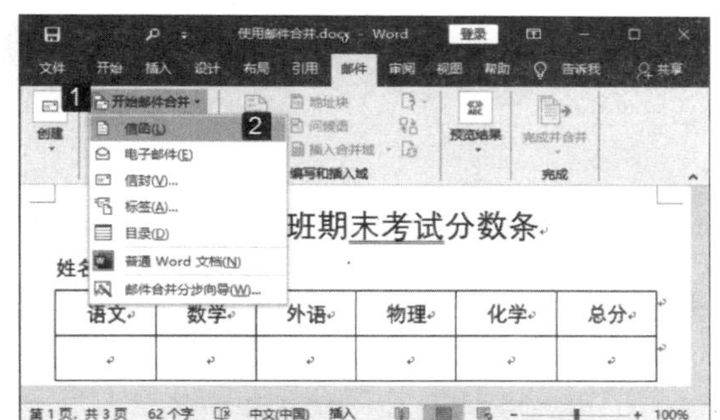

图 9.43　选择“信函”选项

05 接下来在“邮件”选项卡的“开始邮件合并”组中单击“选择收件人”按钮，在打开的下拉列表中选择“使用现有列表”选项，如图 9.44 所示。在打开的“选取数据源”对话框中选中作为数据源的 Excel 文件。单击“打开”按钮，如图 9.45 所示。

06 Word 给出“选择表格”对话框，在对话框中选择 Excel 文档中的工作表，单击“确定”按钮关闭对话框，如图 9.46 所示。

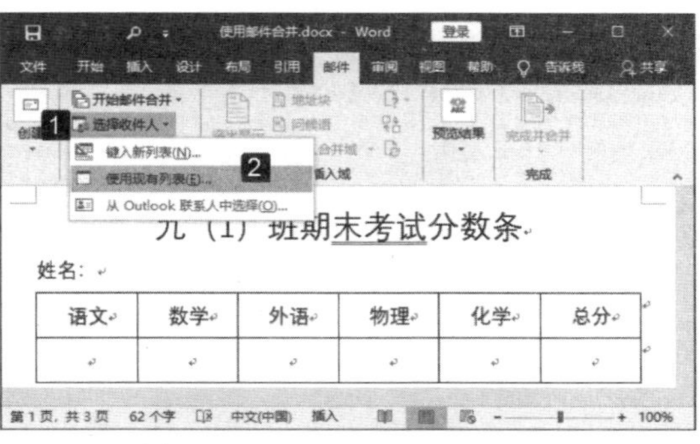

图 9.44　选择“使用现有列表”选项

07 在文档中单击将插入点光标放置到文字“姓名”的冒号后面，单击“编写和插入域”组中的“插入合并域”按钮上的下三角按钮。在打开的下拉列表中选择“姓名”选项，如图 9.47 所示。此时插入点光标处即可插入一个域，如图 9.48 所示。

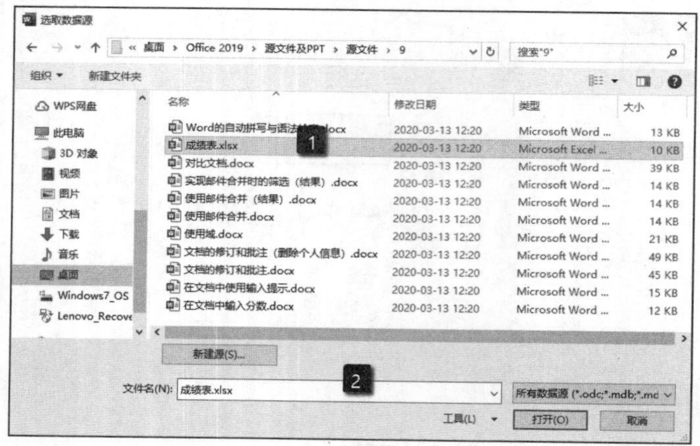

图 9.45　选择 Excel 文档

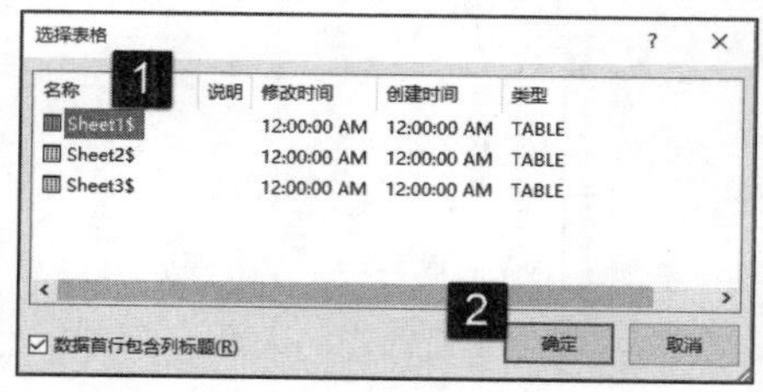

图 9.46　选择工作表

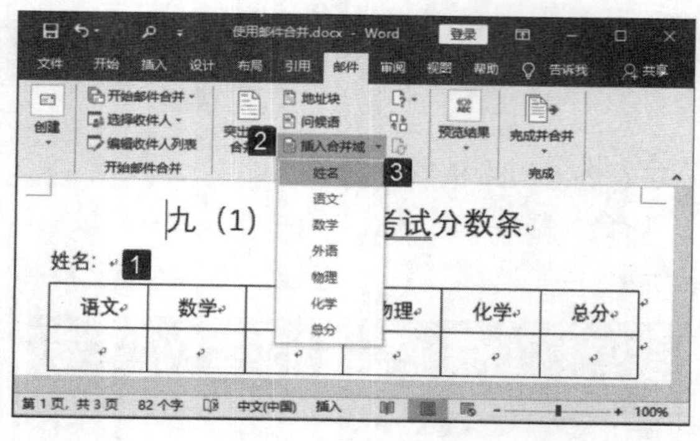

图 9.47　选择“姓名”选项

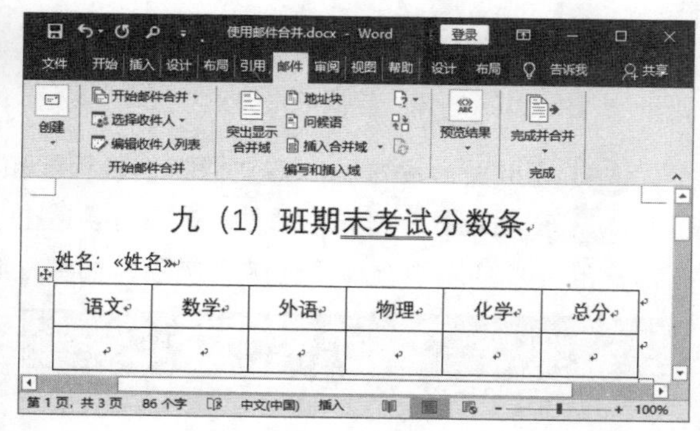

图 9.48　插入域

08 将插入点光标放置到表格的单元格中，单击“插入合并域”按钮打开“插入合并域”对话框，在对话框的“域”列表中选择需要插入域。单击“插入”按钮即可将其插入到单元格中，如图 9.49 所示。

09 在“预览结果”组中单击“预览结果”按钮，在打开的列表中单击“预览结果”按钮，可以预览插入域后的效果，如图 9.50 所示。单击“完成”组中的“完成并合并”按钮，在打开的下拉列表中选择“编辑单个文档”选项，如图 9.51 所示。

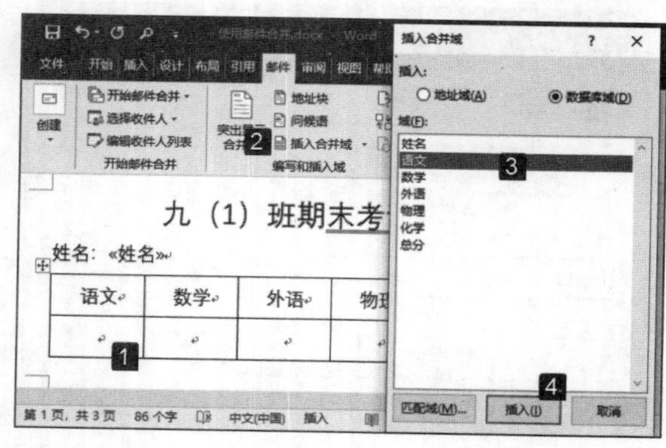

图 9.49　在表格中插入域

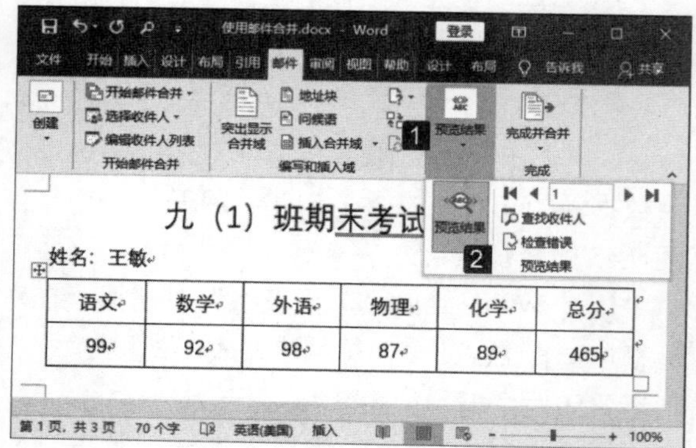

图 9.50　预览结果

10 在打开的“合并到新文档”对话框中选择“全部”单选按钮，后单击“确定”按钮关闭对话框，如图 9.52 所示。此时，Word 将创建一个新文档，新文档将按照选择工作表中的人名和分数信息分页填写有关内容，如图 9.53 所示。

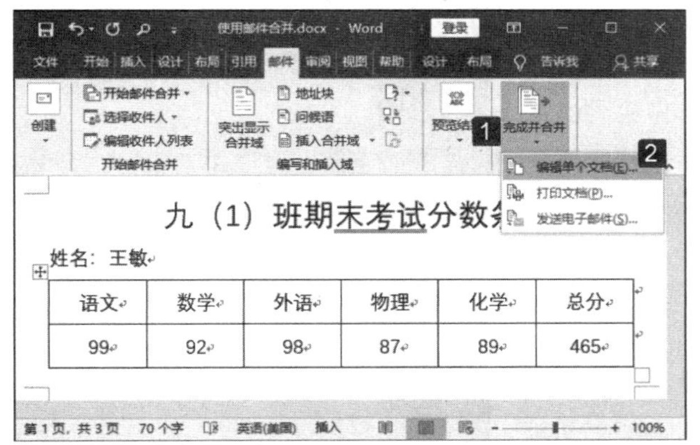

图 9.51　选择“编辑单个文档”选项

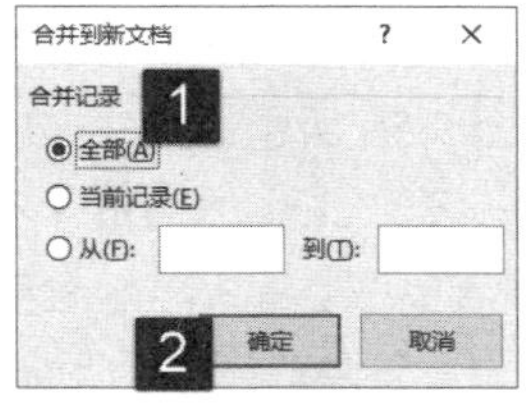

图 9.52　“合并到新文档”对话框

图 9.53　在新文档中创建分数条

9.4　本章拓展

下面介绍本章的 3 个拓展技巧。

9.4.1　使审阅者匿名

用户如果要将文档审阅者的姓名设置为匿名，可以使用“文档检查器”这个工具。“文档检查器”可以检查文档中是否存在着修订、批注和隐藏的文字等内容，同时对于检测到的内容，用户也可以根据需要进行删除。正是利用了这个功能，在 Word 中可以使用“文档检查器”来实现审阅者匿名。下面介绍具体的操作方法。

01 启动 Word 并打开文档，单击“文件”标签。在打开的窗口中选择“信息”选项，单击“检查问题”按钮。在打开的下拉列表中选择“检查文档”选项，如图 9.54 所示。

02 在打开的“文档检查器”对话框中会列出能够进行检查的项目，用户可以根据需要勾选相应的复选框。勾选完成后，直接单击“检查”按钮开始检查，如图 9.55 所示。Word 文档检查器开始对文档进行检查，如图 9.56 所示。

03 在“文档检查器”中勾选的项目将会被逐一检查，检查完成后将显示检查结果。如果单击“文档属性和个人信息”栏中的“全部删除”按钮，如图 9.57 所示，文档属性和个人信息将会被删除，“文档检查器”对话框中将显示删除结果，如图 9.58 所示。

图 9.54　选择“检查文件”选项

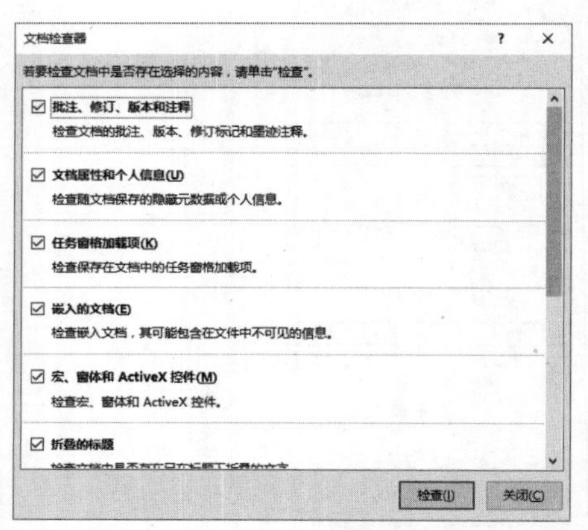

图 9.55　“文档检查器”对话框

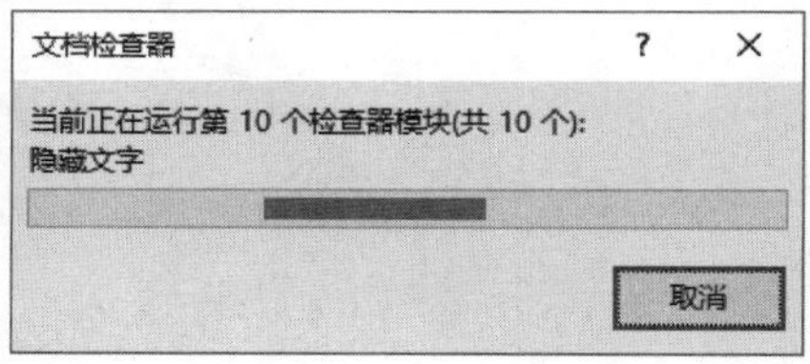

图 9.56　对文档进行检查

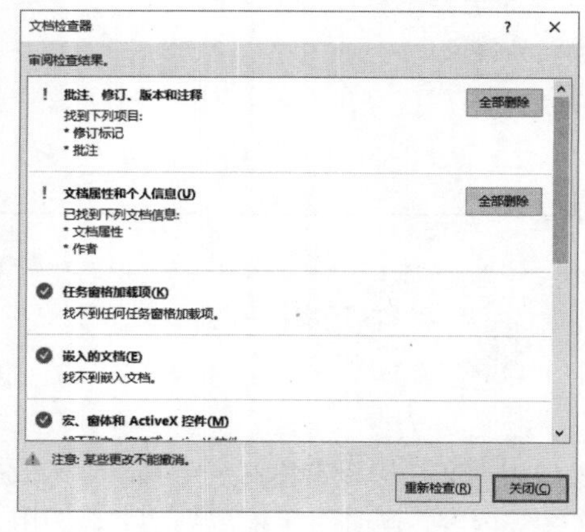

图 9.57　显示检查结果

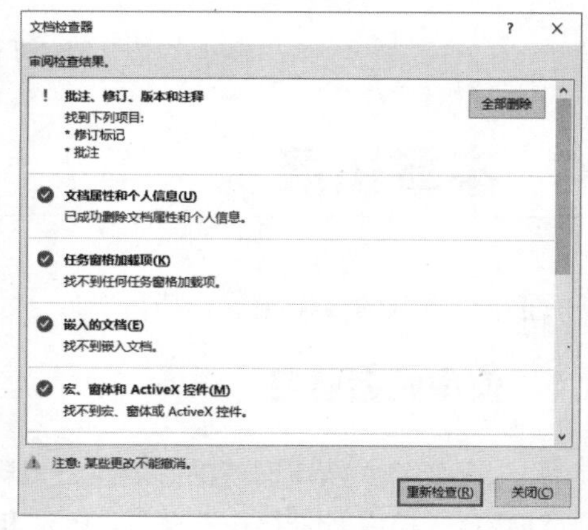

图 9.58　显示删除结果

04 保存文档后，再次打开该文档。此时可以看到，文档中的批注将不再显示批注者的姓名缩写，如图 9.59 所示。

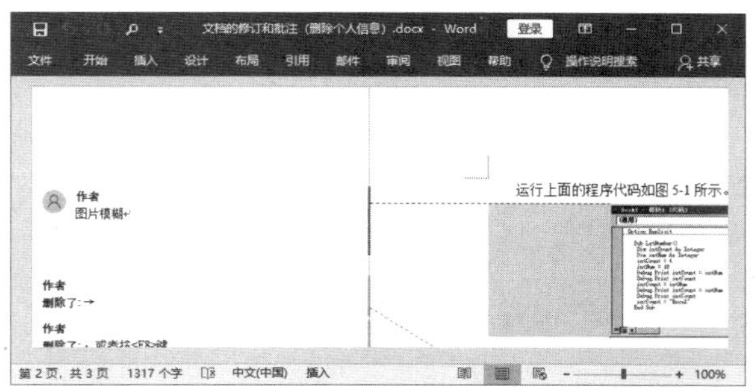

图 9.59　不再显示批注者姓名

9.4.2　在文档中使用输入提示

在填写表格时，表格中的某些项目需要给用户提供填写提示。用户只要单击给出的提示栏，提示文字即会被选择，之后继续输入的文字将直接替代提示文字。在 Word 文档中使用 MacroButton 域就能够获得这种交互效果。下面介绍具体的操作方法。

01 启动 Word 并打开文档，将插入点光标放置到需要提示效果的栏中。在“插入”选项卡中单击“文档部件”按钮，在打开的下拉列表中选择“域”选项，如图 9.60 所示。

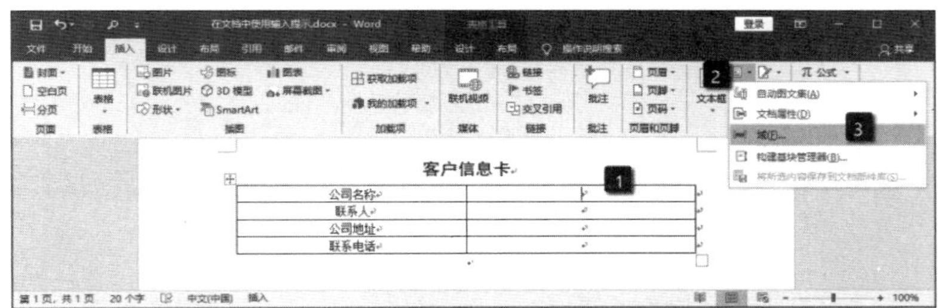

图 9.60　选择“域”选项

02 此时“域”对话框被打开。在“类别”下拉列表中选择“(全部)”选项，在“域名”列表中选择“MacroButton”选项，在“宏名”列表中选择“AcceptAllChangeInDoc”选项。在“显示文字”文本框中输入需要显示的提示文字。完成设置后单击“确定”按钮关闭对话框，如图 9.61 所示。

03 提示文字会被插入到表格中，单击该提示文字后，文字即会被全选，如图 9.62 所示。随后输入的文字将替换掉提示文字。

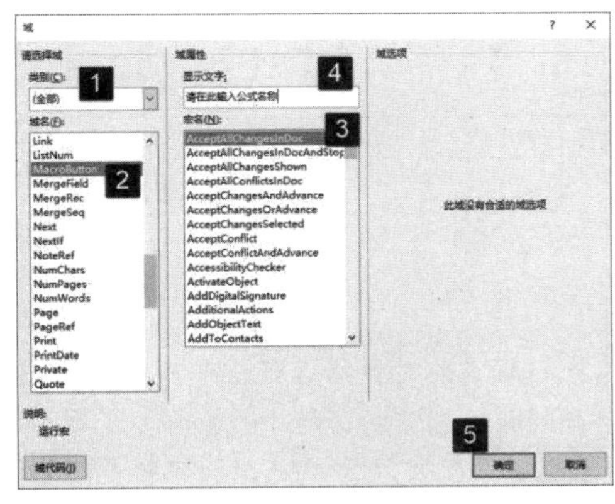

图 9.61　“域”对话框

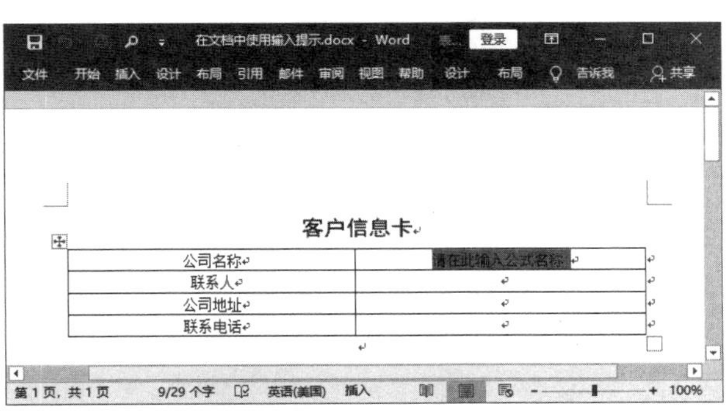

图 9.62　插入提示文字

9.4.3 实现邮件合并时的筛选

在文档中邮件合并实际上是插入域的操作。为了让不熟悉域的用户方便操作，Word 专门为邮件合并提供了各种条件筛选规则。下面对 9.3.2 小节中 Excel 表数据进行筛选，只选取语文成绩大于等于 90 分的分数条，下面介绍具体的操作方法。

01 将插入点光标放置到姓名后，在“邮件”选项卡的“编写和插入域”组中单击“规则”按钮，在打开的下拉列表中选择“跳过记录条件”选项，如图 9.63 所示。

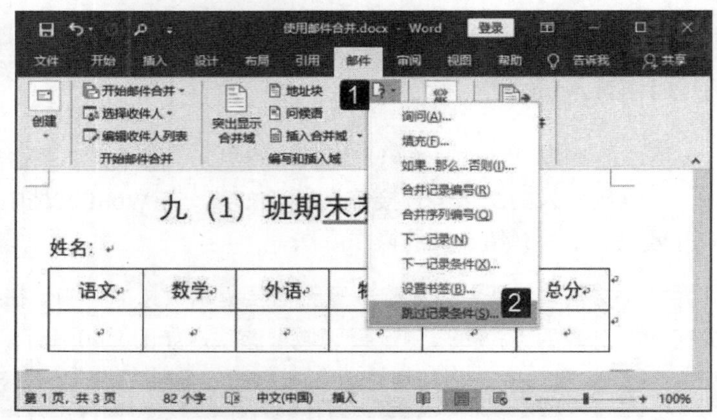

图 9.63　选择“跳过记录条件”选项

02 此时将打开“插入 Word 域：Skip Record If”对话框，在对话框中分别设置“域名”“比较条件”和“比较对象”。完成设置后单击“确定”按钮关闭对话框，如图 9.64 所示。

03 完成邮件合并操作后，只有满足条件的语文分数大于等于 90 的学生的分数条会出现在新的文档中，如图 9.65 所示。

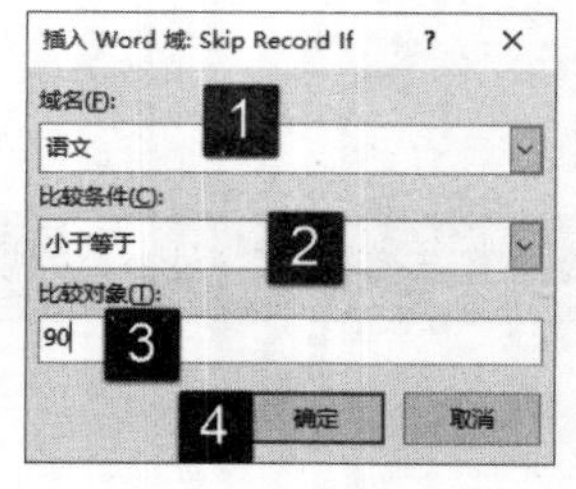

图 9.64　“插入 Word 域：Skip Record If”对话框

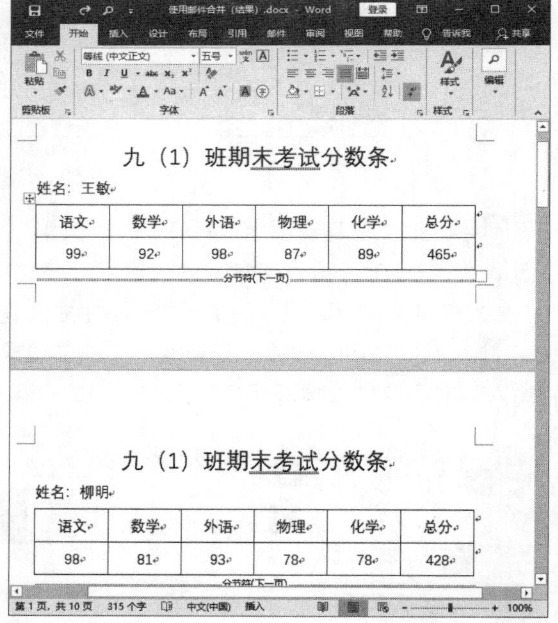

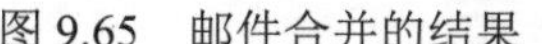

图 9.65　邮件合并的结果

提示

如果使用的数据来源于 Excel 文档，用户可以先根据需要对数据进行排序，然后记下各个数据的序号。在进行邮件合并时，在“合并到新文档”对话框中选择“从”单选按钮，在其后的文本框中输入数据序号的起始范围，也可以实现对部分邮件的合并操作。

第 3 篇

Office 2019之Excel篇

第 10 章

Excel 的基本操作

Excel 是 Office 组件中的电子表格制作软件，它不仅能够创建各种电子表格，还可以对表格数据进行各种处理。在使用 Excel 制作表格时首先需要掌握 Excel 的一些基本操作，本章将介绍 Excel 工作簿和工作表的操作技巧。

10.1　操作工作簿

在 Excel 中，工作簿是对数据进行处理和操作的平台载体，也可以认为是一个存储需处理数据的文档。本节将介绍工作簿的常见操作和设置技巧。

10.1.1　拆分工作簿窗口

用户在查看一个工作簿中的数据时，可能需要查看其中不同工作表中的内容。一种方法是在新开窗口中查看，另一种更加简单的方法就是将工作簿窗口拆分为两个或更多的窗口，这样就可以分别进行查看了。

01 启动 Excel 并打开工作簿文档，然后在工作表中选择一行数据。打开“视图”选项卡，在“窗口”组中单击“拆分”按钮。Excel 即会从当前位置开始拆分窗口，如图 10.1 所示。

02 在工作表中选择一个单元格，单击“拆分”按钮。Excel 将以所选单元格为中心，将工作表拆分为 4 个窗口，如图 10.2 所示。

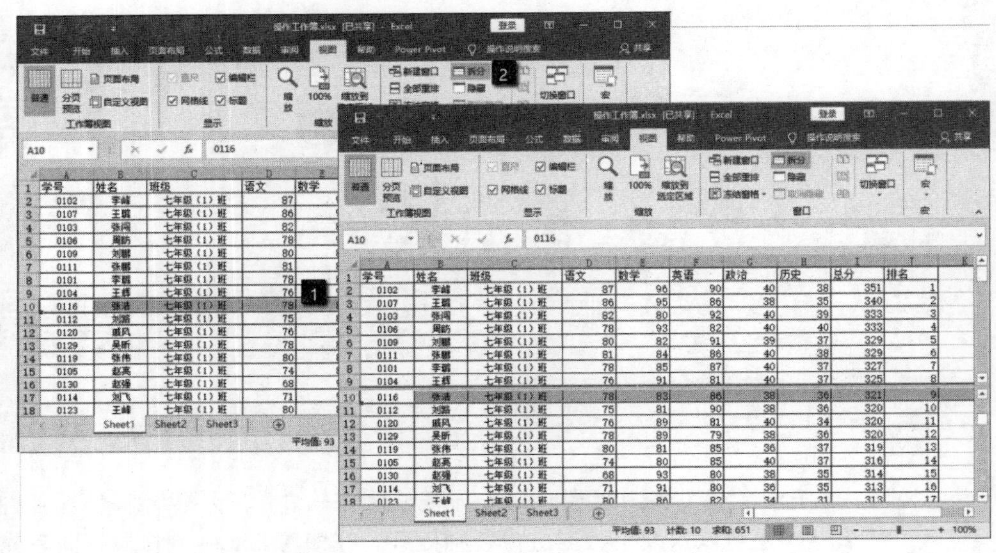

图 10.1　拆分窗口

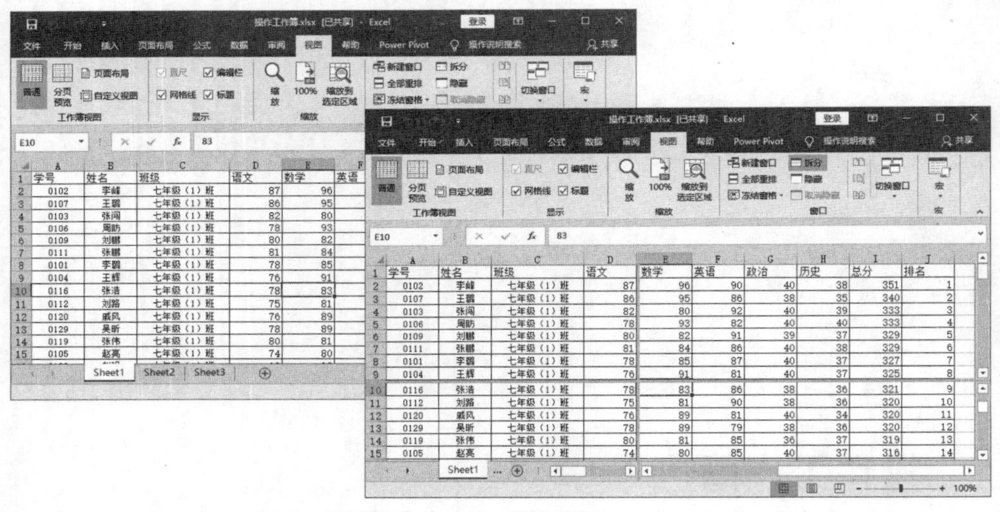

图 10.2　将窗口拆分为 4 个

拆分窗口后，每个窗口都可以通过拖动滚动条来分别控制窗口中内容的显示。窗口处于拆分状态时，“拆分”按钮会处于按下状态，只要单击该按钮就可以取消窗口的拆分。

10.1.2　冻结工作簿窗格

如果工作表中的数据很多，当前窗口中无法显示所有数据，那么查看数据就会不太方便。尤其是需要同时查看工作表的表头和结尾的数据时，如果使用滚动条来滚屏，表头也将会随着屏幕的滚动而消失。在 Excel 中，冻结工作簿窗格可以很好地解决这个问题。冻结工作簿窗格，就是固定工作表中指定的行，使其不会随着滚动条滚动而移动，下面以冻结表头所在行为例来介绍具体的操作方法。

01 启动 Excel 2019 并打开工作簿。在工作表中选择表头所在行的下一行的单元格，如图 10.3 所示。

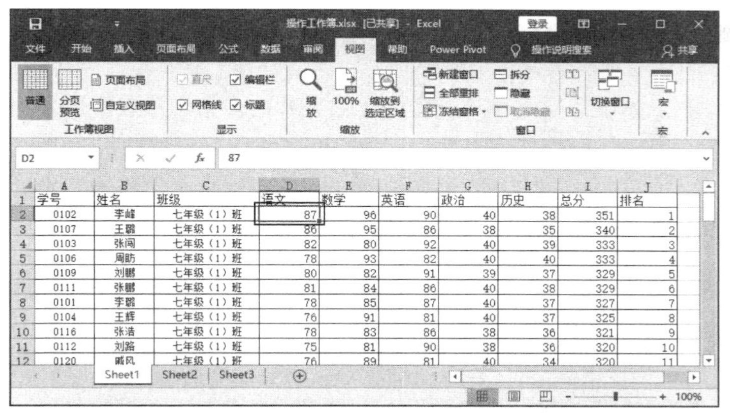

图 10.3　选择单元格

02 单击功能区的“视图”标签，在打开的“视图”选项卡中单击“窗口”组中的“冻结窗格”按钮，在打开的列表中选择“冻结拆分窗格”选项，如图 10.4 所示。

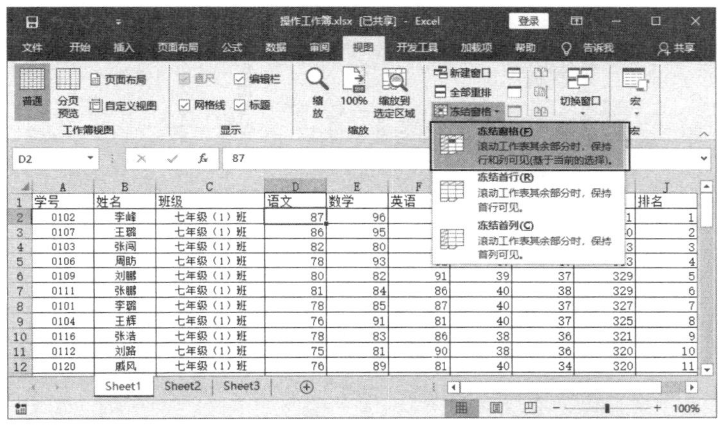

图 10.4　选择“冻结窗格”选项

03 冻结窗格后，拖动工作表上的垂直滚动条查看数据时，表头所在的行将被固定，其他数据行则会随之滚动。再次在“视图”选项卡中单击“冻结窗格”按钮，选择下拉列表中的“取消冻结窗格”选项即可取消对行和列的冻结，如图 10.5 所示。

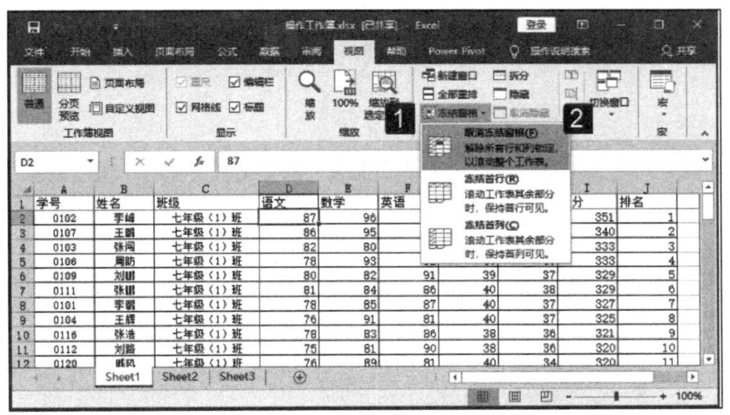

图 10.5　取消对行列的冻结

10.1.3 工作簿的多窗口比较

在进行数据处理时，如果需要同时打开多个工作表并对多个工作表中的数据进行比较，则可以让工作表在桌面上并排排列，以方便查看数据。我们可以使用鼠标移动程序窗口的位置并调整程序窗口的大小来实现多工作表的并排排列。但如果想要快速实现多个工作表窗口的排列，也可以使用下面的方法来进行快捷操作。

01 启动 Excel 2019，分别打开需要的文档。选择一个文档窗口，在“视图”选项卡中单击“全部重排”按钮。在打开的“重排窗口”对话框中选择窗口排列方式，这里选择“平铺”方式，如图 10.6 所示。

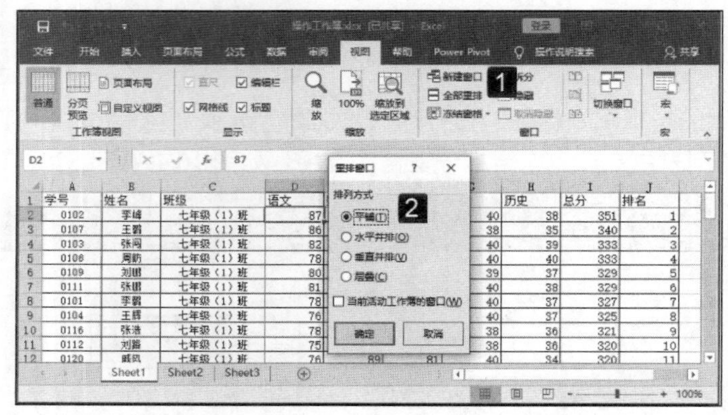

图 10.6　打开“重排窗口”对话框

提　示

在设置多张工作表同时显示时，如果只需要同时显示活动工作簿中的工作表，则可以在“重排窗口”对话框中勾选“当前活动工作簿窗口”复选框。

02 完成设置后单击“确定”按钮关闭对话框，此时文档窗口将在屏幕上平铺排列，如图 10.7 所示。

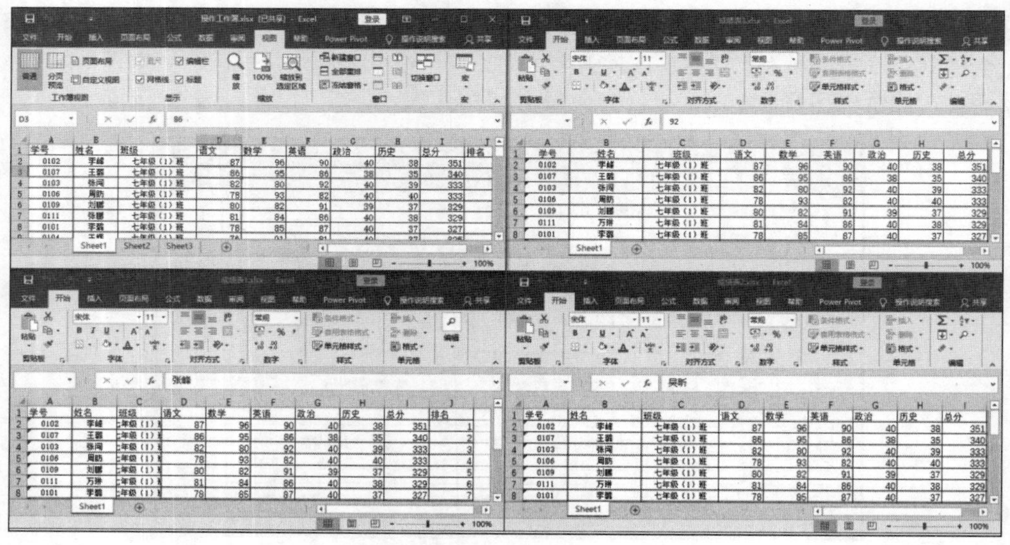

图 10.7　文档窗口平铺排列

提 示

在 Excel 中，如果需要同时打开多个文档，可以在“打开”对话框中按 Shift 键或 Ctrl 键的同时使用鼠标单击文档来依次选择它们，然后单击“打开”按钮将它们同时打开。

10.2 操作工作表

Excel 工作簿由一个或多个工作表构成，工作表是数据处理、分析和制作图表等操作的界面。在工作簿中，最多可以创建 255 张工作表，这些工作表就像一张张的页面，包含了各种内容。本节将介绍操作 Excel 工作表的技巧。

10.2.1 添加工作表

工作表是工作簿中的表格，是存储数据和对数据进行处理的场所。在对工作簿进行操作时，用户往往需要在工作簿中新建工作表。在工作簿中新建工作表的方法很多，下面对这些方法分别进行介绍。

01 启动 Excel 并打开工作簿，选择一个工作表，在“开始”选项卡的“单元格”组中单击“插入”按钮上的下三角按钮。在弹出的列表中选择“插入工作表”选项，如图 10.8 所示。在当前工作表前即可增加一个新工作表，该工作表将同时处于激活状态，如图 10.9 所示。

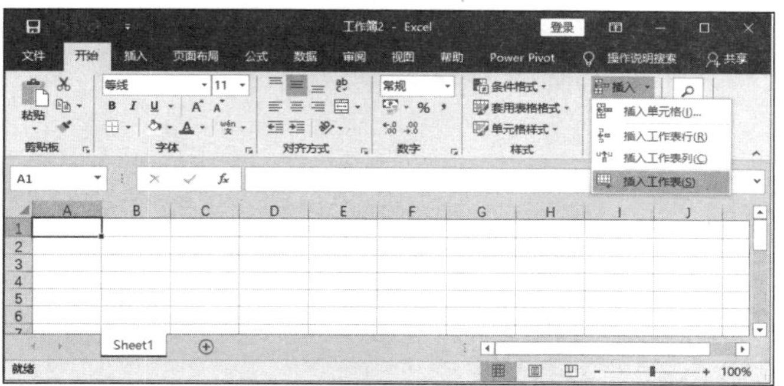

图 10.8　选择“插入工作表”选项

02 在工作表标签上右击，在弹出的快捷菜单中选择“插入”选项，打开“插入”对话框。在“常用”选项卡中选择“工作表”选项，如图 10.10 所示。单击“确定”按钮即可在当前工作表前插入一个新的工作表，且该工作表处于激活状态。

03 在主界面下方单击工作表标签右侧的“工作表”按钮即可在当前工作表后插入一个新的工作表，如图 10.11 所示。

图 10.9　插入新的工作表

提 示

同时选择一定数量的工作表，然后单击“开始”选项卡的“单元格”组中“插入”按钮上的下三角按钮，在弹出的下拉菜单中选择“插入工作表”选项。此时将会同时插入一批与选择工作表数量相同的新工作表。

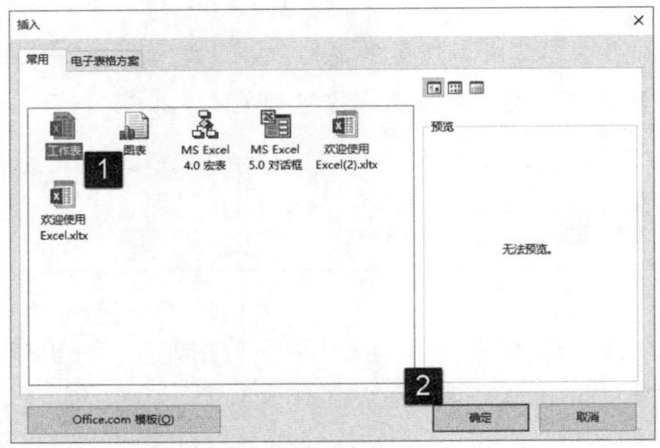

图 10.10 “插入”对话框

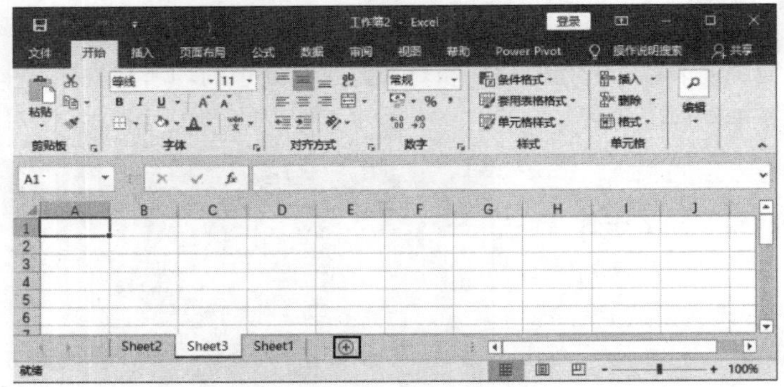

图 10.11 单击“工作表”按钮

10.2.2 选择工作表

对工作表进行操作，首先要选择工作表。下面将分别介绍在工作簿中选择单个工作表、选择连续的多个工作表和选择不连续多个工作表的操作方法。

01 选择单个工作表有两种方法，一种是在工作簿中单击 Excel 窗口下方的工作表标签即可选择该工作表，如图 10.12 所示。另一种是右击工作表标签左侧的导航栏上的按钮，打开“激活”对话框。在对话框中的“活动文档”列表中选择工作表名，单击“确定”按钮即可实现对工作表的选择，如图 10.13 所示。

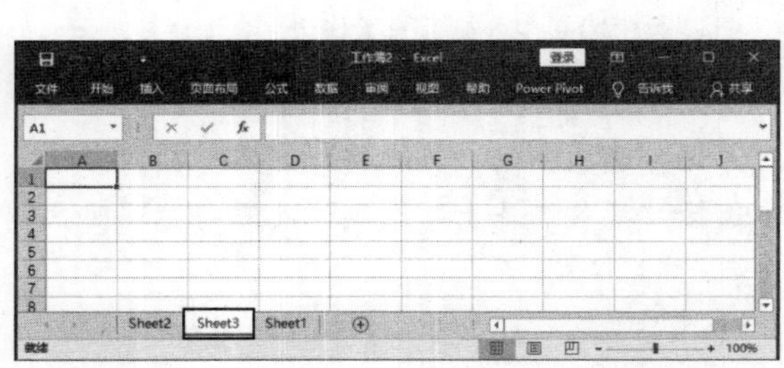

图 10.12 选择单个工作表

图 10.13 在“激活”对话框中选择需要选择的工作表

如果在 Excel 窗口底部看不到所有的工作表标签，可以单击工作表导航栏上的箭头按钮使工作表标签滚动显示。单击“上一张”按钮◀将显示上一个工作表标签，单击“下一张”按钮▶将显示下一个工作表标签。按住 Ctrl 键同时单击按钮▶即可显示最后一个工作表标签，按 Ctrl 键同时单击按钮◀即可显示第一个工作表标签。如果导航栏上出现按钮⋯，单击该按钮即显示上一个工作表标签。另外，按 Ctrl + PgUp 键和 Ctrl + PgDn 键也可以实现工作表的切换，它们作用分别是切换到上一张工作表和切换到下一张工作表。

02 选择连续的多个工作表的操作方法。单击某个工作表标签，按住 Shift 键同时单击另一个工作表标签，则这两个标签间的所有工作表都将被选择，如图 10.14 所示。

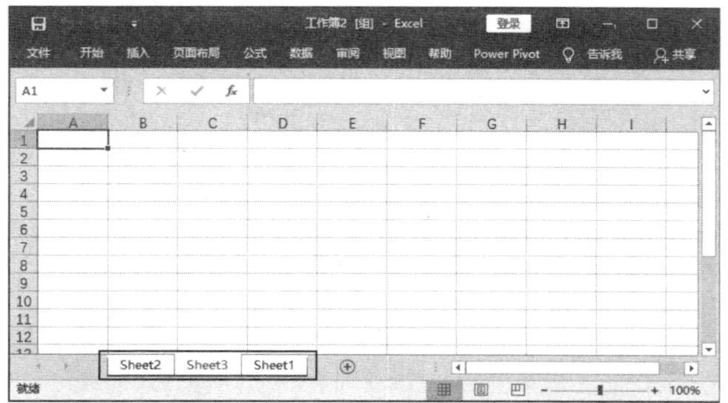

图 10.14　选择多个连续工作表

03 选择不连续的多个工作表的操作方法。按住 Ctrl 键同时依次单击需要选择的工作表标签，则这些工作表将被同时选择，如图 10.15 所示。

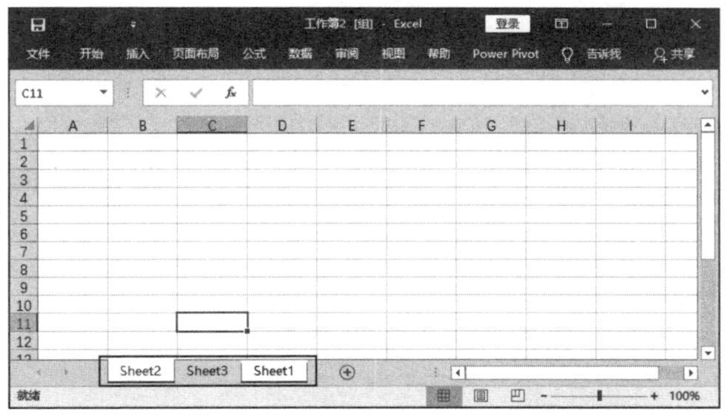

图 10.15　选择多个不连续的工作表

在同时选择了多个工作表后，如果要取消对这些工作表的选择，只需要单击任意一个未被选择的工作表标签即可。

10.2.3　隐藏和显示工作表

一个工作簿中往往包含有多个工作表，但有时候在发布工作簿时不希望其他用户看到所有工作表，但这些工作表中的数据又需要保留不能删除。遇到这种情况可以隐藏这些工作表。下面介绍在工作簿中隐藏和显示工作表的方法。

01 启动 Excel 并打开需要处理的工作簿，单击工作表标签激活需要隐藏的工作表。在“开始”选项卡的“单元格”组中单击“格式”按钮，在打开的下拉菜单中选择“隐藏和取消隐藏”|“隐藏工作表”选项，如图 10.16 所示。选择的工作表即被隐藏，如图 10.17 所示。

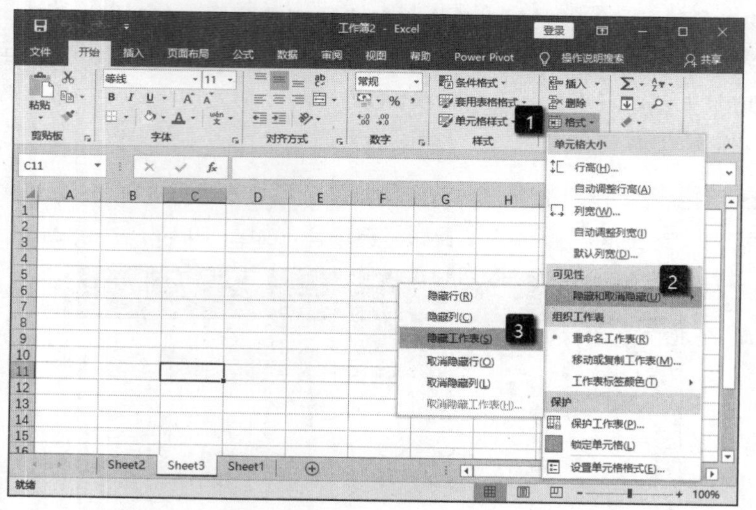

图 10.16　选择“隐藏工作表”选项

02 如果要使隐藏的工作表重新显示，在“开始”选项卡的“单元格”组中单击“格式”按钮。在打开的下拉菜单中选择“隐藏和取消隐藏”|“取消隐藏工作表”选项，打开“取消隐藏”对话框。该对话框中会列出当前工作簿中所有隐藏的工作表，选择需要取消隐藏的工作表，单击“确定”按钮，如图 10.18 所示，则该工作表即会显示出来。

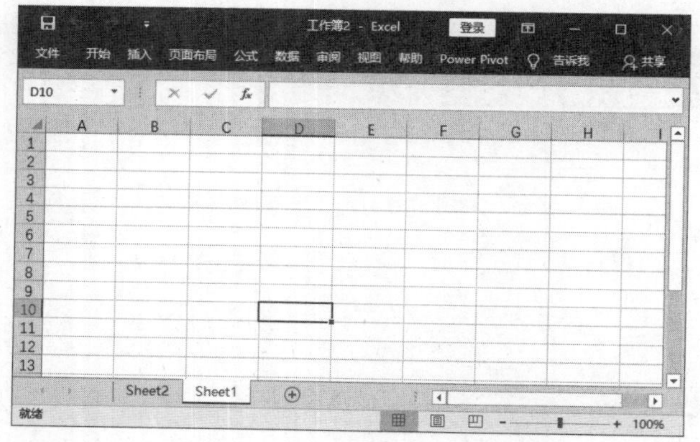

图 10.17　选择的工作表被隐藏

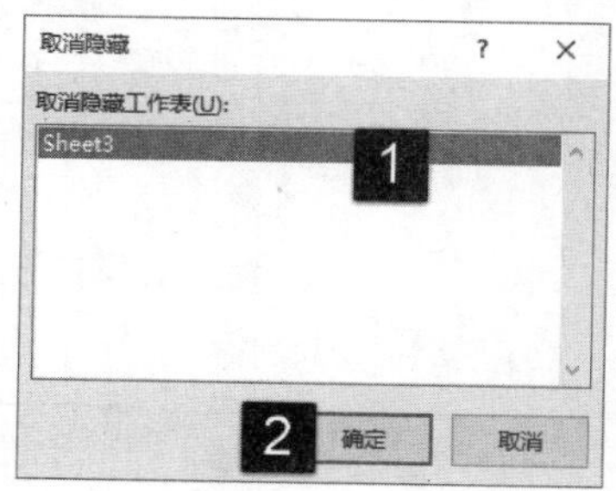

图 10.18　“取消隐藏”对话框

提 示

右击需要隐藏的工作表，在弹出的快捷菜单中选择“隐藏”选项同样可以实现对工作表的隐藏。

10.2.4　复制和移动工作表

在工作簿中，复制和移动工作表是常见的操作。基本的操作方式是在“开始”选项卡中选择“剪切”“复制”和“粘贴”等选项来操作。除此之外，移动和复制工作表还有一些快捷操作方法，下面对这些方法进行介绍。

01 在工作簿中右击需要复制或移动的工作表，在弹出的快捷菜单中选择“移动或复制”选项，如图10.19所示。打开“移动或复制工作表”对话框，在“下列选定工作表之前”列表中选择目标工作表。单击“确定”按钮，如图10.20所示。当前工作表即可移到指定工作表之前，如图10.21所示。

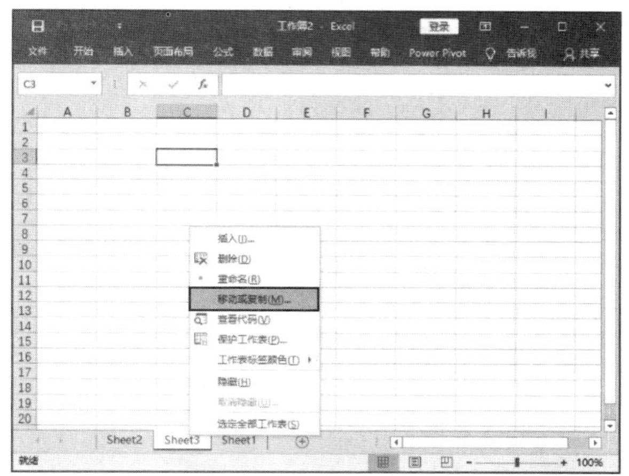

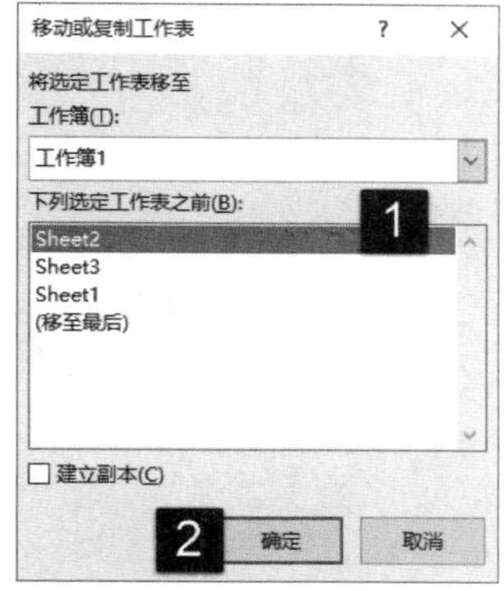

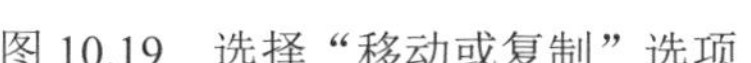

图 10.19　选择“移动或复制”选项

图 10.20　“移动或复制工作表”对话框

提　示

在“移动或复制工作表”对话框中勾选“建立副本”复选框，即可在指定工作表之前创建当前工作表的副本。

02 用鼠标拖动工作表标签，在目标工作表前释放鼠标，工作表即被移到当前位置，如图 10.22 所示。

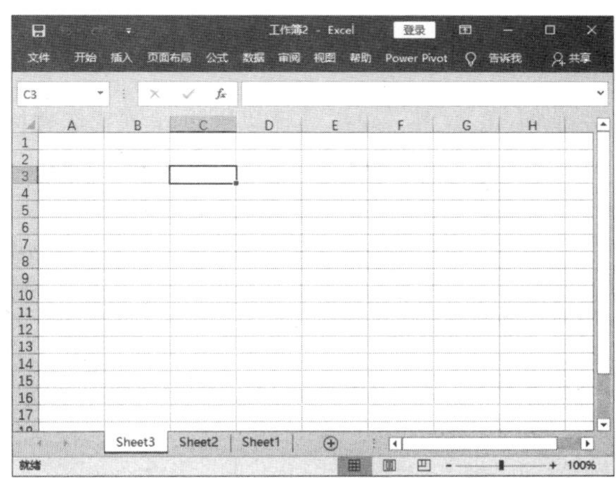

图 10.21　工作表移动到指定工作表之前

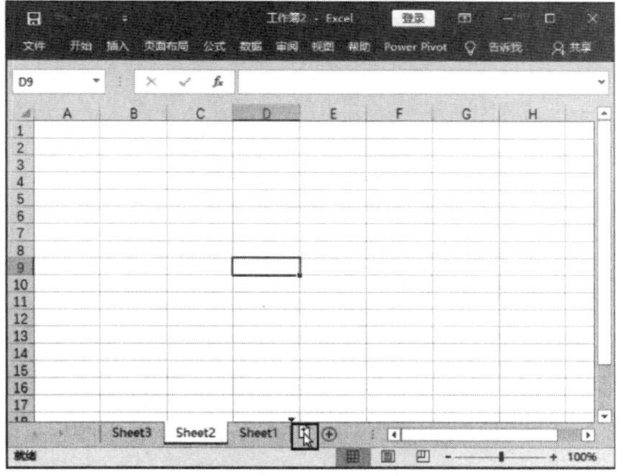

图 10.22　拖动工作表标签移动工作表

提　示

按住 Ctrl 键同时拖动工作表标签，可以实现对工作表的快速复制。

03 如果需要将当前工作簿中的工作表移动到其他的工作簿中，可以按照步骤 01 中的方法打开“移动或复制工作表”对话框，在对话框的“工作簿”下拉列表中选择移动的目标工作簿。在“下列选定工作表之前”列表中选择移动到的目标工作表。完成设置后，单击“确定”按钮关闭对话框，如图 10.23 所示。工作表即被移到选定工作簿的指定工作表之前。

04 在不同的工作簿间移动工作表还可以使用下面的快捷方式来操作。将源工作簿程序窗口和目标工作簿的程序窗口叠放在一起，使用鼠标将工作表从一个工作簿拖放到另一个工作簿的指定位置即可实现工作表的复制，如图 10.24 所示。

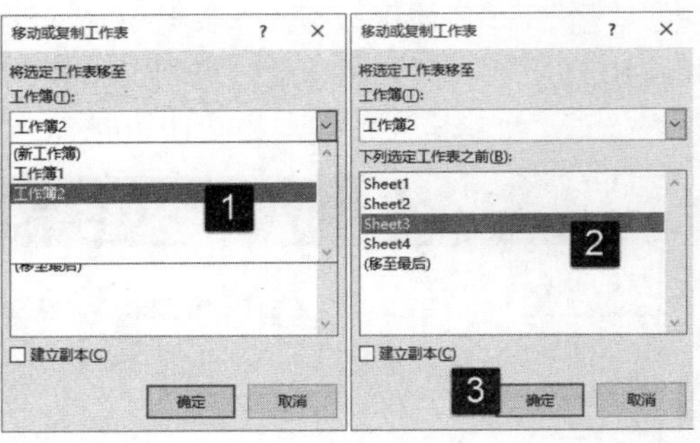

图 10.23　选择目标工作簿

这里，按住 Ctrl 键拖动工作表可以实现工作表的复制操作。

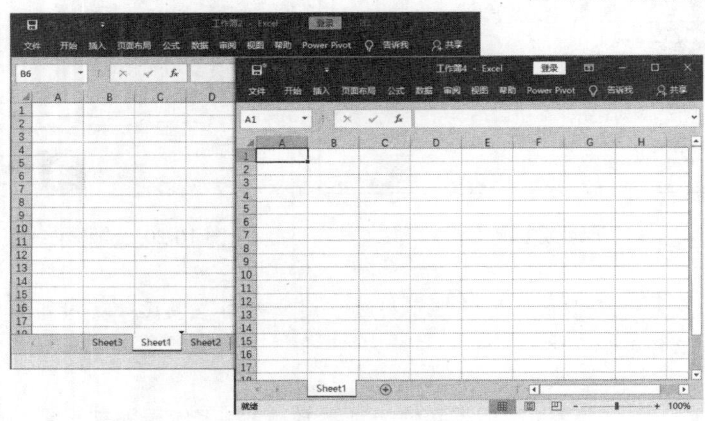

图 10.24　拖动实现复制

10.2.5　重命名和标示工作表

在工作簿中，为了便于识别通常都会对工作表进行命名。此外，用户还可以通过设置工作表标签的颜色来区分不同的工作表。

1．为工作表命名

默认情况下，Excel 工作簿中以 sheet1、sheet2 和 sheet3 命名工作表。新插入的工作表将按照插入的先后顺序以“sheet＋数字”来命名，但是这样的命名方式难以帮助用户了解工作表的功能和包含的内容。Excel 工作表的名称是可以自定义的，用户可以根据需要为工作表更改名称。下面介绍重命名工作表的常用方法。

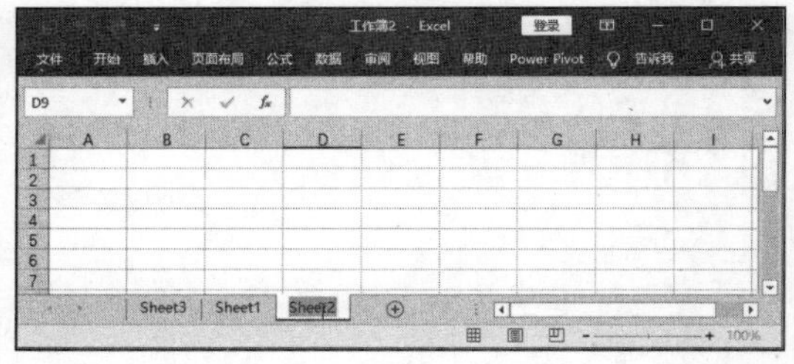

图 10.25　工作表名处于可编辑状态

01 右击需要重命名的工作表标签，在弹出的快捷菜单中选择“重命名”选项，工作表名即处于可编辑状态，如图 10.25 所示。输入新的名称后按 Enter 键即可更改工作表名，如图 10.26 所示。

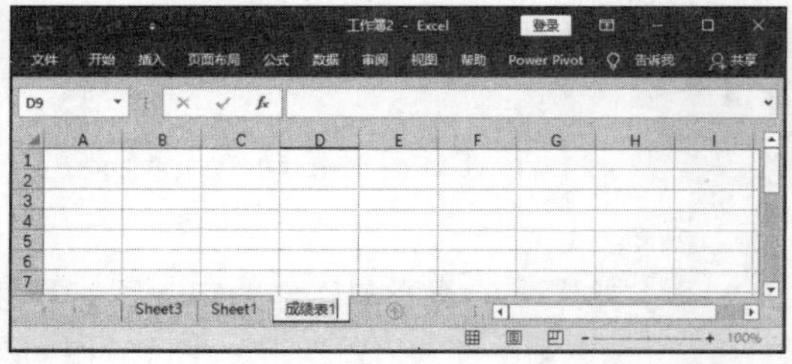

图 10.26　更改工作表名

直接双击工作表标签，工作表名称即变为可编辑状态，输入新名称后按 Enter 键也可完成对工作表的重命名。

02 选择需要重命名的工作表，在“开始”选项卡的“单元格”组中单击“格式”按钮上的下三角按钮。在打开的下拉列表中选择“重命名工作表”选项，如图 10.27 所示。此时工作表名称进入可编辑状态，输入新的工作表名称后按 Enter 键即可完成重命名操作。

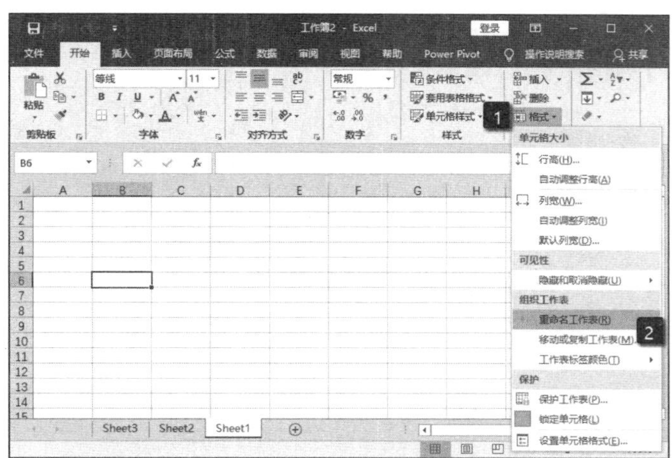

图 10.27 选择“重命名工作表”选项

2. 用颜色标示工作表

除了为工作表命名，我们还可以为工作表标签设置不同的颜色，便于更加直观地区别不同工作表。下面介绍设置工作表标签颜色的方法。

01 在工作簿中单击需要设置颜色的工作表标签，在“开始”选项卡的“单元格”组中单击“格式”按钮，在打开的下拉列表中选择“工作表标签颜色”选项。在打开的颜色列表中选择需要的颜色，即可将该颜色应用于工作表标签，如图 10.28 所示。

02 如果在“主题颜色”或“标准色”列表中没有找到需要的颜色，可以单击“其他颜色”选项打开“颜色”对话框，在“自定义”选项卡中对颜色进行自定义，如图 10.29 所示。

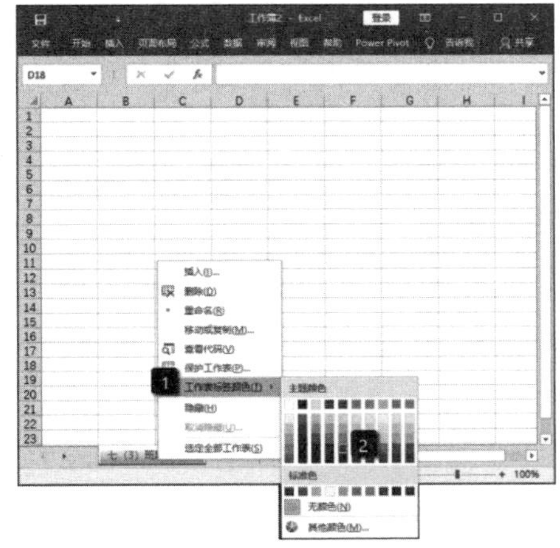

图 10.28 选择工作表标签颜色

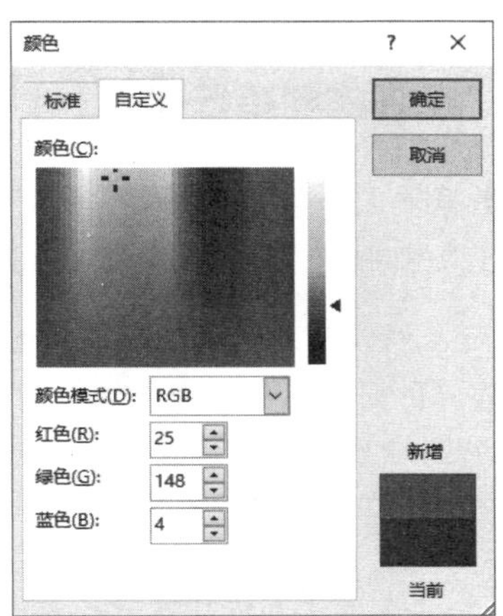

图 10.29 自定义颜色

10.3 工作表中的行列操作

行和列是构成工作表的重要元素，在编辑数据时不可避免的要对行和列进行操作。本节将介绍 Excel 工作表中行和列的基本操作技巧。

10.3.1 选择行列

要对工作表中的行列进行操作，首先需要对行列进行选择。下面介绍选择行列的一般方法。

01 在工作表中直接单击需要选择的行列的行号或列号，即可以选择整行或整列，如图 10.30 所示。

02 将鼠标指针指向起始行号或列号，按住左键移动鼠标可以同时选择多个连续的行或列，如图 10.31 所示。

03 按住 Ctrl 键后，依次单击需要选择行列的行号或列号，可以同时选择多个不连续的行或列，如图 10.32 所示。

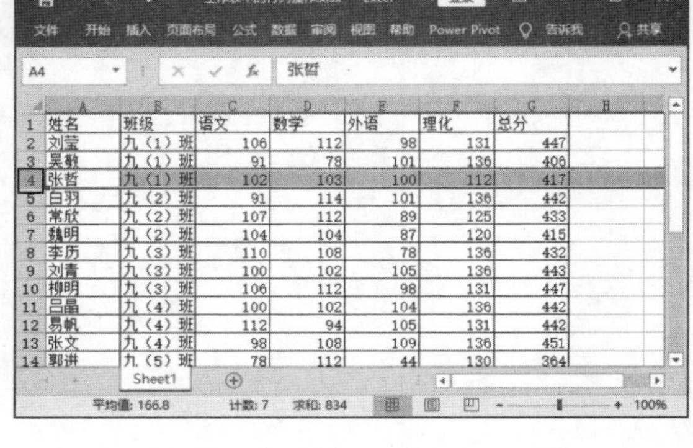

图 10.30 单击行号选择整行

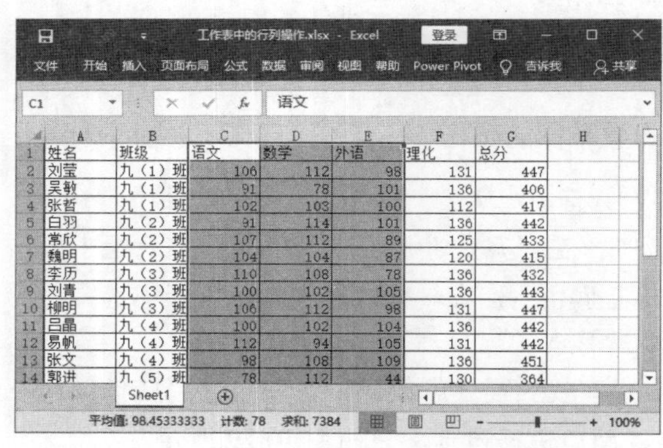

图 10.31 同时选择多个连续的列

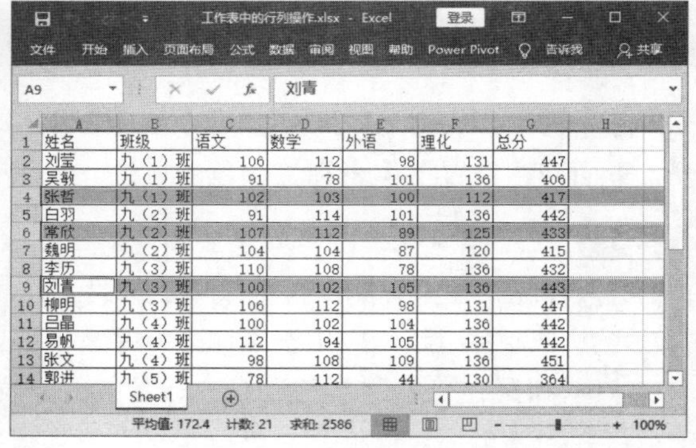

图 10.32 同时选择多个非连续的行

10.3.2 插入或删除行列

根据数据输入的需要，有时候需要在工作表中插入空白行或列。而不需要的行或者是列，则需要将其从工作表中删除。下面介绍在工作表中插入行和删除行的操作方法。

01 在工作表中选择多个行，如这里选择 3 行，右击，在弹出的快捷菜单中选择“插入”选项。工作表中即可插入和选择行数相同的行，如图 10.33 所示。

02 此时在插入的行首会出现“插入选项”按钮。单击该按钮上的下三角按钮，在打开的下拉列表中单击相应的单选按钮，可以设置插入行的格式，如图 10.34 所示。

提 示

想要在工作表中插入一行或一列，既可以在“开始”选项卡的“单元格”组中直接单击“插入”按钮，也可以在选择行或列后，按 Ctrl+Shift+ = 快捷键直接插入。

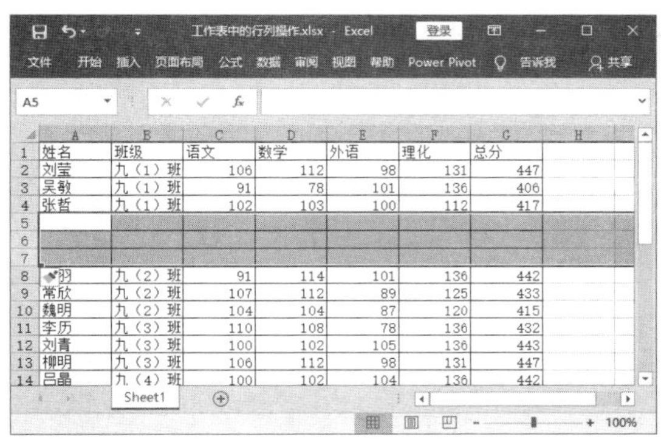

图 10.33　同时插入多行

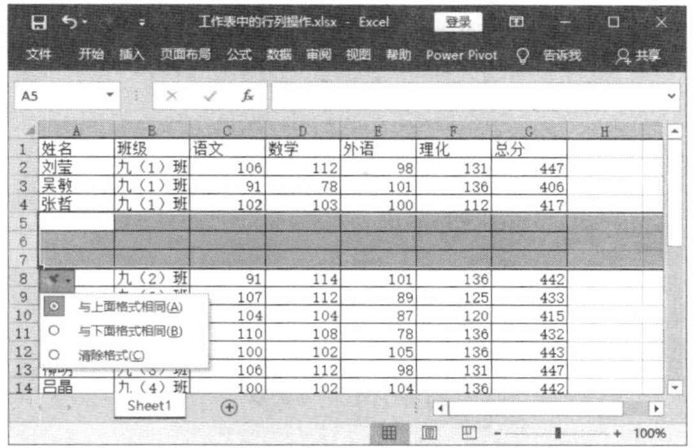

图 10.34　设置插入行的格式

03 在工作表中选择需要删除的行或列，如这里选择 3 行。在“开始”选项卡的“单元格”组中单击“删除”按钮上的下三角按钮，在打开的列表中选择“删除工作表行”选项，如图 10.35 所示，选择的行即会被删除。

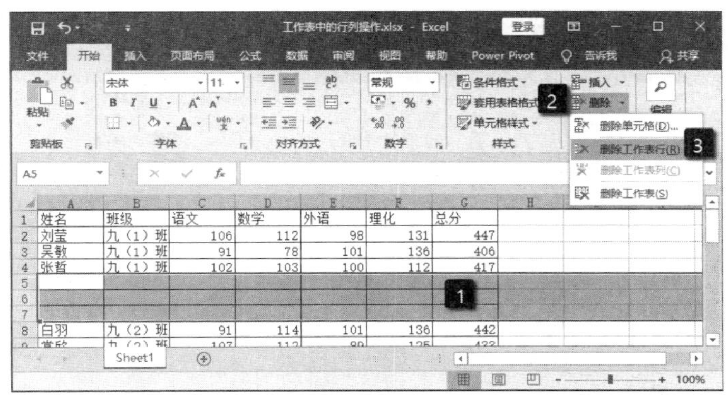

图 10.35　选择“删除工作表行”选项

10.3.3　设置行高或列宽

在 Excel 中，工作表中输入数据后如果需要对行高和列宽进行调整，调整的操作方法很多。下面分别对这些方法进行介绍。

01 使用鼠标调整行高和列宽。在调整行高时，将鼠标指针放置到 2 个行标签之间，当鼠标指针变为✛时，拖动鼠标调整行高直到合适的高度，如图 10.36 所示。将鼠标指针放置到 2 个列标签之间，使用相同的方法可以调整列宽，如图 10.37 所示。

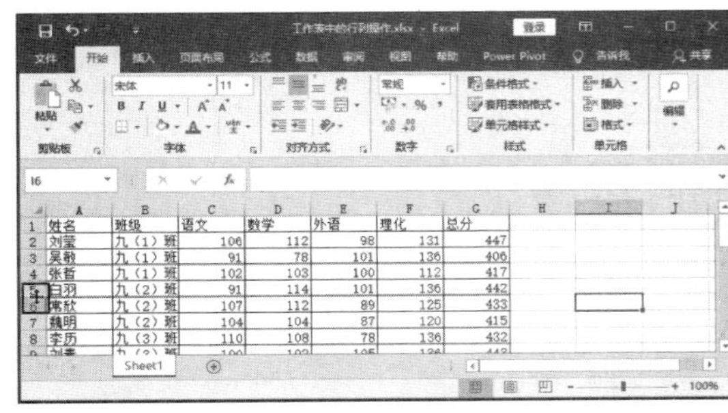

图 10.36　调整行高

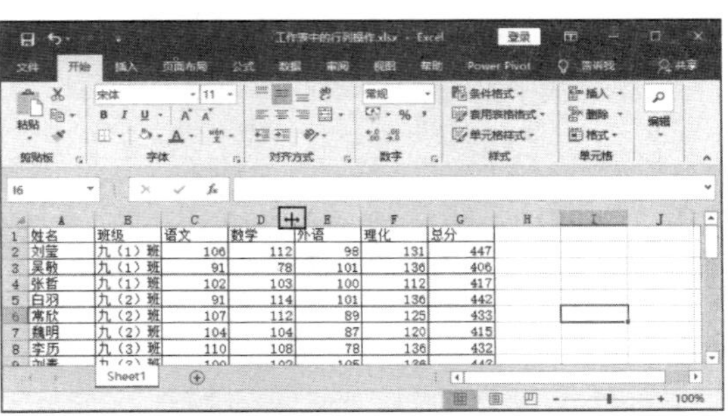

图 10.37　调整列宽

02 精确调整行高和列宽。右击列标签，在弹出的快捷菜单中选择“列宽”选项，打开“列宽”对话框。在对话框中的“列宽”文本框中输入数值，单击“确定”按钮关闭对话框，即可实现对列宽的精确调整，如图 10.38 所示。右击行标签，在弹出的快捷菜单中选择“行高”选项，打开“行高”对话框，使用该对话框可以对行高进行精确调整，如图 10.39 所示。

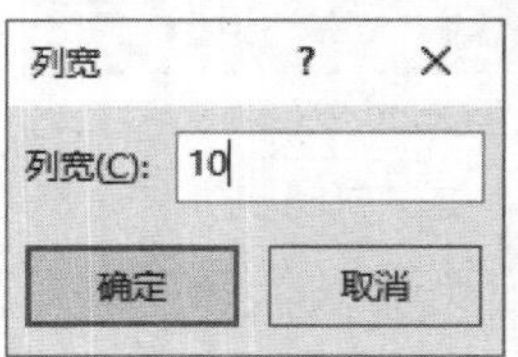

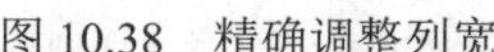

图 10.38　精确调整列宽

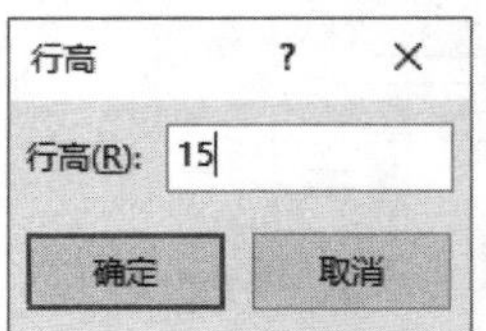

图 10.39　精确调整行高

03 自动调整行高和列宽。在工作表中选择需要调整列宽的列中的任意一个单元格，在“开始”选项卡的“单元格”组中单击“格式”按钮，在打开的下拉列表中选择“自动调整列宽”选项，如图 10.40 所示。此时，选择的单元格将按照输入的内容自动调整列宽，如图 10.41 所示。

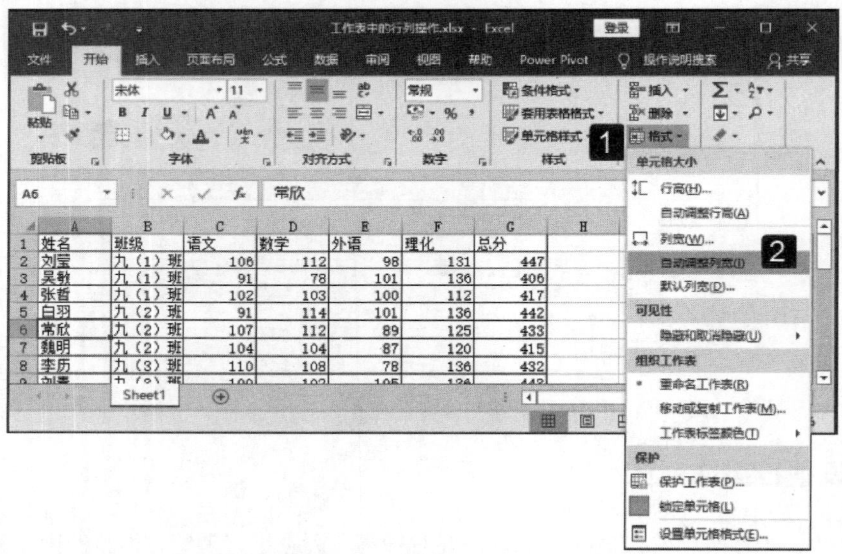

图 10.40　选择“自动调整列宽”选项

图 10.41　自动调整列宽效果

10.4 单元格和单元格区域

一个 Excel 工作簿是由一个或多个工作表构成的，每一个工作表则是由一个个单元格构成的。对 Excel 工作簿中的数据进行操作，首先要掌握单元格的操作。本节将介绍选择单元格、插入单元格、合并和拆分单元格以及为单元格命名的方法。

10.4.1 选择单元格和单元格区域

单元格是 Excel 中基本的数据存储单位，选择单元格是用户进行数据处理的基础。下面介绍在工作表中选择单元格的常用技巧。

01 在选择较小的单元格区域时，可以使用鼠标来进行操作。如果选择单元格区域较大，且超过了程序窗口显示的范围，则使用键盘操作会更加方便快捷。在工作表中单击选择单元格，如这里的 A1 单元格，然后按住 Shift+→键直到选择 F1 单元格，则 A1 至 F1 单元格间的连续单元格区域被选择，如图 10.42 所示。此时按住 Shift+↓键，则可选择连续的矩形单元格区域，如图 10.43 所示。

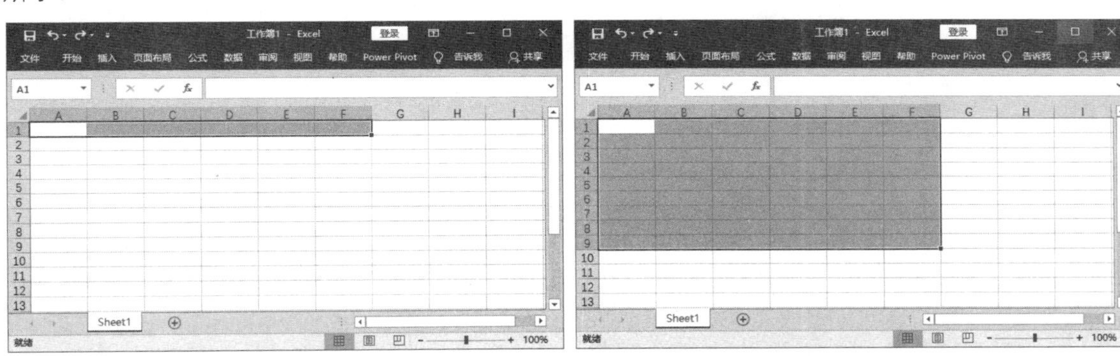

图 10.42　选择 A1 至 F1 单元格　　　图 10.43　获取矩形单元格区域

02 在工作表中单击选择某个单元格，如这里选择 A1 单元格，然后按 Shift+PgDn 键，将能够向下翻页扩展选择区域，如图 10.44 所示。在工作表中选择单元格，如这里的 E2 单元格，然后按 Shift+Home 键，则会选择 A2 至 E2 的单元格区域，如图 10.45 所示。

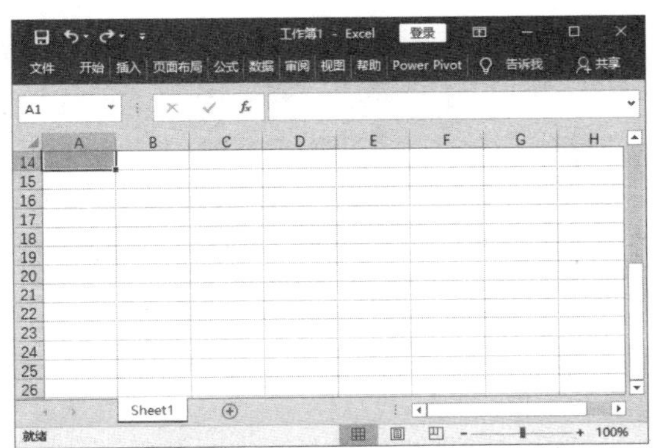

图 10.44　向下翻页扩展选择区域

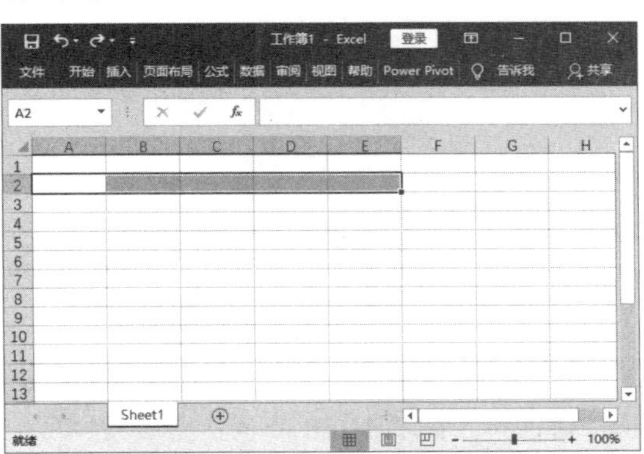

图 10.45　选择 A2 至 E2 单元格区域

要选择连续的单元格区域，还可以使用下面的方法进行操作。鼠标单击需要选取的单元格区域左上角第一个单元格，按住鼠标左键向右下拖动鼠标到单元格区域的最后一个单元格。也可以在选择单元格区域左上角第一个单元格后，按住 Shift 键的同时鼠标单击单元格区域右下角的最后一个单元格。

03 如果需要选择多个不连续的单元格区域，可以使用下面的方法操作。按 Ctrl 键的同时，依次单击需要选择的单元格，则可以同时选择这些非连续的单元格，如图 10.46 所示。在选择单元格区域后，按 Shift+F8 键，此时只需要单击单元格就可以在不取消已经获得的选区的情况下将新选择的单元格区域添加到已有的选区中，如图 10.47 所示。

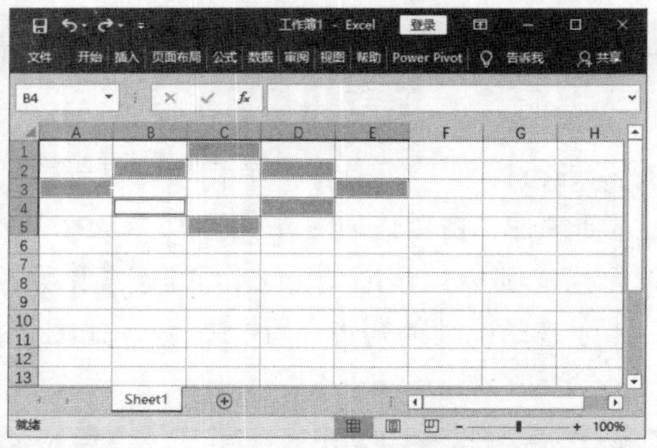

图 10.46　同时选择多个非连续单元格

图 10.47　添加选区

按 Shift+F8 键会进入多重选择状态，按 Esc 键即可退出这种选择状态。

04 在工作表中选择某列，按 Ctrl+Shift+←键可以选择从该列开始到第一列的所有列，如图 10.48 所示。按 Ctrl+Shift+→键则可以选择从当前选择列开始向右的所有列，如图 10.49 所示。

在选择某行后，按 Ctrl+Shift+↑键将选择从当前行开始向上所有行，按 Ctrl+Shift+↓键将选择从当前行开始向下所有行。这些快捷键只适用于连续单元格的选择。

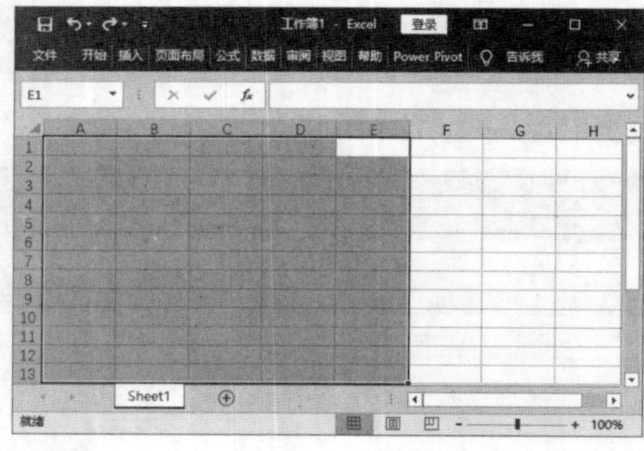

图 10.48　选择当前列左侧的所有列

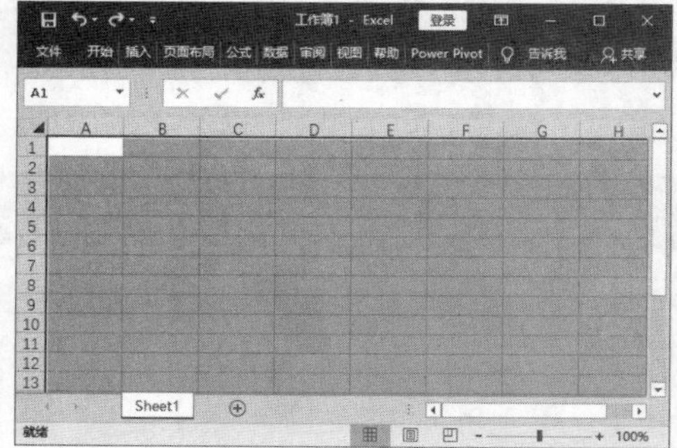

图 10.49　选择当前列右侧的所有列

05 如果需要选择工作表中的数据区域，可以选择该区域中的任意一个数据单元格，再按 Ctrl+*键即可，如图 10.50 所示。

06 在工作表中单击位于行号和列标之间的“全选”按钮，可以快速选择全部的单元格，如图 10.51 所示。

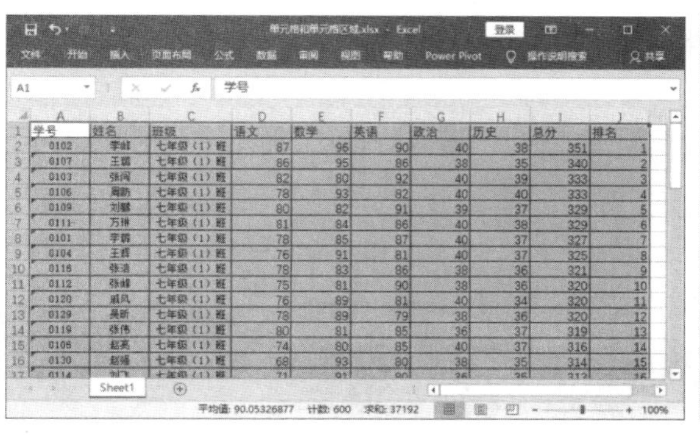

图 10.50　选择包含数据的单元格区域

图 10.51　选择所有单元格

提　示

如果选择了工作表中没有数据的单元格，按 Ctrl+A 键将会选择工作表中所有的单元格。如果选择包含数据的单元格后按 Ctrl+A 键，则将全选包含数据的单元格区域。

07 当工作表中的数据区域很大时，通过移动光标或滚动条来定位到区域的边缘单元格不太方便。此时，可以选择数据区域中的某个数据单元格，按 Ctrl 键和箭头键来快速定位数据区域的边缘单元格。例如，选择单元格后按 Ctrl+→键可以定位数据区域中该单元格所在行最右侧的单元格，如图 10.52 所示。

提　示

同理，按 Ctrl+←键能够定位到选择单元格所在行最左侧的单元格。按 Ctrl+↑键和 Ctrl+↓键能够快速定位到选择单元格所在的列的最上端或最下端的单元格。

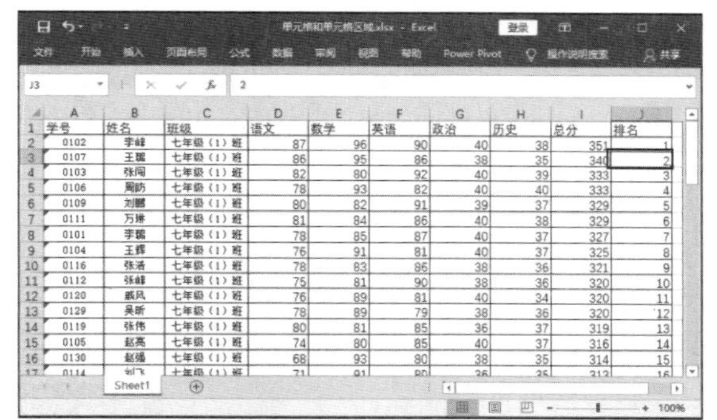

图 10.52　定位到最右侧单元格

08 如果工作簿中包含了多个工作表，在当前工作表中选择单元格区域。按 Ctrl 键单击工作表标签，则这些被选择工作表中的相同单元格区域即被选择。如这里选择“Sheet3”的对应单元格区域，如图 10.53 所示。

图 10.53　同时选择其他工作表中相同的区域

10.4.2 插入和删除单元格

在工作表中插入单元格是 Excel 的常见操作，单元格的插入包括插入单个单元格和同时插入多个单元格的操作，这 2 种操作都可以使用功能区的命令来实现，下面介绍具体的操作方法。

01 在工作表中选择单元格，在“开始”选项卡的“单元格”组中单击“插入”按钮上的下三角按钮，在打开的下拉列表中选择“插入单元格”选项，如图 10.54 所示。

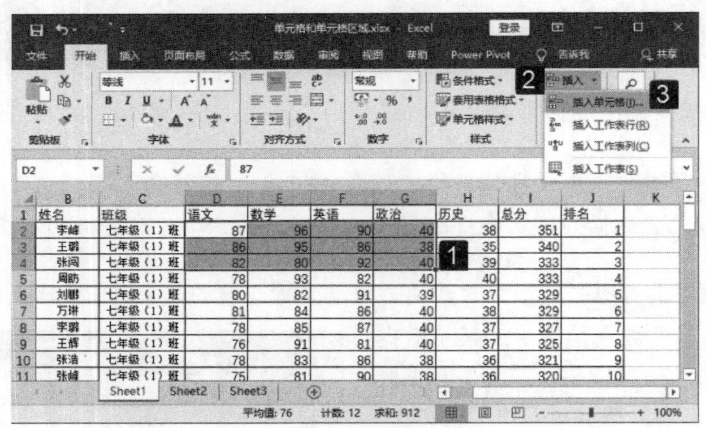

图 10.54　选择“插入单元格”选项

02 此时将打开“插入”对话框，在对话框中选择相应的单选按钮，即选择活动单元格的移动方向，完成选择后单击“确定”按钮以关闭对话框，如图 10.55 所示。此时，当前选择的活动单元格区域下移，也就是在选择单元格区域上方插入相同数目的空白单元格，如图 10.56 所示。

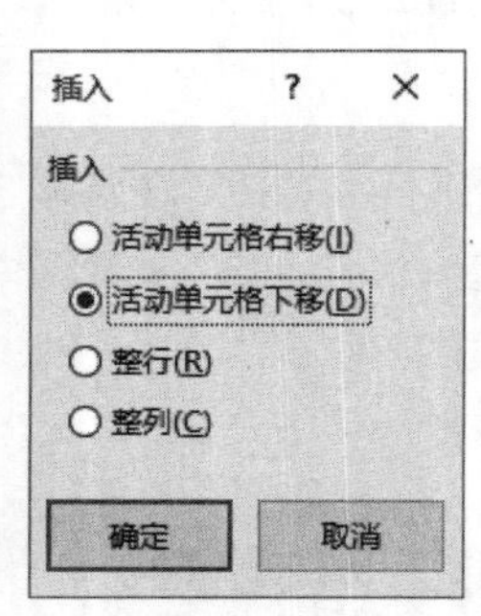

图 10.55　“插入”对话框

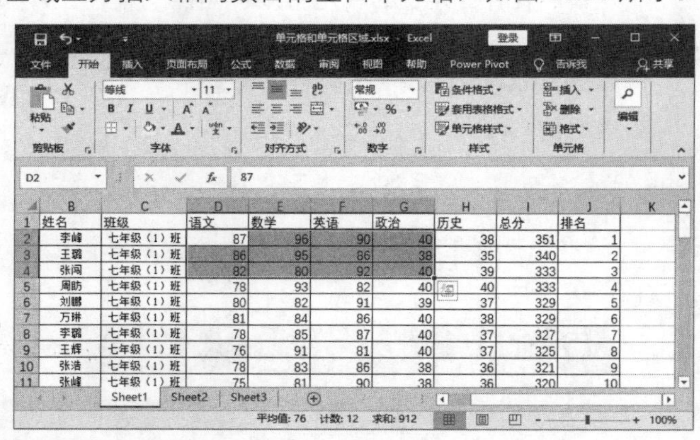

图 10.56　插入空白单元格

提示：在工作表中选择单元格或单元格区域，按 Shift 键同时将鼠标光标移动到选区右下角。当鼠标光标变成分隔箭头时，拖动鼠标即可插入空白单元格。此时鼠标拖动的距离就是插入的单元格数量，鼠标拖动的方向就是活动单元格移动的方向。

03 在工作表中选择单元格，在“开始”选项卡的“单元格”组中单击“删除”按钮上的下三角按钮，在打开的列表中选择“删除单元格”选项，如图 10.57 所示。

04 此时将打开“删除”对话框，在对话框中选择相应选项后单击“确定”按钮关闭对话框，如图 10.58 所示。选择的单元格即被删除，如图 10.59 所示。

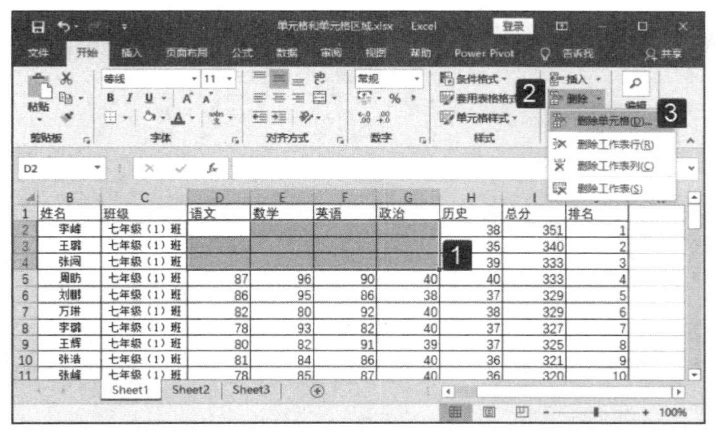

图 10.57　选择"删除单元格"选项

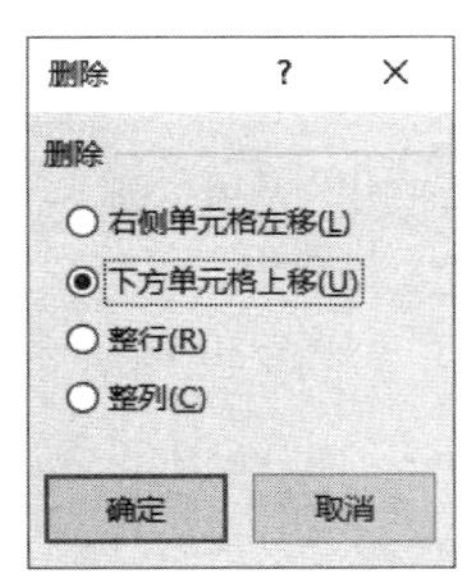

图 10.58　"删除"对话框

图 10.59　选择的单元格被删除

10.4.3　合并和拆分单元格

在创建工作表时，有时一些内容需要跨越多个单元格显示，如一个表格的标题。此时需要使用单元格合并功能将多个单元格合并为一个单元格。同样的，合并的单元格在需要时也可以被拆分为多个单元格。

01 在工作表中选择需要合并的多个单元格，在"开始"选项卡的"对齐方式"组中单击"合并后居中"按钮上的下三角按钮。在打开的列表中选择"合并后居中"选项，如图 10.60 所示。选择的单元格即可合并为 1 个单元格，单元格中的文字在合并单元格中居中放置，如图 10.61 所示。

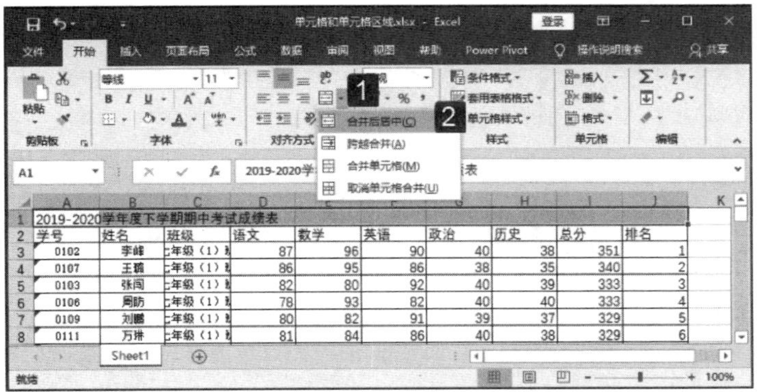

图 10.60　选择"合并后居中"选项

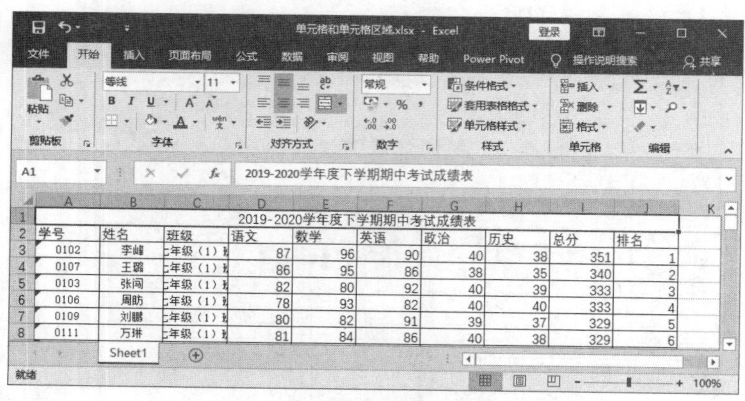

图 10.61　单元格合并且文字居中

02 在工作表中选择单元格，如果单元格都包含有数据，选择“合并后居中”选项，Excel 会给出提示对话框，如图 10.62 所示。单击“确定”按钮关闭对话框，选择单元格即被合并为一个单元格，且单元格区域中左上角的数据被保留并居中放置，如图 10.63 所示。

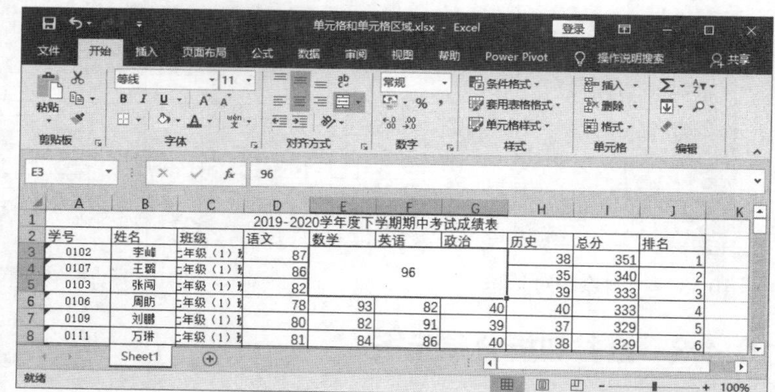

Microsoft Excel

合并单元格时，仅保留左上角的值，而放弃其他值。

显示帮助(E) >>

确定　取消

图 10.62　Excel 提示对话框

图 10.63　合并单元格的效果

提　示

“合并后居中”列表中包含“合并后居中”“跨越合并”和“合并单元格”3个选项。选择一个单元格区域，如图10.64所示。选择“合并后居中”选项和“合并单元格”选项，单元格合并效果类似，唯一不同的是“合并单元格”选项在合并单元格后数据不会居中放置，如图10.65所示。“跨越合并”选项可以实现“跨列合并，保持行数”的合并效果，如图10.66所示。

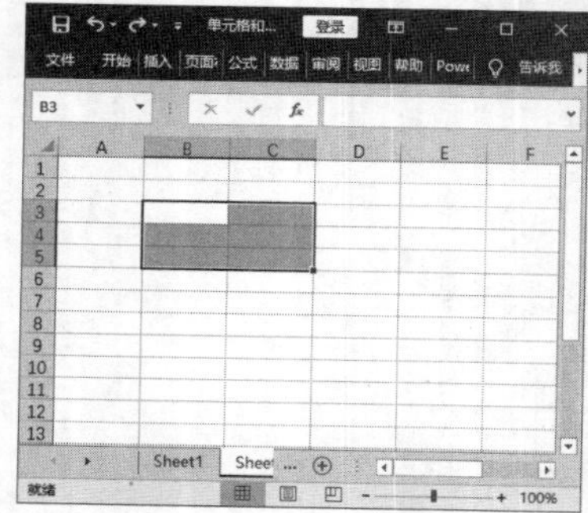

图 10.64　需要合并的单元格

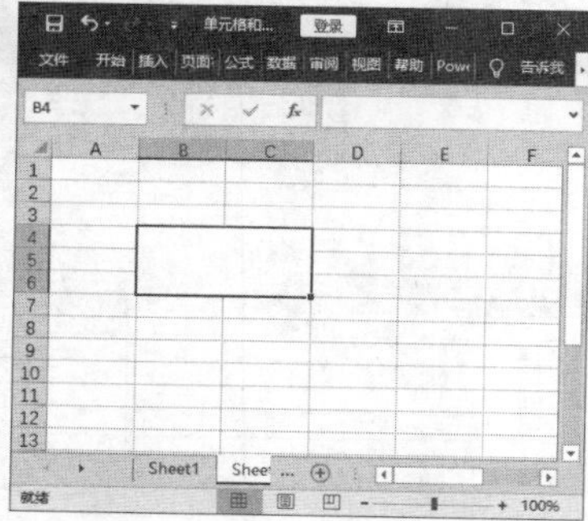

图 10.65　“合并单元格”效果

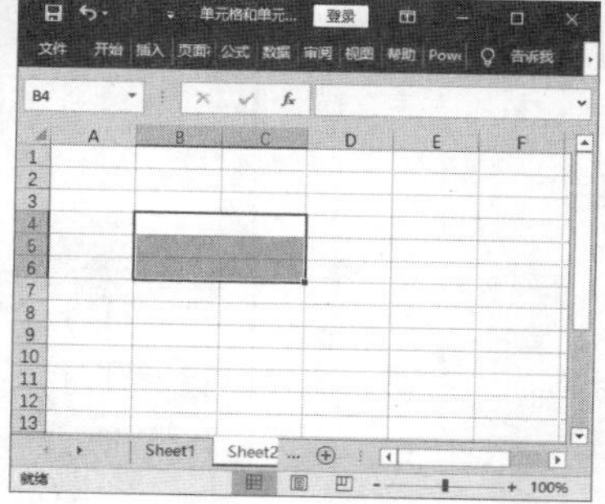

图 10.66　“跨越合并”的效果

03 选择合并的单元格，单击“合并后居中”按钮上的下三角按钮。在打开的列表中选择“取消单元格合并”选项，如图 10.67 所示。合并单元格即被拆分为多个单元格，数据放置于左上角单元格中，如图 10.68 所示。

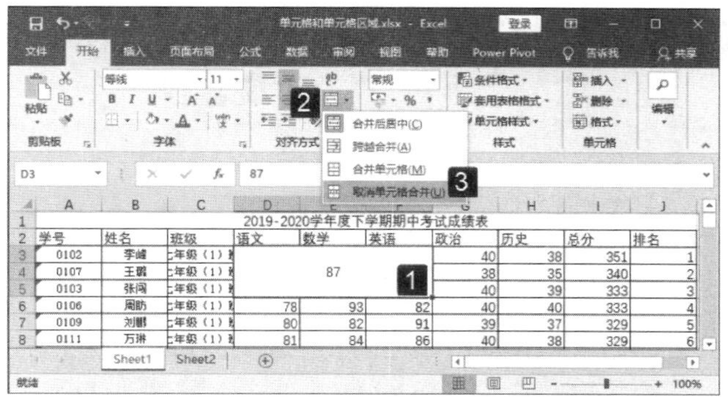

图 10.67　选择“取消单元格合并”选项

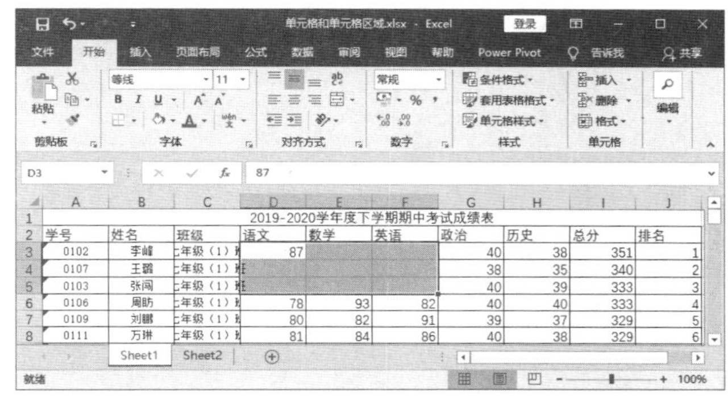

图 10.68　合并单元格被拆分

10.4.4　使用命名单元格

在工作表中，单元格和单元格区域是可以被命名的。命名单元格后即可使用名称框来快速定位这些单元格，从而使得数据的选择和计算变得更加方便。下面介绍具体的操作方法。

01 在工作表中选择需要命名的单元格区域，在“公式”选项卡的“定义的名称”组中单击“定义名称”按钮，打开“新建名称”对话框。在该对话框中的“名称”文本框中输入单元格区域名称。完成设置后单击“确定”按钮关闭对话框，如图 10.69 所示。

图 10.69　为单元格区域命名

02 在选择已被命名的单元格区域时，可以在名称栏中直接输入单元格区域的名称，或是单击名称栏上的下三角按钮，在下拉列表中选择单元格区域的名称。此时单元格区域即被选择，如图 10.70 所示。

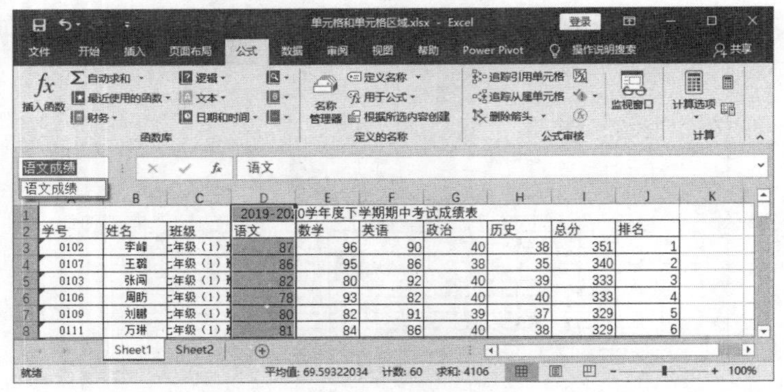

图 10.70　在名称栏中选择单元格区域名称

为单元格命名还有一个简单的方法，就是在工作表中选择需要命名的单元格区域，直接在名称栏中输入名称后按 Enter 键即可。

10.5　本章拓展

下面介绍本章的 4 个拓展实例。

10.5.1　创建共享工作簿

当一个数据表需要多人协作来完成录入和编辑工作时，可以采用分别编辑，最后都复制到一个工作簿的方法来完成。但这种方法工作效率低，也容易出错。Excel 提供了共享工作簿功能，该功能能够方便地实现将不同部门或不同人员的数据汇总到一个工作簿中。此时，用户可以将包含数据的工作簿设置为多用户共享，这样在网络上的其他用户可以阅读并编辑该工作簿，实现多人协作，从而有效地提高工作效率。

01 启动 Excel，打开需要共享的工作簿。在“审阅”选项卡中单击“共享”组中的“共享工作簿”按钮，如图 10.71 所示。

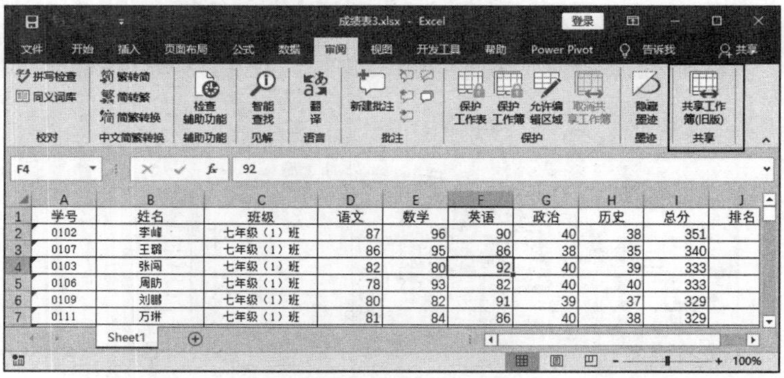

图 10.71　单击“共享工作簿”按钮

02 此时将打开“共享工作簿”对话框的“编辑”选项卡。在该选项卡中勾选“允许多用户同时编辑，同时允许工作簿合并”复选框。打开“高级”选项卡，在选项卡中根据需要对“修订”“更新”和“用户间的修订冲突”等设置项进行设置，如图 10.72 所示。单击“确定”按钮关闭对话框，其他用户就可以和作者一起共享该工作簿了。

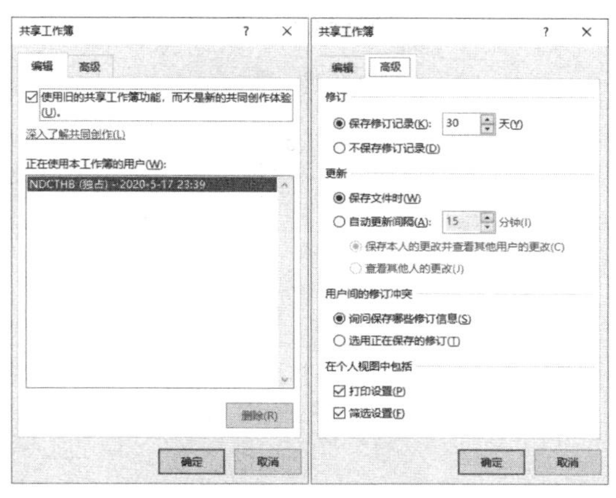

图 10.72 “共享工作簿”对话框

10.5.2 设置默认创建工作表的个数

在创建新的空白文档时，Excel 2019 默认创建一个工作表 Sheet1。实际上，用户可以根据需要设置 Excel 2019 默认创建工作表的数量。下面介绍具体的设置方法。

01 启动 Excel 2019 并创建一个空白文档。打开“文件”窗口，在左侧的列表中选择“选项”选项，如图 10.73 所示。

02 在打开的“Excel 选项”对话框左侧列表中选择“常规”选项，在右侧的“新建工作簿时”栏的“包含的工作表数”微调框中输入数值，如这里输入 3，如图 10.74 所示。单击“确定”按钮关闭对话框，则再次新建工作簿时，Excel 将在工作簿中自动创建 3 个工作表。

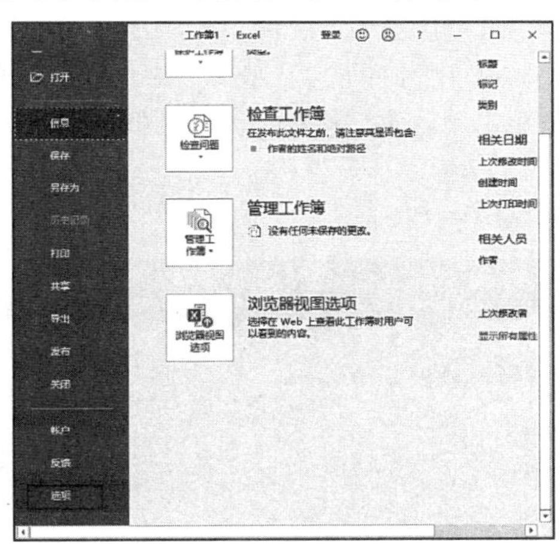

图 10.73 选择“选项”选项

图 10.74 设置“包含的工作表数”

10.5.3 让工作表标签不显示

选择工作表标签，用户能够选择需要查看的工作表。如果希望他人只能查看工作簿当前的工作表，且无法通过选择工作表标签来查看其他工作表的内容，可以将工作表标签隐藏。下面介绍具体的操作方法。

01 启动 Excel 2019 并打开需要处理的工作簿。在“开始”选项卡中选择“选项”选项打开“Excel 选项”对话框，在左侧列表中选择“高级”选项，在“此工作簿的显示选项”栏中取消对“显示工作表标签”复选框的勾选。完成设置后单击“确定”按钮关闭对话框，如图 10.75 所示。

02 此时，工作簿中将不再显示工作表标签，如图 10.76 所示。

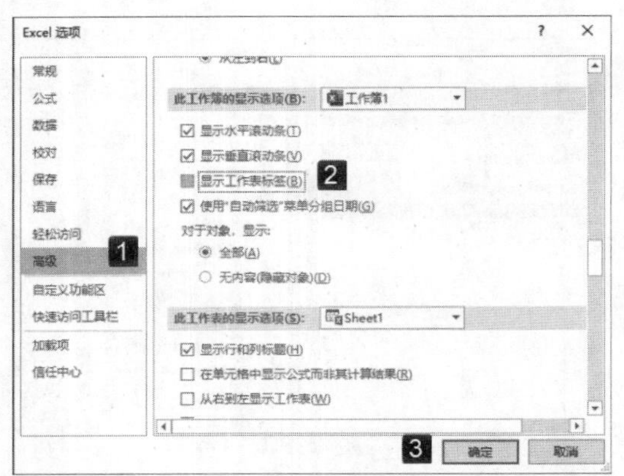

图 10.75　取消对“显示工作表标签”复选框的勾选

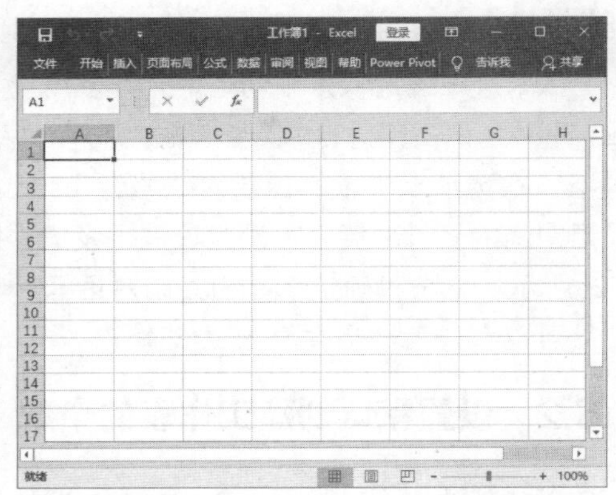

图 10.76　工作簿不再显示工作表标签

如果要恢复工作表标签的显示，只需要在“Excel 选项”对话框中再次勾选“显示工作表标签”复选框即可。另外，这里的操作对当前工作簿中所有工作表都有效。

10.5.4　更改工作表中网格线的颜色

在工作表中，网格线可以用于区分单元格。默认情况下，工作表的网格线的颜色为黑色。实际工作中，用户可以根据需要对网格线的颜色进行设置，下面介绍具体的操作方法。

启动 Excel 2019 并创建工作簿。在“文件”选项卡中选择“选项”选项，在打开的“Excel 选项”对话框中选择“高级”选项。在“此工作表的显示选项”栏中单击“网格线颜色”按钮上的下三角按钮，在打开的颜色列表中选择颜色。完成设置后单击“确定”按钮关闭对话框，如图 10.77 所示。

此时，工作表中网格线颜色被设置为指定颜色，如图 10.78 所示。

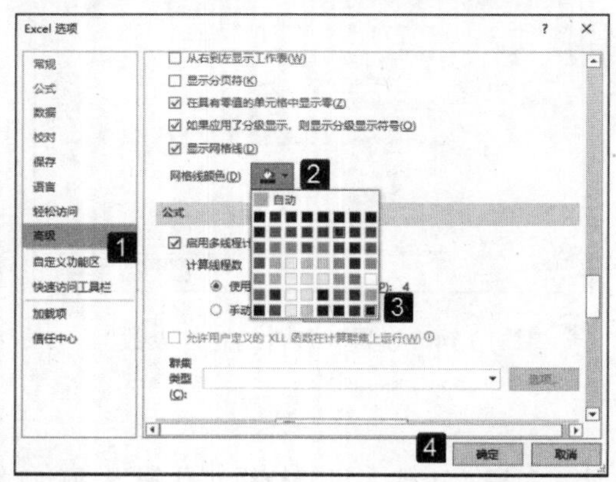

图 10.77　选择网格线颜色

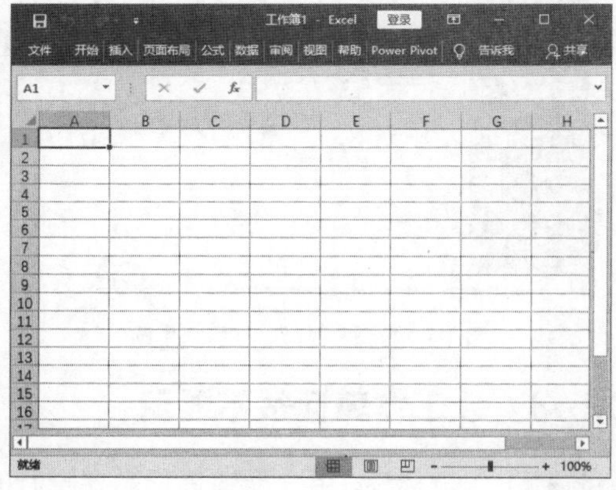

图 10.78　网格线颜色更改为指定颜色

在“Excel 选项”对话框的“高级”选项的“此工作表的显示选项”栏中取消对“显示网格线”复选框的勾选，工作表中的网格线即被去除。另外，在“页面布局”选项卡的“工作表选项”栏中取消对“网格线”栏“查看”复选框的勾选，也可以去除网格线。如果在“工作表选项”栏中勾选“网格线”栏中的“打印”复选框，则可以在打印时将网格线打印出来。要注意的是上述操作均只对当前工作簿有效。

第 11 章

单元格数据和格式的设置

单元格就像书桌中的抽屉一样，是数据的基本载体。在对数据进行处理时，首先需要向工作表的单元格中输入数据。单元格和数据的格式决定了数据在工作表中的存在形式，设置格式不仅能够使工作表美观大方，而且是创建各种类型表格的基础。同时通过对数据格式的定义，可以有效地简化输入流程，实现对特定数据的标示，使分析数据更加便捷。本章将介绍单元格中数据操作和格式设置的有关知识。

11.1 在工作表中输入数据

数据是 Excel 工作表中的重要信息。Excel 单元格中可以输入很多类型的数据，本节将介绍数据输入的有关知识。

11.1.1 输入常规数据

工作表中的单元格是承载数据的最小容器，数据的分析和处理首先需要在单元格中输入数据。工作表中常见的数据类型包括文本、数值以及日期和时间等。下面介绍 Excel 中常见的数据输入方式。

1. 输入文本

在 Excel 中，文本包括中文、英文字母以及具有文本性质的数字、空格和符号等。文本数据是 Excel 中经常需要输入的一种数据。

01 在工作表中单击，选择需要输入的单元格，直接使用键盘输入需要的文字。也可以在选择单元格后单击编辑栏将插入点光标放置到编辑栏中，然后输入需要的文本，如图 11.1 所示。

02 如果需要输入数字型的文本数据，如邮政编码、手机号码或身份证号码等数据。可以在选择单元格后，首先输入一个英文的单引号“'”，然后输入数值，如图 11.2 所示。完成输入后按 Enter 键即可。

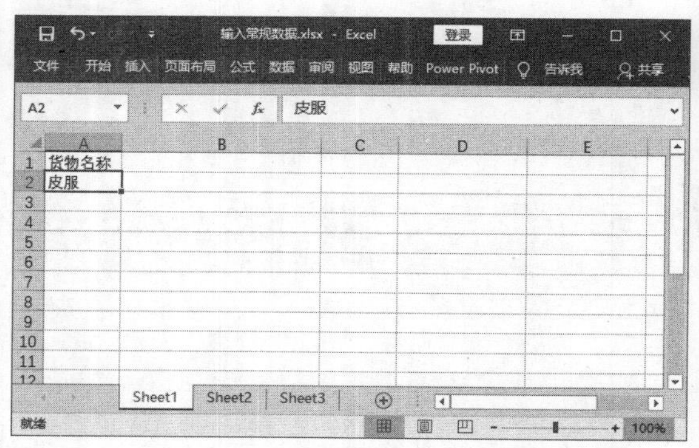

图 11.1　输入文本

图 11.2　输入文本型数字

2．输入数字

数值型数据是 Excel 工作表中最常见的一种数据类型。Excel 最突出的能力就是数据运算、分析和处理，因此工作表中最常用的数据类型就是数值型数据。

01 选择需要输入数字的单元格，使用键盘直接输入数字，完成输入后按 Enter 键，当前单元格将自动下移，输入的数字会默认右对齐，如图 11.3 所示。

02 在输入分数时，如果直接按照常规输入，Excel 会自动将其识别为日期。此时，可以先输入数字 0，添加一个空格后再继续输入分数。输入完成后按 Enter 键即可获得分数形式，如图 11.4 所示。

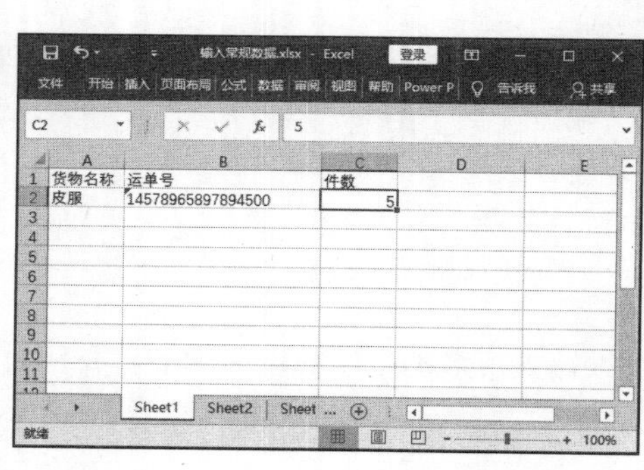

图 11.3　输入数值

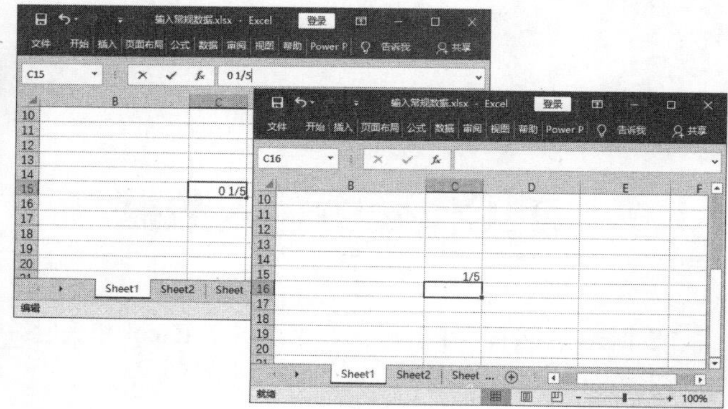

图 11.4　输入分数

3．输入日期和时间

日期和时间也是工作表中常见的数据类型，下面介绍输入日期和时间的方法。

01 在工作表中选择需要输入时间的单元格，在其中输入时间，时间数值之间使用冒号“:”连接，如图 11.5 所示。

02 选择单元格，在单元格中输入日期数字，数字之间使用“-”或“/”连接。完成输入后，按 Enter 键即可完成日期输入，如图 11.6 所示。

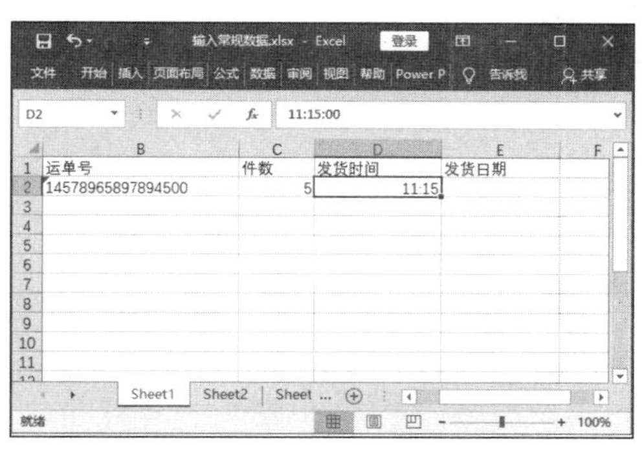
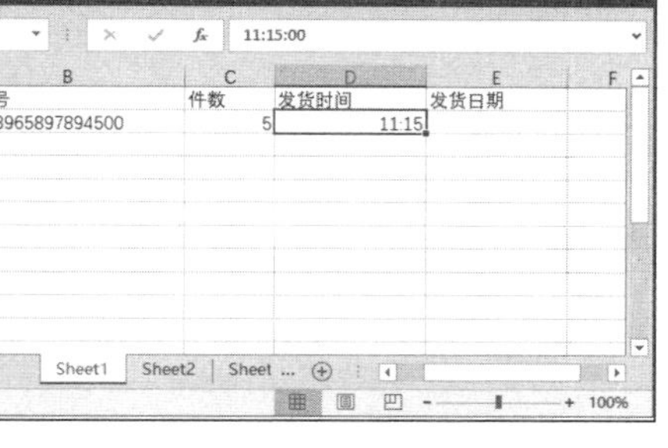

图 11.5 输入时间

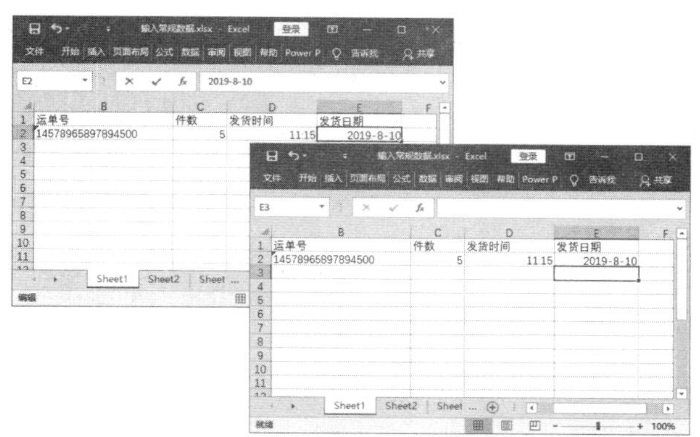

图 11.6 输入日期

11.1.2 快速填充数据

所谓数据填充，指的是使用单元格拖放的方式来快速完成单元格数据的输入。在 Excel 中，数据可以以等值、等差和等比的方式自动填充到单元格中，下面介绍具体的操作方法。

01 启动 Excel 并打开工作表，在单元格中输入数据。将鼠标指针放置到单元格右下角的填充柄上。当鼠标光标变成十字形时，按住鼠标左键并向下拖动，即可在鼠标拖动过的单元格中填充相同的数据，如图 11.7 所示。

图 11.7 向单元格中填充相同数据

提 示

在填充控制柄上双击，同样可以向下填充相同的数据。另外，填充单元格不仅可以是数字，也可以是文本。例如，在一列的连续 3 个单元格中输入文字“你”“我”“他”，若在选择这 3 个单元格后向下填充单元格，则可按照“你”“我”“他”的顺序在单元格中重复填充这 3 个字。

02 在 2 个单元格中分别输入数字，选择这 2 个单元格，然后将鼠标放置到选择区域右下角的填充柄上，向下拖动鼠标，此时 Excel 将按照这 2 个数据的差来进行等差填充，如图 11.8 所示。

03 在单元格中输入起始数值，选择需要进行等差填充的单元格区域，在“开始”选项卡的“编辑”组中单击“填充”按钮。在打开的下拉列表中选择“序列”选项，如图 11.9 所示。在打开的“序列”对话框中选择“等差序列”单选按钮，在“步长值”文本框中输入步长，完成设置后单击“确定”按钮关闭对话框，如图 11.10 所示。选择的单元格中按照设置的步长进行等差序列填充，如图 11.11 所示。

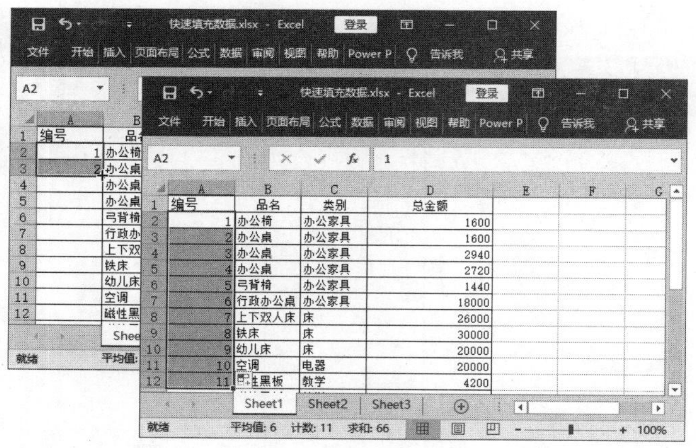

图 11.8　实现等差填充

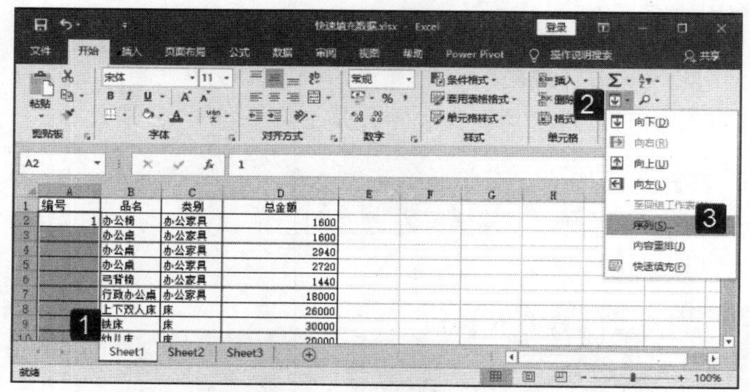

图 11.9　选择“序列”选项

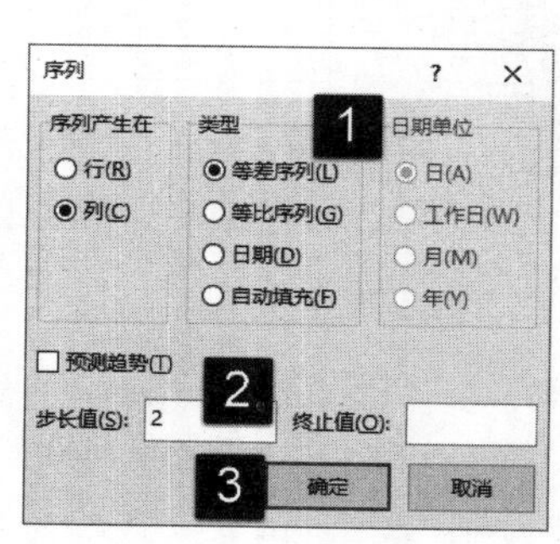

图 11.10　“序列”对话框

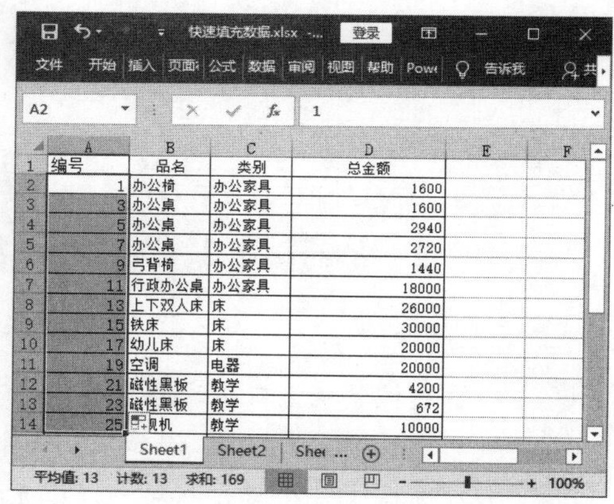

图 11.11　进行等差序列填充

提 示

在自动填充数字时，可以在数字后面加上文本内容，如“1 年”。在进行自动填充时，其中文本的内容将被重复填充，而数字则可以进行等差或等比填充。

04 在单元格中输入填充的起始值，如这里输入数字“1”。选择需要填充数据的单元格区域，按照上面介绍的方法打开“序列”对话框。在对话框的“类型”栏中单击“等比序列”单选按钮，在“步长值”文本框中输入步长值“3”。完成设置后单击“确定”按钮关闭对话框，如图 11.12 所示。选择单元格区域按照步长值进行等比序列填充，如图 11.13 所示。

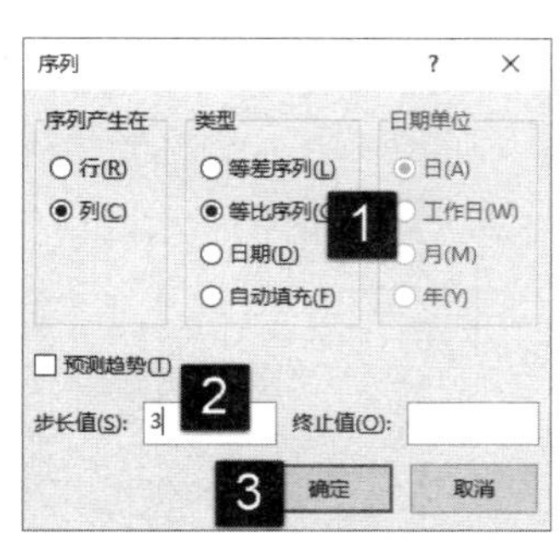

图 11.12 “序列”对话框

图 11.13 进行等比序列填充

选择一个数据单元格，在“序列”对话框中设置“步长值”和“终止值”，Excel 会根据设置按照同一行向右的方向进行填充。

11.2 编辑单元格中的数据

在完成数据的输入后，经常需要对工作表中的数据进行编辑。数据的编辑包括数据的移动、插入和交换行列等，下面对这些操作进行介绍。

11.2.1 移动单元格中的数据

移动数据是 Excel 工作表中常见的数据操作之一，一般有 2 种操作方法：一种方法是使用鼠标直接拖动；另一种方法是使用“剪切”和“粘贴”命令。

01 在工作表中选择需要移动的数据，将鼠标指针放置到选择区域的任意边框线上，当鼠标指针变为双向箭头后拖动鼠标到新的区域，此时数据即被移动到该区域中，如图 11.14 所示。

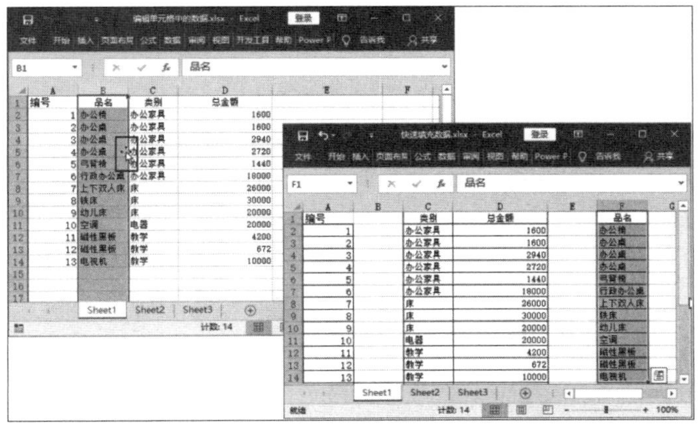

图 11.14 移动数据

02 在工作表中选择需要移动的数据，在“开始”选项卡的“剪贴板”组中单击“剪切”按钮，如图 11.15 所示。选择放置数据的第 1 个单元格，单击“粘贴”按钮，数据即被移动到该位置，如图 11.16 所示。

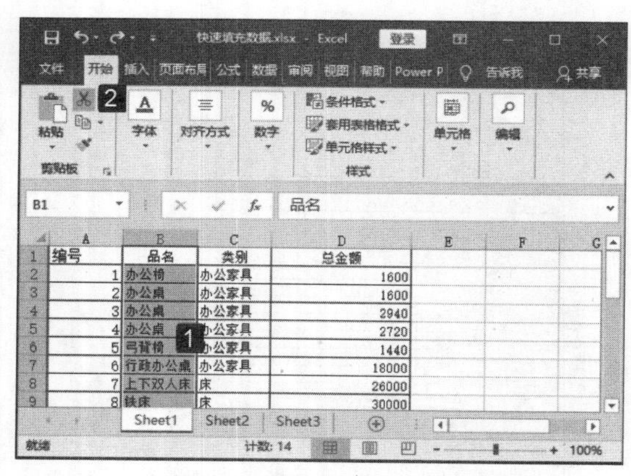

图 11.15　选择数据后单击“剪切”按钮

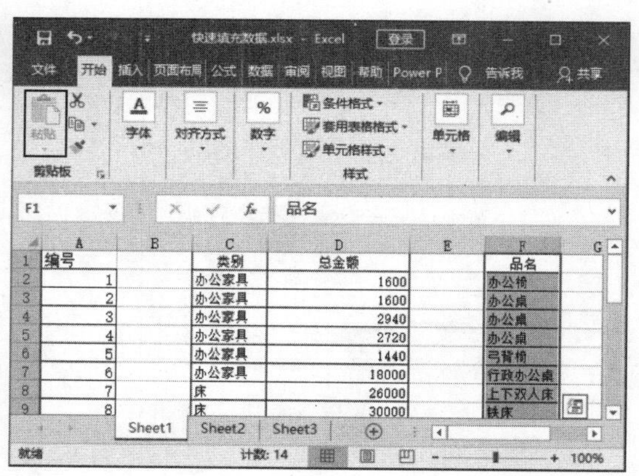

图 11.16　粘贴数据到指定位置

11.2.2　清除数据

当某个单元格或单元格区域中的数据不需要时，就可以将其删除。数据删除操作既可以在选择单元格或单元格区域后按 Delete 键来实现，也可以使用功能区的“清除”命令来完成。

01 在工作表中选择需要清除数据的单元格区域，在“开始”选项卡的“编辑”组中单击“清除”按钮，在打开的列表中选择“清除内容”选项，如图 11.17 所示。

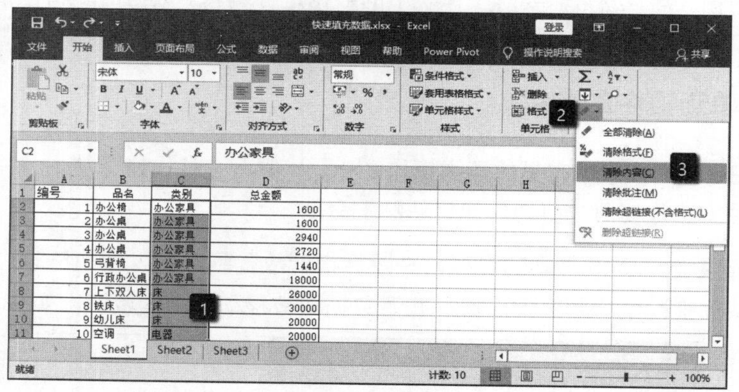

图 11.17　选择“清除内容”选项

02 选择单元格中的内容即可被清除，如图 11.18 所示。使用这种操作不会影响单元格的格式设置。

图 11.18　数据被清除

11.2.3　交换行列

在数据的输入完成后，有时需要改变表格的结构，比如将表格中的行列互换。如果要按照新的行列重新录入数据，则会重复劳动浪费时间。我们可以使用下面的方法快速地实现行列交换。

01 选择需要进行操作的数据区域，在“开始”选项卡的“剪贴板”组中单击“复制”按钮，如图 11.19 所示。

02 选择放置数据的第 1 个单元格，在“开始”选项卡的“剪贴板”组中单击“粘贴”按钮上的下三角按钮，在打开的列表中选择“转置”选项，如图 11.20 所示，表格中的数据即会交换行列，如图 11.21 所示。

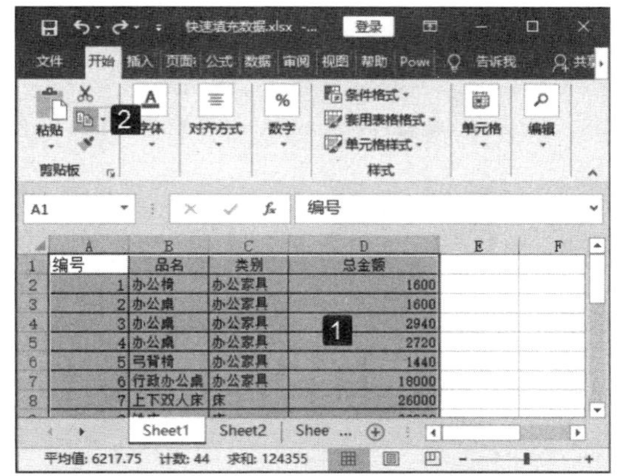

图 11.19 选择数据后单击“复制”按钮

图 11.20 选择“转置”选项

图 11.21 数据交换行列

11.3 格式化数据

在向单元格中输入数据时，Excel 会使用默认的格式显示数据。所以，用户常常需要根据数据表的要求重新对数据的格式进行设置。下面介绍数据格式化的方法和技巧。

11.3.1 设置数据格式

设置单元格中数据的格式，并不仅仅是对数字字体、大小和颜色等进行设置，更重要的是设置数据类型，使其符合专业文档的要求。Excel 的数据有数值型、文本型、货币型、日期和时间等类型。用户可以通过“设置单元格格式”对话框对数据类型进行设置。下面通过一个实例来介绍设置数据格式的方法。

在制作财务报表时，经常需要使用中文大写数字。如果一个一个地输入中文大写数字，工作量十分巨大且容易出错。使用 Excel 可以通过设置单元格数字的格式，快捷且准确地输入大写中文数字。下面介绍具体的操作方法。

01 启动 Excel 并打开工作表，选择需要输入中文大写数字的单元格后右击，在弹出的快捷菜单中选择“设置单元格格式”选项。此时将打开“设置单元格格式”对话框，在“数字”选项卡的“分类”组中选择“特殊”选项，在“类型”列表中选择“中文大写数字”选项。完成设置后单击“确定”按钮关闭对话框，如图 11.22 所示。

02 然后在单元格中直接输入阿拉伯数字，按 Enter 键后，Excel 会自动把阿拉伯数字转换为中文大写数字，如图 11.23 所示。

图 11.22 “设置单元格格式”对话框

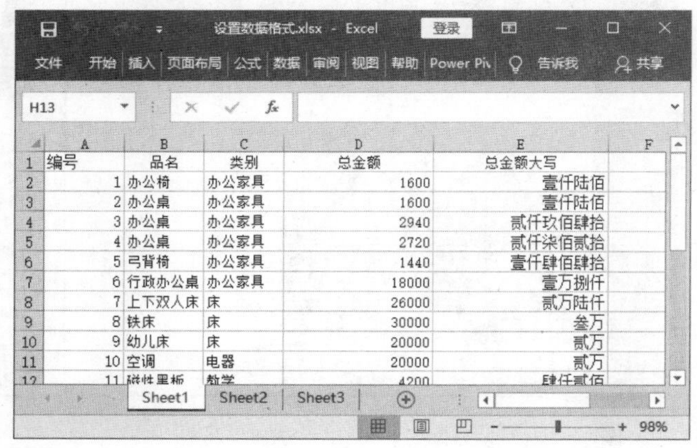

图 11.23 阿拉伯数字被转换为中文大写数字

11.3.2 自定义数据格式

Excel 为单元格中的数据提供了一些现成的可选格式，用户可以在“设置单元格格式”对话框中选择使用。用户如果需要特殊的数据格式，可以使用自定义数据格式来获得。下面通过一个实例来介绍自定义数据格式的操作方法。

01 在工作表中选择数据区域（见图 11.24），右击，在弹出的快捷菜单中选择“设置单元格格式”选项，打开“设置单元格格式”对话框。在“数字”选项卡的“分类”列表中选择“自定义”选项，在“类型”文本框中输入“G/通用格式;G/通用格式;"--"”，完成设置后单击“确定”按钮关闭对话框，如图 11.25 所示。

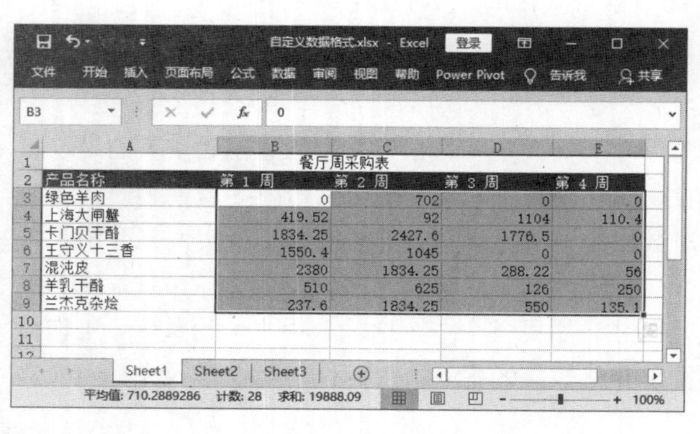

图 11.24 选择数据区域

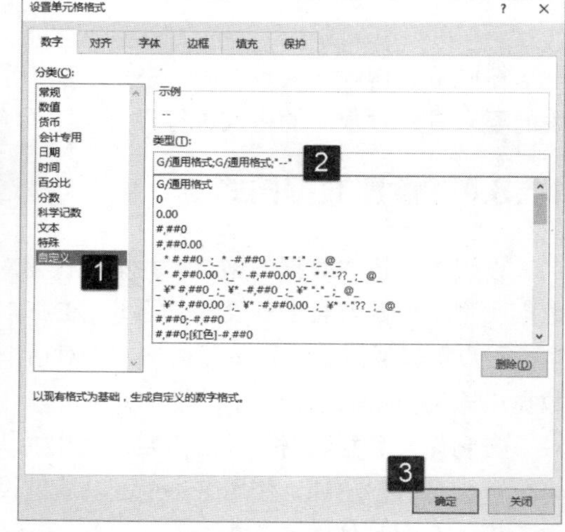

图 11.25 输入“G/通用格式;G/通用格式;"--"”

02 此时选择单元格区域中的 0 值全部转换为“--”，如图 11.26 所示。

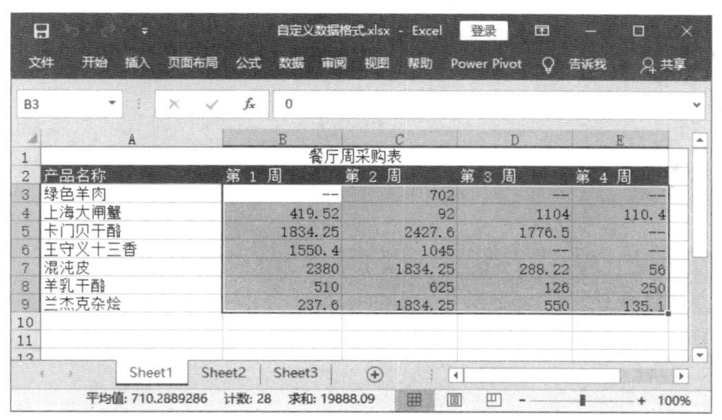

	A	B	C	D	E
1	餐厅周采购表				
2	产品名称	第 1 周	第 2 周	第 3 周	第 4 周
3	绿色羊肉	--	702	--	--
4	上海大闸蟹	419.52	92	1104	110.4
5	卡门贝干酪	1834.25	2427.6	1776.5	--
6	王守义十三香	1550.4	1045	--	--
7	混沌皮	2380	1834.25	288.22	56
8	羊乳干酪	510	625	126	250
9	兰杰克杂烩	237.6	1834.25	550	135.1

图 11.26　单元格中的 0 值全部转换为“--”

提　示

如果在“设置单元格格式”对话框中的“类型”文本框中输入格式代码“#,##0.00;-###0.00,--”同样能够将所有 0 值单元格全部转换为“--”；如果输入格式代码“0; -0; ; @”则会使单元格不显示 0 值；如果要恢复 0 值的显示，只需要在“分类”列表中选择“常规”选项即可。

11.4　设置单元格的外观

一个完善的工作表不仅仅仅要拥有丰富翔实的数据，还应该有一个简洁而美观的外观。单元格是数据的存放处，用户可以通过设置对单元格样式进行设置，在可以改变表格外观的同时让数据更加突出而醒目，从而更有利于数据的分析和使用。

11.4.1　设置数据的对齐方式

在默认情况下，输入单元格中的文本型数据会自动左对齐，输入单元格中的数值型数据会自动右对齐。为了使表格整洁且格式统一，可以根据需要设置数据在单元格中的对齐方式。

01 启动 Excel 并打开工作表，在工作表中选择单元格区域。在“开始”选项卡的“对齐方式”组中单击“居中”按钮使文本在单元格中水平居中对齐，如图 11.27 所示。单击“垂直居中”按钮使文字在单元格中垂直居中，如图 11.28 所示。

图 11.27　文字水平居中对齐

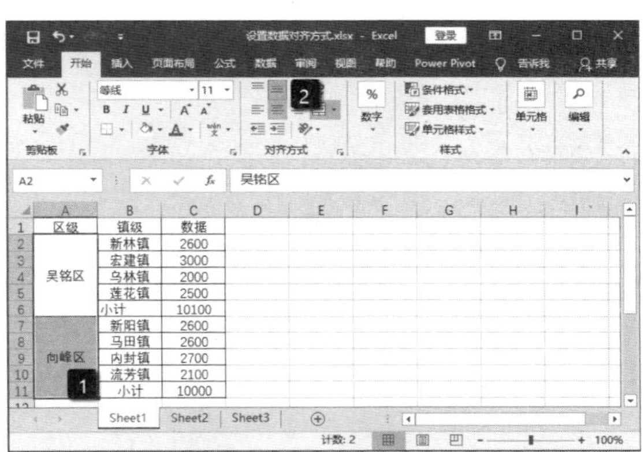

图 11.28　文字垂直居中对齐

02 在“对齐方式”组中单击“方向”按钮，在打开的列表中选择“逆时针角度”选项。单元格中文字即会被逆时针旋转放置，如图 11.29 所示。

03 在“方向”列表中选择“设置单元格对齐方式”选项，打开“设置单元格格式”对话框的“对齐”选项卡，在该选项卡中可以对单元格中文字的对齐方式、文字的方向以及旋转角度进行设置，如图 11.30 所示。

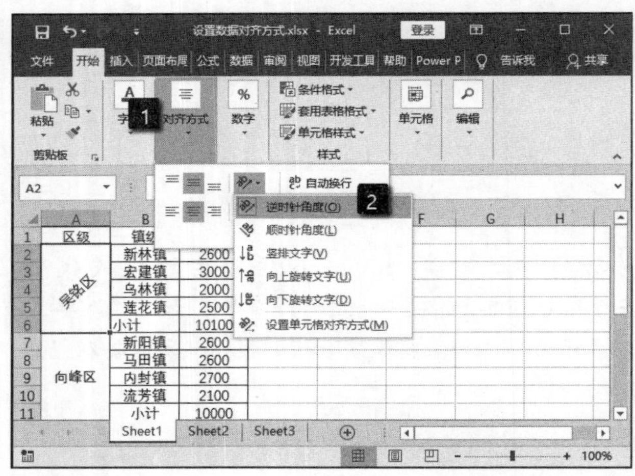

图 11.29　文字被逆时针放置

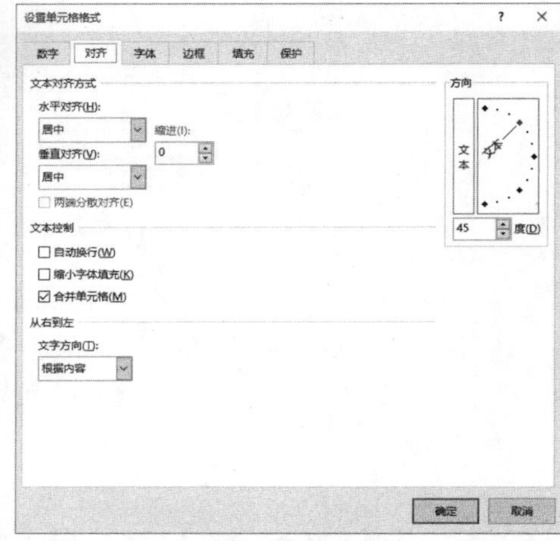

图 11.30　“设置单元格格式”对话框

11.4.2　设置单元格边框

为单元格设置边框和底纹可以从视觉上对数据进行强调和区分，同时使数据区域的外观更接近传统表格。下面介绍为单元格设置边框的操作方法。

01 在工作表中选择需要设置边框的单元格区域，在“开始”选项卡的“字体”组中单击“边框”按钮上的下三角按钮，在打开的列表中选择“所有框线”选项，如图 11.31 所示。选择区域中所有单元格即被添加边框，如图 11.32 所示。

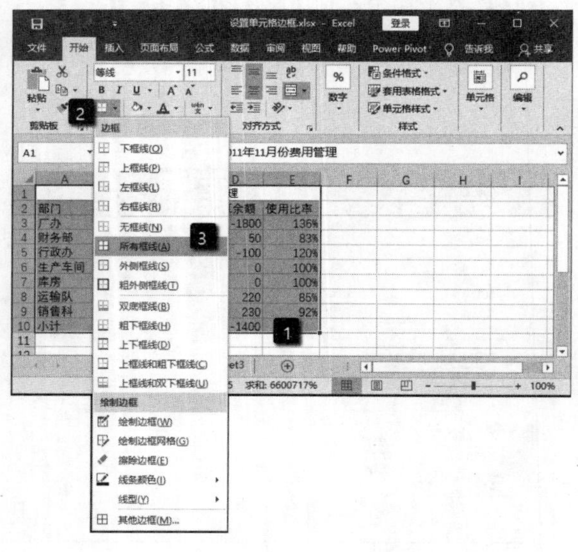

图 11.31　选择“所有框线”选项

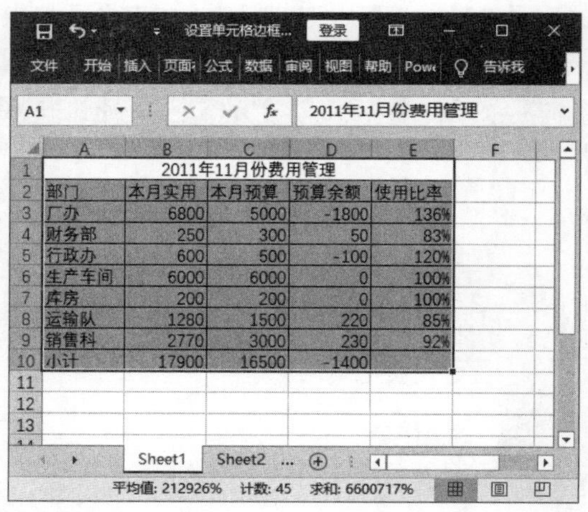

图 11.32　选择单元格被添加边框

02 在“边框”列表中选择“绘制边框”选项，如图 11.33 所示。在一个单元格的边框上单击即可在单击处添加边框，沿着单元格边框拖动鼠标可以为多个单元格绘制边框，如图 11.34 所示。

图 11.33　选择“绘制边框”选项

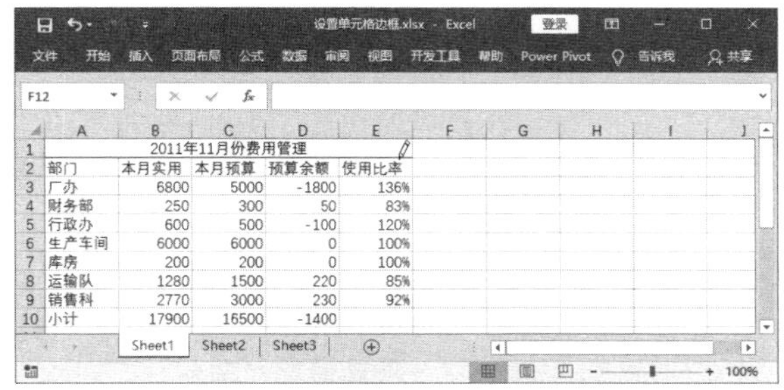

图 11.34　绘制边框

03 在“边框”列表中选择“绘制边框网格”选项，如图 11.35 所示。在工作表中拖动鼠标能够绘制边框网格，如图 11.36 所示。

04 在“边框”列表中选择“擦除边框”选项，如图 11.37 所示，鼠标指针变为橡皮擦形状，在绘制的边框上单击，该边框即被擦除，如图 11.38 所示。

图 11.35　选择“绘制边框网格”选项

图 11.36　绘制边框网格

05 在“边框”列表中选择“其他边框”选项，如图 11.39 所示。此时将打开“设置单元格格式”对话框的“边框”选项卡，使用该选项卡可以对边框的样式、颜色以及边框相对于单元格的位置等进行设置，如图 11.40 所示。

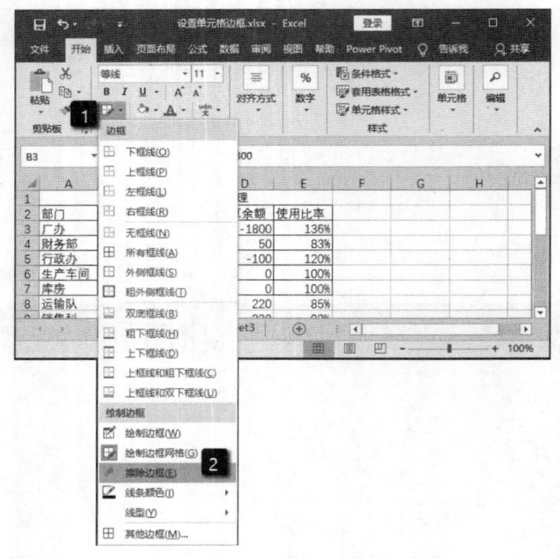

图 11.37　选择“擦除边框”选项

图 11.38　在边框上单击擦除边框

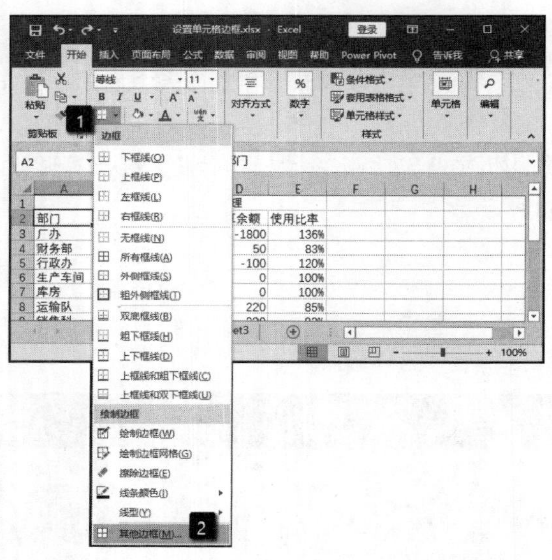

图 11.39　选择“其他边框”选项

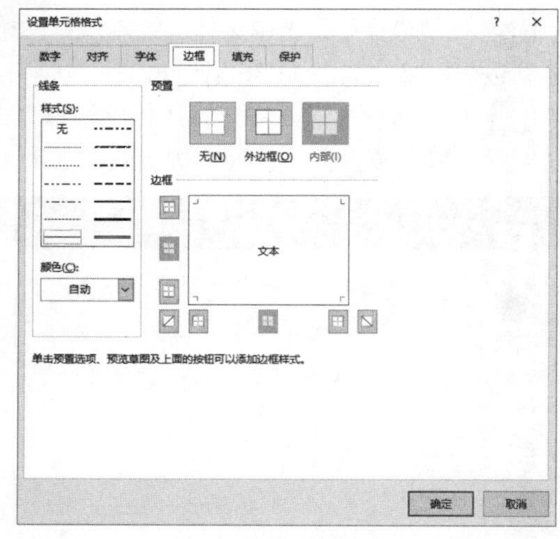

图 11.40　“设置单元格格式”对话框

11.4.3　填充单元格

默认情况下，单元格内部的颜色是白色的。在创建工作表时，用户可以根据需要改变单元格的填充颜色，使单元格中的数据更加突出。同时，改变了单元格的填充色，也可以美化表格或满足特殊要求。下面通过一个实例来介绍设置单元格填充颜色的操作方法。这个实例是在工作表中制作一个封面，并在封面中利用单元格制作导航按钮。

01 在工作表中输入需要的文字后，选择单元格区域。在“开始”选项卡的“字体”组中单击“填充颜色”按钮上的下三角按钮，在打开的下拉列表中选择以灰色填充单元格区域，如图 11.41 所示。

02 按住 Ctrl 键依次单击将作为按钮的单元格，在“开始”选项卡的“字体”组中单击“填充颜色”按钮上的下三角按钮，在打开的下拉列表中选择以白色填充选择的单元格，如图 11.42 所示。

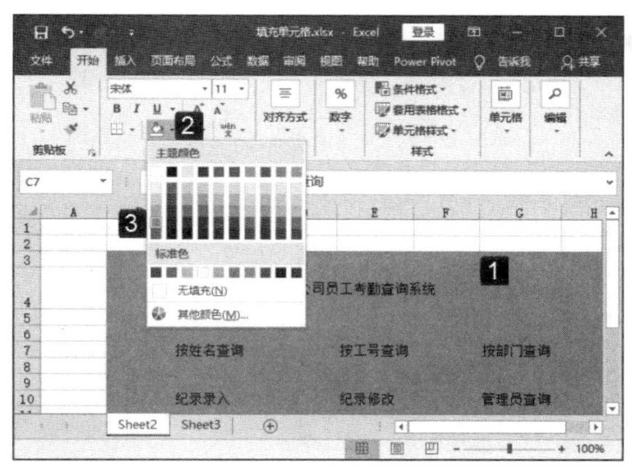

图 11.41　以灰色填充单元格区域

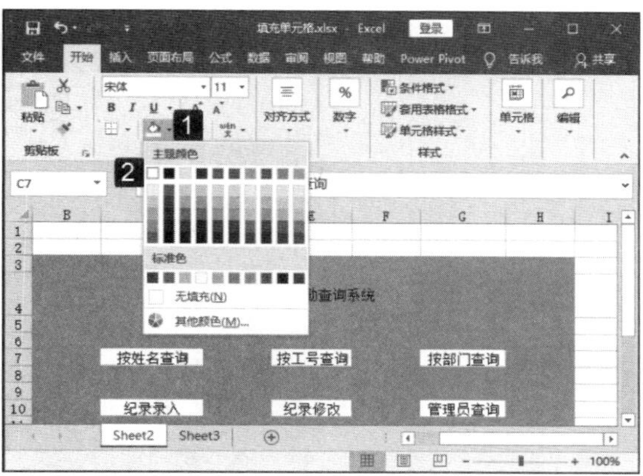

图 11.42　以白色填充单元格

03 右击选择的这些单元格，在弹出的快捷菜单中选择“设置单元格格式”选项，打开“设置单元格格式”对话框。在该对话框的“边框”选项卡中，首先在“样式”列表中选择边框样式；然后在“颜色”列表中选择边框的颜色，这里选择黑色；最后在“边框”栏中单击相应的按钮，为单元格的右边和下边添加边框。完成设置后单击“确定”按钮关闭对话框，如图 11.43 所示。此时选中的单元格会呈现立体效果，如图 11.44 所示。

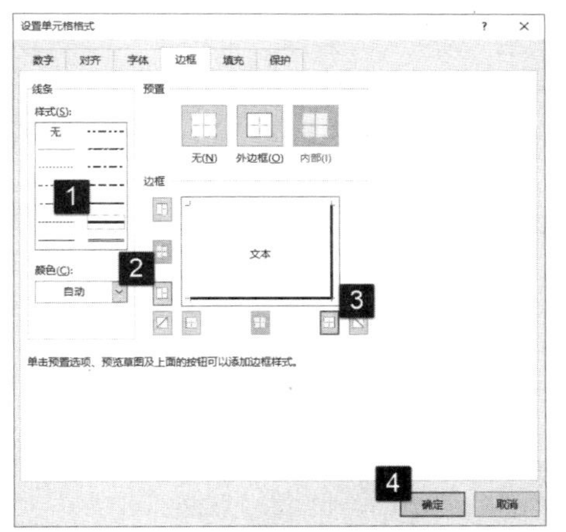

图 11.43　添加右侧和下方的边框

图 11.44　单元格呈现立体效果

11.4.4　套用单元格格式

Excel 2019 中提供了预设单元格格式供用户使用，用户可以直接选择将其应用于单元格中。如果用户对自己设置的某个单元格格式比较满意，也可以将其保存以便能够在表格中重复使用。在 Excel 中，用户可以直接套用预设表格格式或单元格格式来改变单元格的外观。

1. 套用表格格式

使用 Excel 提供的自动套用表格格式不再需要对单元格进行一项一项地设置，可以方便快速地完成单元格区域格式的整套设置。

01 在工作表中选择需要设置格式的单元格区域，在“开始”选项卡的“样式”组中单击“套用表格格式”按钮。在打开的列表中选择样式选项将其应用于单元格区域，如图 11.45 所示。

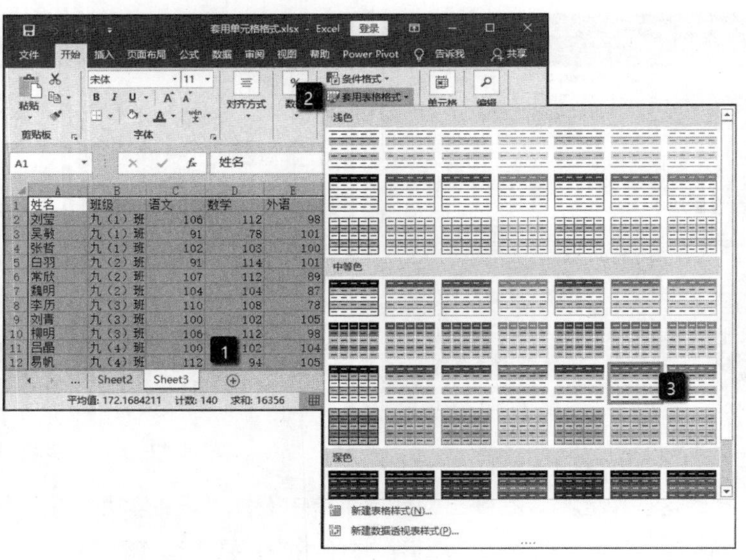

图 11.45　选择套用格式选项

02 此时将打开“套用表格式”对话框，如果已经选择了单元格区域，那么该对话框的“表数据的来源”文本框中将自动指定选择的单元格区域。勾选“表包含标题”复选框后单击“确定”按钮关闭对话框，如图 11.46 所示。单元格区域即应用选择的格式，如图 11.47 所示。

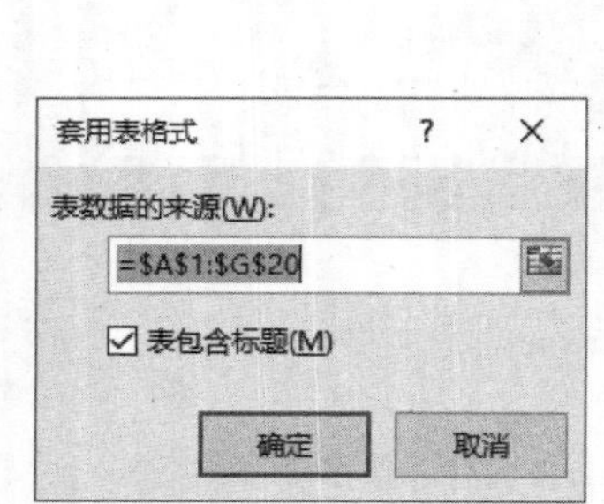

图 11.46　“套用表格式”对话框

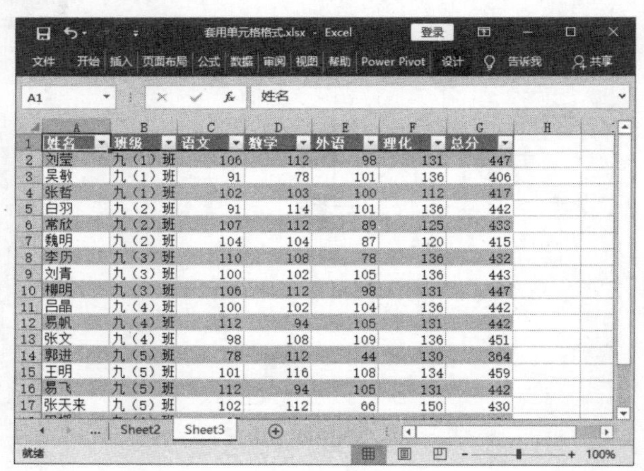

图 11.47　应用选择的格式

2. 套用单元格格式

除了 Excel 中提供的预设格式，如果用户自定义了需要经常使用且固定的表格格式，也可以保存下来作为可以套用的表格格式来使用。下面介绍具体的设置方法。

01 在工作表中选择需要设置格式的单元格，在“开始”选项卡的“样式”组中单击“单元格样式”按钮，在打开的列表中选中预设样式选项，该样式即可用于指定单元格，如图 11.48 所示。

02 单击“样式”组中的“单元格样式”按钮，在打开的下拉列表中选择“新建单元格样式”选项，如图 11.49 所示。

03 此时将打开“样式”对话框，在“样式名”文本框中输入新建样式的名称，在“包括样式”区域中选择包括的样式，单击“格式”按钮，如图 11.50 所示。

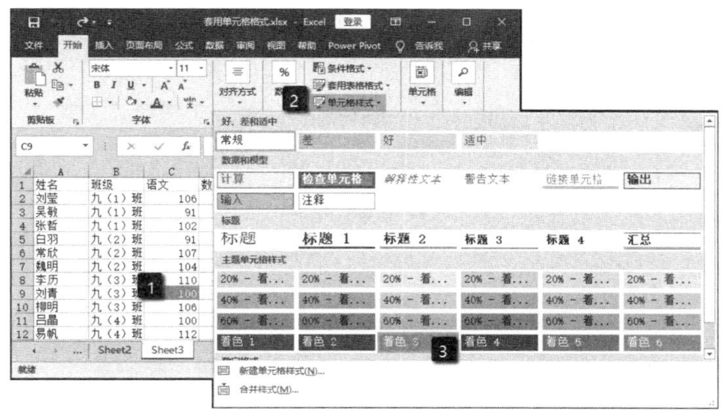

图 11.48　应用单元格样式

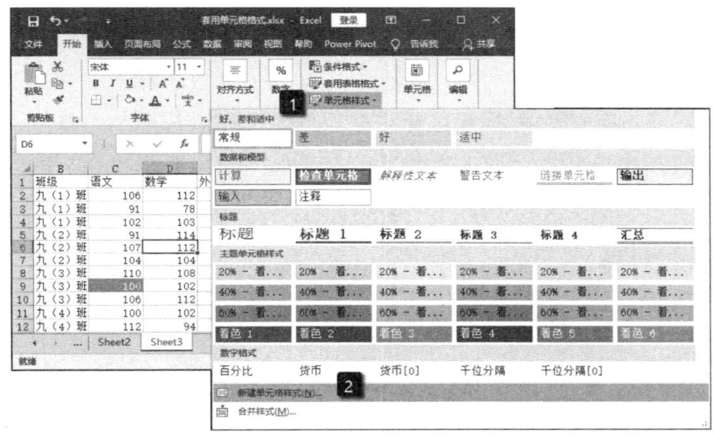

图 11.49　选择“新建单元格样式”选项

04 此时将打开“设置单元格格式”对话框，使用该对话框可以对单元格中数字、边框以及填充效果进行设置。例如，这里对边框样式进行设置，完成设置后单击“确定”按钮关闭对话框，如图 11.51 所示。单击“确定”按钮关闭“样式”对话框。

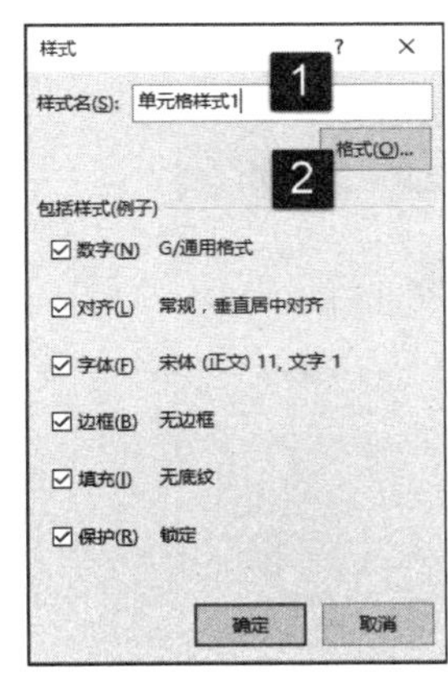

图 11.50　“样式”对话框

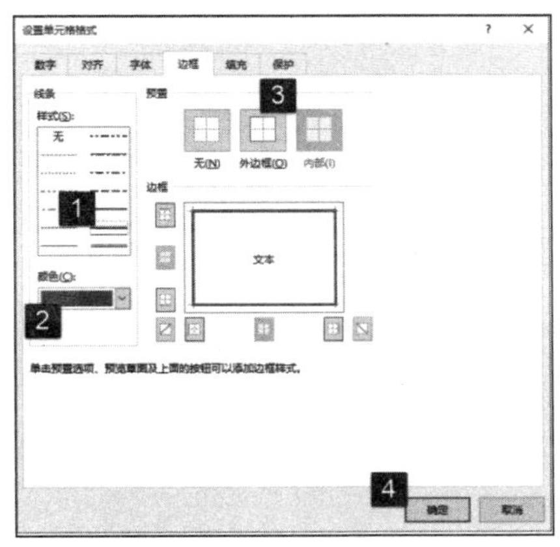

图 11.51　“设置单元格格式”对话框

05 在工作表中选择需要设置格式的单元格，单击“单元格样式”按钮，在下拉列表中选择刚才创建的自定义格式选项，该样式即可应用到单元格，如图 11.52 所示。

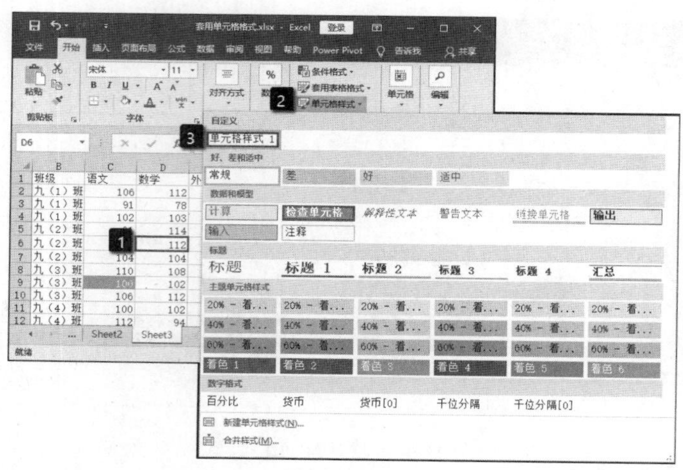

图 11.52　应用自定义单元格格式选项

在工作表中使用单元格样式可以快速实现单元格区域的样式统一。不同工作簿之间的单元格样式是独立的，也就是说在某个工作簿中删除某个单元格样式，不会影响另一个工作簿的单元格样式。在工作簿中，“常规”单元格样式是不能删除的。

11.5　本章拓展

下面介绍 3 个拓展应用实例。

11.5.1　实现单元格中文本自动换行

在默认情况下，当一个单元格中输入的数据超过了单元格的宽度时，超过的部分文字将无法显示出来。遇到这类问题可以通过设置使单元格中的数据根据列宽自动换行。下面介绍具体的设置方法。

01 启动 Excel 并在工作表中输入数据。在工作表中选择需要进行设置的单元格，在“开始”选项卡的“单元格”组中单击“格式”按钮，在打开的下拉列表中选择“设置单元格格式”选项，如图 11.53 所示。

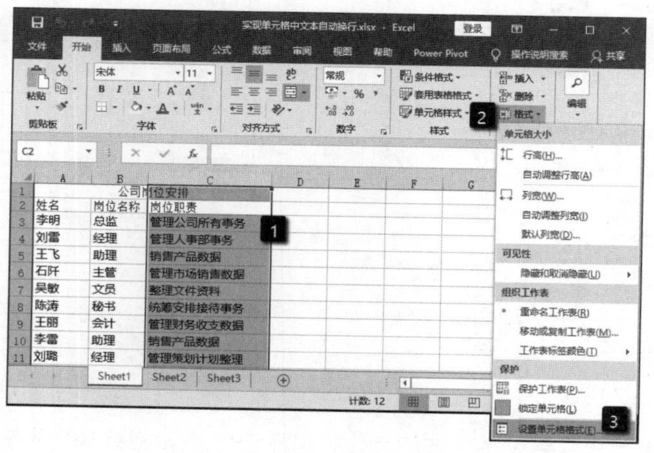

图 11.53　选择“设置单元格格式”选项

02 此时将打开“设置单元格格式”对话框，在该对话框的“对齐”选项卡中勾选“自动换行”复选框，如图 11.54 所示。

03 单击“确定”按钮关闭“设置单元格格式”对话框。完成设置后文字就能够根据列宽自动换行，如图 11.55 所示。

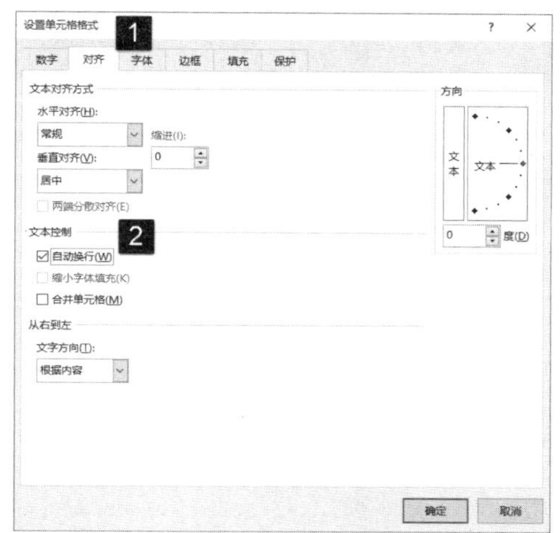

图 11.54　勾选“自动换行”复选框

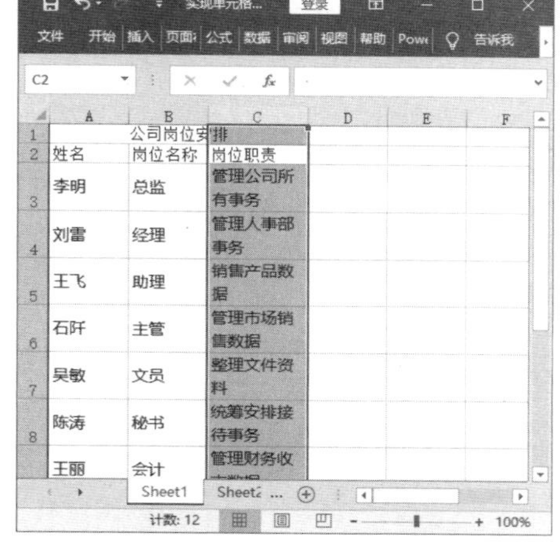

图 11.55　文字根据列宽自动换行

如果单元格中输入的内容超过了单元格的宽度，也可以使用手动的方式来进行换行。操作方法是在需要换行的位置插入插入点光标，按 Alt+Enter 键即可将插入点光标右侧的文字放置到下一行。

11.5.2　带单位的金额数据

在单元格中输入金额后，金额数字后可能需要带上单位，或是在金额数字前面需添加人民币符号“¥”。通过设置数据格式能让 Excel 自动为数据添加单位和人民币符号。下面介绍具体的操作方法。

01 在工作表中选择金额数字所在的单元格区域，在“开始”选项卡的“数字”组中单击“数字格式”按钮，如图 11.56 所示。

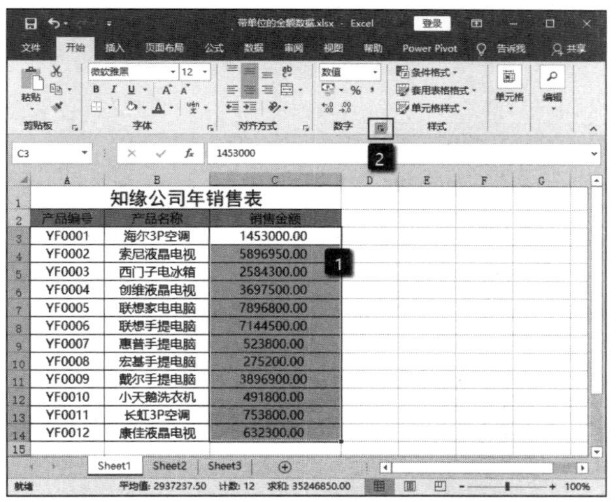

图 11.56　单击“数字格式”按钮

02 此时将打开“设置单元格格式”对话框的“数字”选项卡，在“分类”列表中选择“自定义”选项。在“类型”文本框中输入“￥0！.0,万元”，如图 11.57 所示。

03 单击“确定”按钮关闭“设置单元格格式”对话框，此时金额数据就将自动添加人民币符号和单位，如图 11.58 所示。

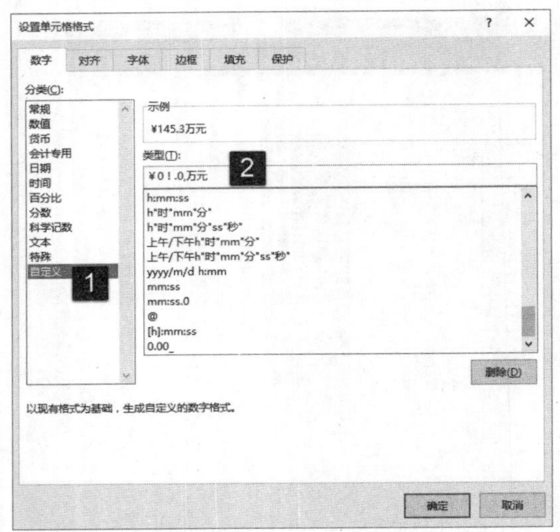

图 11.57　在“类型”文本框中输入“¥0！.0，万元”

图 11.58　数据自动添加人民币符号和单位

11.5.3　按小数点对齐小数

在数据表中，可能会出现很多位数不同的小数，为了美观，就需要这些小数在单元格中能够按小数点对齐。下面介绍具体的操作方法。

01 在工作表中选择需要进行设置的单元格区域，如图 11.59 所示。打开“设置单元格格式”对话框中的“数字”选项卡。在“分类”列表中选择“自定义”选项，在“类型”文本框中输入格式代码“???.00?”，如图 11.60 所示。

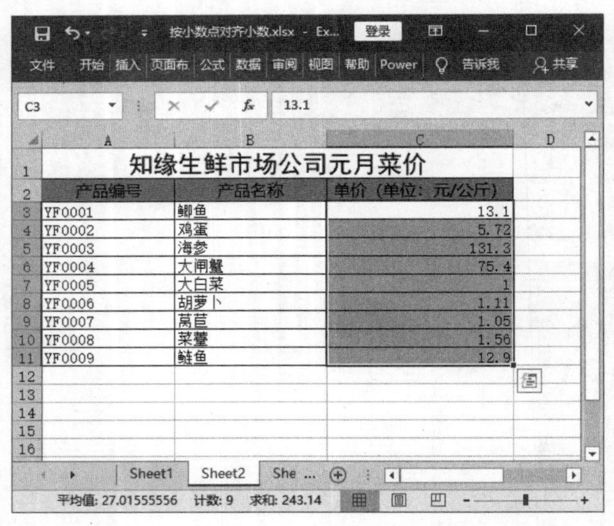

图 11.59　选择单元格区域

图 11.60　在“类型”文本框中输入格式代码

02 单击“确定”按钮关闭“设置单元格格式”对话框，选择单元格区域中的数据即可按小数点对齐，如图 11.61 所示。

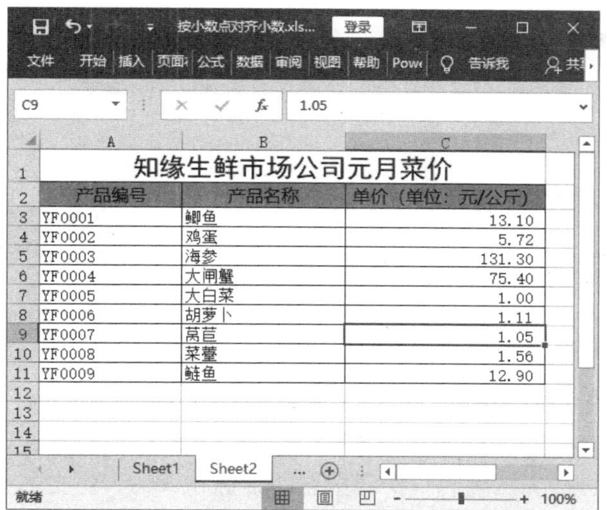

图 11.61　单元格中的数字按小数点对齐

提　示

在 Excel 中，“?”为数字占位符。在小数点和分数线的两边为不显示的无意义零添加空格，以便在按固定宽度右对齐时，能够按照小数点或分数线对齐。其中，小数点右侧的“?”个数决定了数字的个数，如果小数点前后数字的位数少于问号的个数，或者小数点后根本就没有数字，则会以空格来补足位数。如果在包含分数的单元格区域中，要使分数按照分数线对齐，对于带分数，可以使用格式代码“#??/???”。对于假分数，可以使用格式代码“???/??/”。

第 12 章

公式和函数

Excel 是一款具有强大计算功能的电子表格程序，它内置了数百个函数，这些函数可以直接在工作表中使用。Excel 中的函数和公式可以帮助用户对数据进行汇总求和、实现数据的筛选和查找、对文本进行各种处理、操作工作表中的各类数据以及进行各种复杂计算，从而提高工作效率、准确分析数据。本章将介绍 Excel 中函数和公式的使用方法和技巧。

12.1 使用公式

能够使用公式进行计算，是 Excel 异于普通制表软件的一个特点。公式是 Excel 的重要组成部分，是对数据进行分析处理的重要手段。下面介绍使用公式的基本方法。

12.1.1 Excel 的运算符和运算优先级

公式是对工作表中的数据进行计算和操作的等式，其一般以等号“=”开始。通常，一个公式中包含了运算符、单元格引用、值或常量、相关参数以及括号等。在公式中，运算符是用来阐述运算对象该进行怎样的操作，它可以对公式中的数据进行特定类型的计算。运算符一般包括算术运算符、比较运算符、连接运算符和引用运算符。

- 算术运算符：算术运算符用于进行基本的算术运算，包括加（+）、减（-）、乘（*）、除（/）、负号（-）、百分号（%）和幂（^）。

- 比较运算符：比较运算符用于比较 2 个数值，其运算结果是逻辑值，即 True 和 False。比较运算符包括等于（=），大于（>）、小于（<）、大于等于（>=）、小于等于（<=）和不等于（<>）。
- 连接运算符：连接运算符可以加入或者连接一个或多个文本字符串，使它们形成一个字符串。如果使用了连接运算符，单元格中的数据将按照文本型数据进行处理。连接运算符是&。
- 引用运算符：引用运算符用于表示单元格在工作表中位置的坐标集，用于为计算公式标明引用单元格在工作表中所在的位置。引用运算符包括冒号（：）、逗号（,）和空格。

当在公式中使用多个运算符进行计算时，Excel 将按照运算符的优先级进行计算，优先级高的先进行运算，优先级低的后进行运算。运算符的优先级与算术运算相类似，如表 12.1 所示。

表 12.1 运算优先级

优先级	1	2	3	4	5	6
运算类型	百分号（%）	幂运算（^）	乘(*)或除(/)	加(+)或减(-)	连接符（&）	比较运算符

当公式中包含括号时，和数学运算一样，括号能够改变运算优先级。在计算时，先进行括号内的计算，获得结果后再按优先级进行运算。运算中带有括号和不带括号在运算结果上的差异，如图 12.1 所示。

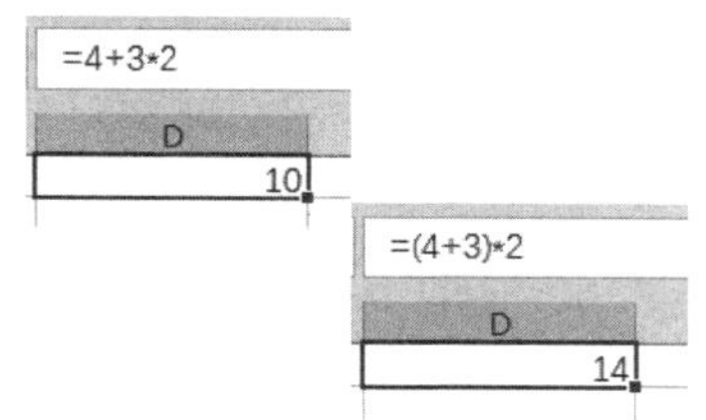

图 12.1 带括号和不带括号计算结果的差异

12.1.2 输入公式

在 Excel 中，可以使用公式对数据进行计算。要获得计算结果，首先需要输入公式，下面介绍具体的操作方法。

01 在工作表中选择需要输入公式的单元格，首先输入等号“=”，接着输入带有对数据所在单元格的引用和运算符的公式，如图 12.2 所示。完成公式输入后，按 Enter 键即可获得需要的计算结果，如图 12.3 所示。

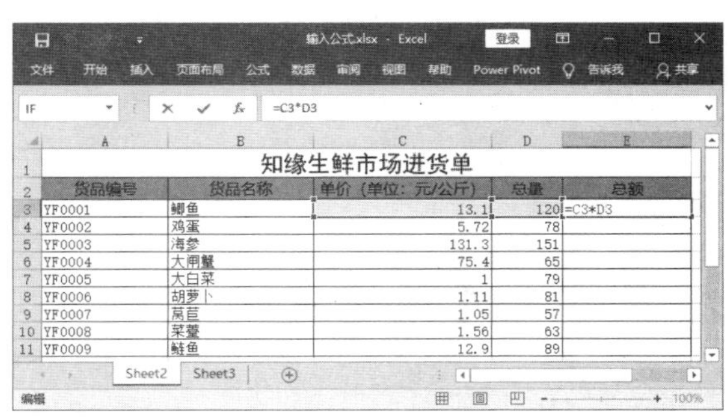

图 12.2 在单元格中输入公式

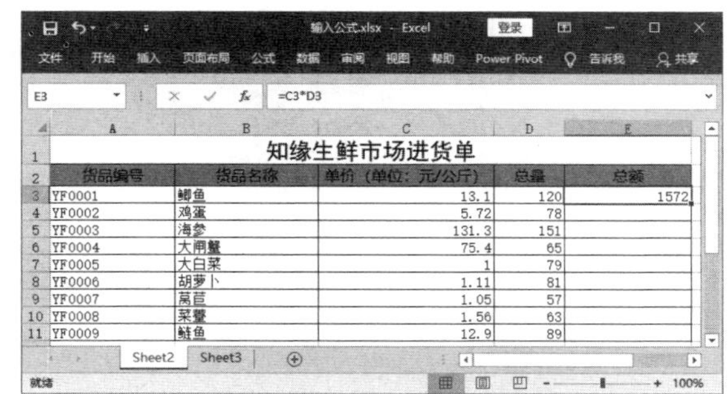

图 12.3 获得计算结果

02 在需要输入公式的单元格中输入等号“=”后，直接单击数据所在的单元格，可以获得单元格地址，如图 12.4 所示。这种引用单元格的方式比用键盘输入更方便。

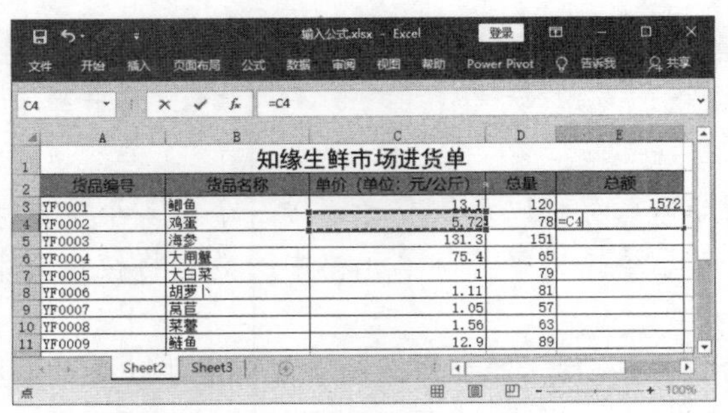

图 12.4　单击单元格获得引用地址

在单元格输入公式时，必须先输入等号“=”，否则将无法获得计算结果。如果公式中引用了单元格，在进行公式计算需要改变计算数据时，只需要更改引用单元格中的数据即可，无须对公式进行更改。选择带有公式的单元格后，按 Delete 键，会将计算结果和单元格中的公式同时删除。

12.1.3　单元格的引用方式

单元格地址通常是由该单元格位置所在的行号和列号组合而成的，能够指明单元格在工作表中的位置，如 C1、D3 和 A5 等。在 Excel 中，公式利用单元格地址来获取单元格中的数据进行计算。在 Excel 中有 4 种引用单元格地址的方式，它们分别是相对引用、绝对引用、混合引用以及三维引用。

1. 相对引用

在输入公式时，Excel 默认的单元格引用方式就是相对引用。相对引用将单元格所在的列号放置在前，单元格所在的行号放置在后，如图 12.5 所示。

公式中使用相对引用，当向下拖动填充柄填充公式时，公式中的引用单元格地址会随着单元格的变化而变化，如图 12.6 所示。

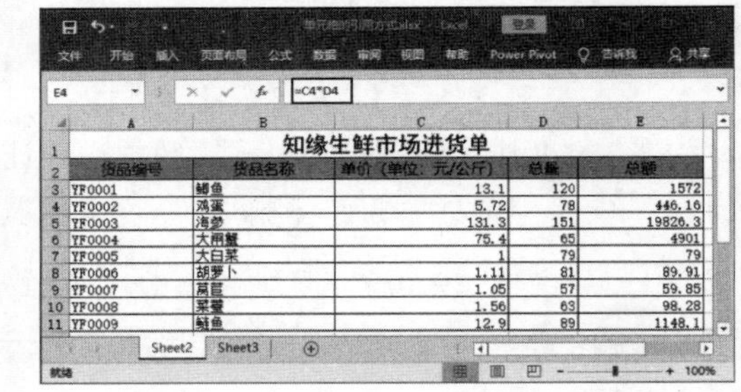

图 12.5　公式中的相对引用

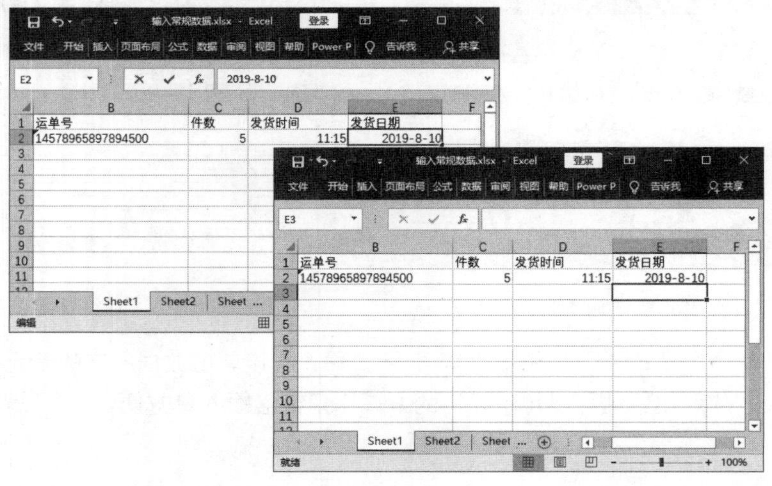

图 12.6　填充公式时单元格地址会发生相应变化

2．绝对引用

在单元格列或行的标志前加上一个美元符号“$”，如$A$3，这种引用方式即为绝对引用。绝对引用与相对引用的区别在于，绝对引用指定的单元格是固定的。

例如，在使用绝对引用时，如果向下填充公式，公式中引用的单元格地址不会发生任何的变化，一直是引用指定的单元格，如图 12.7 所示。

知缘生鲜市场进货单				
货品编号	货品名称	单价（单位：元/公斤）	总量	总额
YF0001	鲫鱼	13.1	120	1572
YF0002	鸡蛋	5.72	78	446.16
YF0003	海参	131.3	151	446.16
YF0004	大闸蟹	75.4	65	
YF0005	大白菜	1	79	
YF0006	胡萝卜	1.11	81	
YF0007	莴苣	1.05	57	
YF0008	菜薹	1.56	63	
YF0009	鲢鱼	12.9	89	

图 12.7　使用绝对引用

3．混合引用

混合引用指的是单元格地址既有绝对引用也有相对引用，如 A$3。对于使用这种引用方式的公式，在进行公式填充时，绝对引用部分不发生改变，而相对引用部分会随着公式的填充而改变，如图 12.8 所示。

知缘生鲜市场进货单				
货品编号	货品名称	单价（单位：元/公斤）	总量	总额
YF0001	鲫鱼	13.1	120	1572
YF0002	鸡蛋	5.72	78	446.16
YF0003	海参	131.3	151	446.16
YF0004	大闸蟹	75.4	65	
YF0005	大白菜	1	79	
YF0006	胡萝卜	1.11	81	
YF0007	莴苣	1.05	57	
YF0008	菜薹	1.56	63	
YF0009	鲢鱼	12.9	89	

图 12.8　使用混合引用

4．三维引用

三维引用是指引用其他工作表中单元格的数据，三维引用的格式为：工作表名！单元格地址。例如，在图 12.9 所示中，计算 Sheet2 工作表中各个金额数据的总额，使用的就是三维引用方式。

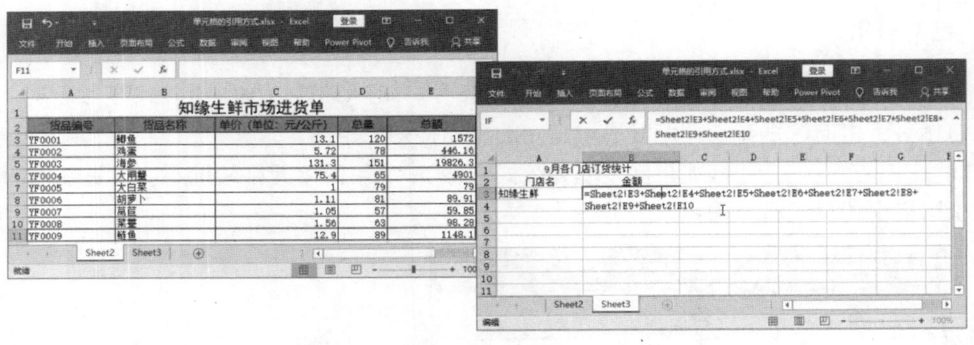

图 12.9　使用三维引用

12.1.4　在公式中使用名称

在工作表中，可以对经常使用的或比较特殊的公式进行命名。名称代表的是被命名的公式，它可以是对单元格的引用，也可以是一个数值常数或数组，还可以是公式。使用名称可以使公式易于理解，起到简化公式的作用。同时，使用名称还具有利于安全和便于表格维护的优势。下面介绍对公式进行命名并使用命名公式来进行计算的方法。

01 在功能区中打开“公式”选项卡，在“定义的名称”组中单击“定义名称”按钮上的下三角按钮。在打开的下拉列表中选择“定义名称”选项，如图 12.10 所示。

02 此时将打开“新建名称”对话框，在“名称”文本框中输入公式名称，在“备注”文本框中输入公式的备注信息，在“引用位置”文本框中输入公式或函数所在的地址，这里输入求和的单元格地址。完成设置后单击“确定”按钮关闭对话框，如图 12.11 所示。

图 12.10　选择“定义名称”选项

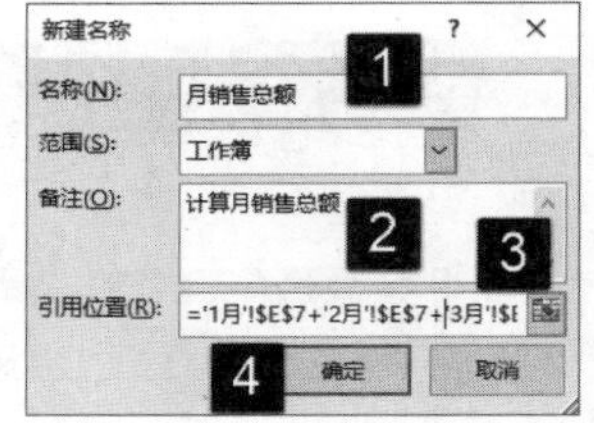

图 12.11　“新建名称”对话框

03 在工作表中选择需要使用公式的单元格，在编辑栏中输入“=”后输入公式名称，如图 12.12 所示。完成输入后按 Enter 键，公式被引用，单元格中即会显示公式的计算结果，如图 12.13 所示。

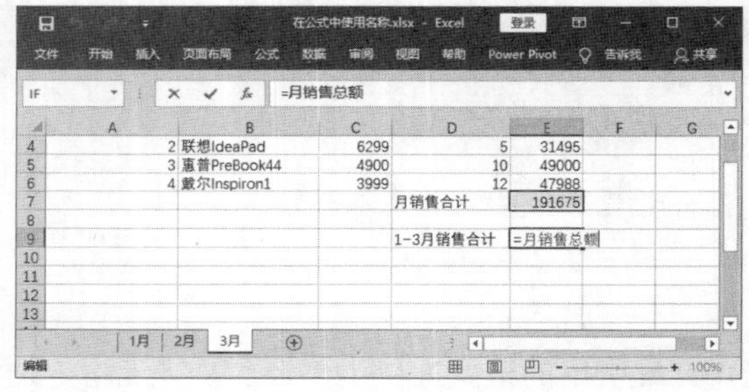

图 12.12　输入公式名称

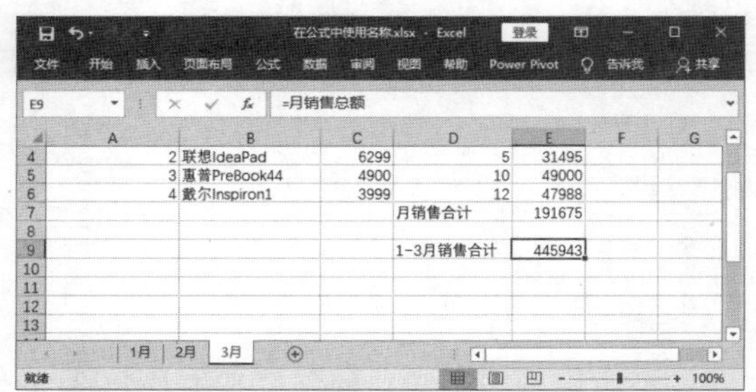

图 12.13　获得计算结果

提 示

在使用名称时，名称不得与单元格地址相同，如不能命名为 A1、B2、R3、C3 等。名称不能包括空格，但可以用下划线，如可以使用“姓_名”。名称不能以数字开头，也不能单独使用数字，如果确实需要使用数字开头，则其前面必须添加下划线，如：“_3 行”。名称所使用的字符不能超过 255 个，名称需要简洁且便于记忆，同时要尽量能直观反映它所代表的含意，避免与其他函数或数据混淆。当名称在引用单元格区域时，应该考虑绝对引用方式和相对引用方式。名称实际上是公式的一种特殊形式，它所受的限制和公式一样，如与公式一样其内容长度不能超过 8 192 个字符、其内部长度不能超过 16 384 个字节以及不能超过 64 层嵌套等。Excel 在识别名称时是不区分字母大小写的，相同的字母无论大小写，Excel 都将自动把字母转换为与命名管理器中命名相同的书写方式。

12.2 使用函数

Excel 的函数实际上是一些预定的公式，将其直接引用到工作表中可以进行各种运算。使用函数可以简化公式，同时可以实现很多一般公式无法实现的计算。

12.2.1 使用函数向导

对于一些比较复杂的函数或参数比较多的函数，用户往往不清楚如何输入函数表达式，此时可以通过函数向导来完成函数的输入。函数向导会一步一步地指导用户输入函数，避免在输入过程中发生错误。下面以在成绩表中使用 SUM 函数求和为例来介绍使用函数向导输入公式的具体操作方法。

01 在工作表中选择需要插入函数的单元格，单击编辑栏左侧的“插入函数”按钮，如图 12.14 所示。

02 此时将打开“插入函数”对话框，在“或选择类别”下拉列表中选择需要使用函数的类别，这里选择“常用函数”选项。在“选择函数”列表中选择需要使用的函数。完成函数选择后单击“确定”按钮关闭对话框，如图 12.15 所示。

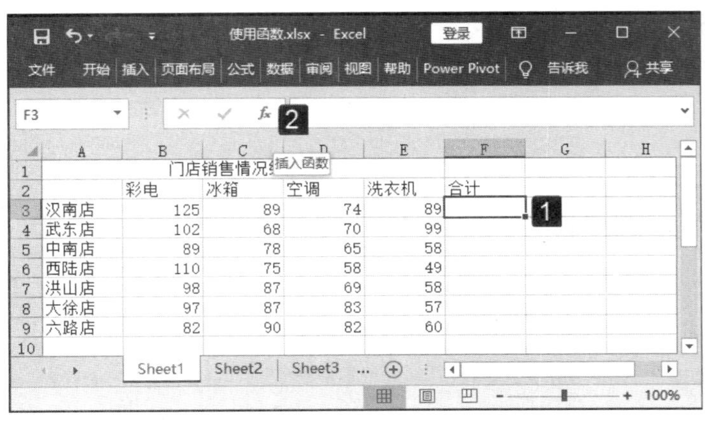

图 12.14 单击“插入函数”按钮

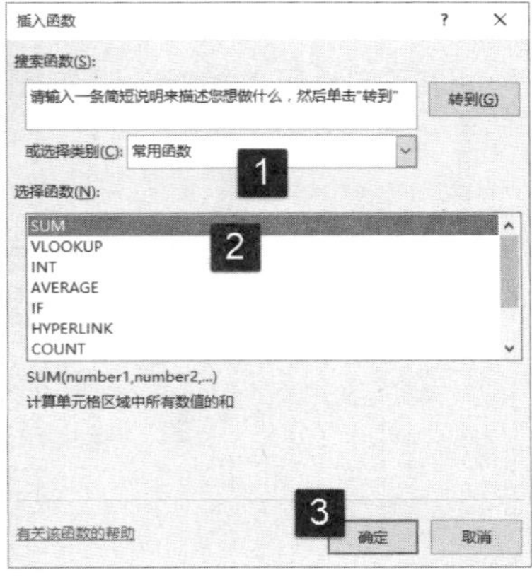

图 12.15 选择需要使用的函数

03 此时将打开“函数参数”对话框，单击“Number1”文本框右侧的“参照”按钮，如图 12.16 所示。此时文本框被收缩，在工作表中拖动鼠标选择需要进行计算的单元格，如图 12.17 所示。完成参数设置后再次单击“参照”按钮，返回“函数参数”对话框。

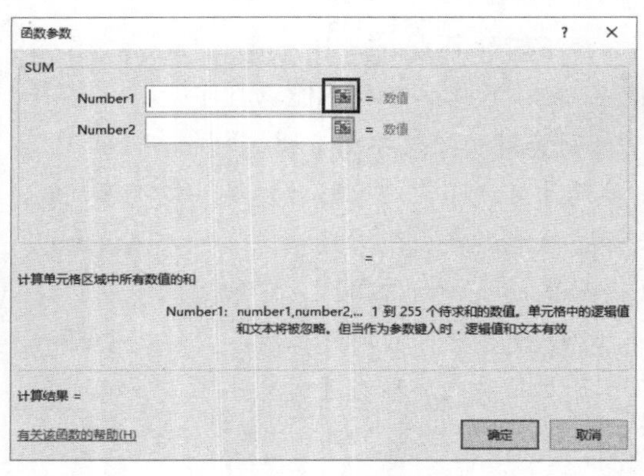

图 12.16 单击“参照”按钮

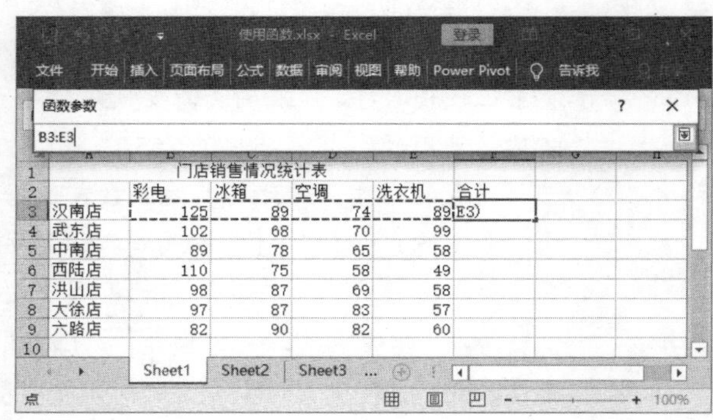

图 12.17 选择单元格

提 示

为了方便操作，在“函数参数”对话框中，Excel 会根据插入函数的位置给出一个默认的参数。如果不需要更改该参数，可以直接单击“确定”按钮插入函数即可。如果要更改函数的参数，也可以在“Number1”和“Number2”文本框中直接输入参数。

04 完成公式的设置后，单击“确定”按钮关闭“插入函数”对话框，此时单元格中显示函数的计算结果，如图 12.18 所示。

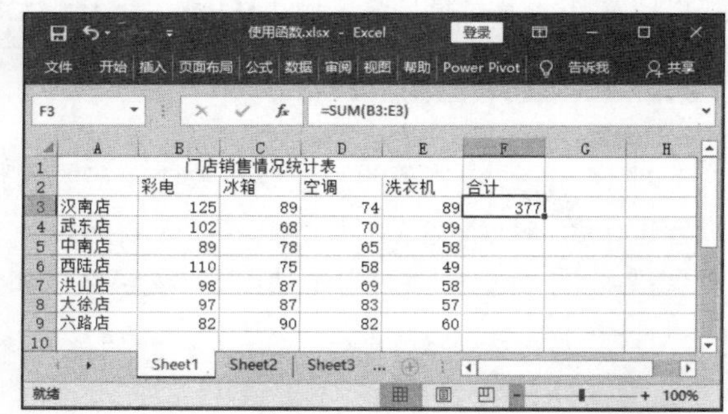

图 12.18 单元格中显示计算结果

12.2.2 手动输入函数

对于熟悉 Excel 函数的用户，可以直接在单元格中手动输入。同时，为了方便不熟悉函数的用户能手动输入函数，Excel 提供了函数输入提示，根据提示可以方便地完成函数的输入。

01 在工作表中选择需要插入函数的单元格，在编辑框中输入“=”，在左侧的函数栏中单击下三角按钮，打开函数列表。在列表中选择需要使用的函数，如图 12.19 所示。此时将同样打开“函数参数”对话框，在对话框中的“Number1”文本框中输入单元格地址。单击“确定”按钮关闭对话框即可完成函数的输入，如图 12.20 所示。

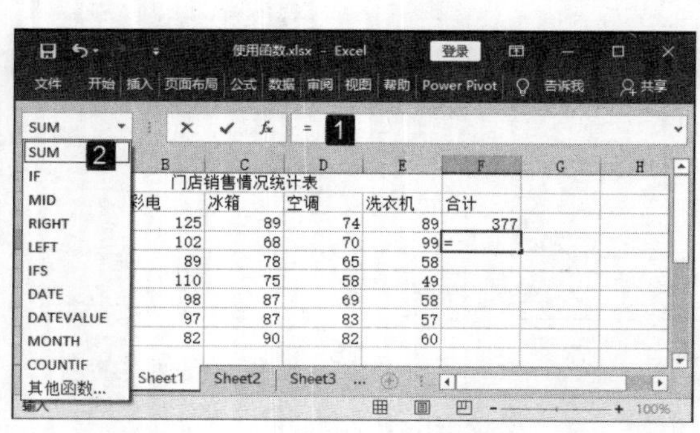

图 12.19 选择函数

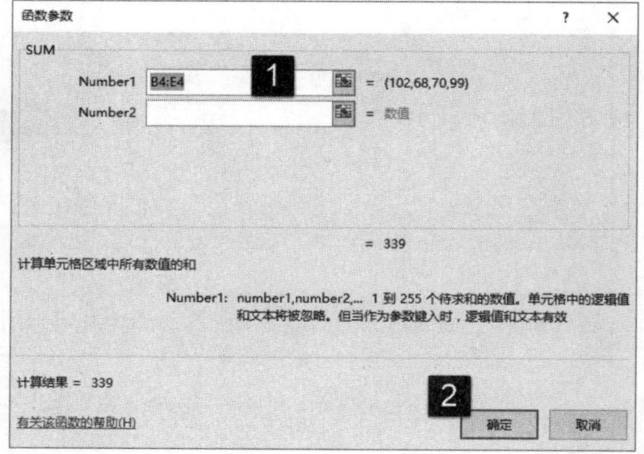

图 12.20 对参数进行设置

02 在单元格中输入等号“=”，开始输入函数。从输入第一个字符开始，Excel 会给出可能匹配的函数列表，将鼠标光标放置到列表中的某个函数选项上时会显示函数功能说明，如图 12.21 所示。

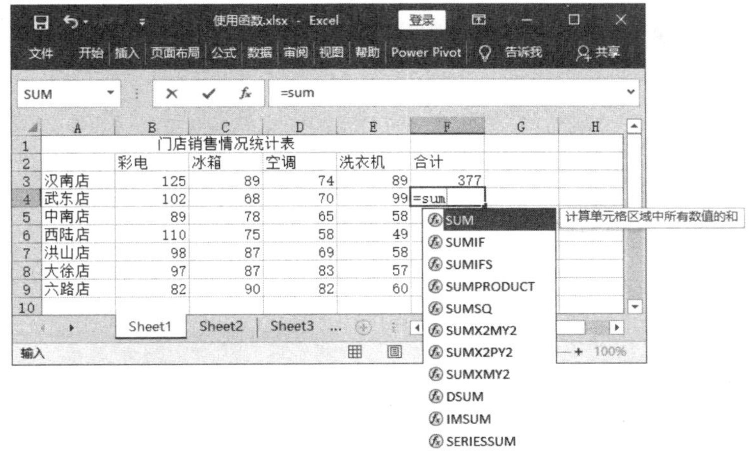

图 12.21　函数提示列表

03 在列表中双击需要使用的函数，函数被插入到单元格中。此时，Excel 将给出该函数的参数提示，当前需要输入的参数加粗显示，如图 12.22 所示。此时，可以根据提示依次输入需要的参数。完成函数及其参数的输入后，按 Enter 键即可获得需要的计算结果。

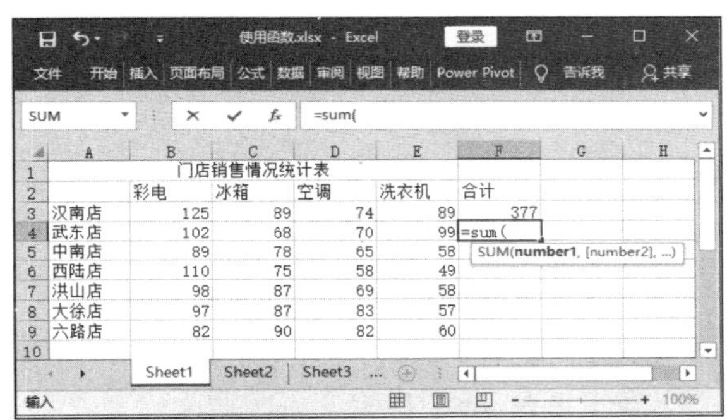

图 12.22　函数参数提示

12.3　Excel 函数分类应用

Excel 内置了大量的函数，这些函数按照功能的不同可以分为财务类函数、数学和三角函数、逻辑函数、日期和时间函数以及文本处理函数等。本节将对这些函数在数据处理和分析上的应用进行介绍。

12.3.1　使用财务函数

财务函数可以进行财务计算，如根据利率和期限计算支付金额，计算投资的未来值或净现值、债券或股票的价值等。财务函数包括 PMT()函数、PPMT()函数和 IPMT()函数等，下面通过一个实例来介绍财务函数的使用方法，该实例介绍在处理等额贷款业务时，计算贷款金额、本金和利息的方法。

01 启动 Excel 并打开工作表，在单元格中输入公式“=PMT(B3,B4,B2)”。按 Enter 键显示结果，如图 12.23 所示。

这里，PMT()函数的功能是基于固定利率和分期付款的方式返回贷款每期的付款额度，其语法格式如下：

```
PMT(rate, nper, pv, fv, type)
```

其中，参数 rate 为利率，参数 nper 为投资或贷款期限；参数 pv 为现值或一系列未来付款的当前值的累计和，也就是本金；参数 fv 为未来值或最后一次付款后希望得到的现金金额，如果省略该参数，表示最后一笔贷款的未来值为 0；参数 type 为贷款偿还方式，为 0 时表示期末，为 1 时表示期初，其默认值为 0。

02 在工作表的 E3 单元格中输入公式“=PPMT($B$3,D4,$B$4,-$B$2,0)”计算每期偿还的本金。将公式填充到其下的单元格中，此时获得的计算结果，如图 12.24 所示。

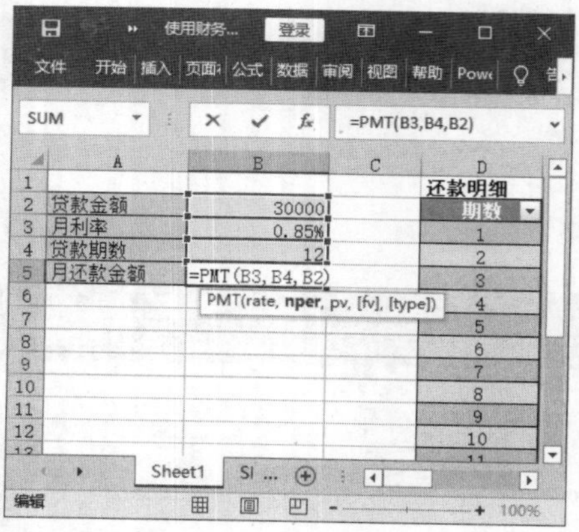

图 12.23　在单元格中输入公式

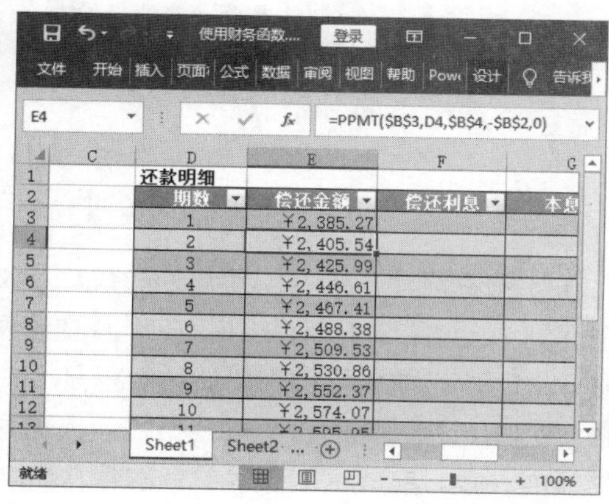

图 12.24　显示各期偿还的本金

PPMT()函数可以基于固定利率及等额分期付款方式返回投资在一定期间内的本金偿还额。其语法格式如下所示：

```
PPMT(rate, nper, pv, fv, type)
```

其中，参数 rate 是每期利率；per 用于计算其本金数额的期数，其值必须介于 1 与 nper 参数之间；参数 nper 为总投资期，即付款总期数；参数 pv 为现值；参数 fv 为未来值；参数 type 用以指定各期的付款时间是在期首还是期末，0 为期首，1 为期末。

03 在工作表的 F3 单元格中输入公式“=IPMT($B$3,D4,$B$4,-$B$2,0)”计算每期偿还的利息。将公式填充到其下的单元格，此时获得的计算结果如图 12.25 所示。

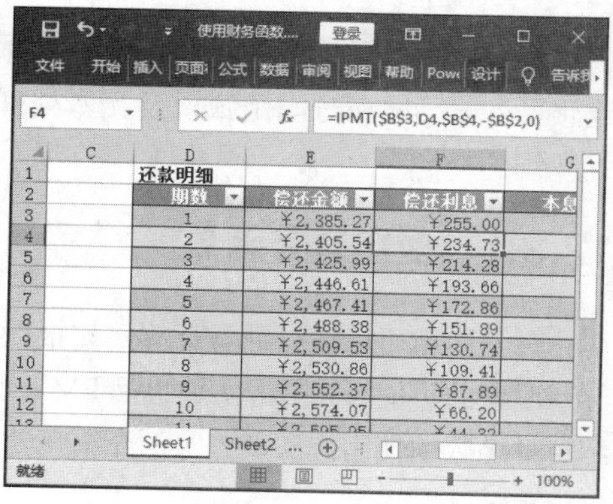

IPMT()函数是基于固定利率及等额分期付款方式返回给定期数内对投资的利息偿还额。其语法格式如下：

```
IPMT(rate, nper, pv, fv, type)
```

这里的各个参数的含义与 PMT()函数相同。

图 12.25　显示各期利息值

04 在 G3 单元格中输入公式“=E4+F4”计算每期的本息和，向下复制公式得到需要的结果，如图 12.26 所示。

05 在 H3 单元格中输入公式“=$B$2-SUM(E$3:E4)”计算每期偿还后剩余的贷款余额，向下复制公式后的结果，如图 12.27 所示。

期数	偿还金额	偿还利息	本息和	贷款余额
1	¥2,385.27	¥255.00	¥2,640.27	
2	¥2,405.54	¥234.73	¥2,640.27	
3	¥2,425.99	¥214.28	¥2,640.27	
4	¥2,446.61	¥193.66	¥2,640.27	
5	¥2,467.41	¥172.86	¥2,640.27	
6	¥2,488.38	¥151.89	¥2,640.27	
7	¥2,509.53	¥130.74	¥2,640.27	
8	¥2,530.86	¥109.41	¥2,640.27	
9	¥2,552.37	¥87.89	¥2,640.27	
10	¥2,574.07	¥66.20	¥2,640.27	
11	¥2,595.95	¥44.32	¥2,640.27	
12	¥2,618.01	¥22.25	¥2,640.27	

图 12.26　计算本息和

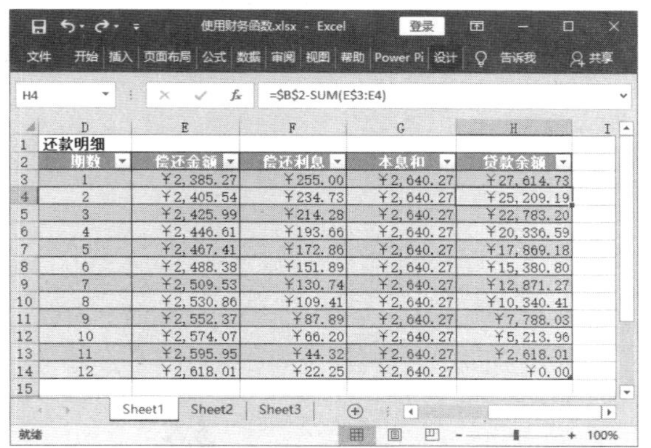

期数	偿还金额	偿还利息	本息和	贷款余额
1	¥2,385.27	¥255.00	¥2,640.27	¥27,614.73
2	¥2,405.54	¥234.73	¥2,640.27	¥25,209.19
3	¥2,425.99	¥214.28	¥2,640.27	¥22,783.20
4	¥2,446.61	¥193.66	¥2,640.27	¥20,336.59
5	¥2,467.41	¥172.86	¥2,640.27	¥17,869.18
6	¥2,488.38	¥151.89	¥2,640.27	¥15,380.80
7	¥2,509.53	¥130.74	¥2,640.27	¥12,871.27
8	¥2,530.86	¥109.41	¥2,640.27	¥10,340.41
9	¥2,552.37	¥87.89	¥2,640.27	¥7,788.03
10	¥2,574.07	¥66.20	¥2,640.27	¥5,213.96
11	¥2,595.95	¥44.32	¥2,640.27	¥2,618.01
12	¥2,618.01	¥22.25	¥2,640.27	¥0.00

图 12.27　计算剩余的贷款余额

12.3.2 使用数学和三角函数

数学和三角函数主要用来进行数学和三角函数方面的计算，可以解决日常生活和工作中与数学运算相关的问题。常见的数学和三角函数包括 RAND()函数、PROUDUCT()函数、ROUND()函数和 INT()函数等。下面通过一个实例来介绍数学和三角函数的使用方法，该实例使用 RAND()函数产生随机数，通过对随机数排序来使名单随机排列。

01 启动 Excel 并打开工作表，选择需要输入公式的单元格，在编辑栏中输入公式“=RAND()”，按 Ctrl+Enter 键结束输入，此时在单元格中产生随机数，如图 12.28 所示。

02 在“开始”选项卡的“编辑”组中单击“排序和筛选”按钮，在打开的列表中选择“降序”选项，如图 12.29 所示。

学生姓名	班级	辅助数据
王丽	七（5）班	0.185153
张露	七（2）班	0.202534
武清	七（4）班	0.346025
赵静	七（4）班	0.925783
刘畅	七（1）班	0.061125
罗飞	七（4）班	0.826731
郭明	七（5）班	0.858283
张涛	七（5）班	0.319989
吴铭	七（3）班	0.140121
李梅	七（1）班	0.244072
田甜	七（2）班	0.603879
王青	七（4）班	0.593399
刘青	七（3）班	0.790299
鲁峰	七（2）班	0.275573
彭乐	七（5）班	0.340934
张露	七（2）班	0.494948

图 12.28　生成随机数

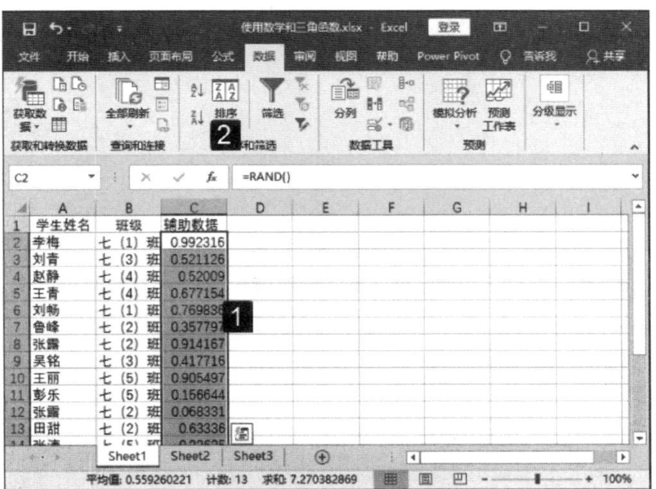

学生姓名	班级	辅助数据
李梅	七（1）班	0.992316
刘青	七（3）班	0.521126
赵静	七（4）班	0.52009
王青	七（4）班	0.677154
刘畅	七（1）班	0.76983[illegible]
鲁峰	七（2）班	0.35779[illegible]
张露	七（2）班	0.914167
吴铭	七（3）班	0.417716
王丽	七（5）班	0.905497
彭乐	七（5）班	0.156644
张露	七（2）班	0.068331
田甜	七（2）班	0.63336

图 12.29　选择“降序”选项

03 Excel 给出“排序提醒”对话框，在对话框中选择“扩展选定区域”选项后单击“排序”按钮，如图 12.30 所示。排序后就可以获得随机排列的学生姓名，如图 12.31 所示。

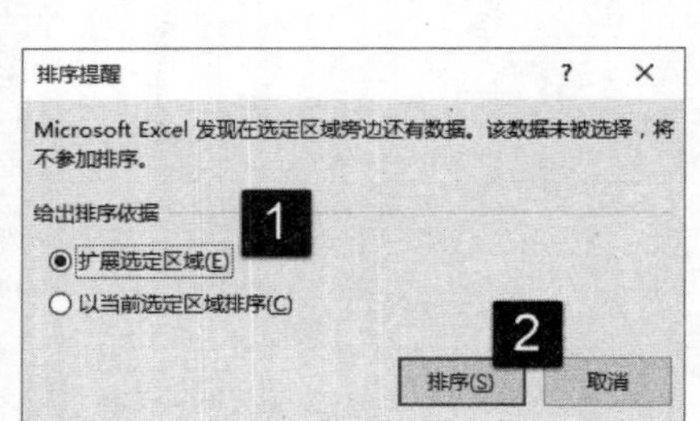

图 12.30 “排序提醒”对话框

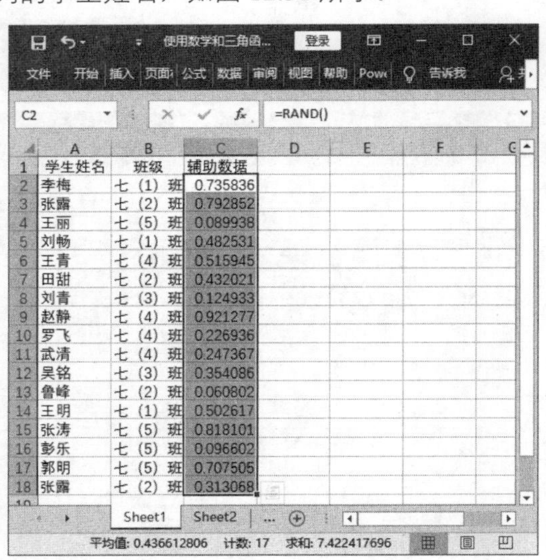

图 12.31 数据随机排列

12.3.3 使用逻辑函数

逻辑函数主要包括逻辑与（AND）、逻辑或（OR）和逻辑非（NOT）以及条件判断（IF）等函数，常用于进行条件匹配和真假值判断后返回结果。下面通过一个实例来介绍逻辑函数的使用，这个实例使用 IF 函数来进行判断，根据学生的分数来评定学生的等级。学生分数低于 72 分为不及格，等级评定为“差”，72～96 分（不包括 96 分）为“中”， 96～108 分（不包括 108 分）为“良”，而分数大于等于 108 分为“优”。

01 启动 Excel 并打开工作表，在工作表中选择 C3 单元格，在编辑栏中输入公式“=IF(B3<72,"差",IF(B3<96,"中",IF(B3<108,"良","优")))”，如图 12.32 所示。按 Enter 键结束公式的输入。

02 使用鼠标向下拖动单元格上的填充控制柄向下填充公式，公式填充完成后在单元格中显示计算结果，如图 12.33 所示。

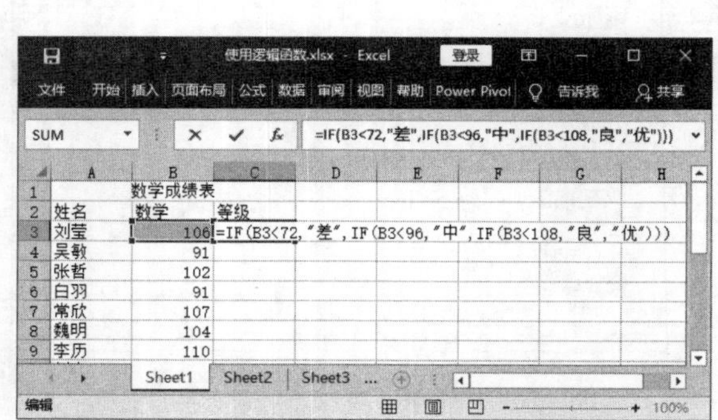

图 12.32 在编辑栏中输入公式

图 12.33 填充公式后显示计算结果

12.3.4 使用日期和时间函数

在使用 Excel 处理一些实际问题时，如果需要对日期和时间进行处理，就需要用到日期和时间函数。Excel 的日期函数包括对年、月、日和星期进行处理，也有能够对时、分和秒进行处理的函数。下面通过一个实例来介绍日期和时间函数的使用方法，在该实例中，男职工退休年龄为 60 岁，女职工退休年龄为 55 岁，函数自动获取职工退休时间。

01 启动 Excel 并打开工作表，在 G2 单元格中输入公式“=DATE(YEAR(E2)+IF(C2="男",60,55),MONTH(E2),DAY(E2))”，如图 12.34 所示。

使用日期和时间函数.xlsx - Excel

=DATE(YEAR(E2)+IF(C2="男",60,55),MONTH(E2),DAY(E2))

编号	姓名	性别	籍贯	出生年月	家庭住址	退休时间
001	李明	男	湖北武汉	1972-11-9	南湖花园901#	=DATE(YEAR(E2)+IF(C2="男",60,55),MONTH(E2),DAY(E2))
002	刘芳	女	湖北十堰	1987-10-28	雄楚大道87#	
003	王明	男	湖北大冶	1965-1-21	解放大道103#	
004	刘雷	男	湖北黄山	1978-9-8	建设大道89#	
005	王飞	男	湖北武汉	1975-12-21	建设大道45#	
006	王敏	女	湖北武汉	1980-1-5	南海大道102#	

图 12.34 在单元格中输入公式

02 公式输入完成后按 Enter 键，此时单元格中显示计算结果，将鼠标放置到单元格右下角，拖动填充控制柄向下复制公式，如图 12.35 所示。

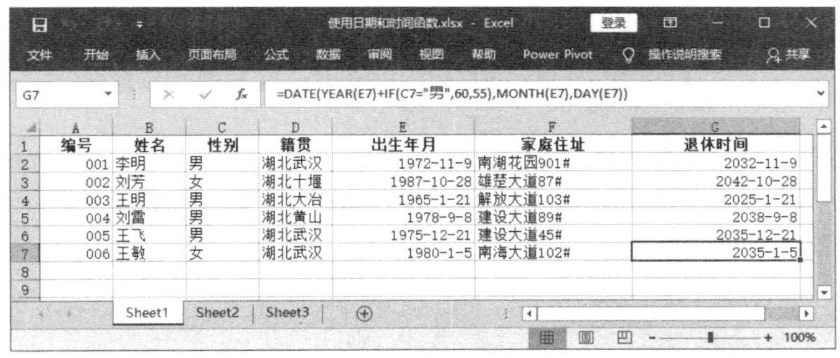

使用日期和时间函数.xlsx - Excel

=DATE(YEAR(E7)+IF(C7="男",60,55),MONTH(E7),DAY(E7))

编号	姓名	性别	籍贯	出生年月	家庭住址	退休时间
001	李明	男	湖北武汉	1972-11-9	南湖花园901#	2032-11-9
002	刘芳	女	湖北十堰	1987-10-28	雄楚大道87#	2042-10-28
003	王明	男	湖北大冶	1965-1-21	解放大道103#	2025-1-21
004	刘雷	男	湖北黄山	1978-9-8	建设大道89#	2038-9-8
005	王飞	男	湖北武汉	1975-12-21	建设大道45#	2035-12-21
006	王敏	女	湖北武汉	1980-1-5	南海大道102#	2035-1-5

图 12.35 获得需要的结果

12.3.5 使用文本函数

文本函数可以对单元格中的文本进行提取、查找、替换和合并等操作。下面通过一个实例来介绍文本函数的使用，在这个实例中，使用文本函数将金额转换为中文大写形式，并将各个金额数字分别放置到单元格中。

01 启动 Excel 并打开工作表，在工作表中选择 C3:C10 单元格区域，在编辑栏中输入公式“=SUBSTITUTE(SUBSTITUTE(IF(-RMB(B10,2),TEXT(B10,";负")&TEXT(INT(ABS(RMB(B10,2))),"[dbnum2]G/通用格式元;;")&TEXT(RIGHT(RMB(B10,2),2),"[dbnum2]0 角 0 分;;整"),),"零角","IF(B10^2<1,,"零")),"零分","整")”，按 Ctrl+Enter 键结束公式的输入。此时选择单元格中即可出现中文大写金额，如图 12.36 所示。

提 示

这里，在公式中使用 RMB()函数可将小写金额数据四舍五入保留两位小数，然后使用 TEXT()函数将数据的符号、整数部分和小数部分进行转换，使用连接符“&”连接这三个部分。使用 IF()函数进行判断，如果金额大于等于 1 分，则返回 TEXT()函数的转换结果，否则就返回空值。最后，使用 SUBTITUTE()函数将“零角”转换为“零”或空值，将“零分”转换为“整”。

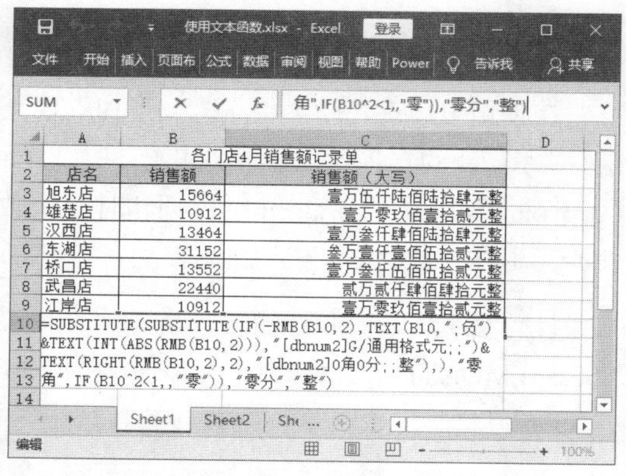

图 12.36 在单元格中显示中文大写金额

02 打开 Sheet2 工作表，在工作表中选择 C3:M10 单元格区域，在编辑栏中输入公式“=LEFT(RIGHT(TEXT($B3*100," ￥000;;"),COLUMNS(C:$M)))”，按 Ctrl+Enter 键结束公式的输入。此时工作表中金额数字分置到选择单元格区域的各个单元格中，如图 12.37 所示。

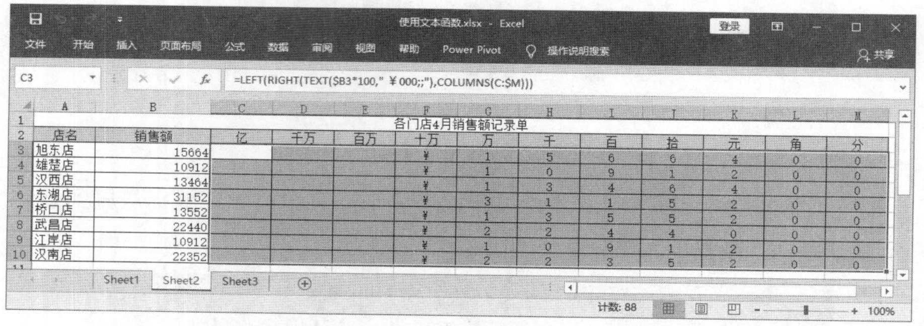

图 12.37 金额数字分置到单元格中

提 示

在公式中，首先将B列中的数值扩大100倍，使用TEXT()函数可将其转换为带有货币符号“￥”的文本字符串。这里在转换时，使用“￥000”作为TEXT()函数的第二个参数是为了将小于1元的金额在“元”位上强制显示为0。公式中使用RIGHT()函数将COLUMNS()函数返回的列数从右向左截去字符串，由于公式是向右复制的，COLUMNS()函数返回的列数会逐渐减少，RIGHT()函数截得的字符串的长度也逐渐减少。最后使用LEFT()函数从RIGHT()函数返回的字符串中取左边首字符从而将金额数字分列置入到各个单元格中。

12.4 本章拓展

下面介绍 3 个拓展应用实例。

12.4.1 使 Excel 自动重算

在使用公式对数据进行计算时，可能遇到修改了引用单元格的数据后，公式的计算结果还是保持原值，并没有随之发生改变。这是由于 Excel 并没有对数据进行自动重算，要解决这个问题，可以使用下面 2 种方法来进行操作。

01 启动 Excel 并打开工作表，在“文件”选项卡左侧列表中选择“选项”选项打开“Excel 选项”对话框。在对话框左侧列表中选择“公式”选项，在右侧的“计算选项”栏中选择“自动重算”单选按钮。完成设置后单击“确定”按钮关闭对话框，如图 12.38 所示。此时，更改公式引用单元格中的数据，公式的计算结果将随之自动更新。

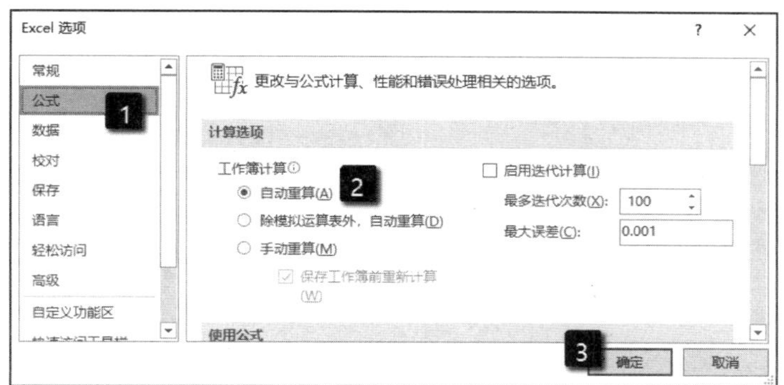

图 12.38　单击“自动重算”单选按钮

02 在“公式”选项卡的“计算”组中单击“计算选项”按钮，在打开的列表中选择“自动”选项，如图 12.39 所示。此时也能够打开 Excel 的自动重算功能。

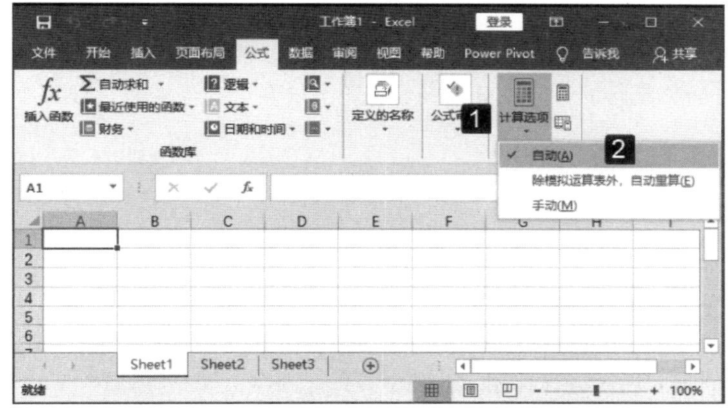

图 12.39　选择“自动”选项

提　示

启动 Excel 的自动重算功能后，只有在公式引用的单元格数据发生更改后，Excel 才会自动重新计算公式。在第一次打开工作簿时，默认情况下 Excel 也会自动重新计算。如果表格中数据较多且使用了很多公式，在输入和修改数据时，为了避免因公式重算占用大量的 CPU 和内存资源，可以将“计算选项”设置为“手动”。在输入和编辑操作完成后，按 F9 键即可对整个工作簿进行计算，也可以按 Shift+F9 键对活动工作簿进行计算。

12.4.2　在新输入行中自动填充公式

在使用 Excel 时，用户常常会遇到需要向某个工作表中添加数据的情况。例如，在工作表的最后添加一行或多行新数据，这些行的数据往往需要进行与上面行相同的计算，此时可以使用将上面行中的公式复制到该行的方法来为其添加公式。除此以外，还可以通过设置使 Excel 自动为这些新输入的行填充与上面行相同的公式，下面介绍具体的操作方法。

01 启动 Excel 并打开工作表，打开“Excel 选项”对话框。在对话框左侧列表中选择“高级”选项，在“编辑选项”栏中选择“扩展数据区域格式及公式”复选框。单击“确定”按钮关闭对话框，如图 12.40 所示。

02 在工作表的最后一行添加新的数据，当选择该行的 F9 单元格时，Excel 可将上一行的公式扩展到该单元格，如图 12.41 所示。

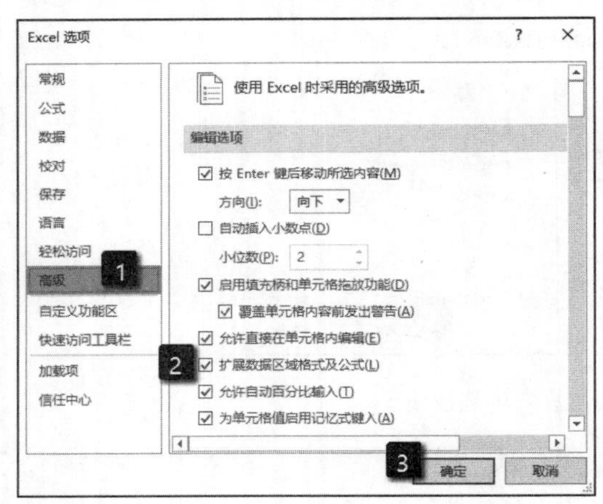

图 12.40　勾选“扩展数据区域格式及公式”复选框

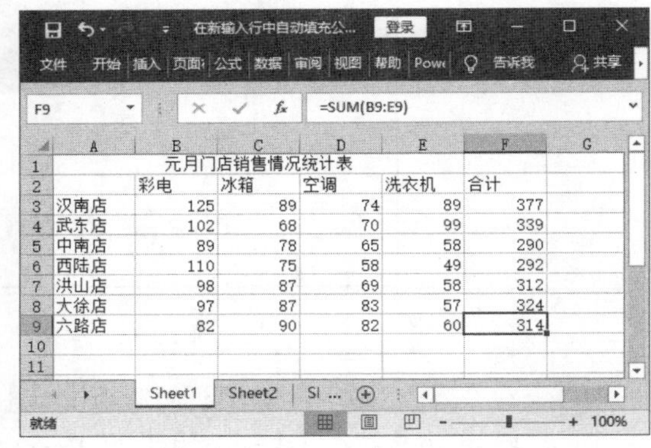

图 12.41　自动扩展公式

提 示

在 Excel 中使用“扩展数据区域格式和公式”功能时，单元格区域中必须要有连续 4 个及以上的单元格具有重复使用的公式，只有符合这个条件才能将公式扩展到其下的行中。

12.4.3　使用数组公式

在使用函数进行数据计算时，如果计算的对象是某个公式的计算结果，就需要用到数组公式。使用数组公式可以实现需要分别使用多个公式才能实现的功能，能够有效地简化工作表。使用数组公式还可以执行多重计算，计算结果可以是单个结果，也可以是多个结果。下面以按照权重计算学生成绩总评分数为例来介绍创建计算单个结果的数组公式的方法。

01 启动 Excel 并打开工作表，该工作表用于统计学生的成绩。在工作表的单元格中输入学生各科成绩的权重，如图 12.42 所示。

02 在编辑栏中输入“＝”，使用函数栏插入公式，如图 12.43 所示。在编辑栏中删除函数中的数，输入新的参数。这里各个参数都是单元格计算结果，如图 12.44 所示。

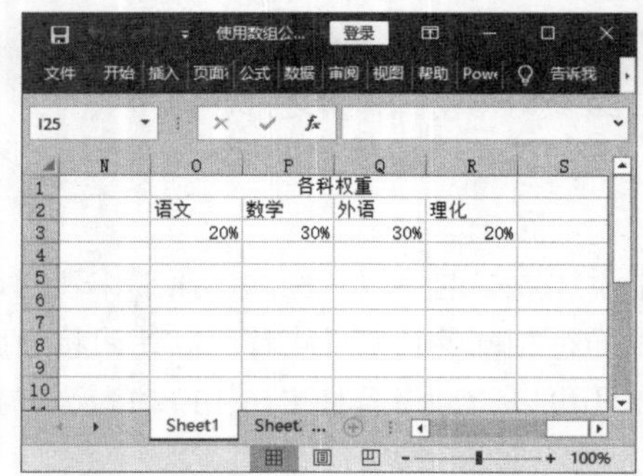

图 12.42　输入各科成绩的权重

图 12.43　添加公式

03 完成输入后，按 Ctrl+Shift+Enter 键创建数组公式，单元格中即可显示计算结果，如图 12.45 所示。

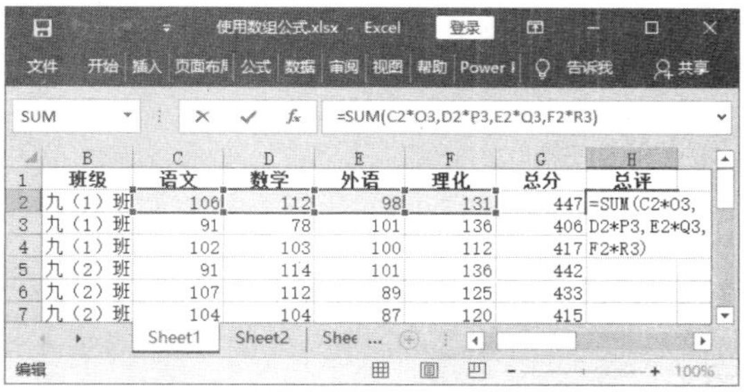

图 12.44　修改公式参数

图 12.45　创建数组公式获得单个结果

在 Excel 中，数组是由一个或多个按照行、列进行排列的元素的集合。数组一般分为 3 种类型，分别是常量数组、区域数组和内存数组。构成数组的每一个元素都是常量，这个数组被称为常量数组。如果数组是对单元格区域的引用，则这个数组称为区域数组。如果数组是由公式计算返回的结果在内存中临时构成并且可以作为一个整体直接嵌入其他公式中继续参与计算的，则被称为内存数组。当数组中的元素只在一个方向上排列时，其为一维数组。一维数组根据方向又可分为垂直数组（只有一列的数组）和水平数组（只有一行的数组）。当数组同时包含行和列两个方向时，被称为二维数组。数组的行列代表了其尺寸大小。

04 选择需要输入公式的单元格，在编辑栏中输入公式，如图 12.46 所示，按 Ctrl+Shift+Enter 键创建数组公式。编辑栏输入的公式被大括号括起来，单元格中获得计算结果，如图 12.47 所示。

图 12.46　选择单元格后输入公式

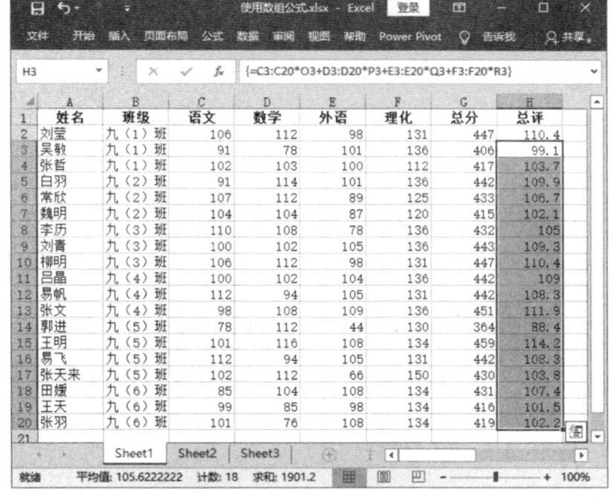

图 12.47　获得计算结果

实际上这里创建了会得到多个结果值的数组公式，计算出的多个结果值必须存放到具有相同列数或行数的单元格区域中（具体的列数或行数由参与数组的维数决定）。在 Excel 中，下面两种情况必须使用数组公式才能得到结果：一种情况是当公式的计算过程中含有多项计算，且函数本身只支持常量数组的多项运算；另一种情况是公式计算结果为数组，且需要使用多个单元格来存储计算所得到的数组。

第13章 数据图表的应用

图表可以使数据易于理解，直观显示数据之间的相互关系，展示数据的变化趋势。Excel的图表功能十分强大，不比任何一个专业的图表制作软件逊色，它可以创建各类专业图表，还可以使用各种工具美化图表，创建符合用户需要的图表类型。本章将对Excel中图表的应用进行介绍。

13.1 图表的基本操作

Excel 中的图表的编辑和美化操作非常简单且不可或缺。例如在完成图表创建后，对图表对象进行选择、移动和调整大小等操作都是图表的基本操作。本节将介绍图表以及相关的基本操作。

13.1.1 认识图表

Excel 2019 提供了多达 15 种图表类型供用户选择使用，每一种图表类型均具有多种组合和变化，灵活应用可以满足各种数据分析和显示的需要。

1. Excel 的图表类型

Excel 2019 提供的内置标准图表包括柱形图、折线图、饼图、条形图、面积图、XY（散点图）、股价图、曲面图和雷达图等图表类型。每类图表都有其特定的使用环境和创建方法。下面对这些常用图表的特征进行介绍。

- 柱形图：由一系列的垂直柱体组成，通常用来比较两个或多个项目数据的相对大小。柱形图是 Excel 中的默认图表类型，应用非常广泛，如图 13.1 所示。
- 折线图：可以显示随时间或类别而变化的连续数据，反映一段时间内数据的变化趋势。在折线图中，类别数据沿水平轴方向均匀分布，数值数据则沿着垂直轴的方向均匀分布，如图 13.2 所示。

图 13.1　Excel 中的柱形图

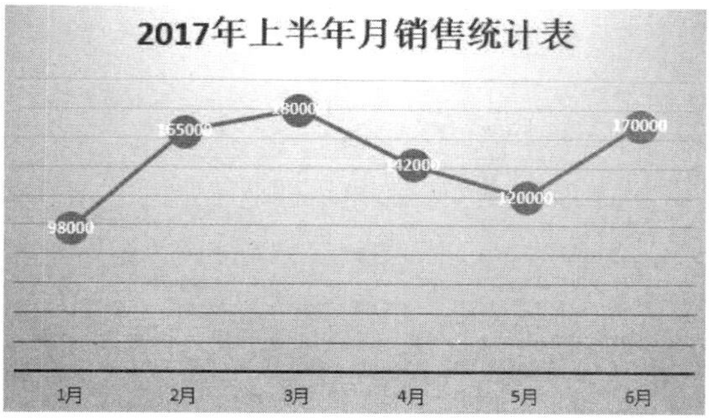

图 13.2　Excel 中的折线图

- 饼图：常用于显示一个数据系列中各项的大小占各项总和的比例。在饼图中，整个饼图代表总和，用一个扇形区域代表一个数据，如图 13.3 所示。在创建饼图时，饼图中展示的数据有一定的条件限制，例如，一个饼图只能显示一个需要绘制的数据系列，数据值没有负值且没有零值，数据的类别数量最好不要超过 7 个。
- 条形图：可以看作是柱形图顺时针旋转 90° 而成。在条形图中，水平轴为数值，垂直轴为类别。条形图能够清晰地显示数据之间的大小比较情况，如图 13.4 所示。

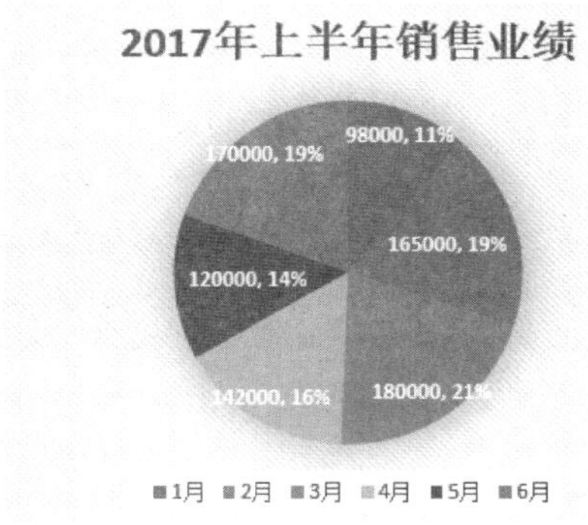

图 13.3　Excel 中的饼图

图 13.4　Excel 中的条形图

- 面积图：用于显示数据精确的变化趋势，能够显示一段时间内数据变动的幅度。面积图可呈现单独部分的变化，也可以呈现数据的整体变化趋势，如图 13.5 所示。面积图可用于分析盈亏平衡、分析和预测价格变化的范围及趋势等内容。
- XY 散点图：可以显示若干数据系列中各个数值之间的关系。散点图有两个数值轴，沿横轴（即 X 轴）方向显示一组数值数据，沿纵轴（即 Y 轴）方向显示另一组数据，这些数据被合并为单一数据并按照不均匀的间隔或簇来显示，如图 13.6 所示。
- 股价图：一种具有 3 个数据系列的折线图，用来显示一段时间内一种股价的最高价、最低价和收盘价，如图 13.7 所示。股价图多用于金融行业，用来描述商品价格变化和汇率变化等情形。

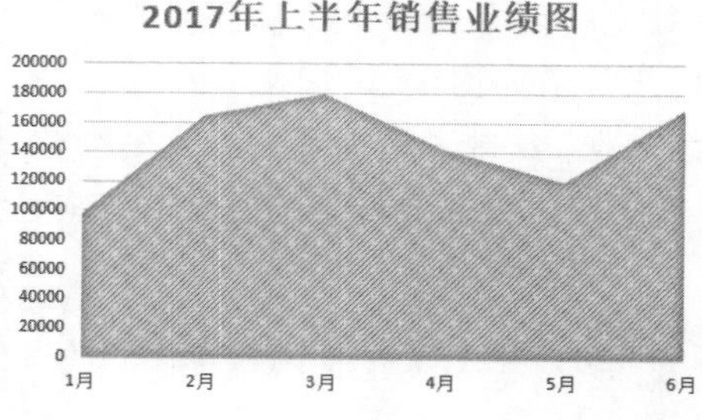

图 13.5 Excel 中的面积图

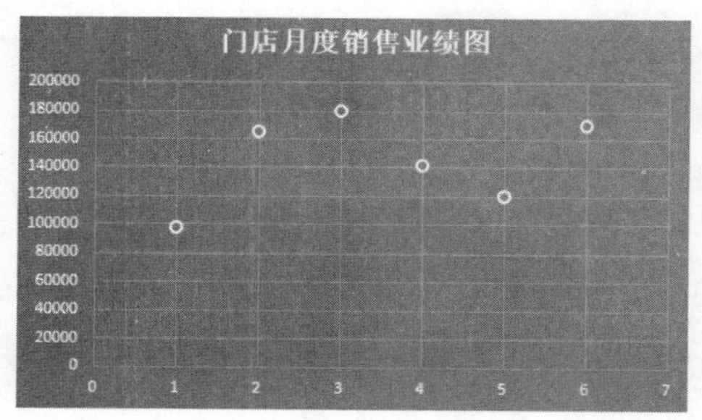

图 13.6 Excel 中的 XY 散点图

- 曲面图：可以利用颜色和图案来表现处于相同数值范围内的区域，使用曲面图可以帮助用户找到两组数据之间的最佳组合，如图 13.8 所示。

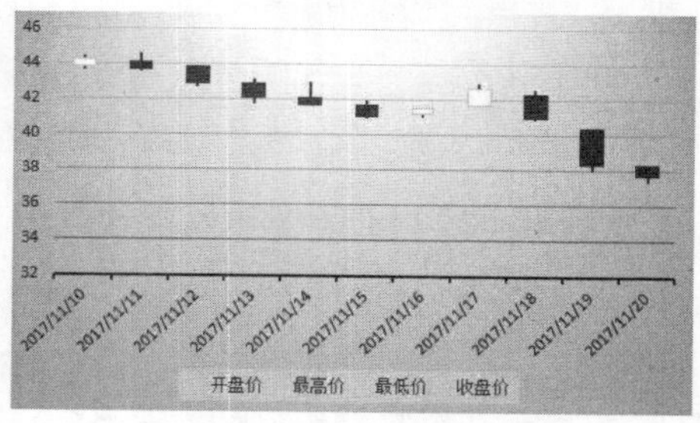

图 13.7 Excel 中的股价图

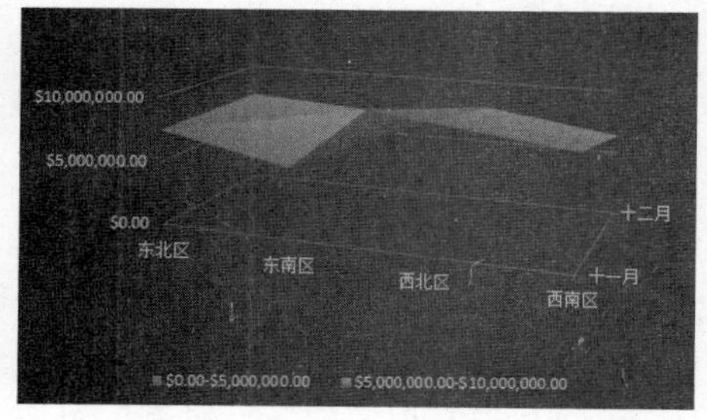

图 13.8 Excel 中的曲面图

- 雷达图：雷达图的形状类似于雷达，工作表中的数据从图的中心位置向外延伸，延伸的多少体现数据的大小，如图 13.9 所示。

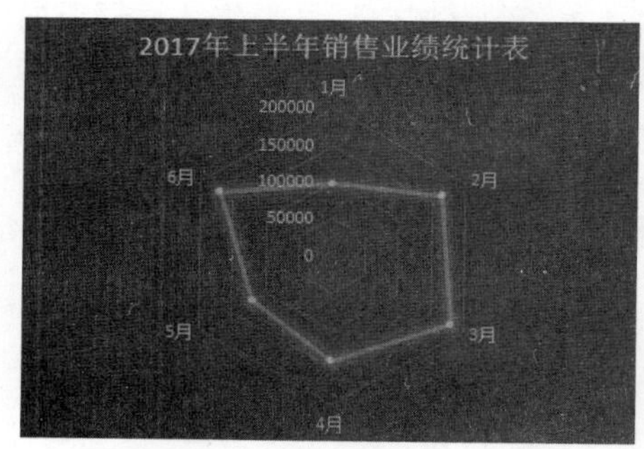

图 13.9 Excel 中的雷达图

Excel中的图表分为平面图表和立体图表，除了股价图和雷达图之外，其他的Excel图表类型均提供了立体图表供用户选择使用。例如，Excel 2019的条形图和饼图中的三维簇状柱形图和三维饼图均属于立体图表，如图13.10所示。

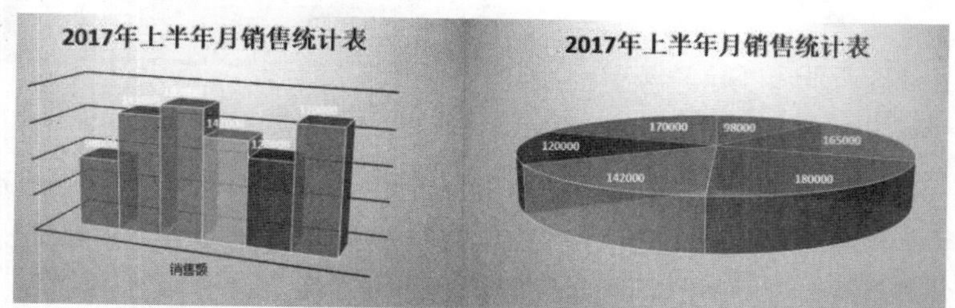

图 13.10 三维簇状柱形图和三维饼图

相对于平面图表，使用立体图表能够获得更为美观的视觉效果，但有些情况下立体图表不够简练可能导致表达不够清晰。因此，在使用图表时，无论是使用平面图表还是立体图表，都要考虑需要展示的数据的实际情况，同时兼顾图表的实用性和美观性，以不影响图表的信息表达为首要原则。

2. Excel 的图表构成元素

一个 Excel 图表包含大量图表元素，图表的基本元素有 8 个，它们是图表区、绘图区、图表标题、图例、横坐标轴、纵坐标轴、网格线和数据系列，如图 13.11 所示。

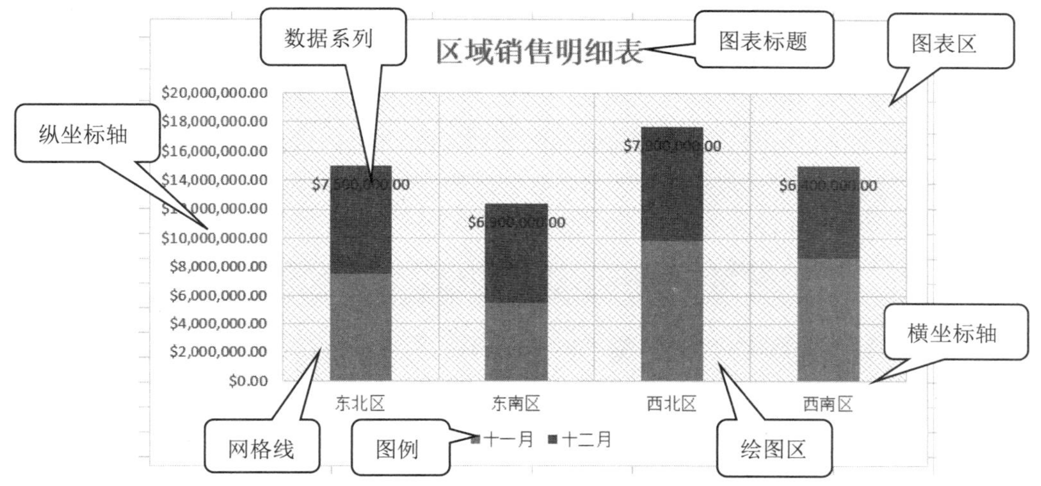

图 13.11　Excel 图表的基本元素

下面对 Excel 图表的基本元素进行介绍。

- 图表区：是图表的全部范围，其容纳了 Excel 图表的所有元素。对图表区的格式进行修改，包含于其中的元素的格式也将会一起被修改。
- 绘图区：图表区内图形绘制的区域，是以坐标轴为边的长方形区域。对绘图区格式的修改，将改变绘图区内所有元素的格式。
- 图表标题：一个显示于图表区中的文本框，用于标示图表的主题思想和意义。在创建 Excel 图表时，如果在数据区域中选择了标题行，标题行文字将作为图表标题，用户可以根据需要对标题文字的字体、文本框的填充样式和对齐方式等进行设置。
- 数据系列：一个 Excel 图表的主题是由数据点构成的，每一个数据点对应图表中一个单元格中的数据，数据系列对应工作表中一行或者一列的数据。数据系列在绘图区中表现为彩色的点、线和面等图形，同时数据系列可以包含数据标签，用于显示数据系列的值、系列名称和类别名称等信息。
- 图例：图表中的一个带有文字和图案的矩形，用于标示数据系列的颜色和图案。图例可以被鼠标拖曳放置到绘图区的任意位置，同时可以通过设置其边框、填充和字体等来改变其样式。
- 坐标轴：根据位置不同可以分为横坐标轴和纵坐标轴两类。横坐标轴也称为分类轴，对于大多数图表来说其位于图表的底部，数据系列沿着该轴的方向按类别展开，如按时间、季节、区域和部门等。默认情况下，纵坐标轴位于绘图区的左侧，用于标示数据系列的数值，因此其也被称为数值轴。
- 网格线：网格线分为水平穿过绘图区的横网格线和垂直穿过绘图区的纵网格线。在图表中，网格线可以帮助标示出数据系列中的数据点处于哪个数值范围内，即指明数据点是大于还是小于某个数值。图表中的网格线不宜过于醒目，一般使用浅色的虚线以避免其对图表中主要信息的显示产生干扰。

13.1.2 创建图表

在 Excel 中，图表是基于工作表中的数据创建的。在创建图表前首先需要准备好创建图表的数据。当根据工作表中整个数据区域中的数据创建图表时，创建的操作会相对简单。下面介绍创建图表的方法。

01 在工作表的数据区域中单击任意一个单元格，打开“插入”选项卡，在“图表”组中单击图表按钮，如这里单击“插入散点图（X、Y）或气泡图”按钮。在打开的列表中选择需要创建的图表类型，如这里选择“带平滑线和数据标记的散点图”选项，Excel 将按照数据区域中的数据创建指定的图表，如图 13.12 所示。

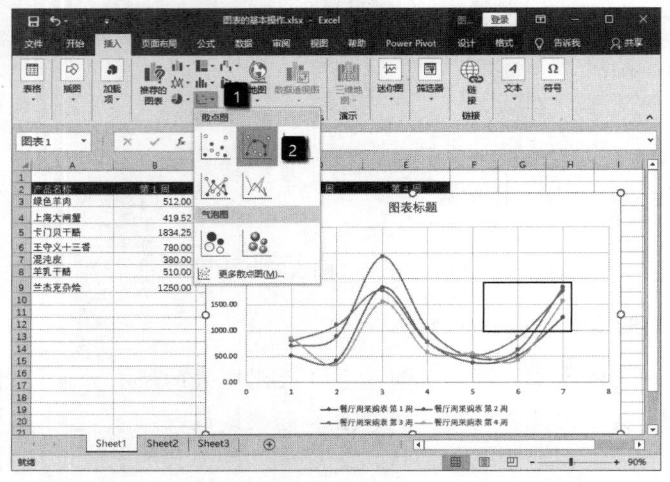

图 13.12　在工作表中插入图片

02 在工作表中选择数据区域中的任意一个单元格，打开“插入”选项卡，在“图表”组中单击“查看所有图表”按钮。此时将打开“插入图表”对话框，在对话框中打开“所有图表”选项卡。对话框左侧列表中将列出所有可用的图表类型，选择需要使用的图表类型后，在对话框右侧选择需要使用的图表子类型。完成选择后单击“确定”按钮关闭对话框，如图 13.13 所示。图表即可插入到工作表中，如图 13.14 所示。

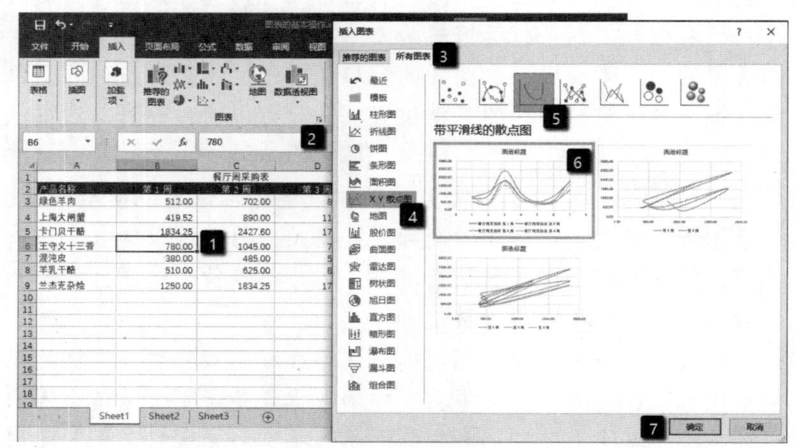

图 13.13　选择需要使用的图表

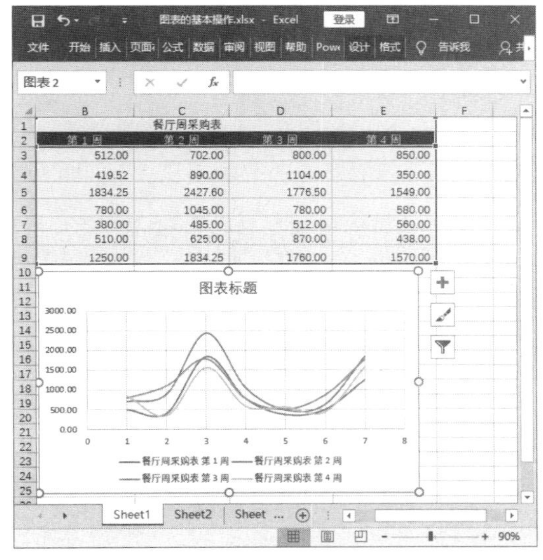

餐厅周采购表

第 1 周	第 2 周	第 3 周	第 4 周
512.00	702.00	800.00	850.00
419.52	890.00	1104.00	350.00
1834.25	2427.60	1776.50	1549.00
780.00	1045.00	780.00	580.00
380.00	485.00	512.00	560.00
510.00	625.00	870.00	438.00
1250.00	1834.25	1760.00	1570.00

图 13.14　图表插入到工作表中

13.1.3　更改图表类型

在创建图表时需要选择创建图表的类型，如果图表类型不符合要求，可以更改图表类型。可以使用下面的步骤来更改已创建完成的图表的类型。

01 选择工作表中创建图表，在图表的“设计”选项卡的“类型”组中单击“更改图表类型”按钮，如图 13.15 所示。

02 此时将打开“更改图表类型”对话框，打开对话框中的“所有图表”选项卡，选择需要使用的图表。完成设置后单击“确定”按钮关闭对话框，如图 13.16 所示。图表即被更改为选择类型，如图 13.17 所示。

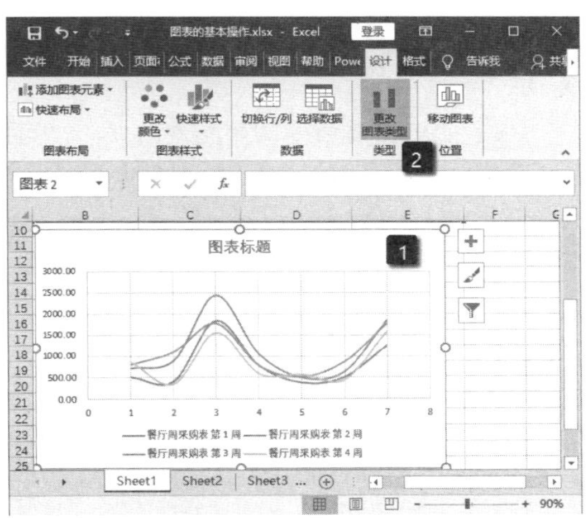

图 13.15　单击“更改图表类型”按钮

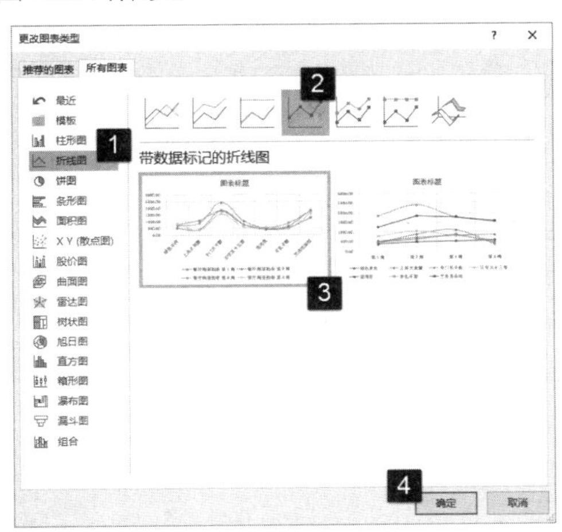

图 13.16　选择图表类型

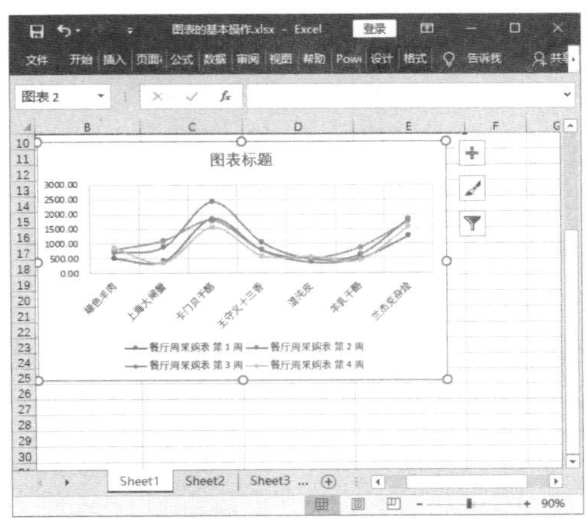

图 13.17　图表被更改为选择类型

右击图表，在弹出的快捷菜单中选择“更改图表类型”选项，同样可以打开“更改图表类型”对话框更改图表的类型。

13.1.4 调整图表

在完成图表的创建后，为使其能够更好地展示数据的情况，常常需要对插入工作表中的图表进行调整。下面分别介绍调整图表大小和位置的方法。

1. 调整图表的大小

在工作表中，图表的大小应该根据工作表的实际情况来决定，既要有利于图表的展示，又不能影响工作表数据的操作。因此，在创建图表后，经常需要对图表的大小进行调整。调整图表的大小一般可以使用下面的 3 种方法。

01 在工作表中选择图表，将鼠标指针放置到图表边框的控制柄上，按住鼠标左键移动鼠标即可调整图表的大小，如图 13.18 所示。

将鼠标指针放到图表边框四个角的控制柄上，当指针变为斜向的双向箭头时，同时按住 Shift 键拖动鼠标，可以等比例缩放图表。

02 如果需要精确调整图表的大小，可以在选择图表后，打开“格式”选项卡，在“大小”组的“形状高度”和“形状宽度”微调框中输入数值，如图 13.19 所示。

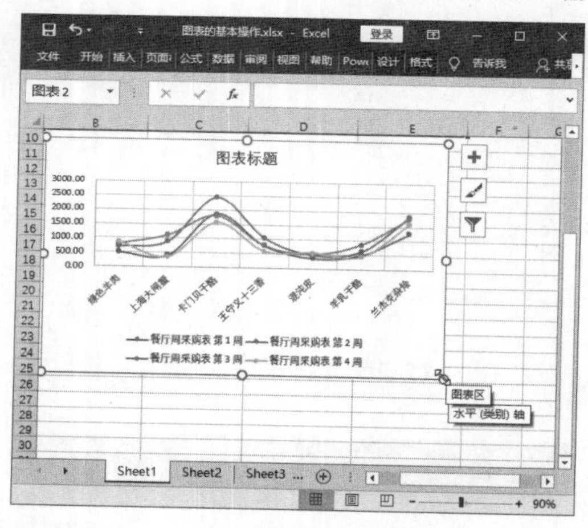

图 13.18　拖动控制柄调整图表大小

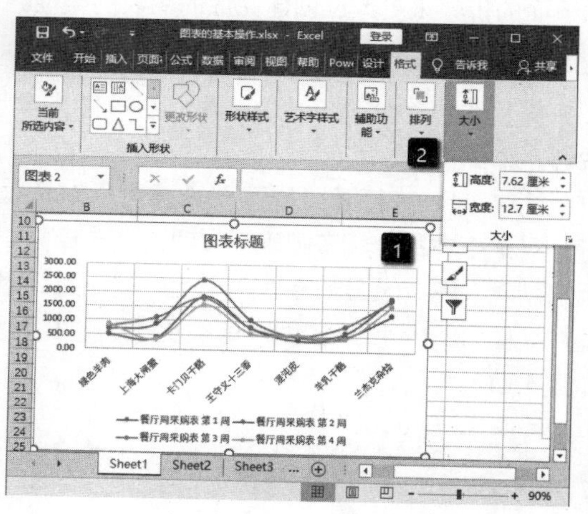

图 13.19　精确设置图表大小

03 在“大小”组中单击“大小和属性”按钮，打开“设置图表区格式”窗格，在“缩放高度”和“缩放宽度”微调框中输入数值，可以使图表按照输入的比例改变大小。如果勾选“锁定纵横比”复选框，则只需要在窗格的微调框中输入高度值或宽度值中的其中之一，Excel 即可按照图表当前的高度和宽度比自动设置另一个值的大小，如图 13.20 所示。

如果在同一张工作表中插入了多张大小不同的图表，可能会影响工作表的整体外观。此时，可以按住Ctrl键或Shift键逐一选中这些图表，然后在“格式”选项卡的“大小”组的“形状高度”和“形状宽度”微调框中输入数值，最后按Enter键确认输入，即可将选中的图表调整为统一的大小。

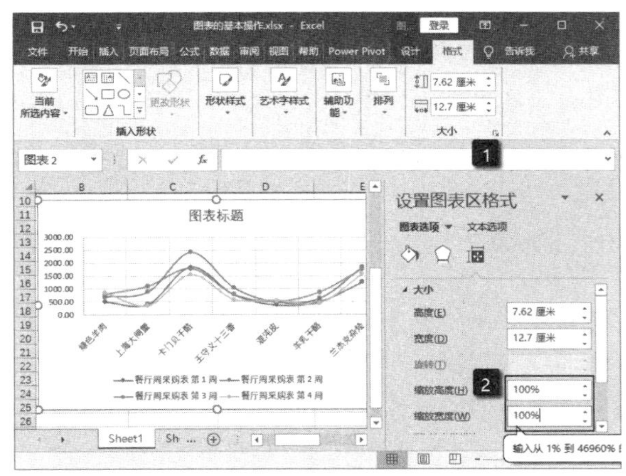

图 13.20　在“设置图表区格式”窗格调整图表大小

2．调整图表的位置

创建图表后，图表在工作表中的位置往往要根据排版要求进行移动。移动图表分为 2 种情况，一种情况是在当前工作表中移动；另一种情况是跨工作表移动。

01 在同一个工作表中移动图表十分简单，可以在选择图表后，使用鼠标将其拖放到任意的位置。按住鼠标右键并移动图表，释放右键后，会弹出一个选项菜单，选择相应的选项可以决定当前的操作是移动图表还是复制图表，如图 13.21 所示。

注　意

在拖移图表时，不能将鼠标光标放置到图表的空白区域进行拖动，否则移动的将可能是绘图区、坐标轴标题或图例等图表元素。要避免拖动图表中的元素，只需要留意鼠标指针旁的提示信息即可。

02 选择图表，在“设计”选项卡的“位置”组中单击“移动图表”按钮，打开“移动图表”对话框。在该对话框中选择“对象位于”单选按钮，在该选项的列表中选择图表移动到的目标工作表，如图 13.22 所示。单击“确定”按钮关闭“移动图表”对话框后，选择图表即会移动到指定的工作表中，同时图表在目标工作表中的相对位置不变。

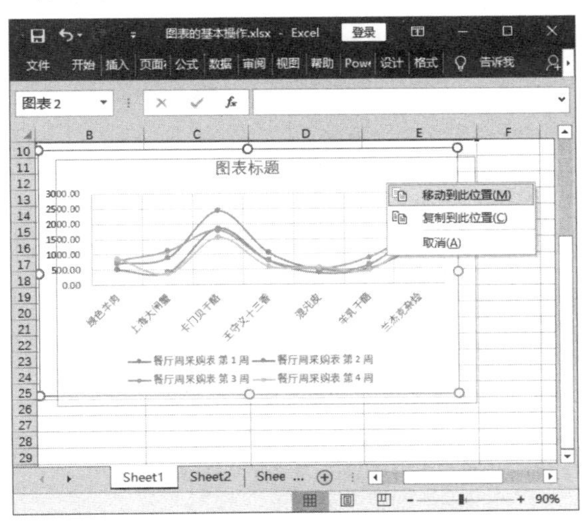

图 13.21　选择移动还是复制图表

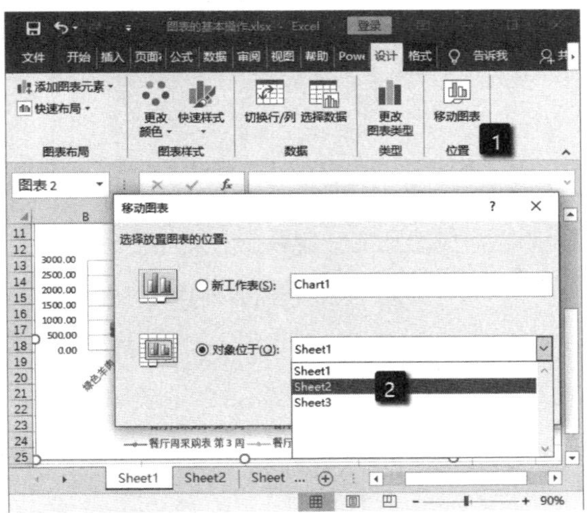

图 13.22　跨工作表移动图表

将图表移动到另一个工作表中还有一种更简单的方法，那就是选中需要移动的图表，按 Ctrl+X 剪切图表，然后打开目标工作表，按 Ctrl+V 键粘贴该工作表即可。

13.2 美化图表

图表外观样式是决定图表是否美观专业的一个重要因素，千篇一律的图表容易让人产生审美疲劳，也会影响人们对图表的理解和对数据的认知。在 Excel 中，通过对图表样式、图表布局和文字样式的设置可以改变图表外观，从而美化图表。

13.2.1 设置图表样式

图表的样式是图表色彩和形状效果的集合，图表样式的更改将直接导致整个图表外观的变化。设置图表的样式，要充分考虑图表本身的特点，在数据的呈现时不能因为图表样式带来干扰。要做到这一点，最快捷的方式就是使用 Excel 提供的预设图表样式、颜色方案和预设形状样式，使用它们可以快速设置图表的外观样式。

01 在工作表中选择图表，打开“设计”选项卡，在“图表样式”组中单击“其他”按钮，在打开的列表中选择样式选项。该内置样式即可应用于图表，如图 13.23 所示。

02 为了方便用户快速使用内置图表样式，Excel 2019 为图表提供了一个“图表样式”按钮。在选择图表后，单击图表右侧的“图表样式”按钮，在打开“样式”列表中选择样式选项，该图表样式即可应用到图表，如图 13.24 所示。完成样式选择后，再次单击“图表样式”按钮即能关闭列表。

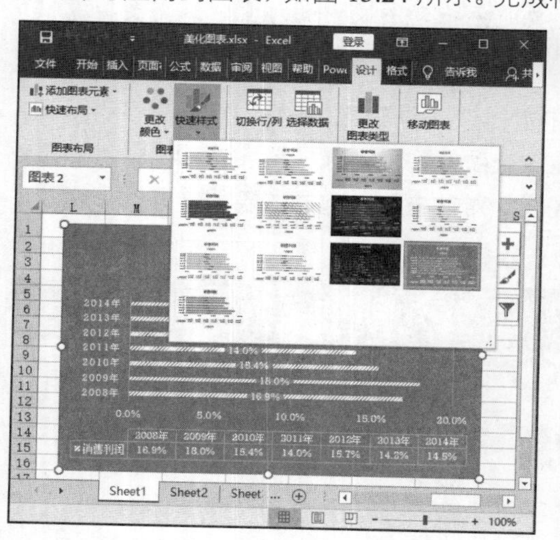

图 13.23 应用内置样式

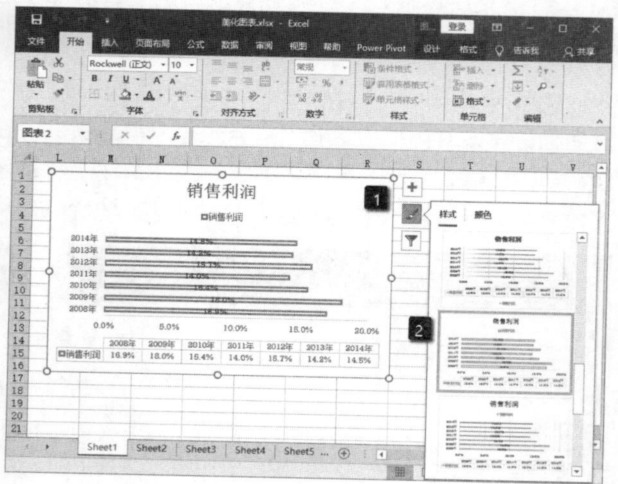

图 13.24 选择需要使用的图表样式

03 选择工作表中的图表，打开“设计”选项卡，在“图表样式”组中单击“更改颜色”按钮，在打开的列表中选择相应的选项即可将其应用到图表中，如图 13.25 所示。

04 选择图表后打开“格式”选项卡，在“形状样式”组中单击“其他”按钮，在打开的列表中选择需要使用的预设形状样式，应用于图表区，如图 13.26 所示。

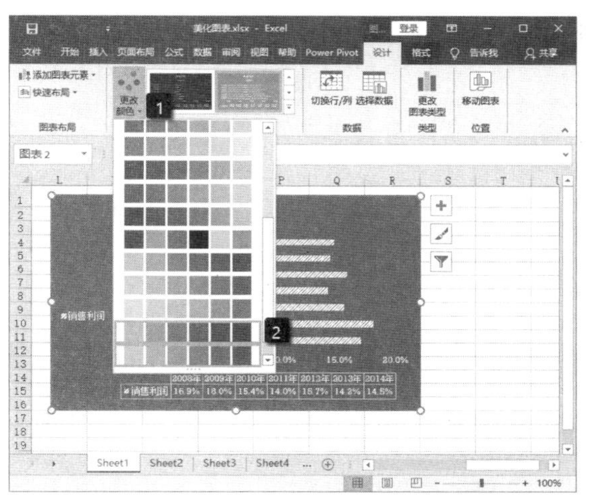

图 13.25　对图表应用内置颜色

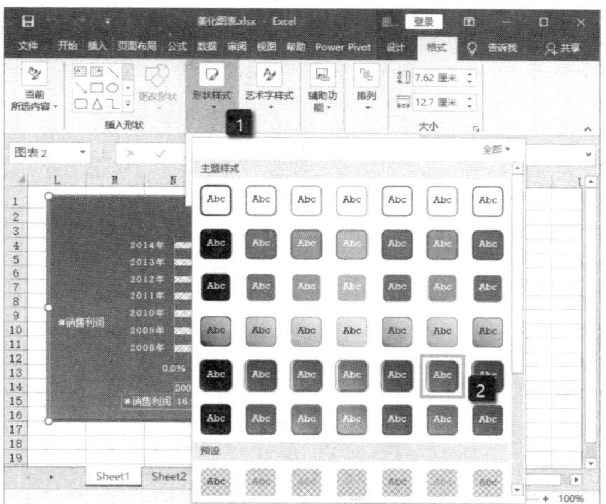

图 13.26　应用预设形状样式

13.2.2　设置图表布局

图表布局指的是图表中各个元素在图表中的排布方式。设置图表的布局有两个方面的基本内容，一个是图表中应该显示哪些元素；另一个是如何排布图表中的显示元素。

1. 自动布局图表

在图表的构图中，图表包含了各种元素，如标题、图例、数据表和坐标轴等。在制作图表时，要充分发挥这些元素的作用，合理的图表布局是关键。在制作图表时，如果需要对图表进行统一布局，可以使用 Excel 2019 的自动布局图表工具来完成，具体操作方法如下。

在工作表中选择图表，打开“设计”选项卡，在“图表布局”组中单击“快速布局”按钮。在打开的列表中会列出 Excel 中内置的图表布局，选择相应的选项即可将布局应用到图表中，如图 13.27 所示。

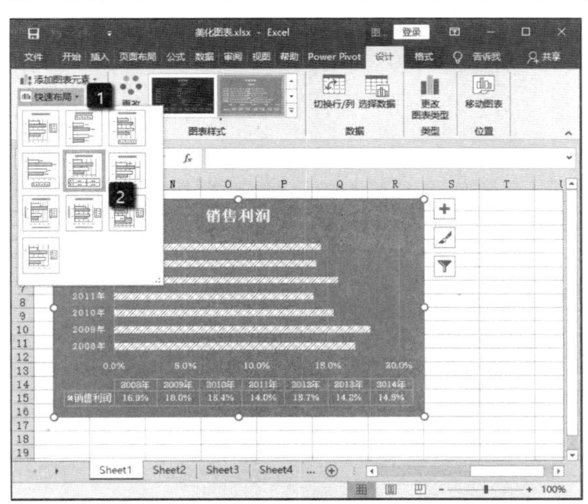

图 13.27　应用内置图表布局

2. 添加图表元素

不同的图表应用不同的场合，对图表中元素的需求也会不同，此时用户就需要根据自己的要求来选择图表中需要显示的元素。可以使用下面的两种方法来向图表中添加元素。

01 选择图表，在“设计”选项卡的“图表布局”组中单击“添加图表元素”按钮。在打开的列表中会列出图表应该包含的所有元素，选择某个选项即可打开下级列表。在下级列表中选择相应的选项既能决定该元素是否在图表中显示，也能决定元素在图表中的显示方式。例如，这里选择“数据标签”选项列表中的“居中”选项，此时图表中将居中显示数据标签，如图 13.28 所示。

如果需要取消某个图表元素的显示，直接选择该元素选项列表中的 “无”选项即可。例如，在图 13.28 中，单击“数据标签”下级列表中的“无”选项即可取消数据标签的显示。如果在元素的选项列表中没有“无”选项，则只需要取消对某个项目的选择即可取消该元素的显示。例如，在“添加图表元素”列表中选择“网格线”选项后，单击列表中的“主轴主要垂直网格线”选项取消对其的选择，图表中就将不再显示水平网格线，如图 13.29 所示。

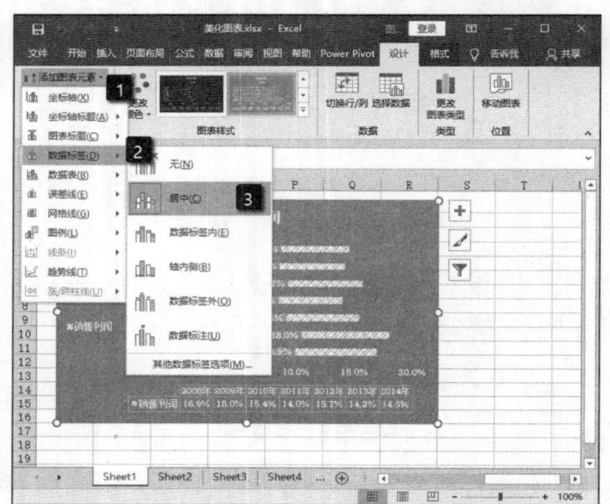

图 13.28　居中显示数据标签

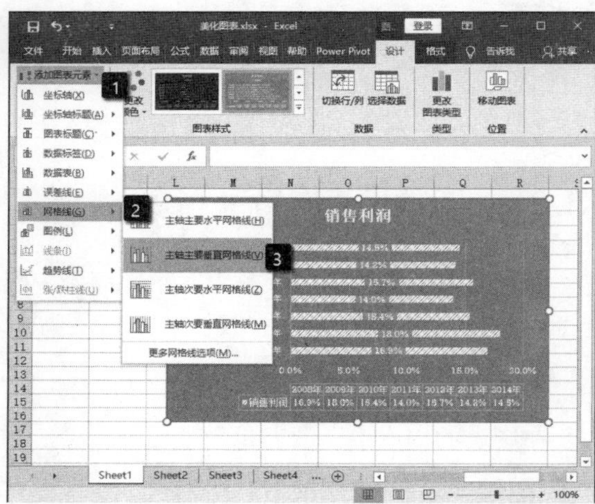

图 13.29　取消网格线的显示

02 对于 Excel 2019 来说，选择图表后，图表框右侧会显示“图表元素”按钮，单击该按钮就能打开“图表元素”列表。在列表中勾选需要显示的图表元素前的复选框，该图表元素即会显示。如果需要对该图表元素的显示样式进行设置，可以在选择相应的选项后单击其后出现的三角按钮，在打开的下级列表中选择相应的选项进行设置。例如，在图表中添加图例项，可以按照图 13.30 所示的方式进行操作。

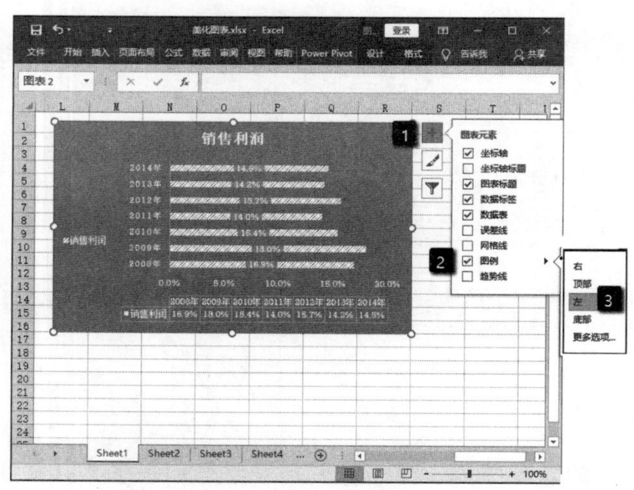

图 13.30　在图表中添加图例项

13.2.3 设置图表文字格式

文字是 Excel 图表中的一个重要的元素。图表标题、图例和坐标轴标签以及数据系列标签等都包含有文字，设置这些文字的格式能够美化图表、突出相关信息。图表中文字格式的设置方法基本相同，下面以对图表标题文字进行设置为例来介绍具体的设置方法。

01 在图表中选择图表标题，打开“开始”选项卡，使用“字体”组中的命令可以设置文字的字体、大小和颜色等，如图 13.31 所示。

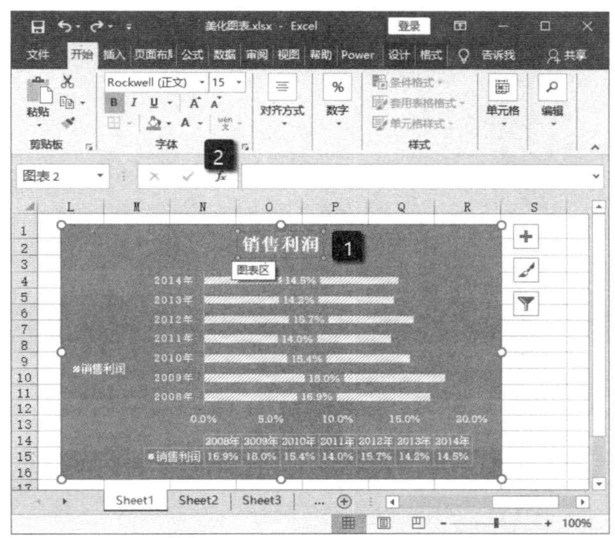

图 13.31 在“字体”组中对文字的样式进行设置

02 在“字体”组中单击“字体设置”按钮，打开“字体”对话框，在“字体”选项卡中可以对文字的样式进行设置，如图 13.32 所示。在“字体”对话框的“字符间距”选项卡中将“间距”设置为“加宽”，增加“度量值”可以增加文字在文本框中的间距，如图 13.33 所示。

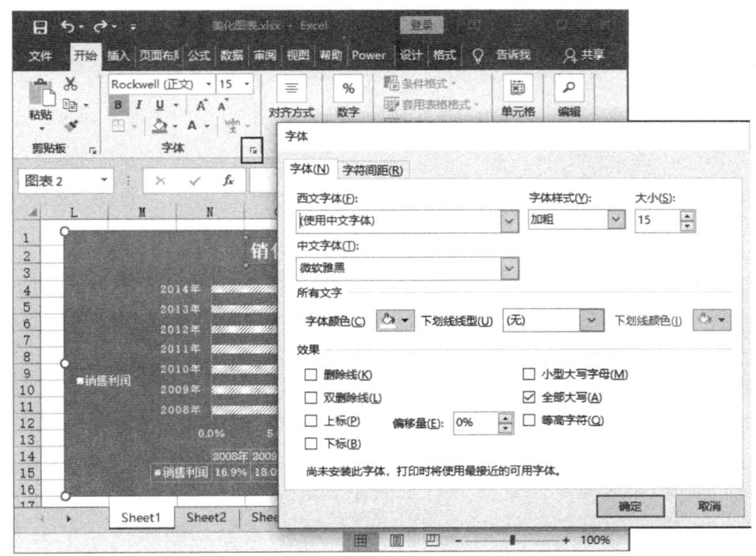

图 13.32 单击“字体设置”按钮，打开“字体”对话框

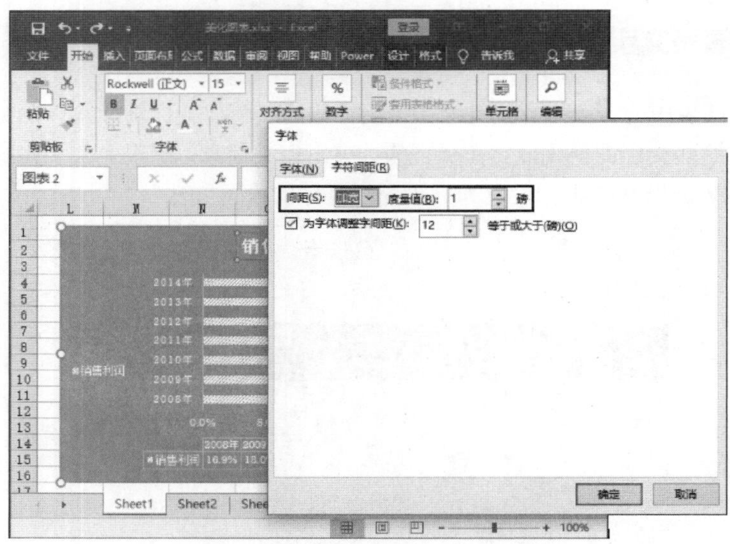

图 13.33　增加字符间距

03 右击标题文本框，在弹出的快捷菜单中选择“设置图表标题格式”选项，打开“设置图标标题格式”窗格。在窗格中选择“文本选项”选项后，单击“文本填充与轮廓”按钮，在打开的选项卡中可以分别设置文本的填充方式和文本边框样式，如图 13.34 所示。如果单击“文字效果”按钮，在打开的选项卡中能够对文字效果进行设置，可以为文字添加阴影、映像等效果，也可以添加三维立体效果，如图 13.35 所示。单击“文本框”按钮，可以对文字在文本框中的对齐方式进行设置，如图 13.36 所示。

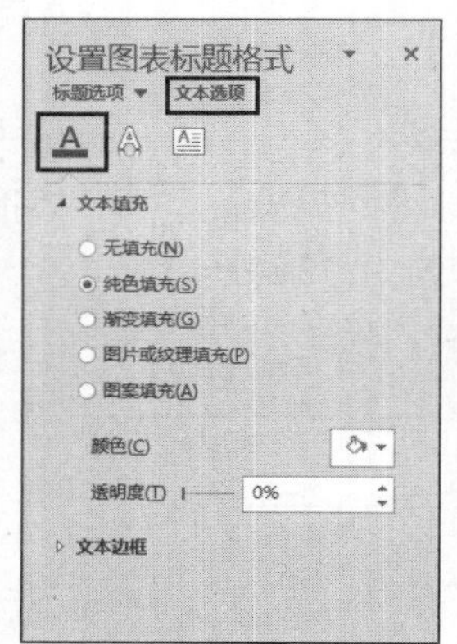

图 13.34　设置文本的填充方式和边框

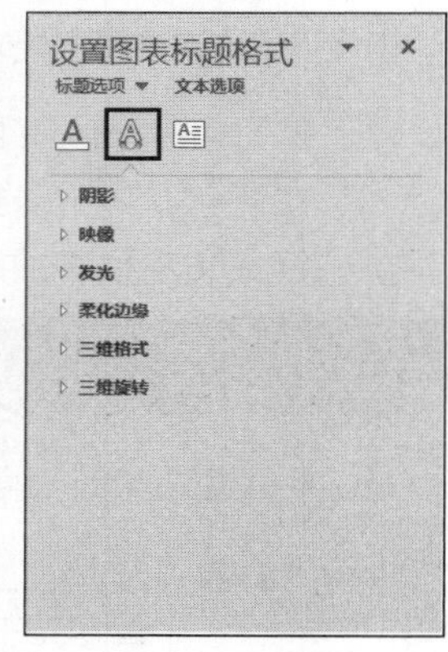

图 13.35　设置文字

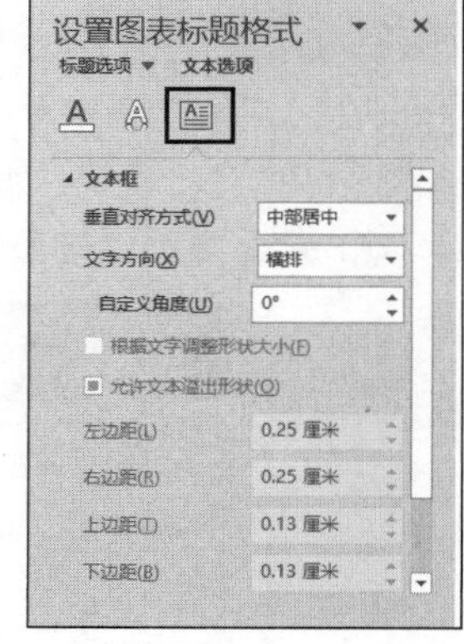

图 13.36　设置文字在文本框中的对齐方式

13.3　使用组合图表

在实际工作中，很多时候单一的图表不足以展示数据间的关系，此时可以尝试使用组合图表的方式将多个逻辑相关的图表放置于一张图表中，从而让所有的数据都能够显示出来。在实际使用中，灵活应用组合图表可以创建很多实用的图表类型。本节将通过 3 个实例来介绍组合图表的应用技巧。

13.3.1　创建面积图和折线图构成的组合图表

当单一图表类型无法完美呈现数据时，就需要使用组合图表了。通过图表的组合，借助于不同图表之间不同的特征，能够实现用单一图表无法实现的效果。下面通过一个实例来介绍组合图表的创建方法。这个实例使用的是面积图和折线图构成的组合图，其中利用折线图为面积图添加一个强调变化趋势的轮廓线。

01 在工作表中首先创建一个面积图并添加图表标题。选择创建面积图的数据，按 Ctrl+C 键复制。选择图表，按 Ctrl+V 键粘贴复制数据，在图表中添加一个新的数据系列，如图 13.37 所示。此时在图表中，新数据系列将覆盖原有的数据系列。

02 右击图表中新增的数据系列，在弹出的快捷菜单中选择“更改系列图表类型”选项，打开“更改图表类型”对话框。在对话框左侧列表中选择“组合”选项，将新增数据系列的图表类型更改为折线图。完成设置后单击“确定”按钮关闭对话框，如图 13.38 所示。

图 13.37　在图表中添加新数据系列

图 13.38　将图表类型更改为折线图

03 在图表中右击折线图，在弹出的快捷菜单中选择“设置数据系列格式”选项，打开“设置数据系列格式”窗格，设置线条的颜色和宽度，如图 13.39 所示。为折线图添加数据标签，同时使数据标签靠上显示，如图 13.40 所示。至此，本实例的图表制作完成。

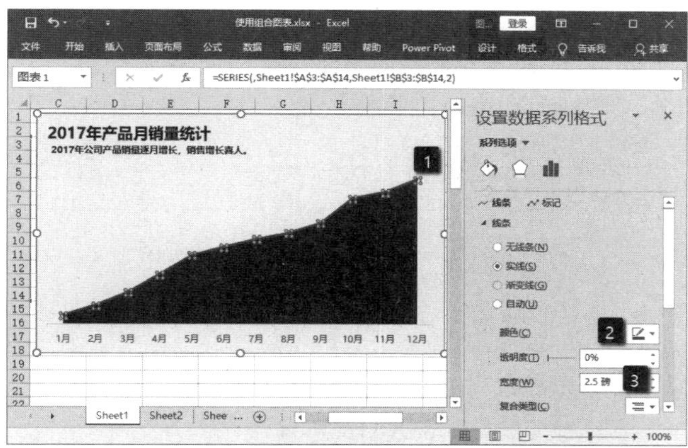

图 13.39　设置线条颜色和宽度

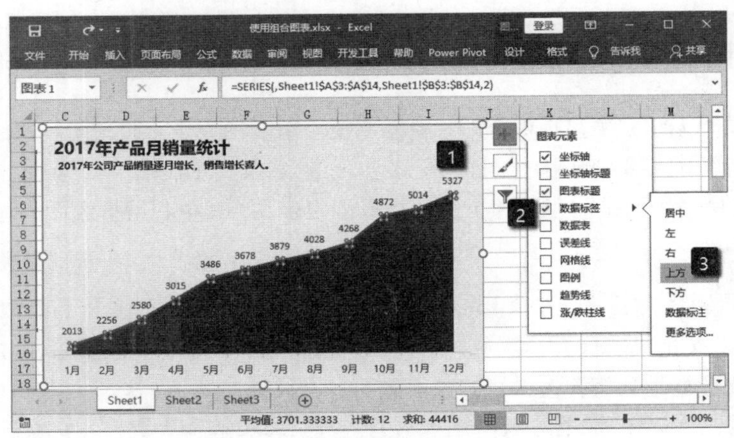

图 13.40　添加数据标签

13.3.2　在图表中添加垂直参考线

在使用图表进行数据分析时，经常需要了解数据与某些预设值之间的关系，此时需要在图表中使用参考线。根据应用环节的不同，这些参考线可以是水平直线或垂直直线甚至是曲线。制作这种参考线的方法很多，如可以直接在图表中绘制直线，但这样所获得的参考线不能随着数据的变化自动修正，需要手动调整直线的位置。在 Excel 2019 中，利用 Excel 提供的组合图表功能，使用散点图或折线图能够快速制作出需要的动态参考线。下面介绍具体的制作方法。

01 启动 Excel 并打开工作表，在工作表中添加用于绘制垂直参考线的辅助数据。使用 A1:B6 单元格区域的数据来制作条形图，如图 13.41 所示。

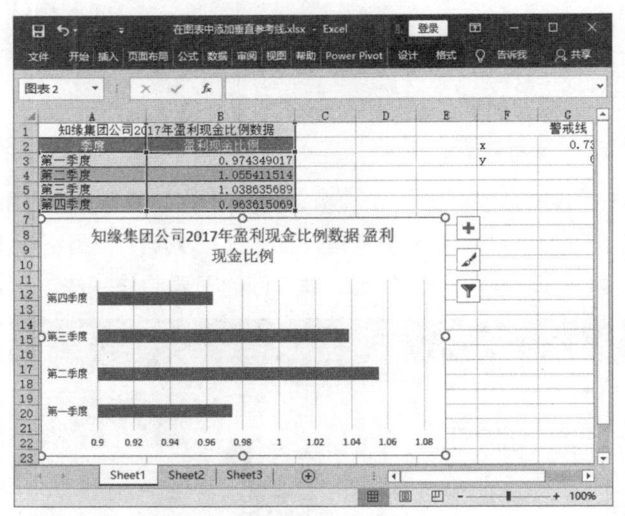

图 13.41　添加辅助数据并添加条形图

02 右击创建的条形图，在弹出的快捷菜单中选择“选择数据”选项，打开“选择数据源”对话框。在对话框的“图例项（系列）”列表中单击“添加”按钮，如图 13.42 所示。此时将打开“编辑数据系列”对话框，在对话框的“系列值”文本框中删除已有的文字后，在工作表中选择作为系列值的单元格区域，该单元格区域地址将写入文本框中，如图 13.43 所示。分别单击“确定”按钮关闭“编辑数据系列”对话框和“选择数据源”对话框。

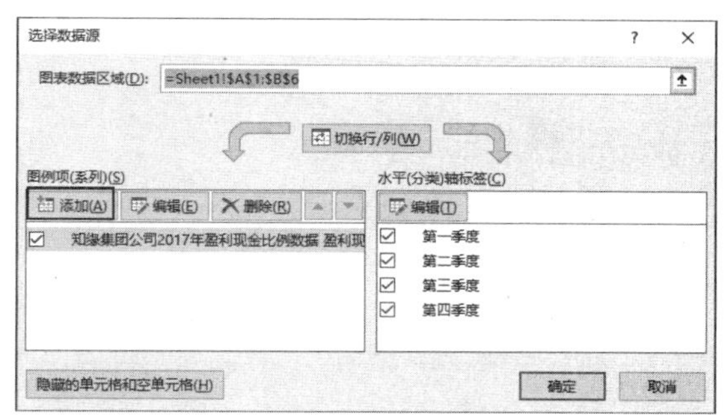

图 13.42　单击“添加”按钮

图 13.43　添加数据系列

03 此时图表中将增加一个数据系列，选择该数据系列后，在“设计”选项卡的“类型”组中单击“更改图表类型”按钮，如图 13.44 所示。此时将打开“更改图表类型”对话框，在对话框左侧列表中选择“组合”选项，在“为您的数据系列选择图表类型和轴”列表中列出了该图表中存在的 2 个数据系列。打开“系列 2”图表类型列表，选择使用“带直线和数据标记的散点图”，如图 13.45 所示。该数据系列的图表类型即被更改为散点图，在对话框中可以预览到图表类型更改后的效果。完成设置后单击“确定”按钮关闭对话框，图表中即会出现一条水平线段，如图 13.46 所示。

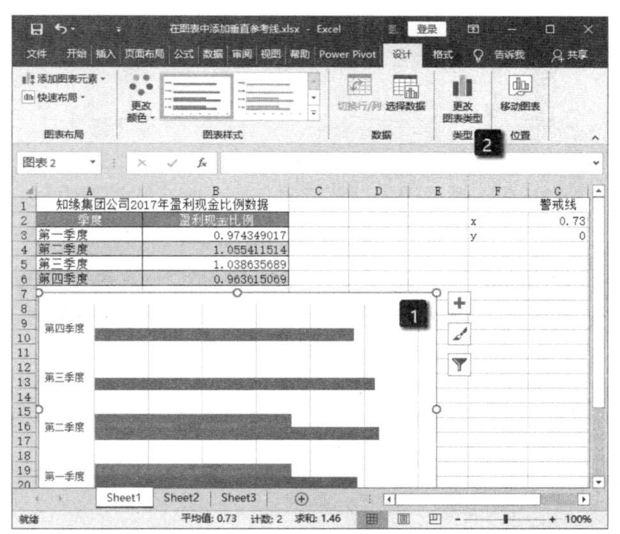

图 13.44　单击“更改图表类型”按钮

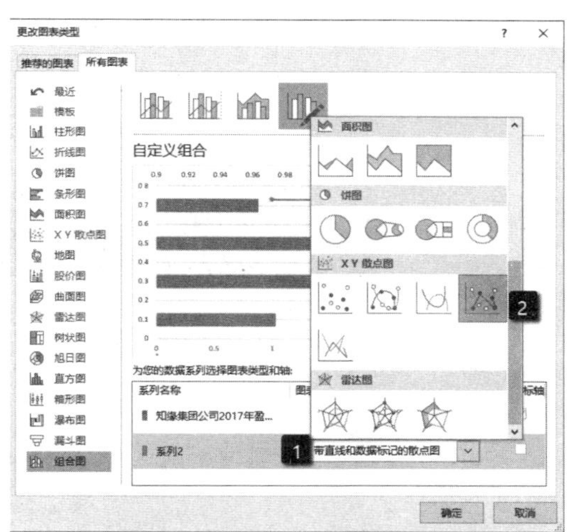

图 13.45　选择“带直线和数据标记的散点图”

04 再次打开“选择数据源”对话框，在“图例项（系列）”列表中选择“系列 2”选项，单击“编辑”按钮，如图 13.47 所示。在打开的“编辑数据系列”对话框中设置“X 轴系列值”和“Y 轴系列值”参数，如图 13.48 所示。完成设置后分别单击“确定”按钮关闭这两个对话框，图表中水平线会变为垂直线，如图 13.49 所示。

05 双击图表右侧的次要垂直坐标轴，在“设置坐标轴格式”窗格的“坐标轴选项”设置栏中将“最大值”设置为 120，如图 13.50 所示。在图表中选择条形图，在“设置数据系列格式”窗格中设置“分类间距”的值以改变图形的宽度，如图 13.51 所示。

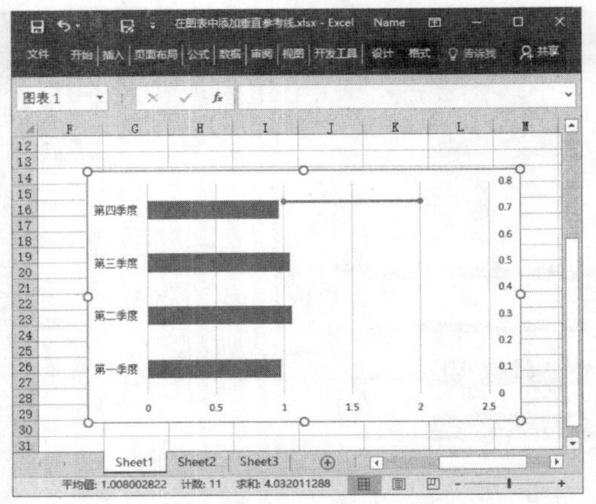

图 13.46　图表中出现一条水平线段

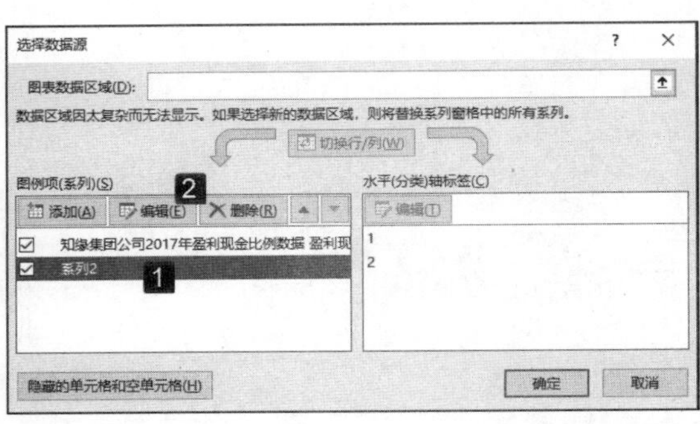

图 13.47　单击“编辑”按钮

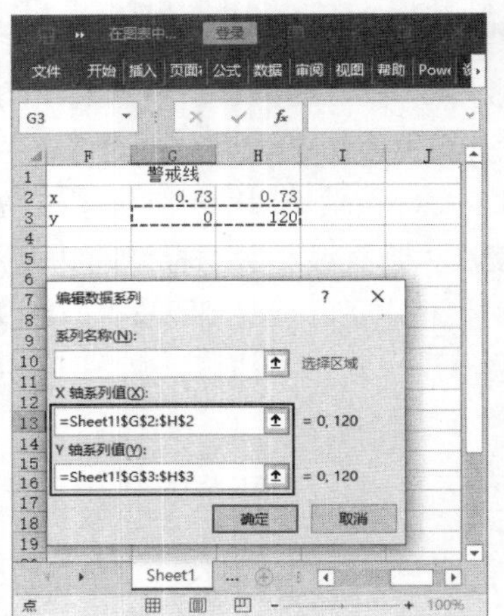

图 13.48　设置“X 轴系列值”和“Y 轴系列值”

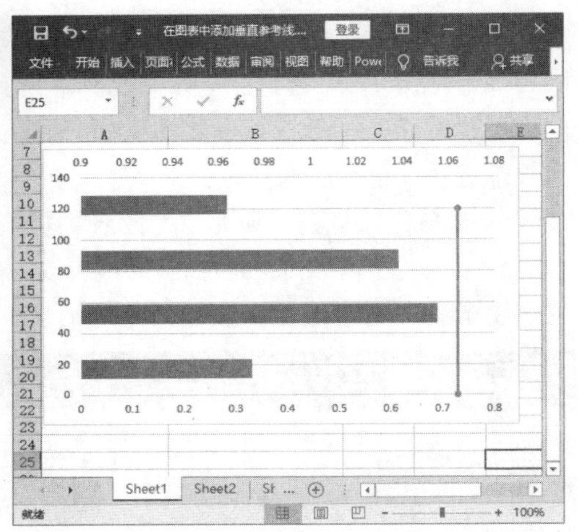

图 13.49　水平线变为垂直线

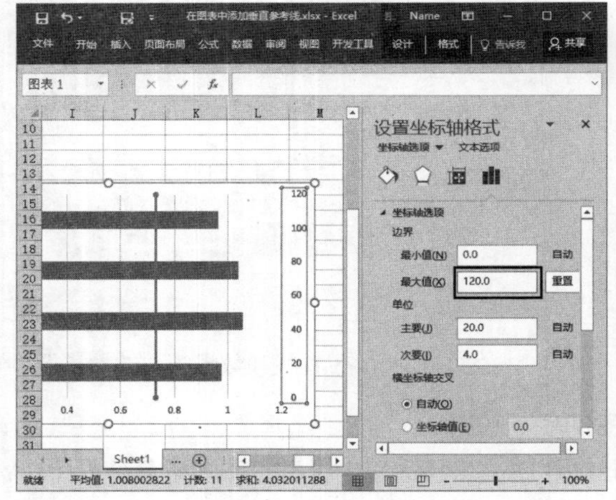

图 13.50　设置次要纵坐标轴的“最大值”

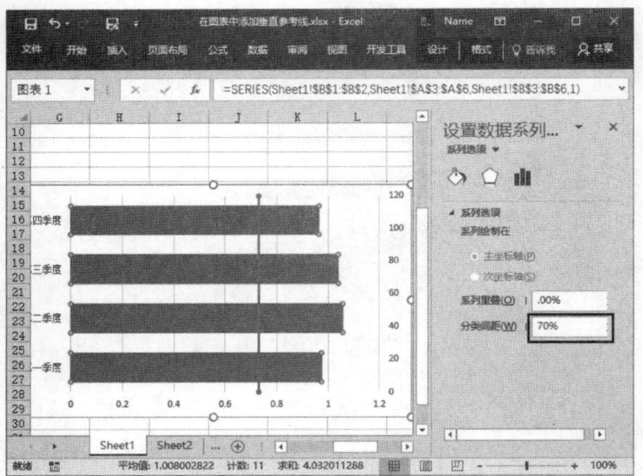

图 13.51　设置“分类间距”的值

06 在图表中选择垂直线上方的数据点，在“设置数据点格式”窗格中单击“填充线条”按钮，选择“标记”选项。在“数据标记选项”设置栏中单击“无”单选按钮，使该数据标记不显示，如图 13.52 所示。选择位于下方的数据标记，将其形状设置为三角形，大小设置为 9，如图 13.53 所示。

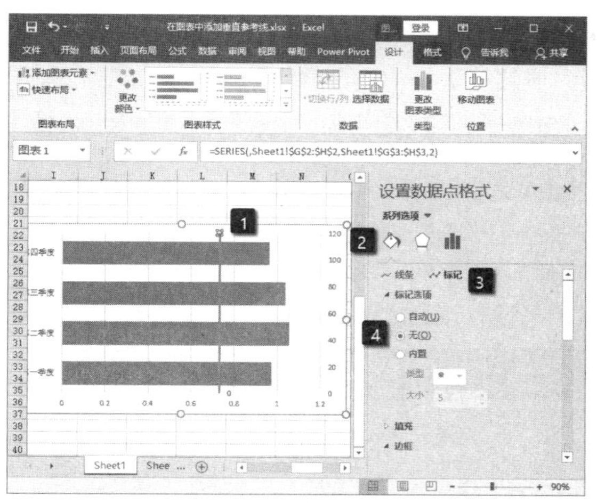

图 13.52　使数据标记不显示

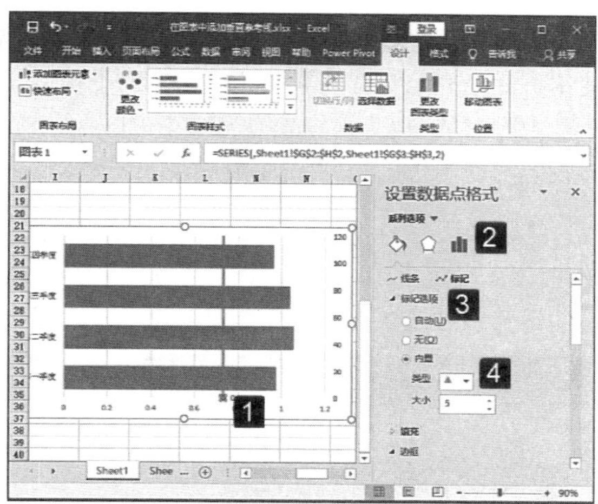

图 13.53　设置数据标记的形状和大小

07 调整图表元素，使次要坐标轴不可见，如图 13.54 所示。选择数据点，为其添加数据标签，如图 13.55 所示。

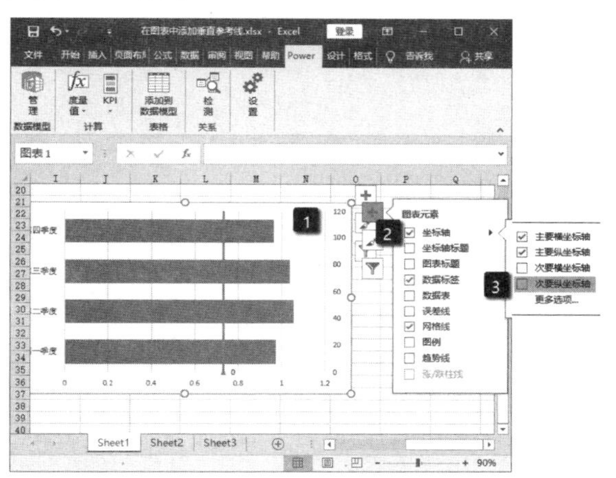

图 13.54　使次要坐标轴不可见

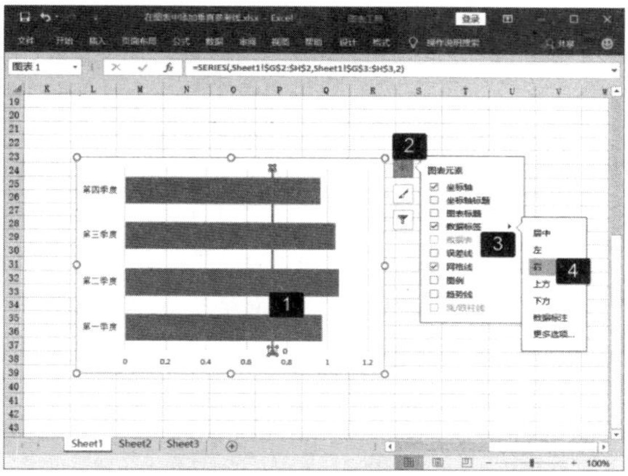

图 13.55　添加数据标签

08 在图表中选择坐标轴和网格线后按 Delete 键将其删除。最后为垂直线添加数据标签，添加图表标题文字和注释文字，设置图表背景填充色和边框样式。图表制作完成后的效果，如图 13.56 所示。

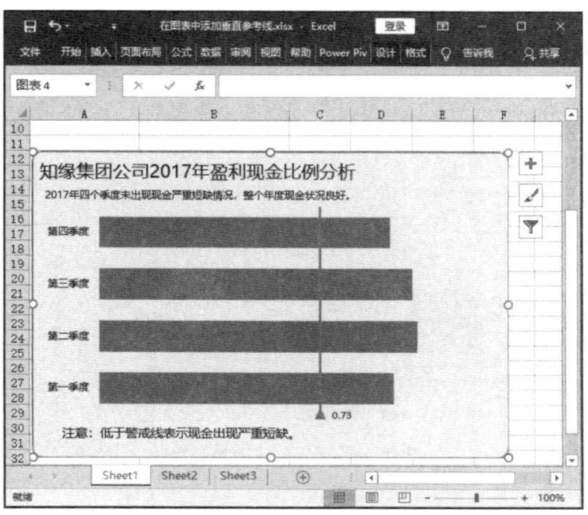

图 13.56　图表制作完成后的效果

13.3.3　制作帕累托图

1897 年意大利经济学家帕累托（Pareto）发现的一个规律，那就是 80%的社会财富掌握在 20%的人手中，这个规律被称为帕累托法则或 28 法则。所谓的帕累托图（Pareto Chart）就是利用这个帕累托法则来对数据进行分析的一种图表。图表能够反映帕累托法则，呈现出“关键的少数和次要的多数”，常用于对原因进行分析的工作中。在帕累托图中，数据会根据发生的次数由高到低排列成柱形，并使用折线来表示数据的累积频率。借助于帕累托图，能够从数据中找到导致问题的关键少数。

由上面的介绍可以知道，帕累托图实际上是一个由柱形和折线构成的组合图表，在 Excel 中能够较容易地制作出这种图表，下面介绍具体的制作方法。

01 启动 Excel 并打开工作表，在工作表中选择 A2:B7 和 D2:D7 单元格区域，在工作表中创建柱形图，如图 13.57 所示。在“格式”选项卡中“当前所选内容”组中单击“图表元素”列表框上的下三角按钮，在列表中选择“系列‘累积占比’”选项，选择该数据系列，如图 13.58 所示。

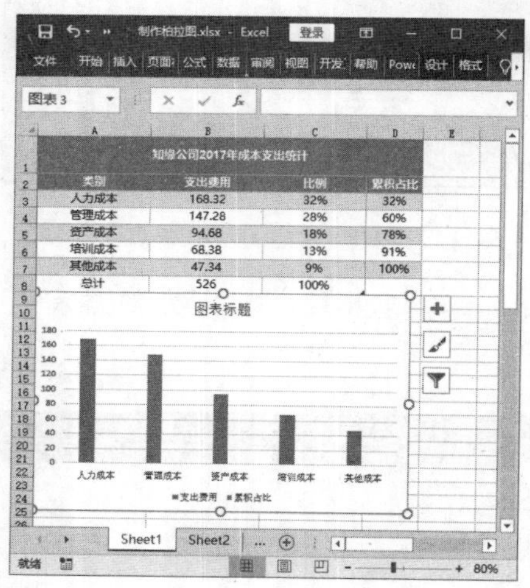

图 13.57　创建柱形图

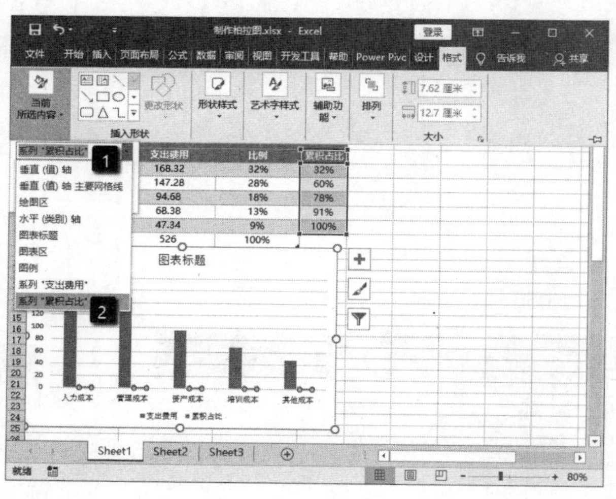

图 13.58　选择数据系列

02 在“设计”选项卡的“类型”组中单击“更改图表类型”按钮，打开“更改图表类型”对话框，将“累积占比”数据系列的图表类型更改为“带平滑线和数据标记的散点图”，如图 13.59 所示。单击“确定”按钮关闭对话框即可更改选择数据系列的图表类型。

03 在图表中双击主要纵坐标轴，打开“设置坐标轴格式”窗格，在“坐标轴选项”设置栏中将“最小值”设置为 0，“最大值”设置为支出费用的总和，这里输入 526，如图 13.60 所示。在图表中选择柱形，在“设置数据系列格式”窗格中将“分类间距”设置为 0，使柱形紧贴在一起，如图 13.61 所示。

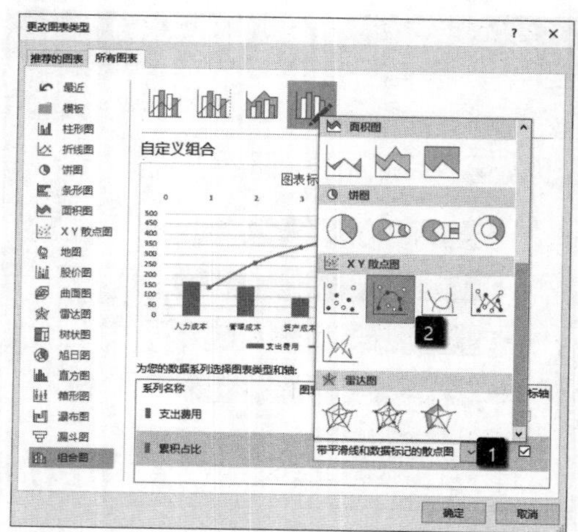

图 13.59　更改数据系列的图表类型

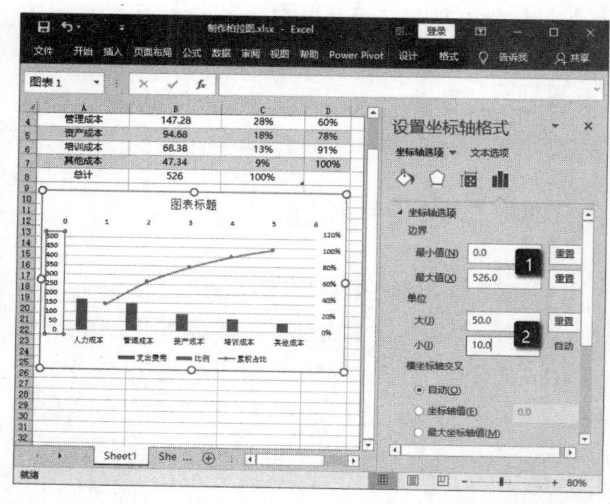

图 13.60　设置主要纵坐标轴的“最小值”和“最大值”

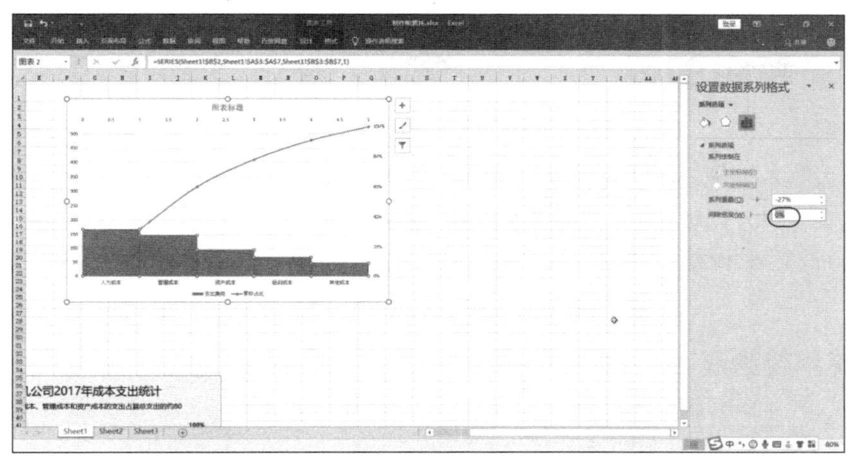

图 13.61　使柱形紧贴在一起

04 帕累托图一般需要折线的左端起点位于柱形的右上角，右侧端点位于纵坐标轴上的 100% 处，下面我们通过对坐标轴进行调整来实现这种效果。选择次要纵坐标轴，在“设置坐标轴格式”窗格的“坐标轴选项”设置栏中将“最大值”设置为 1，并设置坐标轴刻度单位，如图 13.62 所示。选择次要横坐标轴，将坐标轴的最大值设置为数据的项目个数。这里将其设置为 5，如图 13.63 所示。完成设置后删除次要横坐标轴。

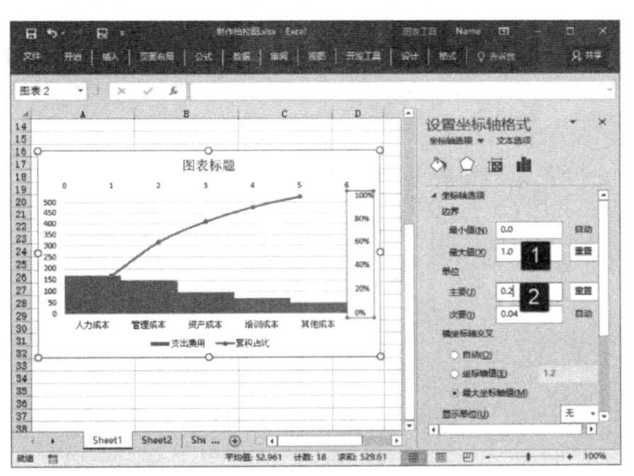

图 13.62　设置“最大值”和刻度单位

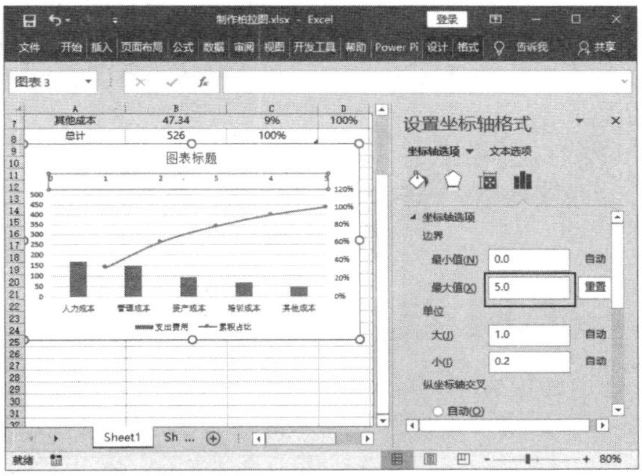

图 13.63　设置次要横坐标轴的“最大值”

05 对图表进行美化，这里包括设置折线图填充色和边框色，设置折线图的线条宽度、颜色和数据标记的样式、设置坐标轴的样式、添加数据标签并设置文字样式、设置图表的背景颜色和边框以及为图表添加注释说明，具体的操作过程这里不再赘述。本例制作完成后的效果如图 13.64 所示。

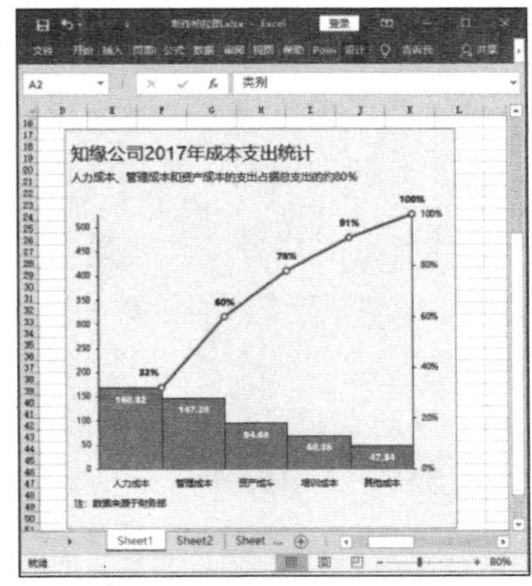

图 13.64　本例制作完成后的效果

13.4 图表中的线

图表中的线，不仅可以帮助读者更好地理解数据，还可以实现某些特定的功能，如预测数据变化趋势、展示误差以及同类数据大小的变化情况等。除了前面章节中介绍的网格线、垂直线和高低点连线外，Excel 图表中的线还包括趋势线、误差线和涨/跌柱线。本节将介绍这些线在数据分析中的应用。

13.4.1 使用趋势线

顾名思义，趋势线的作用是显示数据的变化趋势，其分为线性、指数、对数、幂、多项式和移动平均共 6 种类型，不同类型的趋势线在显示数据趋势时有不同的作用。趋势线与 Excel 中的图形对象一样，外观效果可以被任意设置，并且不同类型的趋势线有其固有的格式。下面通过一个实例来介绍趋势线的使用方法。

01 在工作表中选择图表，单击图表边框上的“图表元素”按钮，在打开的列表中选择“趋势线”选项，在下级列表中选择趋势线类型，此时将打开“添加趋势线”对话框。在该对话框的“添加基于系列的趋势线”列表中选择数据系列。完成设置后单击“确定”按钮关闭对话框，如图 13.65 所示。图表中即添加了趋势线，如图 13.66 所示。

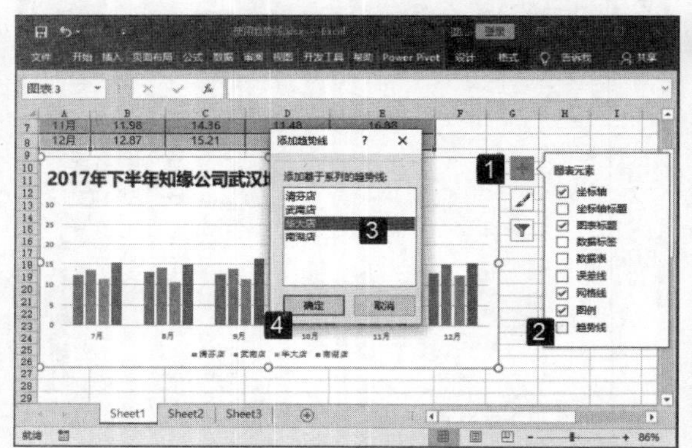

图 13.65 打开“添加趋势线”对话框选择数据系列

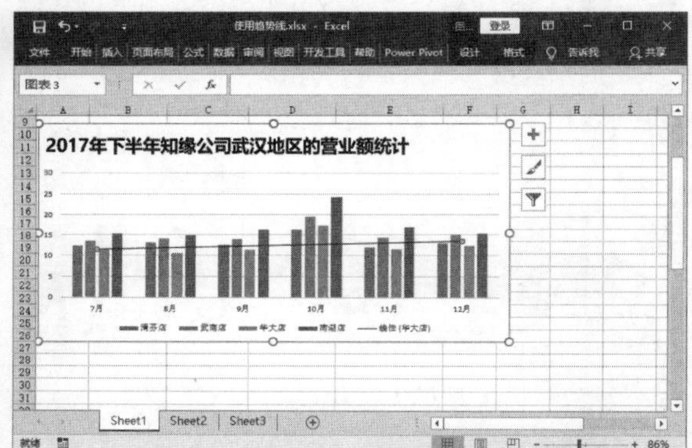

图 13.66 图表中添加的趋势线

提 示

选择图表中的一个数据系列，在“设计”选项卡的“图表布局”组中单击“添加图表元素”按钮，在打开的列表中选择“趋势线”选项，在下级列表中选择需要创建的趋势线类型选项可以直接为该数据系列添加趋势线。另外，如果在打开的列表中选择“无”选项即可删除图表中的趋势线。在图表中选中趋势线后按 Delete 键也可以将其删除。

02 右击趋势线，在弹出的快捷菜单中选择“设置趋势线格式”选项，打开“设置趋势线格式”窗格。在“线条”设置栏中可以对趋势线的颜色、线宽和线条样式等进行设置。例如，这里在“短划线类型”列表中选择相应的选项设置趋势线线条样式，在“宽度”微调框中输入数值设置趋势线线宽，如图 13.67 所示。

03 在“设置趋势线格式”窗格中单击“趋势线选项”按钮，在窗格的“趋势线选项”设置栏中选择相应的单选按钮可以更改当前趋势线的类型。例如，这里单击“多项式”单选按钮将趋势线改为多项式趋势线，设置“顺序”值指定多项式的阶数，如图 13.68 所示。

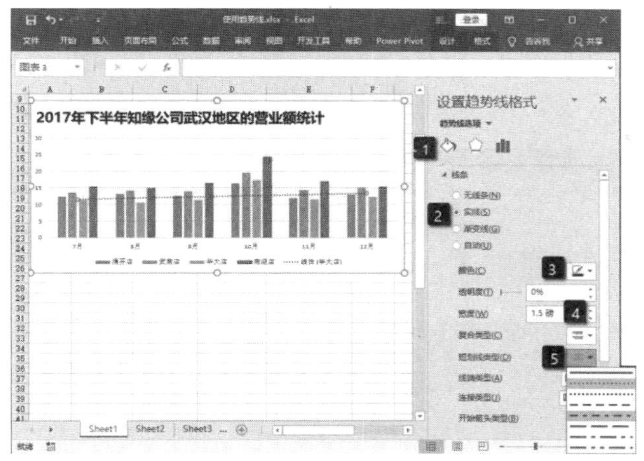

图 13.67　对趋势线样式进行设置

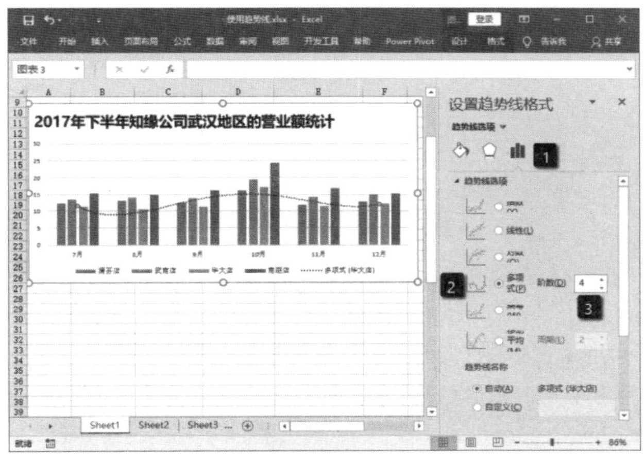

图 13.68　更改趋势线类型

提 示

Excel 提供了 6 种不同类型的趋势线用于预测数据系列的未来值，这些趋势线的类型可以在“设置趋势线格式”窗格的“趋势线选项”栏中进行设置。其中：

- 线性趋势线是一种最常用的趋势线，主要用于描述两个变量之间的线性相关性或一个变量随另一个变量的变化而出现的变化趋势。
- 指数趋势线用于展示一组以一个递增的比率上涨或下降的数据的变化趋势，其 Y 值的增加速度将随着 X 值的增大而增大。
- 对数趋势线的趋势与指数趋势线的趋势正好相反，数值的快速增长或减小后将逐渐趋于平缓，主要用于描述遵循对数曲线的数据。
- 幂趋势线：幂趋势线的变化趋势与指数趋势线的变化趋势接近，其数值增量由慢到快，主要用于描述一组以固定比率增加或减少的数据的变化趋势。
- 多项式趋势线：多项式趋势线是以一条曲线的形式来展示数据的变化趋势，适合于描述一组按有序模式波动的数据的变化趋势。在为数据添加多项式趋势线时，可以同时指定多项式的阶数，阶数的取值范围为 2～6。
- 移动平均趋势线：移动平均趋势线是通过图表中指定的数据点平均值来描述数据的变化趋势。在添加移动平均趋势线时，需要指定其周期，也就是需要指定用于求平均值的数据点的数量。

04 默认情况下，趋势线只能预测一个周期的数值，如果需要预测多个周期的数值，可以在“趋势预测”栏的“向前”文本框中输入数值。如这里输入数字“2”，则趋势线将预测 2 个周期数据的变化情况，如图 13.69 所示。

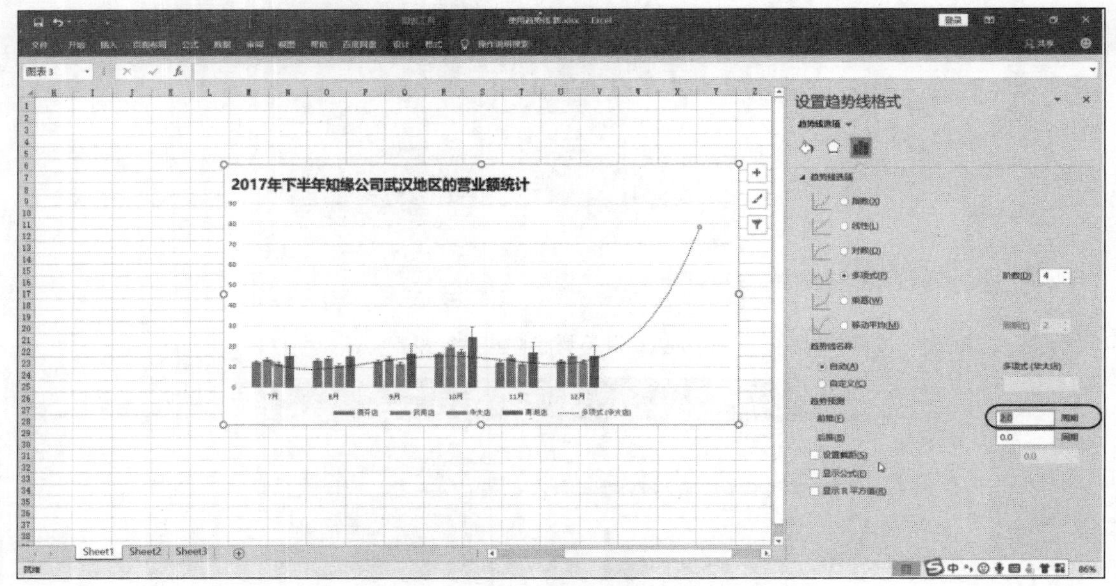

图 13.69　预测 2 个周期的变化趋势

05 通过趋势线来预测未来值，往往需要查看趋势线与坐标轴的交叉点所在的位置。此时可以在“趋势线选项”中勾选“设置截距”复选框，在其后的文本框中输入数字“1”，如图 13.70 所示。

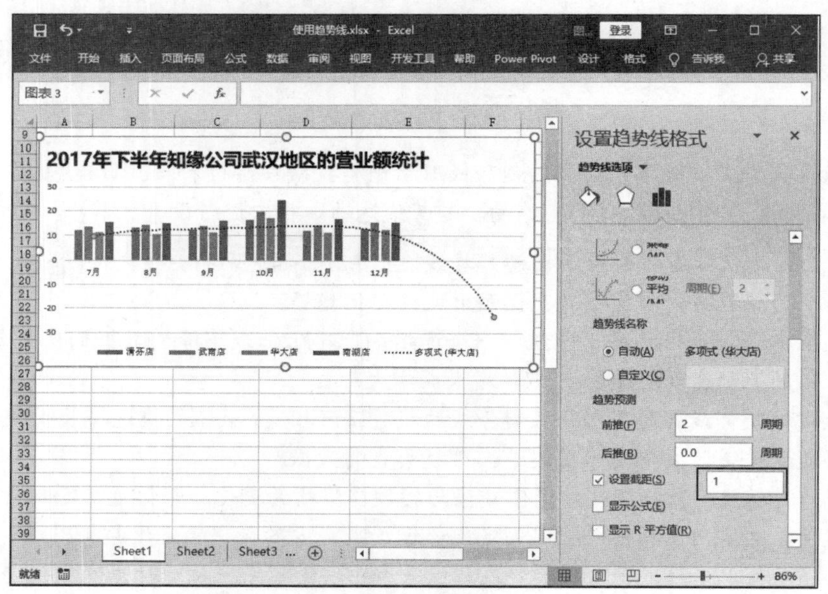

图 13.70　勾选“设置截距”复选框

提　示

这里要注意，只有指数趋势线、线性趋势线和多项式趋势线这三种类型的趋势线可以使用“设置截距”复选框。

06 对于趋势线来说，公式可以帮助用户了解和计算趋势线的走向和位置。在“趋势线选项”中勾选“显示公式”复选框可以在趋势线旁显示其公式，如图 13.71 所示。

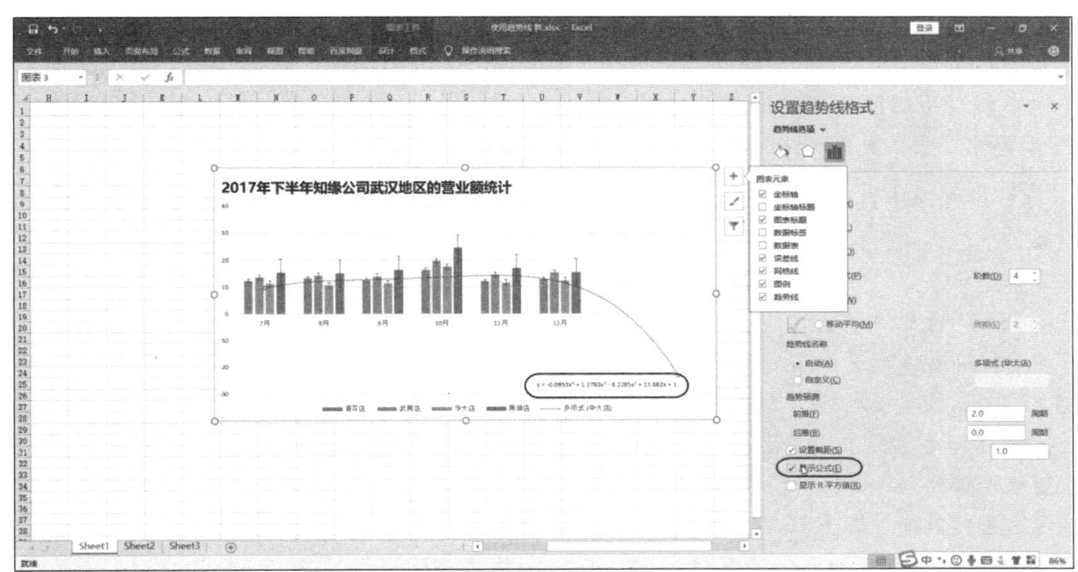

图 13.71　显示趋势线公式

07 对于趋势线来说，R 平方值也被称为决定系数，其是一个是介于 0～1 的数值，用来表示趋势线的估计值与对应的实际值之间的拟合程度。在图表中显示趋势线的 R 平方值可以让用户更好地了解趋势线的类型是否符合该系列的数据的特点。在“趋势线选项”中勾选“显示 R 平方值”复选框，即可在趋势线上显示该值，如图 13.72 所示。

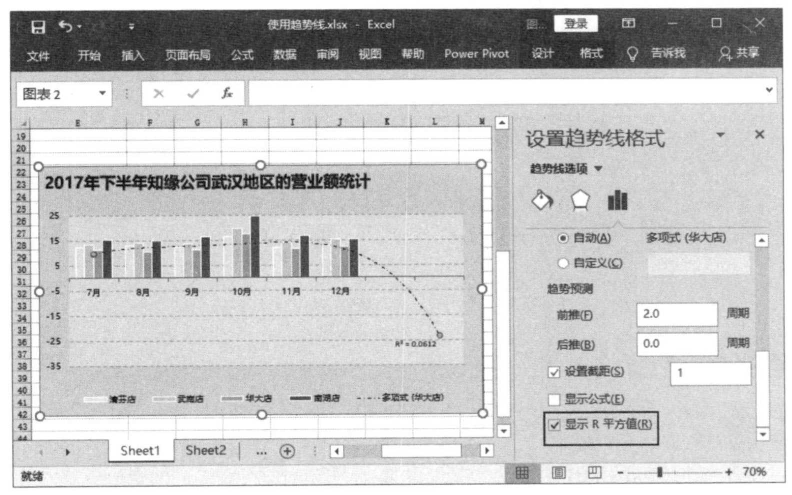

图 13.72　在趋势线上显示 R 平方值

13.4.2　使用误差线

在进行数据统计时，误差线主要用于统计数据中潜在的误差值或显示与每一个数据点相关的不确定性的范围。在图表中，数据系列的每一个数据点都可以显示一条误差线，表示数据点的当前值可能是该数据范围中的任意一个。

与趋势线一样，在Excel图表中，不是所有的图表都能添加误差线，支持误差线的图表类别包括柱形图、条形图、面积图、折线图、散点图和气泡图。这里要注意的是，除了气泡图和散点图中的三维图表之外，上述图表中的三维图表类型都不支持误差线。

误差线可以按照下面介绍的方法进行添加和设置。

01 在图表中选择需要添加误差线的数据系列，打开“设计”选项卡，在“图表布局”组中单击“添加图表元素”按钮。在打开的列表中选择“误差线”选项，在下级列表中选择需要使用的误差线选项。选择的数据系列即添加了误差线，如图13.73所示。

02 添加误差线后，双击误差线将打开“设置误差线格式”窗格，使用该窗格可以对误差线进行设置，如图13.74所示。

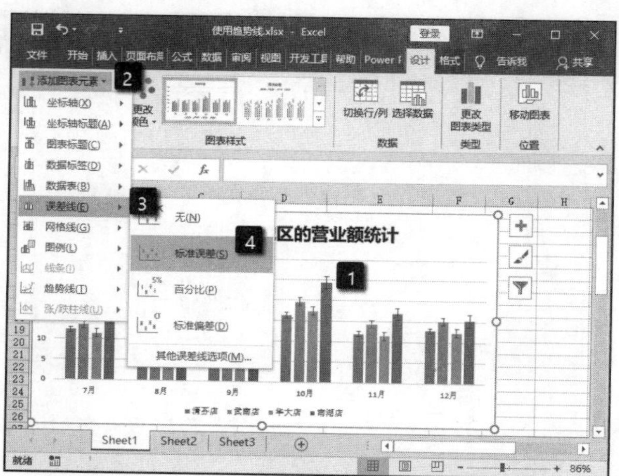

图13.73　添加误差线

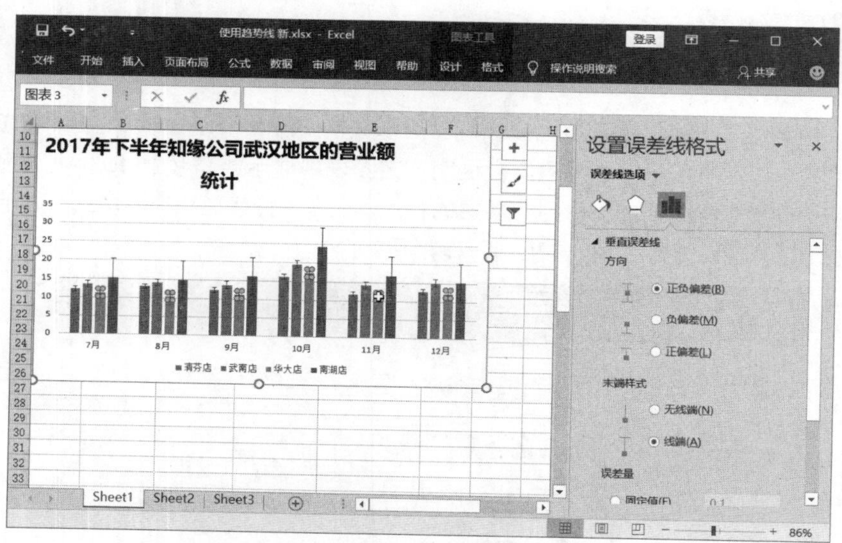

图13.74　“设置误差线格式”窗格

13.4.3　使用涨/跌柱线

涨/跌柱线是用于描述两个或两个以上数据系列相同数据点上数值大小的变化情况，其仅在折线图和股价图中使用。涨/跌柱线用长方形连接图表中第一个和最后一个数据系列的每一个数据点。如果第一个数据系列的数据点小于最后一个数据系列对应的数据点，则显示为涨柱线，此时长方形会使用浅色填充；如果第一个数据系列的数据点大于最后一个数据系列的数据线，则显示为跌柱线，此时长方形会以深色填充。要在图表中使用涨/跌柱线，图表中至少要有两个数据系列。

01 选择图表，在“设计”选项卡的“图表布局”组中单击“添加图表元素”按钮。在打开的列表中选择“涨/跌柱线”选项，在下级列表中选择“涨/跌柱线”选项，图表中即可添加涨/跌柱线，如图13.75所示。

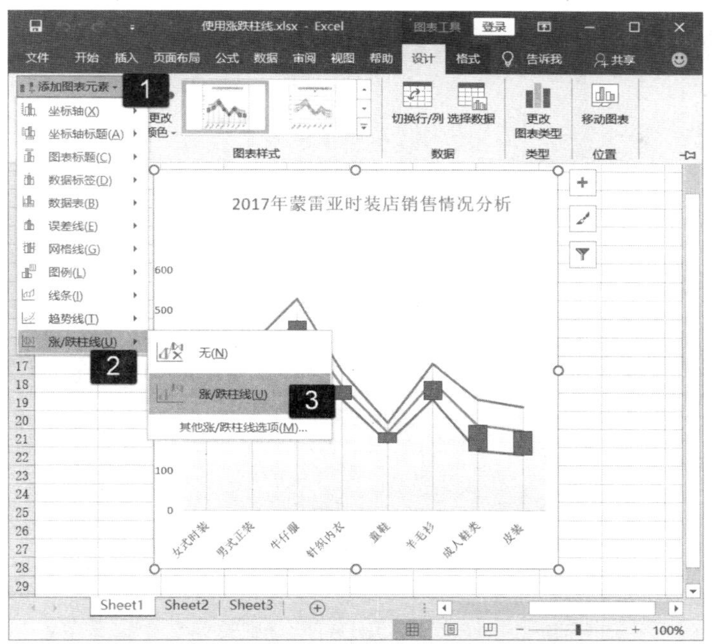

图 13.75　添加涨/跌柱线

02 双击添加的涨/跌柱线，打开“设置涨柱线格式”窗格，使用该窗格可以对柱线进行设置。例如，这里设置填充颜色，如图 13.76 所示。

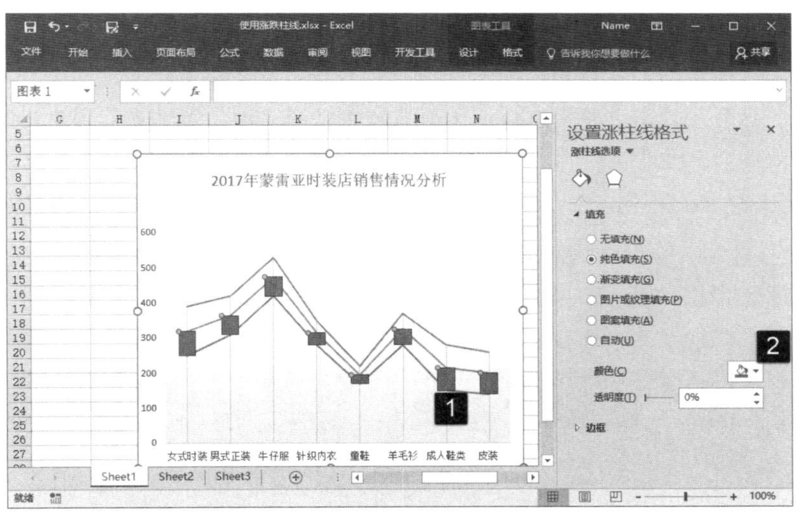

图 13.76　设置填充颜色

13.5　特殊的图表——迷你图

从 Excel 2010 开始 Excel 软件加入的一项新功能——迷你图，它可以以单个的单元格作为绘图区域，在单元格中绘制各种图表，将工作表中的数据简单快捷地图形化。在 Excel 中有 3 种迷你图，分别是折线迷你图、柱形迷你图和盈亏迷你图。本节将介绍如何在工作表中使用迷你图。

13.5.1 创建迷你图

在工作表中，如果需要用较小的空间来展示数据大小变化的情况，可以选择在图表中使用迷你图。在工作表中创建迷你图后，能够直观地看出数据的变化情况，以利于数据的对比。迷你图的创建比较简单，下面介绍具体的创建方法。

01 在工作表中选择需要创建迷你图的数据区域，打开“插入”选项卡，在“迷你图”组中单击相应的迷你图按钮。例如，这里单击“折线图”按钮，如图 13.77 所示。

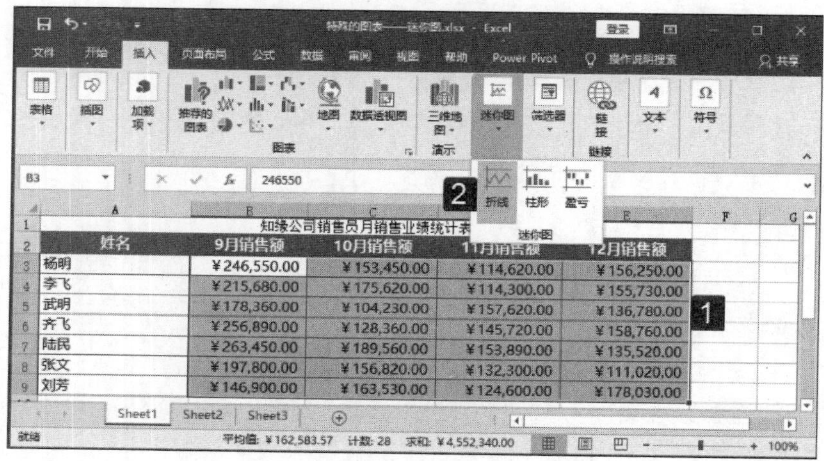

图 13.77 单击“折线图”按钮

提示

在 Excel 中，折线迷你图与前面章节介绍的折线图的作用相同，用来分析数据的变化趋势。柱形迷你图主要用来展示所选区域数据的大小。盈亏迷你图则用来表达所选区域中数据的盈亏情况，读者可以通过该图了解盈亏情况或分辨数据的正负情况。

02 此时将打开“创建迷你图”对话框，同时对话框的“数据范围”文本框中已经插入了上一步选择的单元格区域。接着将插入点光标放置到“位置范围”文本框中后，在工作表中拖动鼠标框选择作为放置迷你图的单元格，如图 13.78 所示。完成设置后单击“确定”按钮关闭对话框，在指定单元格区域中放置了迷你图，如图 13.79 所示。

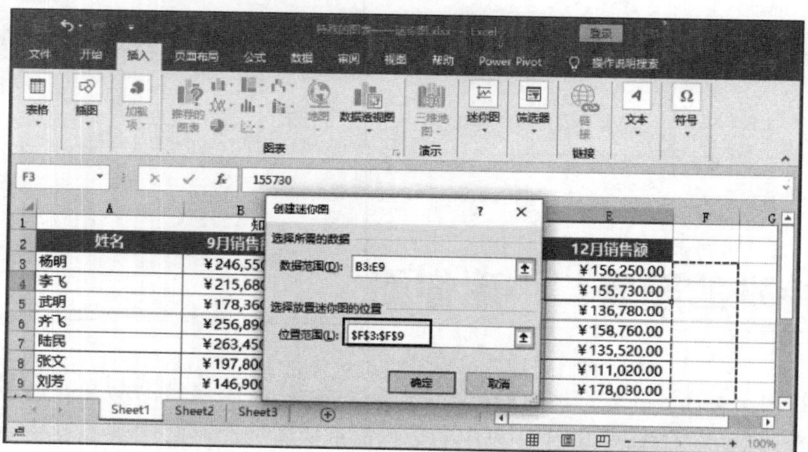

图 13.78 指定放置迷你图的单元格

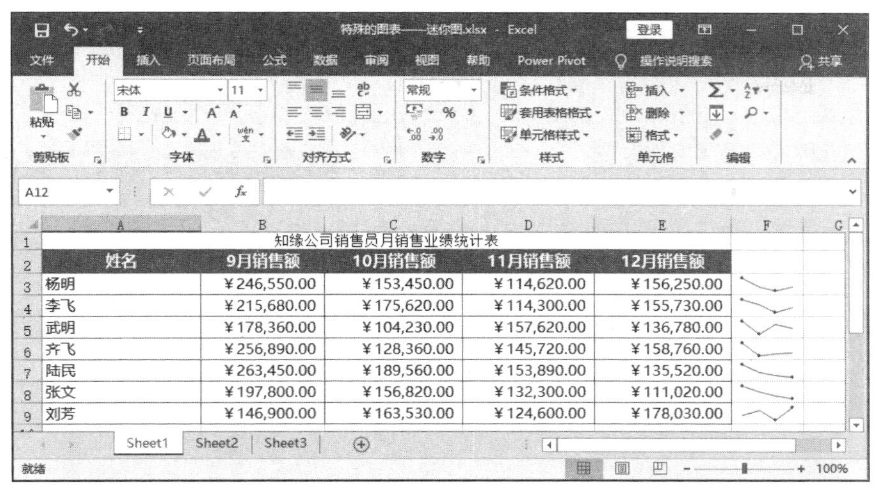

	知缘公司销售员月销售业绩统计表				
姓名	9月销售额	10月销售额	11月销售额	12月销售额	
杨明	￥246,550.00	￥153,450.00	￥114,620.00	￥156,250.00	
李飞	￥215,680.00	￥175,620.00	￥114,300.00	￥155,730.00	
武明	￥178,360.00	￥104,230.00	￥157,620.00	￥136,780.00	
齐飞	￥256,890.00	￥128,360.00	￥145,720.00	￥158,760.00	
陆民	￥263,450.00	￥189,560.00	￥153,890.00	￥135,520.00	
张文	￥197,800.00	￥156,820.00	￥132,300.00	￥111,020.00	
刘芳	￥146,900.00	￥163,530.00	￥124,600.00	￥178,030.00	

图 13.79　在指定单元格中放置迷你图

13.5.2　更改迷你图类型

在完成迷你图制作后，有时需要更改迷你图类型。更改迷你图类型分为 2 种情况，一种情况是更改所有迷你图类型；另一种情况是只更改某个单元格中的迷你图类型。下面分别介绍这 2 种情况的操作方法。

01 在工作表中选择任意一个迷你图，打开“设计”选项卡。在“类型”组中单击迷你图按钮，所有迷你图都将被更改为该类型，如图 13.80 所示。

02 选择需要更改类型的单个迷你图，打开“设计”选项卡，在“组合”组中单击“取消组合”按钮取消所有迷你图的组合，如图 13.81 所示。在“类型”组中单击相应的按钮即可更改该迷你图的类型。例如，这里将第一个迷你图更改为折线图，如图 13.82 所示。

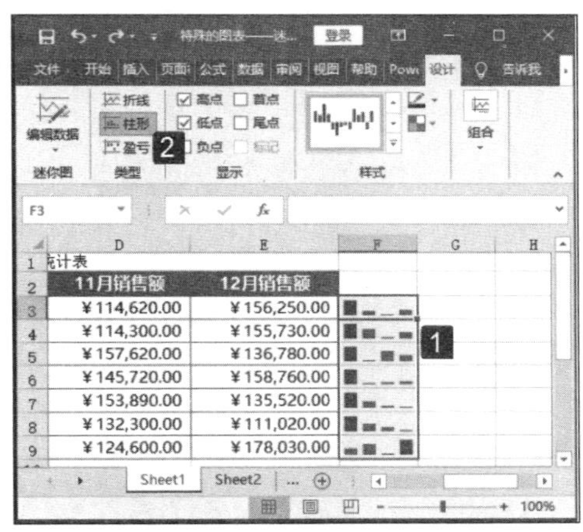

图 13.80　更改所有迷你图类型

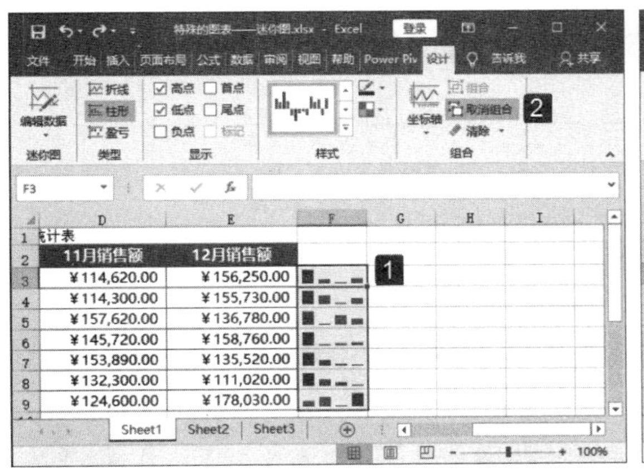

图 13.81　单击“取消组合”按钮

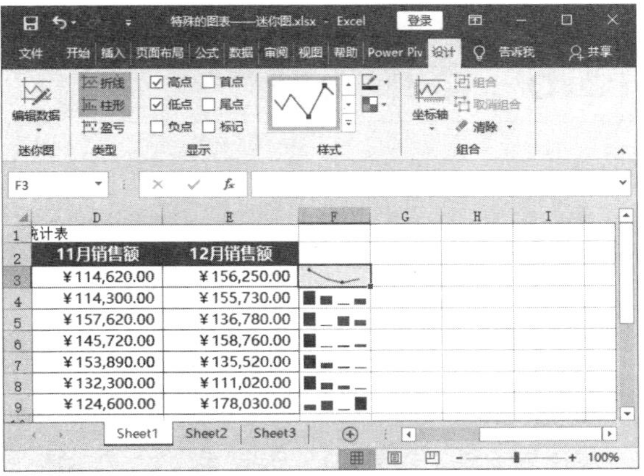

图 13.82　更改单个迷你图类型

13.5.3 显示迷你图中不同的点

对于一组数据来说，存在着某些特殊值，如最大值、最小值和第一个值等。在迷你图中，最大值点和最小值点称为高点和低点，第一个值点和第二个值点称为首点和尾点，负数值点称为负点。在 Excel 的迷你图中，上述这些点都是可以用颜色标记出来的。

01 要标注这些特殊值点很简单，在选择了迷你图后打开“设计”选项卡。在“显示”组中勾选相应的复选框即可。例如，这里勾选“高点”和“低点”复选框，迷你图中将会标记出最大值和最小值点，如图 13.83 所示。

02 标记点的颜色是可以设置的，在“样式”组中单击“标记颜色”按钮。在打开的列表中选择相应的标记选项设置颜色，例如，这里设置高点的颜色，如图 13.84 所示。

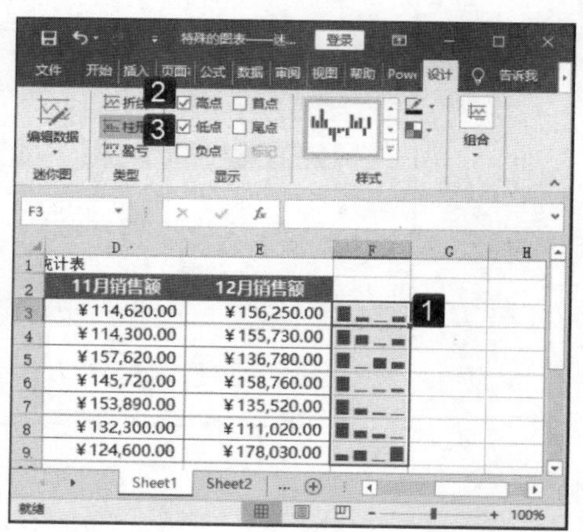

图 13.83　标记高点和低点

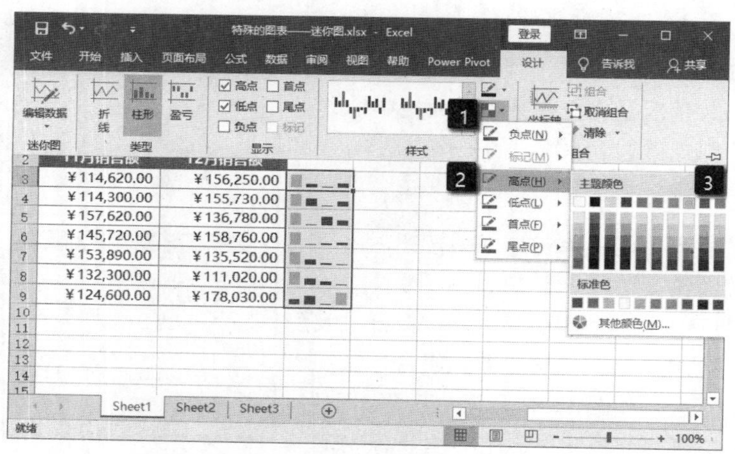

图 13.84　设置高点颜色

13.6 本章拓展

下面介绍本章的 3 个拓展技巧。

13.6.1 制作静态图表

Excel 创建的图表会随着数据源数据的变化而发生改变，如果需要图表成为不会变化的静态图表，可以使用下面的 2 种方法来进行操作。

01 选择工作表中的图表，按 Ctrl+C 键复制图表。再选择工作表中任意一个单元格，打开“开始”选项卡，在“剪贴板”组中单击“粘贴”按钮上的下三角按钮，在打开的列表中选择“图片”选项，如图 13.85 所示。图表即被转换为图片粘贴到工作表中，这样就可以得到静态图表。

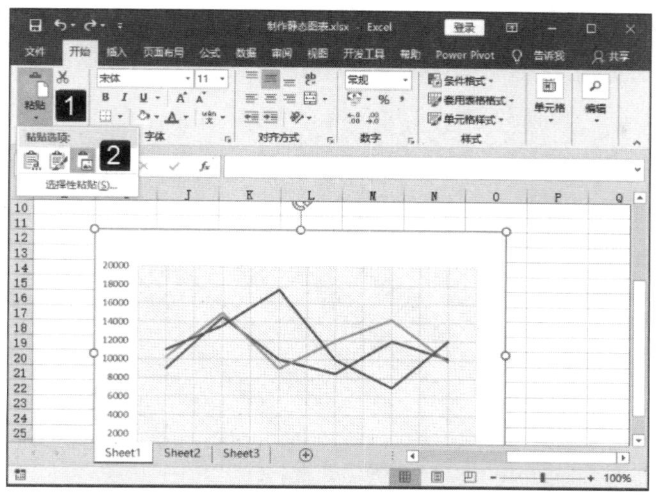

图 13.85　粘贴为图片

02 在图表中选择某个数据系列。在编辑栏中将可以看到公式“=SERIERS("16 年销售额",{"一月","二月","三月","四月","五月","六月"},{10200,15000,9000,12000,14300,9800},2)”，该公式指明了数据系列与工作表中相关联的数据区域，工作表中对应的数据区域也会被框出来。按 F9 键将公式转变为数组，按 Enter 键完成设置。此时数据源中对数据的框选消失，如图 13.86 所示。选择其他的数据系列，使用相同的方法将公式转换为数组，这样即可获得静态图表。

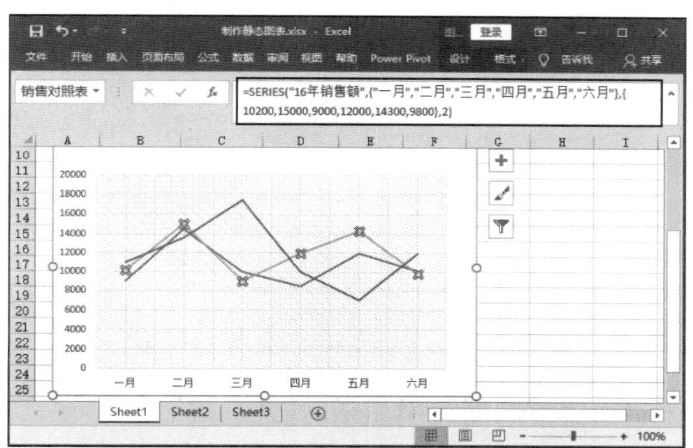

图 13.86　将公式转换为数组

13.6.2　让坐标轴不显示“0”值

在默认情况下，图表中坐标轴上将会显示“0”刻度值，如果不需要这个“0”刻度值显示，可以使用下面的方法来进行设置。

01 启动 Excel 并打开工作表，双击图表中纵坐标轴打开“设置坐标轴格式”窗格。在窗格中单击“坐标轴选项”按钮，打开“数字”设置栏。在“类别”列表中选择“数字”选项，在“格式代码”文本框中输入格式代码“#,##0;-#,##0;”，即在原格式代码后添加一个分号“;”，单击“添加”按钮将其添加到“类型”列表中，如图 13.87 所示。

02 添加格式代码后，选择的纵坐标轴上不再显示“0”刻度值，如图 13.88 所示。

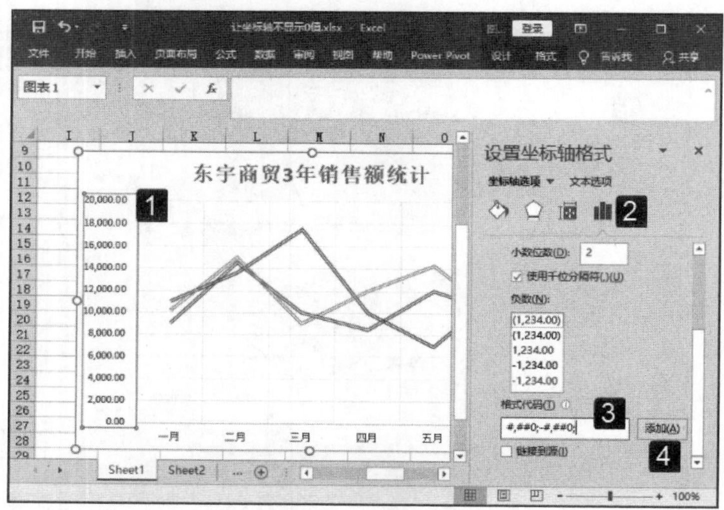

图 13.87　设置格式代码

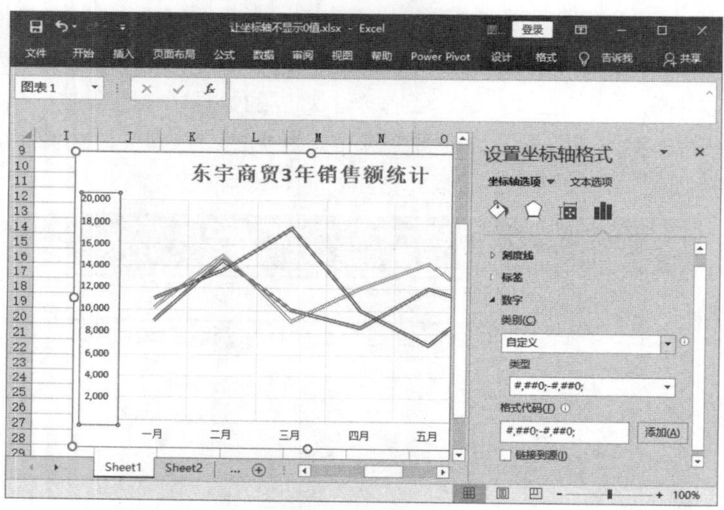

图 13.88　纵坐标轴上不再显示“0”值

13.6.3　使用视图管理器控制图表中显示的数据

Excel 中的视图管理器能够对图表进行控制，如果使用视图管理器管理工作表中不同的单元格区域，就可以在图表中显示某个视图的单元格区域数据，其他的数据将会隐藏。这样就可以获得可控制的动态图表效果，下面介绍具体的操作方法。

01 在“视图”选项卡的“工作簿视图”组中单击“自定义视图”按钮，打开“视图管理器”对话框，在该对话框中单击“添加”按钮，如图 13.89 所示。此时将打开“添加视图”对话框，在该对话框的“名称”栏中输入视图名称后，单击“确定”按钮关闭对话框，如图 13.90 所示。

02 在工作表中选择第 4 行至第 7 行，右击，在弹出的快捷菜单中选择“隐藏”选项，隐藏这些行，只让一月和二月的数据显示出来。再次打开“视图管理器”对话框进行添加视图的操作。这里，在“添加视图”对话框中将视图的名称定义为“一月和二月数据”，如图 13.91 所示。使用相同的方法，在隐藏连续 2 个月的行后定义视图。

图 13.89　打开“视图管理器”对话框

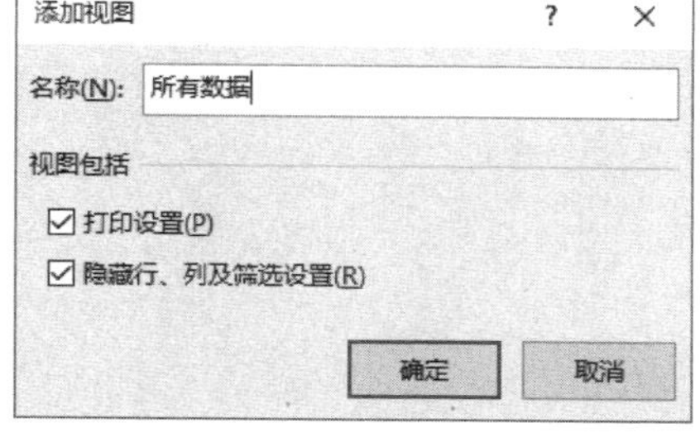

图 13.90　“添加视图”对话框

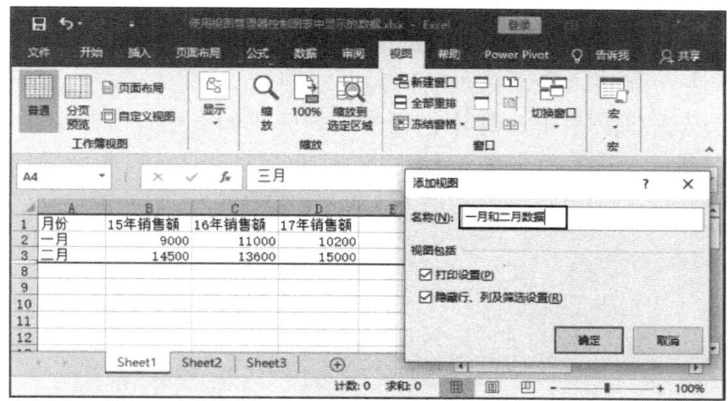

图 13.91　添加视图

03 当需要查看不同的图表数据时，只需要在“视图”选项卡中单击“自定义视图”按钮，打开“视图管理器”对话框。在该对话框的“视图”列表中选择对应的视图后，单击“显示”按钮即可，如图 13.92 所示。

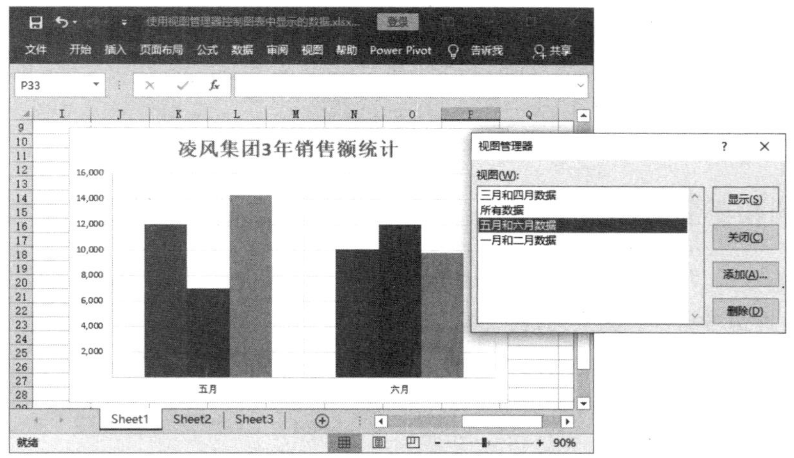

图 13.92　选择需要显示的图表数据

第 14 章

分析和处理数据

Excel 具有强大的数据分析和处理能力，使用 Excel 来对各种数据进行分析，能够快捷高效地获得需要的结果。数据的排序、筛选和对数据进行分类汇总等都是 Excel 中常用的数据分析和管理方法。本章将介绍使用 Excel 分析和处理数据的方法和技巧。

14.1 数据排序

数据排序是数据分析中比较常见的操作。Excel 能够按文本、数据、日期和时间等不同类型数据进行升序或降序排序。下面介绍单列排序、多列排序和自定义排序这 3 种排序的方法。

14.1.1 单列和多列排序

Excel 中对数据进行排序有 2 种方式，即单列排序和多列排序。单列排序指的是只针对单元格所在的列中的数据进行排序，其他列数据的排列顺序不随着发生改变。多列排序则是在对某一列数据进行排序时，其他列中对应数据的排列顺序也会随之改变。下面分别介绍单列排序和多列排序的操作方法。

01 在工作表中选中作为排序依据的列中的任意一个单元格，在“开始”选项卡的“编辑”组中单击“排序和筛选”按钮。在打开的列表中选择“升序”或“降序”选项，如图 14.1 所示。工作表中的数据按照该列数据的升序或降序排列。这个操作就是多列排序。

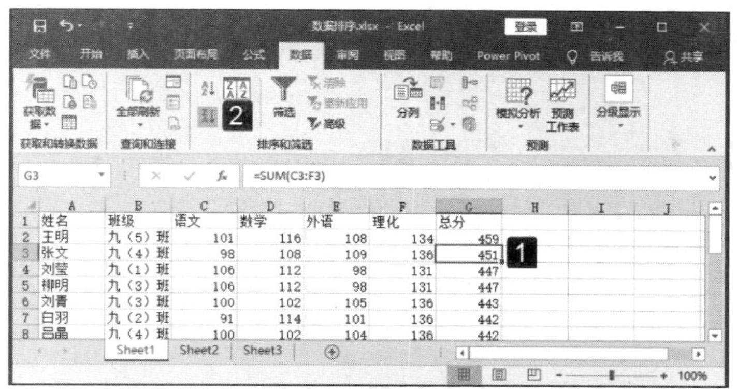

图 14.1　对数据进行排序

02 如果选择作为排序依据的数据所在的列，在按照上面方法进行排序时，Excel 将打开“排序提醒”对话框，如图 14.2 所示。如果选择“扩展选定区域”选项，则工作表中数据都将按照选定列数据的排列顺序重新进行排列，即进行多列排序。如果选择“以当前选定区域排序”选项，Excel 将只对当前选定区域的数据进行排序，其他数据的排列顺序不会随之改变，这就是进行单列排序。

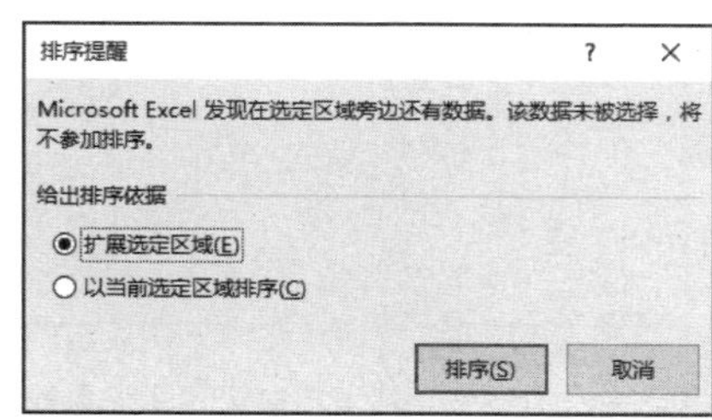

图 14.2　“排序提醒”对话框

14.1.2　自定义排序序列

在进行数据的排序操作时，如果 Excel 默认的排序方式无法满足要求，用户还可以通过自定义排序序列来对数据进行排序。下面介绍具体的操作方法。

01 在工作表中任意选取一个单元格。在“开始”选项卡的“编辑”组中单击“排序和筛选”按钮，在打开的下拉列表中选择“排序”选项，如图 14.3 所示。

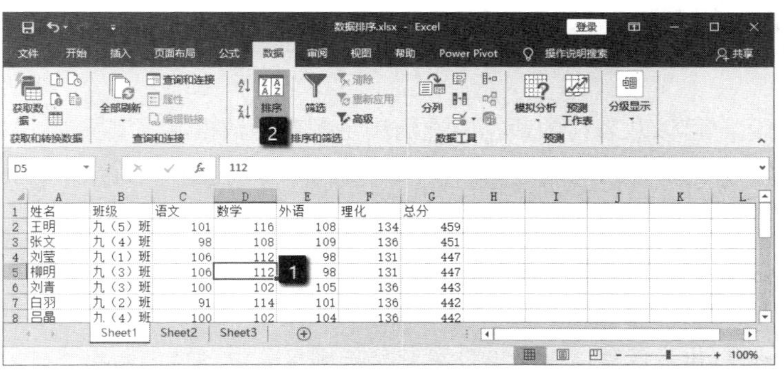

图 14.3　选择“排序”选项

02 此时将打开“排序”对话框，在“次序”下拉列表中选择“自定义序列”选项，打开“自定义序列”对话框。在“自定义序列”列表中选择“新序列”选项，在右侧的“输入序列”文本框中输入自定义序列。完成输入后单击“添加”按钮将其添加到自定义列表中，如图 14.4 所示。

03 单击“确定”按钮关闭“自定义序列”对话框，自定义序列即会显示在“次序”列表中。将“排序”对话框中的“主要关键字”设置为“班级”。完成设置后单击“确定”按钮关闭对话框，如图 14.5 所示。工作表中的数据即可按照设置进行排序，如图 14.6 所示。

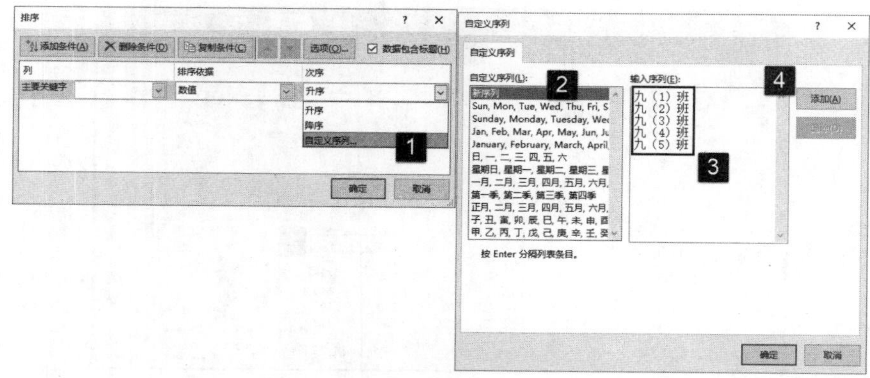

图 14.4　将序列添加到“自定义序列”列表中

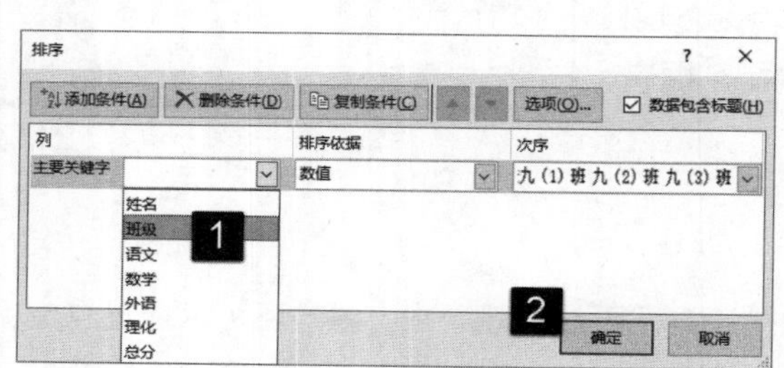

图 14.5　将“主要关键字”设置为“班级”

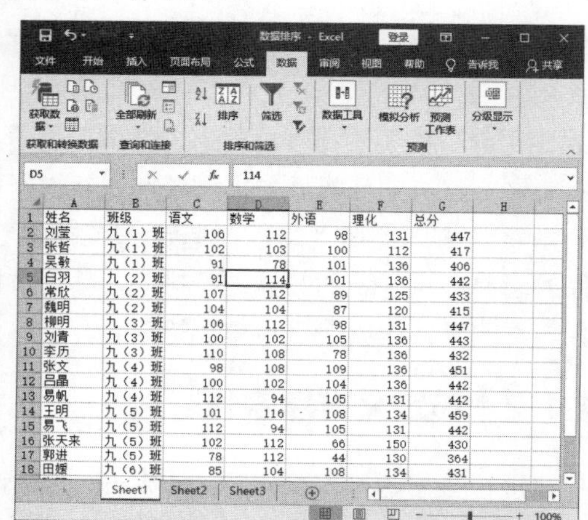

图 14.6　数据按照设置排序

14.2　数据筛选

通过数据筛选用户可以从表格的数据中选出满足条件的数据并使其显示出来，而其他不符合条件的数据则会隐藏。数据筛选功能是数据分析中常用的一个功能，下面介绍它在 Excel 工作表中的应用。

14.2.1　自动筛选

在对工作表中数据进行筛选时，如果只需要显示满足给定条件的数据，可以使用 Excel 的自动筛选功能，具体的操作步骤如下所示。

01 选择工作表中任意一个单元格，在“开始”选项卡的“编辑”组中单击“排序和筛选”按钮。在打开的列表中选择“筛选”选项，如图 14.7 所示。

02 这时表头的每个单元格右侧都将出现一个下三角按钮，例如，需要筛选出某个班级的学生成绩，可以单击“班级”单元格上的下三角按钮，在打开的列表中取消“全选”复选框的勾选，然后再勾选需要显示的班级选项。单击“确定”按钮，如图 14.8 所示。选中班级学生的成绩数据即被筛选出来，如图 14.9 所示。

图 14.7　选择“筛选”选项

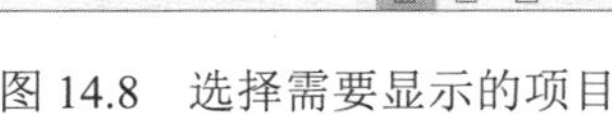
图 14.8　选择需要显示的项目

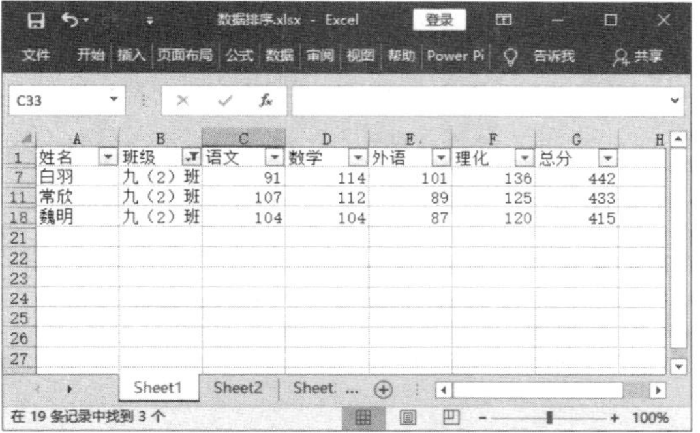

图 14.9　显示筛选结果

14.2.2　自定义筛选

在对数据进行筛选时，如果需要设置多个条件来进行筛选，那么可以通过“自定义自动筛选条件”对话框来自定义筛选条件，从而获得精确的筛选结果。下面以从学生成绩表中筛选出总分排名前 5 的学生为例来介绍自定义筛选的方法。

01 在工作表中单击“总分”单元格上的下三角按钮，在打开的列表中选择“数字筛选”选项。在下拉列表中选择“前 10 项”选项，如图 14.10 所示。

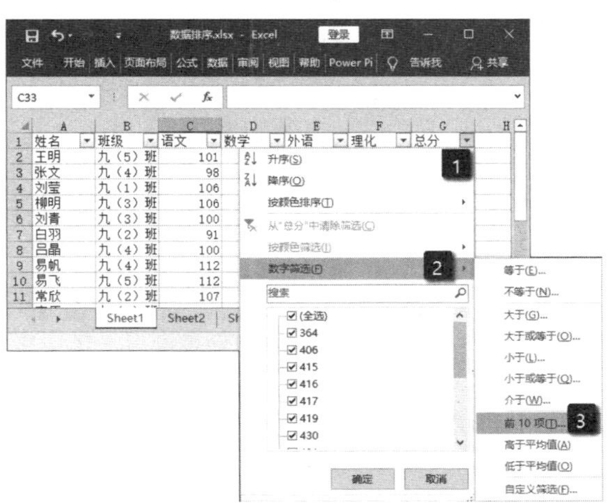

图 14.10　选择“前 10 项”选项

02 此时将打开“自动筛选前 10 个”对话框，在对话框中间的微调框中输入数值 5。单击“确定”按钮关闭对话框，如图 14.11 所示。工作表中总分排名前 5 的学生即被筛选出来，如图 14.12 所示。

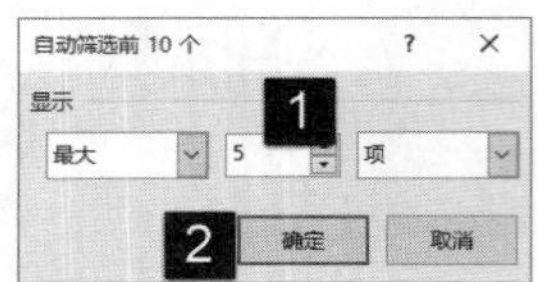

图 14.11 “自动筛选前 10 个”对话框

图 14.12 筛选出总分排名前 5 的学生

14.2.3 高级筛选

高级筛选与自动筛选和自定义筛选不同，它不在数据表格内设置筛选条件，而是要求工作表中设置一个区域用来存放筛选条件，Excel 将根据这些条件来进行筛选并可以将筛选结果复制到工作表的其他区域。

01 在当前工作表的空白单元格中输入筛选条件，如图 14.13 所示。

02 打开“数据”选项卡，在“排序和筛选”组中单击“高级”按钮，打开“高级筛选”对话框。在对话框中首先选择筛选结果的放置方式，这里选择“将筛选结果复制到其他位置”选项使筛选结果放置到指定的单元格区域中。在“条件区域”文本框中输入条件所在的单元格区域，在“复制到”文本框中输入放置筛选结果的单元格区域地址，如图 14.14 所示。

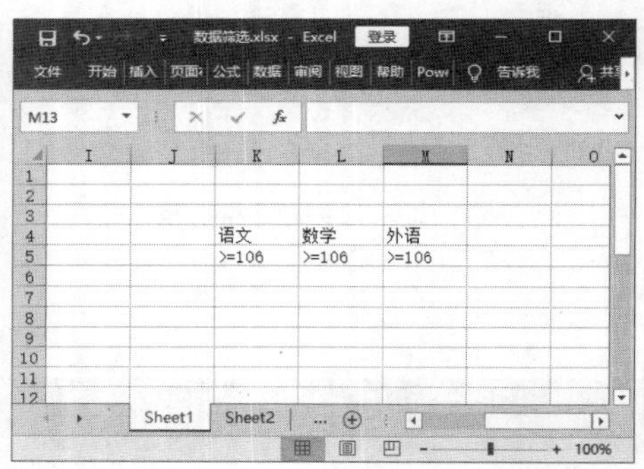

图 14.13 输入筛选条件

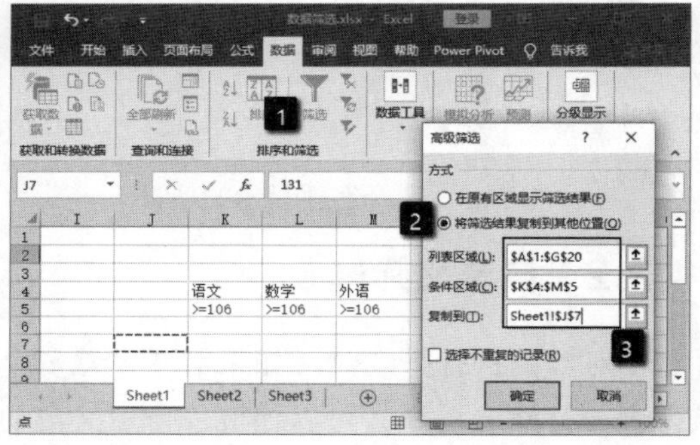

图 14.14 “高级筛选条件”对话框中的设置

03 完成设置后单击“确定”按钮关闭对话框，符合条件的数据放置到指定的单元格区域中，如图 14.15 所示。

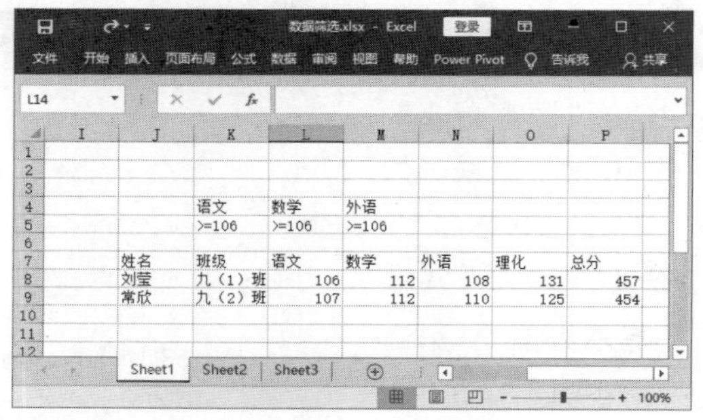

图 14.15 获得筛选结果

14.3 分类汇总和合并计算

分类汇总和合并计算是数据分析的重要的功能，使用这两个功能能够便捷的完成专业数据的分析。下面介绍分类汇总和合并计算的应用。

14.3.1 分类汇总

分类汇总是利用汇总函数对同一类别中的数据进行计算以得到统计结果。在进行分类汇总后，工作表中将会分节显示汇总的结果。在 Excel 中，用户能够根据字段名来创建数据组并进行分类汇总。下面介绍在工作表中插入分类汇总的方法。

01 打开需要创建分类汇总的工作表，选择工作表中的某列数据，例如，“申请部门”所在的列。在“数据”选项卡的“排序和筛选”组中单击“降序”按钮。此时Excel 2019会给出“排序提醒”对话框，让用户选择排序类别，这里直接单击“排序”按钮关闭对话框即可实现排序，如图14.16所示。

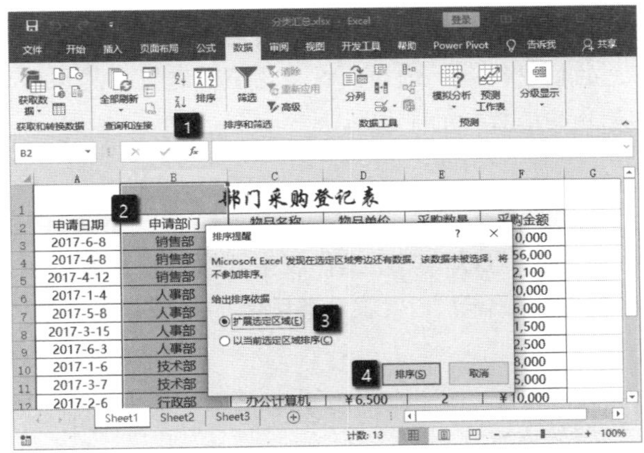

图 14.16　对数据进行排序

02 在工作表中选择任意一个单元格，在功能区的“数据”选项卡的“分级显示”组中单击“分类汇总”按钮，打开“分类汇总”对话框。在对话框的“分类字段”下拉列表中选择“申请部门”选项，表示按照申请部门进行分类汇总。在“汇总方式”下拉列表中选择“求和”选项，并将汇总方式设置为求和。在“选定汇总项”列表中勾选“采购金额”复选框，将采购金额数据作为汇总对象。完成设置后单击“确定”按钮，如图14.17所示。在工作表中就创建了分类汇总，如图14.18所示。

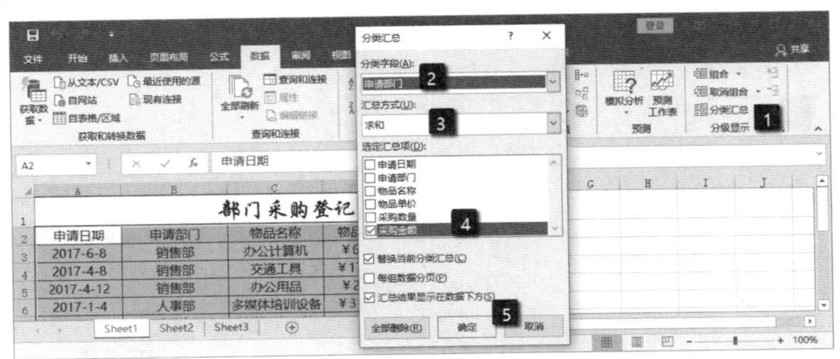

图 14.17　“分类汇总”对话框

部门采购登记表

申请日期	申请部门	物品名称	物品单价	采购数量	采购金额
2017-6-8	销售部	办公计算机	¥6,800	2	¥10,000
2017-4-8	销售部	交通工具	¥17,800	1	¥156,000
2017-4-12	销售部	办公用品	¥2,100	1	¥2,100
	销售部 汇总				¥168,100
2017-1-4	人事部	多媒体培训设备	¥31,500	1	¥20,000
2017-5-8	人事部	培训设备配件	¥9,800	1	¥6,000
2017-3-15	人事部	办公用品	¥1,500	1	¥1,500
2017-6-3	人事部	办公用品	¥2,500	1	¥2,500
	人事部 汇总				¥30,000
2017-1-6	技术部	新型研发模型	¥7,900	1	¥8,000
2017-3-7	技术部	办公计算机	¥5,800	1	¥5,000
	技术部 汇总				¥13,000
2017-2-6	行政部	办公计算机	¥6,500	2	¥10,000
2017-2-7	行政部	办公计算机	¥6,400	1	¥6,000
2017-5-16	行政部	培训设备配件	¥2,100	1	¥2,100
	行政部 汇总				¥18,100
	总计				¥229,200

图 14.18　创建分类汇总

提 示　在创建分类汇总后，表格的最下方会显示总计行。总计是从明细数据计算而来的，而不是从分类汇总的值中得来。例如，以平均值来进行汇总，总计行会显示所有明细的平均值，而不是分类汇总行的平均值。

14.3.2　合并计算

利用 Excel 的合并计算功能，可以将多个工作表中数据进行计算汇总。在进行合并计算时，计算结果所在的工作表称为“目标工作表”，接收合并数据的区域称为“源区域”。下面介绍合并计算的操作过程。

01 启动 Excel 并打开工作表，该工作簿中包含 4 个工作表，前 3 个工作表是各个分店周销售情况统计表，现在需要在“本月合计”工作表中对数据进行合计。这时，首先打开“本月合计”工作表，选择其中的 B3 单元格。在“数据”选项卡的“数据工具”组中单击“合并计算”按钮，打开“合并计算”对话框，如图 14.19 所示。

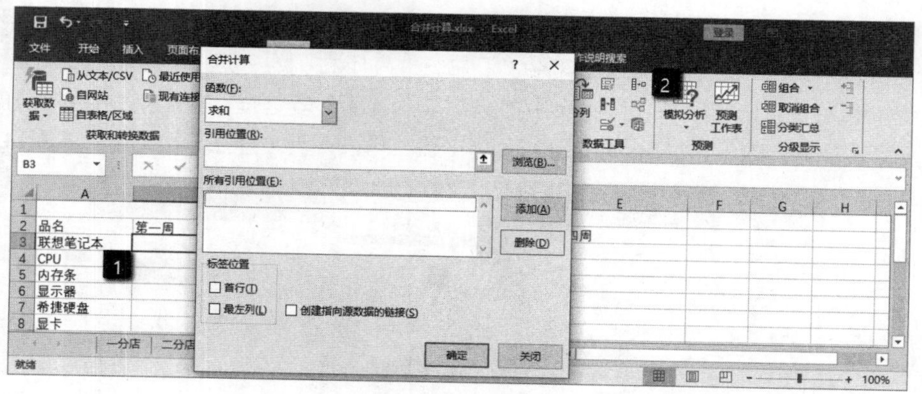

图 14.19　打开“合并计算”对话框

02 在“合并计算”对话框中将“函数”设置为“求和”，在“引用位置”文本框中输入一分店数据区域的单元格地址，单击“添加”按钮将其添加到“所有引用位置”列表中，如图 14.20 所示。

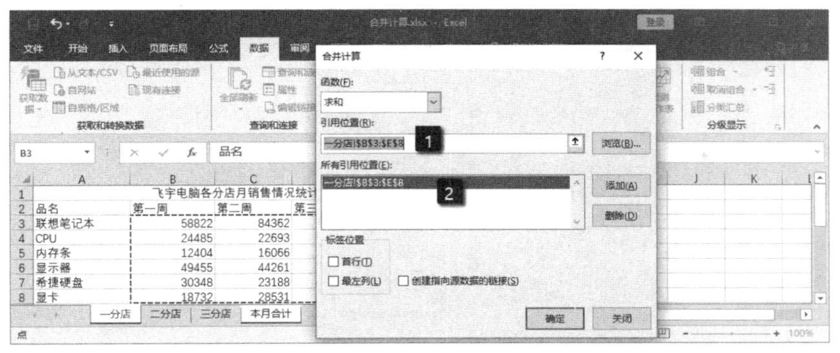

图 14.20　添加引用位置

03 再依次将其他 2 个分店的数据区域地址添加到“所有引用位置”列表中，完成后单击“确定”按钮关闭对话框，如图 14.21 所示。此时就能获得需要的统计结果，如图 14.22 所示。

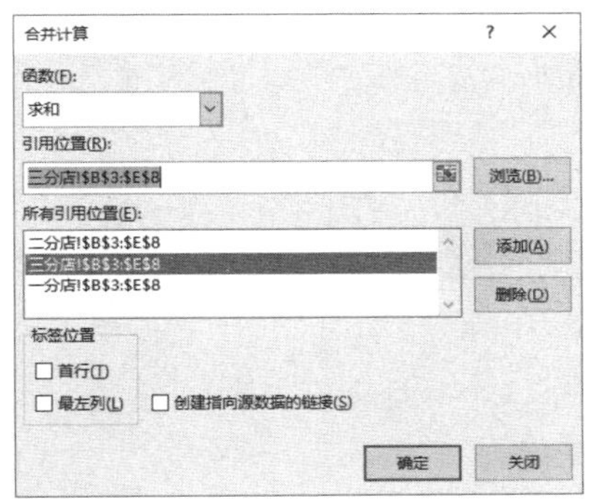

图 14.21　添加所有引用位置

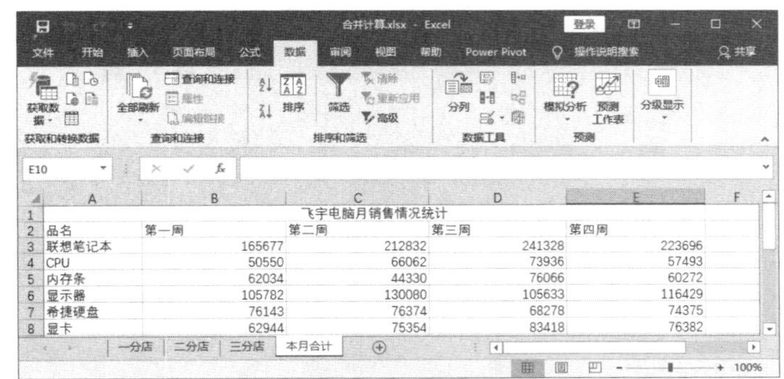

图 14.22　获得需要的统计结果

14.4　数据透视表和数据透视图

使用数据透视表可以全面的对数据清单进行重新组织以统计数据。数据透视表是一种对大量数据进行快速汇总并建立交叉列表的交互式表格，其不仅可以通过转换行和列来显示源数据的不同汇总结果，还可以显示不同页面以实现对数据的筛选。同时可以根据用户的需要显示数据区域中的明细数据。数据透视图则是数据透视表的另一种表现形式。

14.4.1　创建数据透视表

数据透视表是一种交叉制表的交互式Excel报表。创建数据透视表的源数据区域可以是工作表中的数据清单，也可以是导入的外部数据。下面将介绍使用工作表中的数据来创建数据透视的操作方法。

01 启动 Excel 并打开工作表，在工作表中选择任意一个单元格。在“插入”选项卡的“表格”组中单击“数据透视表”按钮，打开“创建数据透视表”对话框。在对话框中单击“确定”按钮关闭对话框，如图 14.23 所示。

02 此时在 Excel 程序窗口的右侧会打开“数据透视表字段”窗格，在“选择要添加到报表的字段”列表中勾选“业务员”“产品名称”和“到账额”复选框。同时将这 3 个选项用鼠标分别拖放到“行”“列”和“值”列表中，如图 14.24 所示。

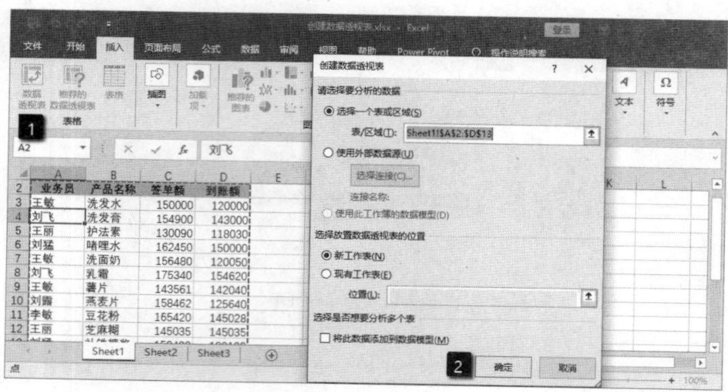

图 14.23　打开“创建数据透视表”对话框

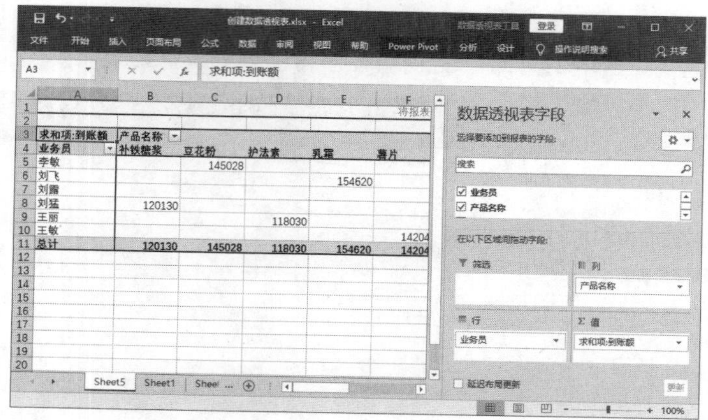

图 14.24　选择相应的选项并放置到列表中

03 单击“行标签”旁的下三角按钮，在打开的列表中取消对“全选”复选框的勾选后，勾选“刘飞”选项，再单击“确定”按钮，如图 14.25 所示。此时将能够筛选出该业务员的销售数据，如图 14.26 所示。

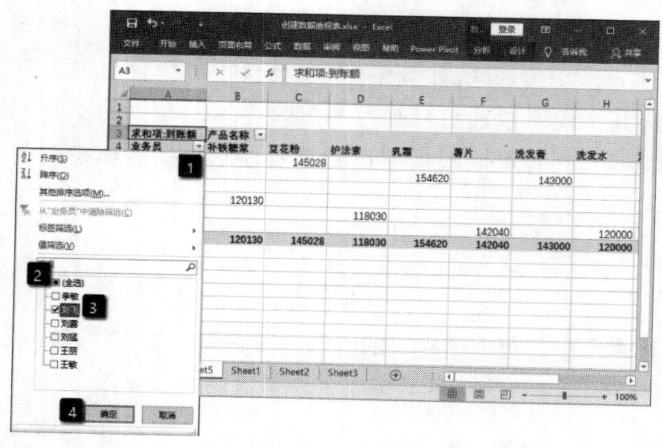

图 14.25　对数据进行筛选

图 14.26　获得筛选结果

提 示

数据透视表包括 4 个区域，数值区域用于显示汇总数值数据，行标签区域用于将字段显示为报表侧面的行，列标签区域用于将字段显示为报表顶部的列。报表筛选区域用于基于报表筛选中的选定项来筛选整个报表。在创建数据透视表时，需要在“数据透视表字段列表”窗格中将字段添加到这些区域的列表中。

14.4.2 编辑数据透视表

在完成数据透视表的创建后，用户可以对数据透视表进行一系列的编辑操作，如选择和移动数据透视表、重命名数据透视表和更改数据透视表的数据源等操作。

1. 移动数据透视表

对于创建完成的数据透视表，有时需要将数据透视表移动到其他位置。移动数据透视表可以使用下面的步骤来进行操作。

01 打开创建的数据透视表，在“分析”选项卡的“操作”组中单击“移动数据透视表”按钮，打开“移动数据透视表”对话框，在该对话框中选择放置数据透视表的位置。如果选择“现有工作表”选项，则需要在“位置”文本框中输入位置地址，如图 14.27 所示。

图 14.27　打开“移动数据透视表”对话框

02 完成设置后单击“确定”按钮，关闭“移动数据透视表”对话框，数据透视表即会被移动到指定的位置，如图 14.28 所示。

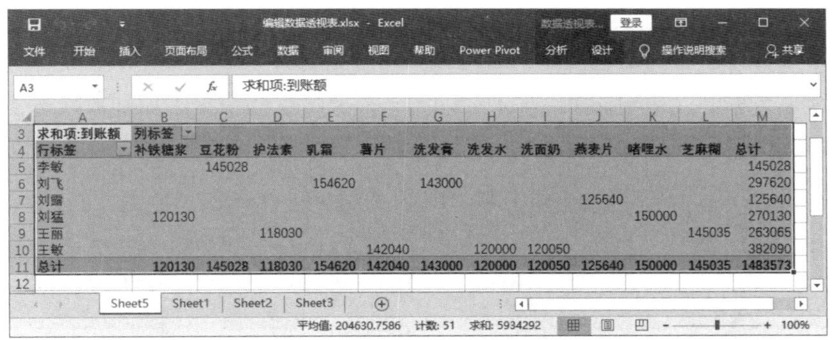

求和项:到账额	列标签											
行标签	补铁糖浆	豆花粉	护法素	乳霜	薯片	洗发膏	洗发水	洗面奶	燕麦片	啫哩水	芝麻糊	总计
李敏		145028										145028
刘飞				154620		143000						297620
刘露									125640			125640
刘猛	120130									150000		270130
王丽			118030								145035	263065
王敏					142040		120000	120050				382090
总计	120130	145028	118030	154620	142040	143000	120000	120050	125640	150000	145035	1483573

图 14.28　数据透视表被移动到指定的位置

2. 重命名数据透视表

在 Excel 中创建的数据透视表默认的名称是“数据透视表 1”“数据透视表 2”和“数据透视表 3”等，用户可以根据需要对数据透视表重新命名，使其便于识别，具体操作如下。

01 打开数据透视表，在“分析”选项卡的“数据透视表”组中的“数据透视表名称”文本框中输入数据透视表名称。按 Enter 键确认输入，即可对数据透视表更名，如图 14.29 所示。

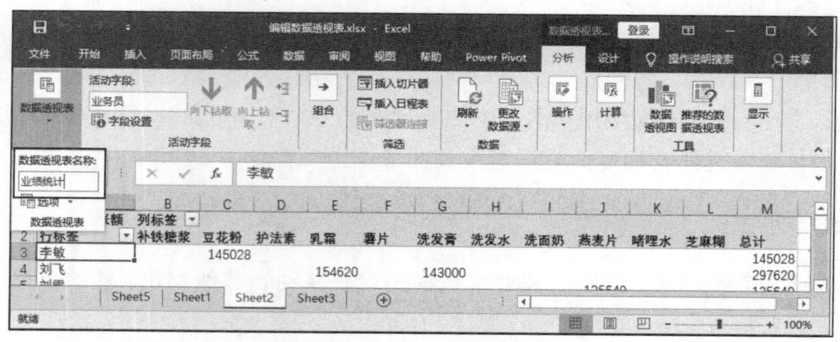

图 14.29　在“数据透视表名称”文本框中更名

02 在“分析”选项卡的“数据透视表”组中单击“选项”按钮，打开“数据透视表选项”对话框，在“数据透视表名称”文本框中输入数据透视表名称，单击“确定”按钮关闭对话框，即可对数据透视表更名，如图 14.30 所示。

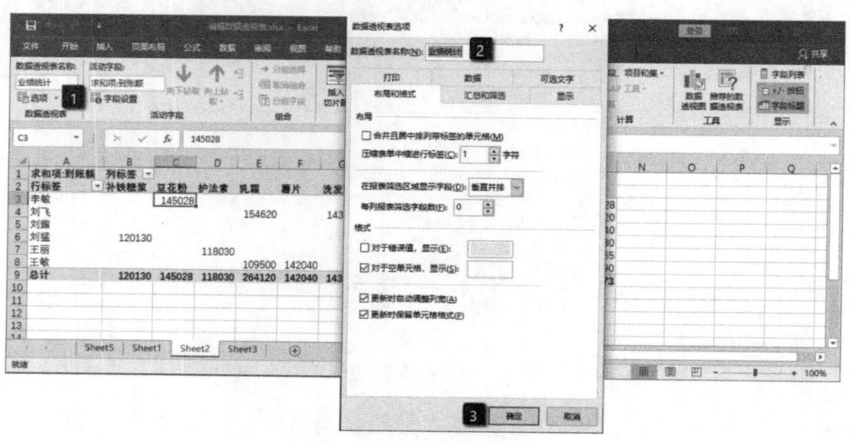

图 14.30　使用“数据透视表选项”对话框更名

3. 更改数据源

在数据透视表数据源区域中添加了数据后，如果需要将这些数据添加到数据透视表中，可以通过更改数据源来实现。

01 选择数据透视表中任意一个单元格，在“分析”选项卡的“数据”组中单击“更改数据源”按钮，如图 14.31 所示。

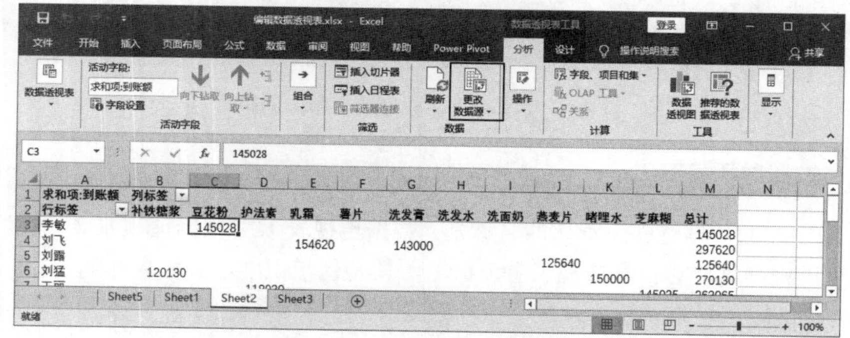

图 14.31　单击“更改数据源”按钮

02 此时将打开“移动数据透视表”对话框，在“表/区域”文本框中输入数据源所在的单元格区域。单击“确定”按钮关闭对话框，如图14.32所示。这样，新数据就会添加到数据透视表中。

图 14.32 “移动数据透视表”对话框

14.4.3 设置数据透视表中数据的汇总方式

创建数据透视表时，默认情况下会将值进行分类汇总。但是如果需要对数据进行多个计算汇总，从不同的角度对数据进行分析，就需要对值字段进行多种方式的汇总计算，下面介绍具体的操作方法。

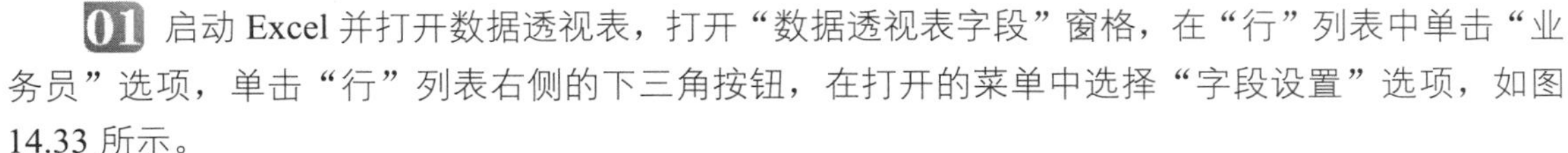

01 启动 Excel 并打开数据透视表，打开“数据透视表字段”窗格，在“行”列表中单击“业务员”选项，单击“行”列表右侧的下三角按钮，在打开的菜单中选择“字段设置”选项，如图 14.33 所示。

02 此时将打开“字段设置”对话框，在“自定义名称”文本框中输入字段名称，在“分类汇总”栏中单击“自定义”单选按钮。在“选择一个或多个函数”列表中按Ctrl键单击相应的选项选择多个需要使用的函数，完成设置后单击“确定”按钮关闭对话框，如图14.34所示。在数据透视表中将能够按照业务员字段获得需要的统计数据。

图 14.33 选择“字段设置”选项

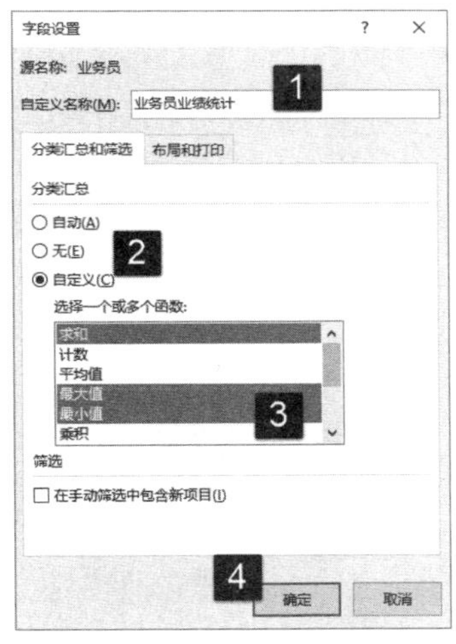

图 14.34 “字段设置”对话框

在“字段设置”对话框中，默认情况下“分类汇总”栏会选择“自动”单选按钮，此时使用的是分类汇总方式。如果选择“无”单选按钮，则将取消创建数据透视表时的默认的分类汇总统计方式。选择“自定义”方式则可以使用函数来进行诸如计数、求平均值或求最大值等 11 种汇总方式。

14.4.4 创建数据透视图

数据透视图是另一种数据表现形式，与数据透视表不同之处在于其可以选择表现数据的图形，能够更加直观形象地表现数据的特性。

01 启动 Excel 并打开作为数据源的工作表，选择数据区域中的任意一个单元格。在“插入”选项卡的“图表”组中单击“数据透视图”按钮上的下三角按钮，在打开的菜单中选择“数据透视图”选项，如图 14.35 所示。

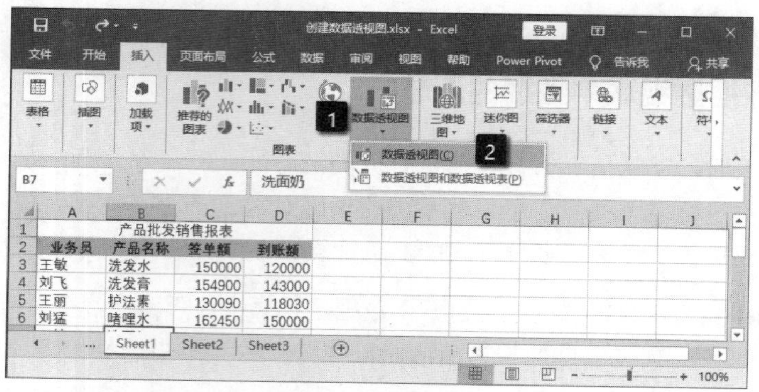

图 14.35 选择“数据透视图”选项

02 此时将打开“创建数据透视图”对话框，在“选择放置数据透视图的位置”项中单击“新工作表”单选按钮，在“表/区域”文本框中使用默认单元格区域，即当前工作表的数据区域。单击“确定”按钮关闭对话框，如图14.36所示。

03 在出现的“数据透视图字段”窗格中，在“选择要添加到报表的字段”列表中选择相应的复选框，再选择需要添加的字段，同时在窗格下的区域中拖动字段设置数据透视图的布局。即可在工作表中创建需要的数据透视图，如图 14.37 所示。

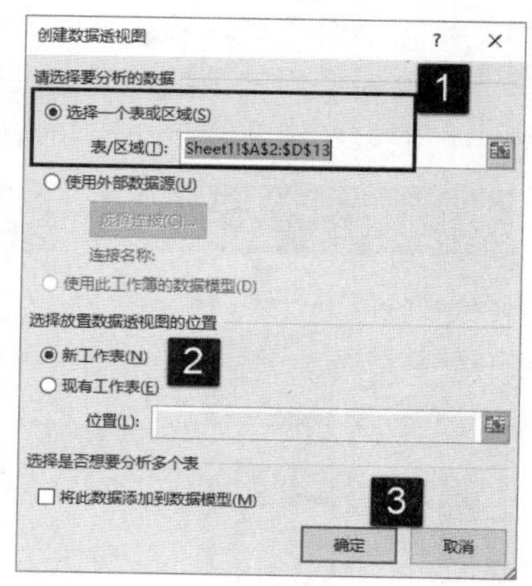

图 14.36 “创建数据透视图”对话框

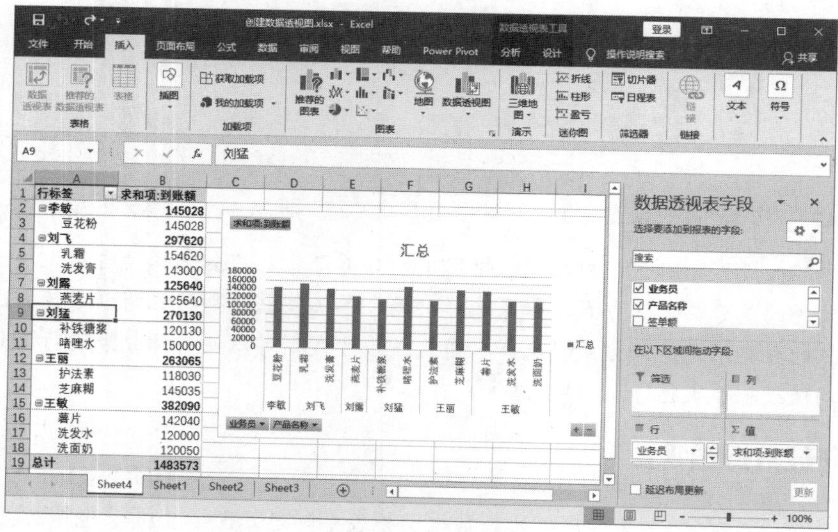

图 14.37 创建数据透视图

14.5 使用数据分析工具

Excel不仅仅是一款电子表格制作工具，还是一种功能强大的数据分析工具。Excel为各类专业人员提供了分析数据、制作报表、数据运算、工程规划和财政预算等多方面的分析工具，用户可以直接使用这些工具进行数据统计和分析。

14.5.1 使用单变量求解

使用单变量求解就是通过计算来寻求公式中特定的解，使用单变量求解能够通过调整可变单元格中数据，按照给定的公式来满足目标单元格中的目标值。例如，公司固定预算为 140000 元，培训费等项目费用是固定值，要满足预算总额则差旅费应该最大能为多少。下面使用单变量求解来解决这个问题。

01 打开工作簿并创建工作表，在工作表中输入数据。同时在 B10 单元格中输入公式“=SUM(B3:B9)”并计算费用总和，如图 14.38 所示。

02 在“数据”选项卡的“预测”组中单击“模拟分析”按钮，在打开的下拉列表中选择“单变量求解”选项，如图 14.39 所示。

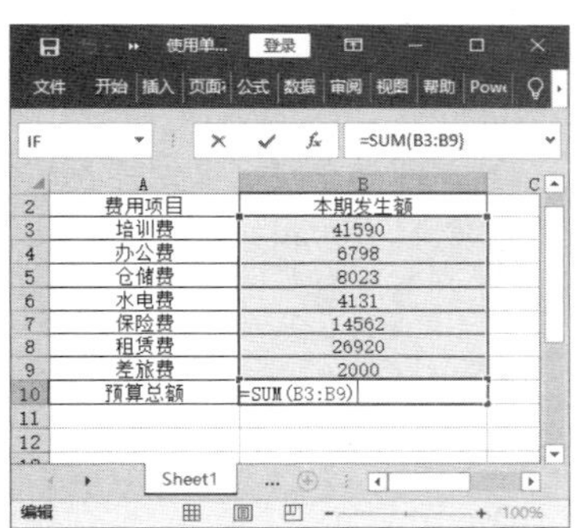

图 14.38 创建工作表

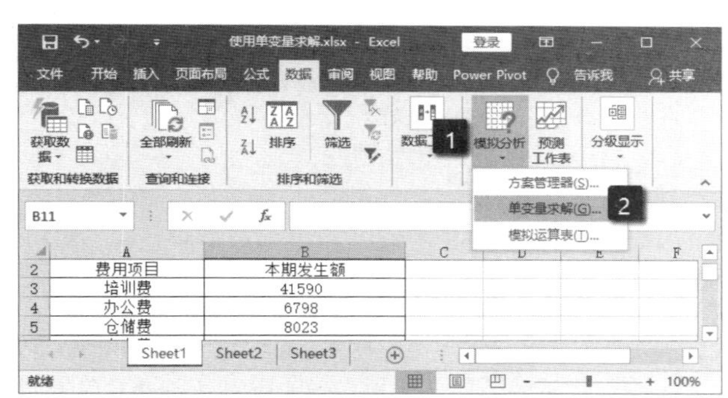

图 14.39 选择“单变量求解”选项

03 此时将打开“单变量求解”对话框，在对话框中的“目标单元格”和“可变单元格”文本框中输入单元格引用地址，在“目标值”文本框中输入求解的目标值，如图 14.40 所示。完成设置后单击“确定”按钮关闭对话框。

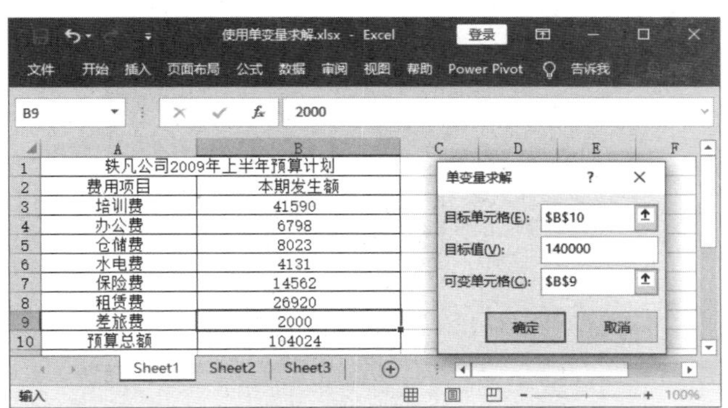

图 14.40 “单变量求解”对话框的设置

04 弹出“单变量求解状态”对话框，该对话框中显示求解的结果，如图14.41所示。单击“确定”按钮关闭“单变量求解状态”对话框完成本实例的制作。

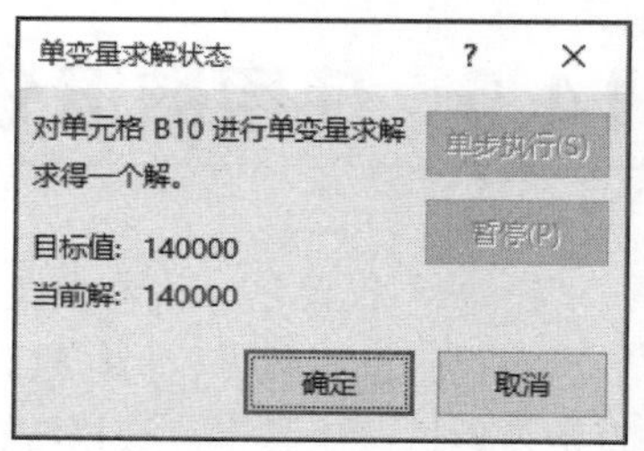

图 14.41　显示求解结果

14.5.2　使用模拟运算表

模拟运算表是进行预测分析的一种工具，它可以显示工作表中一个或多个数据变量的变化对计算结果的影响，求得某一过程中可能发生的数值变化，同时将这一变化列在表中以便于比较。模拟运算表根据需要观察的数据变量的多少，可以分为单变量数据表和多变量数据表这 2 类。下面以创建多变量数据表为例来介绍在工作表中使用模拟运算表的方法，本例数据表用于预测不同销售金额和不同的提成比率所对应的提成金额，创建的是一个有 2 个变量的模拟运算表。

01 创建一个新的工作表，在工作表中输入数据。在 B9 单元格中输入提成额的计算公式“=$B$2*$B$3”，如图 14.42 所示。

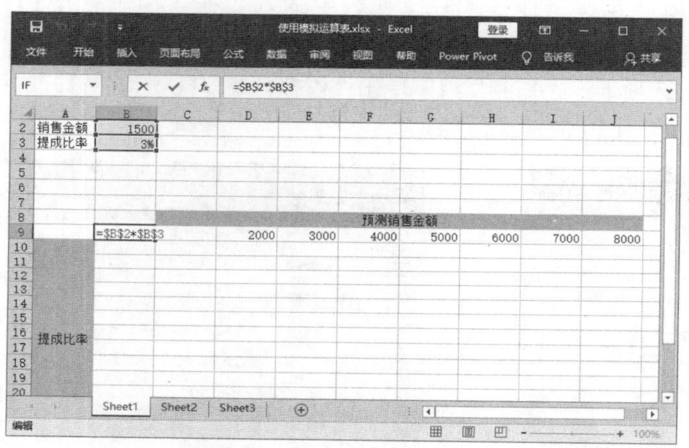

图 14.42　创建工作表并输入公式

02 在 B10:B23 单元格区域中输入提成比率。选择创建运算表的单元格区域，在“数据”选项卡的“预测”组中单击“模拟分析”按钮，在下拉列表中选择“模拟运算表”选项，如图 14.43 所示。

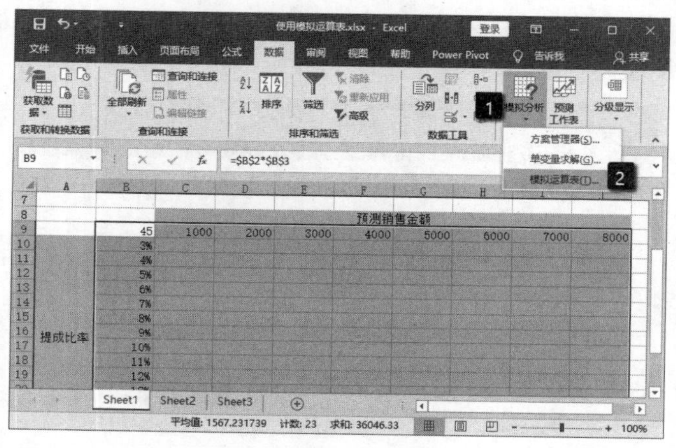

图 14.43　选择“模拟运算表”选项

03 此时将打开“模拟运算表”对话框，在该对话框的“输入引用行的单元格”文本框中输入销售金额值所在单元格地址“\$B\$2”，在“输入引用列的单元格”中输入提成比率值所在单元格的地址“\$B\$3”，如图 14.44 所示。完成单元格的引用后，单击“确定”按钮关闭对话框。

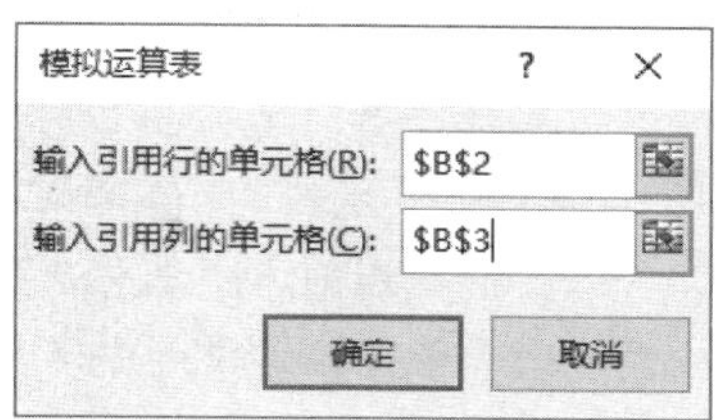

图 14.44　指定引用单元格

04 此时工作表中插入数据表，通过该数据表将能查看不同的销售金额和不同提成比率下对应的提成金额，如图 14.45 所示。

A	B	C	D	E	F	G	H	I	J
		预测销售金额							
	45	1000	2000	3000	4000	5000	6000	7000	8000
提成比率	3%	30	60	90	120	150	180	210	240
	4%	40	80	120	160	200	240	280	320
	5%	50	100	150	200	250	300	350	400
	6%	60	120	180	240	300	360	420	480
	7%	70	140	210	280	350	420	490	560
	8%	80	160	240	320	400	480	560	640
	9%	90	180	270	360	450	540	630	720
	10%	100	200	300	400	500	600	700	800
	11%	110	220	330	440	550	660	770	880
	12%	120	240	360	480	600	720	840	960
	13%	130	260	390	520	650	780	910	1040
	14%	140	280	420	560	700	840	980	1120
	15%	150	300	450	600	750	900	1050	1200
	16%	160	320	480	640	800	960	1120	1280

图 14.45　创建模拟运算表

提　示　模拟运算表中数据是存放在数组中的，所以表中的单个或部分数据是无法删除的。要想删除数据表中的数据只能选择所有数据后再按 Delete 键才能删除。

14.5.3　使用方案

Excel 2019 中的方案管理器能够帮助用户创建和管理方案。使用方案，用户能够方便地进行假设，将多个变量存储的输入值组成不同组合，同时为这些组合命名。下面介绍以使用方案管理器来对销售利润进行预测为例，介绍方案管理器的使用方法。

01 启动 Excel，在工作表中输入数据。在工作表的 B10 单元格中输入计算商品利润的公式，如图 14.46 所示。向右复制公式，得到各个商品的利润值。在 B11 单元格中输入商品总利润的计算公式，如图 14.47 所示。完成公式输入后按 Enter 键获得计算结果。

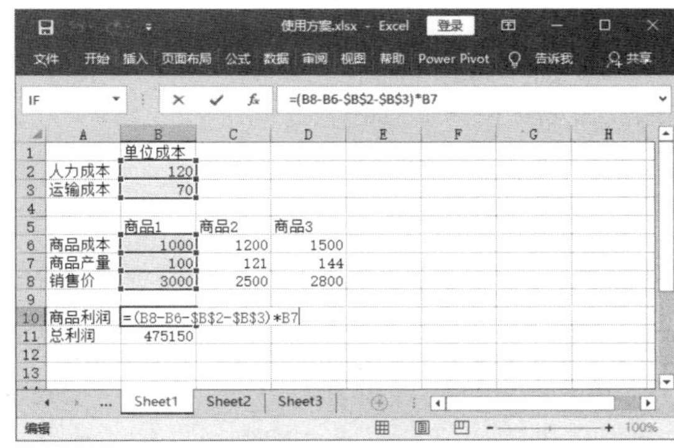

A	B	C	D
	单位成本		
人力成本	120		
运输成本	70		
	商品1	商品2	商品3
商品成本	1000	1200	1500
商品产量	100	121	144
销售价	3000	2500	2800
商品利润	=(B8-B6-\$B\$2-\$B\$3)*B7		
总利润	475150		

图 14.46　计算商品利润

A	B	C	D
	单位成本		
人力成本	120		
运输成本	70		
	商品1	商品2	商品3
商品成本	1000	1200	1500
商品产量	100	121	144
销售价	3000	2500	2800
商品利润	181000	134310	159840
总利润	=SUM(B10:D10)		

图 14.47　计算商品总利润

02 在“数据”选项卡的“数据分析”组中单击“模拟分析”按钮，在打开的下拉列表中选择“方案管理器”选项，如图 14.48 所示。

03 在打开的“方案管理器”中单击“添加”按钮，打开“编辑方案”对话框。在“方案名”文本框中输入当前方案名称，在“可变单元格”文本框中输入可变单元格地址。这里，以人力成本和运输成本值作为预测时的可变值，如图 14.49 所示。

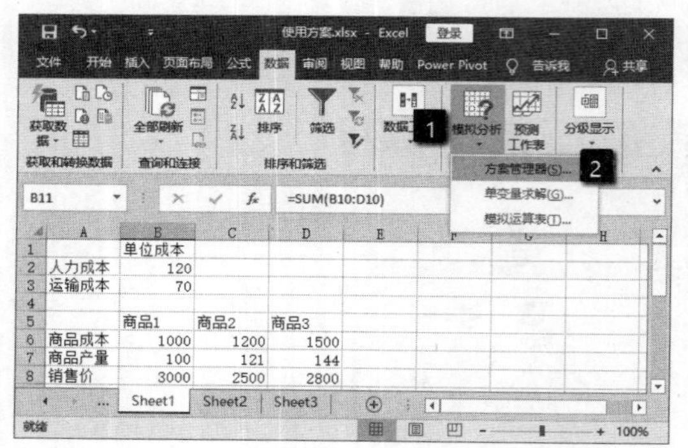

图 14.48　选择“方案管理器”选项

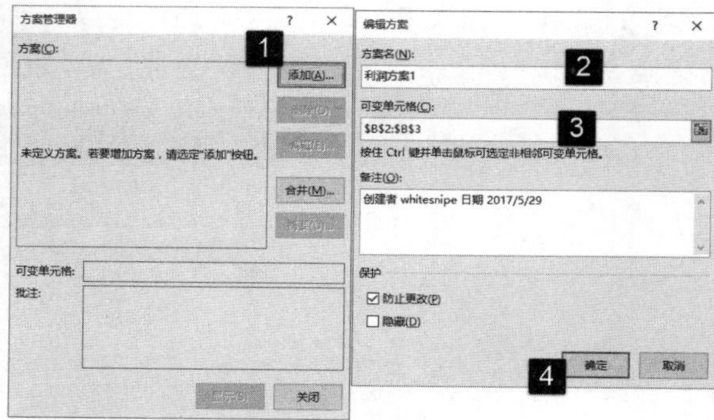

图 14.49　添加第一个方案

04 单击“确定”按钮关闭“编辑方案”对话框，在打开的“方案变量值”对话框中输入此方案中的人力成本和运输成本的值。完成设置后单击“确定”按钮关闭对话框，如图 14.50 所示。当前方案被添加到“方案管理器”对话框中。

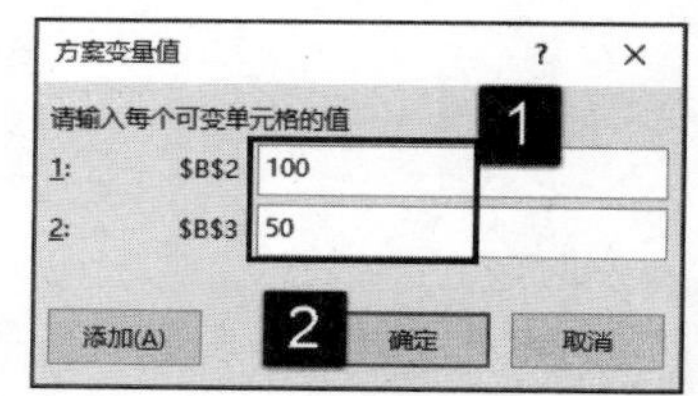

图 14.50　方案添加到列表中

05 在“方案管理器”对话框中单击“添加”按钮，按照步骤 03 的过程添加其他方案，这里另外添加 2 个方案。在“方案管理器”中的“方案”列表中选择某个方案选项，单击“显示”按钮即可显示该方案的结果。本例在工作表中将显示当前方案的人力成本和运输成本的值，并显示该方案获得的总利润，如图 14.51 所示。

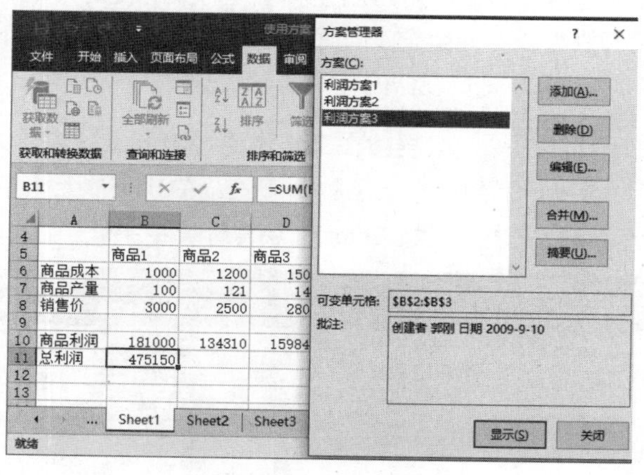

图 14.51　显示方案

06 在“方案管理器”中单击“摘要”按钮，将打开“方案摘要”对话框。在对话框中选择创建摘要报表的类型，如这里选择默认的“方案摘要”单选按钮，完成设置后单击“确定”按钮关闭“方案摘要”对话框，如图14.52所示。此时工作簿中将创建一个名为“方案摘要”的工作表，如图14.53所示。

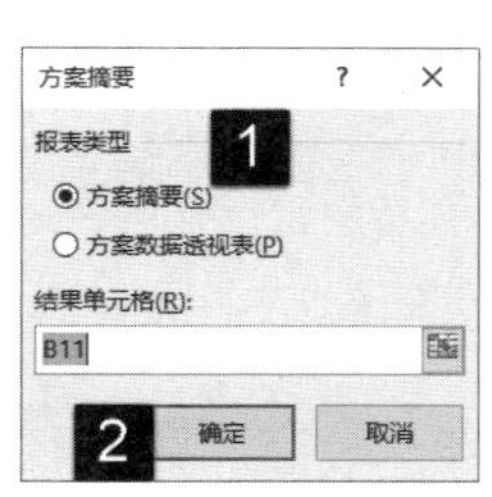

图 14.52 “方案摘要”对话框

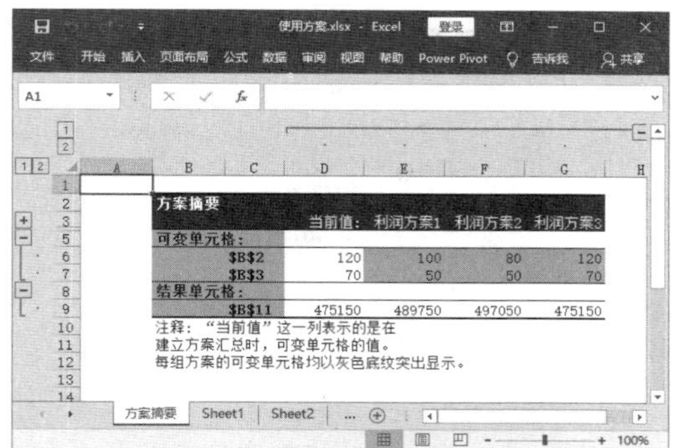

图 14.53 生成方案摘要

方案创建后可以对方案名、可变单元格和方案变量值进行修改。操作方法是：在“方案管理器”中的“方案”列表中选择某个方案，单击“编辑”按钮打开“编辑方案”对话框，使用与创建方案相同的步骤进行操作即可。另外，单击“方案管理器”中的“删除”按钮即可删除当前选择的方案。

14.6 本章拓展

下面介绍本章的 3 个拓展实例。

14.6.1 使用通配符筛选文本

在对数据表中的数据进行筛选时，有时需要筛选出指定形式或包含特定字符的数据记录。此时，可以使用 Excel 的“自定义自动筛选方式”功能和通配符来快速实现操作。下面介绍具体的操作方法。

01 启动 Excel 并打开工作表，在工作表中选择需要进行筛选操作的数据区域。在“数据”选项卡的“排序和筛选”组中单击“筛选”按钮进入自动筛选状态。单击“姓名”列标题右侧的下三角按钮，在打开的下拉列表中选择“文本筛选”选项，在下级列表中选择“自定义筛选”选项，如图 14.54 所示。

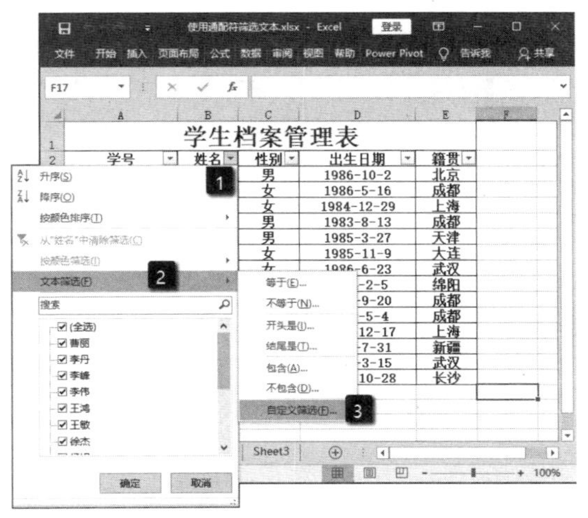

图 14.54 选择“自定义筛选”选项

02 此时将打开“自定义自动筛选方式”对话框，在“姓名”栏的第一个下拉列表中选择“等于”选项，在第二个下拉列表框中输入文本“王*”，如图 14.55 所示。

提 示

在“自定义自动筛选方式”对话框中，给出了通配符“?”和“*”的含义。如果在筛选数据时需要获得包含“?”或“*”的数据，只需要在“?”或“*”前加上“~”即可。

03 单击“确定”按钮关闭“自定义自动筛选方式”对话框，工作表中将显示筛选结果。此时的筛选结果是以“王”为姓的所有学生信息，如图 14.56 所示。

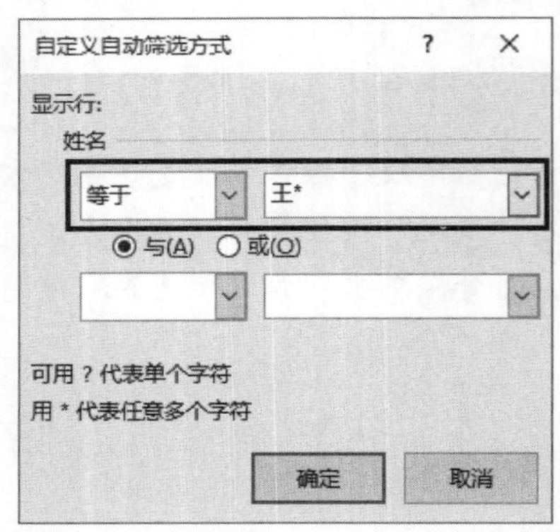

图 14.55 “自定义自动筛选方式”对话框

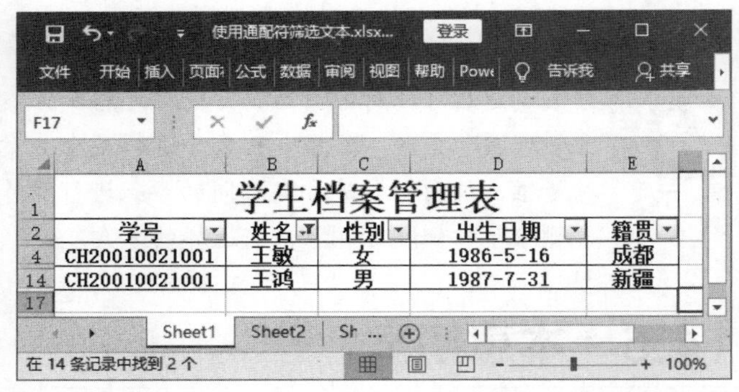

图 14.56 显示筛选结果

提 示

单击“姓名”列标题右侧的下三角按钮，在打开下拉列表中选择“文本筛选”选项，在打开的下级列表中选择“开头是”选项。此时将同样打开“自定义自动筛选方式”对话框，此时只需要输入姓，无须输入通配符，即可实现本实例的效果。

14.6.2 分类汇总的嵌套

在对一个字段的数据进行分类汇总后，再对该数据表的另一个字段进行分类汇总，这即构成了分类汇总的嵌套。嵌套分类汇总是一种多级的分类汇总，下面介绍创建嵌套分类汇总和查看嵌套分类汇总明细的方法。

01 打开已经插入分类汇总的工作表，单击数据区域中的任意一个单元格。在“数据”选项卡的“分级显示”组中单击“分类汇总”按钮，如图 14.57 所示。

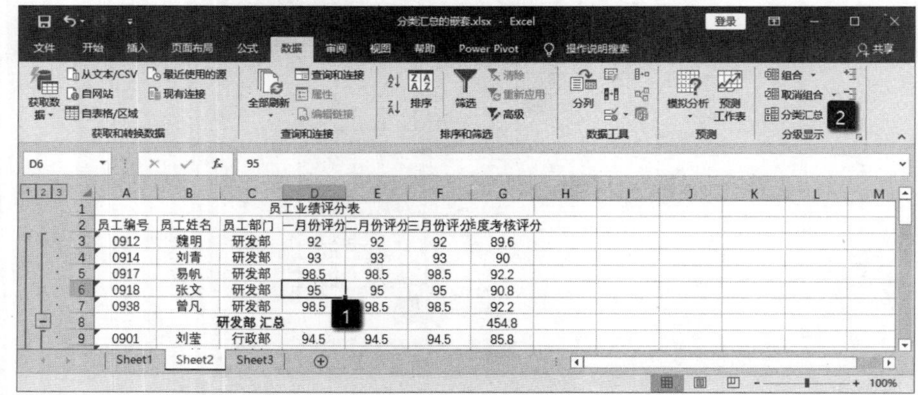

图 14.57 单击“分类汇总”按钮

02 在“分类汇总”对话框的“分类字段”下拉列表中选择“员工部门”，在“汇总方式”下拉列表中选择“平均值”，在“选定汇总项”列表中勾选“季度考核评分”复选框，取消对“替换当前分类汇总”复选框的勾选。完成设置后单击“确定”按钮关闭“分类汇总”对话框，如图 14.58 所示。

提 示

如果需要删除创建的分类汇总，可以在“分类汇总”对话框中单击“全部删除”按钮。这里要注意，在删除分类汇总时，Excel 还会删除与分类汇总一起插入工作表的分级显示和分页符。

03 此时工作表插入嵌套分类汇总，单击工作表左上角的分级显示数据按钮将能够对多级数据汇总进行分级显示，以便于快速查看数据。例如，需要查看分类汇总表中前三级的数据，可以单击按钮3，如图 14.59 所示。

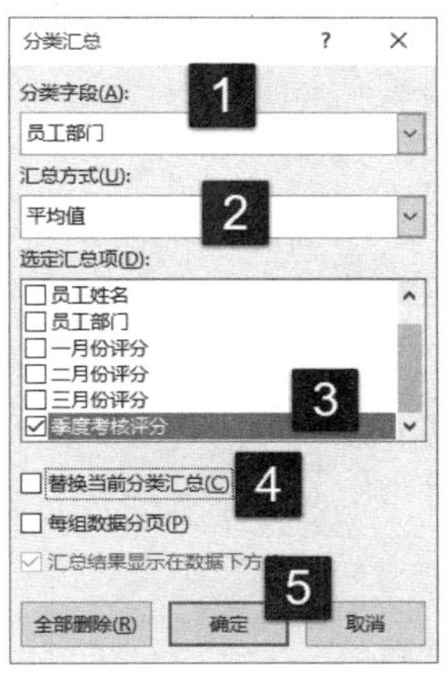

图 14.58 “分类汇总”对话框的设置

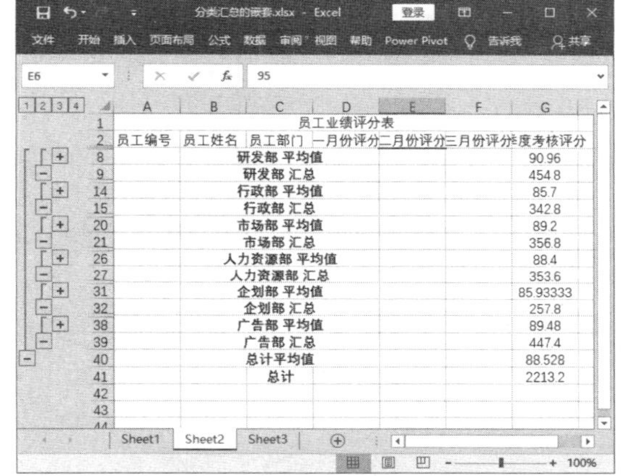

图 14.59 查看前三级数据

04 在分类汇总表中如果需要显示明细数据，可以单击工作表左侧的“显示明细数据”按钮+，将显示明细数据。单击工作表左侧的“隐藏明细数据”按钮-可以隐藏显示的明细数据，如图 14.60 所示。

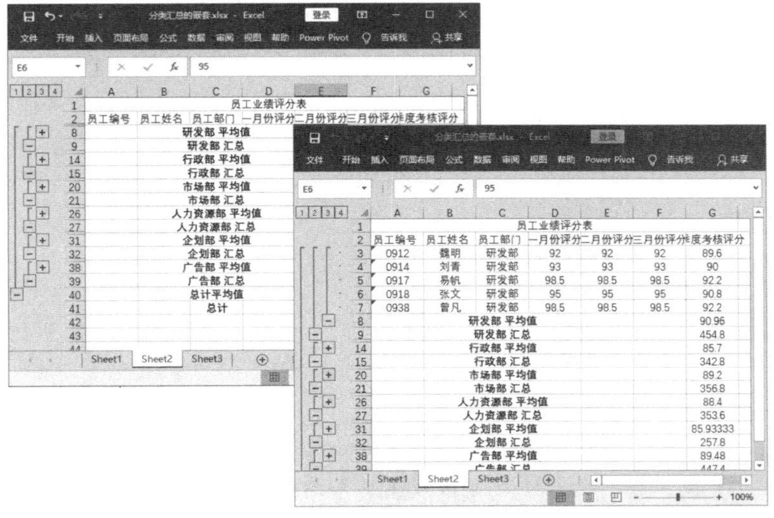

图 14.60 查看明细数据

在“数据”选项卡的“分级显示”组中单击“显示明细数据”按钮和“隐藏明细数据”按钮也可以实现对明细数据的显示或隐藏操作。

14.6.3 在数据透视表中添加计算字段

计算字段是使用数据透视表中的字段同其他内容经过计算后得到的，如果用户需要在数据透视表中自定义计算公式以计算数据，可以通过添加计算字段来实现。下面介绍具体的操作方法。

01 选择数据透视表中任意一个单元格，在“分析”选项卡中单击“计算”组中的“字段、项目和集合”按钮。在打开的下拉列表中选择“计算字段”选项，如图 14.61 所示。

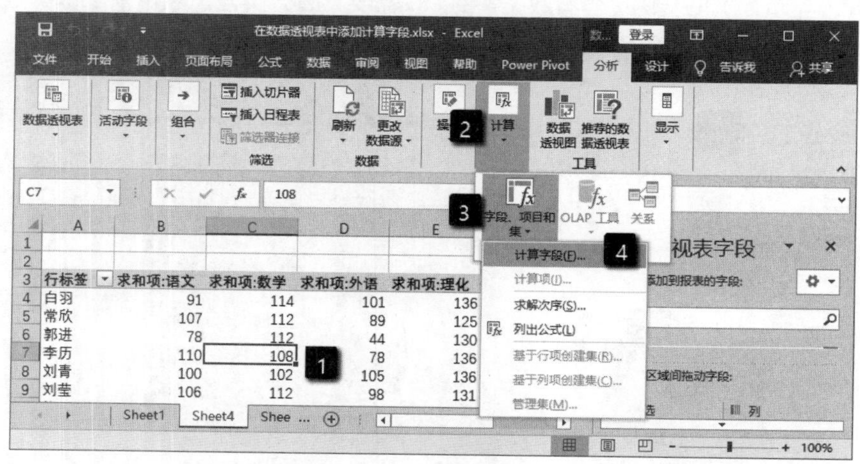

图 14.61 选择“计算字段”选项

02 此时将打开“插入计算字段”对话框，在对话框的“名称”文本框中输入字段的名称。在“公式”文本框中输入计算公式，单击“添加”按钮后该字段被添加到对话框的“字段”列表中，如图 14.62 所示。

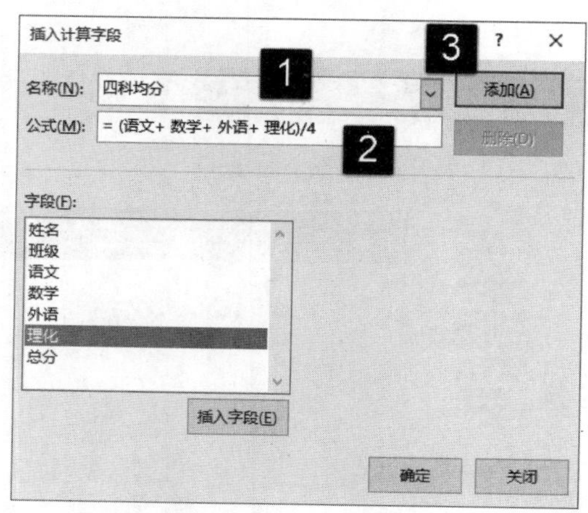

图 14.62 “插入计算字段”对话框

在编写公式时，在“字段”列表中双击某个字段名称，该名称将会被插入到“公式”文本框中。

03 单击“确定”按钮关闭“插入计算字段”对话框，计算字段即被添加到数据透视表中。数据透视表中会显示使用公式计算出来的结果，如图 14.63 所示。

行标签	求和项:语文	求和项:数学	求和项:外语	求和项:理化	求和项:总分	求和项:四科均分
白羽	91	114	101	136	442	110.5
常欣	107	112	89	125	433	108.25
郭进	78	112	44	130	364	91
李历	110	108	78	136	432	108
刘青	100	102	105	136	443	110.75
刘莹	106	112	98	131	447	111.75
柳明	106	112	98	131	447	111.75
吕晶	100	102	104	136	442	110.5
田媛	85	104	108	134	431	107.75
王明	101	116	108	134	459	114.75
王天	99	85	98	134	416	104
魏明	104	104	87	120	415	103.75
吴敏	91	78	101	136	406	101.5
易帆	112	94	105	131	442	110.5
易飞	112	94	105	131	442	110.5
张天来	102	112	66	150	430	107.5
张文	98	108	109	136	451	112.75
张羽	101	76	108	134	419	104.75
张哲	102	103	100	112	417	104.25
总计	**1905**	**1948**	**1812**	**2513**	**8178**	**2044.5**

图 14.63　计算字段被添加到数据透视表中

提　示

在数据透视表中如果要清除某个字段的数据，一种方法是在“选择要添加到报表的字段”列表中取消对该字段的勾选。另一种方法是在数据透视表中选择字段中任意一个数据单元格，在“数据透视表工具”的“选项”选项卡中，单击“操作”组中的“清除”按钮，在打开的列表中选择“全部清除”选项。

第 15 章

工作表的打印输出

在完成工作表数据的分析处理后，数据需要与他人分享。分享数据包括将工作表打印、使工作簿文件共享以及发布到 Internet 等方式。其中，最常见的就是将工作表打印出来，本章将介绍工作表打印的相关知识。

15.1 工作表的页面设置

在打印工作表之前，需要对打印的页面进行设置，如设置页边距、纸张方向和大小以及打印的区域等。这些问题可以通过页面设置来实现，下面介绍页面设置的有关知识。

15.1.1 设置页边距和纸张方向

设置页边距指的是设置需要打印内容距离页面上、下、左和右边界的距离，纸张方向指的是纸张是横向还是纵向的。对页边距和纸张方向的设置可以通过“页面设置”对话框或功能区中的命令按钮来实现。

01 在“页面布局”选项卡的“页面设置”组中单击“页边距”按钮，在打开的列表中选择相应的选项可以对页面边距进行设置，如图 15.1 所示。同样的，单击“纸张方向”按钮，在打开的列表中选择相应的选项可以设置纸张方向。

02 在“页边距”列表中选择“自定义边距”选项，打开“页面设置”对话框的“页边距”选项卡，在该选项卡的“左”“右”“上”和“下”微调框中输入数值可以对页边距进行自定义，如图 15.2 所示。

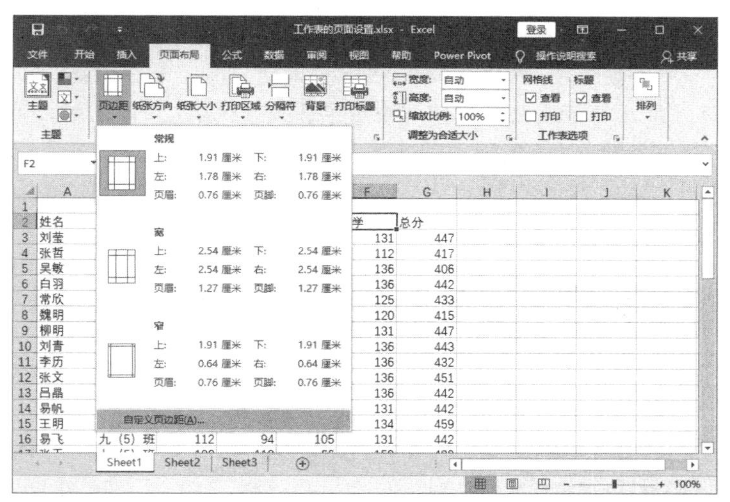

图 15.1　设置页边距

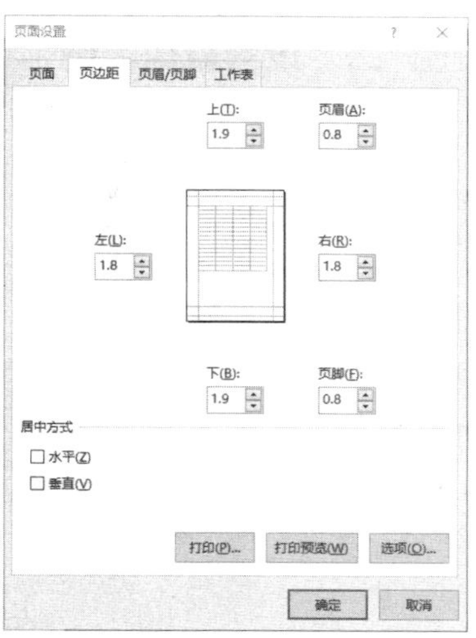

图 15.2　在“页边距”选项卡中设置页边距

在“居中方式”栏中勾选“水平”复选框，工作表将在页面中水平居中，勾选“垂直”复选框，工作表将在垂直方向上居中。如果同时勾选这 2 个复选框，则工作表将位于页面的中间位置。

15.1.2　设置纸张大小

在对工作表进行打印时，需要设置纸张大小以适应当前打印机的纸张类型。纸张大小的设置可以使用下面的方法来进行操作。

01 在“页面布局”选项卡的“页面设置”组中单击“纸张大小”按钮，在打开的列表中选择相应的选项即可设置纸张大小，如图 15.3 所示。

02 在“纸张大小”列表中选择“其他纸张大小”选项，打开“页面设置”对话框中的“页面”选项卡，这里可以设置方向、纸张大小和打印质量等，如图 15.4 所示。

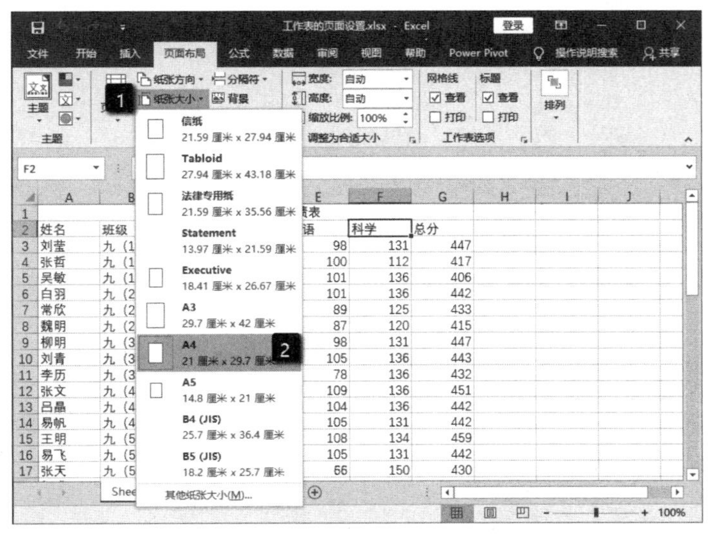

图 15.3　选择纸张大小

图 15.4　“页面设置”对话框中的“页面”选项卡

15.1.3 设置打印区域

在打印工作表时，如果用户只需要打印工作表中某个区域而不是全部数据区域，可以通过设置只选择需要打印的单元格区域，具体的设置方法如下所示。

01 在工作表中选择需要打印的数据所在的单元格区域，在“页面布局”选项卡的“页面设置”组中单击“打印区域”按钮。在打开的列表中选择“设置打印区域”选项，如图 15.5 所示。

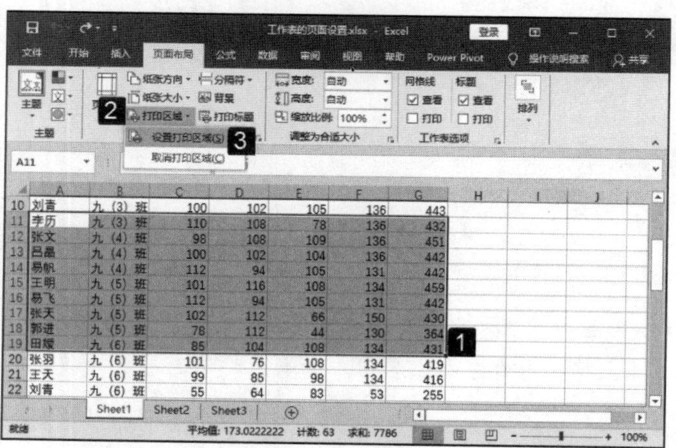

图 15.5　选择“设置打印区域”选项

02 此时打印区域将被虚线框框起来，如图 15.6 所示。在“打印区域”列表中选择“取消打印区域”选项即可取消设置的打印区域。

	A	B	C	D	E	F	G
10	刘青	九（3）班	100	102	105	136	443
11	李历	九（3）班	110	108	78	136	432
12	张文	九（4）班	98	108	109	136	451
13	吕晶	九（4）班	100	102	104	136	442
14	易帆	九（4）班	112	94	105	131	442
15	王明	九（5）班	101	116	108	134	459
16	易飞	九（5）班	112	94	105	131	442
17	张天	九（5）班	102	112	66	150	430
18	郭进	九（5）班	78	112	44	130	364
19	田媛	九（6）班	85	104	108	134	431
20	张羽	九（6）班	101	76	108	134	419
21	王天	九（6）班	99	85	98	134	416
22	刘青	九（6）班	55	64	83	53	255

图 15.6　打印区域被虚线框框起来

15.1.4 设置打印标题

如果要打印的工作表有多页，那么通常会希望在每一页的顶端处都显示表格的标题或表头字段，这样能够使工作表更加连贯、清晰。

01 在“页面布局”选项卡的“页面设置”组中单击“打印标题”按钮，如图 15.7 所示。

02 此时将打开“页面设置”对话框，在该对话框的“工作表”选项卡中对“打印区域”和“顶端标题行”进行设置，完成设置后单击“确定”按钮关闭对话框，如图 15.8 所示。

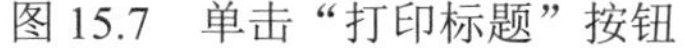
图 15.7　单击“打印标题”按钮

图 15.8　“工作表”选项卡中的设置

15.2　分页打印

当工作表中内容很多时，往往需要分为多页来进行打印。分页打印时需要考虑 2 个方面的问题，一是在哪个位置分页；二是怎样标示各个分页。

15.2.1　使用分页符

在打印工作表中数据时，如果数据很多，就需要将数据分别置于不同的页面中来进行打印。在默认情况下，Excel会根据用户设置的纸张大小自动进行分页。如果用户想根据需要来进行分页，就需要使用分页符。

01 在数据区域中选择单元格，打开“页面布局”选项卡，在“页面设置”组中单击“分隔符”按钮，在打开的列表中选择“插入分页符”选项，如图 15.9 所示。

02 工作表中被插入分页符，如图 15.10 所示。

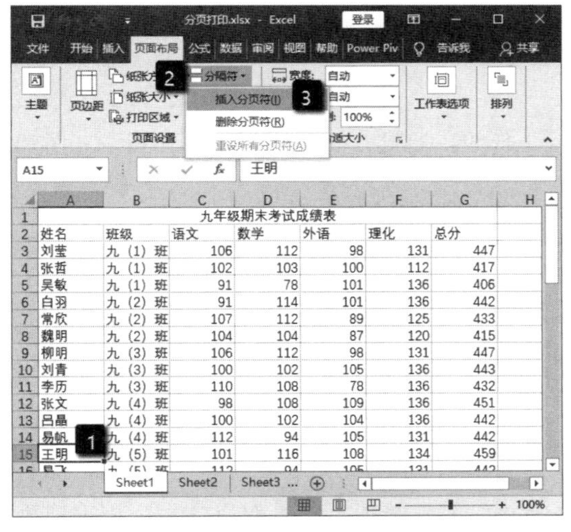

图 15.9　选择“插入分页符”选项

图 15.10　插入分页符

在“分隔符”列表中选择“删除分页符”选项即能够删除工作表中插入的所有分页符。

15.2.2 使用页眉和页脚

页眉是显示在打印页面顶部的内容，页脚是显示在打印页面底部的内容。页眉和页脚在多页面的工作表中常用于标示页码、提示打印时间和显示内容提示等方面。

01 打开“页面设置”对话框的“页眉/页脚”选项卡，在“页眉”列表中选择相应的选项指定页眉的内容，在“页脚”列表中选择相应的选项指定页脚的内容，如图 15.11 所示。

02 单击“自定义页眉”按钮，打开“页眉”对话框，在对话框的“左”“中”和“右”文本框中单击放置插入点光标，单击对话框中的相应按钮可以向文本框中添加相应的内容，如图 15.12 所示。完成设置后单击“确定”钮关闭对话框即可完成页眉的自定义。

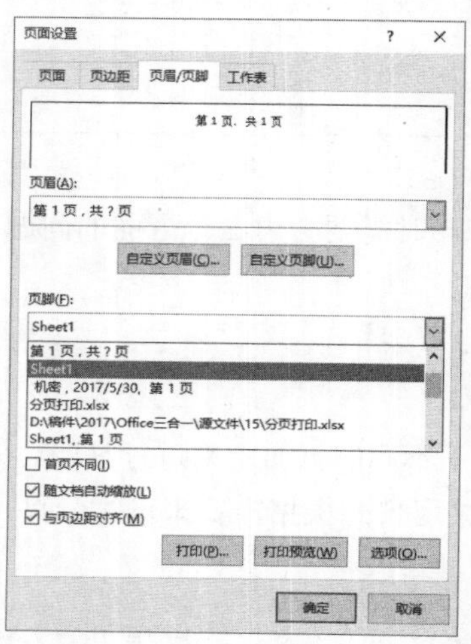

图 15.11 指定页眉和页脚内容

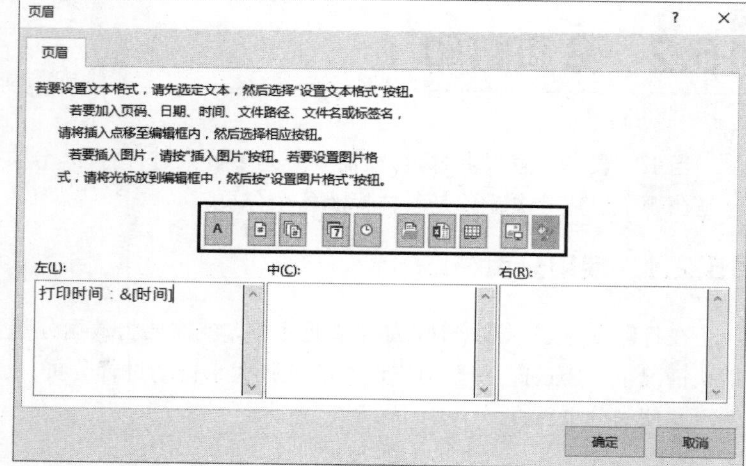

图 15.12 “页眉”对话框

15.3 打印输出工作表

在完成工作表的创建和相关设置后，就可以进行工作表的打印了。在连接了打印机后，用户可以十分方便地打印表格数据。

15.3.1 打印预览

对工作表的打印进行设置后，为了能够在打印前了解打印的最终效果，可以预览打印的内容。如果预览效果不满意，用户还可以修改打印设置。在Excel中，打印预览可以采用下面的方法来实现。

01 在使用“页面设置”对话框对页面进行设置时，可以直接单击对话框中的“打印预览”按钮来预览设置效果，如图 15.13 所示。

02 打开 Excel“文件”窗口，在左侧列表中选择“打印”选项。此时在窗口右侧将出现预览效果，如图 15.14 所示。

图 15.13　单击“打印预览”按钮

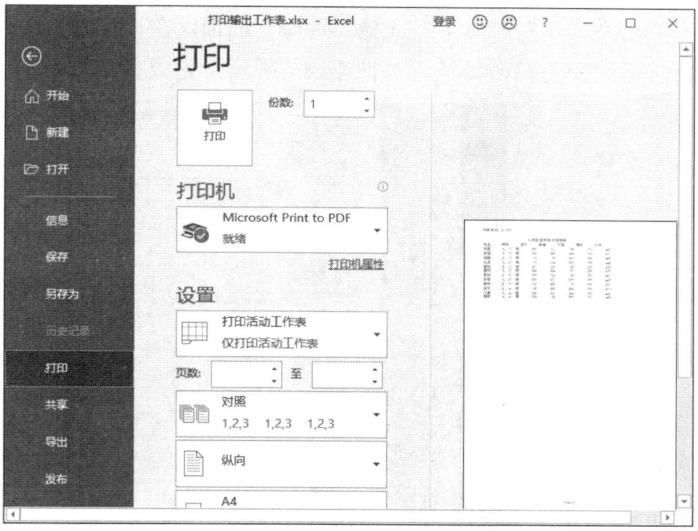

图 15.14　在“文件”窗口中显示预览效果

15.3.2　设置打印起始页

对于多页的工作表，用户还可以通过设置打印的起始页来选择打印工作表中的部分页，具体的操作方法如下所示。

01 在“文件”窗口中，在“设置”栏的“页数”微调框中输入数值，可以设置打印的起始页和终止页，如图 15.15 所示。

02 在“页面设置”对话框的“页面”选项卡中，在“起始页码”文本框中输入数值可以指定打印的起始页，如图 15.16 所示。

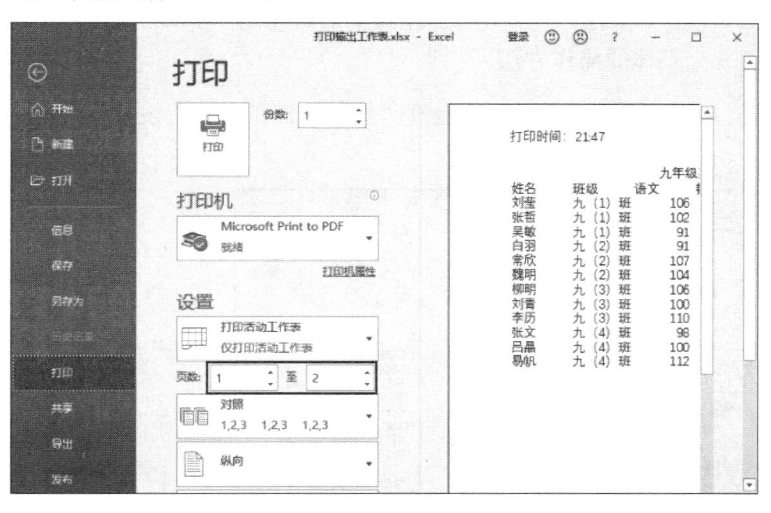

图 15.15　在“文件”窗口中设置打印的起始页和终止页

图 15.16　指定打印的起始页

15.3.3　设置打印份数

默认情况下，工作表只打印一份。如果需要将工作表打印多份，一种方式是对同一个工作表进行多次重复打印。也可以通过设置来实现一次操作打印多份工作表。具体的操作步骤如下所示。

在“文件”窗口中，选择“打印”选项，在“打印”栏的“份数”微调框中输入数值即可指定当前工作表的打印份数，如图 15.17 所示。完成设置后单击“打印”按钮进行打印即可。

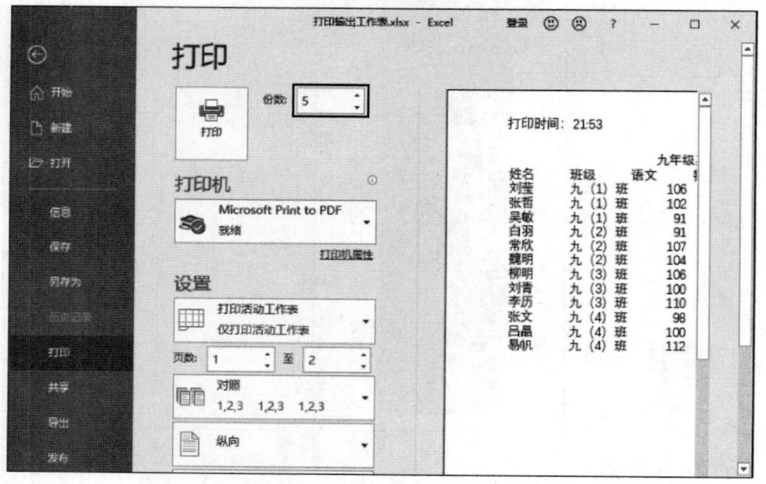

图 15.17　在“文件”窗口中指定打印份数

15.4　本章拓展

下面介绍本章的 3 个拓展技巧。

15.4.1　一次打印工作簿中所有工作表

一个工作簿中一般包含多个工作表，如果逐一地打印，工作效率很低。用户可以将工作簿中所有工作表一次性地打印出来，下面介绍具体的操作方法。

01 启动 Excel 打开工作簿文件，在“文件”窗口中选择“打印”选项，在“设置”下拉列表中选择“打印整个工作簿”选项，如图 15.18 所示。

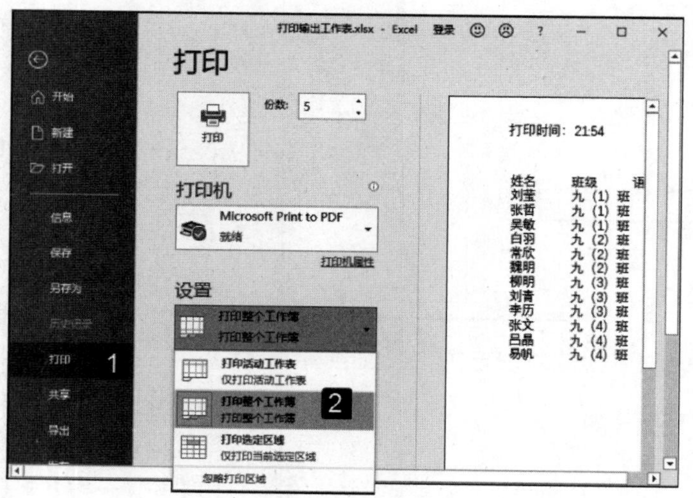

图 15.18　选择“打印整个工作簿”选项

02 此时，在预览窗口下方将显示打印的页数，单击“打印”按钮即可将所有的工作表打印出来，如图 15.19 所示。

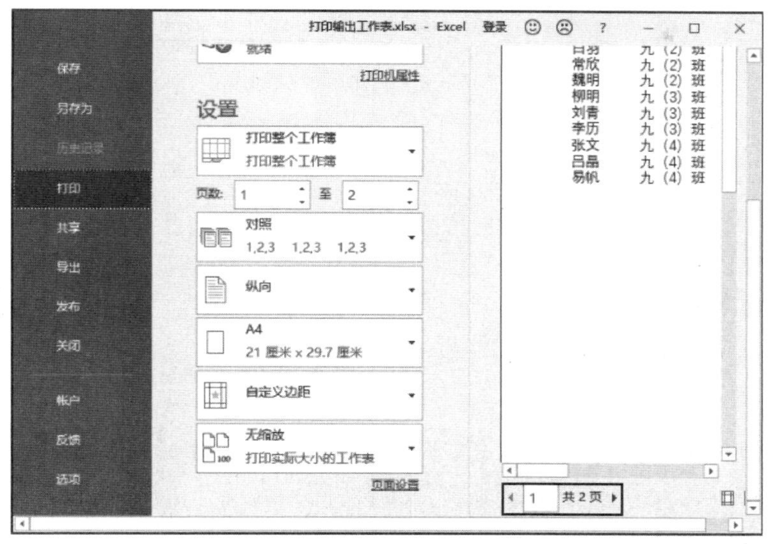

图 15.19 单击“打印”按钮

15.4.2 手动调整页边距

在“页面布局”选项卡的“页面设置”组中单击“页边距”按钮，在打开的下拉列表中选择“自定义页边距”选项，打开“页面设置”对话框中的“页边距”选项卡。通过调整上下和左右微调框的值来设置页面边距。这种方法的缺点是设置的页边距效果无法直观展现，下面介绍一个可以调整页边距的直观方法。

01 启动 Excel，打开需要打印的工作表。在“文件”窗口中选择“打印”选项，单击打印预览框下的“显示边距”按钮以显示页边距，如图 15.20 所示。

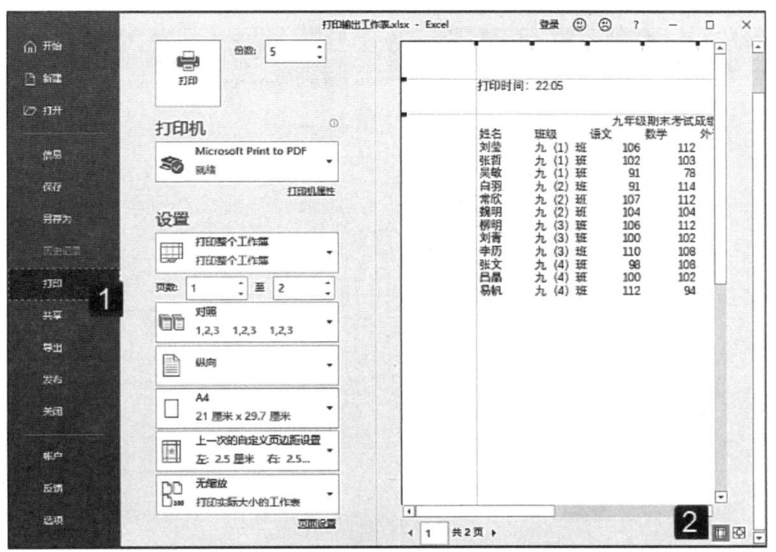

图 15.20 显示页边距

02 此时在打印预览区中会出现很多的控制点，使用鼠标拖动这些控制点可以快速调整页边距的大小，调整页边距后的打印效果也将在预览区中实时显示，如图 15.21 所示。

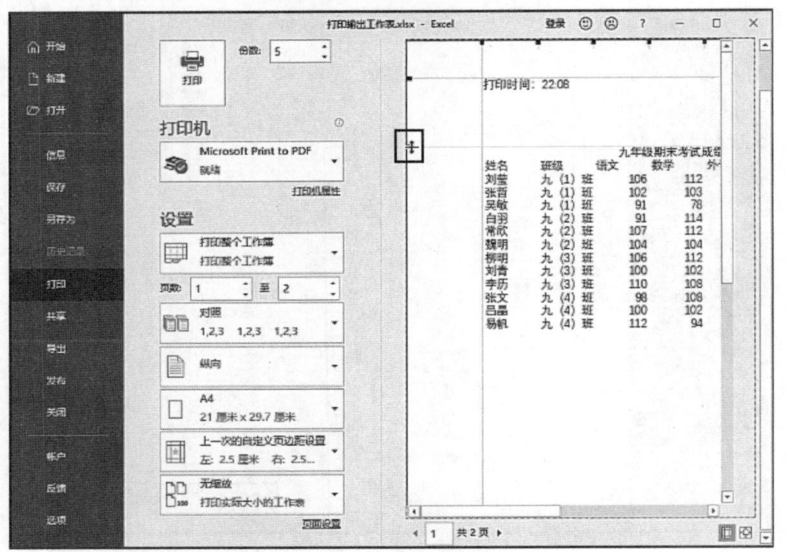

图 15.21 拖动控制点调整页边距

15.4.3 对分页进行快速调整

使用分页符可以获取分页打印的效果，在创建分页符的工作表中调整分页符的位置可以将工作表分配到不同的页中打印。下面介绍一种调整分页符的快捷方法。

01 启动 Excel，打开工作表。在“视图”选项卡的“工作簿视图”组中单击“分页预览”按钮切换到分页预览视图，如图 15.22 所示。

02 此时工作表中页面边界将以边框的形式显示，使用鼠标拖动外侧边框可以调整打印区域，从而实现对分页的调整，如图 15.23 所示。

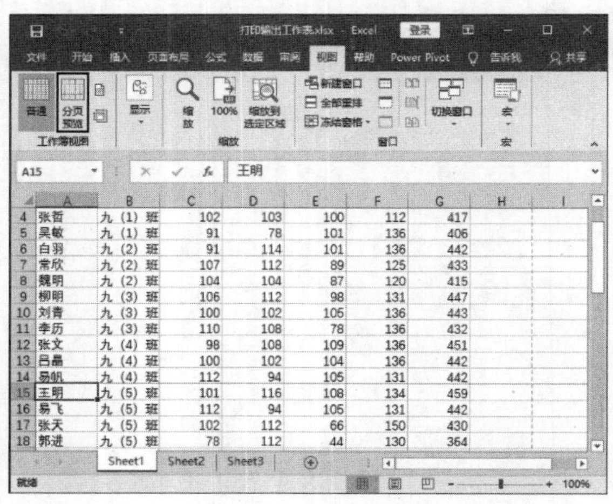

图 15.22 单击“分页预览”按钮

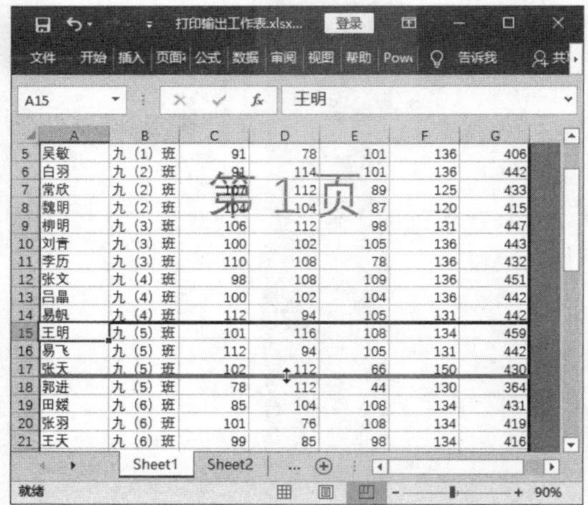

图 15.23 拖动蓝色边框调整分页

第 4 篇

Office 2019之PowerPoint篇

第 16 章

初步构建 PPT 演示文稿

PowerPoint（简称 PPT）是 Office 办公套装软件中的一个重要组成部分，其主要用于设计和制作信息展示领域内的各种演示文稿。PowerPoint 功能强大、技术先进且易于操作，因此其在众多领域得到广泛应用。本章将介绍 PowerPoint 2019 演示文稿的创建、幻灯片的操作、占位符的使用以及演示文稿的保存和输出。

16.1 创建演示文稿

制作演示文稿的第一步就是创建演示文稿，根据不同的应用场合，在PowerPoint中可以有多种创建演示文稿的方法。下面介绍创建演示文稿的不同方法。

16.1.1 创建空白演示文稿

新建 PowerPoint 空白演示文稿，默认的文件名为“演示文稿 1”，其扩展名为.pptx。创建空白演示文稿可以使用下面的方法。

01 启动 PowerPoint 2019，在打开的窗口中单击“空白演示文稿”选项，如图 16.1 所示。这样就可以创建一个空白演示文稿。

02 在当前演示文稿中如果需要创建一个新的空白演示文稿，可以首先将“新建”命令按钮添加到快速访问工具栏中，如图 16.2 所示。然后单击添加的“新建”按钮就可以直接创建一个新的空白演示文稿。

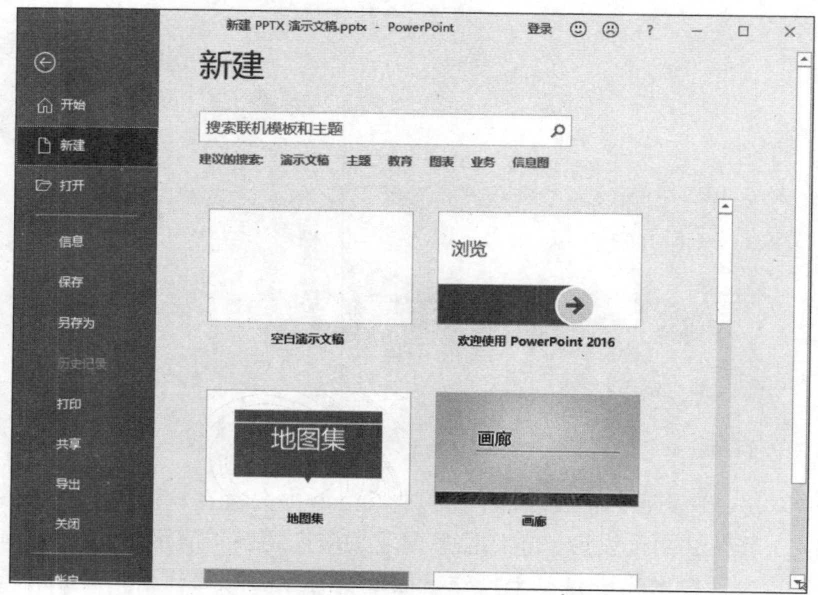

图 16.1　创建空白演示文稿

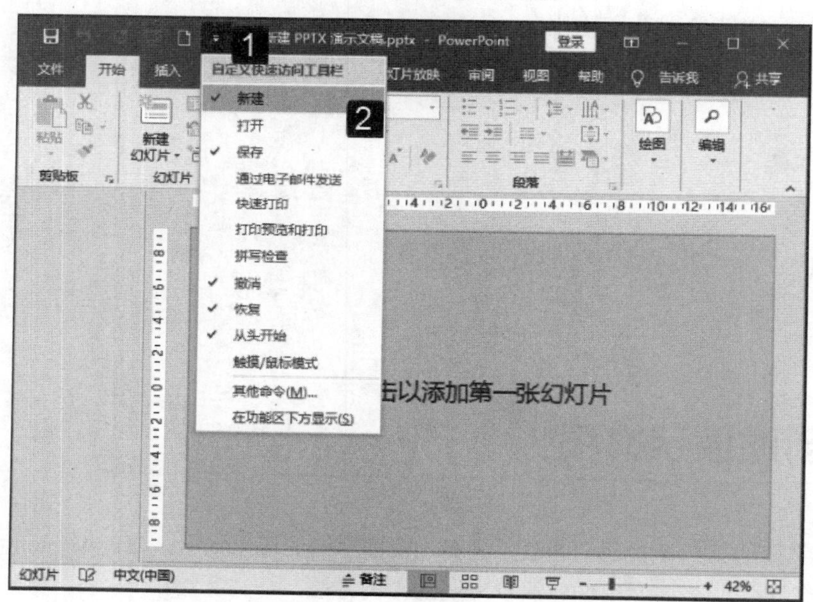

图 16.2　在快速访问工具栏中添加“新建”按钮

16.1.2　使用模板创建演示文稿

在创建演示文稿时，可以利用模板快速创建适用于各种场合的演示文稿，免去设计演示文稿的麻烦，提高工作效率。

01 启动 PowerPoint 2019，在打开的程序窗口中单击需要使用的演示文稿选项，即可创建基于该模板的演示文稿，如图 16.3 所示。

02 在对演示文稿进行编辑时，打开“文件”窗口。在窗口左侧列表中选择“新建”选项，在右侧的列表中选择演示文稿选项即可创建以此为模板的新演示文稿，如图 16.4 所示。

图 16.3　单击演示文稿选项

图 16.4　新建演示文稿

16.2　操作幻灯片

一个演示文稿是由若干张幻灯片构成的，如果将演示文稿比喻为一本书，幻灯片就像是这本书中的一页页内容。对演示文稿的操作，实际上就是对幻灯片的操作。下面介绍对演示文稿中幻灯片进行操作的技巧。

16.2.1　添加和删除幻灯片

在制作演示文稿时，幻灯片不够就需要向演示文稿中添加幻灯片，幻灯片有多余的就需要将其删除。幻灯片的添加和删除，可以使用下面介绍的方法来操作。

01 在“插入”选项卡的“幻灯片”组中单击“新建幻灯片”按钮上的下三角按钮，在打开的列表中将列出不同布局的幻灯片，选择需要使用的幻灯片即可将该类幻灯片添加到演示文稿中，如图 16.5 所示。

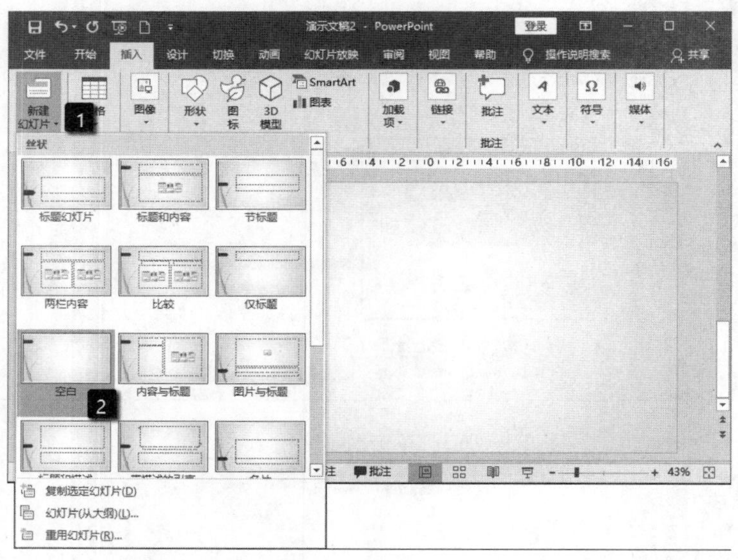

图 16.5　插入新幻灯片

02 当演示文稿显示为普通视图时，程序窗口左侧会出现“幻灯片”窗格，窗格中列出了演示文稿中的所有幻灯片。右击某张幻灯片，在弹出的快捷菜单中选择“新建幻灯片”选项，右击的幻灯片下方将会插入一张新幻灯片，如图 16.6 所示。

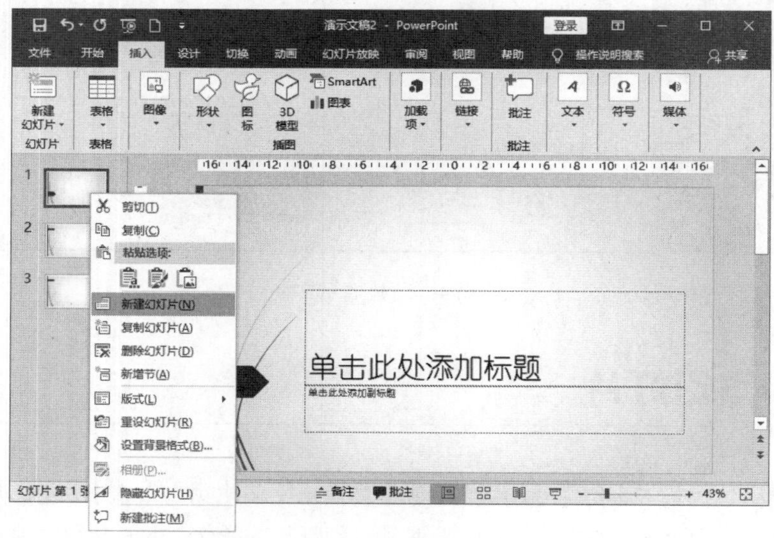

图 16.6　选择“新建幻灯片”选项

16.2.2　复制和移动幻灯片

幻灯片的复制和移动是幻灯片的基本操作，幻灯片的复制除了传统的复制、剪切和粘贴操作之外，还有下面的这些操作方法。

01 在“幻灯片”窗格中右击需要复制的幻灯片，在弹出的快捷菜单中选择“复制幻灯片”选项，如图 16.7 所示。当前幻灯片即会被复制到自己的下方。

02 在“幻灯片”窗格中可以使用鼠标移动幻灯片，将幻灯片拖放到需要的位置，如图 16.8 所示。

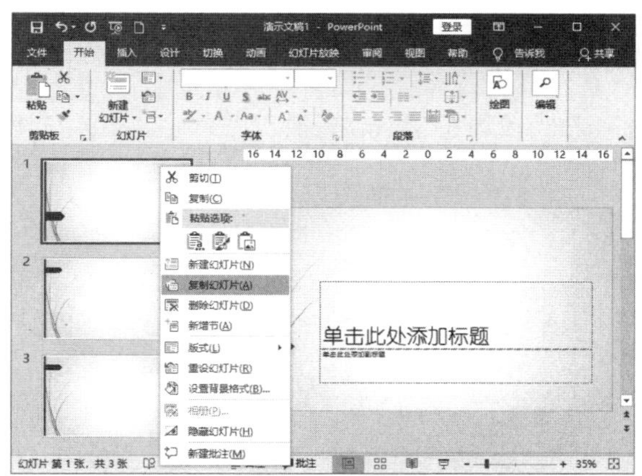

图 16.7　选择“复制幻灯片”选项

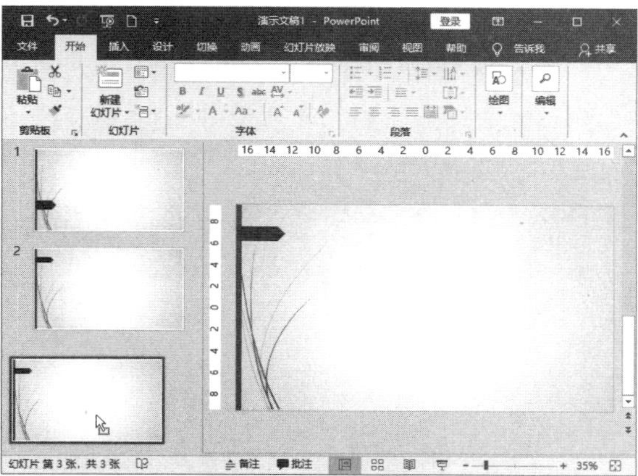

图 16.8　移动幻灯片

16.2.3　更改幻灯片版式

在向演示文稿中添加幻灯片时，可以添加各种版式的幻灯片。如果添加的幻灯片版式不符合要求，可以更改幻灯片的版式。

01 在“幻灯片”窗格中选择需要更换版式的幻灯片。在“开始”选项卡的“幻灯片”组中单击“幻灯片版式”按钮，在打开的列表中选择需要使用的幻灯片版式，如图 16.9 所示。当前选择幻灯片版式即可更换为指定版式。

02 在“幻灯片”窗格中右击需要更改版式的幻灯片，在弹出的快捷菜单中选择“版式”选项，在下级列表中选择需要使用的幻灯片版式即可更改该幻灯片的版式，如图 16.10 所示。

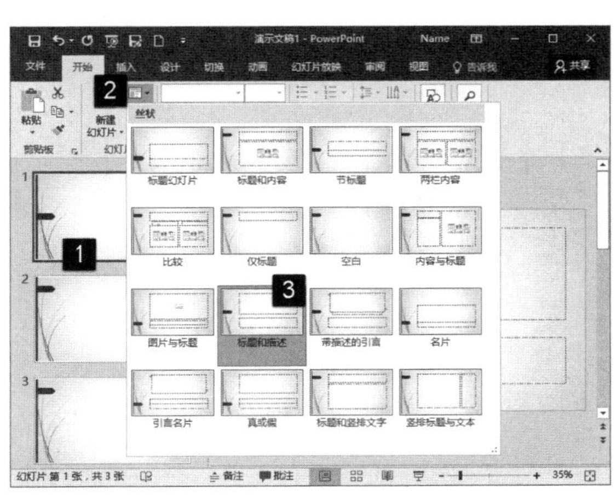

图 16.9　更改幻灯片版式

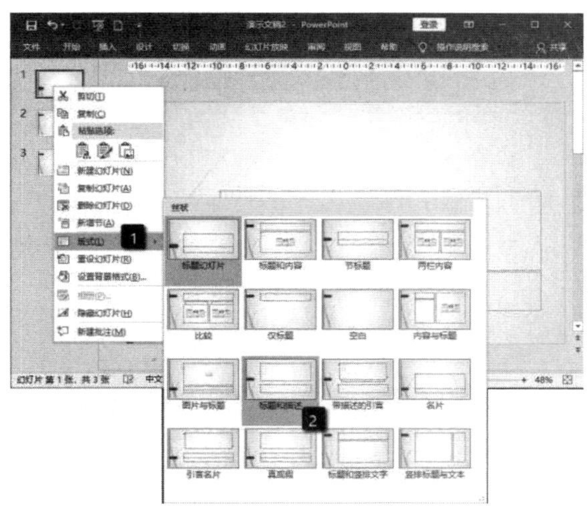

图 16.10　选择版式选项

16.2.4 在幻灯片中使用内容占位符

演示文稿中添加的幻灯片，除了空白幻灯片之外，都有占位符。占位符就像是各种内容对象的容器，使用占位符可以方便地控制占位符中内容的位置，从而提高幻灯片制作的效率。PowerPoint 演示文稿中常用的对象，如图片、图表和文字等都可以使用对应的占位符来放置。作为对象的容器，将内容插入到占位符中是十分简单的，下面介绍具体的操作方法。

01 幻灯片中的文字占位符中通常有提示文字。在占位符中单击放置插入点光标，即可在其中输入文字，如图 16.11 所示。

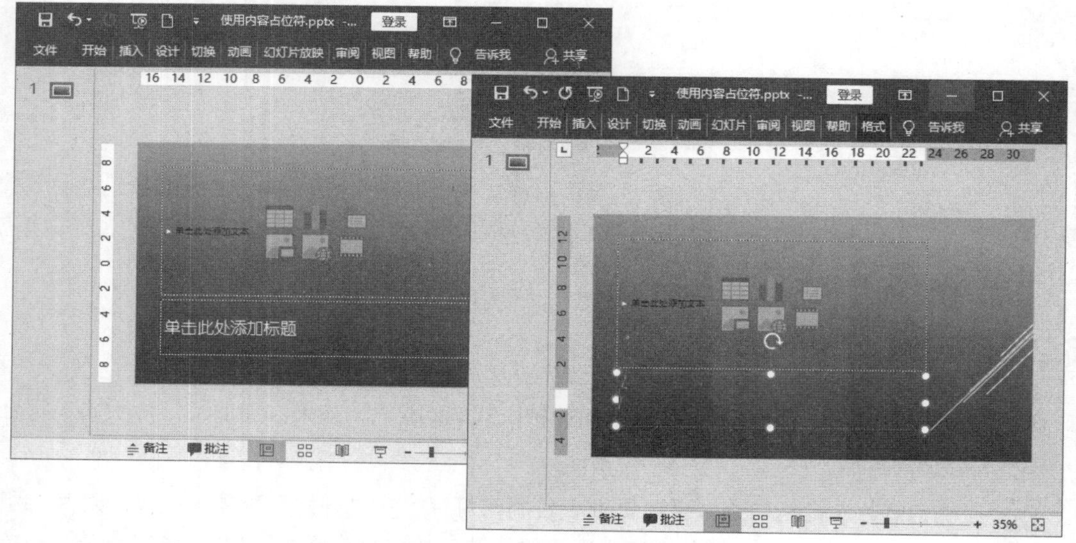

图 16.11 在文字占位符中输入文字

02 在幻灯片中单击占位符，如这里单击图片占位符，如图 16.12 所示。此时将打开“插入图片”对话框，在对话框中选择需要使用的图片后单击“插入”按钮，如图 16.13 所示。选择的图片即可插入到占位符中，如图 16.14 所示。

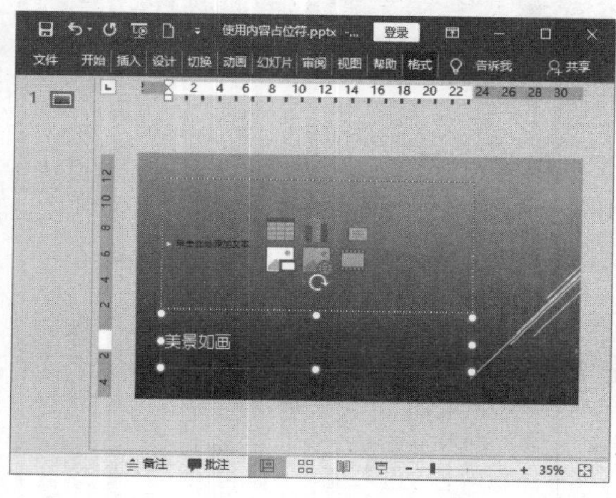

图 16.12 单击“图片”占位符

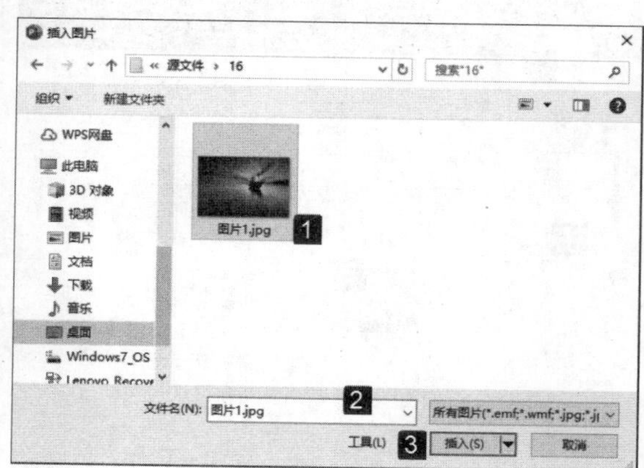

图 16.13 “插入图片”对话框

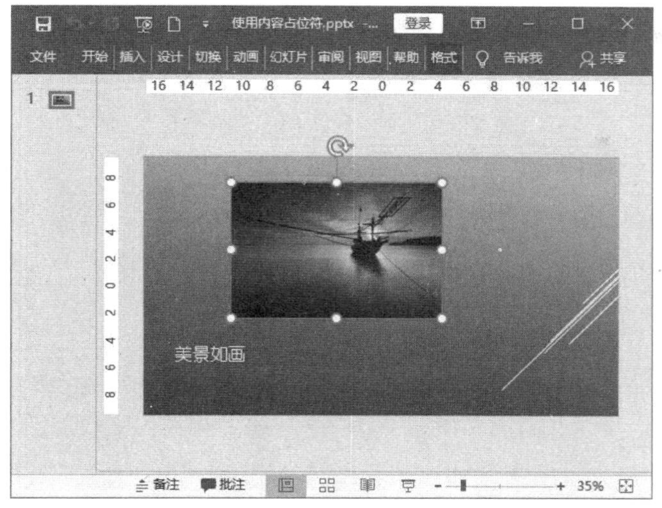

图 16.14　在占位符中插入图片后的效果

16.3　演示文稿的保存和输出

在完成演示文稿编辑和制作后，需要将演示文稿保存。在某些应用场合，还需要将演示文稿打印出来。下面介绍演示文稿保存和输出的方法。

16.3.1　保存演示文稿

在对演示文稿进行编辑后，需要进行保存。演示文稿的保存和其他的Office文档的保存方式一样，也是通过相应操作或命令来完成的。

01 在 PowerPoint 2019 程序窗口中打开“文件”窗口，在左侧列表中选择“另存为”选项。在中间的“另存为”列表中单击“浏览”按钮，打开“另存为”对话框。在对话框中选择保存文件的文件夹，指定文件保存的名称后单击“保存”按钮即可保存文档，如图 16.15 所示。

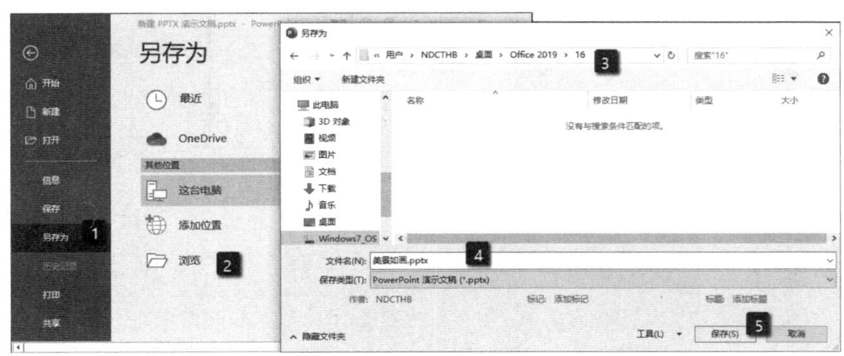

图 16.15　保存演示文稿

02 在“文件”窗口中选择“另存为”选项，在“另存为”列表中选择“这台电脑”选项。在右侧将会出现本地电脑的“桌面”和“文档”文件夹，选择需要保存的文件夹并设置保存文件名后，单击“保存”按钮即可将文档保存到该文件夹中，如图 16.16 所示。

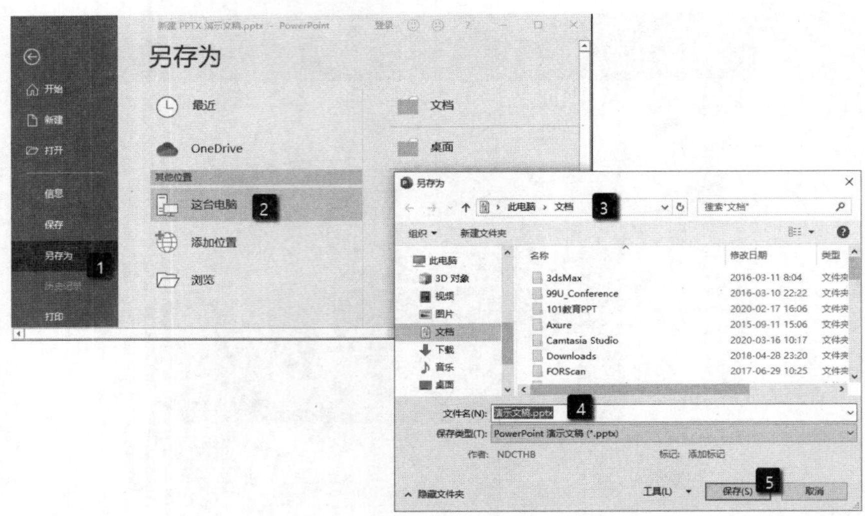

图 16.16　将文档保存到指定的文件夹中

16.3.2　打印演示文稿

使用 PowerPoint 可以将制作完成的演示文稿使用打印机打印出来。在打印时，可以对演示文稿进行页面设置并对打印效果进行预览，就像打印普通 Word 文稿一样。

01 在 PowerPoint 2019 中打开需要打印的演示文稿，打开“文件”窗口，在窗口左侧选择“打印”选项。单击“打印机属性”选项，打开打印机属性对话框。在对话框的“打印快捷方式”选项卡中对纸张类型、打印质量和每张纸打印的页数等进行设置，如图 16.17 所示。

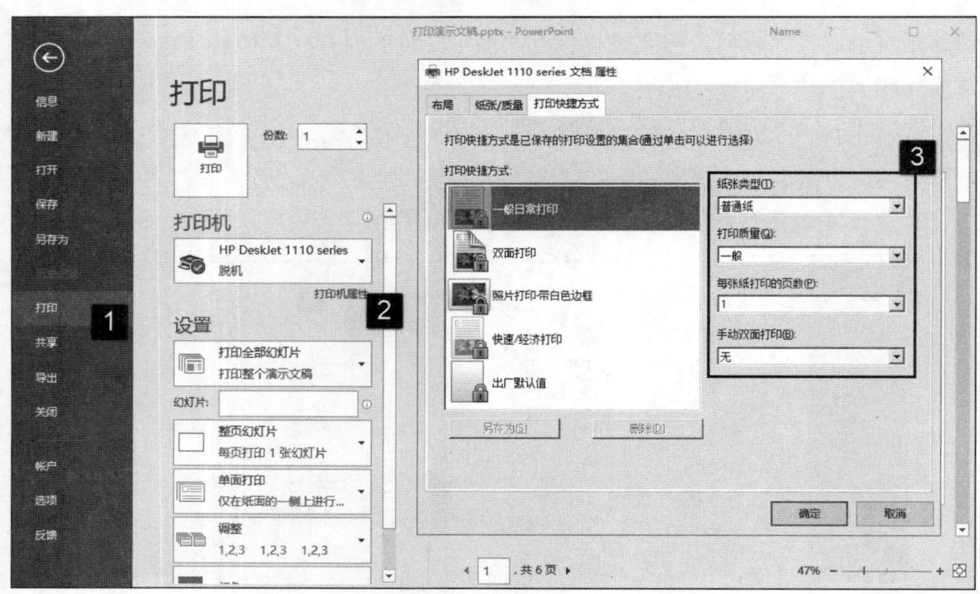

图 16.17　设置打印机属性

02 在“设置”栏各个下拉列表中选择相应的选项对打印的范围、打印的方式、幻灯片打印的顺序和是否进行彩色打印等进行设置，如图 16.18 所示。完成设置后单击“打印”按钮即可进行演示文稿的打印。

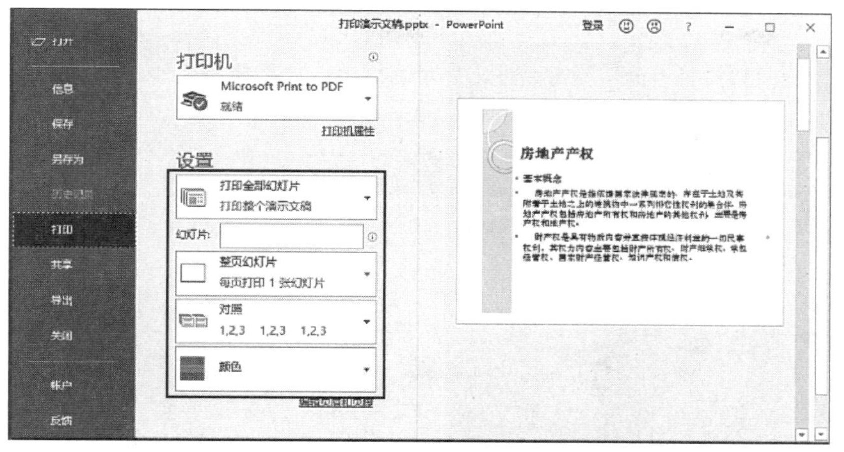

图 16.18　对打印进行设置

16.4　本章拓展

下面介绍本章的 3 个拓展应用。

16.4.1　重复使用幻灯片

在制作演示文稿时，对于类似的演示文稿，有时可以反复使用其中相类似的幻灯片。这样在新幻灯片中不再需要对幻灯片进行重复制作，只需要对已有幻灯片进行修改即可，因此能够大大提高制作效率。下面介绍在演示文稿中重复使用幻灯片的方法。

01 启动 PowerPoint 并打开演示文稿，在“幻灯片”窗格中单击选择幻灯片。在“开始”选项卡的“幻灯片”组中单击“新建幻灯片”按钮上的下三角按钮，在打开的下拉列表中选择“重用幻灯片”选项，如图 16.19 所示。

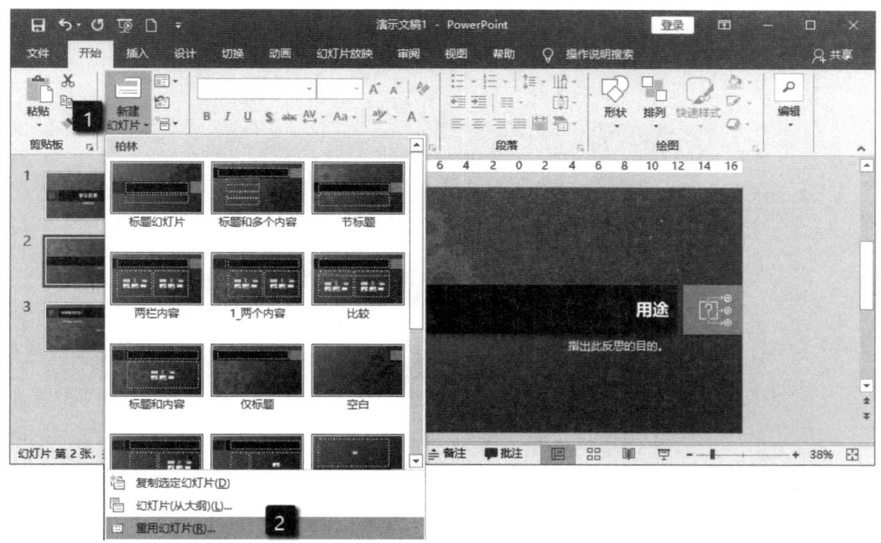

图 16.19　选择“重用幻灯片”选项

02 此时将打开“重用幻灯片”窗格，单击窗格中的“浏览”按钮，在打开的菜单中选择“浏览文件”选项。此时将打开“浏览”对话框，在对话框中选择需要使用的幻灯片的演示文稿后单击“打开”按钮，如图 16.20 所示。

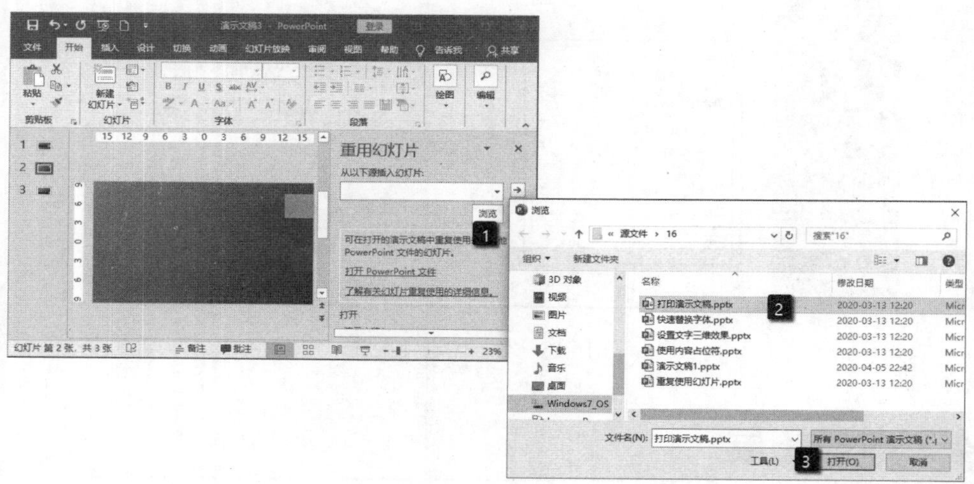

图 16.20　选择演示文稿文件

提 示

在“重用幻灯片”窗格中单击“浏览”按钮，选择菜单中选择“浏览幻灯片库”选项，打开“选择幻灯片库”对话框。在该对话框中将打开 PowerPoint 默认的幻灯片库文件夹“C:\Users\Administrator\AppData\Roaming\Microsoft\PowerPoint\我的幻灯片库”，用户可以选择使用该文件夹中的幻灯片。

03 此时在“重用幻灯片”窗格中将会列出演示文稿中的所有幻灯片，勾选窗格底部的“保留源格式”复选框。将鼠标指针放置到窗格的幻灯片缩览图上时，会显示该幻灯片内容大纲，如图 16.21 所示。单击“重用幻灯片”窗格中的幻灯片缩览图，即可将其插入到演示文稿中。

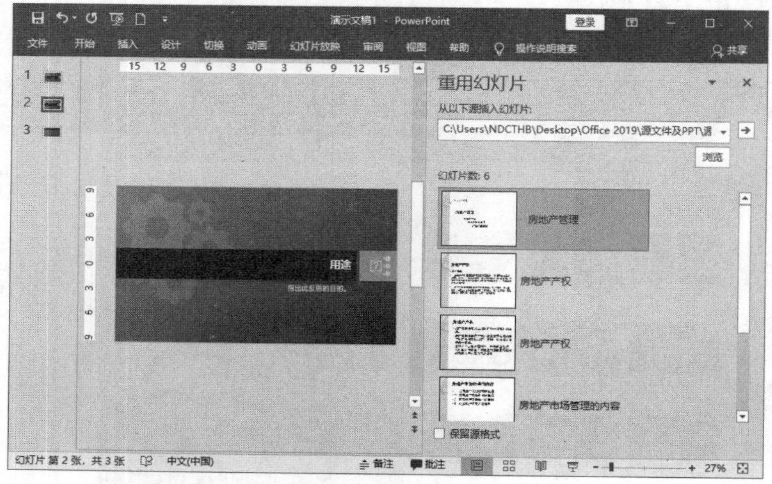

图 16.21　显示幻灯片内容大纲

16.4.2　设置演示文稿的自动保存

PowerPoint 有自动保存演示文稿的功能，在设定的时间间隔内 PowerPoint 会自动保存正在制作的演示文稿。当 PowerPoint 意外退出后，在下次启动 PowerPoint 时，用户能够打开自动保存的演示文稿来恢复被中断的操作，从而尽可能地避免不必要的损失。下面介绍 PowerPoint 的这种“保存自动恢复”功能的设置步骤。

01 在 PowerPoint 2019 的“文件”窗口左侧列表中单击“选项”选项，如图 16.22 所示。

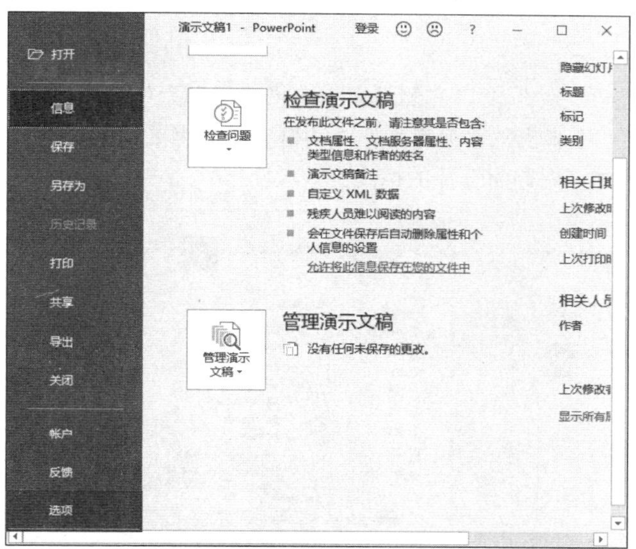

图 16.22　单击“选项”选项

02 此时可打开“PowerPoint 选项”对话框。在该对话框的左侧选择“保存”选项，勾选“保存自动恢复信息时间间隔”复选框，并在其后的微调框中输入数值设置自动保存的时间间隔，如图 16.23 所示，单击“确定”按钮关闭对话框即可完成设置。

图 16.23　“PowerPoint 选项”对话框

提 示

保存自动恢复的时间间隔设置得越短，文件保存的频率就会越快，无疑可以大大降低文件信息丢失的可能性。但过短的自动保存间隔，又会降低文档编辑的效率，用户应该根据实际情况来进行设置。

16.4.3 更改演示文稿的格式

PowerPoint 2019 创建的演示文稿并不具有向下的兼容性，其保存的文件类型是一种扩展名为*.pptx 的文件，PowerPoint 2007 之前版本无法打开这种格式的文件。如果你的演示文稿需要在 PowerPoint 2007 或更低版本的 PowerPoint 上打开，就需要将文档保存为*.ppt 格式。下面介绍具体的操作方法。

打开演示文稿，在“文件”窗口左侧列表中选择“另存为”选项，在中间的“另存为”栏中选择“这台电脑”选项。在弹出的“另存为”对话框中选择需要的文件格式，如图 16.24 所示。单击“保存”按钮即可将文档保存为选择的格式。

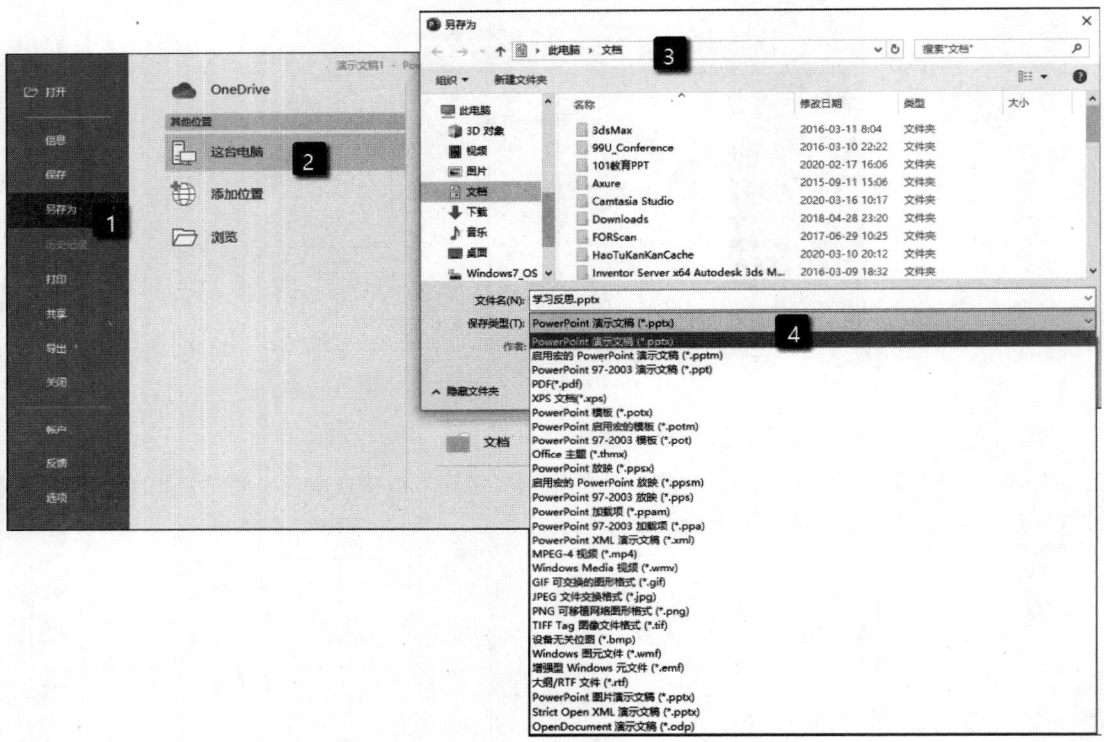

图 16.24 在“保存类型”对话框中选择文档类型

第 17 章

幻灯片的灵魂——文字

文字是传递信息的重要形式，也是 PowerPoint 演示文稿的内容主体。在演示文稿中，文本不仅仅可以传递信息，更可以作为一种画面元素来美化幻灯片。本章将介绍在幻灯片中使用文字以及美化文字的方法和技巧。

17.1 使用文本框

在幻灯片中使用文字，首先需要将文字插入到幻灯片中。在幻灯片中插入文字除了上一章介绍的可以使用文本占位符之外，常用的方法就是使用文本框。

17.1.1 在幻灯片中插入文本

使用文本占位符能方便地插入文本，实际上文本占位符就是一种带有默认位置和默认文字格式的文本框。如果需要在幻灯片中灵活使用文字，使用文本框是一种最为方便快捷的方式。在幻灯片中使用文本框插入文本，可以用下面的方法来进行操作。

01 在演示文稿中选择需要插入文字的幻灯片，打开“插入”选项卡。在“文本”组中单击“文本框”按钮上的下三角按钮，在打开的列表中选择需要使用的文本框类型。例如，这里选择“绘制横排文本框”选项，如图 17.1 所示。

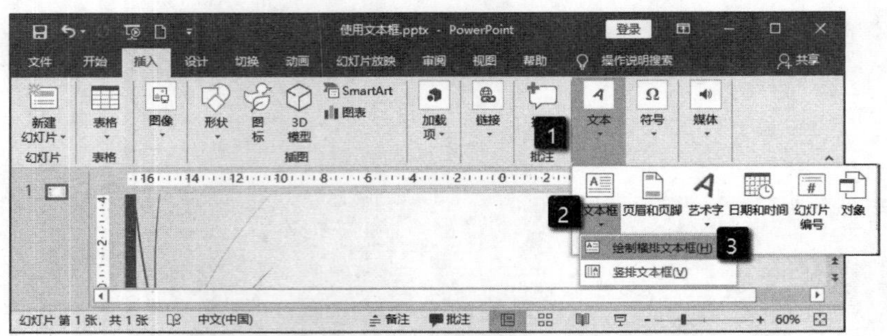

图 17.1　选择“绘制横排文本框”选项

02 此时在幻灯片中单击即可创建一个横排文本框，并且插入点光标位于文本框中，用户可以直接输入文本，如图 17.2 所示。在输入文本时，文本框的宽度会随着文本的输入自动增加。如果需要换行，可以按 Enter 键来手动换行。

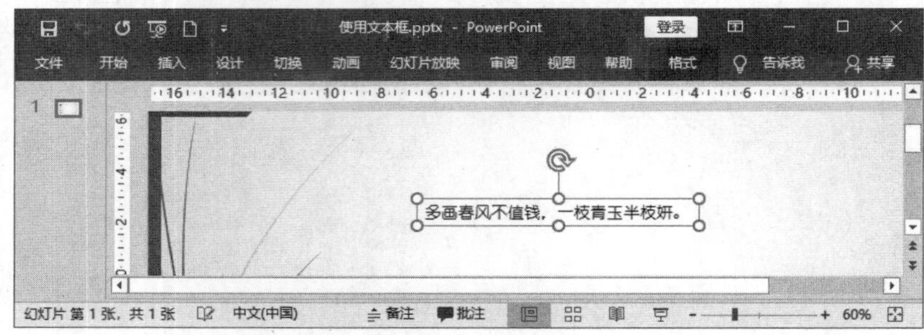

图 17.2　在文本框中输入文本

03 如果在幻灯片中拖动鼠标绘制一个文本框，在输入文字时，文本框的宽度是固定的，不会随着文字的输入自动加宽。此时在文本框中文字会根据文本框的宽度自动换行，如图 17.3 所示。

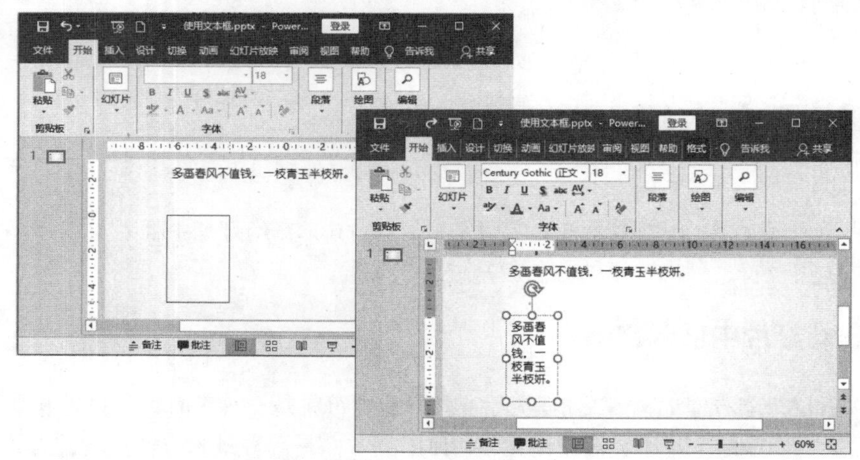

图 17.3　绘制文本框并输入文字

17.1.2　文本格式的设置

默认情况下，幻灯片中文字的格式是由所运用的模板决定的，为了让文本信息的传递更加符合用户的要求，需要对文本格式进行自定义设置。下面对文本格式的设置进行介绍。

01 在幻灯片中选中文本框，在“开始”选项卡的字体组中使用相应的命令就可以设置文本框中文字的字体和字号，为文字添加加粗、斜体和阴影等效果，如图 17.4 所示。

图 17.4　设置文字格式

02 在“字体”组中单击“字体”按钮，打开“字体”对话框中的“字体”选项卡，在该选项卡中可以对文字的格式进行设置，如图 17.5 所示。

图 17.5　“字体”对话框

03 打开“字体”对话框中的“字符间距”选项卡，对字符间距进行调整，如图 17.6 所示。

图 17.6　调整字符间距

04 在“字体”组中单击“字体颜色”按钮，在打开的列表中选择需要的颜色选项可以更改文本框中文字的颜色，如图 17.7 所示。

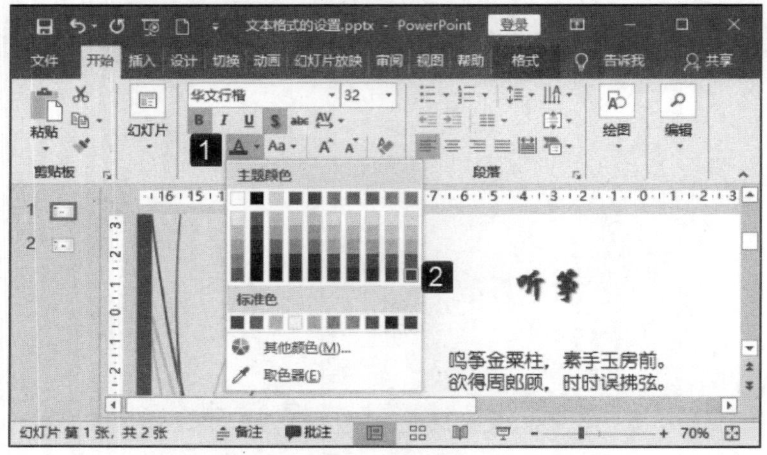

图 17.7　更改文字颜色

17.1.3　段落格式的设置

在幻灯片中，除了可以对文字的格式进行设置之外，对于大段文字还可以设置段落格式。设置段落格式包括调整文本的对齐方式、更改文字排列方向和调整行间距等。下面对文本框中文本段落格式设置方法进行介绍。

01 选中文本框，在“开始”选项卡的“段落”组中单击相应的按钮可以设置文字在文本框中的对齐方式。例如，这里单击“居中”按钮使文本在文本框中居中对齐，如图 17.8 所示。

图 17.8　文本在文本框中居中对齐

02 在“段落”组中单击“文字方向”按钮，在打开的列表中选择“竖排”选项，可以将文本框中的文字由横排变为竖排，如图 17.9 所示。

03 选中文本框，在“段落”组中单击“添加或删除栏”按钮，在打开的列表中选择分栏数选项。例如，这里选择“两列”选项，如图 17.10 所示。此时文本框中文字会分为两栏，拖动文本框上控制柄调整文本框大小使文本按内容分两栏放置，如图 17.11 所示。

图 17.9　将横排文字变为竖排

图 17.10　选择“两栏”选项

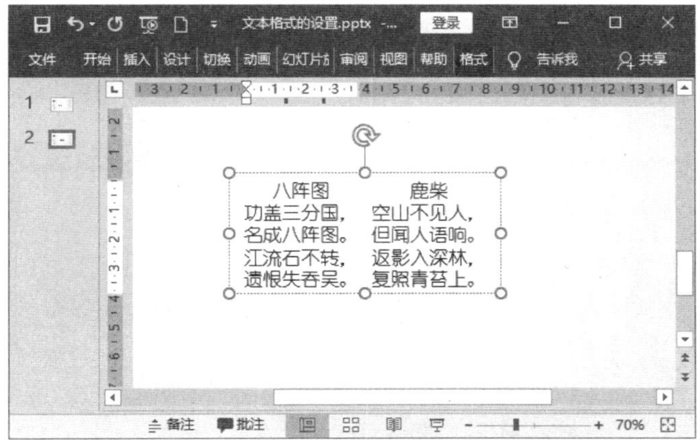

图 17.11　使文本按内容分两栏放置

17.2　特殊字符的输入

不同的应用场合，在幻灯片中需要输入的文字内容也会有所不同。在一些特殊的场合，有时需要输入特殊的符号。本节将重点介绍在幻灯片中插入特殊符号的方法。

17.2.1 输入特殊符号

在使用 PowerPoint 制作演示文稿时，输入特殊的符号并不是难事，特殊的符号包括数学符号、单位符号、数字序号和拼音等。下面以在幻灯片中插入汉语拼音为例来介绍输入特殊符号的方法。

01 在幻灯片中创建一个文本框，在其中输入字母“y”和“u”，并将输入点光标放置在两个字母中间。在“插入”选项卡中的“符号”组中单击“符号”按钮，打开“符号”对话框，在“字体”列表中选择需要使用的字体，在对话框的列表中找到需要使用的带音调的拼音字符。单击“插入”按钮，如图 17.12 所示。

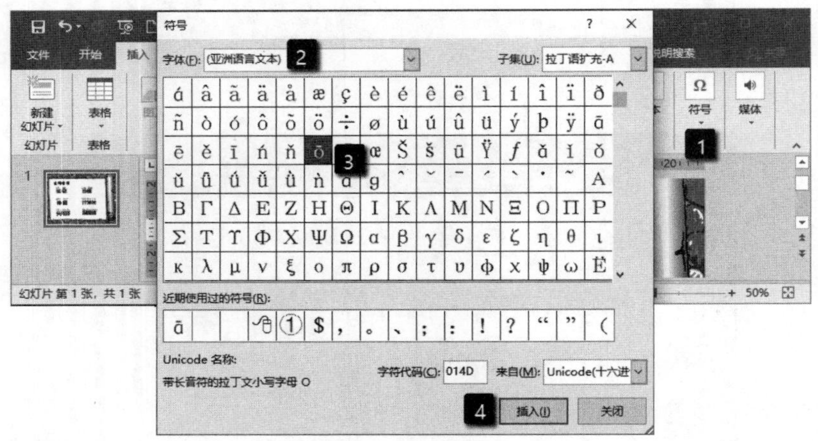

图 17.12 打开“符号”对话框

02 选择的符号即被插入到输入点光标处。幻灯片中的“忧”字就有了拼音标注，如图 17.13 所示。

图 17.13 为文字添加拼音

17.2.2 添加项目符号和编号

在段落中添加项目符号和编号，能够使幻灯片中的文本更有条理，更富有层次感，便于观众理解。项目符号和编号都是以段落为单位的，它们的添加方法也基本相同，下面以向文本框中添加自定义项目符号为例来介绍添加项目符号的操作方法。

01 在幻灯片中创建文本框，在“开始”选项卡的“段落”组中单击“项目符号”按钮旁的下三角按钮，在打开的列表中选择“项目符号和编号”选项，如图 17.14 所示。

图 17.14 选择“项目符号和编号”选项

02 在打开的“项目符号和编号”对话框中可直接单击列表中的选项将其应用到段落中。这里，单击“自定义”按钮，打开“符号”对话框，在该对话框的“字体”下拉列表中选择一种带有符号的字体，在该字体所对应的列表中选择需要使用的符号，如图 17.15 所示。

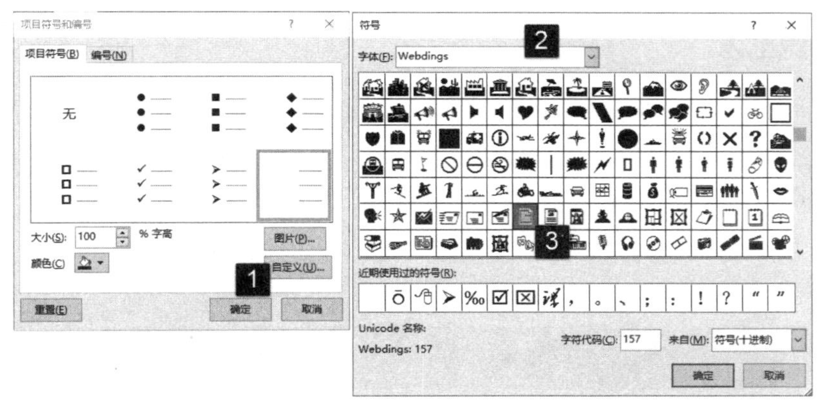

图 17.15 选择项目符号

提 示

在“项目符号和编号”对话框的“项目符号”选项卡中选择项目符号后，“大小”和“颜色”设置项将可用。在“大小”增量框中输入数值可以设置项目符号的大小，这里数值表示符号占文字高度的百分比。单击“颜色”按钮可以打开颜色列表，设置项目符号的颜色。

03 单击“确定”按钮关闭“符号”对话框，接着关闭“项目符号和编号”对话框，项目符号即被添加到当前的段落中。为所有的段落添加项目符号后，效果如图 17.16 所示。

提 示

在文本框中为某一段添加段落符号后，将输入点光标放置于该段文字的末尾，按Delete键删除段落末尾的回车符，使下一段文字变为此段文字的一部分，然后按Enter键将文字重新分为一段，此时新段落中会自动添加与当前段落相同的项目符号，并具有与当前段落相同的段落样式。

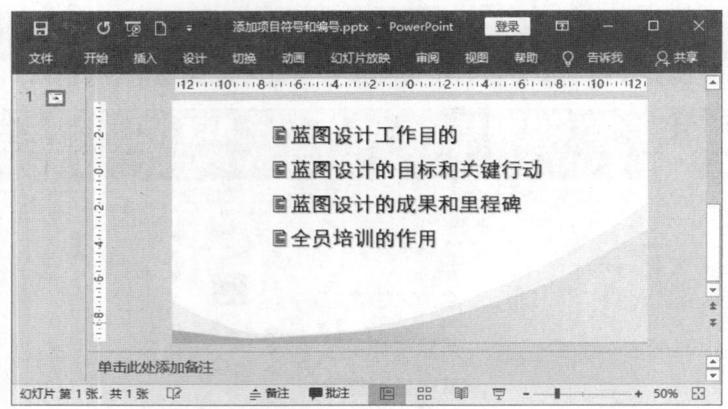

图 17.16　添加项目符号

17.3　文字的美化

艺术字功能是 PowerPoint 中一项强大的特色功能，使用该功能可以快速更改文字的外观，使文字具有各种不同的美化效果。使用艺术字是演示文稿中对文字进行美化的一种重要的手段，下面介绍艺术字的使用技巧。

17.3.1　创建艺术字

在演示文稿中使用艺术字，可以美化幻灯片、增强视觉效果。PowerPoint 2019 为用户提供各类大量的内置艺术字样式，在演示文稿中使用艺术字，不需要用户花很多时间来进行设计制作。在幻灯片中创建艺术字，可以按照下面的步骤来进行操作。

01 启动 PowerPoint 并打开文档，在“插入”选项卡中单击“艺术字”按钮，在打开的下拉列表中选择需要使用的艺术字样式，如图 17.17 所示。

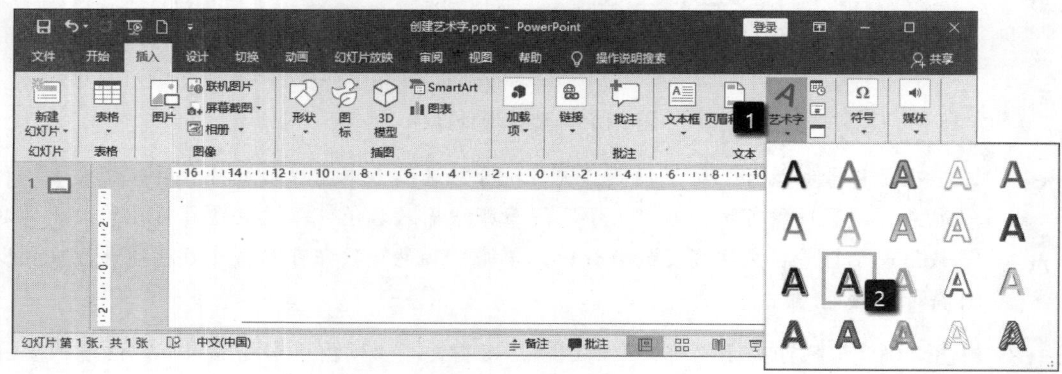

图 17.17　选择需要使用的艺术字样式

02 此时，在幻灯片中将插入艺术字文本框，在文本框中输入文字，即可获得需要的艺术字效果，如图 17.18 所示。

03 选择艺术字文本框，使用“格式”选项卡中的命令可以对艺术字的样式进行设置。例如，这里要更改艺术字样式，如图 17.19 所示。

图 17.18　在文本框中输入文字

图 17.19　更改艺术字样式

17.3.2　变形文字

对于幻灯片中的艺术字，使用 PowerPoint 可以对艺术字的外观样式进行设置，如设置艺术字文字填充颜色、轮廓颜色和文本框的填充颜色等，同时可以对艺术字添加阴影效果、映像效果、发光效果和三维效果等特效。在这些特效中，一个比较有特色的效果就是文字变形效果。下面介绍这种特效的应用方法。

01 选择艺术字文本框，在“格式”选项卡的“艺术字”样式组中单击“文字效果”按钮。在打开的列表中选择“转换”选项，在下级列表中选择相应的选项即可将该变形样式应用于文字，如图 17.20 所示。

图 17.20　选择变形选项应用于文字

02 对文字应用变形效果后，在文本框上会出现变形效果控制柄。拖动控制柄可以对文字的变形效果进行调整，如图 17.21 所示。

提 示

如果需要取消文字的变形效果，可在“转换”列表中选择“无转换”栏中的“无转换”选项即可。

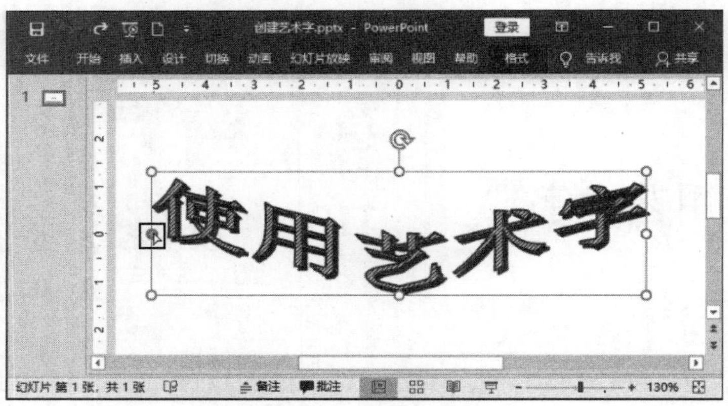

图 17.21　拖动控制柄调整变形效果

17.4　本章拓展

下面介绍本章的 3 个拓展实例。

17.4.1　快速替换字体

在演示文稿中对文字进行编辑时，有时需要将演示文稿中某种文字字体更换为另一种字体。手动寻找文字并更改它们的字体的操作效率较低。下面介绍一种快速更换字体的方法。

01 在“开始”菜单的“编辑”组中单击“替换”按钮上的下三角按钮，在打开的列表中选择“替换字体”选项，如图 17.22 所示。

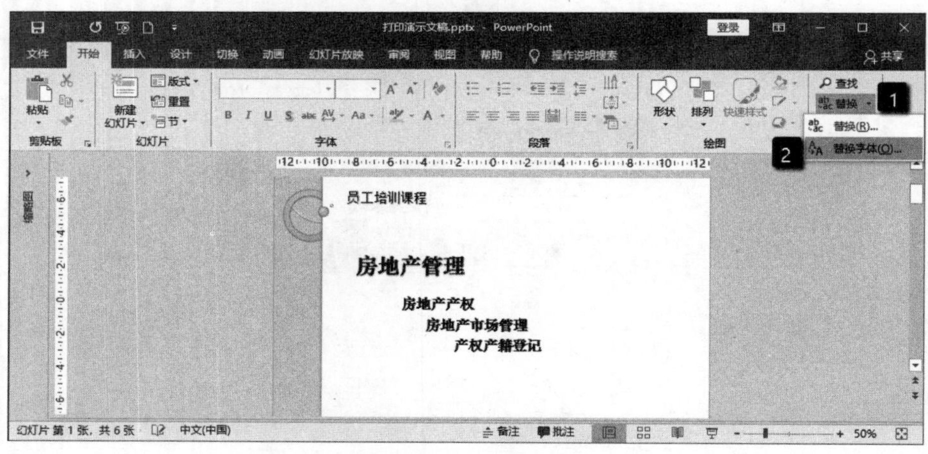

图 17.22　选择“替换字体”选项

02 此时将打开“替换字体”对话框，在该对话框的“替换”列表中选择演示文稿中需要替换的字体，在“替换为”列表中选择用于替换的字体。单击“替换”按钮，如图 17.23 所示。演示文稿中“替换”列表中选择的字体将全部被“替换为”列表中指定的字体。

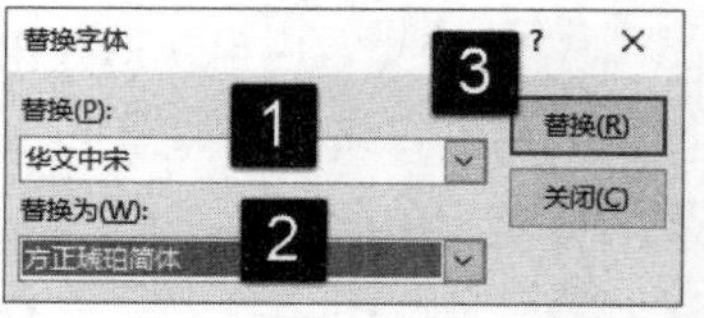

图 17.23　“替换字体”对话框

17.4.2　设置文字的三维效果

三维立体文字是一种常见的文字效果，且视觉效果非常美。PowerPoint 艺术字样式库中的艺术字很多都具有三维效果。当然用户也可以根据需要来对文字进行设置，创造需要的三维文字效果。下面对文字三维效果的操作方法进行介绍。

01 选择艺术字文本框后，在“格式”选项卡的“艺术字样式”组中单击“设置文本效果格式：文本框”按钮，打开“设置形状格式”窗格。选择“文本选项”选项，单击“文字效果”按钮，展开“三维格式”设置栏，首先在“顶部棱台”列表中选择相应的选项设置顶部棱台的形状，设置“宽度”和“高度”值，如图 17.24 所示。接着对底部棱台效果进行设置，如图 17.25 所示。

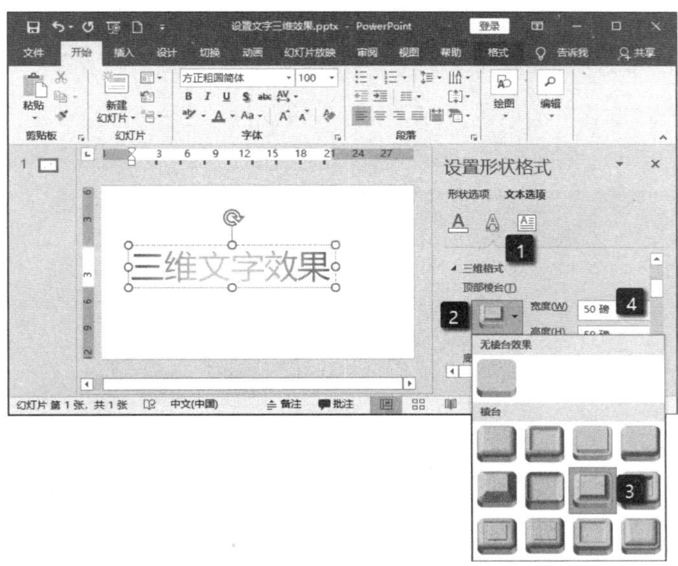

图 17.24　设置顶部棱台形状

02 在“设置形状格式”窗格的“材料”下拉列表中选择相应的选项，设置三维对象的表面材料效果，如图 17.26 所示。设置三维对象的照明效果，如图 17.27 所示。在“设置形状格式”窗格中展开“三维旋转”设置栏，设置文字的三维旋转角度，如图 17.28 所示。

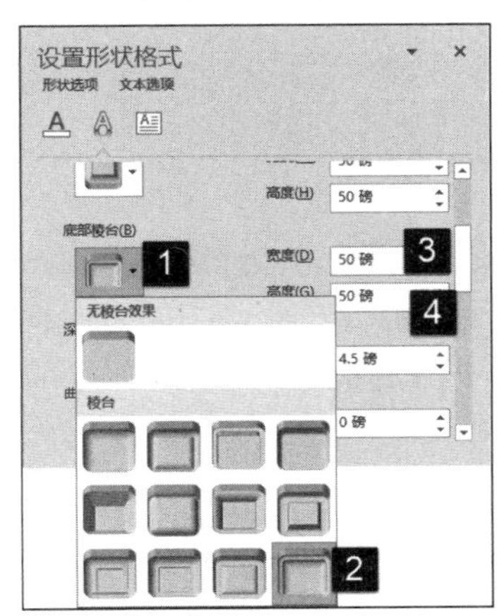

图 17.25　设置底部棱台效果

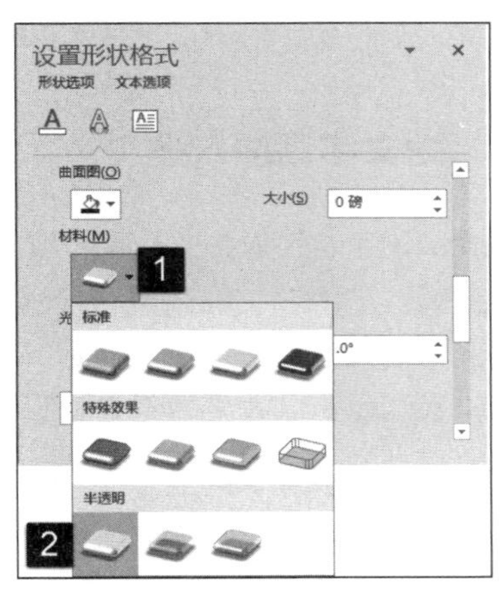

图 17.26　设置表面的材料效果

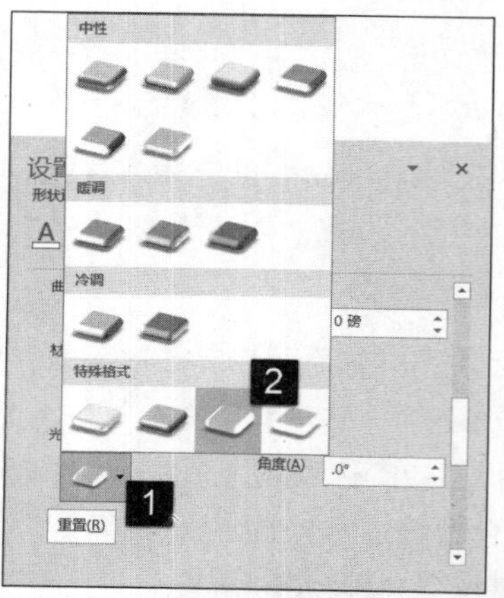

图 17.27　设置照明效果

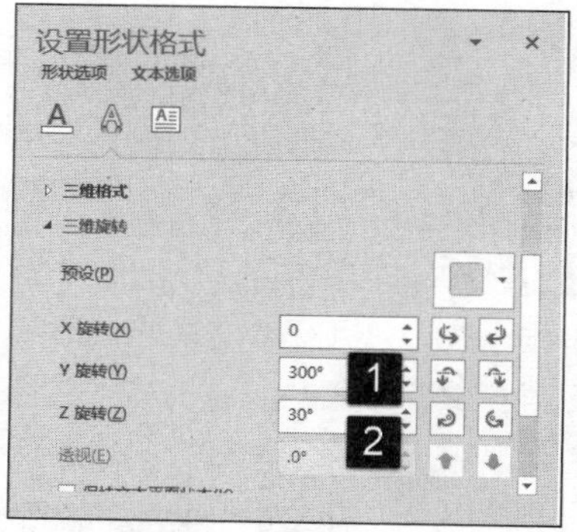

图 17.28　设置三维旋转效果

03 在“设置形状格式”窗格中打开“阴影”设置栏，在右侧的“预设”下拉列表中选择需要使用的阴影样式，拖动滑块调整“距离”值。完成阴影效果设置后的文字效果如图 17.29 所示。

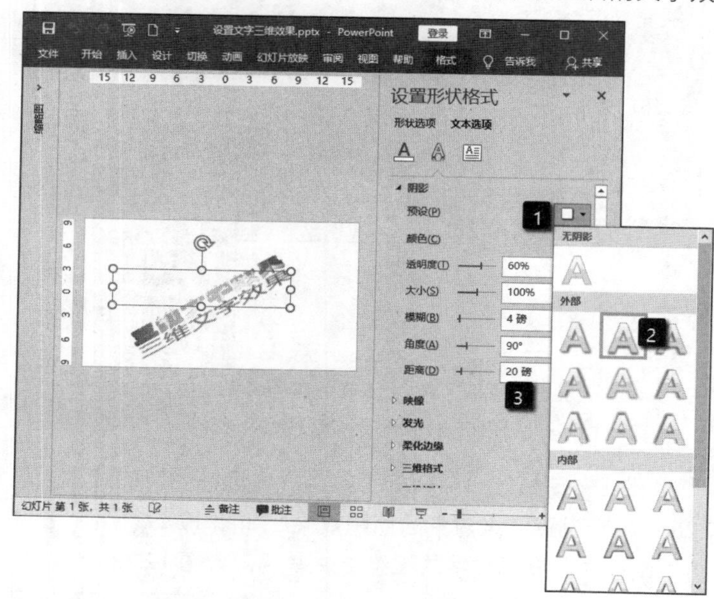

图 17.29　添加阴影效果后的文字效果

17.4.3　为文字添加纹理

PowerPoint为文字提供了不同的填充方式，包括纯色填充、渐变填充和图片或纹理填充等。PowerPoint内置了木纹、花岗石和布纹等常用的纹理图片，用户可以方便地创建各种纹理效果。如果在设置三维效果后再使用纹理填充，还能够创建出达到专业图像制作软件制作水平的文字效果。下面以创建木纹雕刻字效果为例来介绍具体的操作方法。

01 创建三维文字，这里设置文字的“顶部棱台”效果和“底部棱台”效果，如图 17.30 所示。

02 在“设置形状格式”窗格中单击“文本填充与轮廓”按钮，在“文本填充”栏中单击“图片或纹理填充”单选按钮。在“纹理”列表中选择“栎木”内置纹理应用到文字。此时即可获得的栎木文字效果如图 17.31 所示。

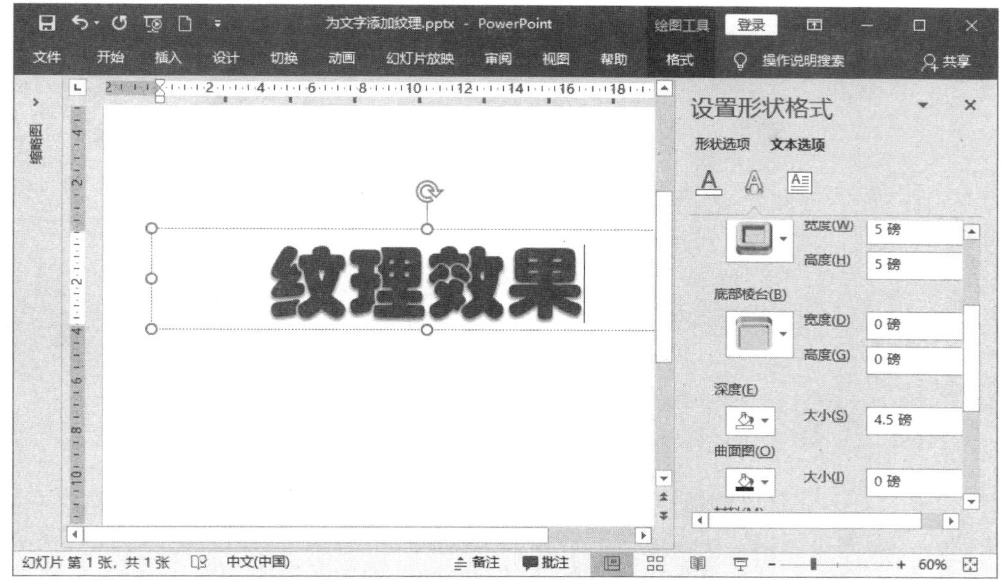

图 17.30　创建三维文字

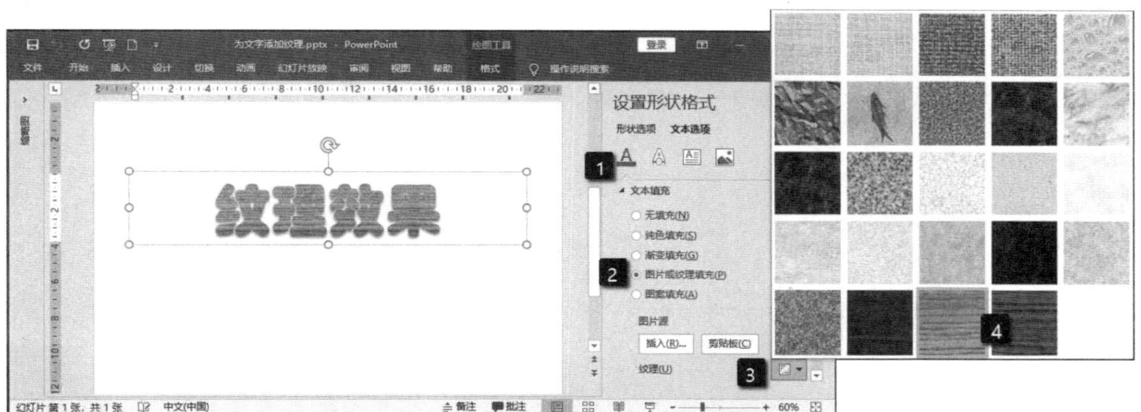

图 17.31　为文字添加纹理填充效果

第 18 章 设计幻灯片版式

幻灯片的版式指的是各种对象在幻灯片页面中的排列和组合方式，制作演示文稿时，为了获得好的演示效果，需要安排幻灯片的版式布局。本章将介绍设计幻灯片版式和主题应用的相关知识。

18.1 使用幻灯片母版

安排版式布局的一种高效的方法就是设置幻灯片母版。母版实际上是一种特殊的幻灯片，这种幻灯片是演示文稿的一个重要组成部分。母版的保存满足了不同需要的幻灯片的版面信息和组成元素的样式信息，这些信息都已经在母版中被设置好了。使用时，无须对幻灯片进行再设置，只需在相应的位置输入需要的内容即可。灵活地使用母版，能够有效地避免重复操作，提高工作效率。更为重要的是，使用母版能够使演示文稿的幻灯片具有统一的样式和风格。本节将介绍幻灯片母版的结构、版式设置和使用。

18.1.1 幻灯片母版的结构

默认情况下，PowerPoint 幻灯片母版由一个主母版和 11 个幻灯片版式母版构成，其中主母版的格式决定了所有版式母版的基本格式，其他的母版根据用途的不同而具有不同的结构布局。

幻灯片母版默认状态下包含 5 个区域，它们分别是标题区、对象区、日期区、页眉页脚区和数字区，如图 18.1 所示。这些区域实际上是占位符，具有提前设定好的样式，用户使用时只需向其中输入需要的内容即可。

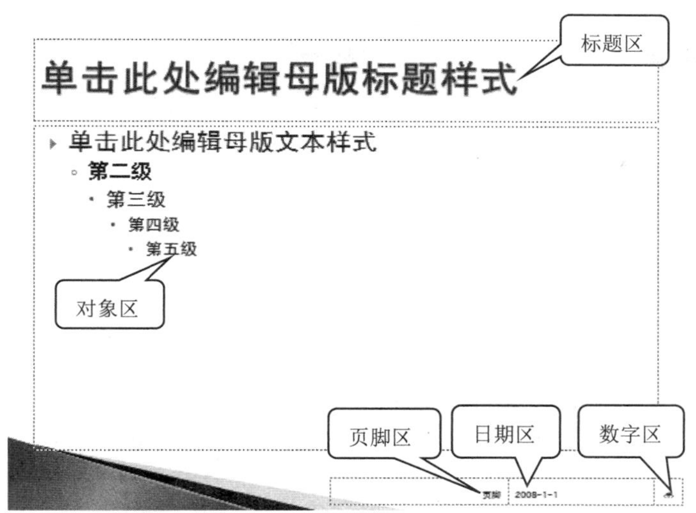

图 18.1　幻灯片母版的结构

幻灯片母版可以控制除标题幻灯片外的大多数幻灯片，使它们具有相同的版面设置、相同的文字格式和位置、相同的项目符号和编号以及相同的配色方案等。母版中，各个区域的作用介绍如下：

- 标题区：用于放置演示文稿的所有幻灯片的标题文字。
- 对象区：用于放置幻灯片中所有的对象和文字。
- 日期区：用于为演示文稿中的每一张幻灯片自动添加日期。
- 页眉和页脚区：用于为演示文稿中的幻灯片添加页眉和页脚。
- 数字区：用于为演示文稿中的每一张幻灯片自动添加编号。

18.1.2　幻灯片母版的版式设置

在制作演示文稿时，可以通过设置幻灯片母版来使演示文稿中各个幻灯片的风格保持一致。下面介绍对幻灯片母版版式进行设置的相关知识。

1．设置幻灯片母版背景

幻灯片母版的背景设置和幻灯片背景设置相类似，其中包括颜色填充和图片填充等方式。下面介绍具体的操作方法。

01 在“视图”选项卡的“幻灯片母版”组中单击“幻灯片母版”按钮，进入幻灯片母版视图，如图 18.2 所示。

02 此时将打开“幻灯片母版”视图，左侧窗格中会列出了不同版式的母版幻灯片。将鼠标放置于这些幻灯片上可以看到母版版式的提示信息。在左侧的窗格中选择“Office 主题幻灯片母版”幻灯片，在“幻灯片母版”选项卡的“背景”组中单击“背景样式”按钮。在打开的列表中选择相应的选项对幻灯片应用预设背景样式，如图 18.3 所示。

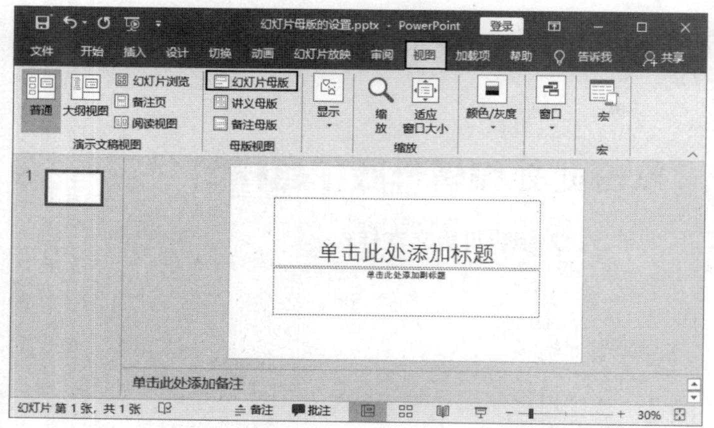

图 18.2　单击“幻灯片母版”按钮

图 18.3　应用预设背景样式

03 在“背景格式”列表中选择“设置背景格式”选项，打开“设置背景格式”窗格。使用该窗格可以对背景进行颜色填充、渐变填充、图片或纹理填充和图案填充。例如，这里在窗格中选择“渐变填充”选项，并对渐变类型、方向、角度和颜色等进行设置，实现对背景的渐变填充，如图 18.4 所示。

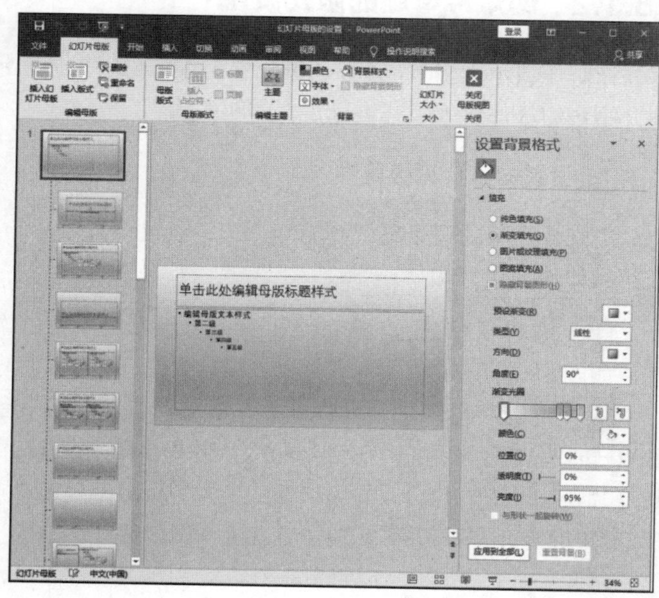

图 18.4　对背景应用渐变填充

2. 设置标题和正文格式

一般情况下，演示文稿中的正文和标题的格式是固定搭配的。除特殊情况外，演示文稿的幻灯片中标题和文字格式搭配要统一。在幻灯片母版中可以采用下面的方式来设置标题和正文格式，以保证幻灯片风格的一致。

01 进入“幻灯片母版”视图，选择“Office主题幻灯片母版”幻灯片。在“幻灯片母版”选项卡的“背景”组中单击“字体”按钮，在打开的列表中选择预设的字体选项即可对标题和正文字体进行设置，如图18.5所示。

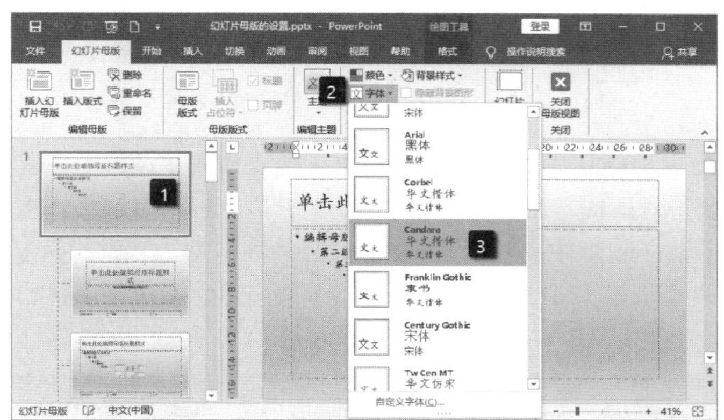

图 18.5　选择字体

02 在“字体”列表中选择“自定义字体”选项将打开“新建主题字体”对话框，在该对话框的“名称”文本框中输入主题字体名称，在“标题字体（中文）”和“正文字体（中文）”列表中选择需要使用的字体。完成设置后单击“保存”按钮即可保存自定义主题字体，如图 18.6 所示。

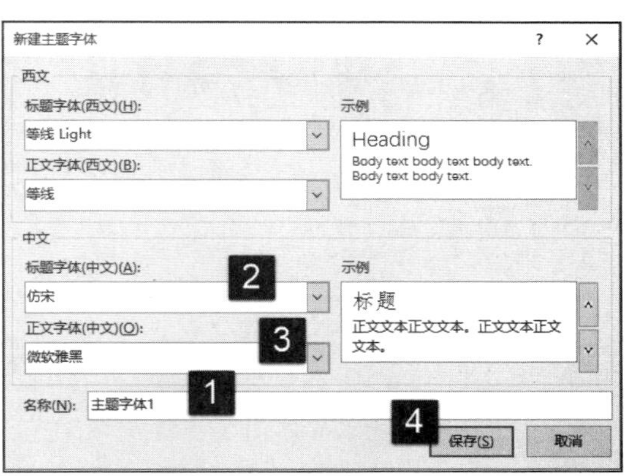

图 18.6　“新建主题字体”对话框

提 示

对文字颜色和段落格式的设置，可以在选择母版幻灯片中的占位符后，打开“开始”选项卡，使用其中的选项来进行设置。另外，如果要为文字添加阴影效果、映像效果和三维效果等特殊效果，也可以右击文本占位符，在弹出的快捷菜单中选择“设置形状格式”选项，打开“设置形状格式”窗格来进行设置。

3. 设置页眉和页脚

在默认情况下，母版幻灯片下方有 3 个并排的文本框，分别代表日期、页脚和幻灯片的页码，用户可以根据需要对这些内容进行操作。

01 选择“Office主题幻灯片母版”幻灯片，在“幻灯片母版”选项卡的“母版版式”组中单击“母版版式”按钮，打开“占位符”对话框。在对话框中取消对应的占位符复选框的勾选，母版中的占位符即不再显示，如图18.7所示。

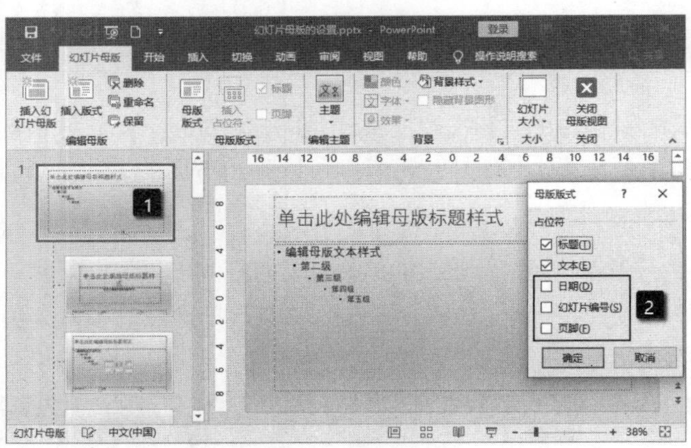

图 18.7　取消对应占位符的勾选使其不再显示

02 选择“Office 主题幻灯片母版”，在功能区中的“插入”选项卡中单击“页眉和页脚”按钮，打开“页眉和页脚”对话框。在该对话框的“幻灯片”选项卡中选择相应的内容，不仅可以在幻灯片中添加日期和时间、幻灯片编号和页脚内容，还能对这些内容进行设置。例如，为幻灯片添加可自动更新的日期内容，如图 18.8 所示。单击“全部应用”按钮，设置的内容即可添加到所有的母版幻灯片中。

图 18.8　添加日期和时间

提示

页眉和页脚文字可以直接在母版的占位符中输入。如果演示文稿中不需要页眉和页脚、时间或编号，也可在选择占位符后按 Delete 键将其直接删除。

18.1.3　操作幻灯片母版

在幻灯片母版视图中，可以对幻灯片母版进行添加、删除和重命名等操作，本节将介绍具体的操作方法。

01 在“幻灯片母版”选项卡的“编辑母版”组中单击“插入幻灯片母版”按钮即可添加一套新的母版，如图 18.9 所示。

02 单击“插入版式”按钮，可以添加一个新的母版幻灯片，如图 18.10 所示。使用这张母版幻灯片可创建用户自己的自定义版式。

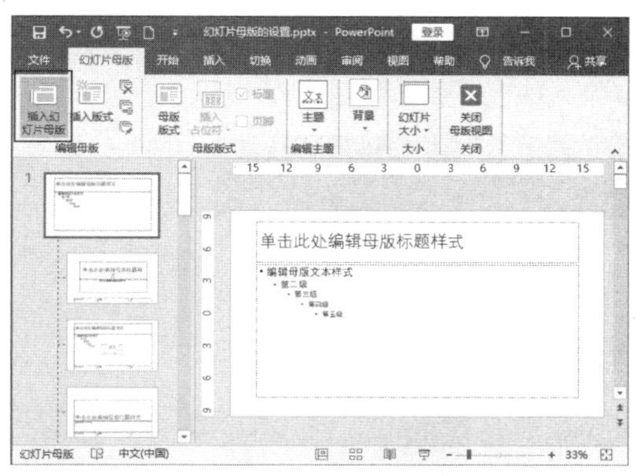

图 18.9　添加一套新的母版

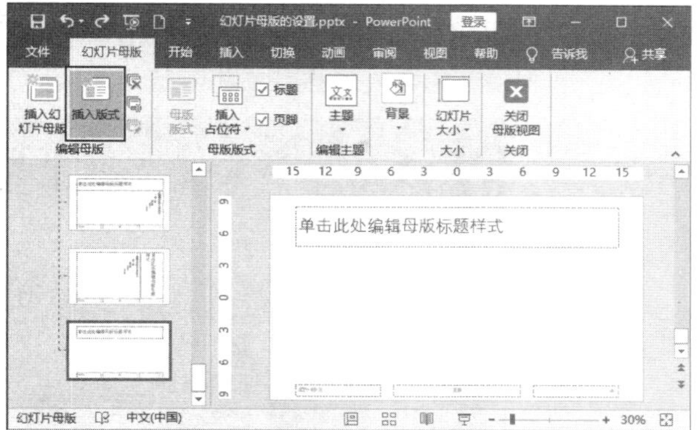

图 18.10　添加新的版式

03 选择需要重命名的母版幻灯片后，单击“编辑母版”组中的“重命名”按钮，打开“重命名版式”对话框。在该对话框中的“版式名称”文本框中输入版式名称，单击“重命名”按钮关闭“重命名版式”对话框，即可完成对母版的重命名，如图 18.11 所示。

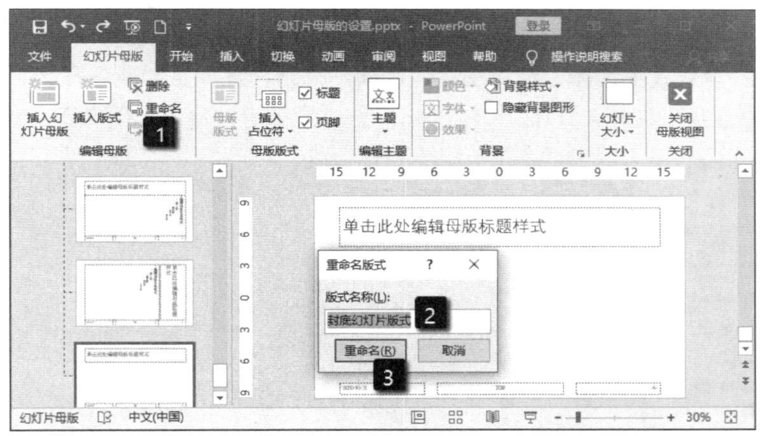

图 18.11　重命名母版

18.2　应用主题

PowerPoint 2019 提供了丰富的内置主题样式，用户可以根据需要使用不同的主题来设计自己的演示文稿。这些主题具有设置好的颜色、字体样式和对象的颜色样式，可直接应用于幻灯片中，使你的演示文稿获得某种特定风格的视觉效果。同时，用户也可以根据需要对主题进行自定义，本节将介绍使用这些主题来美化演示文稿的方法。

18.2.1　使用主题

PowerPoint 2019 为用户创建演示文稿提供了各种风格的内置主题，这些主题拥有专业的设计背景，以及出色的字体和配色方案。使用这些内置主题可以使你方便而快捷地获得美观的演示文稿，而不必再在颜色搭配、字体的选择和背景设计等方面花费时间。即使你是一个平面设计方面的外行，也能通过内置主题的使用制作出精美的幻灯片。

01 启动 PowerPoint 2019，打开演示文稿。在“设计”选项卡的“主题”组中打开“主题”列表，在列表中选择需要的主题并将其应用于演示文稿中，如图 18.12 所示。

图 18.12　选择需要的内置主题

02 在“主题”列表中选择“浏览主题”选项，打开“选择主题或主题文档”对话框。选择主题文件后单击“应用”按钮，如图 18.13 所示，该主题即可应用于当前演示文稿中。

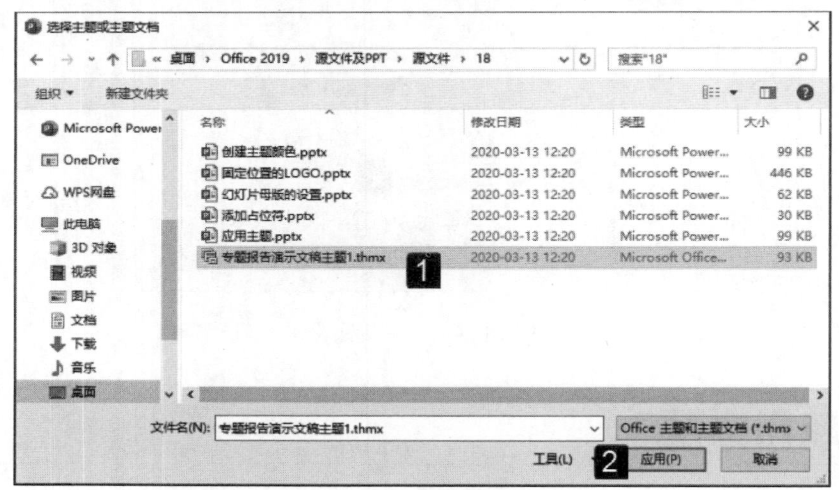

图 18.13　“选择主题或主题文档”对话框

18.2.2　自定义主题

虽然内置主题使用方便，但有时主题提供的样式外观不能满足演示的要求，这时用户可以对内置主题进行自定义。主题的自定义包括：主题中对象颜色的设置、主题中文字字体的设置、主题中特殊效果的设置和主题中背景样式的设置。

01 在“设计”选项卡的“变体”列表中选择“颜色”选项，在下级列表中选择相应的选项即可对演示文稿应用预设的主题颜色，如图 18.14 所示。

02 在“变体”列表中选择“字体”选项，在下级列表中选择具体字体选项即可更改主题中标题和文字内容的字体，如图 18.15 所示。

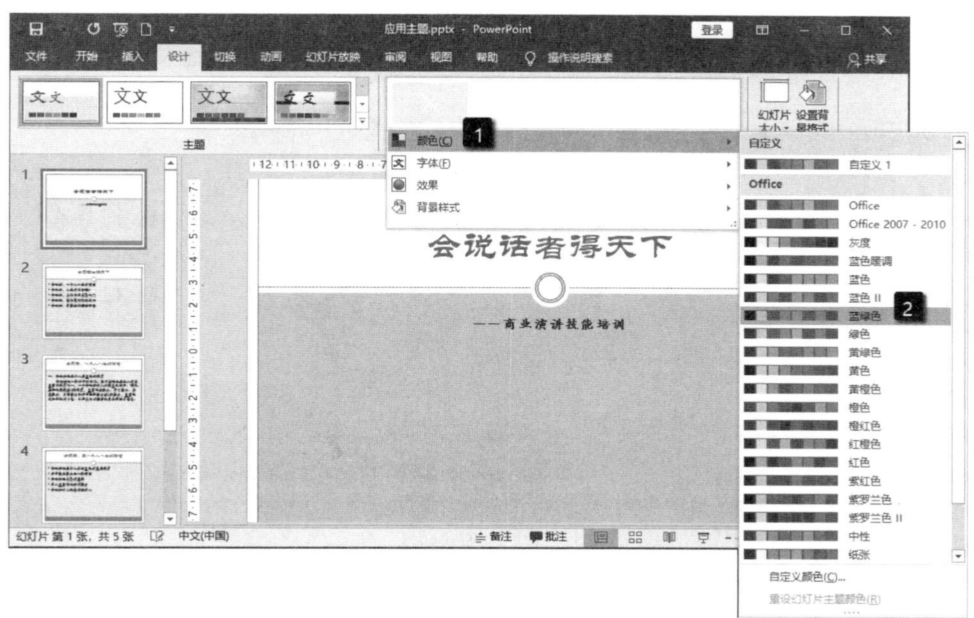

图 18.14　应用预设主题颜色

图 18.15　更改字体

03 在“变体”列表中选择“背景格式”选项，在下级列表中选择相应的选项即可设置背景格式，如图 18.16 所示。

04 在完成当前演示文稿中使用的主题的设置后，在“主题”列表中选择“保存当前主题”选项，打开“保存当前主题”对话框。在对话框中完成保存文件夹和文件名的设置后，单击“保存”按钮将其保存，如图 18.17 所示。当再次需要使用该主题时，只需要按照上一节介绍的方法应用该主题就可以了。

图 18.16　设置背景格式

图 18.17　“保存当前主题”对话框

18.3　本章拓展

下面介绍本章的 3 个拓展实例。

18.3.1　在母版中添加占位符

自定义母版，其中最重要的工作就是设计母版的版式结构。设计版式结构不可避免地需要向母版幻灯片中添加各种占位符。我们可以按照下面的步骤来进行添加占位符的操作。

01 进入“幻灯片母版”视图，在左侧窗格中选择需要添加占位符的幻灯片。在“幻灯片母版”选项卡的“母版版式”组中单击“插入占位符”按钮，在打开的列表中选择需要插入母版的占位符，如图 18.18 所示。

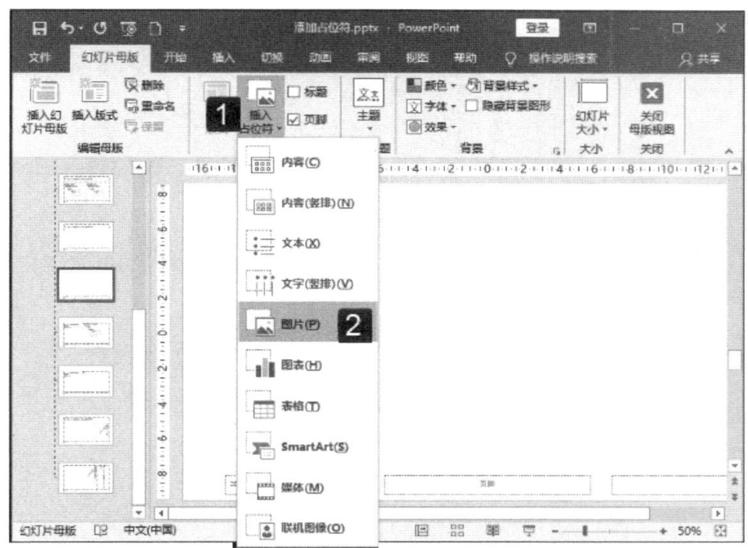

图 18.18　选择插入占位符

02 拖动鼠标在幻灯片中绘制占位符，占位符即可插入到幻灯片中。此时，拖动占位符可以调整其在幻灯片中的位置。拖动占位符上的控制柄可以调整占位符的大小，如图 18.19 所示。

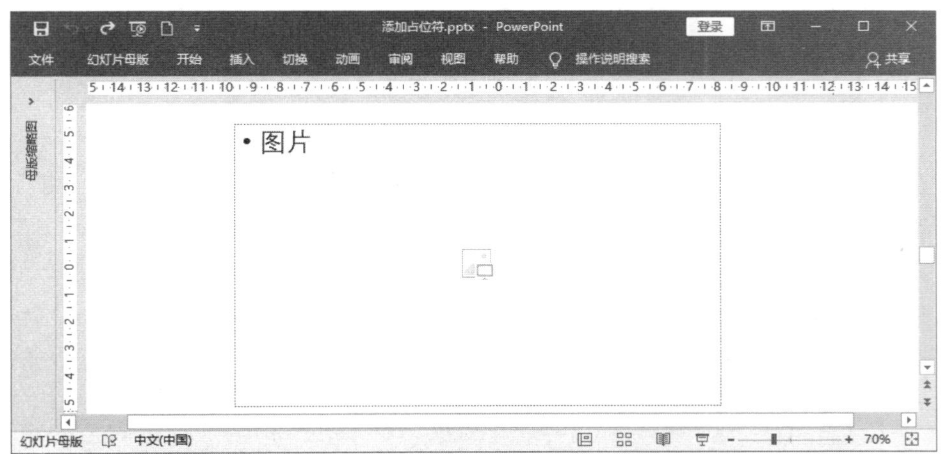

图 18.19　调整占位符的位置及大小

18.3.2　固定位置的 Logo

在制作商业演示文稿时，经常会在演示文稿中用到企业的 Logo。一般情况下，Logo 是一个图片，并且需要在每一张幻灯片的固定位置出现。如果一张一张地插入幻灯片过于费时费力。利用母版，可以方便快速地完成 Logo 图片的插入，使其以相同的样式出现在每一张幻灯片中。

01 打开“幻灯片母版”视图，选择幻灯片母版。在“插入”选项卡的“图像”组中单击“图片”按钮，在打开的“插入图片”对话框中选择需要使用的图片，单击“插入”按钮将其插入到母版幻灯片中，如图 18.20 所示。

02 拖动图片框调整图片在幻灯片中的位置，拖动图片框上的控制柄调整图片的大小，如图 18.21 所示。大小和位置调整合适后即完成了这个 Logo 的添加。

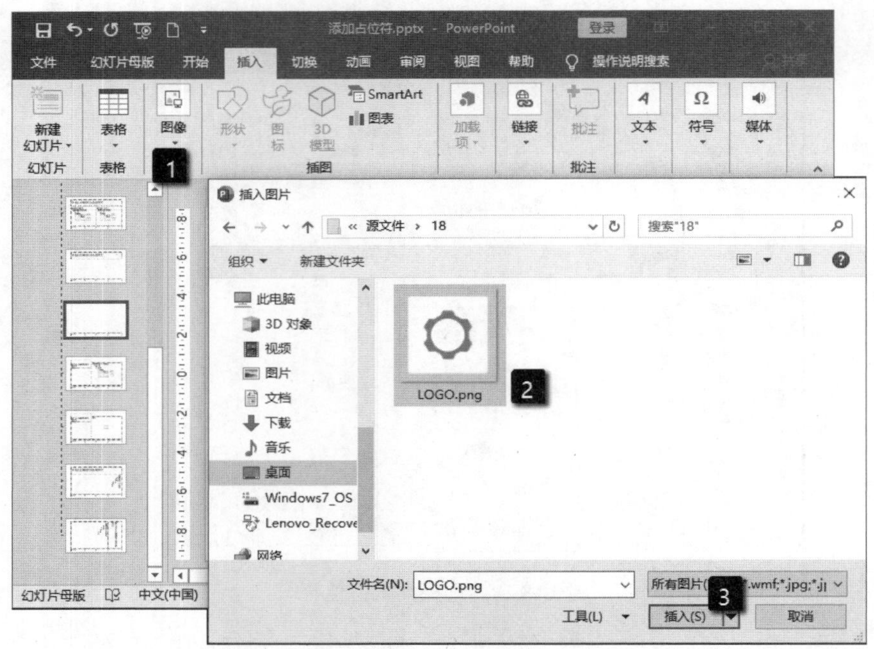

图 18.20　在母版幻灯片中插入图片

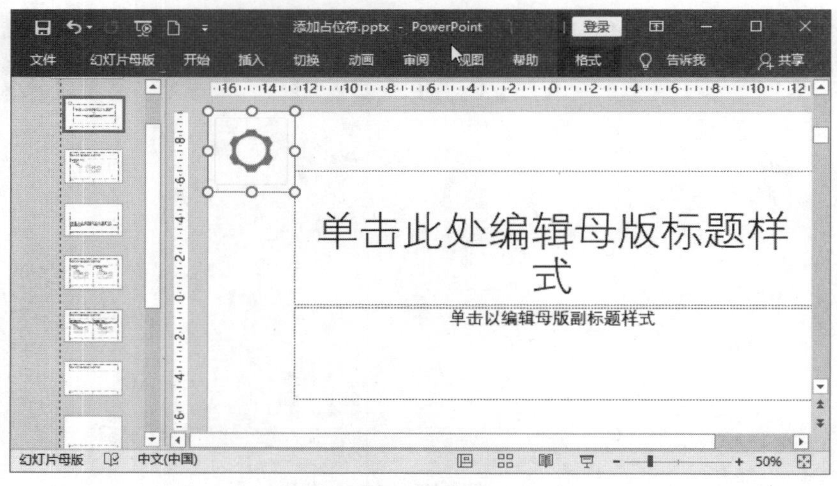

图 18.21　调整图片大小和位置

18.3.3　创建主题颜色

PowerPoint 预设主题颜色使用起来确实方便，但有时颜色方案并不能满足演示文稿的需要，此时可以对主题颜色进行自定义。

01 在“设计”选项卡的“主题”组的“变体”列表中选择“颜色”选项，在下级列表中选择“自定义颜色”选项，如图 18.22 所示。

02 此时将打开“新建主题颜色”对话框，在该对话框中可以对主题的配色方案进行逐项的修改设置，如图 18.23 所示。完成设置后单击“保存”按钮保存新建的主题颜色，该主题颜色即可在演示文稿中使用。

图 18.22　选择“自定义颜色”选项

图 18.23　“新建主题颜色”对话框

提　示

在自定义主题颜色时，可以先在“颜色”列表中选择一款与需要的颜色样式相似的内置颜色样式，然后再在“新建主题颜色”对话框在中对某些项目的颜色进行修改，这样能使颜色的配置操作变得简单。

第19章

演示文稿中的图形和图片

图文并茂是制作演示文稿传达信息的基本要求。PowerPoint 提供了形状绘制工具，帮助用户在幻灯片中绘制矢量图形。同时，PowerPoint 中的图片处理工具还能对插入到幻灯片中的图片进行简单实用的处理，帮助非专业人士对图片进行专业设置。本章将介绍在演示文稿中使用图形和图片的相关知识。

19.1 在幻灯片中绘制图形

绘制图形是 PowerPoint 中的一项特色功能，使用形状工具可以为幻灯片添加各种线、框和图形等元素。同时，用户可以根据需要对绘制的图形进行修改。本节将介绍 PowerPoint 中图形绘制和修改的方法。

19.1.1 绘制图形对象

PowerPoint 可以在幻灯片中绘制各种常用的图形，这些图形被称为自选图形。下面介绍在幻灯片中插入这些自选图形的方法。

01 打开“插入”选项卡，在“插图”组中单击“形状”按钮。在打开的列表中选择需要绘制的形状后鼠标光标会变为十字形，在幻灯片中拖动鼠标即可绘制出选择的图形，如图 19.1 所示。

02 在“形状”列表中选择“直线”选项，在幻灯片中单击，按住鼠标左键移动鼠标拉出一条直线。在终点位置释放鼠标按键即可绘制出一条直线，如图 19.2 所示。

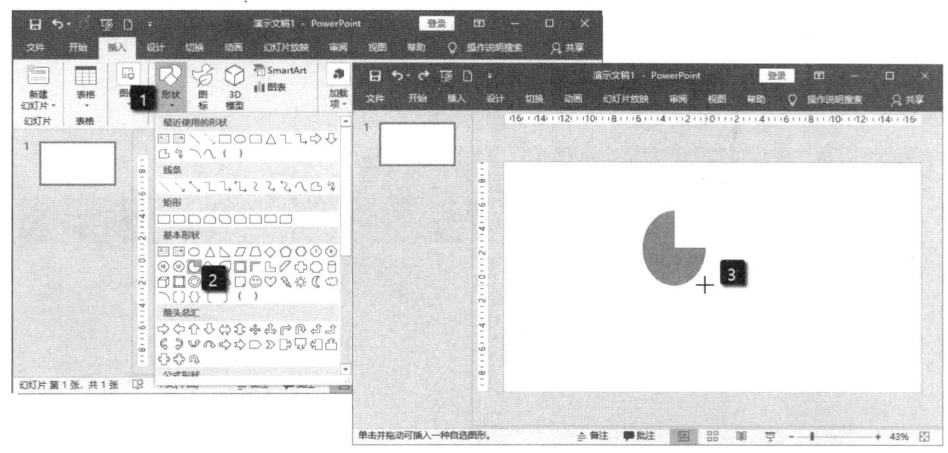

图 19.1　绘制形状

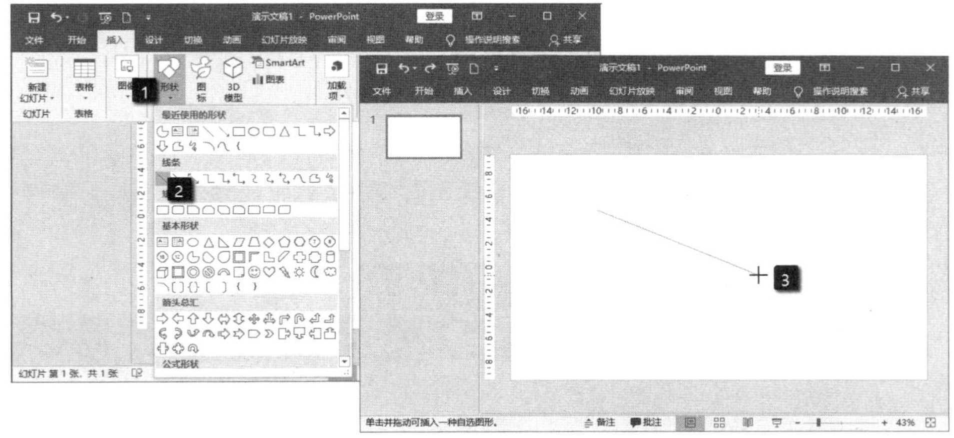

图 19.2　绘制直线

03 在“形状”列表中选择“曲线”选项，在幻灯片中单击创建绘制曲线的起点，移动鼠标拉长线条，在需要拐弯的位置单击后移动鼠标即可拉出弯曲的曲线，如图19.3所示。完成曲线的绘制后，在终点处双击即可完成曲线绘制。

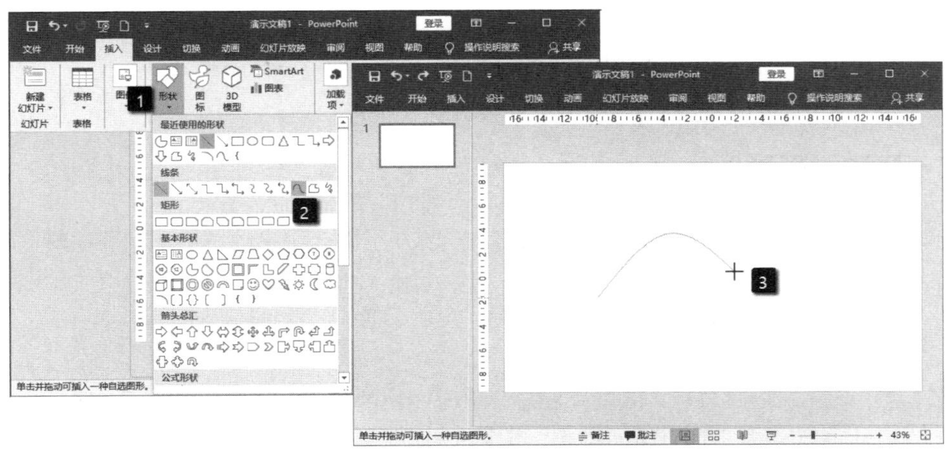

图 19.3　绘制曲线

04 在“形状”列表中选择“任意多边形”选项，在幻灯片中单击创建图形起点。移动鼠标，在需要拐弯的位置单击后再移动鼠标即可获得一条折线。依次绘制折线，最后将鼠标指针移到起点位置形成封闭的图形，如图 19.4 所示。双击鼠标完成绘制后获得一个封闭多边形。

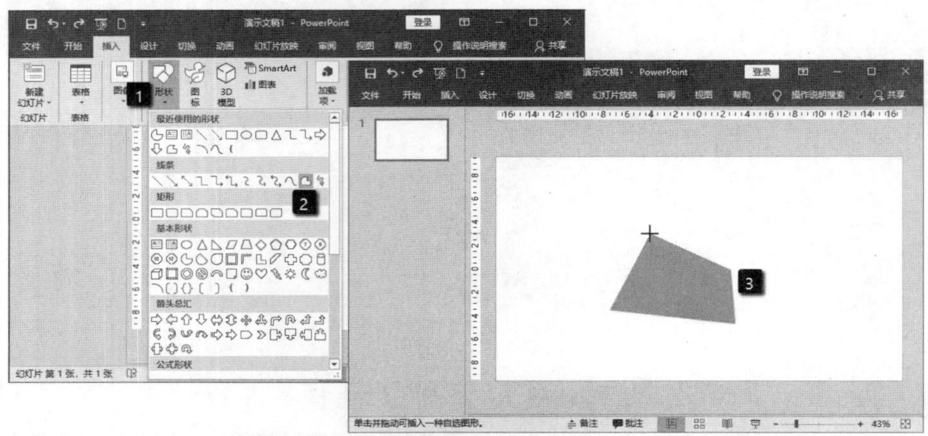

图 19.4　绘制任意多边形

05 在“形状”列表中选择“自由曲线”选项，鼠标指针变为铅笔状，按住鼠标左键移动，随着鼠标移动将绘制出线条，如图19.5所示。在绘制的终点位置释放鼠标按键即可获得一条自由曲线。

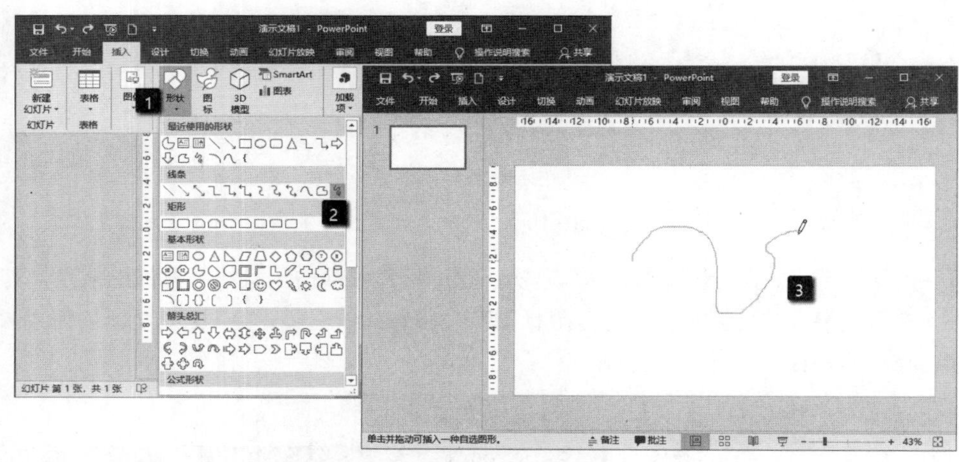

图 19.5　绘制自由曲线

19.1.2　修改图形对象

在绘制复杂图形时，往往需要对图形进行多次修改。下面介绍更改图形形状和编辑图形形状的方法。

1. 更改图形形状

在幻灯片中添加图形对象后，可以根据需要更改图形的形状。具体的操作方法是：选择幻灯片中的图形，在“格式”选项卡的“插入形状”组中单击“编辑形状”按钮。在打开的列表中选择“更改形状”选项，在下级列表中选择形状选项，如图19.6所示。选择图形的形状即可更改为选择形状。

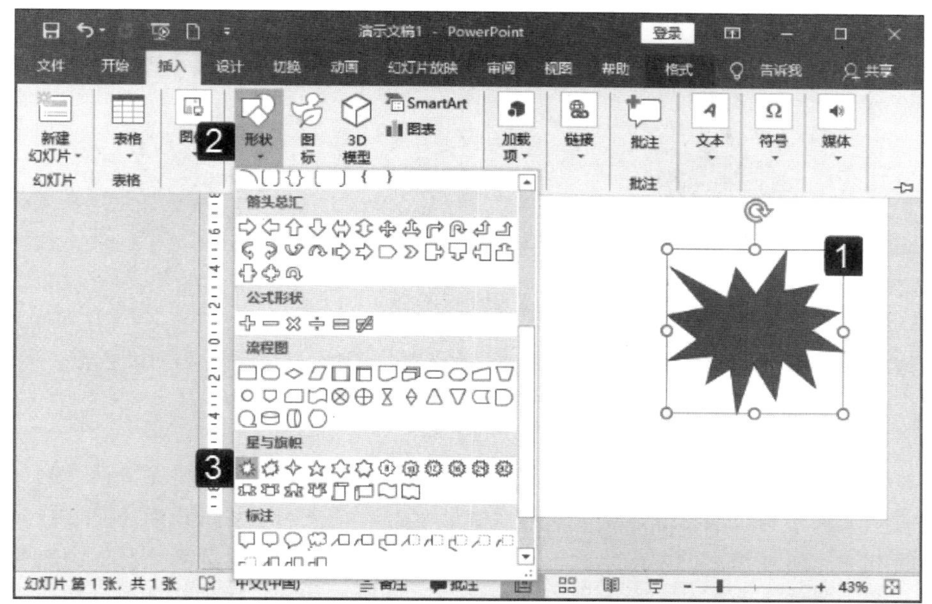

图 19.6 选择“形状”选项

2. 编辑顶点

在绘制图形时，可以先绘制基本形状，然后通过修改编辑顶点的方式来更改图形的形状，这样就可以获得在“形状”列表中没有的图形。

01 选择幻灯片中的图形，在“格式”选项卡的“插入形状”组中单击“编辑形状”按钮。在打开的列表中选择“编辑顶点”选项，如图 19.7 所示。

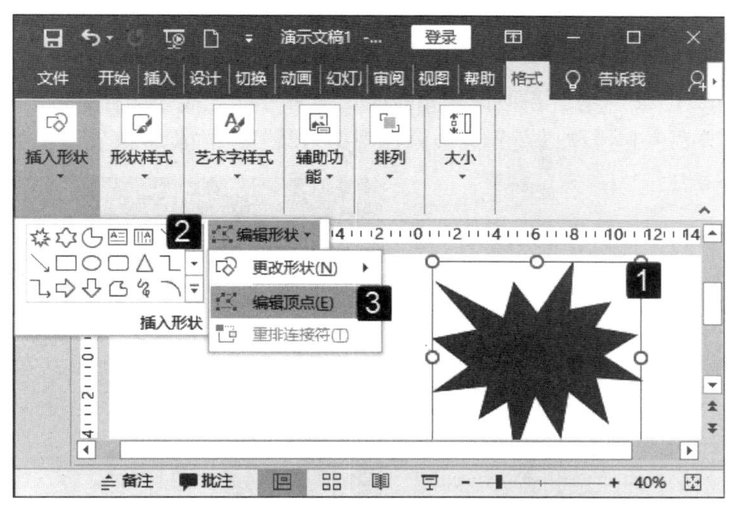

图 19.7 选择“编辑顶点”选项

02 此时图形进入顶点编辑状态，图形上会出现顶点。使用鼠标拖动这些顶点就可以改变图形的形状，如图 19.8 所示。

03 拖动顶点两侧出现的方块控制柄，拉出方向线。调整方向线的长度和方向就可以更改线条的弯曲弧度和弯曲方向，如图 19.9 所示。

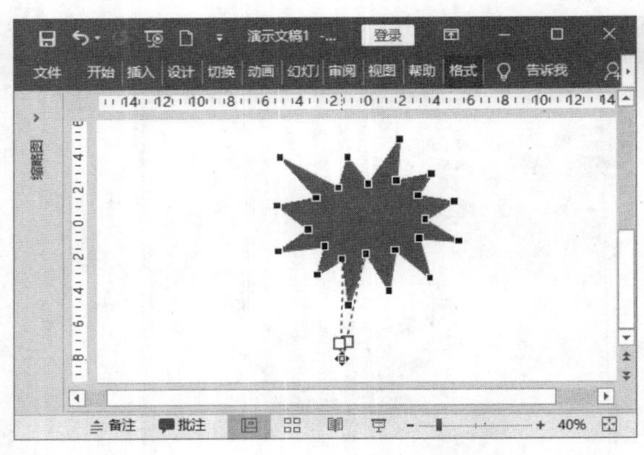

图 19.8　拖动顶点更改图形形状

图 19.9　更改后的效果

提　示

PowerPoint 的顶点分为平滑顶点、直线点和角部顶点 3 种。平滑顶点两侧的曲线在平滑顶点处平滑过渡，在拖动方向线改变长度时，顶点两侧方向线始终是直线且长度保持相等。角部顶点的方向线有一定的夹角，拖动控制柄可以分别调整方向线的长度和夹角。直线点两侧的方向线成一条直线，拖动控制柄时，顶点两侧的方向线将一直保持直线，但方向线的长度可以不同。

19.2　设置图形样式

在 PowerPoint 幻灯片中绘制图形时，PowerPoint 会赋予绘制图形默认的外观样式。因此，在完成图形绘制后，往往需要对图形的样式进行重新设置，使其符合实际的需求。

19.2.1　设置线条样式

使用 PowerPoint 能够创建出各种直线和曲线，并且可以对线条的样式进行设置。线条样式的设置包括设置线条的颜色和线型以及为线条添加阴影效果和三维旋转效果等操作。下面就来具体介绍线条设置的有关知识。

01 在幻灯片中选择绘制的线条，在“格式”选项卡的“形状样式”列表中选择需要的内置线条样式将其应用到直线，如图 19.10 所示。

02 单击“形状样式”组中的“设置形状格式”按钮，打开“设置形状格式”窗格。在“线条”设置栏中选择“实线”选项将线条指定为实线，并设置线条的颜色和宽度，如图 19.11 所示。然后设置短划线类型，如图 19.12 所示。

03 设置箭头前端类型和前端大小，如图 19.13 所示。制作完成后的线条效果，如图 19.14 所示。

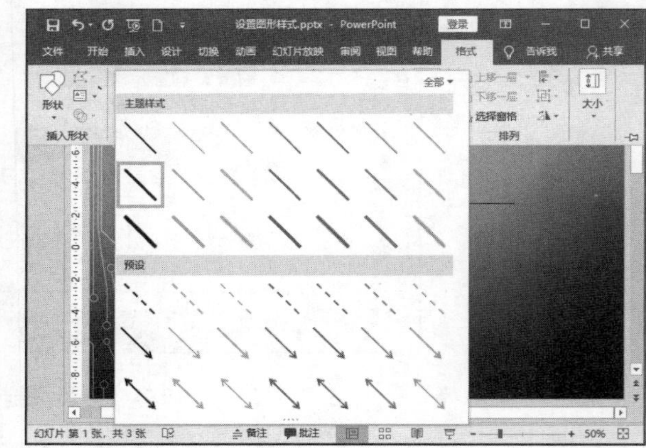

图 19.10　应用内置样式

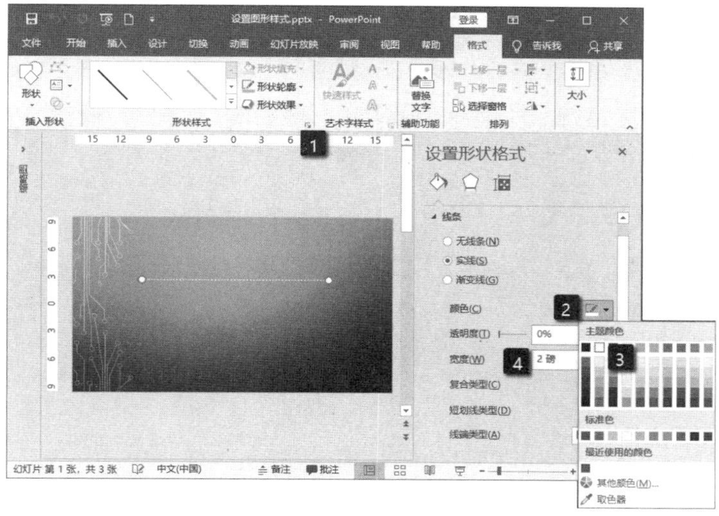

图 19.11　设置线条颜色和宽度

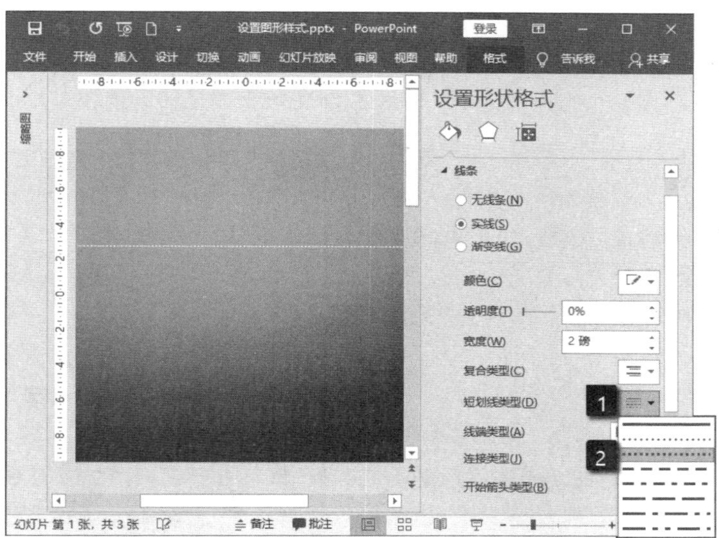

图 19.12　设置短划线类型

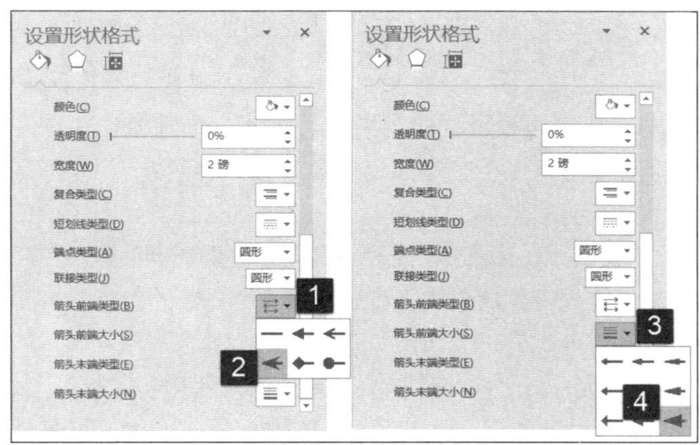

图 19.13　设置箭头前端类型和大小

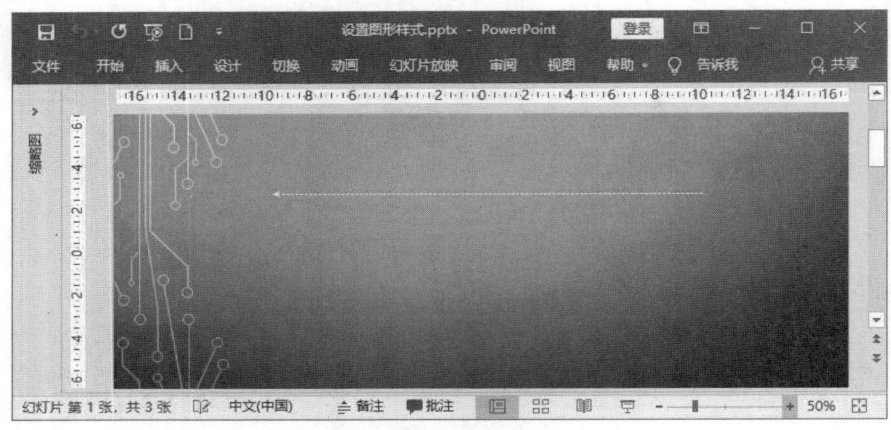

图 19.14 完成设置后的线条效果

19.2.2 图形的填充和组合

图形的填充是指在一个封闭图形中加入填充效果，加入的“填充物”可以是某种单色或渐变色，也可以是纹理或图片。在 PowerPoint 中，复杂图形往往是将基本图形对象经过一定的排列和组合而获得的。本节将以制作一个水晶球为例，来介绍渐变填充效果的设置和对象组合的方法。

01 在幻灯片中绘制一个圆形，在“格式”选项卡的“形状样式”组中单击“设置形状格式”按钮，打开“设置形状格式”窗格。在“填充”设置栏中选择“渐变填充”选项对图形应用渐变填充。在“渐变光圈”中选择渐变光圈后，单击“删除渐变光圈”可将其删除，如图 19.15 所示。这里将多余渐变光圈删除，只保留开始和结尾处的 2 个渐变光圈。

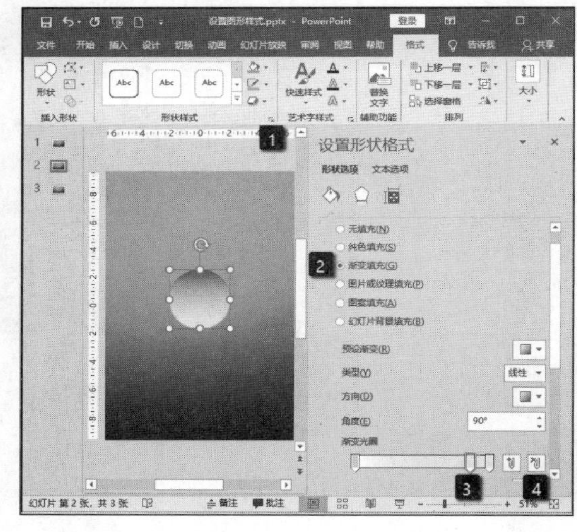

图 19.15 删除渐变光圈

02 选择第一个渐变光圈，单击“颜色”按钮上的下三角按钮，在打开的列表中选择“其他颜色”选项，如图 19.16 所示。在打开的“颜色”对话框的“红色”“绿色”和“蓝色”微调框中输入数值设置颜色，如图 19.17 所示。完成设置后单击“确定”按钮关闭对话框。

03 复制当前的圆形，拉动边框上的控制柄将其变为一个椭圆。在“设置形状格式”窗格中设置图形的渐变样式。接着设置第二个光圈的“位置”和“透明度”。这里，需要将第一个光圈的颜色设置为白色，第二个光圈的颜色值为 R:214，G:225，B:225，如图 19.18 所示。

04 复制这个椭圆，并将其设置为圆形，同时对其填充效果进行设置。这里设置第二个光圈的“位置”和“透明度”。同时对两个光圈的颜色进行设置，第一个光圈的颜色值为 R:170，G:178，B:179。第二个光圈的颜色值为 R:214，G:225，B:226，如图 19.19 所示。

05 复制一个上一步创建的圆形，设置图形的渐变填充效果。设置 2 个光圈的“颜色”和“透明度”。这里，第一个光圈的颜色值为 R:214，G:225，B:226。第二个光圈颜色值设为 R:241，G:245，B:245。此时获得的圆形的填充效果，如图 19.20 所示。

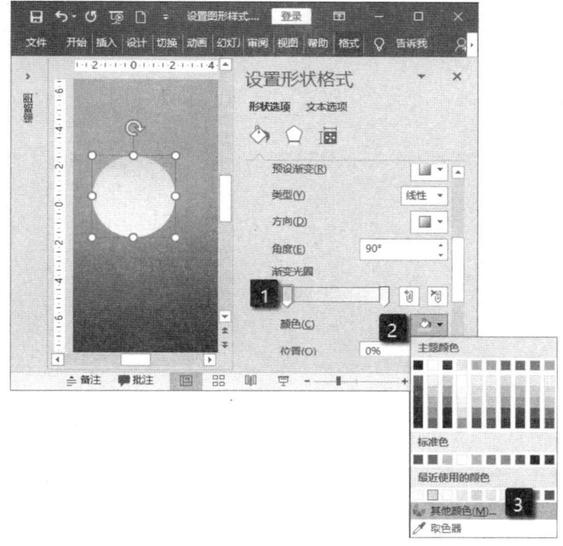

图 19.16　选择“其他颜色选项”

颜色

标准　自定义

确定

取消

颜色(C):

颜色模式(D): RGB

红色(R): 99

绿色(G): 104

蓝色(B): 105

新增

透明度(T):

0 %

当前

图 19.17　设置颜色

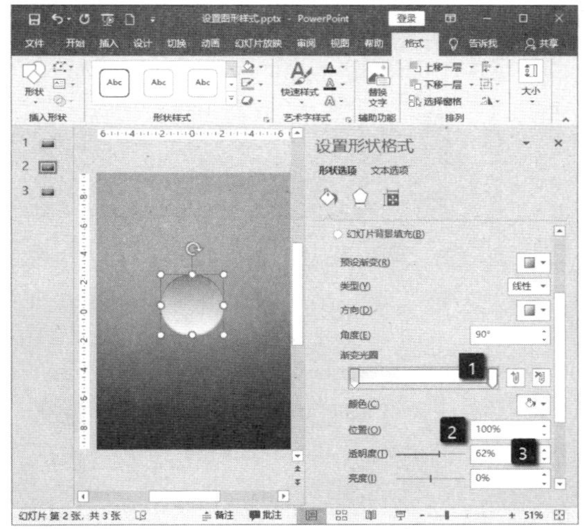

图 19.18　设置“位置”和“透明度”

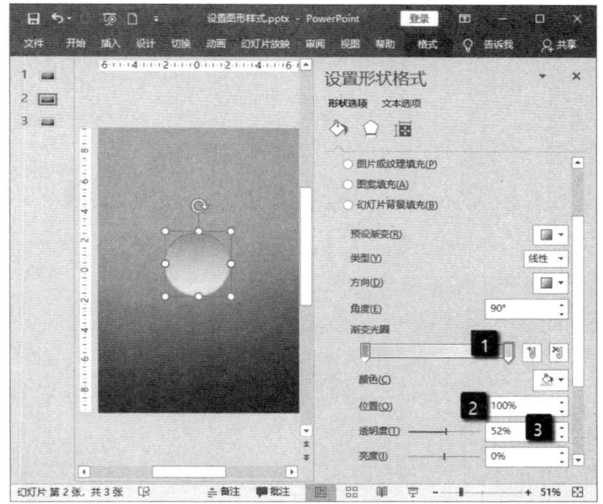

图 19.19　对第二个光圈进行设置

06 在幻灯片中按住 Shift 键依次单击图形同时全部选中，在“格式”选项卡的排列组中单击“对齐”按钮，在打开的列表中首先选择“水平居中”选项使选择图形水平居中对齐。再次在“对齐”列表中选择“垂直居中”选项使选择图形垂直居中对齐。这样，选择图形将实现中心对齐，如图 19.21 所示。拖动椭圆图形将其适当上移使其位于图形的上部。

提　示

PowerPoint 的对齐功能能够方便地使选择的对象精确对齐。PowerPoint 还提供了使对象均匀分布的方法，使用菜单中的“横向分布”选项和“纵向分布”选项能够使选择对象在水平方向上和垂直方向上均匀分布。当选择“对齐”菜单中的“相对于幻灯片”选项时，选择的对象将以幻灯片为标准对齐。

07 选中所有的图形，在“格式”选项卡的“排列”组中单击“组合”按钮，在打开的列表中选择“组合”选项，如图 19.22 所示。图形组合为一个对象，如图 19.23 所示。

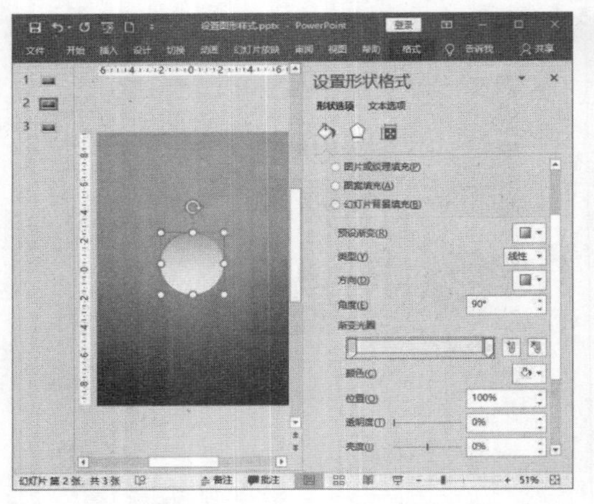

图 19.20　设置“颜色”和“透明度”值

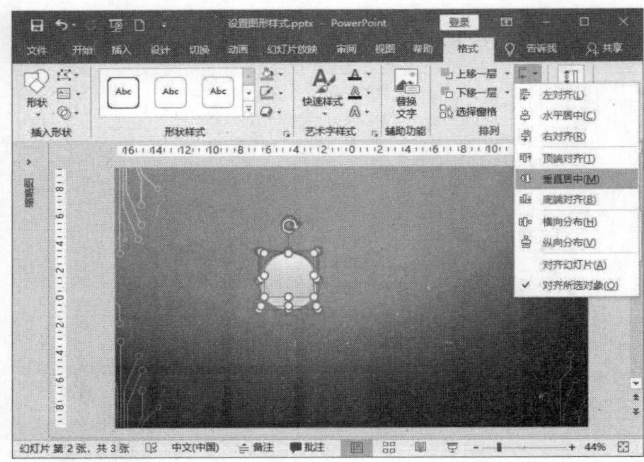

图 19.21　使图像中心对齐

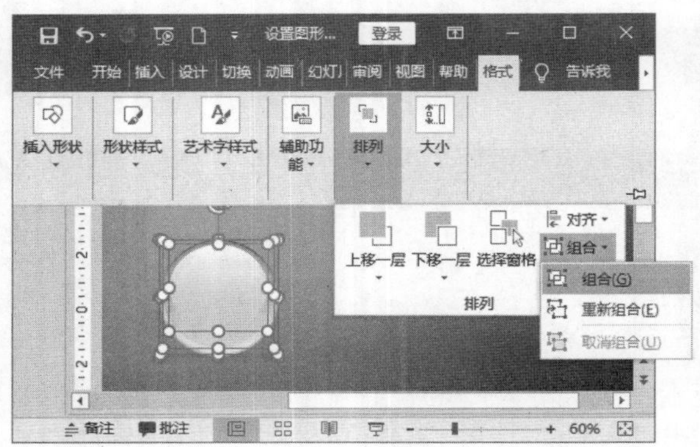

图 19.22　选择“组合”选项

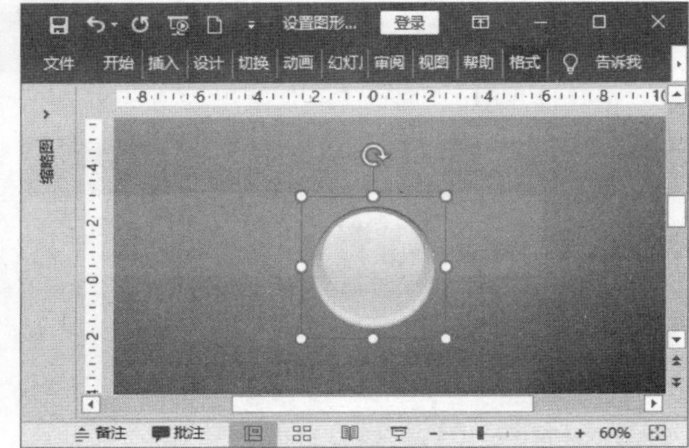

图 19.23　图形组合为一个对象

提　示

将多个对象组合在一起后，这个组合能够作为单个的对象来进行编辑，对组合进行的编辑修改将影响到组中所有对象，而不必再对单个对象进行重复的操作。已经成组的对象还可以与其他对象再次组合。单击“组合”菜单中的“取消组合”选项，组合对象将分解为各个构成对象，而单击“重新组合”选项则又能将它们重新组合起来。

19.2.3　对图形应用特效

PowerPoint 中大量的外观效果，如阴影、映像、三维格式和三维旋转等，使用这些特效能够增强图形对象的梅花效果，模拟现实中的某些场景。本节将以制造一个悬浮箭头为例来介绍对图形应用特效的设置方法。

01 在幻灯片中绘制图形，打开该图形的“设置形状格式”窗格。在“三维格式”设置栏中首先设置“顶部棱台”形状，然后设置“顶部棱台”的宽度和高度以及“深度”的“大小”值，如图 19.24 所示。

02 展开“三维旋转”设置栏，在“Y 旋转”文本框中输入数值使图形沿 Y 轴旋转，此时即可得到一个平放的箭头，如图 19.25 所示。

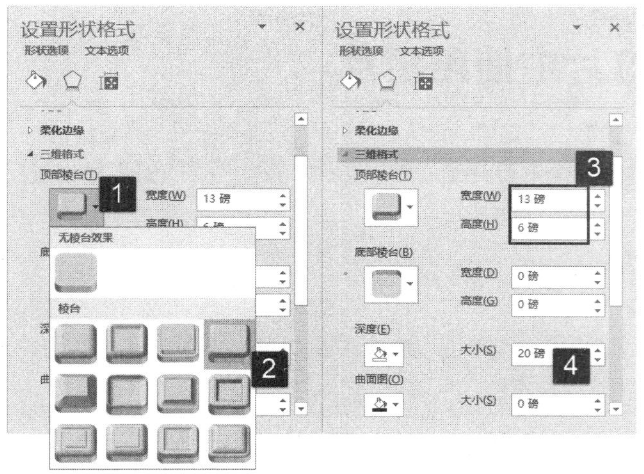

图 19.24　设置三维格式

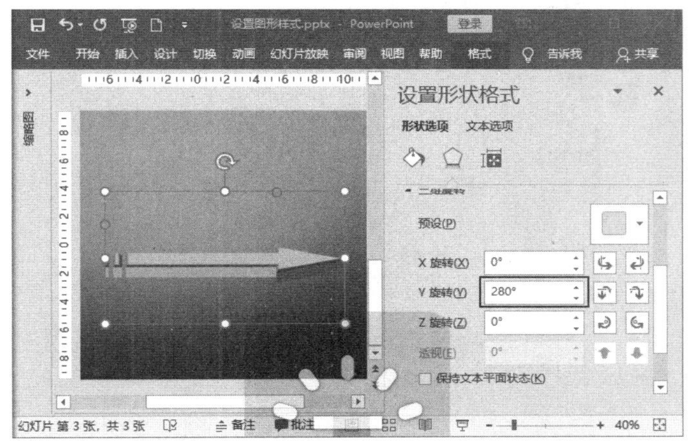

图 19.25　获得平放的箭头

03 展开“阴影”设置栏，对图形应用 PowerPoint 的预设阴影效果，如图 19.26 所示。设置阴影的“大小”“模糊”“角度”和“距离”值，即可获得一个悬浮箭头效果，如图 19.27 所示。

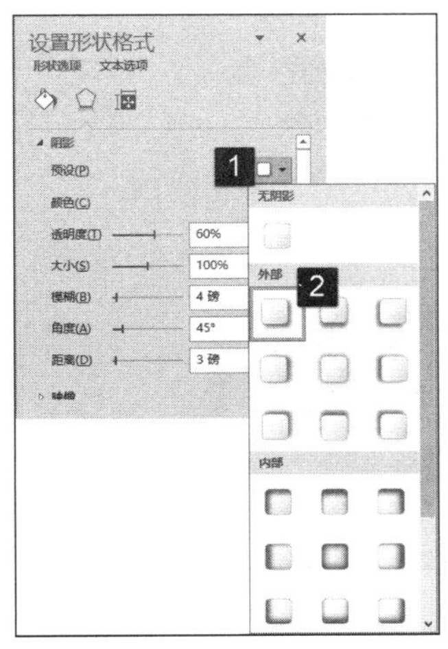

图 19.26　对图形应用阴影效果

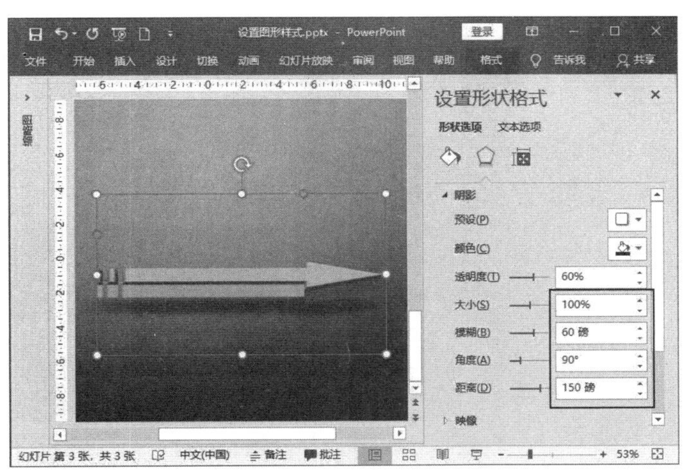

图 19.27　获得悬浮箭头效果

19.3 在幻灯片中使用图片

图片是演示文稿中的一个重要元素，在幻灯片中使用图片能够更好地展示内容，美化演示文稿。本节将介绍在幻灯片中使用图片的技巧。

19.3.1 插入图片

PowerPoint可以在幻灯片中插入来自本地计算机和网络的图片，当前常用格式的图片均可以插入到幻灯片中。下面介绍具体的操作方法。

01 在“插入”选项卡的“图像”组中单击“图片”按钮，打开“插入图片”对话框，在对话框中选择需要插入的图片，单击“插入”按钮，如图 19.28 所示，选中的图片即可被插入到幻灯片中。

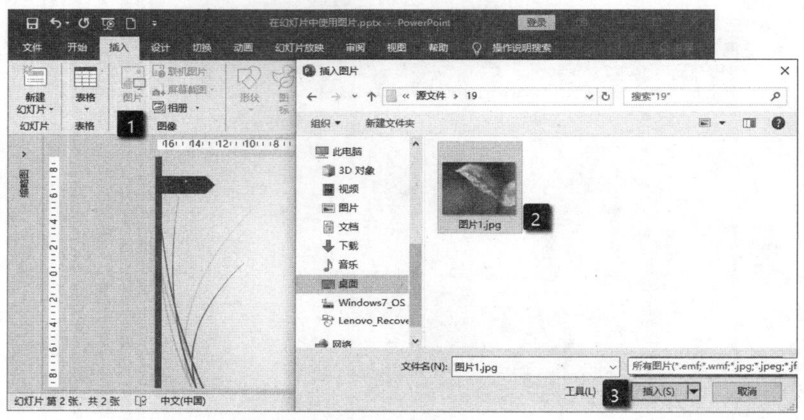

图 19.28　插入图片

02 在“插入”选项卡的“图像”组中单击“联机图片”按钮，打开“必应图像搜索”对话框，如图 19.29 所示。在对话框的搜索框中输入搜索关键字，单击 Search 按钮，即可显示网络搜索结果，从中选择需要使用的图片，单击“插入”按钮，如图 19.30 所示，该图片即会自动下载并插入到当前幻灯片中。

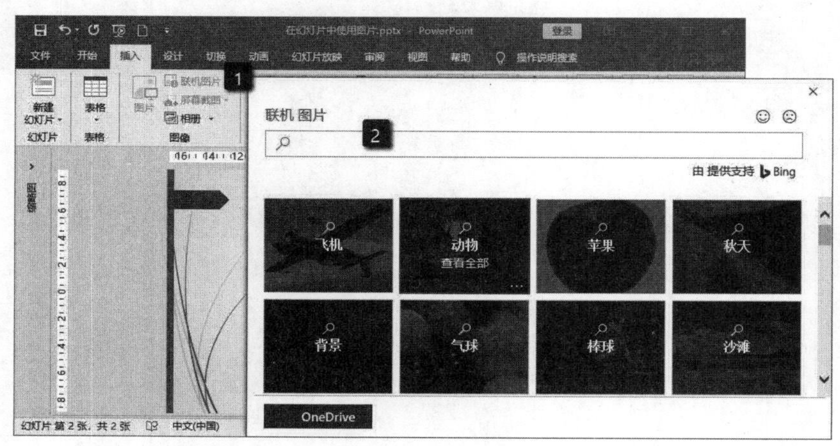

图 19.29　打开“必应图像搜索”对话框

图 19.30　使用网上搜索到的图片

19.3.2　调整图片的大小和位置

将图片插入到幻灯片后，图片会保持其原始的大小。此时需要对图片的大小和在幻灯片中的位置进行设置。

01 选中幻灯片中的图片，拖动图片边框上的控制柄能够调整图片的大小。如果需要精确调整图片的大小，可以在“格式”选项卡的“大小”组的“形状高度”和“形状宽度”微调框中输入数值来调整图片的大小，如图 19.31 所示。

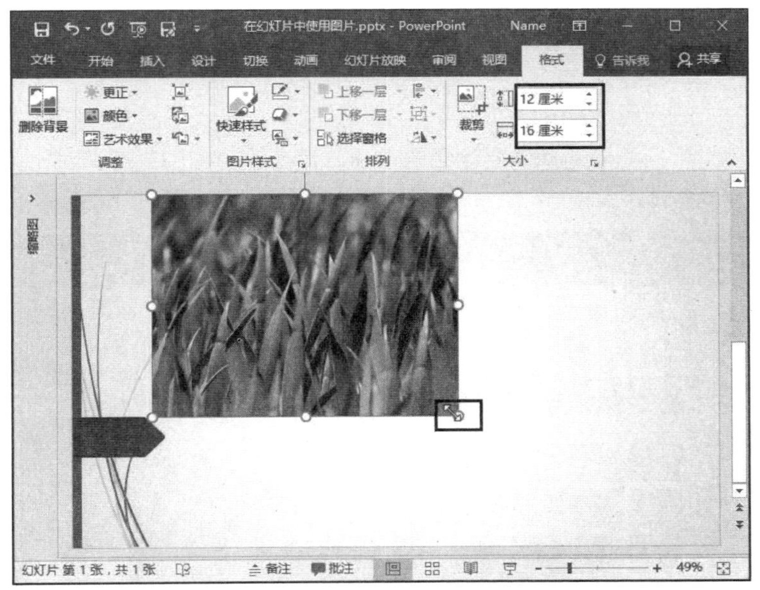

图 19.31　调整图片的大小

02 在“格式”选项卡的“大小”组中单击“大小和位置”按钮，打开“设置图片格式”窗格。在“位置”栏中设置“水平位置”和“垂直位置”的值，如图 19.32 所示，这样可以精确设置图片在幻灯片中的位置。

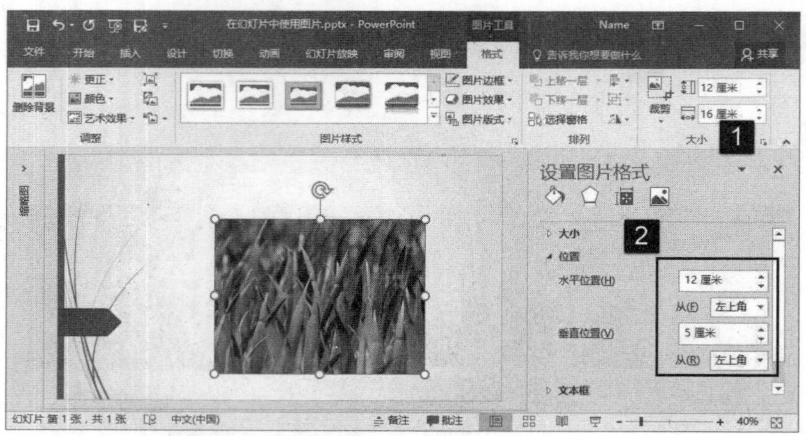

图 19.32　设置图片在幻灯片中的位置

19.4　编辑处理图片

PowerPoint 虽然不是专业的图像编辑软件，但其对图片的编辑功能一点都不弱，而且具有比专业图形处理软件操作简单的特点。用户能够使用 PowerPoint 提供的工具方便快捷地对插入幻灯片中的图片进行调整色调和设置图片样式等操作。

19.4.1　调整图片的色调

在幻灯片中插入图片后，可以使用 PowerPoint 提供的工具对图片的色调进行调整，如调整图片亮度、对比度和饱和度等。

01 在幻灯片中选择图片，在“格式”选项卡的“调整”组中单击“校正”按钮。在打开的列表中的“亮度/对比度”栏中选择需要设置的选项，该选项对应的亮度和对比度设置即可应用于图片，如图 19.33 所示。

图 19.33　设置亮度和对比度

02 单击“调整”组中的“颜色”按钮，在打开的列表中选择对应设置栏中的选项，即可以应用预设值调整图片的饱和度、色调和色彩，如图 19.34 所示。在“颜色”列表中选择“其他变体”选项，在下级列表中的“主题颜色”列表中选择颜色选项即可以将该颜色应用于图片，更改图片的整体色彩，如图 19.35 所示。

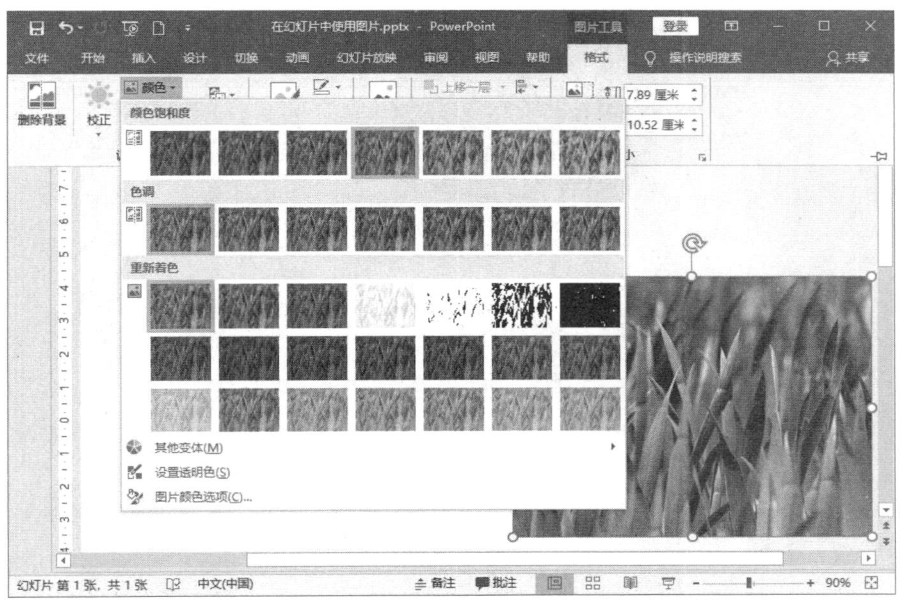

图 19.34 “颜色”列表

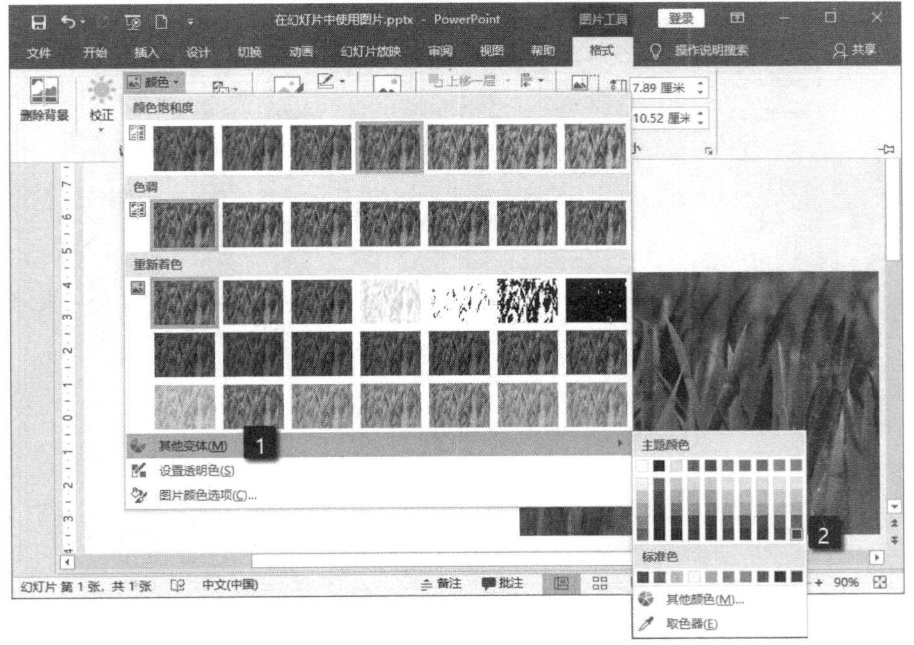

图 19.35 在“其他变体”列表中选择颜色

03 在“颜色”列表中选择“图片颜色选项”选项，打开“设置图片格式”窗格。在该窗格中可以通过调整“图片校正”和“图片颜色”栏中的参数来对图片的色彩进行调整，如图 19.36 所示。

图 19.36　在“设置图片格式”窗格中对色彩参数进行调整

19.4.2　设置图片样式

与插入幻灯片中的图形一样，图片同样可以设置其样式，如为图片添加阴影效果、发光效果和三维效果等特效。下面介绍设置图片样式的具体操作方法。

01 在幻灯片中选择图片，在“格式”选项卡的“图片样式”列表中选择样式选项。对应的预设样式将应用于图片，如图 19.37 所示。

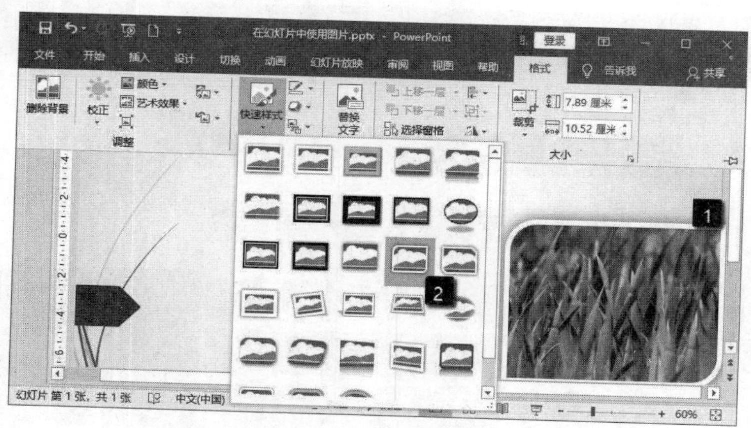

图 19.37　对图片应用预设样式

02 在“图片样式”组中单击“图片边框”按钮，在打开的“主题颜色”列表中选择颜色选项，设置边框颜色。在“粗细”列表中选择预设的宽度值设置图片边框的宽度，如图 19.38 所示。

03 在“图片样式”组中单击“图片效果”按钮，在列表中选择相应的选项可以为图片添加特效。例如，这里选择“映像”选项，在其下级列表中选择相应的选项应用预设映像效果，如图 19.39 所示。

04 右击图片，在弹出的快捷菜单中选择“设置图片格式”选项，打开“设置图片格式”窗格，使用该窗格可以通过对参数进行设置来自定义图片样式。例如，这里对图片的三维旋转效果进行设置，如图 19.40 所示。

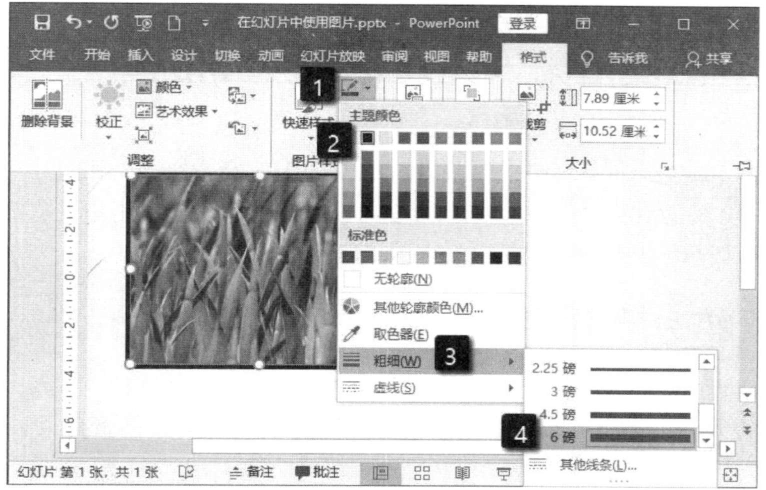

图 19.38　设置图片边框

图 19.39　对图片应用映像效果

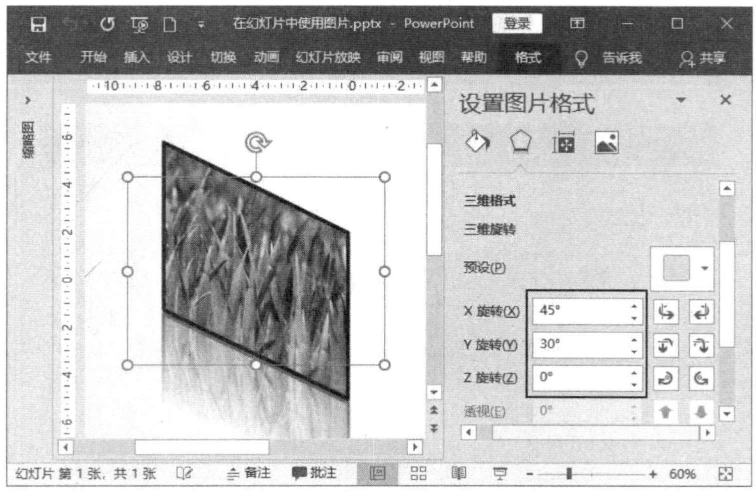

图 19.40　对图片的三维旋转效果进行设置

19.5　特殊的图形——SmartArt 图形

使用插图有助于记忆和理解，但对于普通的 PowerPoint 用户来说，在幻灯片中创建专业插图是很困难的。从 Office 2007 开始，PowerPoint 引入了 SmartArt 图形，用户只需要轻点几下鼠标就能够创建高水准的插图。

19.5.1　创建 SmartArt 图形

PowerPoint 内置的 SmartArt 图形包括列表、流程、循环、层次结构、关系、矩阵、棱锥图和图片共 8 个主要类别，每个类别有多种不同的图形标识信息方式。下面将介绍 SmartArt 图形的创建和演示设置的方法。

01 启动PowerPoint 2019并打开幻灯片，在“插入”选项卡的“插图”组中单击“SmartArt”按钮，打开“选择SmartArt图形”对话框。在该对话框左侧列表中选择需要使用的SmartArt图形类别，在对话框右侧选择需要使用的图形，如图19.41所示。单击“确定”按钮在幻灯片中插入SmartArt图形。

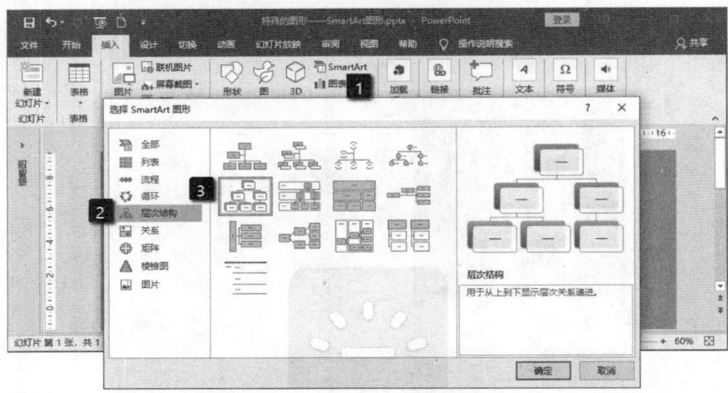

图 19.41　“选择 SmartArt 图形”对话框

02 在SmartArt图形对象的文本框中单击放置插入点光标，即可在文本框中直接输入文字。单击SmartArt图形框左侧边框上的 › 按钮，打开“文本窗格”，在该窗格中也可输入文本，如图19.42所示。

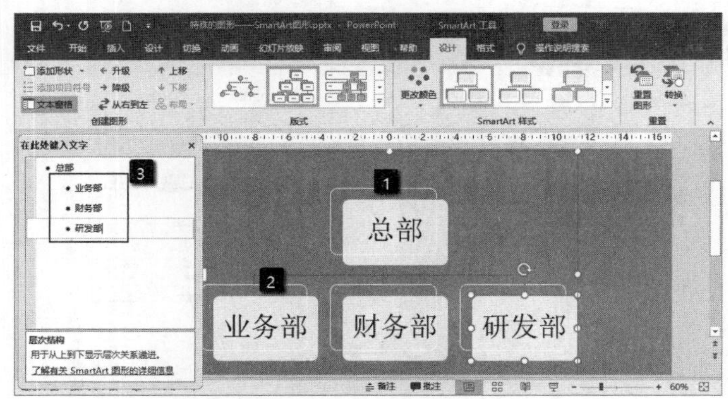

图 19.42　在 SmartArt 图形中输入文字

在“文本窗格”中完成某项文字输入后，按Enter键能够添加一个新行，新行对应SmartArt图形中的一个同级项目。在SmartArt图形中选择一个具体的图形后按Delete键即可删除该项目。

19.5.2 设计 SmartArt 图形

完成 SmartArt 图形的创建后，可以对图形的外观样式进行设计。下面介绍具体的操作方法。

01 选择 SmartArt 图形，在“设计”选项卡的“设计”组的“SmartArt 样式”列表中选择相应的选项就可以更改图形样式，如图 19.43 所示。

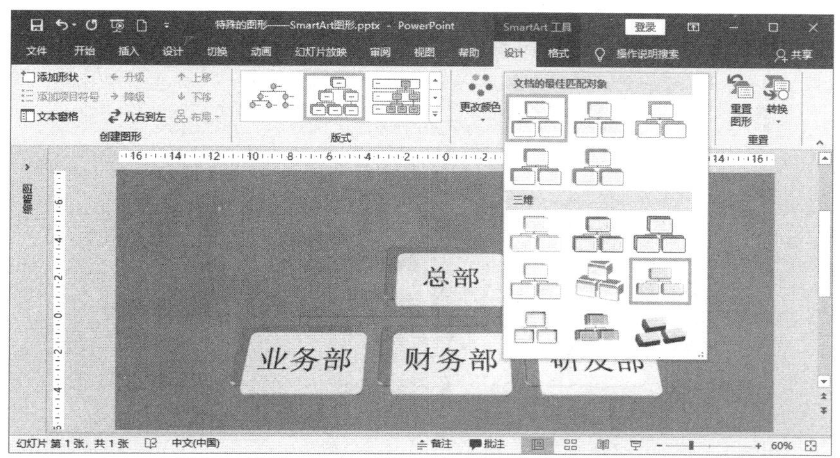

图 19.43 设置图形外观样式

02 在“设计”选项卡的“版式”列表中选择相应的选项即可设置图形的版式，如图19.44所示。

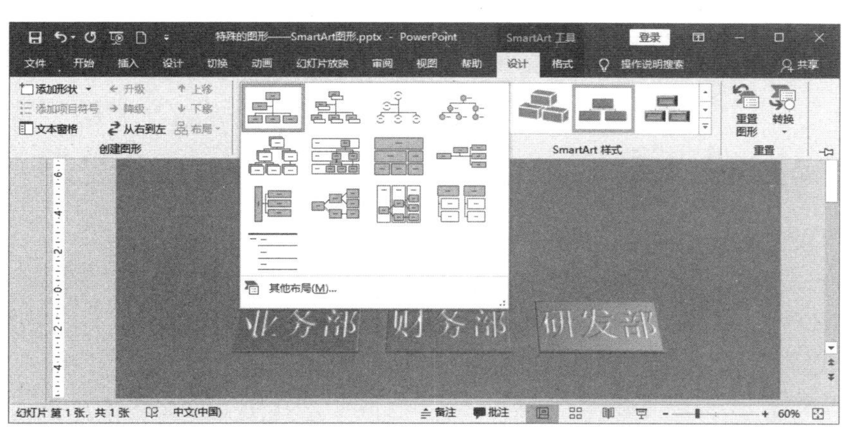

图 19.44 设置图形版式

03 选择 SmartArt 图形后，在“设计”选项卡的“SmartArt 样式”组中单击“更改颜色”按钮，打开 PowerPoint 预设的图形颜色样式列表。选择需要的选项即可将该颜色样式应用于 SmartArt 图形，如图 19.45 所示。

04 在“格式”选项卡的“艺术字样式”列表中选择相应的选项即可更改图形中文字的外观，对文字应用预设艺术字效果，如图 19.46 所示。

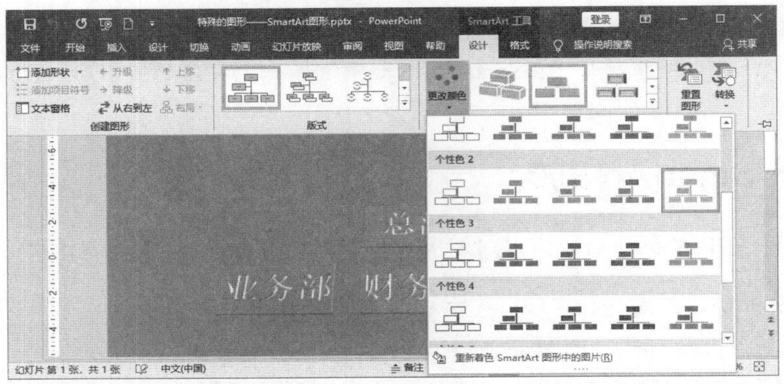

图 19.45　设置图形颜色样式

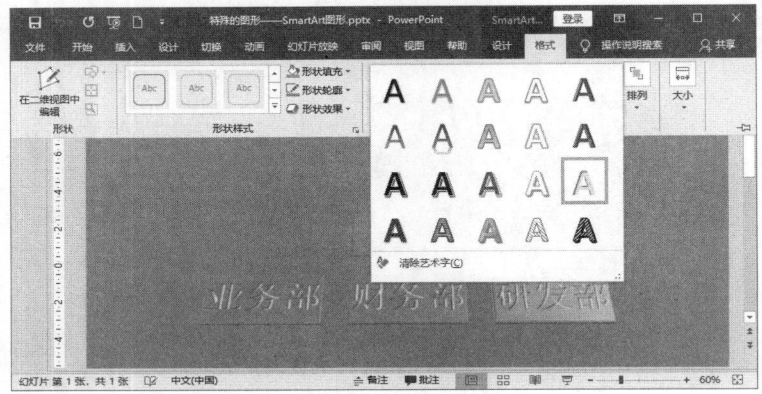

图 19.46　更改文字样式

19.6　本章拓展

下面介绍本章的 3 个拓展实例。

19.6.1　对象的层叠关系

在 PowerPoint 中，对象的层叠关系是按照创建的先后顺序进行层叠排列的，即后创建的对象叠放在先创建的对象的上方。层叠关系决定了对象相互重叠放置时的遮盖关系，上层的对象会遮盖住下层对象，如图 19.47 所示。

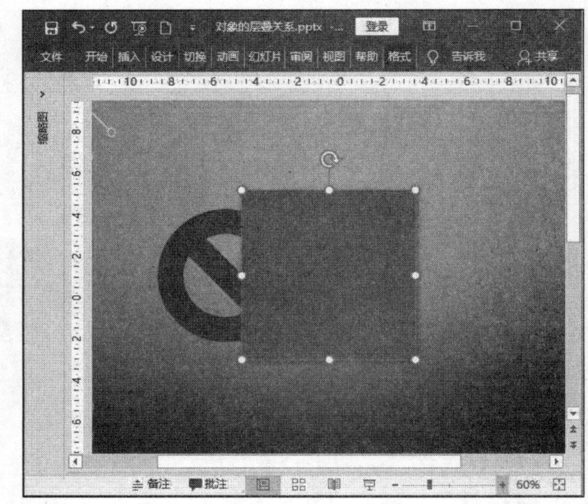

图 19.47　上层的图形遮盖下层图形

要改变图形间的层级关系，如将上层图形移到下层。先选择图形，在“格式”选项卡的“排列”组中单击“下移一层”按钮上的下三角按钮，在打开的列表中选择“下移一层”选项，对象的层级即会下降一层。此时幻灯片中的 2 个图形的遮盖关系，如图 19.48 所示。

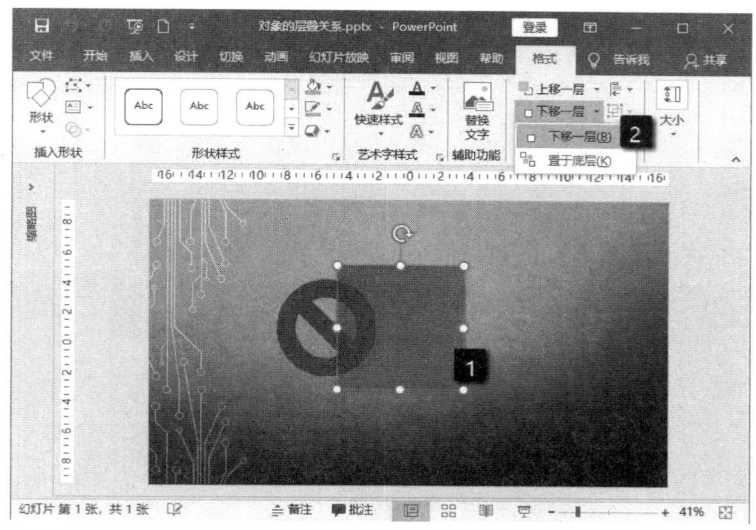

图 19.48　设置图形的层叠关系

19.6.2　图形的运算

在专业绘图软件中，有一种形状编辑方式，被称为布尔运算。布尔运算能够实现图形的相加和相减，就像普通的数字运算那样。通过使用布尔运算，能够获得使用常规绘图方式无法绘制的图形。从 PowerPoint 2010 开始，PowerPoint 提供了布尔运算功能，下面介绍该功能的运用。

01 在幻灯片中将 2 个图形按照需要叠放在一起，使用鼠标框选这 2 个图形，如图 19.49 所示。

02 在“格式”选项卡的“插入形状”组中单击“合并形状”按钮，在打开的列表中选择“组合”选项。2 个图形完成组合，如图 19.50 所示。

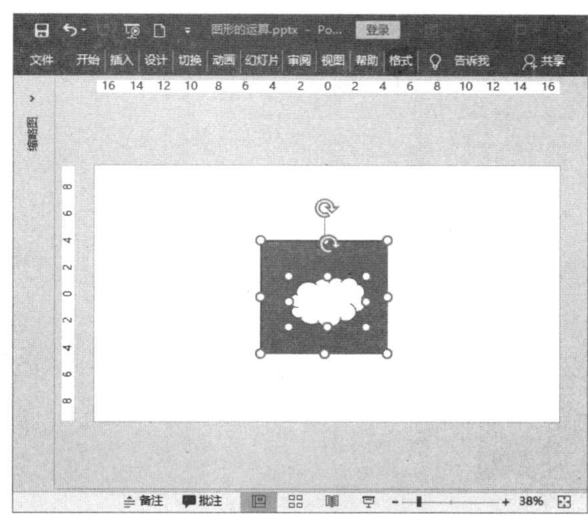

图 19.49　将 2 个图形叠放在一起

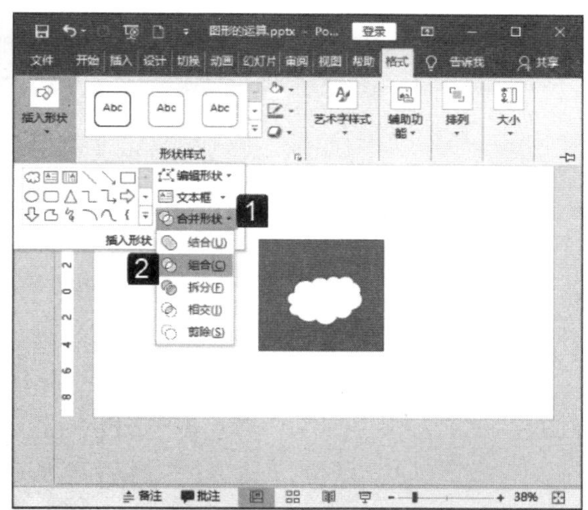

图 19.50　选择“组合”选项

提 示

在 PowerPoint 中的布尔运算一共有 5 个，它们分别是结合、组合、拆分、相交和剪除。结合是将 2 个图形相加为一个图形。组合是将 2 个图形相交部分从原图形中剪切出去。相交是将 2 个图形相交的部分保留下来，不相交部分删除。剪切是用一个形状减去另一个形状，只保留 2 个图形相交的部分。

19.6.3 设置图片的形状

插入到幻灯片中的图片，一般都是圆形的。实际上，在幻灯片中图片的形状是可以更改的。下面介绍具体的操作方法。

01 在幻灯片中选中图片，在“格式”选项卡的“大小”组中单击“裁剪”按钮，在下拉列表中选择“裁剪为形状”选项，在打开的列表中选择需要使用的形状，如图 19.51 所示。

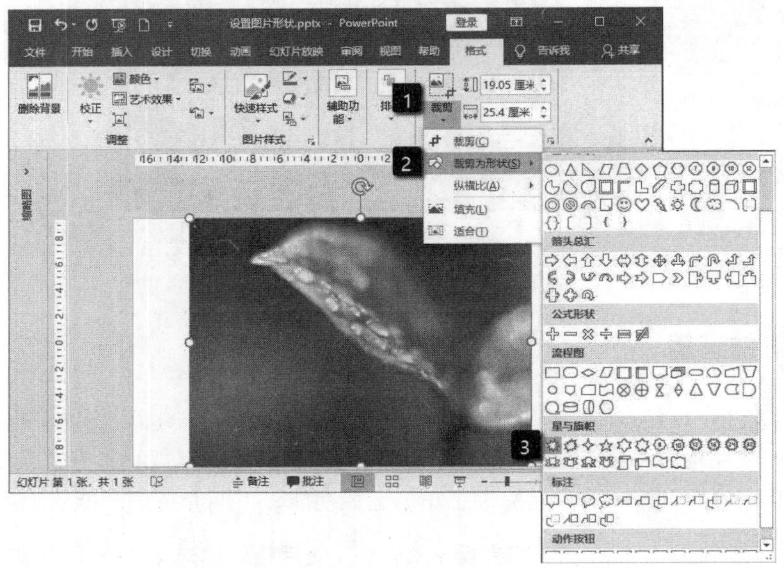

图 19.51　选择裁剪形状

02 此时图片将按照选择的形状进行裁剪，如图 19.52 所示。

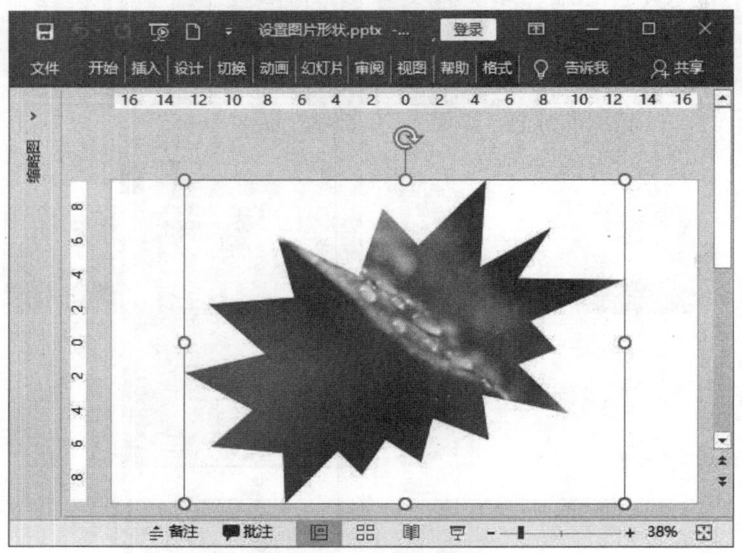

图 19.52　图片按照选择的形状裁剪

第20章 让PPT更直观——表格和图表

在演示文稿中，经常需要展示不同的数据和逻辑关系，如果仅仅使用文字则显得苍白无力。使用表格和图表，能够有效地将数据直观化，使数据易于理解。本章将介绍在 PowerPoint 幻灯片中使用表格和图表的知识。

20.1 在幻灯片中使用表格

在商务类的演示文稿中经常要使用表格。表格的操作比较简单，下面介绍在幻灯片中使用表格的有关知识。

20.1.1 创建表格

在演示文稿中创建表格和在 Word 文档中创建表格的方法是一样的，同样可以使用“插入”选项卡“表格”组中的“插入表格”和“绘制表格”选项来直接插入表格或手动绘制表格。下面将介绍直接在幻灯片中创建 Excel 数据表格的方法。

01 打开“插入”选项卡，在“表格”组中单击“表格”按钮，在打开的列表中选择“Excel 电子表格”选项，如图 20.1 所示。

02 此时在 PowerPoint 幻灯片中将新建一个 Excel 表格，该工作表处于激活状态。同时，操作界面会变为 Excel 的操作界面，如图 20.2 所示。工作表中的数据输入完成后，在工作表外单击即可退出工作表编辑状态回到 PowerPoint 界面。

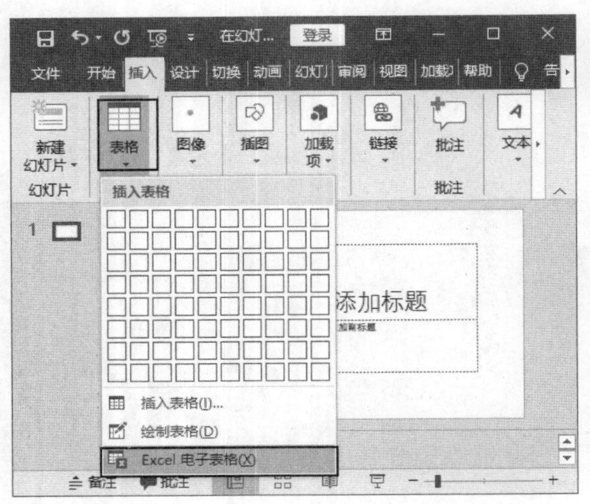

图 20.1　选择“Excel 电子表格”选项

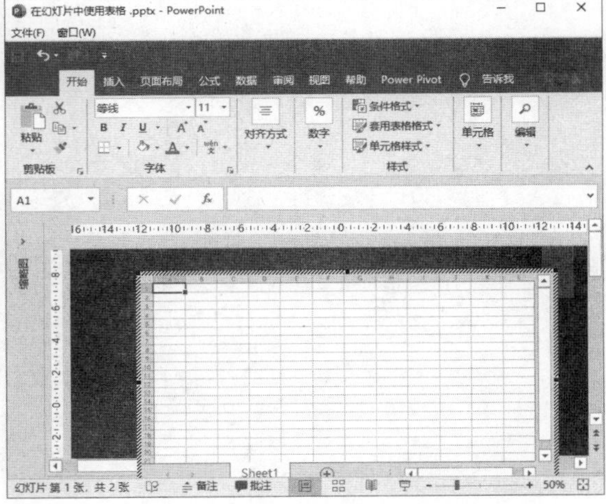

图 20.2　Excel 工作界面

20.1.2　表格的美化

幻灯片是用来展示信息的，美观的表格能够为幻灯片增色不少。下面介绍美化幻灯片中表格的方法。

01 选择幻灯片中的图表，在“设计”选项卡中打开“表格样式”组，选择预设的表格样式应用于表格，如图 20.3 所示。

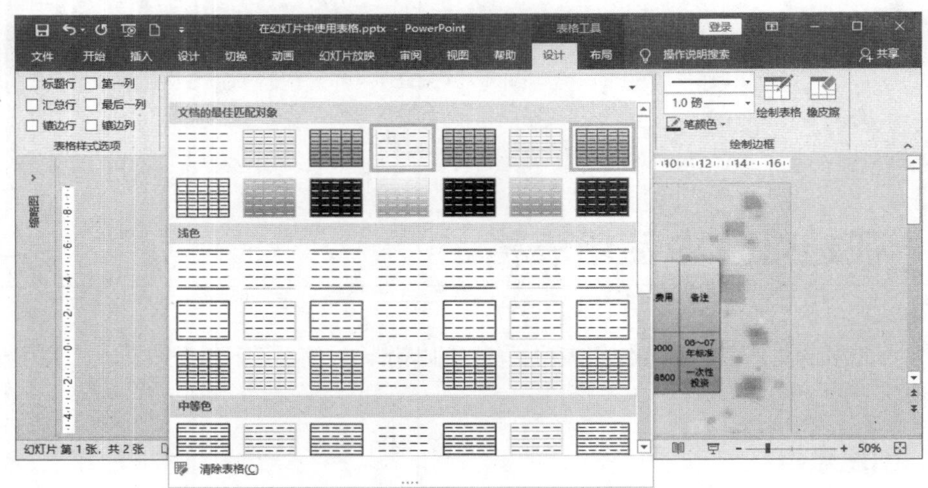

图 20.3　选择预设的表格样式应用于表格

02 选择整个表格或某个单元格，在“设计”选项卡的“表格样式”组中单击“边框”按钮上的下三角按钮，在打开的列表中选择相应的选项即可以对边框进行设置，如图 20.4 所示。

03 单击“底纹”按钮上的下三角按钮，在打开的列表中选择相应的选项，对单元格的背景进行设置。这里选择“表格背景”选项，在打开列表中选择颜色选项，设置表格的背景填充颜色，如图 20.5 所示。

04 选择表格后在“设计”选项卡中单击“快速样式”按钮，在打开的列表中选择预设样式选项，对表格中的文字应用艺术字效果，如图 20.6 所示。

图 20.4　设置表格边框

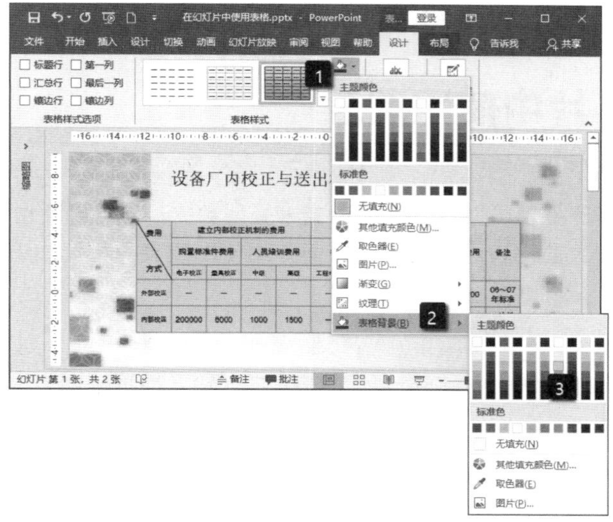

图 20.5　设置表格的背景填充颜色

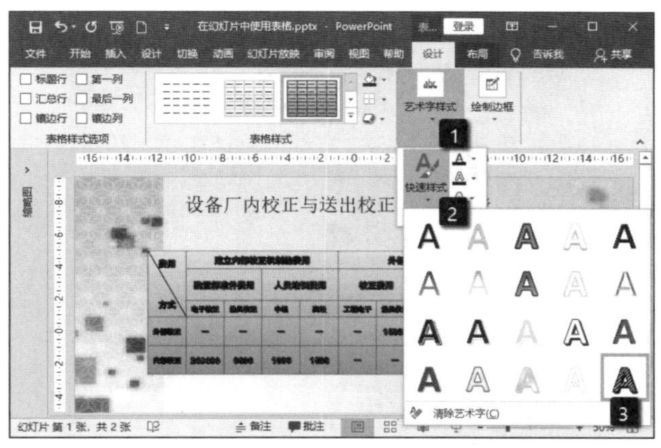

图 20.6　对表格中的文字应用预设艺术字效果

05 在“设计”选项卡的“表格样式”组中单击“效果”按钮，在打开的列表中选择相应的选项可以为表格设置特殊效果。例如，这里选择“单元格凹凸效果”选项，在下拉列表中选择相应的选项，为表格中单元格添加凹凸效果，如图 20.7 所示。

图 20.7　为单元格添加凹凸效果

20.2　在幻灯片中使用图表

在PowerPoint中，用户不仅可以以表格的形式来呈现数据，还可以使用图表来直观形象地展示数据。PowerPoint具有强大的图表制作功能，下面介绍使用图表的相关知识。

20.2.1　创建图表

在幻灯片中创建图表时需要进行选择合适图表类型、输入数据和图表名称等操作，下面介绍具体的操作方法。

01 启动 PowerPoint 2019 并打开需要添加图表的幻灯片，在“插入”选项卡的“插图”组中单击“图表”按钮。此时将打开“插入图表”对话框，在对话框左侧列表中选择需要使用的图表类别，在右侧选择需要使用的图表。例如，这里选择“三维簇状柱形图”，完成设置后单击“确定”按钮关闭对话框，如图 20.8 所示。

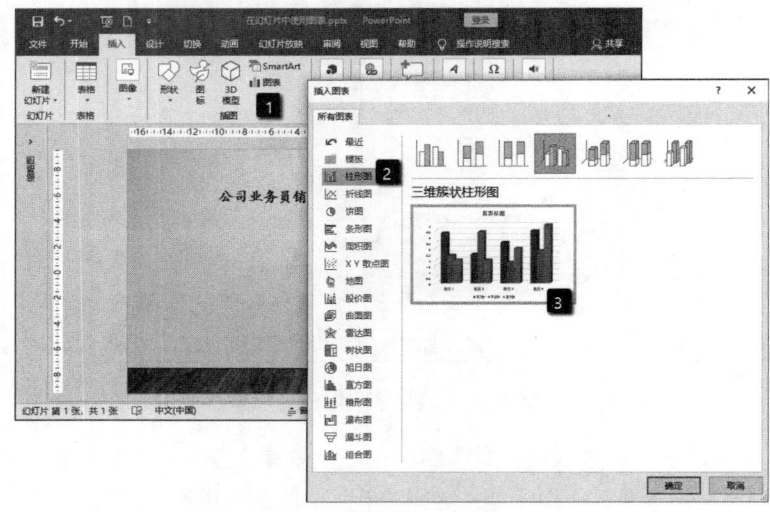

图 20.8　选择图表类型

02 此时幻灯片中插入图表，同时 PowerPoint 将打开 Excel 程序窗口。在 Excel 工作表中更改类别和系列 1 的值，将不需要的系列 2 和系列 3 数据删除，如图 20.9 所示。关闭 Excel 程序窗口即可得到需要的图表。

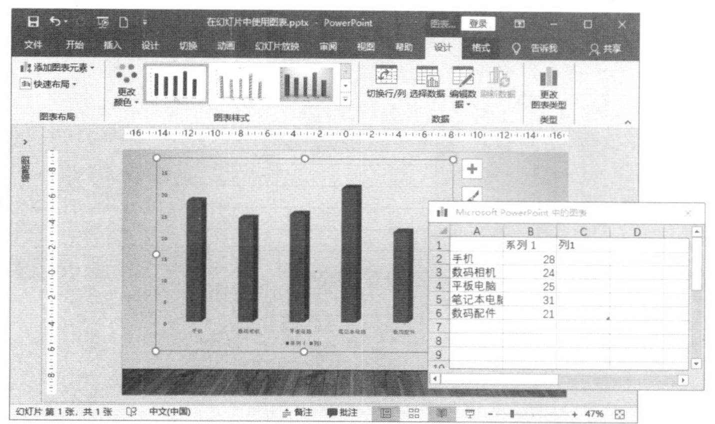

图 20.9　插入图表并打开 Excel 程序窗口

20.2.2　美化图表

在幻灯片中添加图表后，需要根据幻灯片的应用场合对图表的外观进行美化。下面介绍设置图表外观的操作方法。

01 拖动图表框可以在幻灯片中移动图表，拖动图表框上的控制柄能够改变图表的大小。单击图表框上的“图表元素”按钮，在打开的列表中勾选某个选项即可以使该元素在图表中显示。若取消某个选项的勾选可以使该元素在图表中不显示。例如，这里取消对图表标题复选框的勾选，图表中将不再显示图表标题，如图 20.10 所示。

02 右击图表中的图标系列，在弹出的快捷菜单中选择“设置数据系列格式”选项，打开“设置数据系列格式”窗格。在“系列选项”设置栏中更改“系列重叠”和“间隙宽度”的值即可以改变数据系列的大小，如图 20.11 所示。

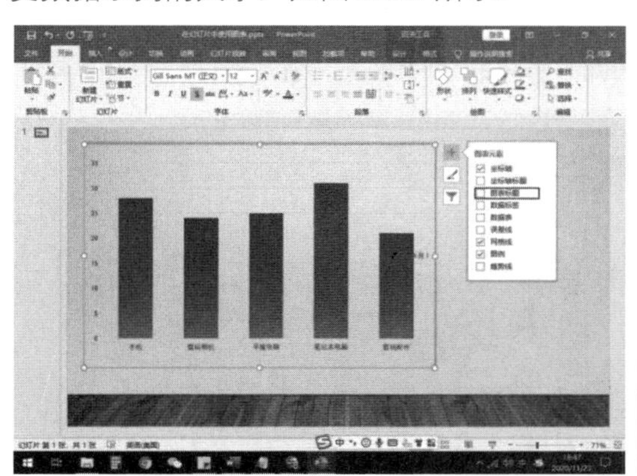

图 20.10　取消图表标题的显示

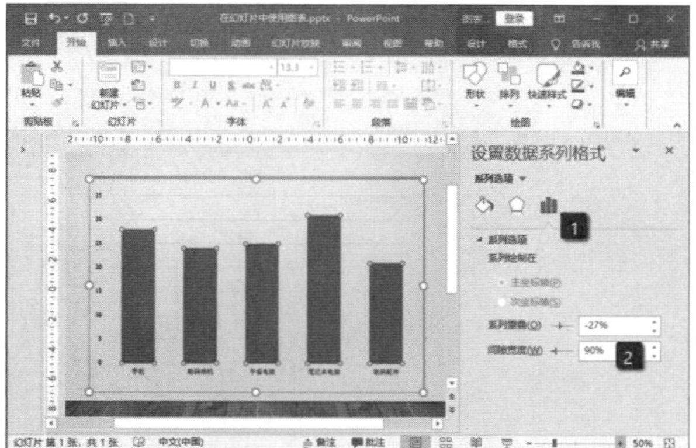

图 20.11　更改数据系列的大小

03 对数据系列应用渐变填充，如图 20.12 所示。选择图表，为图表区添加阴影效果，如图 20.13 所示。对图表中的文字应用艺术字效果，如图 20.14 所示。

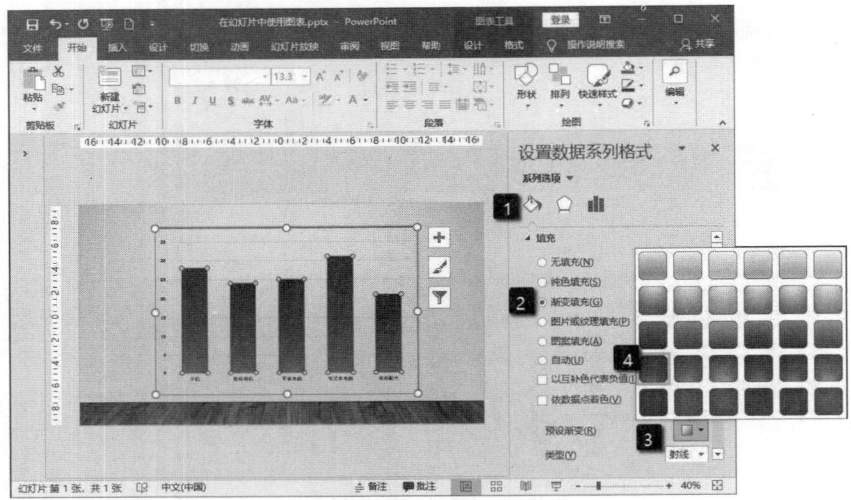

图 20.12　对数据系列应用渐变填充

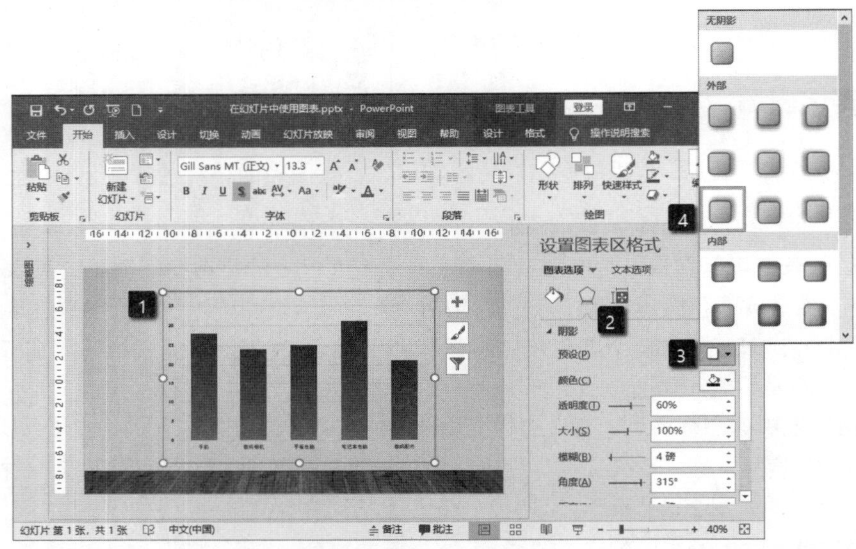

图 20.13　为图表区添加阴影效果

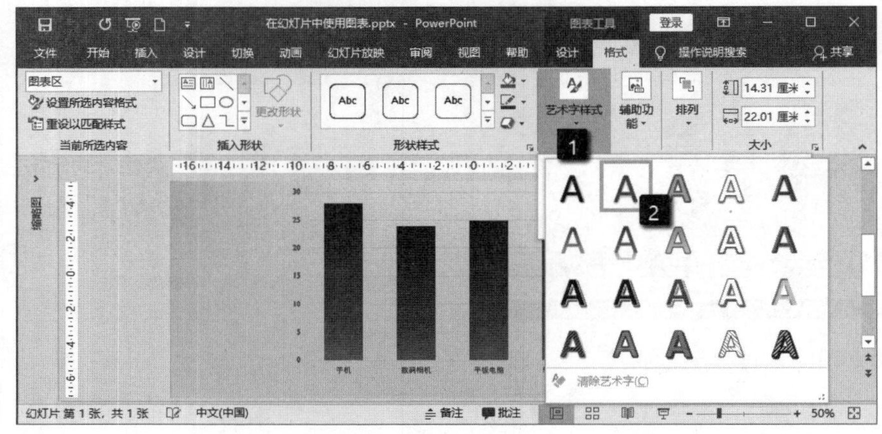

图 20.14　对图表中的文字应用艺术字效果

20.3 本章拓展

下面介绍本章的 3 个拓展实例。

20.3.1 使用占位符添加表格

占位符是对象的容器，使用其中的表格占位符能够方便地创建表格。

01 启动 PowerPoint，在“开始”选项卡的“幻灯片”组中单击“新建幻灯片”按钮上的下三角按钮，在打开的列表中选择一个包含表格占位符的幻灯片，如图 20.15 所示。

02 在插入的幻灯片中单击“插入表格”按钮，打开“插入表格”对话框，在对话框中设置表格的列数和行数。完成设置后单击“确定”按钮关闭对话框，如图 20.16 所示。幻灯片中被插入表格，如图 20.17 所示。

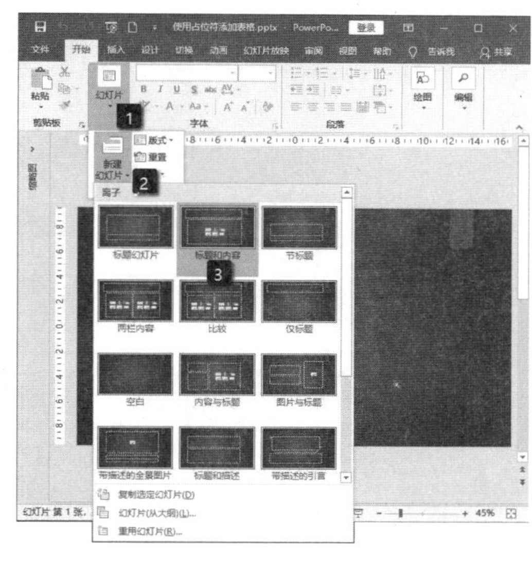

图 20.15 选择需要插入的幻灯片

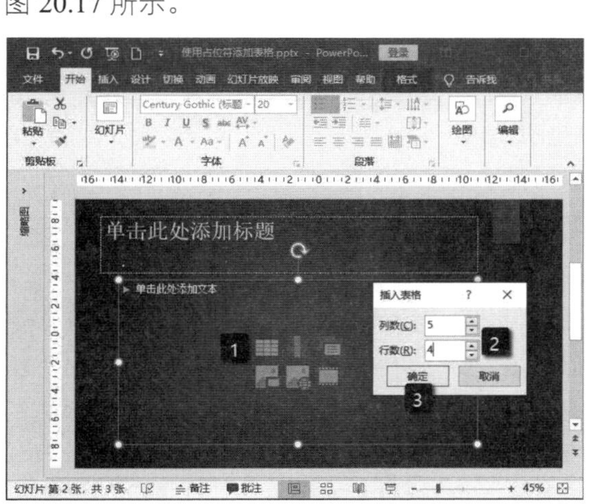

图 20.16 打开“插入表格”对话框

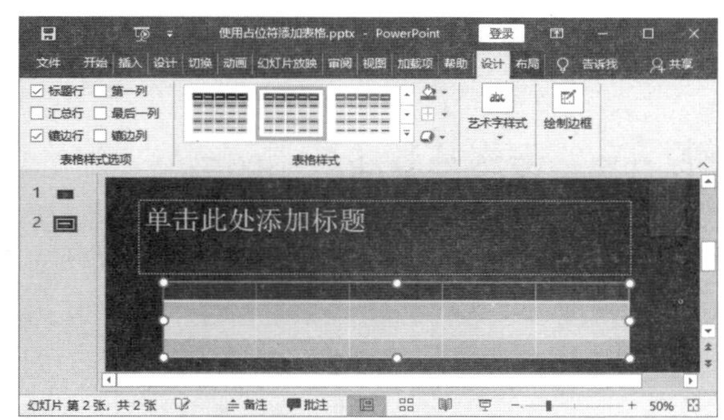

图 20.17 在幻灯片中插入表格

20.3.2 在图表中添加数据

在完成图表的制作后，有时需要对图表进行修改，如向图表中添加数据。添加数据的操作实际上很简单，下面介绍具体的操作方法。

01 打开包含图表的幻灯片，右击图表，在弹出的快捷菜单中选择“编辑数据”选项，在下级菜单中选择“编辑数据”选项即可打开 Excel 程序窗口。在工作表中输入新数据，表中数据区域边框会自动扩展框住新添加的数据，新数据即可自动添加到图表中，如图 20.18 所示。

02 在工作表中添加一列新数据，拖动蓝色框上的控制柄使蓝色框框住新添加的数据，该数据即可添加到图表中，如图 20.19 所示。

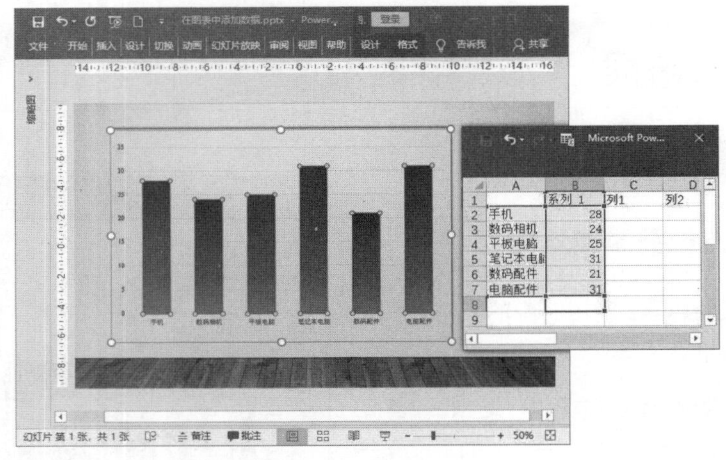

图 20.18　添加一行新数据

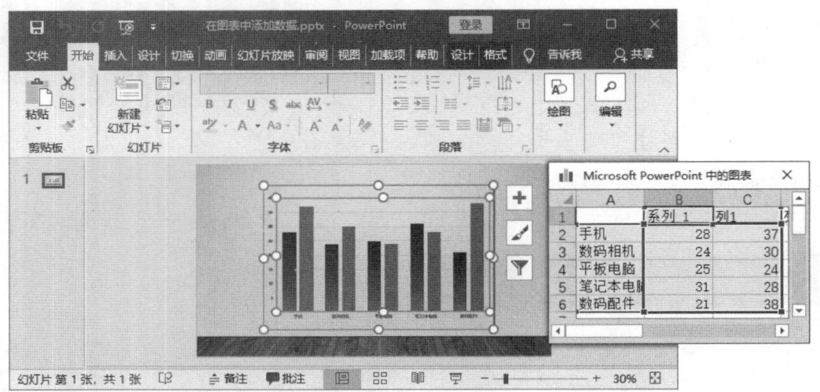

图 20.19　添加一列数据

20.3.3　更改三维柱形图的形状

三维柱形图是一种很常见的立体图表类型，在创建图表时，柱形图只有三维簇状柱形图、三维堆积柱形图、三维百分比堆积柱形图和三维柱形图这几种类型。这几种类型的柱形图，数据系列的形状都是方形立柱，如图 20.20 所示。

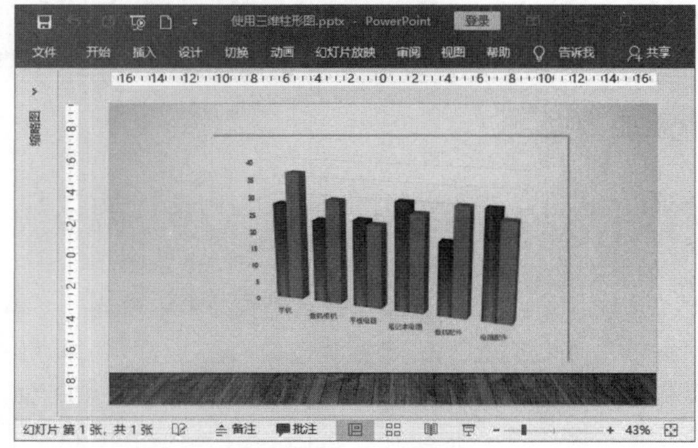

图 20.20　三维柱形图

如果要创建数据系列的形状是圆柱体或圆锥体的三维图表，则可以通过在创建常规三维柱形图的基础上对形状进行更改来实现。具体的操作方法是：在创建三维柱形图后，右击需要更改形状的数据系列，在弹出的快捷菜单中选择“设置数据系列格式”选项，打开“设置数据系列格式”窗格。在窗格的“系列选项”设置栏中选择柱体的形状即可更改数据系列的形状，如图 20.21 所示。

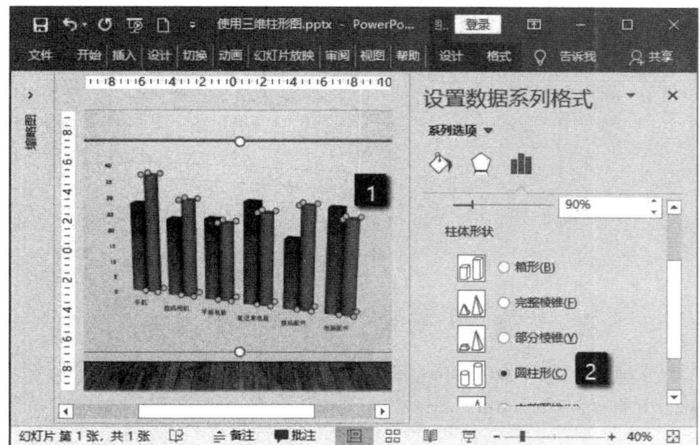

图 20.21　更改数据系列的形状

第 21 章

使用声音和视频

声音和视频是多媒体演示文稿中的重要元素，声音可以传递信息，渲染演示氛围。视频则可以让空泛的信息视觉化。本章将介绍在幻灯片中使用声音和视频的有关知识。

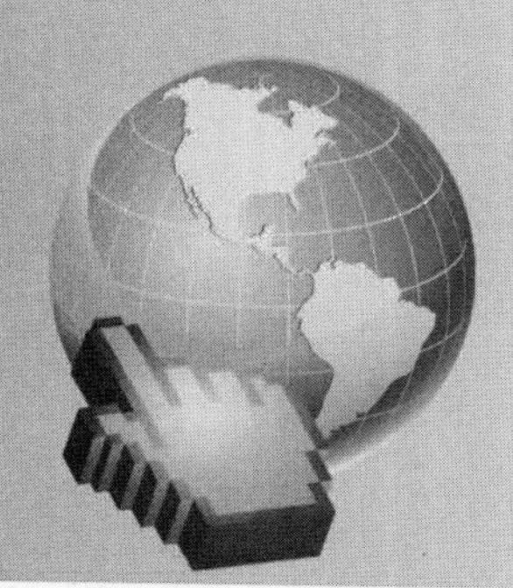

21.1 在幻灯片中使用声音

用户可以在幻灯片中插入声音来增加信息传递的途径，使用 PowerPoint 可以向幻灯片中插入多种类型的声音，同时可以对插入的声音进行设置并控制其播放与否。

21.1.1 插入声音

在 PowerPoint 2019 中，可以插入本地计算机上的声音文件，也可以录制声音再插入到幻灯片中。下面介绍在幻灯片中插入这 2 种声音的具体操作方法。

1. 插入本地声音

这里，本地声音指的是保存于当前计算机上的声音文件。PowerPoint 2019 支持大多数常见格式的声音文件，如 MP3 文件、WAV 文件、WMA 文件以及 MIDI 文件等，这些格式的声音文件都可以在幻灯片中直接插入使用。

01 打开演示文稿，选择需要插入声音的幻灯片。在“插入”选项卡的“媒体”组中单击“音频”按钮，在打开的列表中选择“PC 上的音频”选项，如图 21.1 所示。

图 21.1　选择“PC 上的音频”选项

02 此时将打开“插入音频”对话框，在对话框中选择需要插入的声音文件后单击“插入”按钮，如图 21.2 所示。声音文件即被插入幻灯片中，并且幻灯片中会出现声音图标和播放控制栏，如图 21.3 所示。

图 21.2　选择需要插入的声音文件

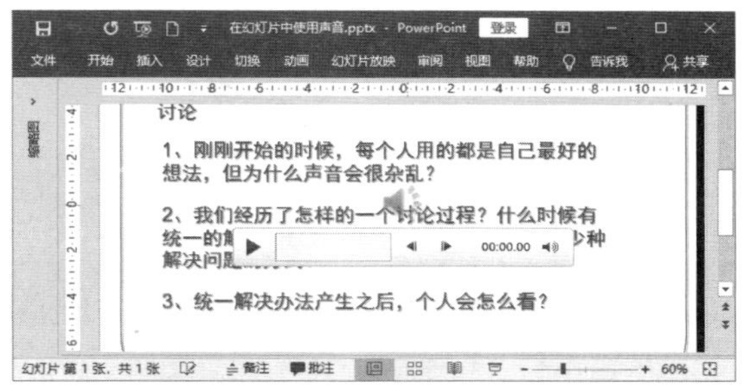

图 21.3　幻灯片中出现声音图标

提　示

要删除插入到幻灯片中的声音，只需要选择“声音”图标后按 Delete 键删除该图标即可。

2. 插入旁白

在制作演示文稿时，有时需要在幻灯片中添加旁白。用户可以使用 PowerPoint 自行录制旁白。下面将介绍使用 PowerPoint 来录制声音的方法。

01 选择幻灯片，在功能区的“插入”选项卡中单击“音频”按钮上的下三角按钮，在打开的下拉列表中选择“录制音频”选项，如图 21.4 所示。

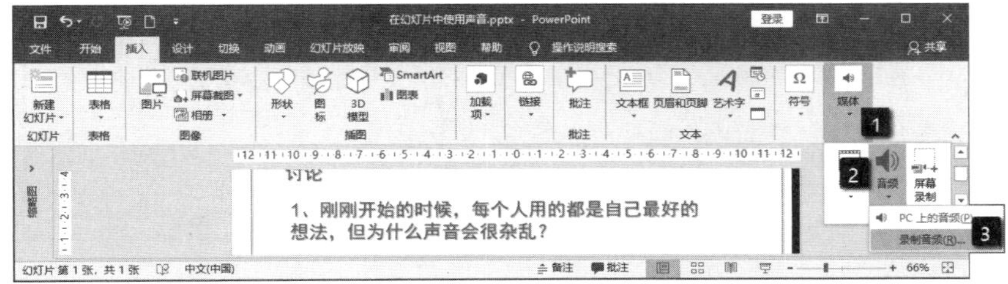

图 21.4　选择“录制音频”选项

02 此时将打开“录制声音”对话框，在“名称”文本框中输入录制声音的名称，单击“录音”按钮即可开始录音。录音时，对话框不会显示波形，但会显示声音的长度，完成录制后单击“停止”按钮停止声音的录制，单击“确定”按钮关闭对话框，录制的声音即被插入幻灯片中，如图 21.5 所示。

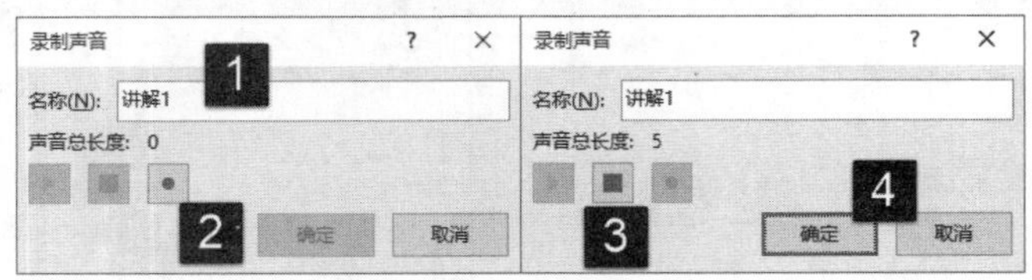

图 21.5　录制旁白

21.1.2　控制声音播放

在 PowerPoint 2019 中，可以控制插入幻灯片的声音，如设置其播放音量、播放的进度和声音播放的开始方式等。下面介绍具体的操作方法。

01 PowerPoint 2019 为声音的播放提供了一个浮动控制栏。将鼠标放置到控制栏上的“静音/取消静音”按钮上时会出现一个滚动条，拖动滚动条上的滑块即能够对播放音量进行调整，如图 21.6 所示。

02 单击“向前移动 0.25 秒”或“向后移动 0.25 秒”按钮，能够使播放进度前移 0.25 秒或后移 0.25 秒。在浮动控制栏的声音播放进度条上单击，可以将播放进度移动到当前单击处，声音接着从单击处的位置继续播放，如图 21.7 所示。

图 21.6　调整播放音量

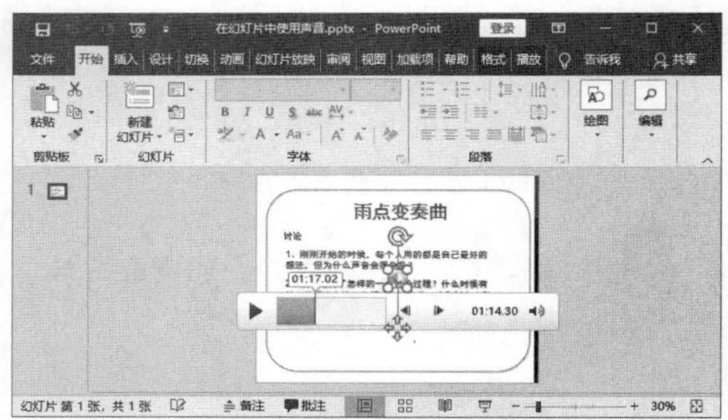

图 21.7　移动播放进度条调整播放进度

03 选择幻灯片中的音频图标，单击功能区中的“播放”标签，在“音频选项”组中的“开始”下拉列表中选择相应的选项设置声音开始的方式。这里有“按照单击顺序”“自动”和“单击时”3 个选项供选择。在“播放”选项卡的“音频样式”组中单击“在后台播放”按钮，此时，“音频选项”组中的“跨幻灯片播放”复选框、“循环播放，直到停止”复选框和“放映时隐藏”复选框同时被选择，如图 21.8 所示。

图 21.8　单击“在后台播放”按钮

勾选“音频选项”中的“循环播放，直到停止”复选框，声音将在整个演示文本的播放过程中一直播放。勾选“放映时隐藏”复选框时，幻灯片播放时将不会显示音频图标。勾选“播完返回开头”复选框，声音播放完成后将返回到开头，而不是停在末尾。

21.1.3 声音的编辑

PowerPoint 2019 提供了对声音的编辑功能，用户能够为声音添加淡入淡出效果、对声音进行剪辑以及为声音添加书签。下面介绍对声音进行编辑的操作技巧。

01 在幻灯片中选择“声音”图标后，在“播放”选项卡的“编辑”组中的“渐强”和“渐弱”微调框中分别输入时间值，可以在声音开始播放和结束时添加淡化持续时间，此时输入的时间值表示淡入淡出效果持续的时间，如图 21.9 所示。

02 在“编辑”组中单击“剪辑音频”按钮，打开“剪裁音频”对话框。在该对话框中拖动绿色的“起始时间”滑块和“终止时间滑块”设置音频的开始时间和终止时间，单击“确定”按钮后，滑块之间的音频将保留，而滑块之外的音频即被裁剪掉，如图 21.10 所示。

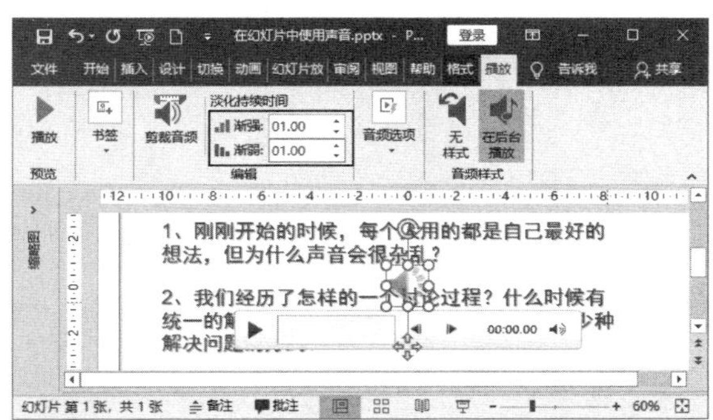

图 21.9 添加淡入淡出效果

图 21.10 裁剪声音

03 在声音播放时，在“书签”组中单击“添加书签”按钮可以在当前播放位置添加一个书签，如图 21.11 所示。在播放进度条上选择书签，单击“删除书签”按钮即可删除选择的书签。

书签可以帮助用户在音频播放时快速定位播放位置，按 Alt+Home 键，播放进度将能跳转到下一个书签处；按 Alt+End 键，播放进度将跳转到上一个书签处。

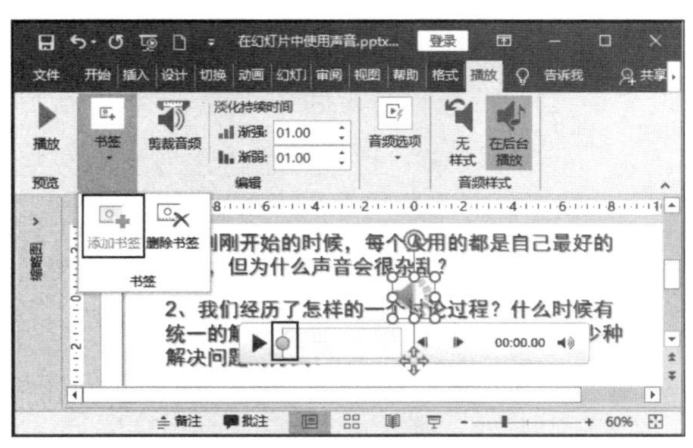

图 21.11 添加书签

21.2 在幻灯片中使用视频

在 PowerPoint 幻灯片中是可以加入视频的，视频是图形、图像和文字等媒体对象的一种有效补充，能够扩展幻灯片所要表达的内容，增强演示文稿的视觉吸引力。

21.2.1 插入视频

PowerPoint 2019 的幻灯片中可以插入本地视频和来自于网络的视频。下面以插入本地视频为例来介绍在幻灯片中添加视频对象的方法。

01 启动 PowerPoint 2019 并打开演示文稿，选择幻灯片，在“插入”选项卡的“媒体”组中单击“视频”按钮，在打开的列表中选择“PC 上的视频”选项，如图 21.12 所示。

图 21.12 选择“PC 上的视频”选项

02 此时将打开“插入视频文件”对话框，在对话框中选择需要插入幻灯片的视频文件，单击“插入”按钮即可将选择的视频插入到幻灯片中，如图 21.13 所示。

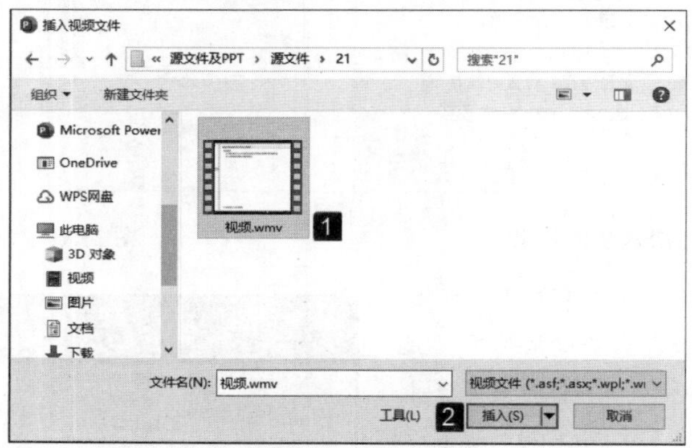

图 21.13 “插入视频文件”对话框

21.2.2 对视频进行设置

在幻灯片中插入视频后，对视频播放进行控制的方法与声音播放的控制相同。用户可以对插入视频显示的大小、视频的外观样式和色调等进行设置。

01 视频被插入幻灯片后，可以使用鼠标拖动边框上的控制柄来调整视频播放窗口的大小。也可以在“格式”选项卡“大小”组的“视频高度”和“视频宽度”微调框中输入数值来设置视频播放窗口的大小，如图 21.14 所示。

02 在“格式”选项卡的“视频样式”列表中选择相应的选项，可以对视频应用预设的外观样式，如图 21.15 所示。

03 单击“视频样式”组中的“视频形状”按钮，在打开的下拉列表中选择形状选项，此时视频将会在指定的形状中进行播放，如图 21.16 所示。

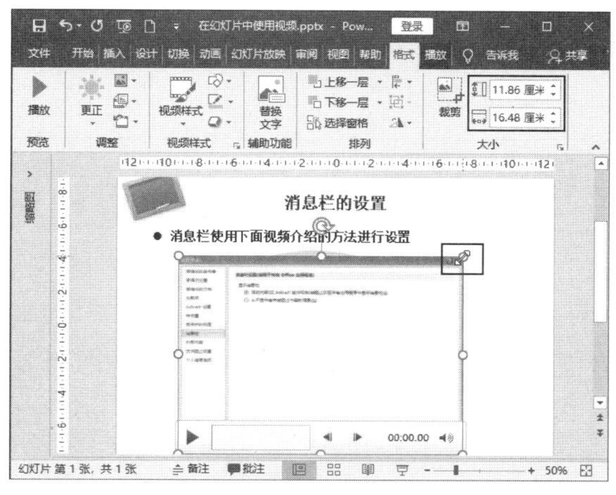

图 21.14 调整视频播放窗口的大小

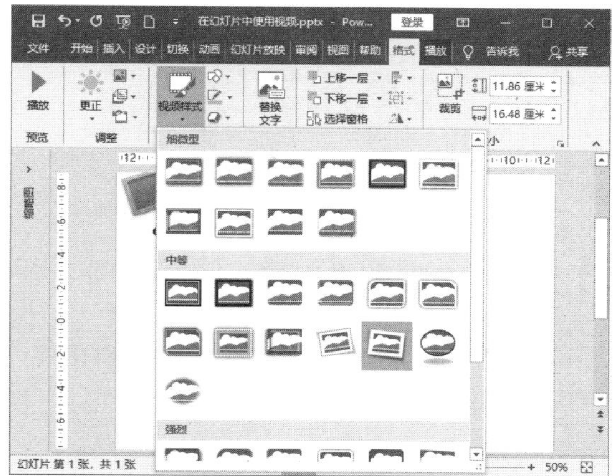

图 21.15 对视频应用预设样式

04 在“调整”组中单击“颜色”按钮，在打开的下拉列表中单击相应的选项，可将该预设颜色效果应用到视频中，如图 21.17 所示。

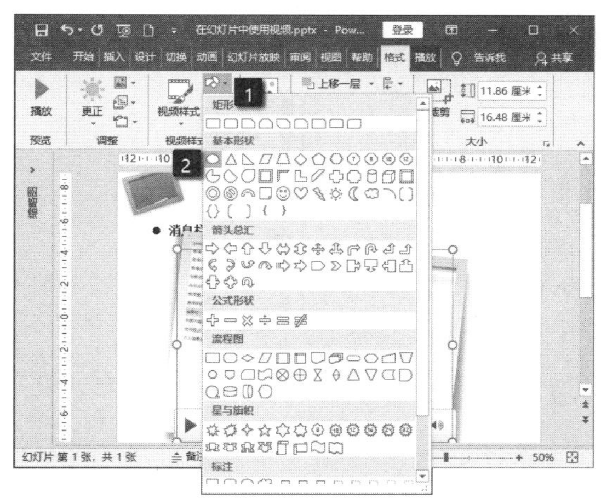

图 21.16 设置视频播放的形状

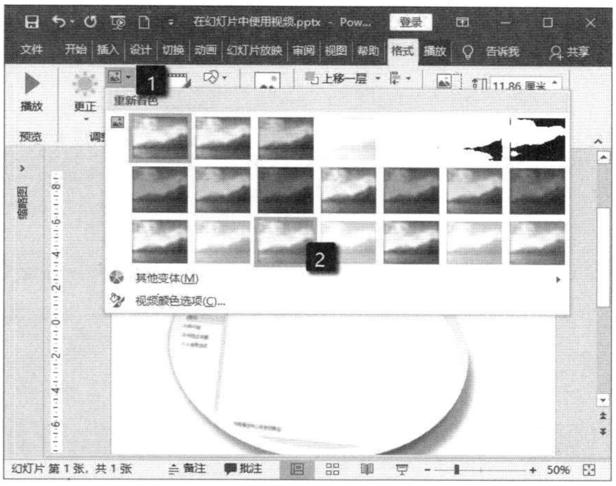

图 21.17 对视频应用颜色效果

05 在“调整”组中单击“更正”按钮，在“亮度和对比度”栏中单击相应的选项，可以将视频的亮度和对比度进行更改。选择“视频更正选项”选项，打开“设置视频格式”窗格，在窗格中可以对视频的亮度和对比度进行调整，如图 21.18 所示。

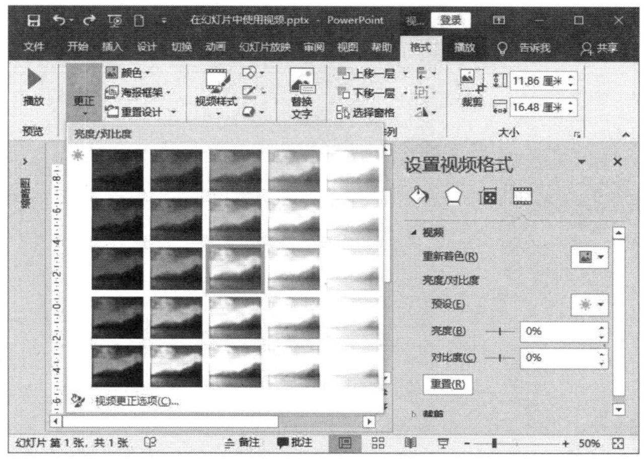

图 21.18 设置视频的亮度和对比度

21.3 本章拓展

下面介绍本章的 3 个拓展实例。

21.3.1 设置声音图标

在幻灯片中插入音频后，幻灯片中会出现一个音频图标，该图标默认显示为喇叭形。在实际使用中为了美化幻灯片，可能需要将音频图标更换为其他的图片。下面介绍在幻灯片中更改音频图标的方法。

01 启动 PowerPoint 2019 并打开演示文稿，在幻灯片中选中音频图标。在“格式”选项卡的“调整”组中单击“更改图片”按钮，选择“来自文件”选项，如图 21.19 所示。

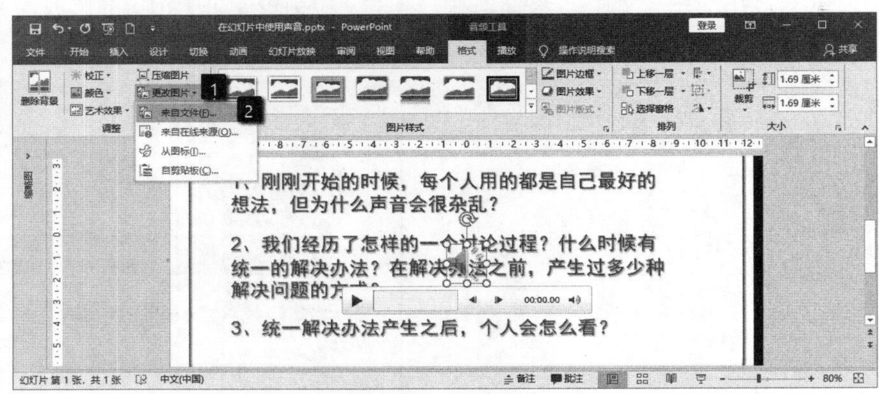

图 21.19 选择“来自文件”选项

02 此时将打开“插入图片”对话框，在对话框中选择需要使用的图片文件后单击“插入”按钮，如图 21.20 所示。此时，声音图标即被更换为指定的图片，如图 21.21 所示。

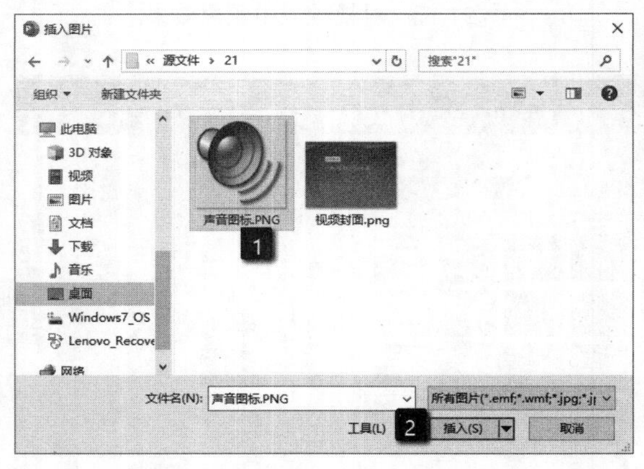

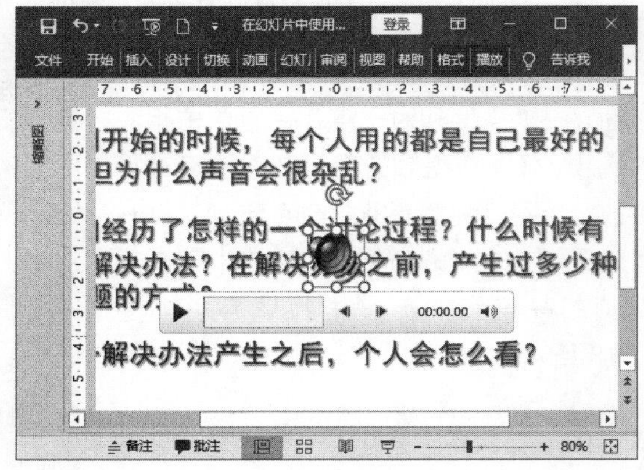

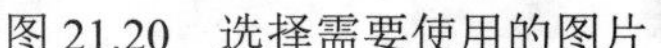
图 21.20 选择需要使用的图片

图 21.21 音频图标更换为指定的图片

这里，用户可以使用“格式”选项卡中的选项来设置音频图标的样式，与设置图片样式类似，如为图标添加阴影、边框或添加艺术效果等。

21.3.2 录制屏幕

PowerPoint 2019 具有屏幕录制功能，使用该功能能够录制屏幕上指定区域的操作，并且录制的操作视频可以直接插入到幻灯片中。

01 在 PowerPoint 2019 中创建演示文稿后，打开“插入”选项卡，在“媒体”组中单击“屏幕录制”按钮，如图 21.22 所示。

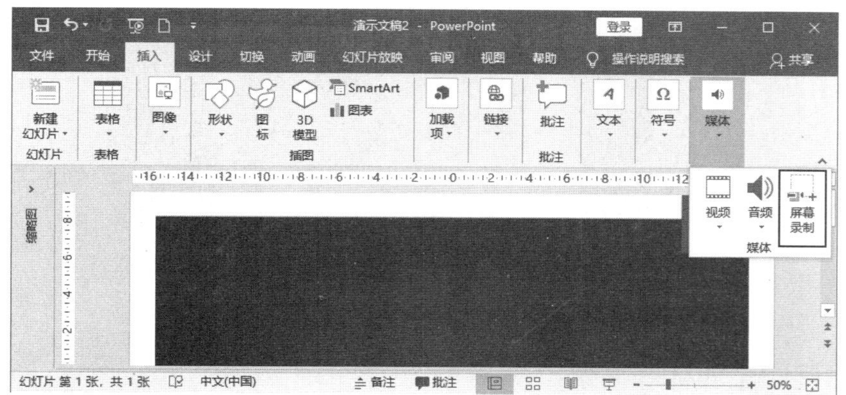

图 21.22　单击“屏幕录制”按钮

02 此时在屏幕的顶端会出现录屏工具栏，在工具栏中单击“选择区域”按钮，拖动鼠标在屏幕上绘制矩形录屏区域，如图 21.23 所示。

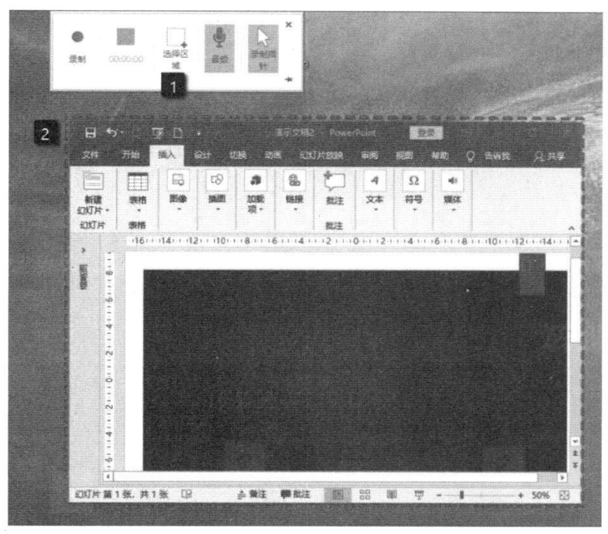

图 21.23　绘制矩形录屏区域

提　示　在录屏工具栏中按下“声音”按钮，可以在录屏的同时录制声音，方便用户录制操作讲解。按下“录制指针”按钮，可以实现在录屏的同时录制鼠标指针的动作。

03 完成录屏区域的设置后，单击“录制”按钮即可开始录屏，录屏区域中的操作将被录制下来。完成录制后，按键盘上的 Win+Shift+Q 键即可退出屏幕录制，录屏视频将被直接插入到当前的幻灯片中，如图 21.24 所示。

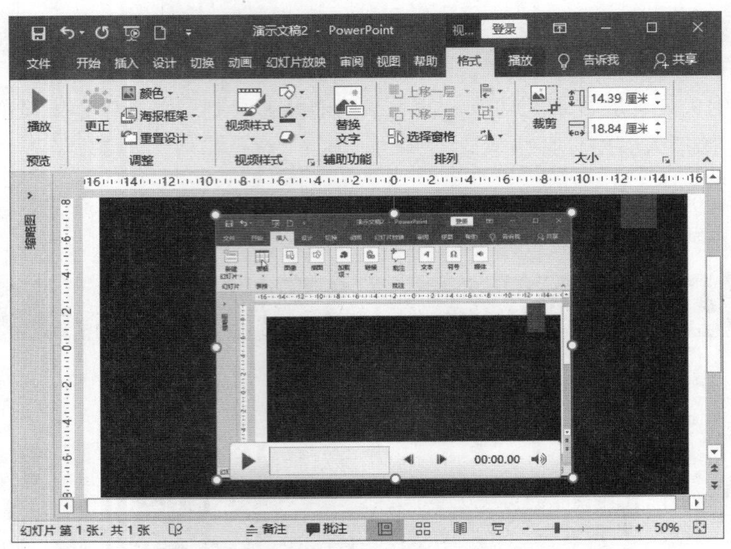

图 21.24　录屏视频直接插入到幻灯片中

21.3.3　为视频添加标牌框架

幻灯片中插入的视频，在开始播放前一般显示的是视频的第一帧。为了美观，用户可以为幻灯片中的视频添加预览图片，使幻灯片中的视频在播放前显示该图片。在 PowerPoint 2019 中，视频的预览图片可以是来自外部的图片文件，也可以使用视频中某一帧的画面。下面介绍为视频添加标牌框架的具体操作方法。

01 在幻灯片中选择视频，在“格式”选项卡的“调整”组中单击“海报框架”按钮，在打开的下拉列表中选择“文件中的图像”选项，如图 21.25 所示。

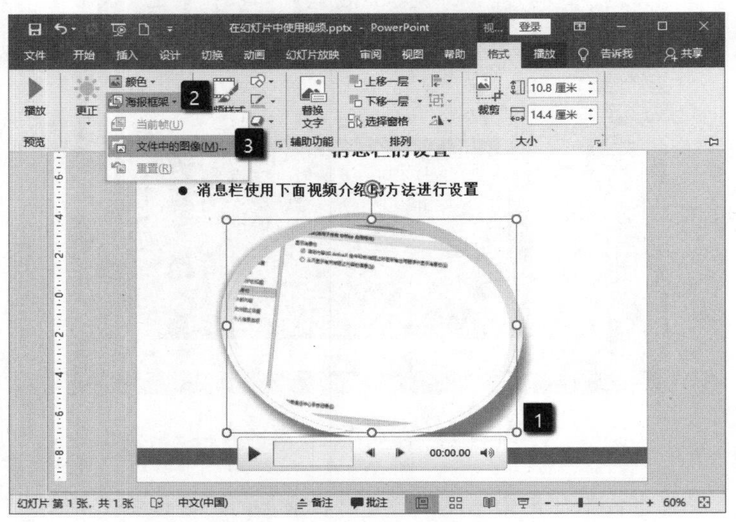

图 21.25　选择“文件中的图像”选项

02 此时将打开“插入图片”对话框，在对话框中单击“来自文件”按钮，在打开的“插入图片”对话框中选择需要使用的图片文件，单击“插入”按钮插入该图片，如图 21.26 所示。该图片就成为了视频的预览图像，如图 21.27 所示。

图 21.26　选择需要使用的图片文件

图 21.27　视频的预览图片

提　示

如果对视频的设置不满意，可以在“格式”选项卡中单击“重置设置”按钮。重置后视频颜色、亮度的调整以及样式的设置等都将被取消，视频恢复到初始状态。

第 22 章

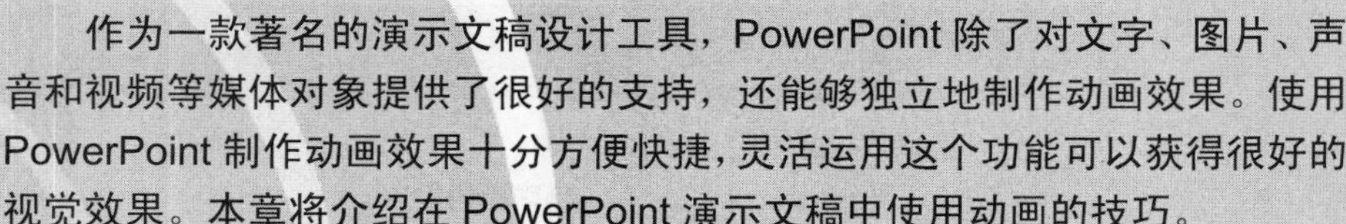

让幻灯片动起来——幻灯片中的动画

作为一款著名的演示文稿设计工具，PowerPoint 除了对文字、图片、声音和视频等媒体对象提供了很好的支持，还能够独立地制作动画效果。使用 PowerPoint 制作动画效果十分方便快捷，灵活运用这个功能可以获得很好的视觉效果。本章将介绍在 PowerPoint 演示文稿中使用动画的技巧。

22.1　幻灯片的切换效果

切换效果是播放幻灯片的一种特殊动画效果，它决定了一张幻灯片放映完成后，将以何种方式进入下一张幻灯片的放映。在 PowerPoint 2019 中，用户能够方便地对幻灯片切换的动画效果进行创建和设置。

22.1.1　为幻灯片添加切换效果

切换效果是一种针对幻灯片中所有对象的动画效果，使用 PowerPoint 2019 在 2 张幻灯片之间添加切换动画效果十分的方便。

01 启动 PowerPoint 并打开演示文稿，选择需要添加切换效果的幻灯片，在“切换”选项卡的“切换到此幻灯片”组中单击“其他”按钮，在打开的下拉列表中选择切换效果选项将其应用到幻灯片中，如图 22.1 所示。

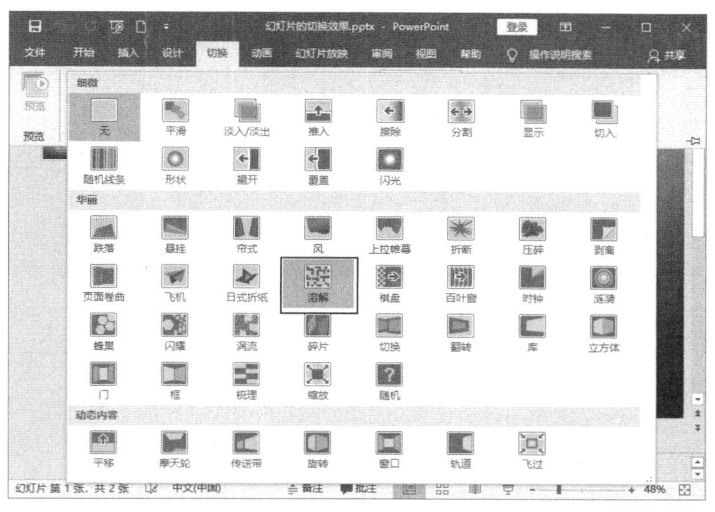

图 22.1　选择幻灯片切换效果

02 此时幻灯片已经添加了切换效果，在“切换”选项卡中单击“预览”按钮即可预览动画效果，如图 22.2 所示。

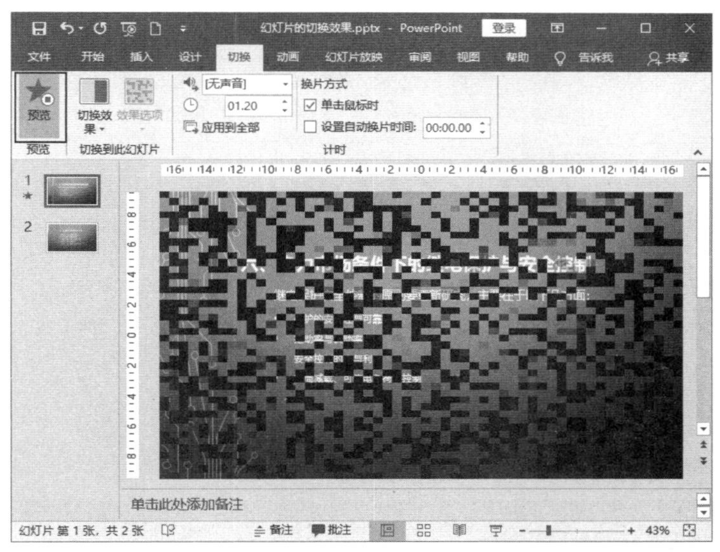

图 22.2　预览动画效果

为幻灯片添加切换效果后，“幻灯片”窗格的幻灯片缩览图上将会出现“播放动画”按钮★，单击该按钮也能够预览幻灯片的切换效果。如果要取消添加的切换效果，可以再次单击“其他”按钮，在列表中选择“无”选项。

22.1.2　设置幻灯片切换效果

如果对幻灯片添加的切换效果不满意，可以对切换效果进行设置，如设置动画开始方式和动画的持续时间等。

01 选择添加了切换动画效果的幻灯片，在“切换”选项卡的“持续时间”微调框中输入数值，可以设置切换动画的持续时间，如图 22.3 所示。

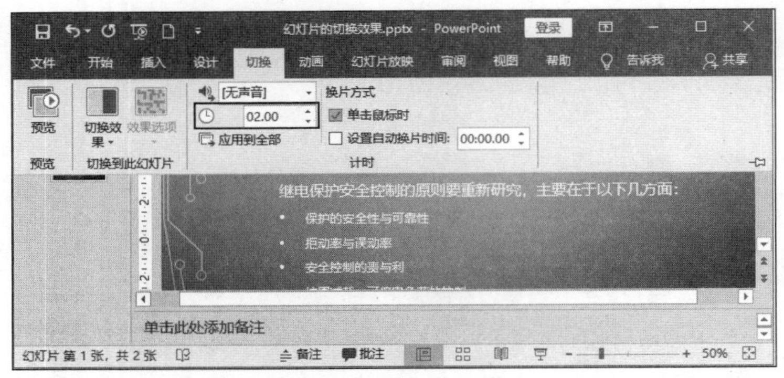

图 22.3　设置切换效果持续时间

02 勾选“设置自动换片时间”复选框，在其后的微调框中输入切换时间值，如图 22.4 所示。此时，在放映幻灯片时，指定时间之后将自动切换到下一张幻灯片。

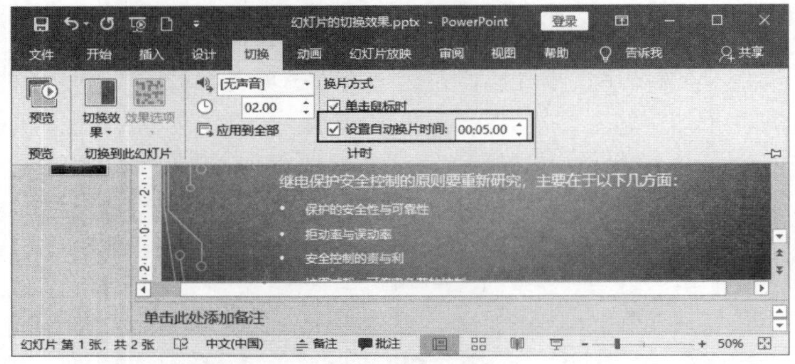

图 22.4　设置切换时间

提　示

在为一张幻灯片添加切换效果后，如果需要演示文稿中所有的幻灯片都设置同样的切换效果，可以单击“全部应用”按钮。勾选“单击鼠标时”复选框，表示在幻灯片放映过程中，需要单击鼠标使幻灯片切换到下一张。

03 选择添加了切换效果的幻灯片，单击“效果选项”按钮，在打开的下拉列表中选择相应的选项即可以对切换动画效果进行设置，如图 22.5 所示。

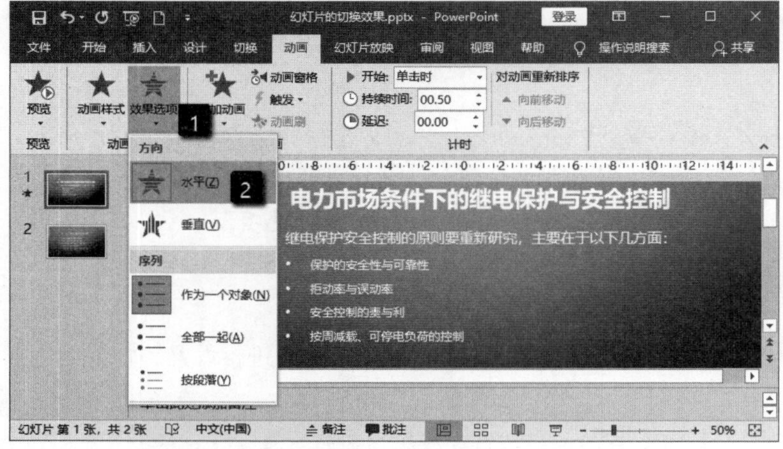

图 22.5　设置效果选项

22.2 在幻灯片中创建动画

动画是 PowerPoint 中的一项重要功能，也是使用较为频繁的一项功能。使用动画能够使幻灯片中的对象产生动态效果，增强幻灯片的画面感，让演示的内容更加直观且吸引人。本节将介绍在幻灯片中添加动画并对动画效果进行设置的方法。

22.2.1 使用预设动画效果

在 PowerPoint 幻灯片中添加动画效果十分简单，用户无须掌握专业的动画制作知识。创建满足一般要求的动画效果可以直接使用 PowerPoint 提供的预设动画效果来实现。

01 打开演示文稿，在幻灯片中选择需要添加动画效果的对象，如当前幻灯片中的文本框。在功能区的“动画”选项卡中单击“动画”组中的“动画样式”列表，在列表中直接选择预设动画应用到选择的对象中，如图 22.6 所示。

02 如果在“动画样式”列表中没有找到满意的动画效果，可以选择列表下的命令选项，如这里选择“更多进入效果”选项。此时会打开“更改进入效果”对话框，在对话框的列表中选择需要使用的动画选项，单击“确定”按钮，如图 22.7 所示，选择的动画效果即可应用于选择的对象。

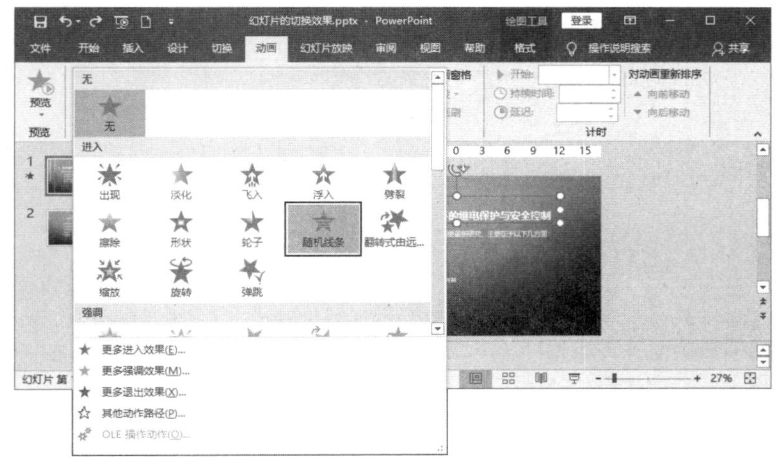

图 22.6　应用预设动画效果

图 22.7　“更改进入效果”对话框

22.2.2 设置动画效果

在为对象添加动画后，如果按照默认参数运行的动画效果无法达到满意的效果，用户可以对动画进行设置，如设置动画开始播放的时间、调整动画速度以及更改动画效果等。下面介绍对动画效果进行设置的具体操作方法。

01 在幻灯片中选择添加动画效果的对象，单击“动画”组中的“效果选项”按钮，在打开的下拉列表中单击相应的选项就可以对动画的运行效果进行修改，如图 22.8 所示。

02 在“计时”组中单击“开始”下拉列表上的下三角按钮，在打开的下拉列表中选择动画开始播放的方式，如图 22.9 所示。

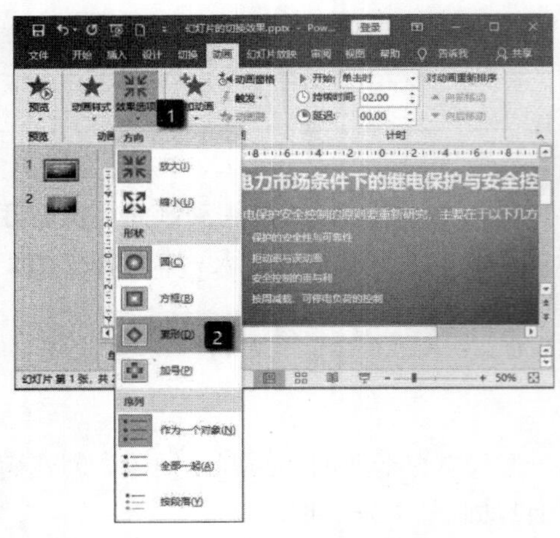

图 22.8　设置“动画选项”

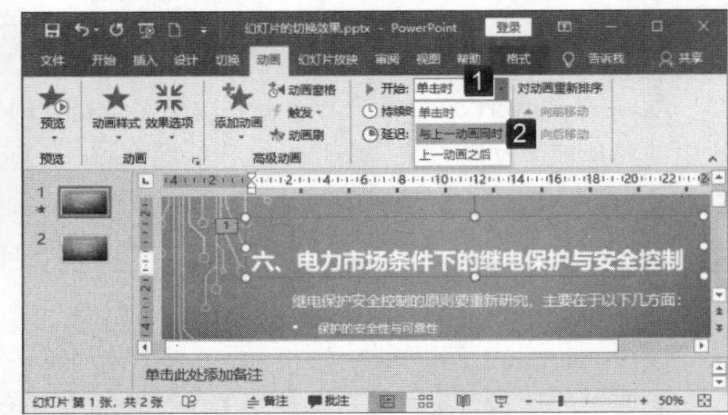

图 22.9　选择动画开始播放的方式

“开始”下拉列表框中的选项主要用于设置动画开始播放的时机。选择“单击时”选项，表示只有在单击鼠标时动画才会开始播放。选择“与上一个动画同时”选项，表示动画会与上一个动画同时开始。选择“上一动画之后”选项，表示动画会在上一个动画完成后开始。

03 在“计时”组的“持续时间”微调框中输入时间值可以设置动画的延续时间，时间的长短决定了动画演示的速度。在“延迟”微调框中输入数值可以设置动画延迟时间，如图 22.10 所示。

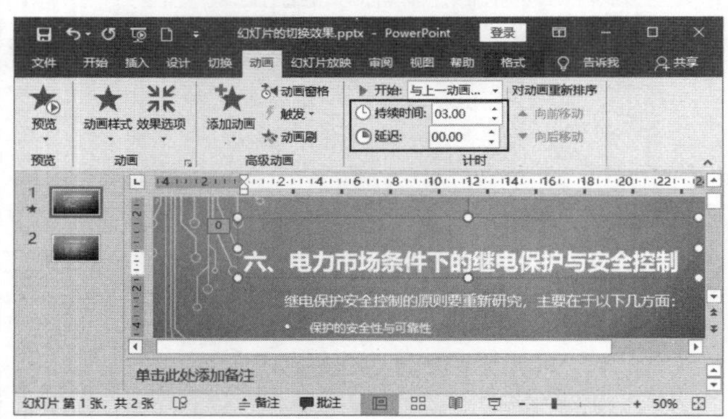

图 22.10　设置动画的持续时间和延迟时间

22.3　常见的幻灯片动画效果

PowerPoint 的动画效果根据其功能分为进入动画效果、退出动画效果、强调动画效果和路径动画效果，灵活组合应用这几类基本动画效果，可以在幻灯片中创建各种复杂动画，满足各种场合的动画创建需求。

22.3.1　对象进入动画效果

对象进入动画效果指的是对象从无到有出现在幻灯片中的动态过程，包括擦除、淡出、劈裂、飞入、内向溶解和展开等多种动画效果。

01 选择需要添加动画效果的对象，打开“更改进入效果”对话框，在对话框中选择需要使用的进入动画效果，如图 22.11 所示。

02 在“动画”选项卡的“高级动画”组中单击“动画窗格”按钮，打开“动画窗格”列表，动画窗格列表中会列出可添加的动画效果。单击该动画效果右侧的下三角按钮，在打开的列表中选择“效果选项”选项，如图 22.12 所示。

图 22.11 “更改进入效果”对话框

图 22.12 选择“效果选项”选项

03 此时将打开该动画的效果设置对话框，在对话框的“效果”选项卡中可以对动画效果进行设置。例如，这里在“声音”列表中选择相应的选项设置伴随动画出现的声音，如图 22.13 所示。

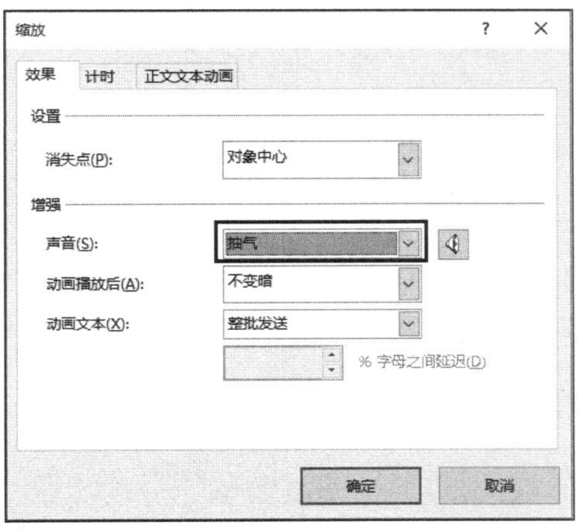

图 22.13 动画的效果对话框

22.3.2 对象的退出动画效果

与进入动画相反，对象的退出动画是幻灯片中的对象从有到无逐渐消失的动态过程。退出动画是多个对象之间自然衔接过度时需要的动画，其包括百叶窗退出动画、菱形退出动画、棋盘退出动画和十字形扩展退出动画等多种动画效果。

01 选择需要添加动画效果的对象，打开“更改退出效果”对话框，在对话框中选择需要使用的退出动画效果，如图 22.14 所示。

02 在“动画窗格”中单击该动画效果右侧的下三角按钮，在打开的列表中选择“效果选项”选项，打开该动画的效果设置对话框，在对话框的“效果”选项卡中可以对动画效果进行设置。在“计时”选项卡中可以对动画的开始方式、延迟时间、播放速度和动画重复次数进行设置，如图 22.15 所示。

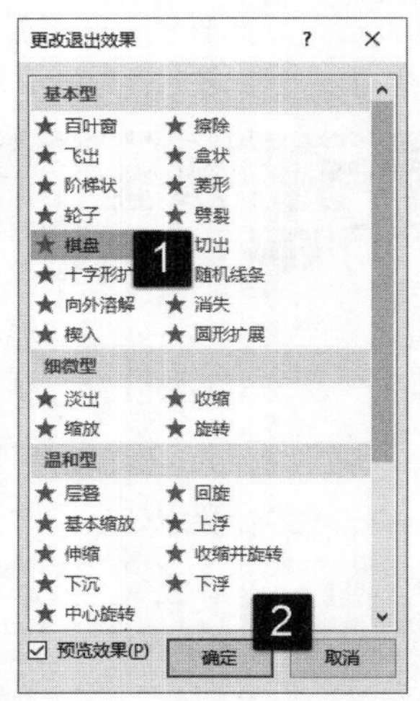

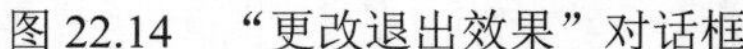

图 22.14 “更改退出效果”对话框

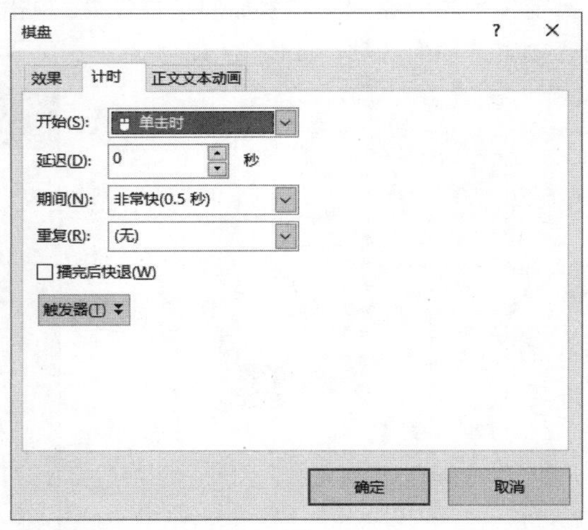

图 22.15 动画效果设置对话框中的“计时”选项卡

22.3.3 对象的强调动画效果

为了使幻灯片中的对象能够引起观众的注意，可以为对象添加强调动画效果。在幻灯片放映时，添加了强调动画效果的对象会发生诸如放大缩小、忽明忽暗和旋转等外观和色彩上的变化。

01 选择需要添加动画效果的对象，打开“更改强调效果”对话框，在对话框中选择需要使用的强调动画效果，如图 22.16 所示。

02 在“动画窗格”中单击该动画效果右侧的下三角按钮，在打开的列表中选择“效果选项”选项，打开该动画的效果设置对话框，在对话框的“效果”选项卡中可以对动画效果进行设置。例如，这里是对文字应用“波浪形”动画效果，将“文本动画”设置为“按字母顺序”，如图22.17 所示。

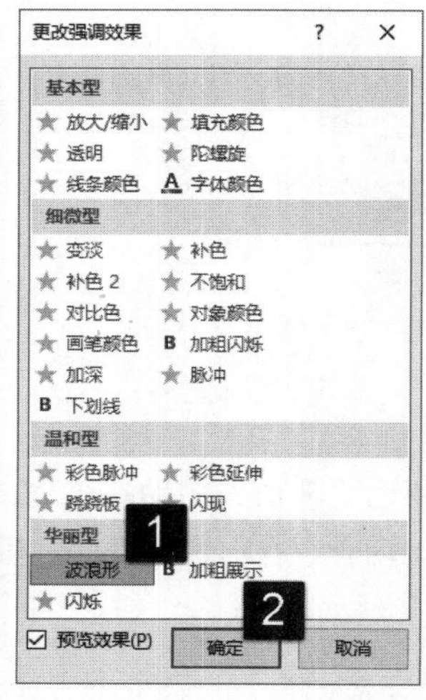

图 22.16 “更改强调效果”对话框

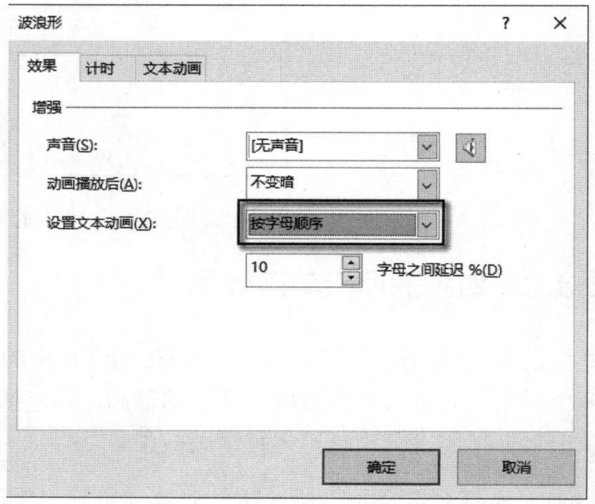

图 22.17 设置“文本动画”

22.3.4 对象的路径动画效果

路径动画效果可以使对象在幻灯片中沿着某个路径运动，展示出对象在幻灯片中位置改变的过程，让对象在幻灯片中真正动起来。

01 在幻灯片中选择对象，在“动画样式”列表的“动作路径”栏中选择预设选项即可应用该动画效果，如图 22.18 所示。选择“其他动作路径”选项，打开“更改动作路径”对话框，对话框中列出了大量的预设动画路径供用户选择，如图 22.19 所示。

图 22.18 应用预设路径动画效果

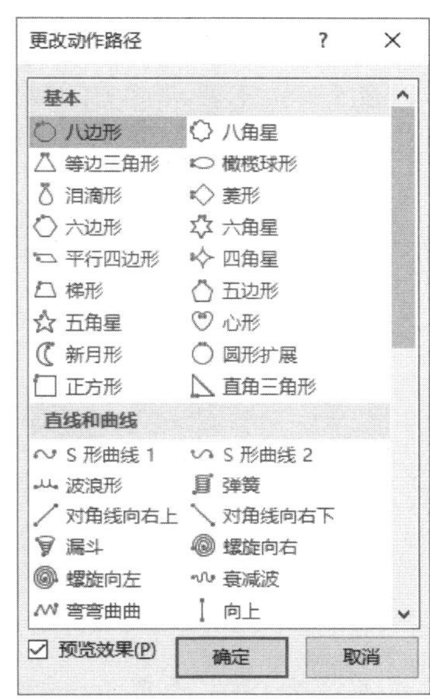

图 22.19 “更改动作路径”对话框

02 在“动画样式”列表的“动作路径”栏中选择“自定义路径”选项，即可在幻灯片中使用鼠标绘制对象的移动路径，如图 22.20 所示。在幻灯片中单击确定路径的起点，拖动鼠标，需要改变路径方向时再次单击，完成路径绘制后双击即可完成路径的绘制。

03 完成路径的绘制后，路径被带有控制柄的边框包围，拖动边框可以改变整个路径在幻灯片中的位置。拖动边框上的控制柄可以改变路径的高度和宽度，如图 22.21 所示。

图 22.20 绘制移动路径

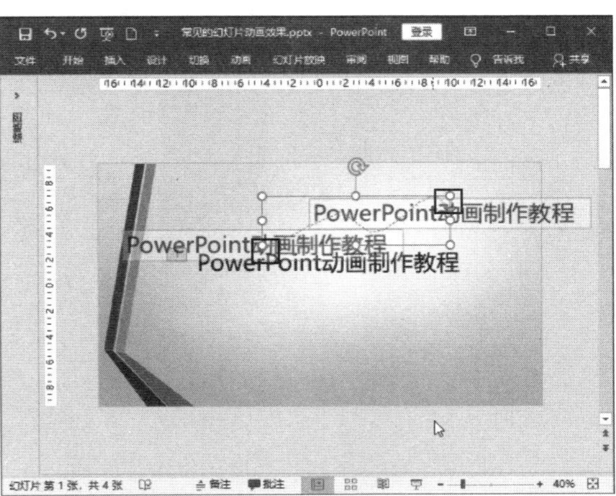

图 22.21 路径被带有控制柄的边框包围

04 右击路径，在弹出的快捷菜单中选择“编辑顶点”选项进入顶点编辑状态。此时可以像绘制的曲线那样改变路径的形状。例如，拖动顶点两侧的控制柄来改变路径曲线的形状，如图 22.22 所示。右击路径，在弹出的快捷菜单中选择“退出编辑顶点”选项即可退出顶点编辑状态。

图 22.22　改变路径形状

22.4　本章拓展

下面介绍关于动画制作的 3 个拓展知识。

22.4.1　为同一个对象添加多个动画

如果要表现某个对象的复杂动作，一个动画效果显然是不够的，这时就需要对这个对象应用多个动画效果。可以使用下面方法来进行对象动画的叠加。

01 在该幻灯片中选择需要添加动画的对象，首先为其添加第一个动画效果，如图 22.23 所示。

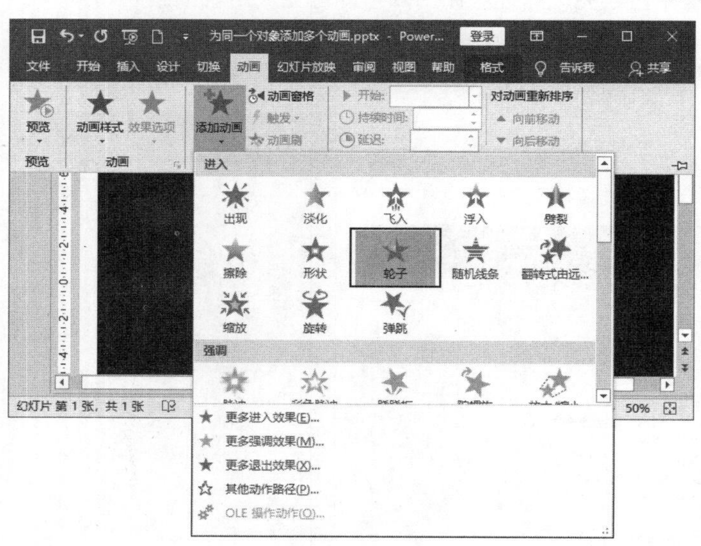

图 22.23　添加第一个动画效果

02 在该对象被选择的情况下，单击“添加动画”按钮，在打开的下拉列表中选择需要添加的动画效果将其应用于对象，如图 22.24 所示。接着在“开始”下拉列表中，将该动画效果的开始时间设置为“上一动画之后”，如图 22.25 所示。设置完后 2 段动画将会依次连续播放。

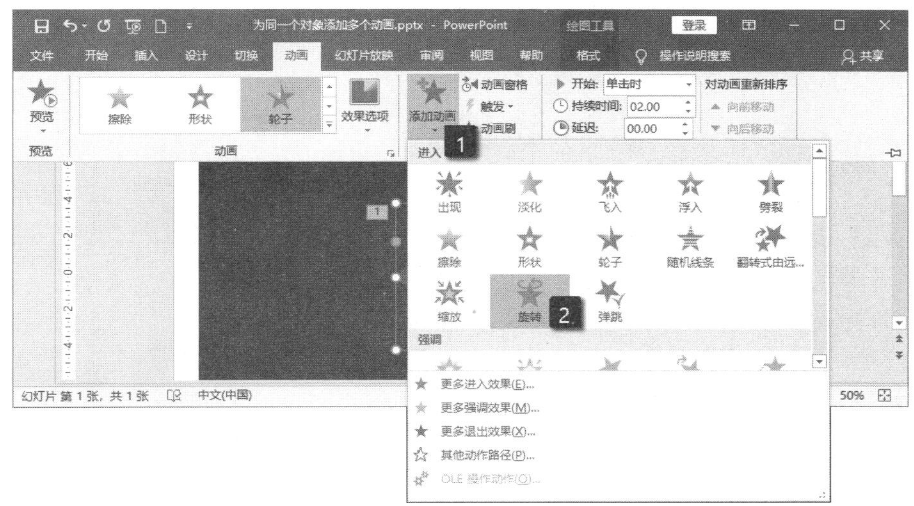

图 22.24　添加第二个动画效果

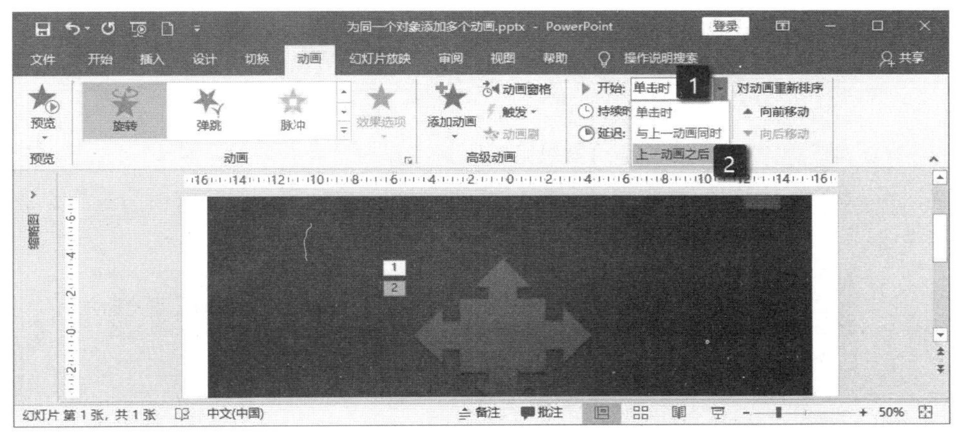

图 22.25　设置第二个动画的开始时间

22.4.2　实现不间断的动画

默认情况下，插入幻灯片中的动画只会播放一次。有时候，用户会需要在当前幻灯片中不间断地播放动画，直至切换到下一张幻灯片。下面介绍实现这种动画效果的操作方法。

01 启动PowerPoint并打开文档。在文档中选择需要设置动画效果的对象，打开“动画窗格”，在窗格中单击动画选项右侧的下三角按钮。在打开的下拉列表中选择“计时”选项，如图22.26 所示。

02 此时将打开一个名为“陀螺旋”的对话框，该对话框用于设置“陀螺旋”动画的效果和计时。在“计时”选项卡的“重复”下拉列表中选择“直到幻灯片末尾”选项，如图 22.27 所示。然后单击“确定”按钮关闭该对话框，在幻灯片放映时，该动画将一直播放直至切换到下一张幻灯片。

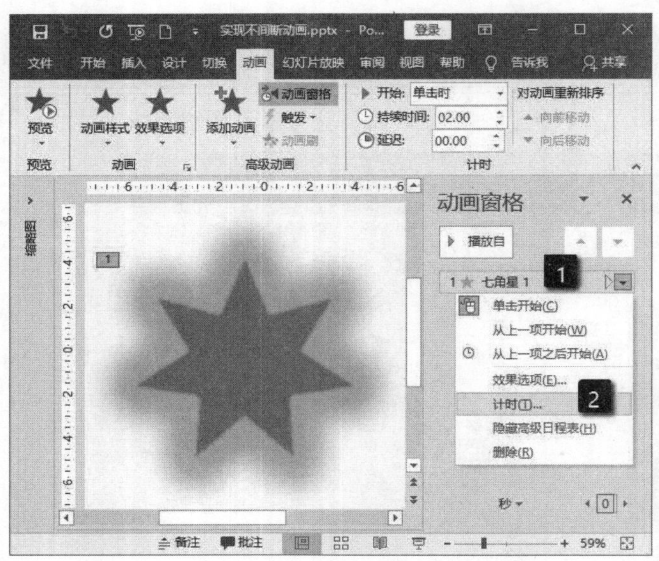

图 22.26 选择“计时”选项

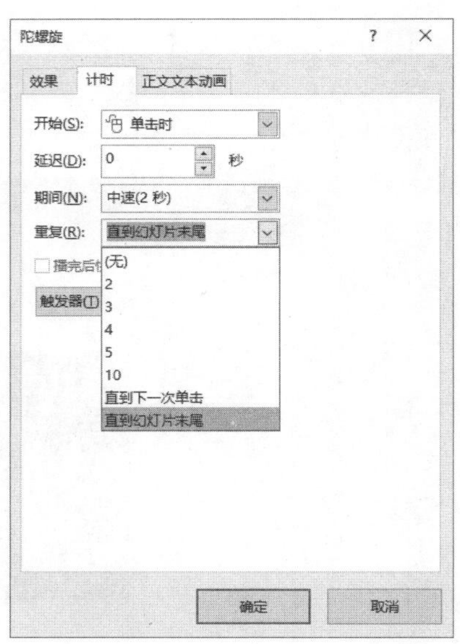

图 22.27 在“重复”下拉列表中选择“直到幻灯片末尾”选项

22.4.3 使用动画窗格

在 PowerPoint 中，可以使用“动画窗格”设置幻灯片中对象的动画效果，包括播放动画、设置动画播放顺序和调整动画播放的时长等操作。下面将介绍具体的操作方法。

01 在“动画”选项卡的“高级动画”组中单击“动画窗格”按钮，打开“动画窗格”。在动画窗格中按照动画的播放顺序列出了当前幻灯片中所有的动画效果，单击窗格中的“全部播放”按钮将播放幻灯片中的动画，如图 22.28 所示。

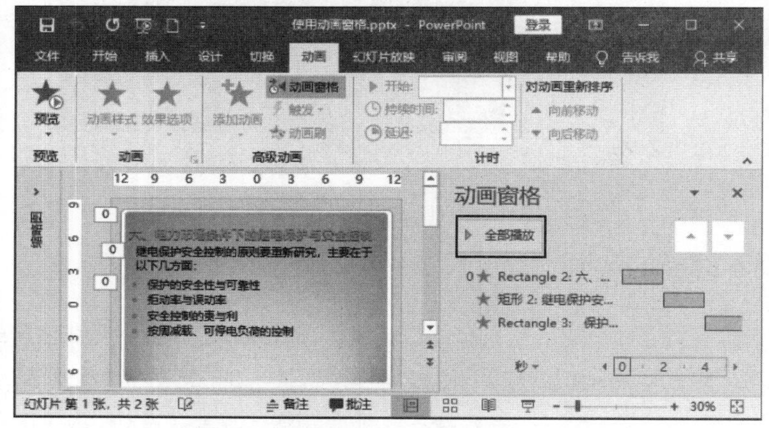

图 22.28 单击“播放”按钮播放动画

02 在“动画窗格”中拖动动画选项可以改变其在列表中的位置，这个位置决定了动画在幻灯片中的播放顺序，如图 22.29 所示。

03 使用鼠标拖动时间条左右两侧的边框可以改变时间条的长度，长度的改变意味着动画播放时长的改变，如图 22.30 所示。将鼠标放置到时间条上，将显示动画开始和结束的时间，拖动时间条改变其位置将改变动画开始的延迟时间，如图 22.31 所示。

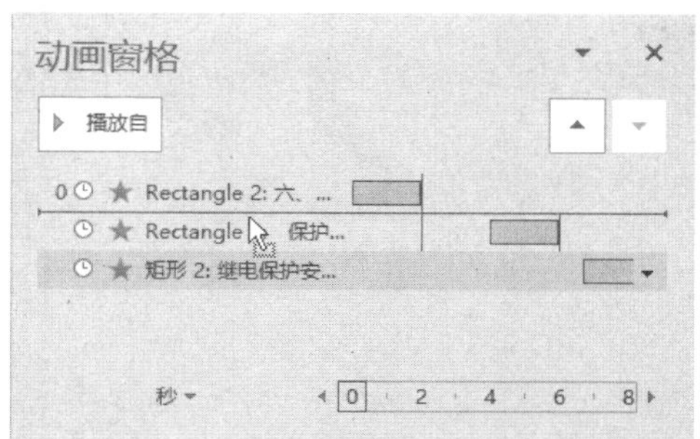

图 22.29　改变动画播放顺序

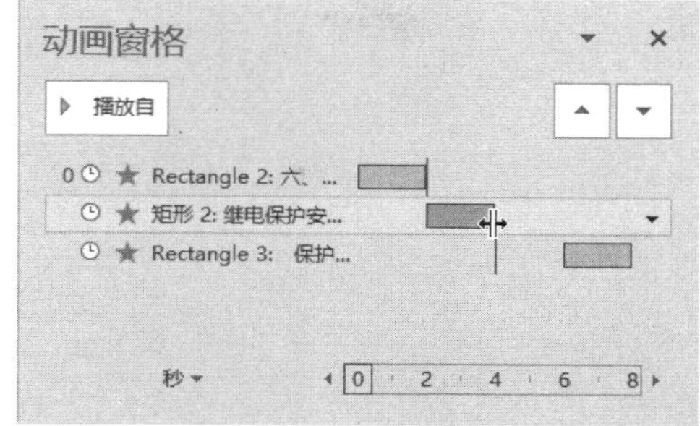

图 22.30　设置动画播放时长

提　示

如果希望动画窗格中不显示时间条，可以在窗格中选择一个动画选项，单击其右侧出现的下三角按钮▼，在打开的下拉列表中选择“隐藏高级日程表”选项。反之，当高级日程表被隐藏时，选择“显示高级日程表”选项可以使其重新显示。

04 单击“动画窗格”底部的“秒”按钮，在下拉列表中选择相应的选项可以对窗格中的时间条进行放大或缩小，以方便对动画播放时间进行设置，如图 22.32 所示。

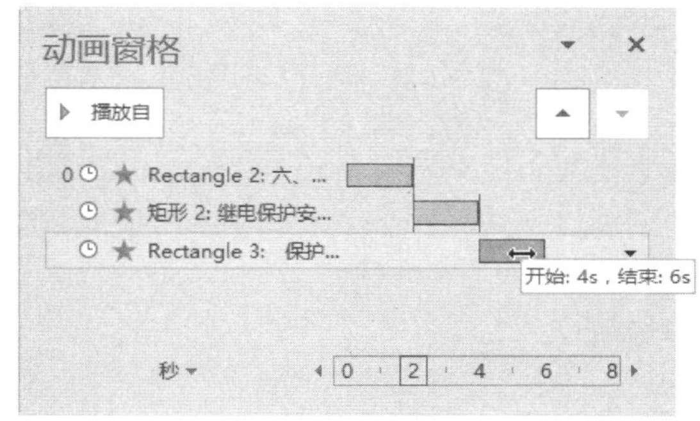

图 22.31　设置动画开始的延迟时间

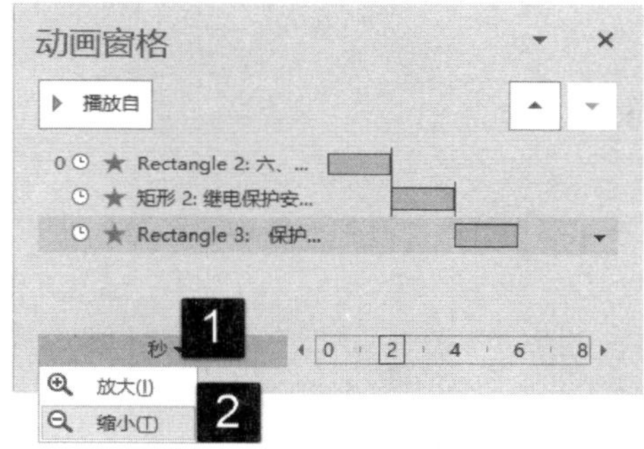

图 22.32　对时间条进行放大或缩小

第23章

PPT的放映管理

制作演示文稿的目的就是为了放映，放映演示文稿的方法很多，用户可以根据需要选择演示文稿的放映方式、设置放映速度，从而保证放映过程流畅自然，使演示文稿真正成为演讲者传递信息的好助手。

23.1 控制放映流程

演示文稿设计得好不好，其中一个重要的标准就是演讲者是否能够方便地播放，并进行实时控制。下面将介绍在PowerPoint中控制放映流程的方法。

23.1.1 从头开始放映幻灯片

在放映演示文稿时，最常用的方式就是直接播放演示文稿。PowerPoint中控制播放演示文稿一般有下面2种操作方法。

01 启动PowerPoint并打开演示文稿，打开“幻灯片放映”选项卡，在“开始放映幻灯片”组中单击“从头开始”按钮，如图23.1所示，演示文稿将从第一张幻灯片开始放映。

02 在演示文稿中选择一张幻灯片，在“开始放映幻灯片”组中单击“从当前幻灯片开始”按钮，如图23.2所示，演示文稿将从当前选择的幻灯片开始放映。

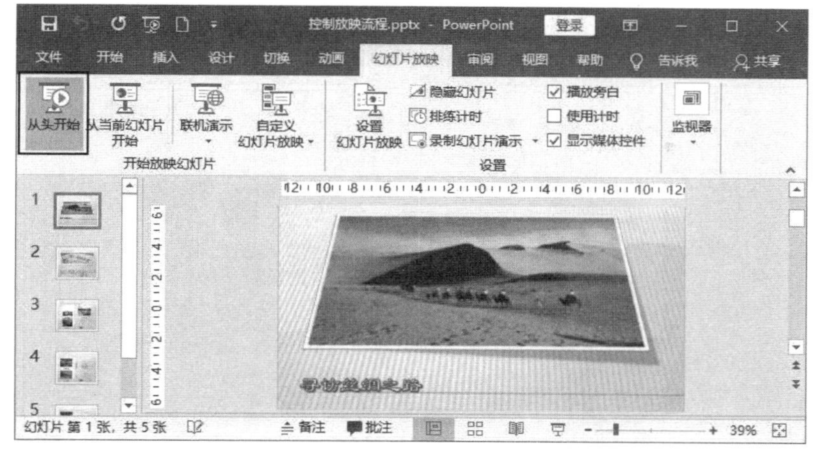

图 23.1　单击“从头开始放映”按钮

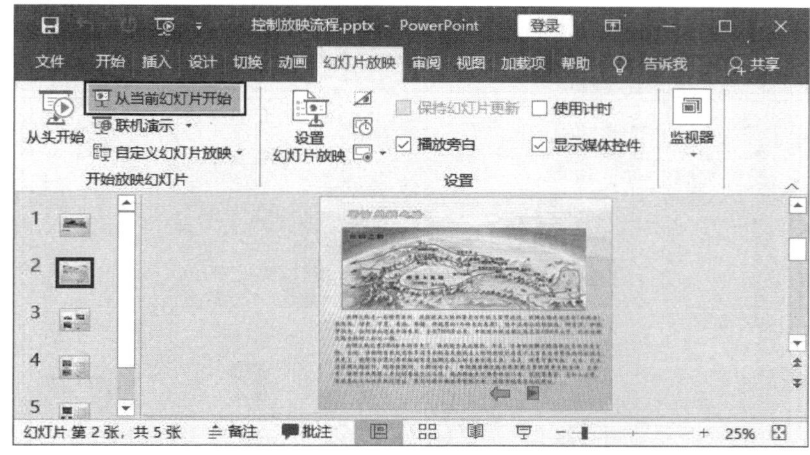

图 23.2　单击“从当前幻灯片开始”按钮

提 示

打开演示文稿后，按 F5 键将从头开始放映演示文稿，按 Shift+F5 键将从当前选择的幻灯片开始放映演示文稿。

23.1.2　为对象添加超链接

在演示文稿中，超链接是指向特定目标的一种连接方式，使用它可以实现幻灯片放映时向特定页面的跳转。在 PowerPoint 中，超链接是实现播放控制的一种方式，文本、图形、图像以及图表等对象都可以添加超链接。

01 选择需要添加超链接的幻灯片，在幻灯片中地图上西安的位置绘制一个无边框的矩形。在“设置形状格式”对话框中将图形的透明度设置为 100%，将下面的地图完全显示出来。在“插入”选项卡的“链接”组中单击“链接”按钮，如图 23.3 所示。

02 此时将打开“编辑超链接”对话框，在对话框左侧的“链接到”栏中选择超链接的目标类型，如这里选择“本文档中的位置”选项，指定链接目标为当前文档中的幻灯片。在“请选择文档中的位置”栏中选择链接的目标幻灯片，此时在对话框右侧的“幻灯片预览”栏中可以预览选择的幻灯片，完成设置后单击“确定”按钮，如图 23.4 所示。

图 23.3　单击“链接”按钮

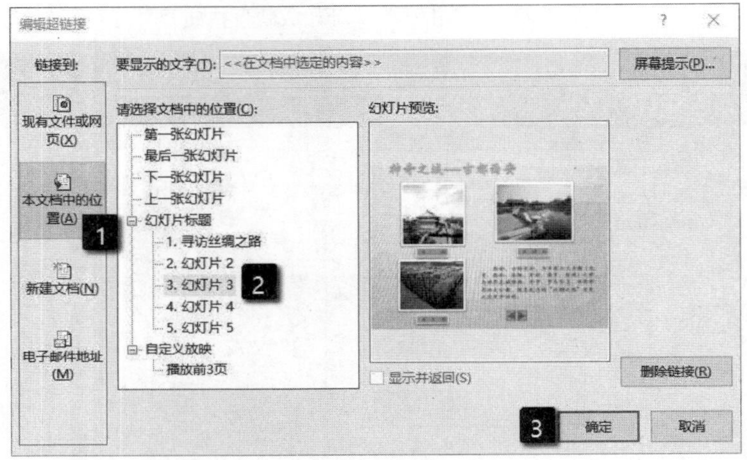

图 23.4　“编辑超链接”对话框

提示

在幻灯片中右击需要添加超链接的对象，在弹出的快捷菜单中选择“编辑链接”选项也可以打开“编辑超链接”对话框。

03 为对象添加超链接后，在放映幻灯片时，当鼠标指针放置于文字“西安”上时，鼠标指针即变为手形，如图 23.5 所示，此时单击即可切换到链接指定的幻灯片上。

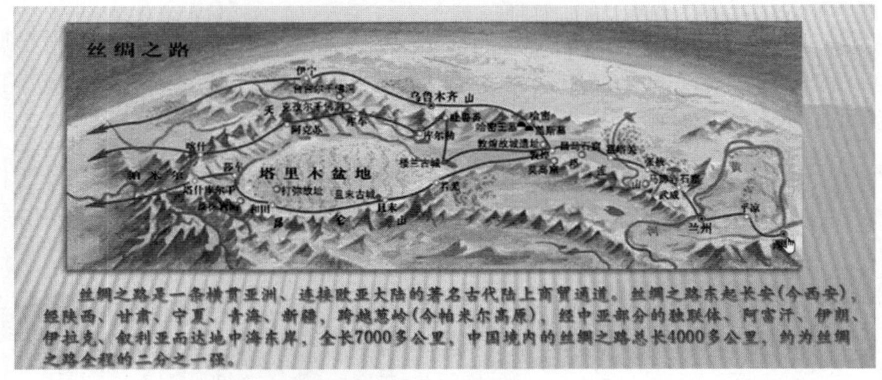

图 23.5　幻灯片放映时的超链接

提 示　只有插入幻灯片中的对象能添加超链接，备注和讲义等内容是不能添加超链接的。添加或修改超链接一般在普通视图中进行，在大纲视图中只能对文字添加超链接。

23.1.3 使用动作按钮

PowerPoint 为用户提供了一组动作按钮，这些动作按钮带有预设的链接动作，无须进行设置就可以直接添加到幻灯片中。这些按钮在幻灯片放映时能实现诸如幻灯片间的跳转、播放声音或影片以及激活另一个外部应用程序等操作。下面介绍动作按钮的使用方法。

01 打开需要添加动作按钮的幻灯片，在“插入”选项卡中单击“形状”按钮，在打开的下拉列表中选择“动作按钮”栏中的动作按钮，如图 23.6 所示。拖动鼠标在幻灯片中绘制该动作按钮。

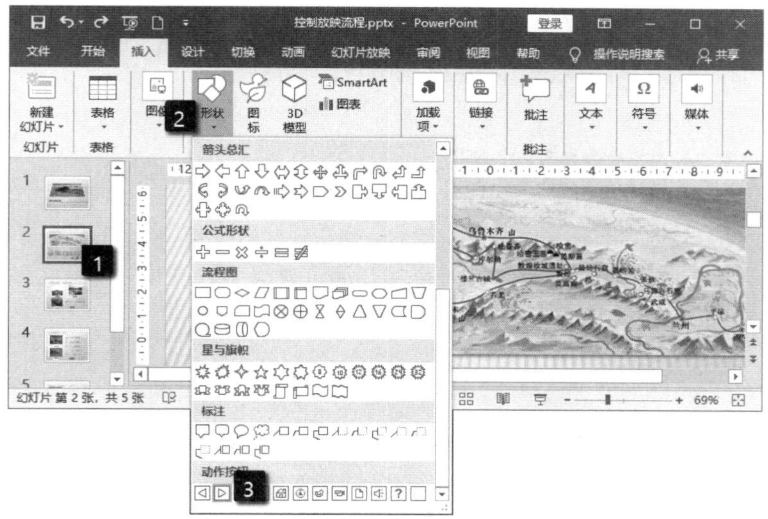

图 23.6　选择动作按钮

02 完成按钮绘制后，PowerPoint 会自动打开“操作设置”对话框。不同的动作按钮，单击鼠标时的默认动作是不同的，如这里使用的按钮的默认动作是链接到下一张幻灯片，如图 23.7 所示。如果不需要对按钮的设置进行编辑修改，可直接单击“确定”按钮关闭对话框，即可实现动作按钮的添加。

提 示　PowerPoint 自带的动作按钮能够实现常用的幻灯片导航操作，这些按钮包括“后退或前一项”按钮、“前进或下一项”按钮、“开始”按钮和“结束”按钮等，将鼠标放置在列表中的按钮选项上会显示按钮提示信息，介绍按钮的基本功能。

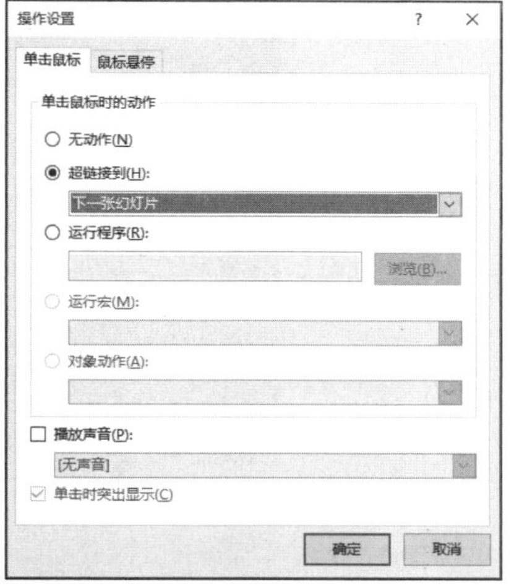

图 23.7　“操作设置”对话框

03 在幻灯片中选择对象，在“插入”选项卡的“链接”组中单击“动作”按钮，打开“操作设置”对话框。在对话框的“单击鼠标”选项卡中选择“超链接到”选项，列表中选择链接目标，如图 23.8 所示。完成设置后单击“确定”按钮关闭对话框，该对象即成为了一个具有超链接功能的动作按钮。

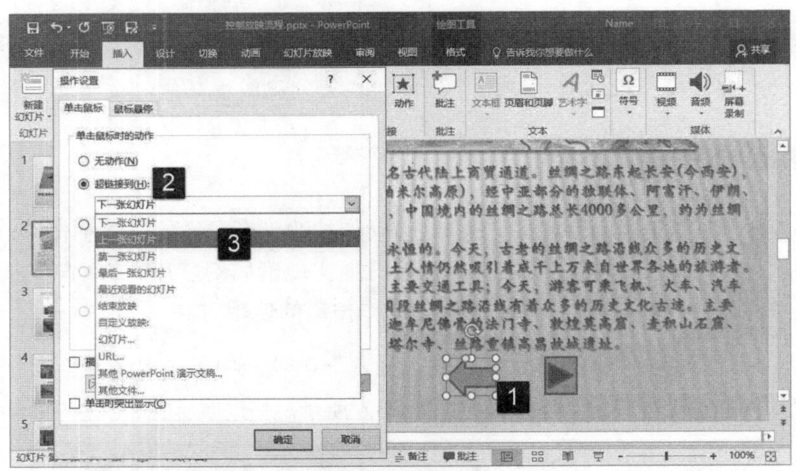

图 23.8　设置操作动作

23.2　幻灯片的放映设置

在放映演示文稿之前，用户可以根据放映环境和演讲者演示的需要对演示文稿的放映进行设置，下面将介绍幻灯片放映设置的方法。

23.2.1　设置幻灯片放映

幻灯片的放映设置主要包括幻灯片放映的类型、指定需要放映的幻灯片以及幻灯片是否循环播放等内容。下面介绍循环放映演示文稿中部分幻灯片的设置方法。

01 打开演示文稿，在“幻灯片放映”选项卡中单击“设置”组中的“设置幻灯片放映”按钮，如图 23.9 所示。

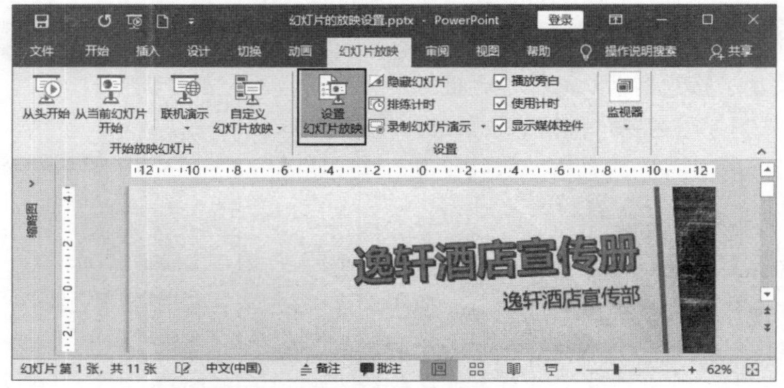

图 23.9　单击“设置幻灯片放映”按钮

02 此时将打开“设置放映方式”对话框，该对话框可以设置演示文稿的放映方式。这里，在“放映选项”栏中勾选“循环放映，按 Esc 键终止”复选框使幻灯片能够循环放映，在“放映幻灯片”栏中设置放映演示文稿的第 1 张至第 3 张幻灯片，完成设置后单击“确定”按钮关闭对话框，如图 23.10 所示。

提 示

这里，“演讲者放映（全屏幕）”是默认的放映方式，可以在观众面前全屏幕演示幻灯片，演讲者对演示文稿的放映过程有完全的控制权。“观众自行浏览（窗口）”方式可以让观众在带有导航菜单或按钮的标准窗口中通过滚动条、方向键或控制按钮来自行控制浏览演示内容。“在展台浏览（全屏幕）”方式是通过观众手动切换或通过设置好的排练计时时间来自动切换幻灯片，此时观众只能通过鼠标选择屏幕对象，不能对演示文稿进行修改，演示文稿会一直循环播放。

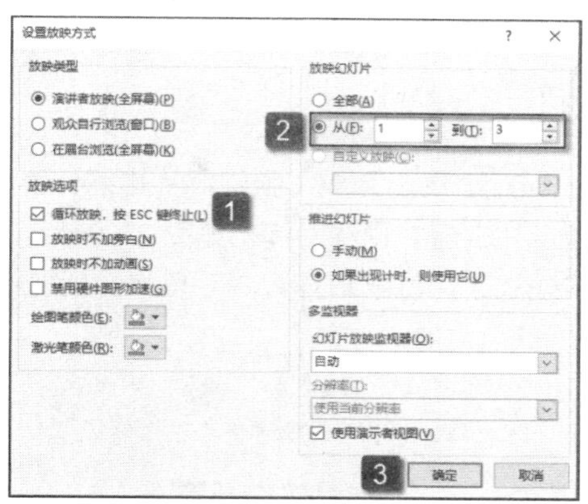

图 23.10　设置放映方式

23.2.2　设置排列时间

当自动播放演示文稿时，往往需要精确设定每张幻灯片在屏幕上的停留时间，PowerPoint 提供的“排练计时”功能能够方便地实现这种时间设定。排练计时功能还能够对演示文稿的放映过程进行预演排练，在排练过程中 PowerPoint 将自动记录每张幻灯片的放映时间，演讲者可通过显示的累计时间了解整个演示文稿的放映时间。保存排练计时后，在播放该演示文稿时，幻灯片将按照排练的时间自动切换。下面介绍具体的操作方法。

01 打开演示文稿，在功能区的“幻灯片放映”选项卡中单击“设置”组的“排练计时”按钮，如图 23.11 所示。

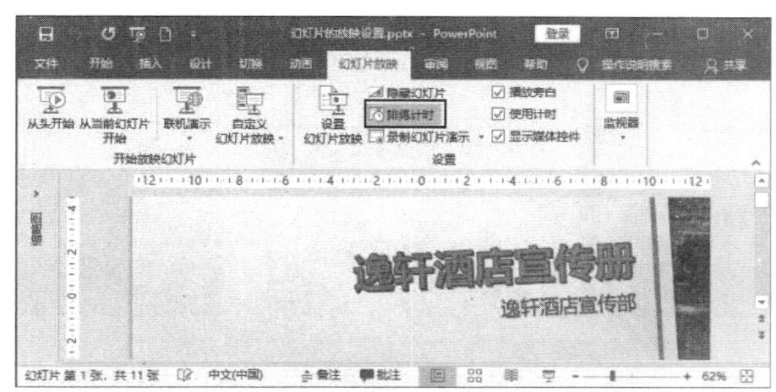

图 23.11　单击“排练计时”按钮

02 此时幻灯片将进行播放，在播放时将会出现一个“录制”浮动工具栏，工具栏中会显示当前放映时间和总放映时间。根据放映需要切换幻灯片，切换到新的幻灯片时，“录制”工具栏当前放映时间会重新开始计时，总放映时间则继续累计计时。在“录制”浮动工具栏中单击“下一项”按钮即能够切换到下一张幻灯片，如图 23.12 所示。如果需要计时暂停，可以单击工具栏中的“暂停”按钮。此时 PowerPoint 会给出提示对话框，单击“继续录制”按钮就能重新开始计时，如图 23.13 所示。

图 23.12　单击“下一项”按钮切换到下一张幻灯片

提示　在“录制”浮动工具栏中单击“循环”按钮，可以重新开始记录当前幻灯片的放映时间。

03 逐个完成每张幻灯片排练计时，退出幻灯片放映状态。此时 PowerPoint 给出提示对话框，提示是否保存排练时间，如图 23.14 所示。单击“是”按钮，保存排练时间。切换到幻灯片浏览视图模式下，每张幻灯片左下角将会出现幻灯片播放需要的时间。

图 23.13　暂停计时

图 23.14　PowerPoint 提示对话框

提示　在“设置放映方式”对话框中的“换片方式”栏中选择“如果存在排练时间，则使用它”单选按钮，在“放映类型”栏中同样选择“演讲者放映（全屏）”单选按钮。在幻灯片放映时，既可以使用手动控制幻灯片放映，同时排练计时也可以发挥作用。

04 在幻灯片浏览视图模式下，选择某一张幻灯片，在功能区中打开“切换”选项卡，在“计时”组中勾选“设置自动换片时间”复选框，并在其后的微调框中输入时间值。该幻灯片的排练计时时间即可更改为当前的输入值，如图 23.15 所示。

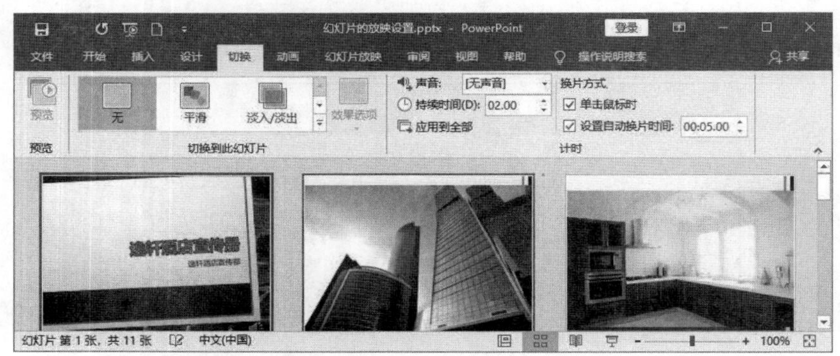

图 23.15　修改排练计时时间

提示　除了通过排练计时来确定幻灯片的切换时间之外，如果用户知道每张幻灯片的切换时间或者对每张幻灯片的放映时间有明确的要求，可以按照这里的方法，直接设置“设置自动换片时间”的时间值。如果所有的幻灯片的播放时间都相同，可以在设置一张幻灯片的时间值后，单击“全部应用”按钮将这个设置应用到所有幻灯片中。

23.2.3　为放映添加旁白

在进行演讲时，如果需要为每张幻灯片添加讲解，可以使用 PowerPoint 2019 自带的录制旁白的功能，在放映排练的同时录制旁白声音。在录制完成后保存旁白声音即可。录制旁白常用于自动放映的演示文稿，如展会上自动放映的宣传资料、Web 上的自动放映的演示文稿或某些需要特定的个人解说的演示文稿等。下面介绍具体的操作过程。

01 启动 PowerPoint 并打开演示文稿，在“幻灯片放映”选项卡中单击“录制幻灯片演示”按钮上的下三角按钮，选择“从头开始录制”选项，如图 23.16 所示。在“幻灯片放映”选项卡中，勾选相应的复选框选择需要录制的内容，如图 23.17 所示。

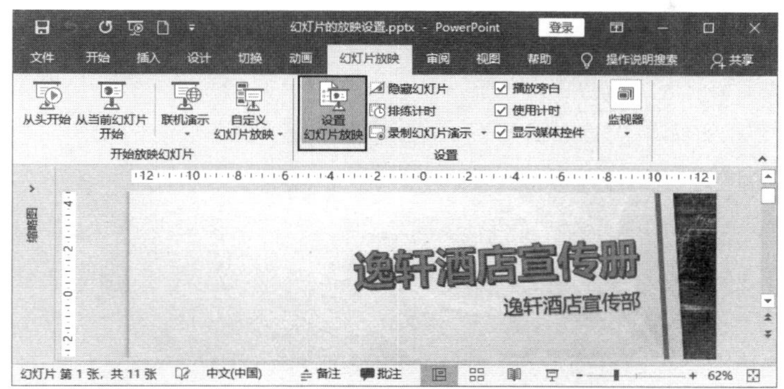

图 23.16　单击“从头开始录制”选项

02 此时幻灯片进入全屏状态开始放映，同时 PowerPoint 将录制演示者通过话筒读出旁白内容。完成一张幻灯片旁白的录制后，会切换到下一张幻灯片接着进行录制。整个文稿录制完成后，按 Esc 键退出幻灯片放映状态。切换到普通视图，选择幻灯片中的声音图标，如图 23.18 所示。单击浮动控制栏上的“播放”按钮即可预览旁白的录制效果。

提 示

在“录制幻灯片演示”下拉列表中选择“清除”选项，在下级列表中选择“清除当前幻灯片中的旁白”选项，可以清除当前幻灯片中的旁白；如果选择“清除所有幻灯片中的旁白”选项，将会清除演示文稿中所有幻灯片中的旁白；如果选择“清除当前幻灯片中的计时”选项，将会清除当前幻灯片录制的放映计时；如果选择“清除所有幻灯片中的计时”选项，将会清除演示文稿中所有幻灯片的放映计时。

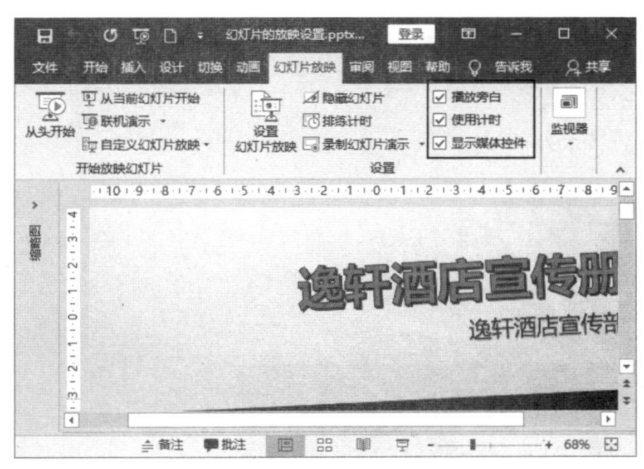

图 23.17　“幻灯片放映”设置

图 23.18　选择声音图标出现浮动控制栏

23.3　放映时的操作

在放映演示文稿时，演讲者可以方便地对放映进行控制，同时放映时还能在换名上进行标注。下面介绍演示文稿放映时演讲者需要掌握的操作技巧。

23.3.1 控制幻灯片放映

在放映演示文稿时，有多种方法可以实现幻灯片的切换，如鼠标单击、按空格键和按 Enter 键等。实际使用中，在放映时还可以使用一些针对所有演示文稿都可以实现的放映控制方法，下面对这些方法进行介绍。

01 在放映演示文稿时，按 F1 键打开“幻灯片放映帮助”对话框，该对话框中详细列出了幻灯片放映操作的详细说明，如图 23.19 所示。

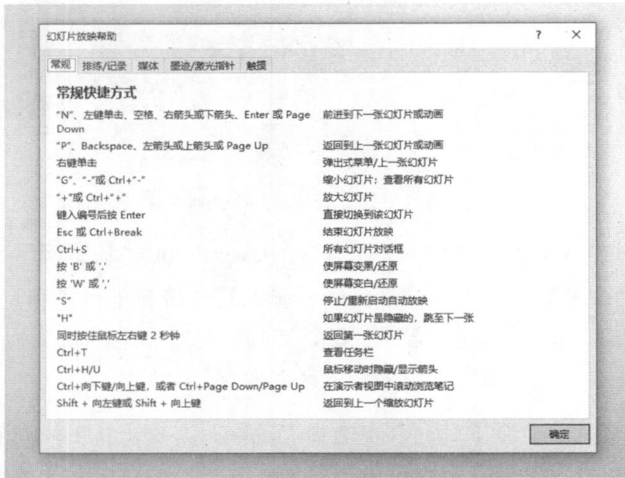

图 23.19 “幻灯片放映帮助”对话框

提 示

在播放演示文稿时，按 A 或 = 键将隐藏屏幕上的鼠标光标，再次按这 2 个键中的某一个键鼠标光标则会重新显示。

02 在放映演示文稿时，将鼠标放置到屏幕的左下角时会出现一排透明的播放控制按钮，单击相应的按钮能够实现对幻灯片切换的控制，如图 23.20 所示。

图 23.20 单击控制按钮控制幻灯片播放

03 在放映演示文稿时，在当前放映的幻灯片上右击，在弹出的快捷菜单中选择“查看所有幻灯片”选项。此时屏幕上将显示当前演示文稿中幻灯片的缩览图，单击某个缩览图将跳转到该幻灯片进行播放，如图 23.21 所示。

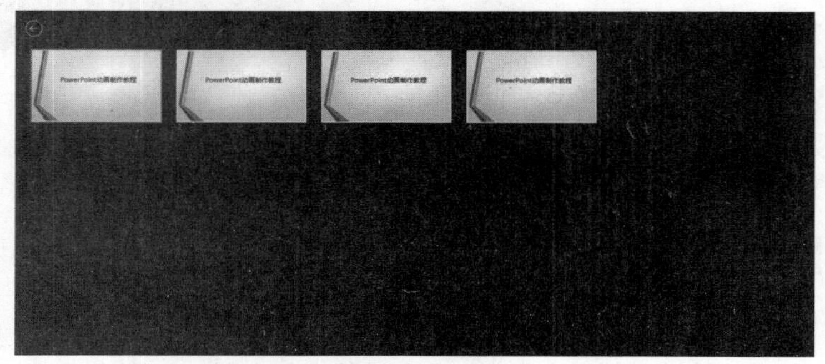

图 23.21 显示演示文稿中幻灯片的缩览图

提 示 在放映演示文稿时，按 B 或“.”键可使正在播放的幻灯片显示为黑屏，再按该键即可退出黑屏状态。按 W 或“,”键可使演示文稿显示为一张空白画面，再次按该键即可返回重新播放。

04 在当前放映的幻灯片中右击，在弹出的快捷菜单中选择“放大”选项，此时鼠标指针变为放大镜 ，同时鼠标指针周围会出现一个白色的矩形框。将该矩形框移到幻灯片中需要的位置后单击，幻灯片中被该矩形框区域框住的内容将被放大。此时的鼠标指针变为手形 ，按住左键拖动鼠标将能够在屏幕上移动矩形框以显示需要的内容，如图 23.22 所示，按 Esc 键即可取消幻灯片放大状态。

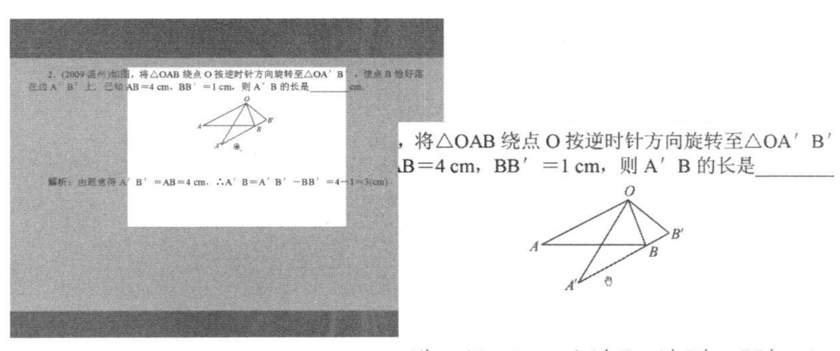

图 23.22 矩形框内的内容被放大

23.3.2 对内容进行圈点

在进行讲解时，当遇到重点问题或需要观众特别关注的问题时，往往需要进行圈点。PowerPoint 2019 提供了画笔功能来帮助用户在放映的幻灯片上进行勾画，这种画笔能够根据需要设置笔尖的大小、形状和颜色，同时勾画的内容也可以被擦除和保存。下面介绍具体的操作方法。

01 打开演示文稿后开始放映演示文稿。在幻灯片中右击，在弹出的快捷菜单中选择“指针选项”选项，在下级列表中选择笔尖类型，如图 23.23 所示。

02 在幻灯片中右击，在弹出的快捷菜单中选择“指针选项”选项，在下级列表中选择“墨迹颜色”选项，在打开的颜色列表中选择颜色选项设置墨迹颜色，如图 23.24 所示。

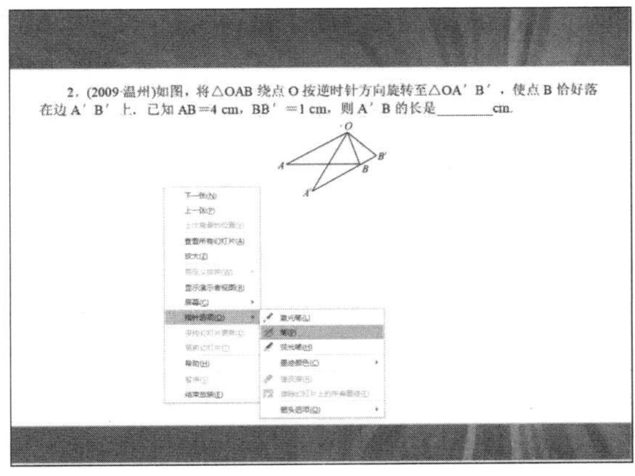

图 23.23 设置笔尖类型

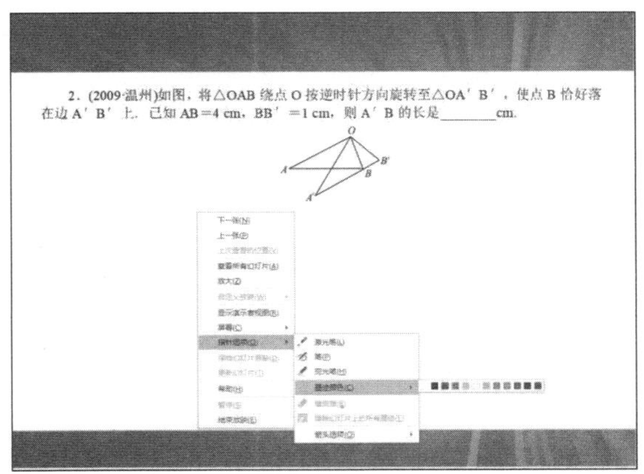

图 23.24 设置墨迹颜色

03 完成设置后，在幻灯片中按住鼠标左键并移动即可绘制线条对幻灯片中的重点内容进行勾画，如图 23.25 所示。

04 在幻灯片中右击，在弹出的快捷菜单中选择“指针选项”选项，在下级列表中选择“橡皮擦”选项。在创建的墨迹上单击即可擦除绘制的墨迹，如图 23.26 所示。完成墨迹的擦除后，按 Esc 键就能取消橡皮擦的使用了。

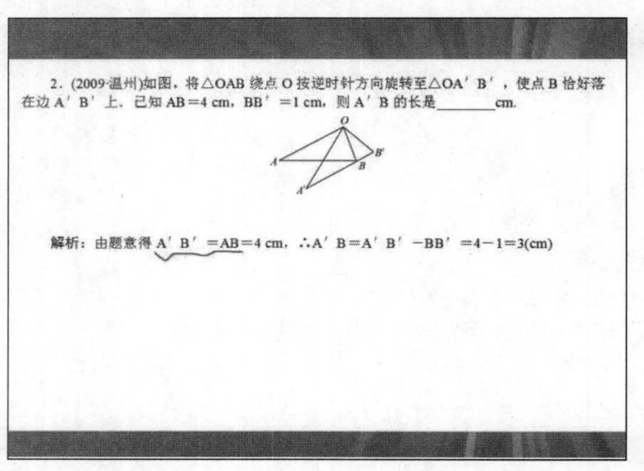

图 23.25　在幻灯片中进行勾画

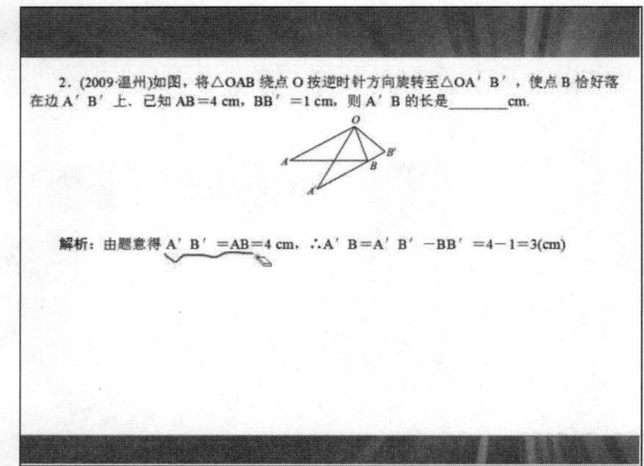

图 23.26　擦除墨迹

提示

如果需要删除屏幕上添加的所有墨迹，可以在幻灯片中右击，在弹出的快捷菜单中选择“指针选项”选项，在打开的下级列表中选择“删除幻灯片上所有墨迹”选项。

05 按 Esc 键退出幻灯片放映状态，PowerPoint 2019 会提示是否保存墨迹，如果不需要保存，单击“放弃”按钮，如图 23.27 所示。

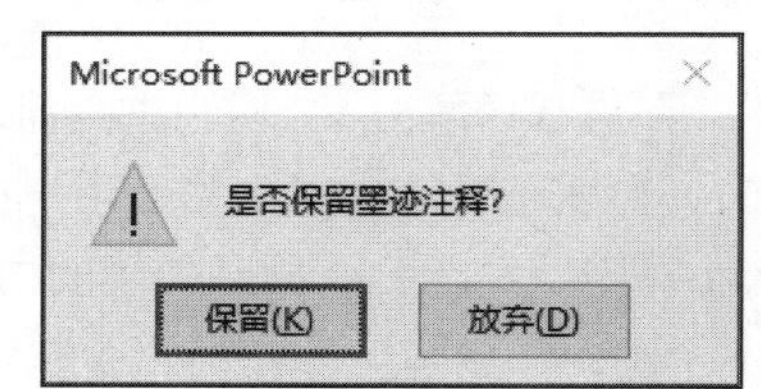

图 23.27　放弃墨迹的保存

23.3.3　使用演示者视图

在进行商业报告时，制作完成的演示文稿需要通过投影仪等设备来进行放映。通常情况下幻灯片放映时，用户计算机屏幕显示的内容和播放设备播放的内容是同步的，这也就意味着幻灯片放映模式下添加的备注内容是无法在播放设备上显示出来的。如果你使用的是笔记本电脑，就可以利用 PowerPoint 的双屏放映功能来实现演示文稿的双屏播放。在双屏播放模式下，你的计算机上将会显示备注、幻灯片预览图和常用的播放按钮，而投影设备上却只会显示幻灯片的内容，这极大地方便了用户对幻灯片放映的操控。

01 启动 PowerPoint 并打开演示文稿，在“幻灯片放映”选项卡的“监视器”组中单击“监视器”下拉列表框，列表中会列出可用的监视器。选择用于放映幻灯片的监视器，勾选“使用演示者视图”复选框，如图 23.28 所示。

02 按 F5 键开始播放幻灯片，此时选择的监视器将会全屏幕显示幻灯片的内容，而计算机屏幕上却会显示 PowerPoint 演示者视图。在演示者视图中可以看到幻灯片的备注、播放时间和幻灯片预览图等。通过使用控制台上的命令可以方便地实现对幻灯片放映的控制，如图 23.29 所示。

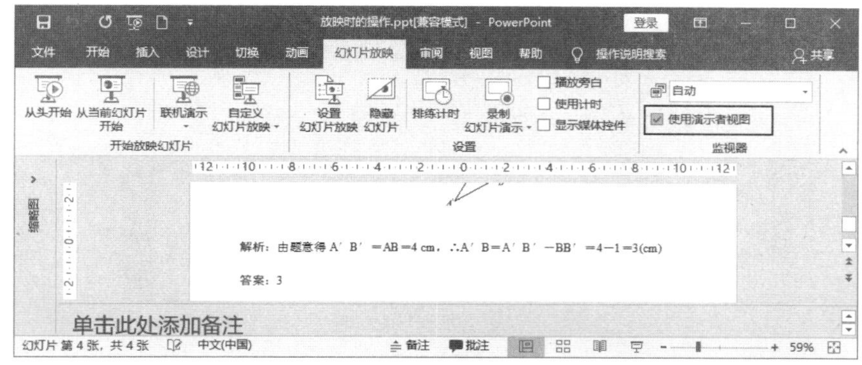

图 23.28　勾选“使用演示者视图”复选框

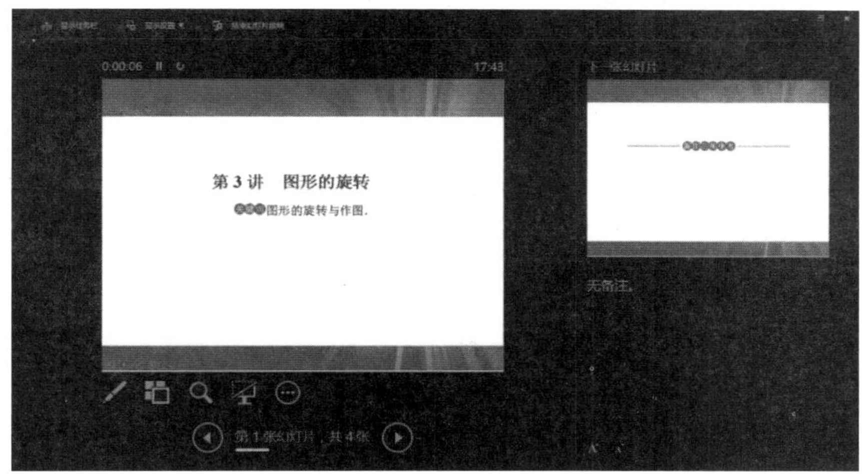

图 23.29　演示者视图

23.4　本章拓展

下面介绍本章的 3 个拓展应用。

23.4.1　隐藏和显示幻灯片

在放映演示文稿时，有时只需要放映其中的某几张幻灯片，其余的幻灯片不放映。此时，用户可以将不需要放映的幻灯片设置为隐藏，这样在放映时隐藏的幻灯片就不会被播放出来。下面介绍具体的操作方法。

01 启动 PowerPoint 并打开演示文稿，在“幻灯片窗格”中选择幻灯片，在“幻灯片放映”选项卡的“设置”组中单击“隐藏幻灯片”按钮，如图 23.30 所示。此时，选中的幻灯片即被隐藏，即在放映演示文稿时该幻灯片不会被播放。

02 当“隐藏幻灯片”按钮处于按下状态时，“幻灯片窗格”中该幻灯片编号会被划掉以表示其处于隐藏状态，如图 23.31 所示。如果要取消这种状态，可以直接单击“隐藏幻灯片”按钮取消其按下状态。

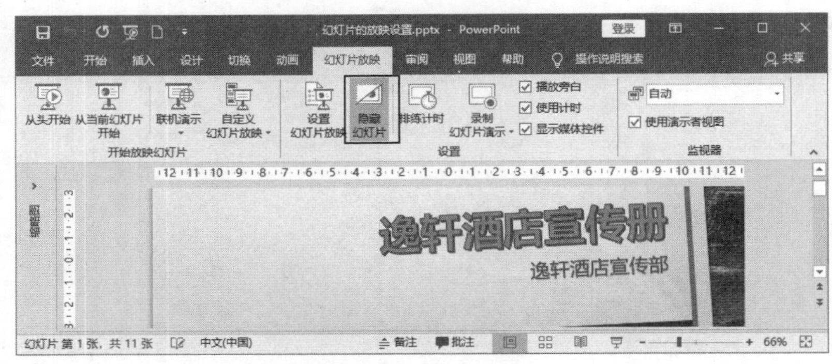

图 23.30　隐藏幻灯片

图 23.31　幻灯片编号被划掉

23.4.2　创建幻灯片放映方案

对于需要反复展示的演示文稿，可能会因为观众的不同而选择放映演示文稿中的不同内容。如果针对每一类用户都单独制作一份演示文稿显然过于烦琐。在 PowerPoint 中，可以通过设置放映方案为同一套演示文稿设置多种放映方案。这样可以根据不同的观众需求，使用不同的放映方案来放映特定的演示内容。下面介绍在同一个演示文稿中设置不同放映方案的方法。

01 打开演示文稿，在“幻灯片放映”选项卡的“开始放映幻灯片”组中单击“自定义幻灯片放映”按钮，在打开的下拉列表中选择“自定义放映”选项，如图 23.32 所示。

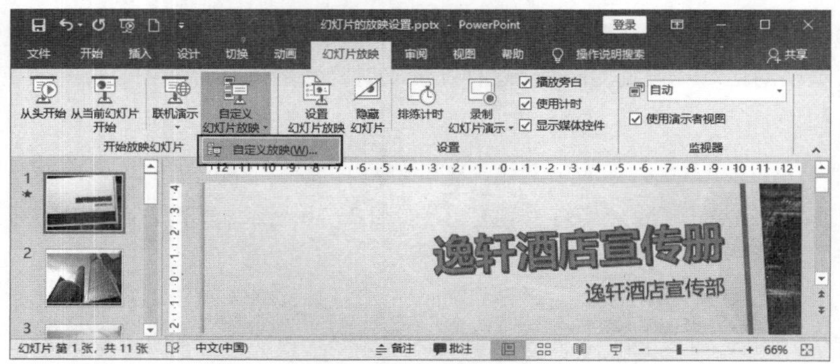

图 23.32　选择“自定义放映”选项

02 此时将打开“自定义放映”对话框，在该对话框中单击“新建”按钮，打开“定义自定义放映”对话框。在对话框的“幻灯片放映名称”文本框中输入自定义放映名称，在“在演示文稿中的幻灯片”列表中选择需要放映的幻灯片，单击“添加”按钮将其添加到右侧的“在自定义放映中的幻灯片”列表中，如图 23.33 所示。完成设置后单击“确定”按钮，关闭“定义自定义放映”对话框。自定义放映方案即被添加到“自定义放映”对话框的列表中。

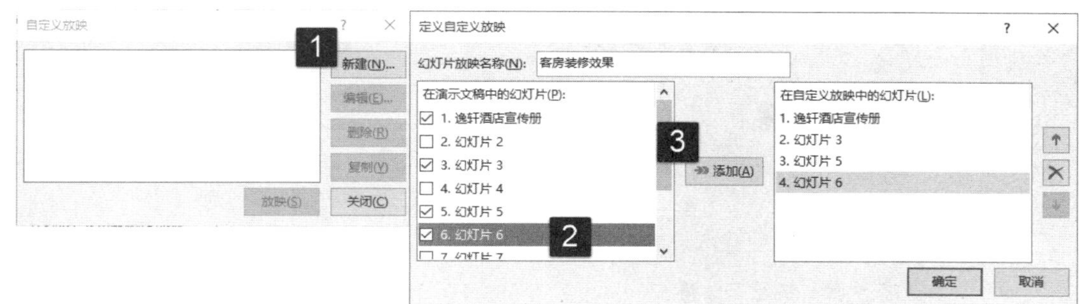

图 23.33　创建自定义放映方案

这里，在“在自定义放映中的幻灯片”栏中选择幻灯片，单击列表右侧的按钮↑或↓，可以将幻灯片在列表中的位置上移或下移，幻灯片在列表中的位置决定了播放的顺序。单击列表右侧的按钮✕可以将选择的幻灯片从列表中删除。

03 完成方案定义后，单击“关闭”按钮关闭对话框。单击“自定义幻灯片放映”按钮，在打开的列表中会出现新创建的放映方案，选择该方案即可按照方案设置进行放映，如图 23.34 所示。

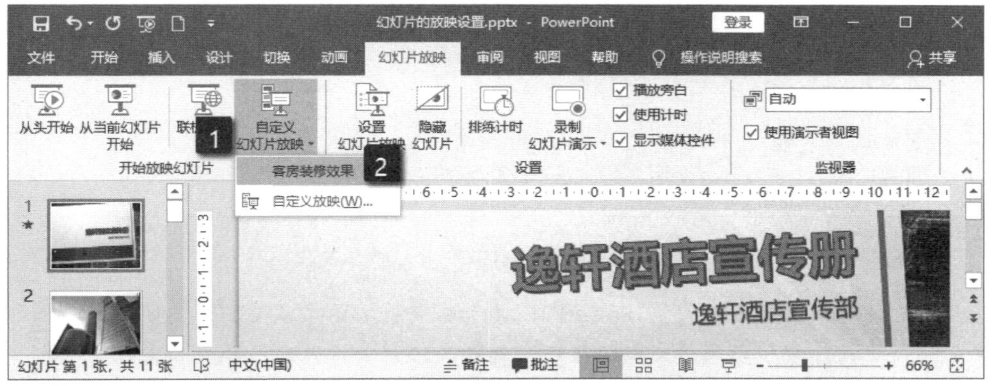

图 23.34　选择自定义放映方案

23.4.3　输出自动放映文件

自动放映的演示文稿是一种扩展名为 ppsx 的文件，双击该文件将自动进入幻灯片放映状态而无须启动 PowerPoint 工作界面。这样既可以避免每次打开 PowerPoint 的麻烦，也可以在没有安装 PowerPoint 的计算机上放映演示文稿。下面介绍将演示文稿保存为自动放映文件的方法。

01 打开演示文稿，在“文件”窗口左侧的列表中选择“另存为”选项。在打开的“另存为”栏中选择“浏览”选项，如图 23.35 所示。

02 此时将打开“另存为”对话框，在对话框中选择文件保存的位置，在“保存类型”下拉列表中选择“PowerPoint 放映（*.ppsx）”选项，如图 23.36 所示。

图 23.35　选择“浏览”按钮

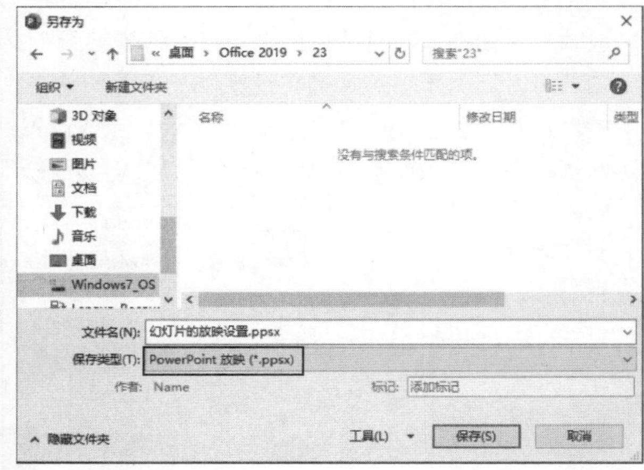

图 23.36　“另存为”对话框中的设置

03 此时 PowerPoint 会将演示文稿保存为自动播放文件，如果以后要播放该演示文稿，只需要在 Windows 资源管理器中双击该 ppsx 文件，演示文稿即会直接播放，如图 23.37 所示。

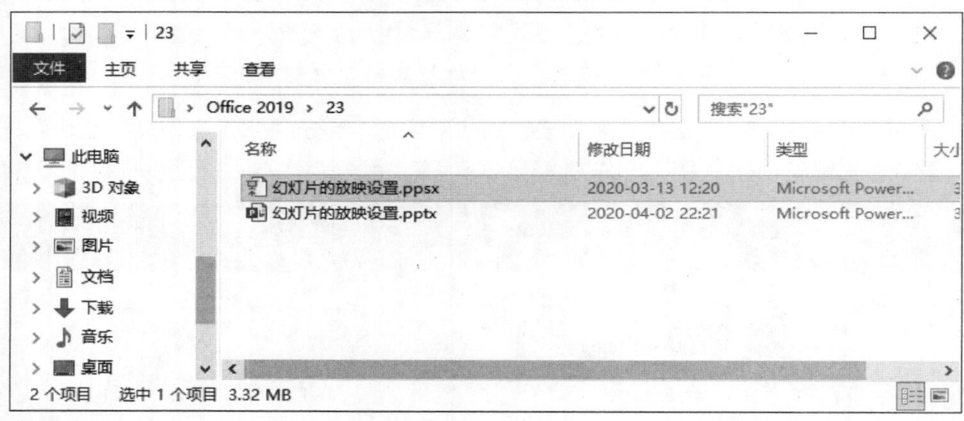

图 23.37　双击 ppsx 文件播放演示文稿

提 示

无论计算机上是否安装了 PowerPoint，如果要将演示文稿复制到其他计算机上进行放映，应该注意将与演示文稿链接在一起的文件，如声音文件和视频文件等一起复制过去。同时要注意将这些文件与演示文稿放在同一个文件夹下，否则这些链接内容可能无法正常显示。

第 5 篇

Office 2019之实例篇

第 24 章

Word 2019 案例实战——制作企业文件模板

一个企业需要制作可以在各种不同场合应用的文件，这类文件都具有统一的格式和相应的标准。为了方便使用，就需要制作针对不同应用场景的模板文件。本章将介绍一个企业文件模板的制作过程。

24.1 案例描述

在介绍本章案例之前，首先介绍案例的制作思路和相应的技术要点。

24.1.1 案例制作思路

企业内部的文件根据不同领域的使用需求，可以分为通用文件和专用文件这 2 类。通用文件是指那些在企业中可以普遍使用的文件，专用文件则是指在一定专业范围内使用的文件。这两类文件都需要具有标准统一的格式，如具有相同的页眉和页脚内容、统一的背景和相同的装饰以及相同的字体和文本样式等。

要制作这类文件，可以将统一的元素放置到模板文件中，那么在每次使用时，只需要直接使用模板，而不再花时间去进行重复设置，这不仅仅可以提高工作效率，还能够保证文件的正式和统一。

本章介绍一个公司内部文件模板的制作过程，该文件模板使用 Word 来进行制作。文件将包括带有装饰功能的页眉和页脚，在页眉区设置公司 Logo（徽标）、公司名称以及“内部文件”标签。同时文件内容区会放置文本容器用于文件内容的输入，并标注有标示作用的图片水印。

24.1.2 案例技术要点

本案例的制作流程，如图 24.1 所示。

本案例涉及以下技术要点：

- Word 模板文件的创建和属性设置
- 图形的绘制
- 文本框的创建和修饰
- 图片的插入和编辑
- 水印的添加
- 格式文本的使用

图 24.1 本案例制作流程

24.2 案例制作过程

下面介绍本案例的制作过程。

24.2.1 创建模板文件

制作企业文件，首先需要新建一个模板文件。为了方便用户了解其用途，可以添加属性信息对文档进行解释说明。下面介绍具体的制作方法。

01 新建 Word 文档，在“文件”窗口左侧列表中选择“另存为”选项，在“另存为”列表中选择“浏览”选项，打开“另存为”对话框。在对话框中选择文件保存的位置并设置文件名，将文件保存类型设置为“Word 模板（*.dot）”，如图 24.2 所示。完成设置后单击“保存”按钮保存该文档。

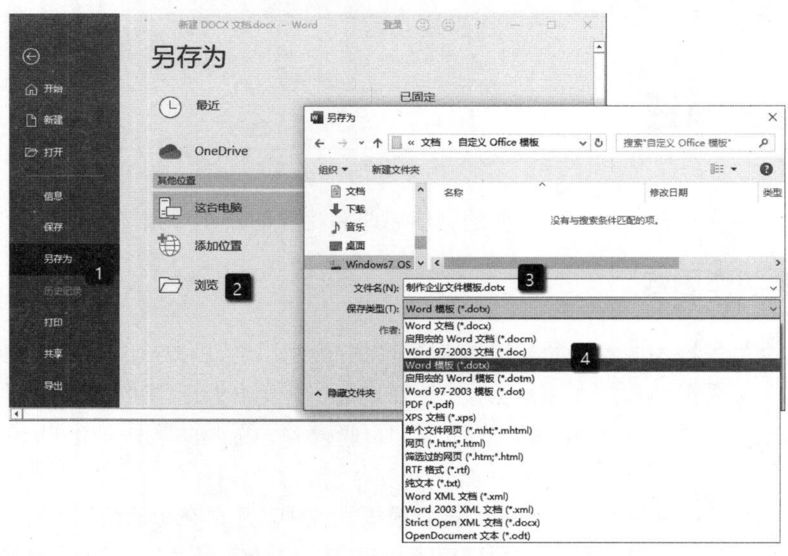

图 24.2 文档保存为模板文件

02 在“文件”窗口左侧列表中选择“信息”选项，在窗口右侧对文档属性进行设置。这里在“属性”栏中添加“备注”信息，如图 24.3 所示。

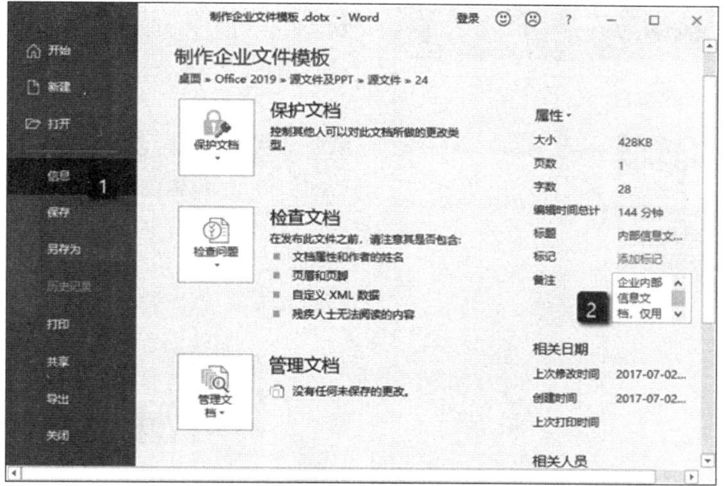

图 24.3　添加“备注”信息

24.2.2　制作页眉和页脚

为了让所有的文件都具有固定的公司标识，可以为模板文件添加页眉内容。同时，在文档页脚区添加页码。下面介绍具体的制作过程。

01 进入页眉编辑状态，使用 Word 的“曲线”绘图工具绘制封闭图形。拖动边框上控制柄调整图形大小使其占据整个页眉区，对图形应用形状样式，如图 24.4 所示。

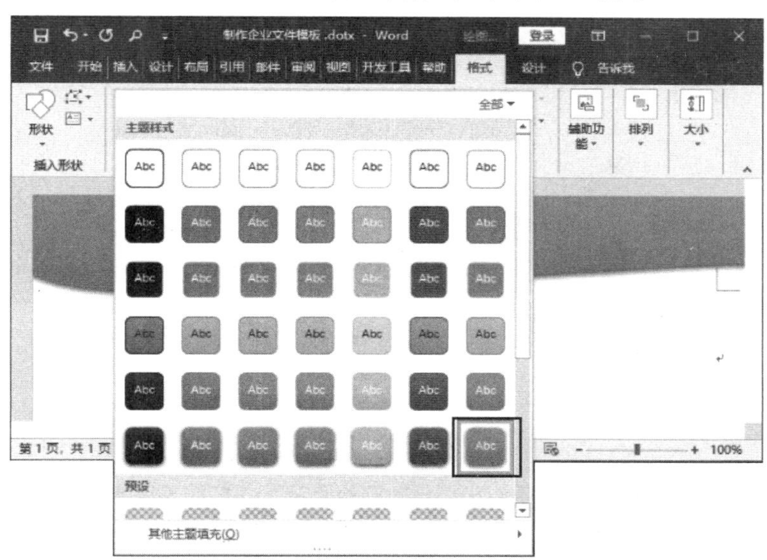

图 24.4　设置图形样式

02 在文档中插入公司 Logo 图片，单击图片上的“布局选项”按钮，在打开的列表中选择“浮于文字上方”选项，如图 24.5 所示。

03 选择图片后，在“格式”选项卡的“调整”组中单击“删除背景”按钮，对图片的背景色进行删除。这里只需要调整图片上的控制柄使背景消除区域变为整个图片。单击“保留更改”按钮即可完成图片背景的消除，如图 24.6 所示。

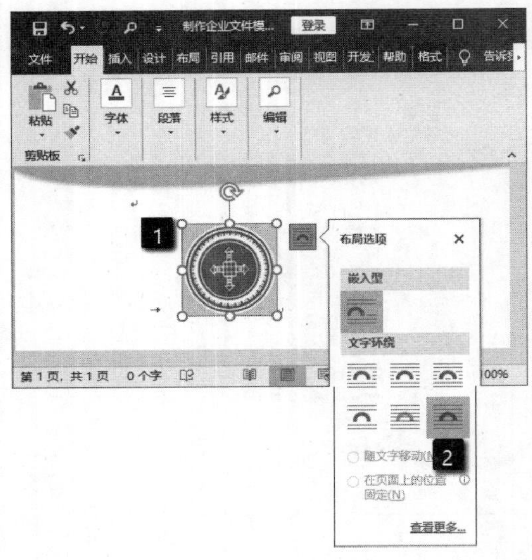

图 24.5　选择“浮于文字上方”选项

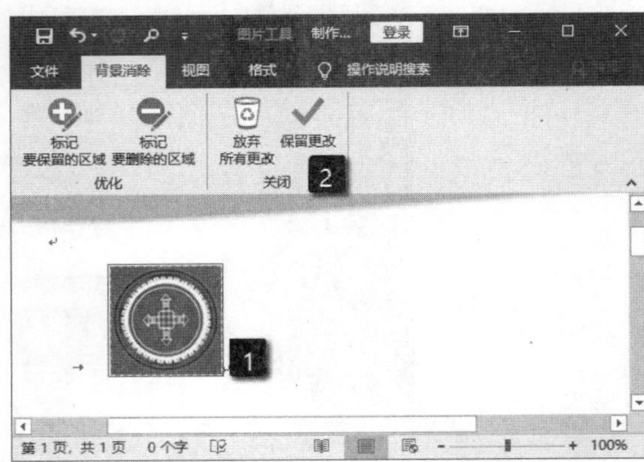

图 24.6　消除图片背景

04 对图片进行重新着色，使其颜色与页眉背景颜色一致，如图 24.7 所示。将图片放置到页眉区的左侧，调整其大小和位置。使用文本框工具输入企业名称，设置文档使用的字体、大小和颜色。在文字之间绘制一条直线作为分隔线，调整对象之间的位置，如图 24.8 所示。

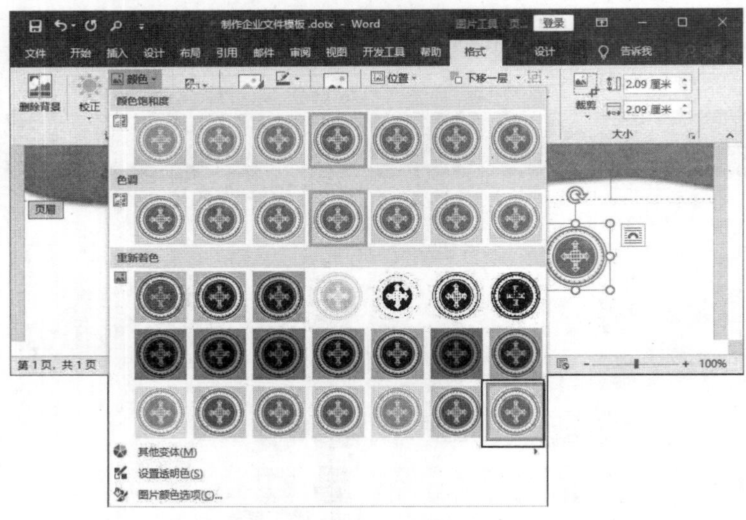

图 24.7　对图片重新着色

图 24.8　创建文字和分隔线

05 使用文本框创建标签文字，设置文字字体和大小，设置文本框填充色和边框的宽度以及颜色。调整文本框的大小，旋转之后放置到页眉区的右侧，如图 24.9 所示。

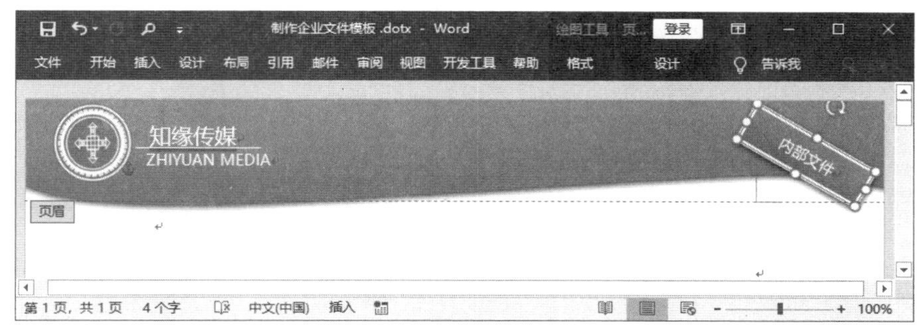

图 24.9　放置标签文字

06 在页脚区域绘制一个占据整个页脚区域的矩形，对其应用和页眉区图形一样的图形样式。在页脚区域绘制一个圆角矩形，右击图形，在弹出的快捷菜单中选择“添加文字”选项，并将插入点光标放置到图形中。在“插入”选项卡的“页眉和页脚”组中单击“页码”按钮，在打开的列表中选择“当前位置”选项。在下级列表的“X/Y”栏中选择相应的选项插入页码，如图 24.10 所示。

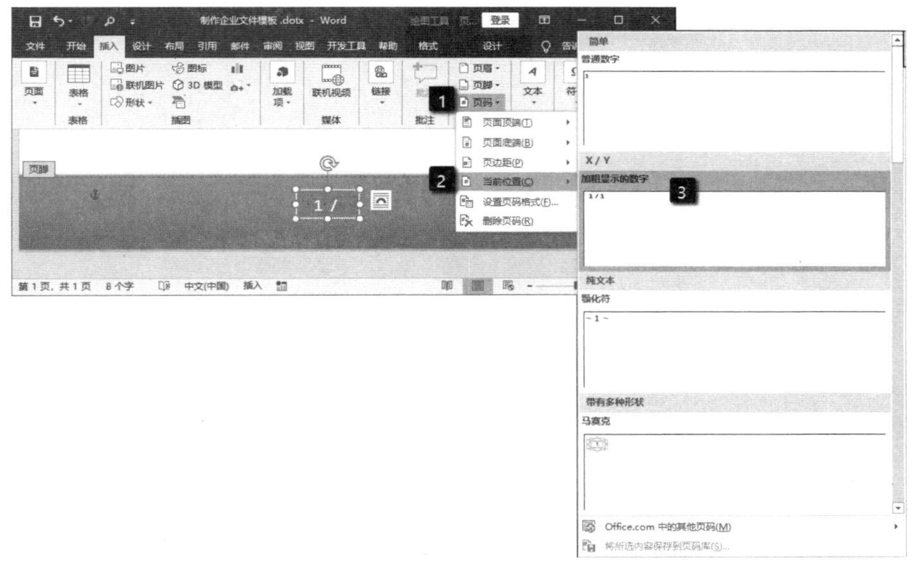

图 24.10　插入页码

24.2.3　在页面中添加内容

对于企业内部文件，常常需要在页面中显示代表公司的图案水印。同时，添加文本内容控件，设置文本格式后，用户在其中输入的文字就会自带设置的格式。

01 在“设计”选项卡的“页面背景”组中单击“水印”按钮，在打开的列表中选择“自定义水印”选项，打开“水印”对话框。在对话框中单击“图片水印”单选按钮，单击“选择图片”按钮，打开“插入图片”对话框。在对话框中选择“来自文件”选项，如图 24.11 所示。

02 此时将打开“插入图片”对话框，在对话框中选择需要使用的文件后，单击“插入”按钮，如图 24.12 所示，此时水印图片即被插入到页面中。

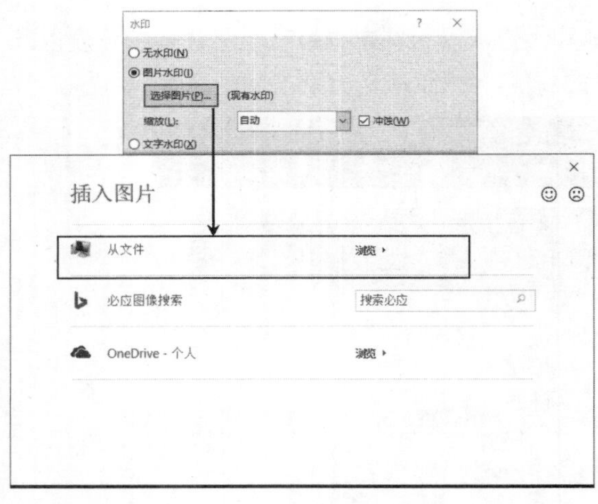

图 24.11 选择“从文件”选项

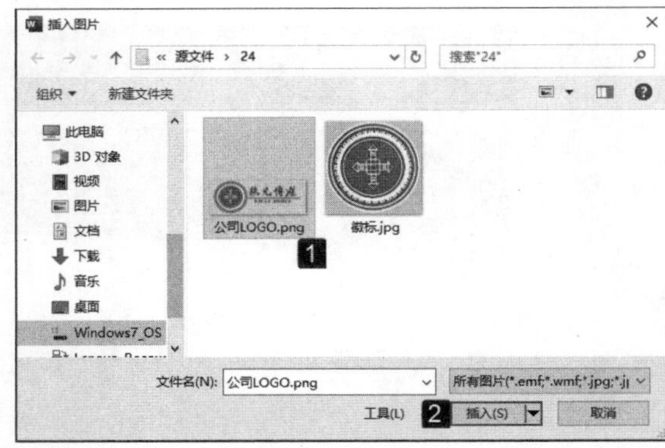

图 24.12 “插入图片”对话框

03 打开“Word 选项”对话框，在左侧列表中选择“自定义功能区”选项，在最右侧列表中勾选“开发工具”选项，单击“确定”按钮关闭对话框，该选项卡即被添加到功能区中，如图 24.13 所示。

图 24.13 添加“开发工具”选项卡

04 打开“开发工具”选项卡，在“控件”中单击“设计模式”按钮，进入设计模式。单击“格式内容文本控件”按钮，在文档中添加控件，在控件中输入提示文字，如图 24.14 所示。选择控件后设置控件中文字的字体和大小，并使其在文档中居中放置。

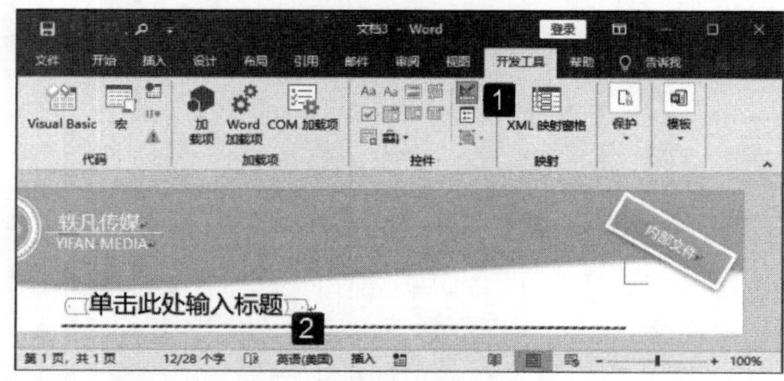

图 24.14 在页面中添加控件

05 继续在页面中添加一个“格式内容文本控件”作为正文文本控件，输入提示文字并设置文字格式。接着取消设计模式并保存即可完成本案例的制作，如图 24.15 所示。

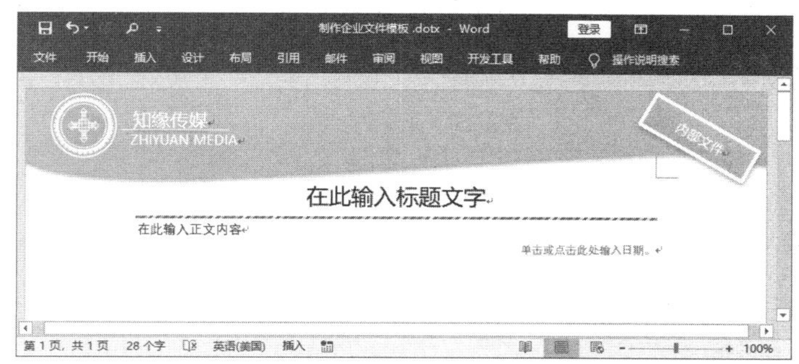

图 24.15　插入正文控件后的效果

24.3　案例制作拓展

下面介绍本章的 2 个拓展技巧。

24.3.1　为标题文字添加分隔线

为了美化文档，突出标题文字，可以在标题文字下加上一条分隔线。添加分隔线除了可以使用 Word 自带的直线工具来绘制之外，还可以使用下面介绍的方法来进行操作。

01 进入设计模式后选择控件，打开“开始”选择卡，在“段落”组中单击“边框”按钮上的下三角按钮。在打开的列表中选择“边框和底纹”选项，打开“边框和底纹”对话框。在对话框中首先选择“段落”选项，在“设置”栏中选择“自定义”选项。然后设置线条样式、颜色和宽度，单击“下框线”按钮，如图 24.16 所示。

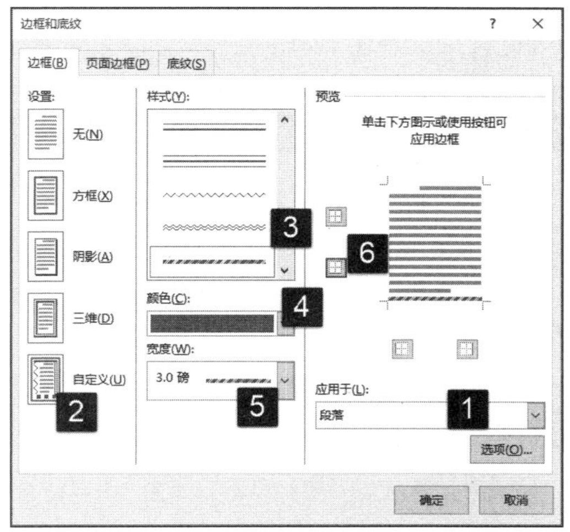

图 24.16　“边框和底纹”对话框

02 单击“确定”按钮关闭“边框和底纹”对话框，退出设计模式。标题下方添加分隔线后的效果，如图 24.17 所示。

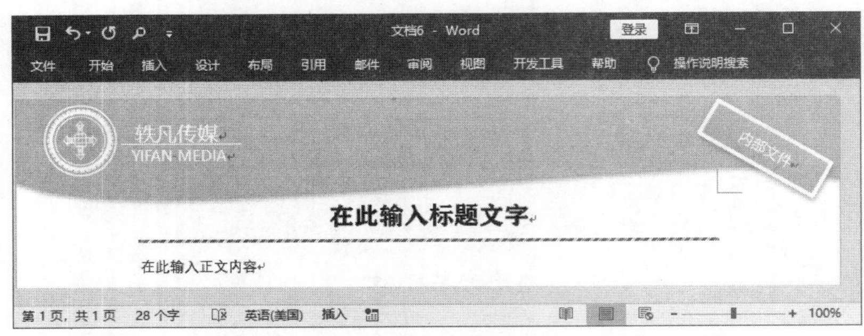

图 24.17　添加分隔线后的效果

24.3.2　添加日期控件

企业内部文件一般都需要在文件中显示文件发布的日期。我们可以通过在模板中添加日期控件来方便用户选择日期。

01 在“开发工具”选项卡的“控件”组中单击“日期选取器内容控件”，在文档中插入该控件，如图 24.18 所示。

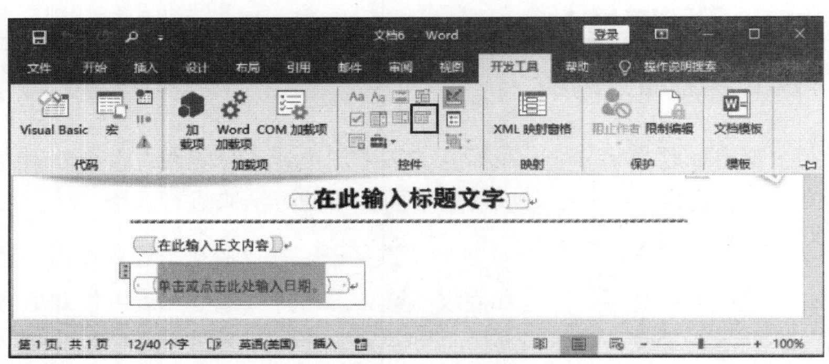

图 24.18　插入“日期选取器内容控件”

02 调整控件在文档中的位置，并对文字的字体和大小进行设置，如图 24.19 所示。

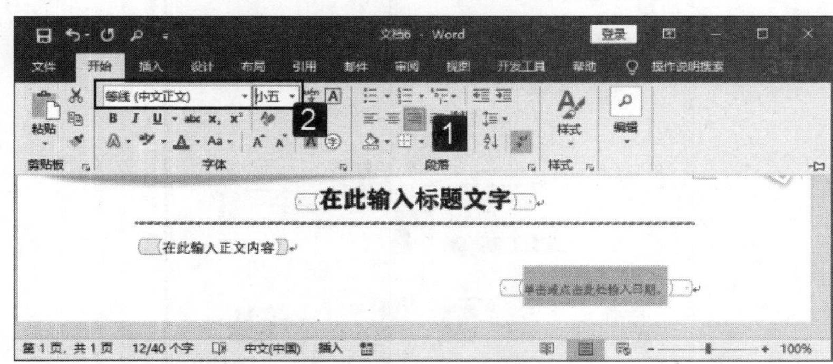

图 24.19　对控件进行设置

24.3.3　对模板进行保护

用户在使用模板时，一般只可以对特定的内容进行编辑修改，而不能调整模板的整体结构。所以，制作模板时需要对模板的整体结构进行保护。

01 打开“文件”窗口，在左侧列表中选择“信息”选项，单击中间列表中的“保护文档”按钮，在打开的列表中选择“限制编辑”选项，如图 24.20 所示。

02 在打开的“限制编辑”窗格中勾选“仅允许在文档中进行此类型编辑”复选框，选择文档中的标题控件，在“例外项”栏中勾选“每个人”复选框来指定例外项，如图 24.21 所示。

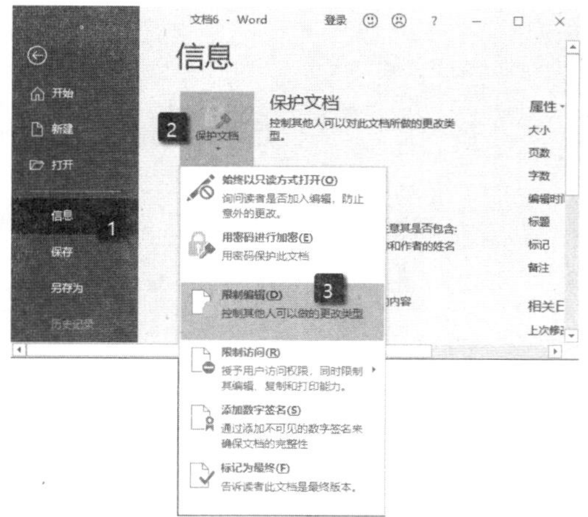

图 24.20　选择“限制编辑”选项

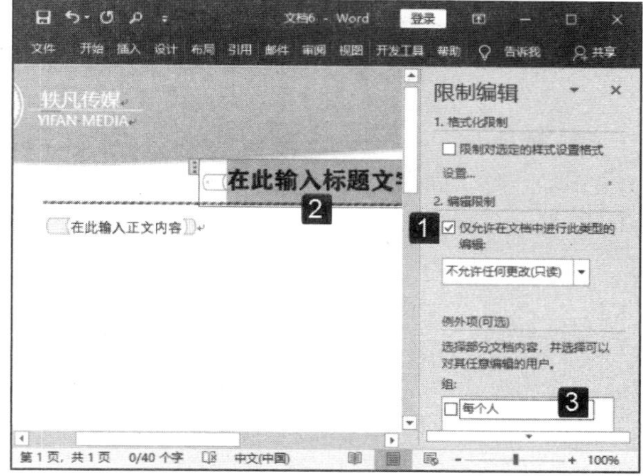

图 24.21　设置“限制编辑”

03 分别选择其他 2 个控件后勾选“每个人”复选框，单击“是，启动强制保护”按钮，打开“启动强制保护”对话框。在对话框中选择“密码”作为保护方式，同时输入密码，如图 24.22 所示。单击“确定”按钮关闭对话框，完成对模板的保护设置。

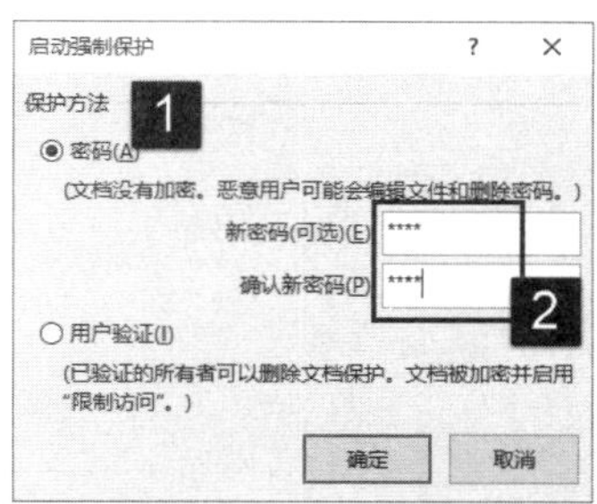

图 24.22　“启动强制保护”对话框

第 25 章

Excel 2019 案例实战——客户信息管理系统

Excel功能很强大，并非只是一个数据分析处理软件，它还可以方便地实现交互式数据处理。下面通过一个案例来介绍Excel交互功能的应用技巧。

25.1 案例描述

在介绍本章案例之前，首先介绍案例的制作思路和相应的技术要点。

25.1.1 案例制作思路

在企业中，对客户信息的管理是十分重要的。客户信息的管理不仅是以表格的形式来保存客户信息数据，更重要的是对这些数据进行管理，如数据的录入、查询和编辑修改等。面对大量数据，仅靠简单的 Excel 表格进行管理操作不够方便，此时用户可以利用 Excel 制作一个管理系统来快速实现对相关数据的查询和操作。

本章介绍一个简单的企业客户信息管理系统，主要用于客户信息的快速录入。本案例将用户数据放置到一个名为“客户信息总表”的 Excel 工作表中，为了方便信息录入，制作一个名为“客户信息”的工作表。“客户信息”工作表设计为表单的形式，用户可以在其中填写客户信息。在“客户信息表”的工作表中添加“录入数据”和“清除数据”按钮，利用 Excel 的宏来实现数据录入和清除功能。

25.1.2 案例技术要点

本案例的制作流程，如图 25.1 所示。

本案例涉及以下技术要点：

- 单元格数据有效性的设置
- Excel 公式的使用
- 录制宏
- 编辑宏命令
- 命令按钮的使用

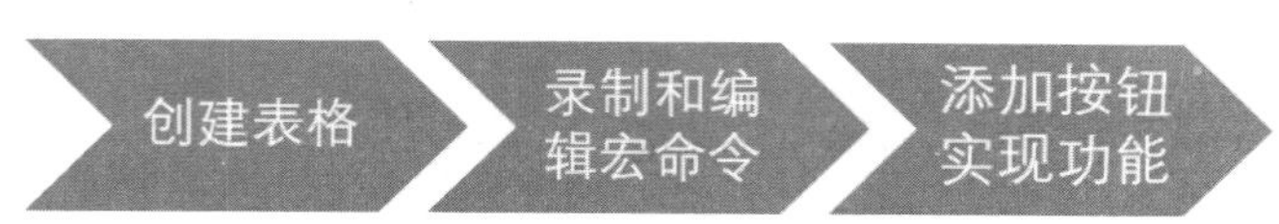

图 25.1 本案例制作流程

25.2 案例制作过程

下面介绍本案例的制作过程。

25.2.1 创建表格

客户管理系统需要客户信息载体，这里的载体是一个 Excel 表格。同时，对信息进行录入时需要操作界面，这个操作界面同样要建立在一个 Excel 工作表中。

01 新建Excel工作表，在工作表的第一行输入相关字段，修改工作表名称。然后对该工作表的第一行和第二行套用表格格式，如图25.2所示。

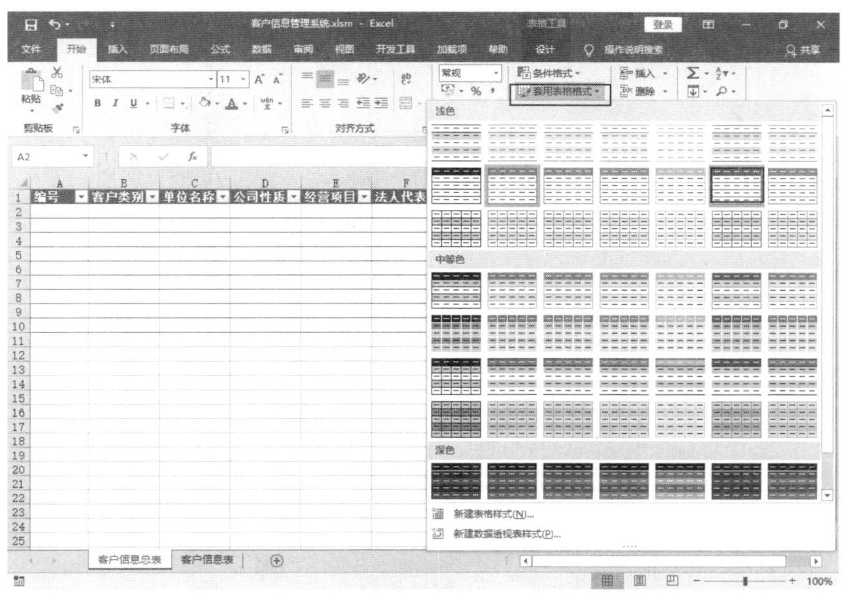

图 25.2 创建工作表并套用工作表格式

02 在“公式”的“定义名称”组中单击“名称管理器”按钮，打开“名称管理器”对话框。单击“编辑”按钮，打开“编辑名称”对话框。在对话框中对名称进行设置后，单击“确定”按钮关闭该对话框，如图 25.3 所示。完成设置后单击“关闭”按钮，关闭“名称管理器”对话框。

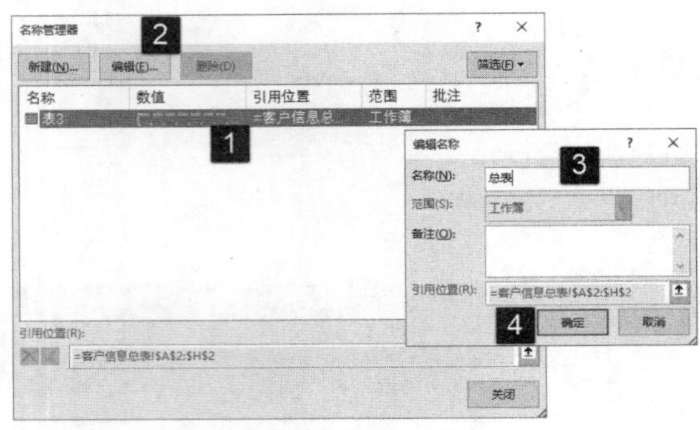

图 25.3　定义名称

03 将 Sheet2 工作表更名为“客户信息表”，在工作表中制作表格结构、添加文字并进行相应的装饰。选择“客户类别”栏右侧的单元格，在“数据”选项卡的“数据工具”组中单击“数据验证”按钮，打开“数据验证”对话框。在对话框中设置数据有效性，如图 25.4 所示。设置“公司性质”栏右侧单元格的数据有效性，如图 25.5 所示。设置用于输入邮政编码的单元格的数据有效性，如图 25.6 所示。

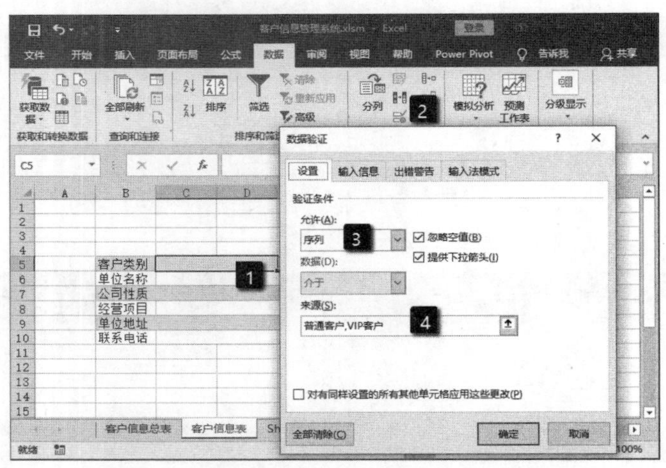

图 25.4　设置数据有效性

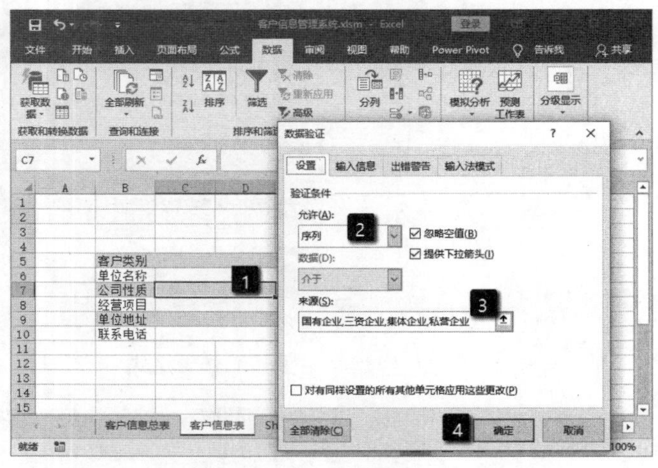

图 25.5　设置“公司性质”栏右侧单元格的数据有效性

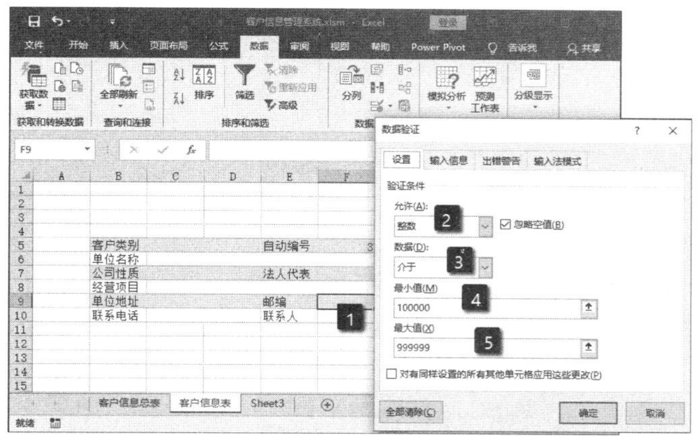

图 25.6　设置用于输入邮政编码单元格的数据有效性

04 在 F5 单元格中输入公式“=COUNT(总表[编号])+1”，这样该单元格就能根据“客户信息总表”中数据的数量来自动进行编号，如图 25.7 所示。

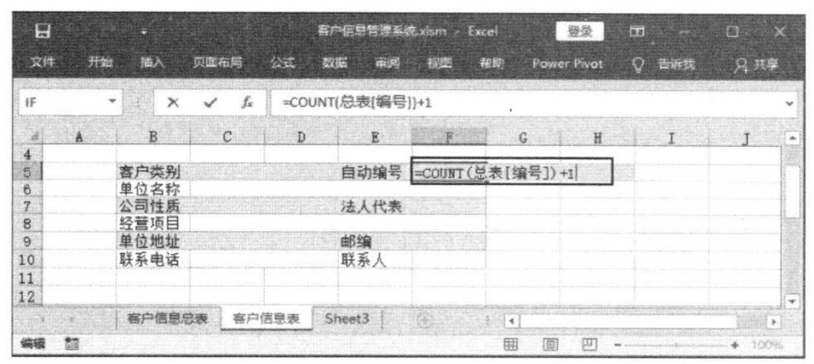

图 25.7　输入公式实现自动编号

05 在 B12 单元格中输入公式“=IF(AND(C5<>"",C6<>"",C7<>"",F7<>"",C8<>"", C9<>"", F9<>"",C10<>"",F10<>""),"客户信息填写完整！","客户信息填写不完整！")”，该公式可以检测表格中输入的数据是否完整，如图 25.8 所示。

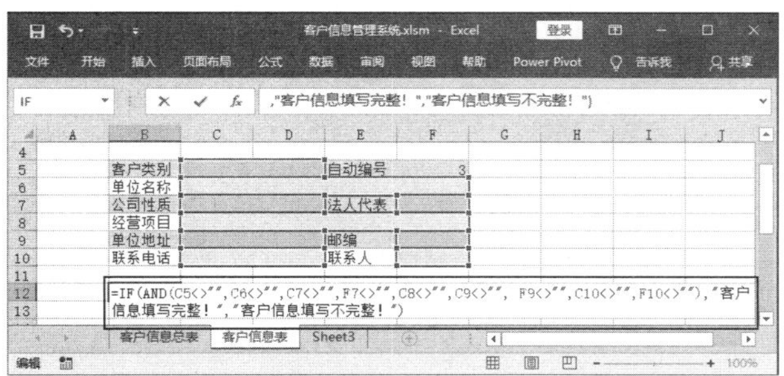

图 25.8　输入公式检测表格的完整性

25.2.2　录制和编辑宏

在完成表格制作后，可以利用宏命令来对数据的输入进行检查，同时通过录制宏功能将录入数据的过程保存为宏命令。要实现对已经录入的数据进行清空，同样可以通过录制宏来实现。最后，为了防止数据输入不完整，并将输入的数据写入“客户信息总表”，则需要对宏命令进行修改，为其添加判断语句。

01 在工作表的单元格中输入示例数据，单击状态栏中的“录制宏”按钮。在打开的“录制宏”对话框中设置宏名称。单击“确定”按钮后关闭对话框开始宏的录制，如图 25.9 所示。这里将该表中每一栏的数据依次复制粘贴到“客户信息总表”的对应单元格中，粘贴时只粘贴数据。完成后再次单击“录制宏”按钮停止宏的录制。

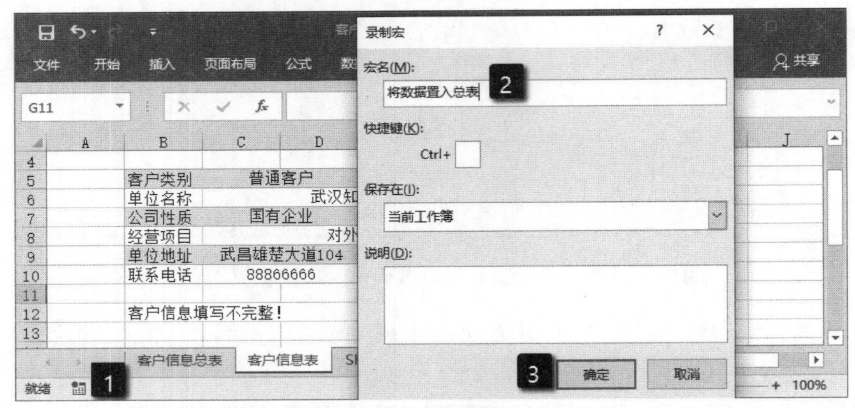

图 25.9　打开“录制宏”对话框

02 再次单击“录制宏”按钮，打开“录制宏”对话框，设置宏名后单击“确定”按钮关闭对话框，如图 25.10 所示。在“客户信息表”工作表中删除单元格中输入的数据，完成操作后再次单击“录制宏”按钮停止宏录制。

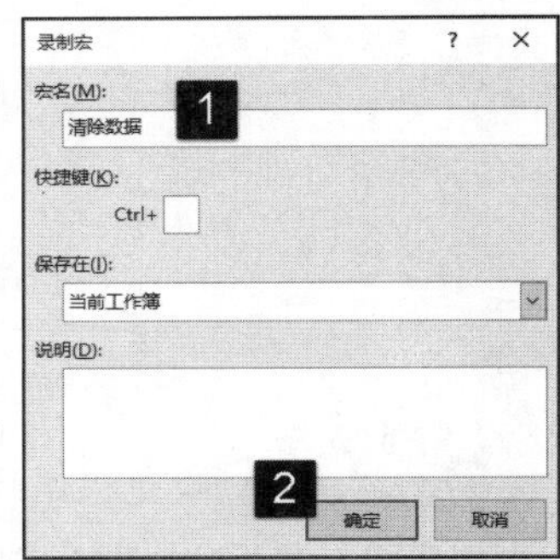

图 25.10　设置宏名

03 在“开发工具”选项卡的“代码”组中单击“Visual Basic”按钮，打开“Visual Basic”程序窗口。在宏代码的开始处添加一个IF语句，在代码的结尾处添加Else语句块，如图25.11所示。这里，代码对B12单元格中的文字进行判断，如果是文字“客户信息完整”，则执行宏代码就将填入的数据复制到总表中对应的位置。否则，将执行MsgBox函数弹出一个提示对话框，提示数据输入不完整。

图 25.11　添加宏代码

25.2.3 添加命令按钮

在完成宏的录制和编辑后，可以在工作表中添加按钮，利用按钮来控制代码的运行。下面介绍具体的操作方法。

01 在“开发工具”选项卡的“控件”组中单击“插入”按钮，在打开的列表中选择“按钮（窗体控件）”选项，如图 25.12 所示。

02 拖动鼠标在工作表中绘制按钮控件，此时将打开“指定宏”对话框，在对话框中选择宏后单击“确定”按钮，为按钮指定宏，如图 25.13 所示。

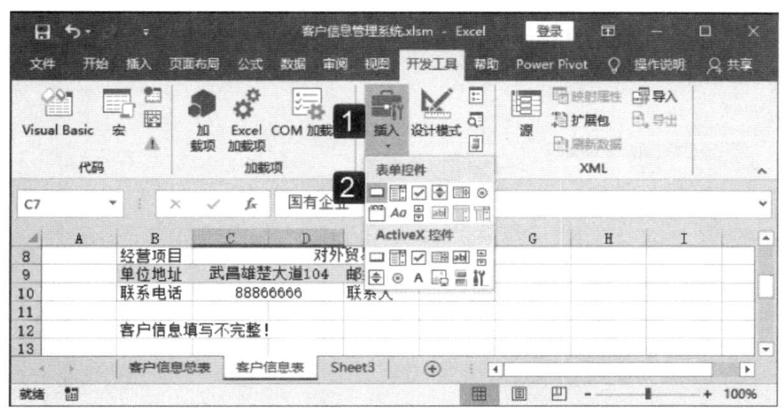

图 25.12 选择控件

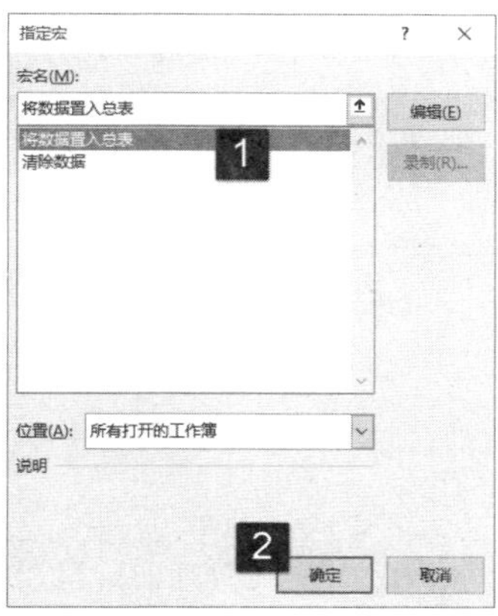

图 25.13 “指定宏”对话框

03 右击按钮，在弹出的快捷菜单中选择“编辑文字”选项，并将插入点光标放置到按钮上。在按钮上输入显示的文字，如图 25.14 所示。

04 使用相同的方法添加第 2 个按钮，为按钮指定宏为“清除数据”宏，在按钮上输入显示的文字，如图 25.15 所示。至此，本案例制作完成。

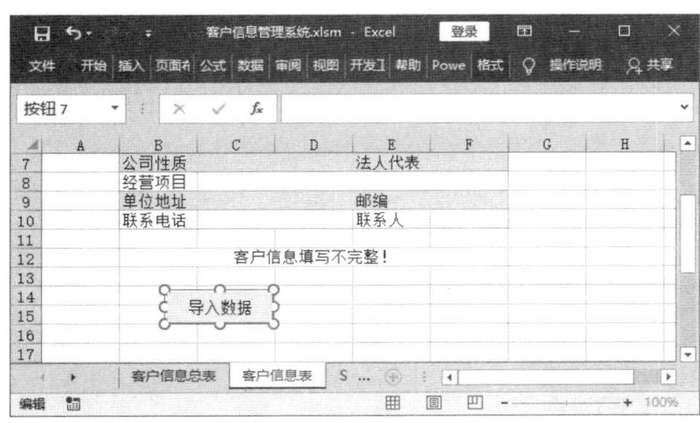

图 25.14 输入文字

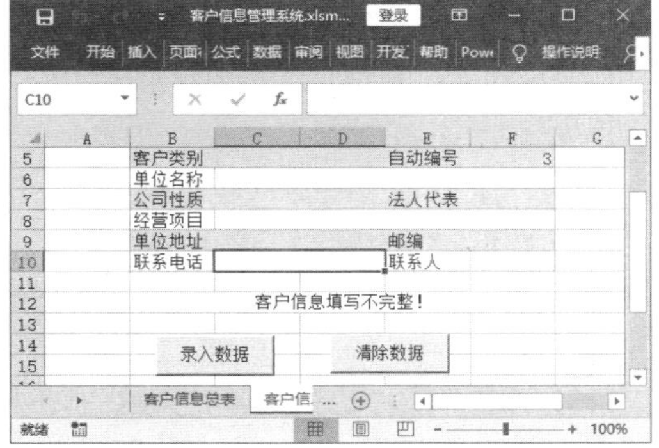

图 25.15 添加第 2 个按钮

25.3 案例拓展

下面介绍本章的 2 个拓展技巧。

25.3.1 用快捷键启动宏

在本案例中，我们设计使用按钮控件来控制宏的运行。为了提高录入效率，也可以为各个按钮添加快捷键，通过按快捷键来控制宏运行。

01 在“开发工具”选项卡的“代码”组中单击“宏”按钮，打开“宏”对话框。在对话框的“宏名”列表中选择需要执行的宏，单击“选项”按钮，如图 25.16 所示。

02 此时将打开“宏选项”对话框，将插入点光标放置到“快捷键”文本框中后按键盘上的键，如这里按“q”键，如图 25.17 所示。单击“确定”按钮关闭“宏选项”对话框后，关闭“宏”对话框，则按快捷键 Ctrl+Q 将启动宏。

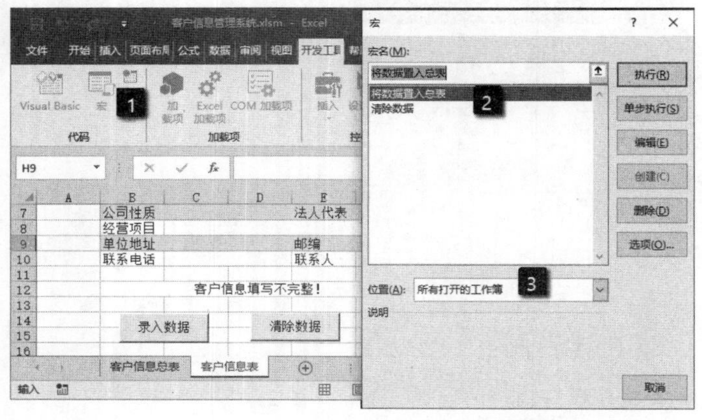

图 25.16 单击“宏”对话框中的“选项”按钮

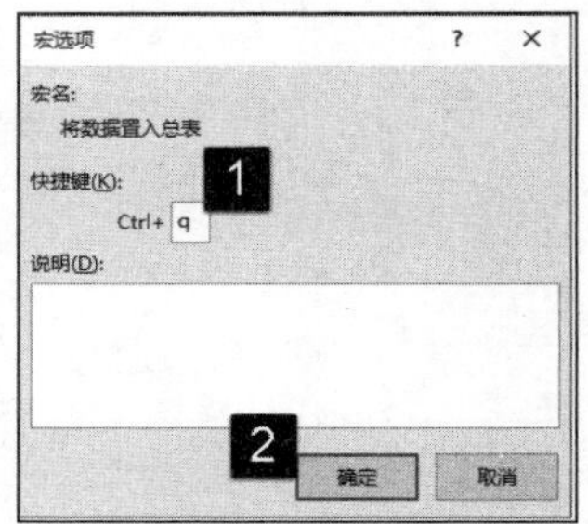

图 25.17 设置快捷键

25.3.2 使用组合框来进行选择

组合框是一个下拉列表框，用户可以在下拉的列表中选择项目，选择的项目将出现在上方的文本框中。当需要选择的项目较多时，使用选项按钮来进行选择就不合适了，此时可以使用“组合框”控件来进行选择。下面以使用“组合框”控件来选择图表中需要显示的数据为例来介绍该控件的具体使用方法。

01 首先在工作表的 O4 和 O5 单元格中输入选项文字。在“开发工具”选项卡的“控件”组中单击“插入”按钮，在列表中选择“组合框（窗体控件）”选项，如图 25.18 所示。

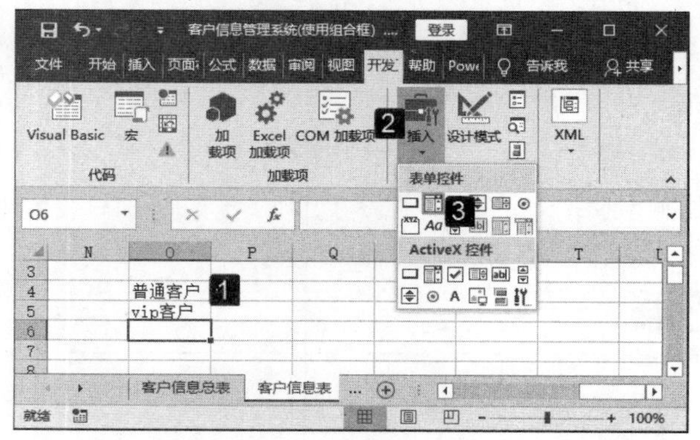

图 25.18 选择需要插入的控件

02 拖动鼠标在工作表中绘制控件，右击绘制的控件，在弹出的快捷菜单中选择“设置控件格式”选项，打开“设置控件格式”对话框。在对话框的“控制”选项卡中对相关参数进行设置。完成设置后单击“确定”按钮关闭对话框，如图 25.19 所示。

03 单击控件将获得一个下拉列表，在列表中列出了在“设置控件格式”对话框的“数据源”文本框中指定的单元格中的内容。选择某个选项后，在“单元格链接”文本框中指定的单元格里将会显示选项在列表中的编号，如图 25.20 所示。

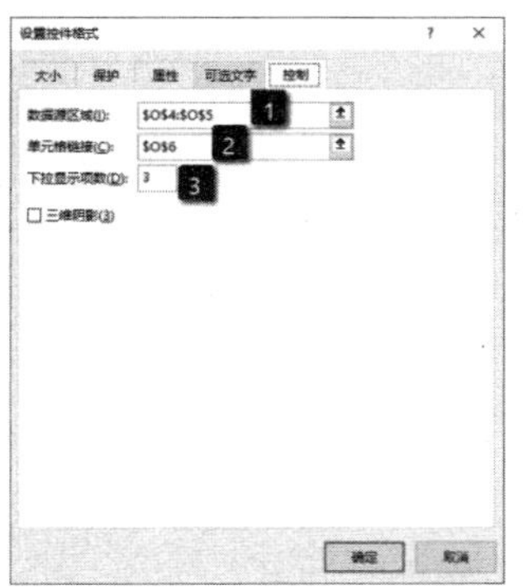

图 25.19 “设置控件格式”对话框

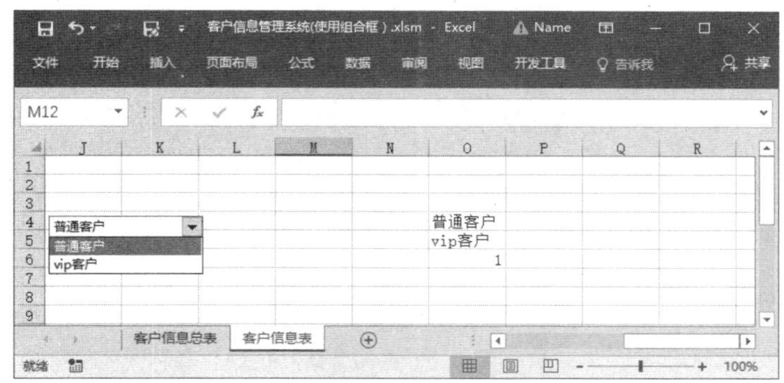

图 25.20 指定单元格中显示选项对应编号

04 选择需要填写“客户类别”的单元格，在编辑栏中输入公式“=IF(O6=1,"普通客户",IF(O6=2,"vip 客户"))”，如图 25.21 所示。该公式用于判断组合框中选择的是哪个选项，根据选项编号在单元格中填写对应的文字。

图 25.21 在编辑栏中输入公式

05 如果不希望用户在该单元格内填写其他内容，可以将控件拖动过来，拖动控件上的控制柄调整控件大小，使其正好覆盖住单元格，如图 25.22 所示。使用相同的方法为填写“公司性质”的单元格添加控件，控件添加完成后本例制作完成。

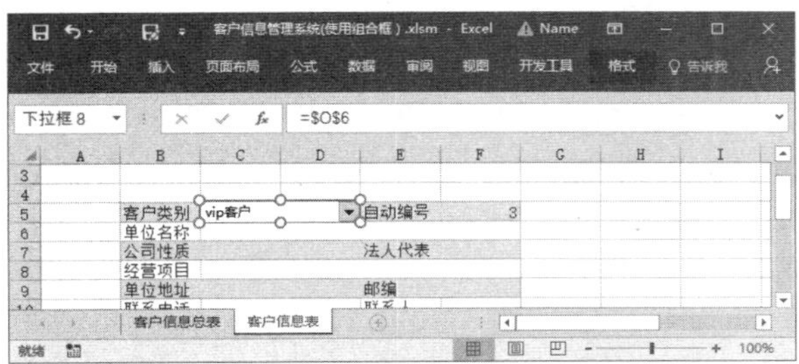

图 25.22 用控件覆盖单元格

第 26 章 PowerPoint 2019 案例实战——年终总结演示文稿

PowerPoint 是制作各类演示文稿的利器，灵活使用能够制作出专业的演示文稿，为演讲增色添彩。本案例将介绍一个年终总结演示文稿的制作过程。

26.1 案例描述

在介绍本章案例之前，首先介绍案例的制作思路和相应的技术要点。

26.1.1 案例制作思路

在企业的各种会议中，经常需要使用演示文稿突出展示会议的主要内容。这类演示文稿除了需要具有专业性之外，还需要具有吸引力，这样才能有效地展示相关主题，快捷传递关键信息。

本章介绍一个年终总结演示文稿的制作，这个演示文稿主要用于展示年终总结报告的相关要点内容。为了使展示内容具有吸引力，需要在幻灯片中为展示内容的出现添加动画效果，利用动画效果使画面生动有趣，同时也可以帮助发言者根据需要控制内容的显示。

26.1.2 案例技术要点

本案例的制作流程，如图 26.1 所示。

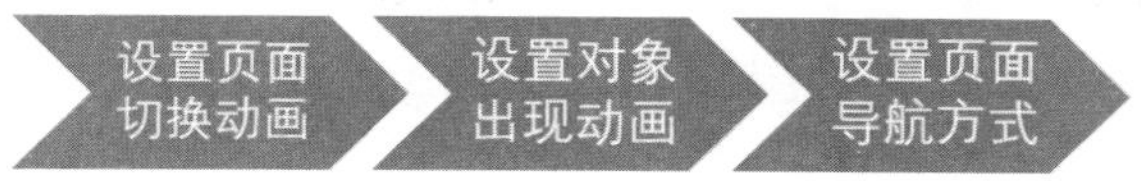

图 26.1　本案例制作流程

本案例涉及以下技术要点：

- 幻灯片切换动画的使用
- 为对象添加进入动画效果
- 添加路径动画并对动画路径进行编辑
- 同时为多个对象添加对象并进行设置
- 实现 2 个动画的同步

26.2　案例制作过程

下面介绍本案例的制作过程。

26.2.1　为幻灯片添加切换动画

在制作演示文稿时，为了增强分享效果，可以为幻灯片添加切换动画效果，使幻灯片的转换自然流畅。

01 新建演示文稿，在演示文稿中加入幻灯片并在幻灯片中添加演示的内容。在幻灯片窗格中选择第一张幻灯片，在“切换”选项卡的“切换到此幻灯片”组的列表中选择需要应用的切换动画，应用于当前幻灯片，如图 26.2 所示。

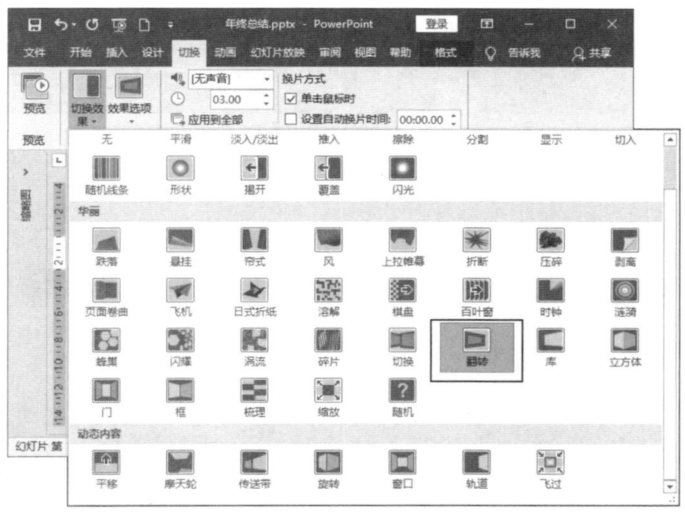

图 26.2　应用幻灯片切换效果

02 在“计时”组的“持续时间”微调框中输入数值设置动画的持续时间，勾选“单击鼠标时”复选框，这样发言者单击鼠标就能实现切换，如图 26.3 所示。依次选择其他的幻灯片，为它们添加切换效果。

图 26.3 “计时”组中的设置

26.2.2 为对象添加动画效果

幻灯片中含有大量的文字、图形和图片等内容。在同一张幻灯片中，这些内容需要根据发言者的发言顺序依次出现。发言者可以通过为内容对象添加动画效果来实现对演示内容的控制。不仅如此，为内容对象添加动画效果也能有效地增强演示文稿的视觉效果。

01 选择“目录页”幻灯片，在幻灯片中框选所有的目录幻灯片。在“动画”选项卡的“动画”组列表中选择“浮入”进入动画选项应用于选择的对象，如图 26.4 所示。在“效果选项”列表中选择相应的选项设置动画运动的方向，并同时设置动画的开始方式和持续时间，如图 26.5 所示。

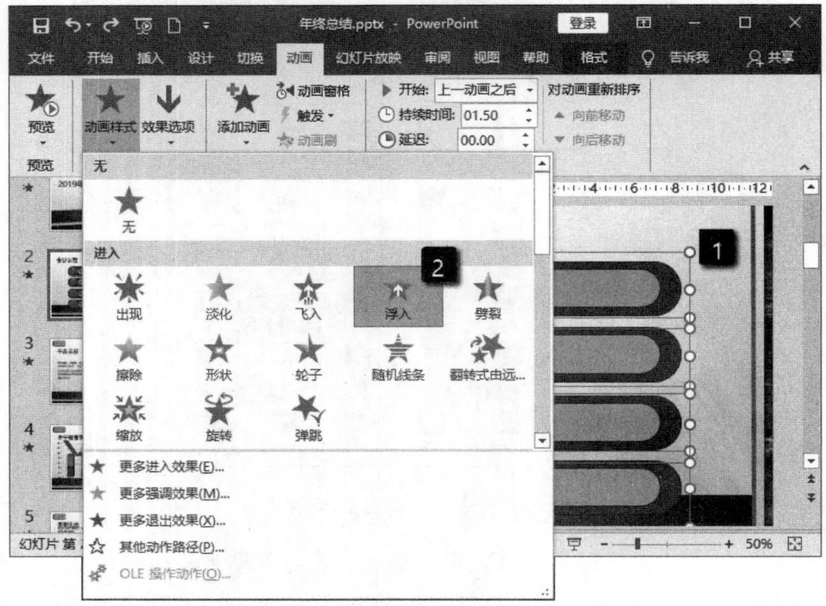

图 26.4 对选择的对象应用动画效果

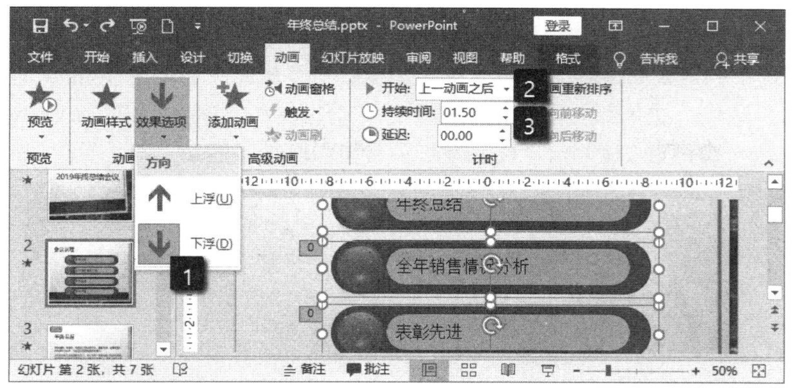

图 26.5 对动画进行设置

02 选择“年终总结”幻灯片，在文本框中选择第一段文字，为其添加“形状”进入动画效果，如图 26.6 所示。接着为该文本框中的第二段文字添加相同的进入动画效果，分别单击动画标签选择动画，设置动画的开始方式。这里将 2 段动画的“开始”均设置为“上一动画之后”，并为它们设置相同的“持续时间”，如图 26.7 所示。

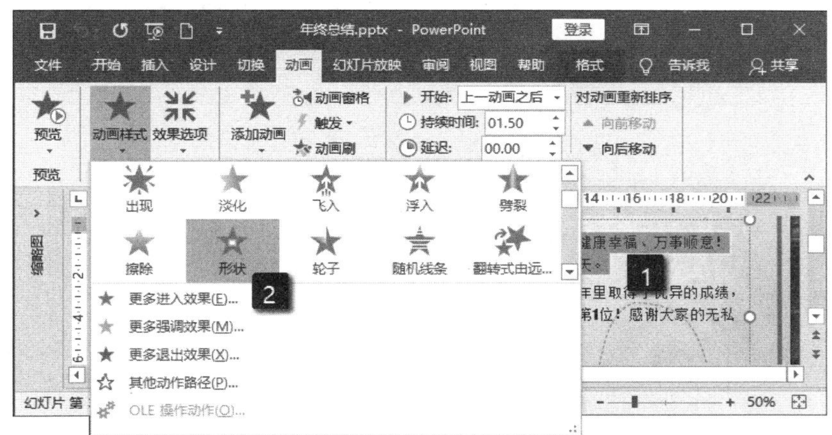

图 26.6 选择文字后添加动画效果

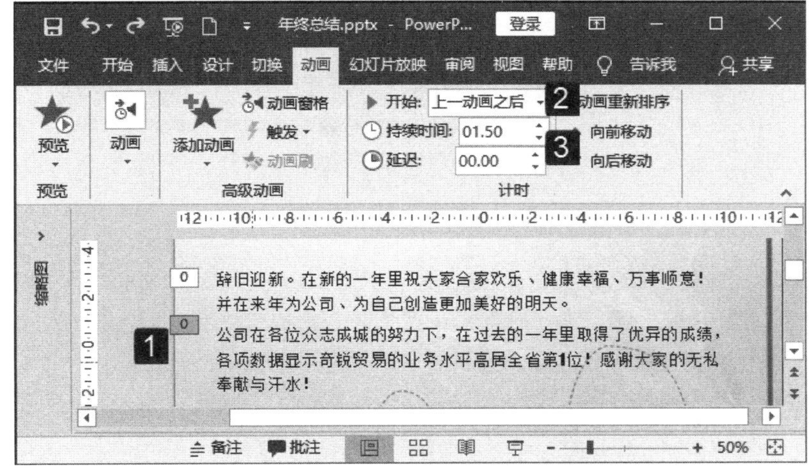

图 26.7 分别设置动画的“开始”和“持续时间”

03 将幻灯片中的图片移动到幻灯片的外部，并为其添加“自定义路径”动画，如图 26.8 所示。首先在幻灯片中创建大致的图片运动路径。然后右击绘制完成的路径后在弹出的快捷菜单中选择的“编辑顶点”选项，进入路径的顶点编辑状态，对路径的形状进行调整，如图 26.9 所示。最后退出路径编辑状态后设置动画的“开始”和“持续时间”，如图 26.10 所示。

图 26.8　添加“自定义路径”动画

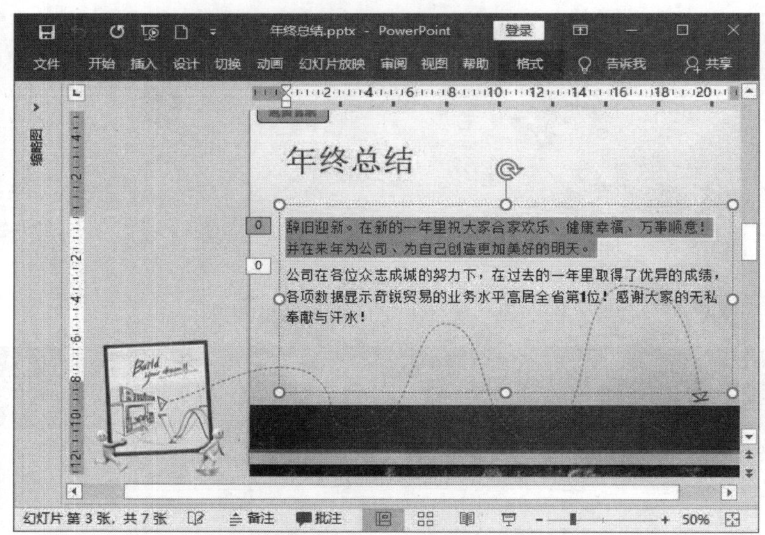

图 26.9　调整运动路径

04 选择“表彰先进”幻灯片，同时选择幻灯片中所有的人名文本框，为它们添加“弹跳”进入动画效果。选择第一个动画，将“开始”设置为“单击时”。然后按住 Shift 键同时单击其他文本框将它们都选择，将“开始”设置为“上一动画后”，如图 26.11 所示。

05 打开“会议结束”幻灯片，选择幻灯片中的文本框，为其添加“擦除”进入动画效果，在“效果选项”列表中选择“自顶部”选项，设置擦除动画方向。然后将“开始”设置为“上一动画之后”，将“持续时间”设置为 1.5 秒，将“延迟”设置为 0.25 秒，如图 26.12 所示。

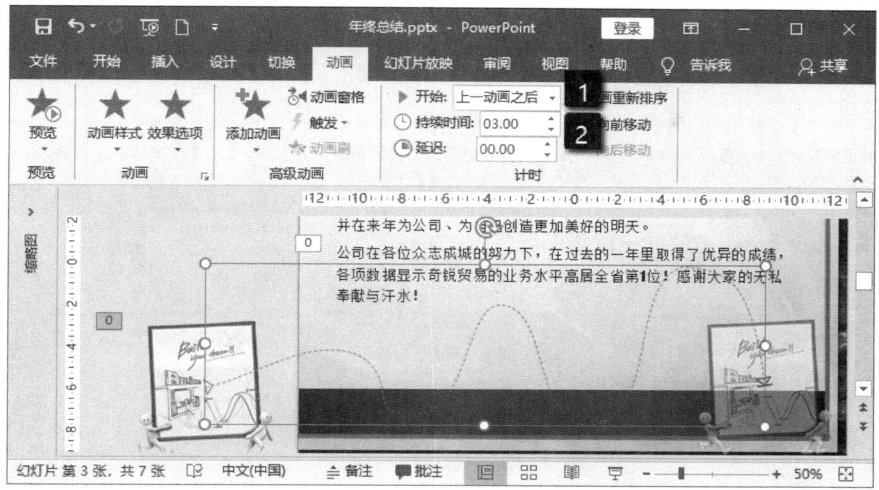

图 26.10　设置路径动画的“开始”和“持续时间”

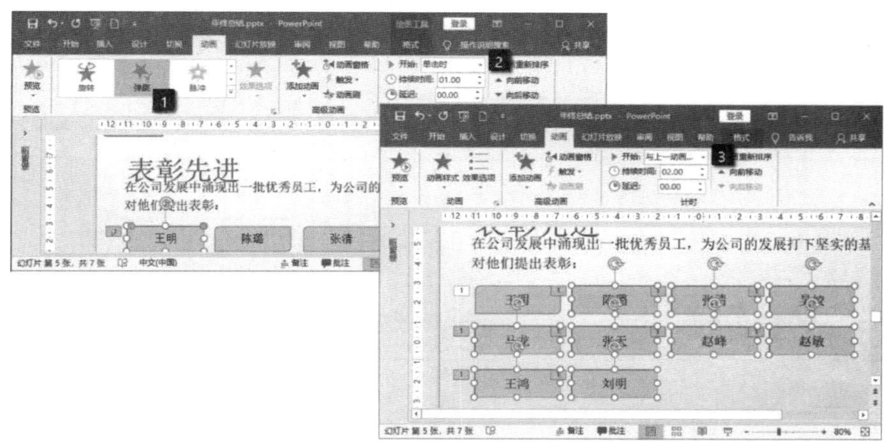

图 26.11　添加动画并分别进行设置

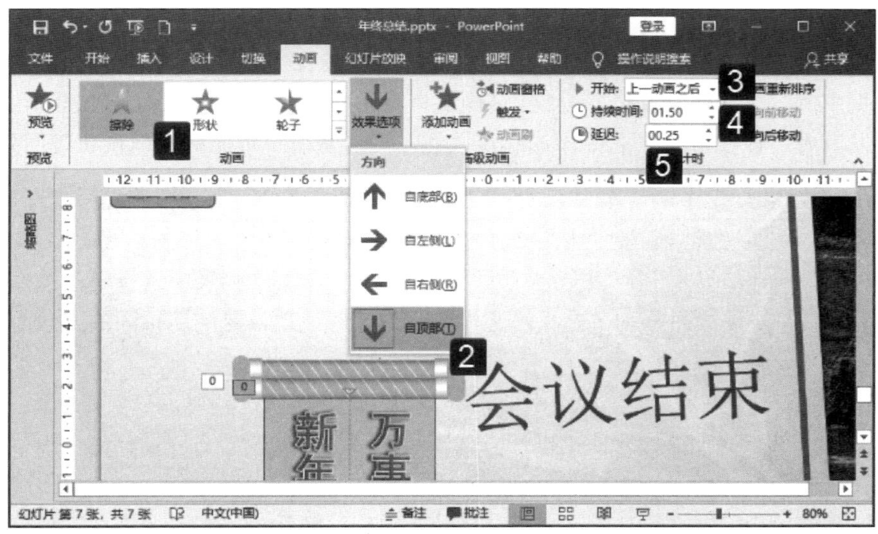

图 26.12　设置“擦除”进入动画效果

06 为一个卷轴添加“直线”路径动画，在“效果选项”列表中选择“下”选项，设置运动方向。将“开始”设置为“与上一动画同时”，将“持续时间”设置为 2 秒。拖动路径上的控制柄调整路径使其终点为条幅的底部，如图 26.13 所示。至此本案例制作完成。

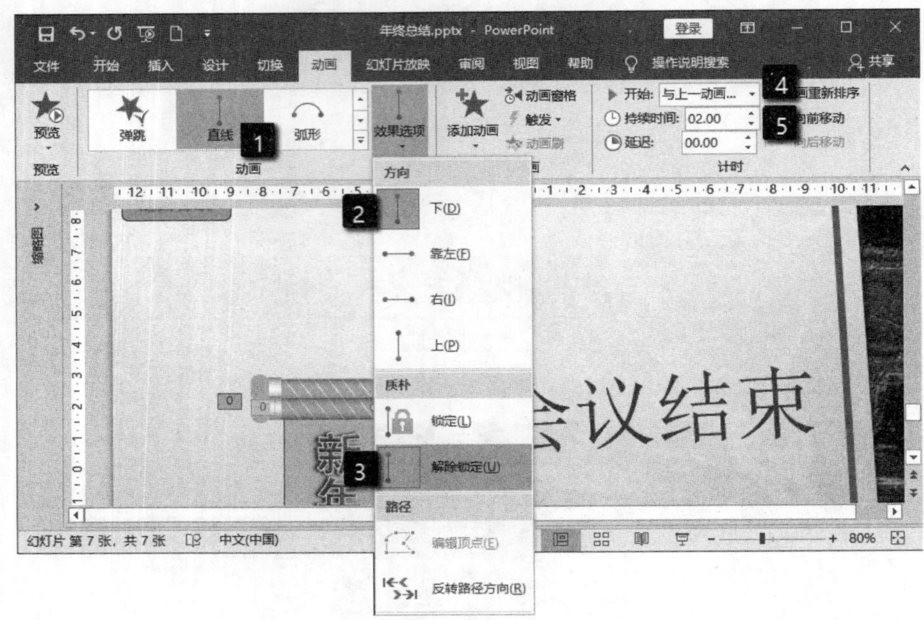

图 26.13　添加路径动画并对动画进行设置

26.3 案例拓展

下面介绍本章的 2 个拓展技巧。

26.3.1 在演示文稿中实现导航

演示文稿在播放时，一般是按幻灯片的排列顺序依次进行播放。本案例中因为有目录页，因此可以为目录页中的目录项添加超链接功能，这样发言者就能够通过单击目录项快速跳转到指定的页面。同时，发言者可以在每个页面中添加跳转按钮，这样从每个页面均可以重新跳回到目录页。

01 选择“目录页”中的一个目录项，在“插入”选项卡的“链接”组中单击“超链接”按钮，打开“操作设置”对话框。在对话框中选择“超链接到”选项，在其下拉列表中选择“幻灯片”。此时将打开“超链接到幻灯片”对话框，在对话框的“幻灯片标题”列表中选择链接的目标幻灯片，如图 26.14 所示。完成设置后分别单击“确定”按钮关闭对话框，再使用相同的方法为其他的目录项添加超链接。

02 在内容幻灯片中添加一个文本框，输入文字并设置样式。选择文本框后在“插入”选项卡的“链接”组中单击“链接”按钮，打开“编辑超链接”对话框。在对话框的“链接到”列表中选择“本文档中的位置”选项，在“请选择文档中的位置”列表中选择目录页幻灯片，如图 26.15 所示。完成设置后单击“确定”按钮关闭对话框即可完成超链接的添加。如果要求每一张幻灯片都能够返回目录页，只需要将这个文本框复制到每张幻灯片中即可。

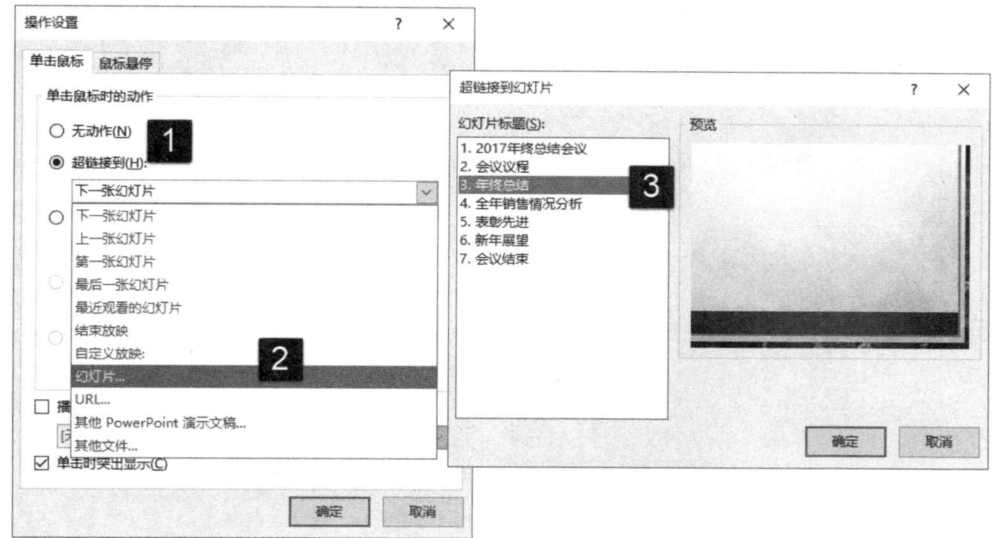

图 26.14　指定链接目标幻灯片

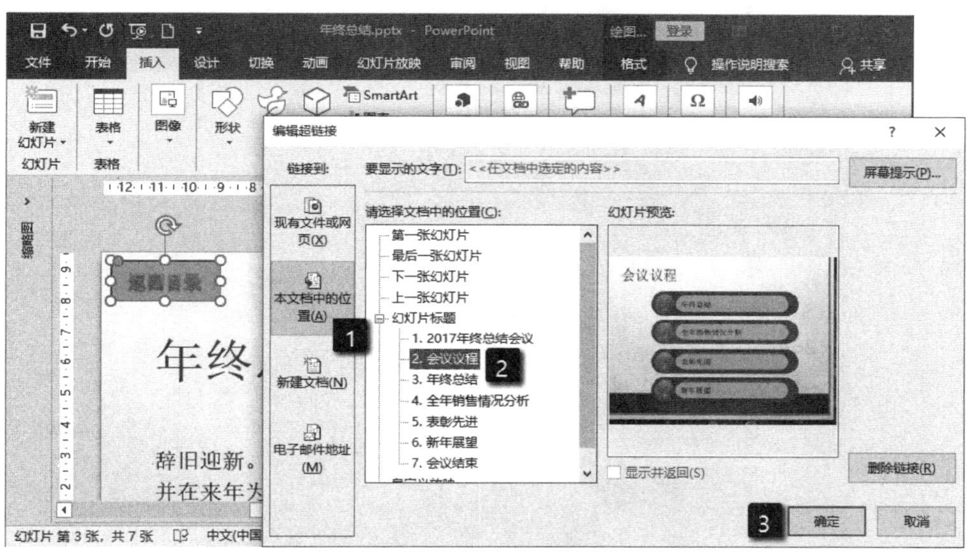

图 26.15　插入超链接

26.3.2　为图表中的单个元素添加动画效果

图表是演示文稿中直观展示数据中有效的方式。实际运用中为了增强效果，突出图表中的数据系列，常常需要为图表中单个数据系列添加动画效果。下面介绍具体的制作方法。

01 选择幻灯片中的图表，为其添加“擦除”进入动画效果，并设置动画的“开始”“持续时间”，如图 26.16 所示。

02 默认情况下，动画将会作用于整个图表。如果需要为单个数据系列添加动画效果，使数据系列依次出现，可以单击“效果选项”按钮，在打开的列表中选择“按系列”选项，如图 26.17 所示，动画将由作用于整个图表变为依次作用于各个数据系列。

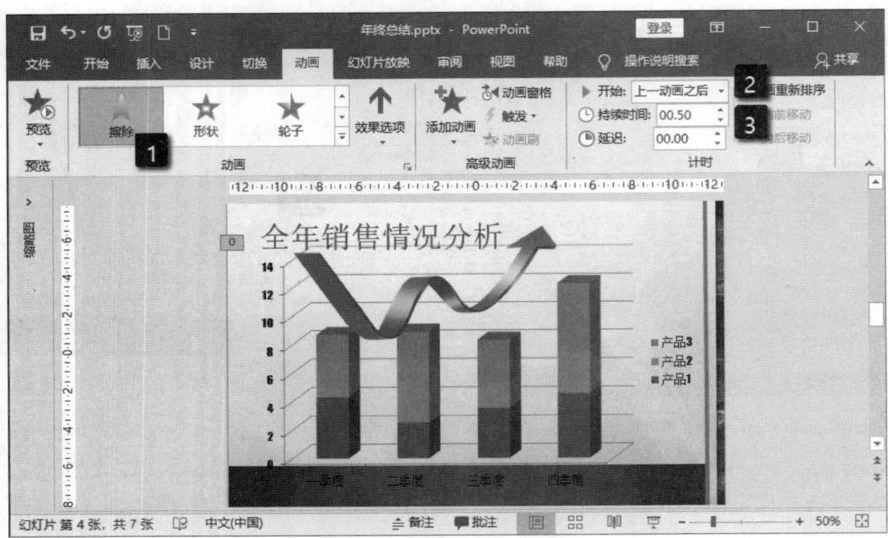

图 26.16　添加动画并对其进行设置

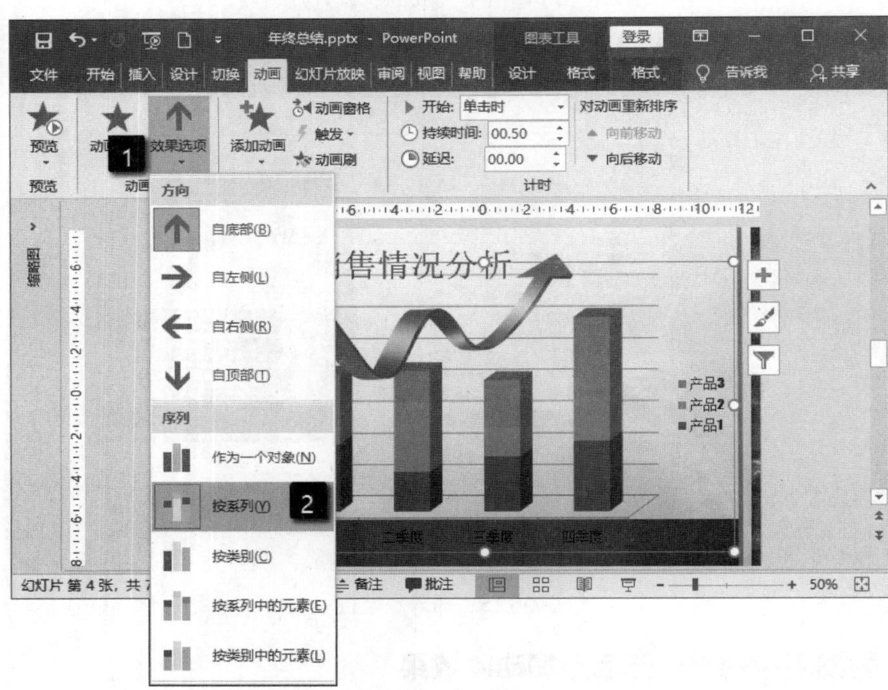

图 26.17　选择“按系列”选项